科学出版社“十四五”普通高等教育本科规划教材

中国科学技术大学数学教学丛书

数理统计

(第三版)

韦来生　张伟平　编著

科学出版社

北　京

内 容 简 介

本书是数理统计学的专业基础课教材. 内容包括数理统计的基本概念和统计模型简介、抽样分布和数据的简化、点估计、区间估计、参数假设检验、非参数假设检验、统计决策理论等七章, 各章都配备了习题. 本书提供了重要知识点的在线模拟实验, 帮助读者直观理解数理统计的有关概念.

本书可作为综合性大学、理工科院校、财经类院校和师范院校统计学专业本科生的“数理统计”课的教材或参考书. 适当删除书中标*的章节,可作为上述相关院校数学系非统计学专业本科生的“数理统计”教材或参考书. 具备微积分、矩阵代数及概率论基本知识的读者皆可使用本书. 本书也可作为相关院校研究生、青年教师以及从事统计工作的工程技术人员的参考书.

图书在版编目(CIP)数据

数理统计/韦来生, 张伟平编著. —3 版. —北京: 科学出版社, 2024.4
(中国科学技术大学数学教学丛书)
科学出版社“十四五”普通高等教育本科规划教材
ISBN 978-7-03-077631-0

Ⅰ. ①数… Ⅱ. ①韦… ②张… Ⅲ. ①数理统计-高等学校-教材
Ⅳ. ①O212

中国国家版本馆 CIP 数据核字(2024)第 015719 号

责任编辑: 姚莉丽 范培培 / 责任校对: 杨聪敏
责任印制: 赵 博 / 封面设计: 陈 敬

科学出版社 出版
北京东黄城根北街 16 号
邮政编码: 100717
http://www.sciencep.com
三河市骏杰印刷有限公司印刷
科学出版社发行 各地新华书店经销
*
2008 年 7 月第 一 版 开本: 720 × 1000 1/16
2015 年 12 月第 二 版 印张: 25 1/2
2024 年 4 月第 三 版 字数: 508 000
2025 年 12 月第二十二次印刷
定价: 79.00 元
(如有印装质量问题, 我社负责调换)

第三版前言

第二版出版至今已有 8 年, 受益于我国移动互联网的快速发展以及二维码的普及, 将第二版教材建设修订成具有多元性、互动性、开放性特征的新形态教材, 以贯彻落实党的二十大提出的"加强教材建设和管理"和"推进教育数字化"要求, 适应现在大数据时代统计学教学的需求, 成为我们修订出版第三版的初衷. 在第三版的修订过程中, 我们基于教学实践中发现的问题、读者反馈的信息和同行专家提出的建议, 对第二版的一些内容进行了调整、增补、删减和修改. 主要有如下变化:

最主要的变化是在第二版第 1 章内容的基础上增加了统计模型简介的内容, 由 1.4—1.6 节三节内容组成. 1.4 节"统计模型的确定"由第二版 1.2.3 小节"样本分布"的内容转移而来; 1.5 节"指数型分布族"由第二版 2.6 节"指数族"的内容转移而来; 1.6 节"Bayes 模型"由第二版 7.1 节和 7.2 节内容经适当地修改转移而来. 在此基础上, 将第二版 7.3 节"Bayes 统计推断"的内容经充实、增补后分别移放到第 3—5 章中: 其中第 3 章增加一节, 即 3.6 节"Bayes 点估计"; 第 4 章增加一节, 即 4.5 节"Bayes 区间估计"; 第 5 章增加一节, 即 5.6 节"Bayes 假设检验和预测". 这样就把 Bayes 统计推断的内容分散到相关各章中了, Bayes 统计决策的内容仍保留在第 7 章中.

第二个主要变化是增加了一部分与统计应用有关的内容: 在第 3 章末增加了一节, 即 3.7 节"点估计中的数值优化方法", 侧重介绍与最大似然估计有关的"牛顿算法"和"EM 算法"; 在第 4 章增加了一节, 即 4.4 节"自助法置信区间".

第三个主要变化是第三版提供了重要知识点的在线模拟实验, 以帮助读者直观理解数理统计的有关概念. 模拟实验共有 25 个, 分布在全书各章中, 读者可通过扫描二维码实现.

其他的变化有: 第 2 章末, 增加了"附录: 随机变量序列收敛性简介", 对书中可能用到的极限定理做了简介; 5.3 节末增加了与似然比检验有关的 Wald 检验和得分检验的内容; 第二版 7.6 节"同变估计及可容许性"的内容被拆分成两节, 对其内容做了适当充实和补充; 各章例题和习题部分内容作了替换、删减、增补和修改.

这里仍需说明的是: 凡是标"*"的章节 (包括小节) 可作为教师选讲的内容或供读者阅读的材料. 凡是标"*"的习题表示有相当难度, 可供学生选做, 即为可做也可不做的习题. 有关本教材的课件和勘误表等信息可从作者的个人主页 http://staff.ustc.edu.cn/~lwei/或 http://staff.ustc.edu.cn/~zwp/下载.

在书稿第三版准备过程中, 缪柏其教授提供了一些有益的修改意见和建议, 作者在此表示诚挚的感谢. 本教材第三版获得中国科学技术大学本科教材出版专项经费支持, 在此表示衷心感谢. 科学出版社为本书第三版的出版给予了大力支持, 在此一并致谢.

由于作者水平有限, 本书一定会有不少缺点和疏漏, 恳请同行专家及广大读者批评指正.

作　者

2023 年 5 月于合肥

第二版前言

《数理统计》第一版出版至今已有 7 年, 根据作者在中国科学技术大学教学实践中的体会和学生提出的问题与建议, 并借鉴国内外同类教材一些成功的经验, 这次再版对第一版的部分内容进行了增补、删减和修改, 以便更好地适应数理统计教学的需要.

第二版与第一版相比主要有如下变化:

首先, 增加了一小部分重要内容. 例如, 在 2.5 节增加了引理 2.5.1, 它在区间估计和假设检验的大样本问题中发挥了重要的作用. 在第 3 章末增加了 3.6 节 "概率密度函数及其导数的核估计", 作为点估计的非参数方法提供给读者阅读、了解. 第二版中还将 5.3 节和 5.5 节进行了对调. 在介绍了似然比检验后, 再讲解 "N-P 引理" 学生可能更容易接受.

其次, 第二版删减了一小部分可放入研究生阶段学习的内容. 例如, 在 3.5 节中删去 "C-R 不等式等号成立的条件" 这个小节的主要内容, 只保留了对主要结论的简介. 在 3.5 节中还删去了 "渐近效率" 的定义及例子. 在第 5 章末删去了 5.6 节 "序贯概率比检验" 的全部内容. 在 6.2 节和 6.3 节删去了有关 "置换检验" 的内容.

第二版对一些重要的例子作了补充和修改, 使得结果更完善. 例如, 在例 3.3.5、例 3.4.8 和例 3.4.10 等例题中, 对解题方法作了修改和补充, 使得解题方法多样化、更合理. 在 4.2 节的一些求置信区间的例子中增加了求置信上、下限的内容; 在 6.2 节符号检验与符号秩和检验的例子中增加了如何利用检验的 p 值对检验问题作出结论的内容.

第二版对各章习题作了适当的增补和删减, 对部分习题的先后次序作了调整, 使用起来更方便.

这里仍需说明的是: 凡是标 "$*$" 号的章节 (包括小节) 可作为老师选讲的内容或供给读者阅读的材料. 凡是标 "$*$" 的习题表示有相当难度, 可供学生选做. 即为可做也可不做的习题.

非统计专业的学生使用本教材, 第 7 章的内容可以不讲, 可用 "线性回归模型" 的内容代替. 作者在给中国科学技术大学数学类本科生讲授本课程时采用过这种方式, 效果不错. 有关 "线性回归模型" 一章的内容可从作者个人主页 http://staff.ustc.edu.cn/~lwei/books.htm 下载.

在第二版准备过程中, 科学出版社为本书第二版的出版给予了大力支持, 在此表示真诚的感谢.

由于本人水平有限, 本书一定会有不少缺点和疏漏, 恳请同行专家及广大读者批评指正.

韦来生
2015 年 8 月于合肥

第一版前言

作者在 20 世纪 80 年代初给中国科学技术大学数学系 81 级数理统计专业讲授“数理统计”课, 当时没有合适的教材, 就自编了讲稿, 学生记笔记. 在给数学系 83 级、84 级讲授“数理统计”课时对讲稿进行了充实和完善, 并编印了一本习题集. 1988 年, 陈希孺院士等编写出版了《数理统计学教程》(以下简称《教程》). 1990 年后,《教程》作为中国科学技术大学概率论与数理统计专业“数理统计”课的教材.《教程》的特点是统计理论严谨, 对统计思想和统计问题的背景等阐述清楚明了. 作者在教学实践中充分发扬了《教程》的特色, 结合过去的讲稿对教学内容作了适当的增补和调整, 教学效果良好. 本书稿就是在这一基础上完成的.

全书共分 7 章. 前 2 章是预备知识, 分别介绍数理统计的若干基本概念和抽样分布. 特别要强调的是, 第 2 章抽样分布是后面几章的基础. 后 5 章介绍数理统计的方法和理论, 其中第 3 章和第 4 章分别介绍点估计和区间估计; 第 5 章和第 6 章介绍参数假设检验和非参数假设检验; 最后一章, 即第 7 章介绍 Bayes 方法和统计决策理论, 这是近半个多世纪迅速发展起来的数理统计的一个重要分支. 在第 3 章参数估计和第 5 章参数假设检验问题中, 对有关统计推断方法的最优性理论作了较系统的介绍. 在每一章的介绍中注重对问题的背景和统计思想、方法的阐述, 并附有大量例题和习题.

这本教材的主要内容在中国科学技术大学概率论与数理统计专业讲授过多次, 大约可在 72 小时内讲授全书各章的主要内容. 适当删除书中标“$*$”的章、节、段的内容后, 仍成系统, 可组成 54 学时左右的课程. 因此, 本书可作为概率论与数理统计专业基础课的教材, 也可作为数学系非概率论与数理统计专业本科生的“数理统计”课教材.

本书编写过程中主要参考了陈希孺院士等编写的《数理统计学教程》, 同时还参考了华东师范大学、北京大学等兄弟院校的数理统计教材, 在此表示衷心的感谢.

中国科学技术大学赵林城教授仔细地审阅了书稿, 提出了一些非常宝贵的修改意见. 作者在修改时充分考虑了他的意见, 在此向他表示深深的谢意.

中国科学技术大学统计与金融系 04 级统计班的几位同学在班长冯文宁同学的组织下, 帮助完成书稿 1—6 章的中文 Tex 的打字和编译, 对他们的辛勤工作表示真诚的感谢. 作者的同事张伟平博士帮助完成全书的制图和一些章节的排版工作, 并对书稿的修改提出了一些有益的建议, 在此表示诚挚的感谢. 科学出版社为本书的出版给予了大力支持, 在此一并致谢.

由于作者水平有限, 本书一定会有不少缺点和疏漏, 恳请国内同行及广大读者批评指正.

作　者

2008 年 2 月于中国科学技术大学

常用符号及缩写

$\mathscr{X}$	样本空间
Θ	参数空间
$\mathbb{R}^n$	n 维欧几里得空间
$N(a,\sigma^2)$	均值为 a, 方差为 σ^2 的正态 (normal) 分布
$\Phi(\cdot)$	标准正态分布函数
$N_p(\boldsymbol{\mu},\boldsymbol{\Sigma})$	均值向量为 $\boldsymbol{\mu}$, 协方差矩阵为 $\boldsymbol{\Sigma}>\mathbf{0}$ 的 p 元正态分布
$B(1,p)$	成功概率为 p 的两点分布, 也称伯努利 (Bernoulli) 分布
$B(n,p)$	参数为 n, p 的二项 (binomial) 分布
$\mathrm{Nb}(1,p)$	成功概率为 p 的几何 (geometric) 分布
$\mathrm{Nb}(r,p)$	参数为 r, p 的负二项 (negative binomial) 分布
$M(N,\boldsymbol{p})$	参数为 N, $\boldsymbol{p}=(p_1,\cdots,p_r)$ 的多项 (multinomial) 分布
$P(\lambda)$	参数为 λ 的泊松 (Poisson) 分布
$U(a,b)$	区间 $[a,b]$ 上的均匀 (uniform) 分布
$\mathrm{Be}(a,b)$	参数为 a,b 的贝塔 (Beta) 分布
$\Gamma(\gamma,\lambda)$	形状参数为 γ, 刻度参数为 λ 的伽马 (Gamma) 分布
$\Gamma^{-1}(\alpha,\beta)$	参数为 α, β 的逆伽马 (inverse Gamma) 分布
$\mathrm{Exp}(\lambda)$	参数为 λ 的指数 (exponential) 分布
$C(\mu,\lambda)$	位置参数为 μ, 刻度参数为 λ 的柯西 (Cauchy) 分布
$\mathrm{LN}(\mu,\sigma^2)$	参数为 μ,σ^2 的对数正态 (lognormal) 分布
$\mathrm{Pa}(x_0,\alpha)$	刻度参数为 x_0, 形状参数为 α 的帕累托 (Pareto) 分布
u_α	标准正态分布的上侧 α 分位数
χ^2_n, $\chi^2_n(\alpha)$	自由度为 n 的卡方 (Chi-square, χ^2) 分布及其上侧 α 分位数
t_n, $t_n(\alpha)$	自由度为 n 的 t 分布及其上侧 α 分位数
$F_{m,n}$, $F_{m,n}(\alpha)$	自由度分别为 m, n 的 F 分布及其上侧 α 分位数
$\boldsymbol{X}$	由若干个随机变量作为分量构成的随机向量
$\boldsymbol{x}$	随机向量 $\boldsymbol{X}$ 的观测值
$\mathbb{E}(Y)$, $\mathrm{Var}(Y)$	随机变量 Y 的均值和方差
$\mathbb{P}(A)$	随机事件 A 发生的概率
r.v.	随机变量
i.i.d.	相互独立相同分布
$f(x,\theta)$	r.v. X 的概率函数, 连续型 r.v. 为密度函数, 离散型 r.v. 为概率分布

$I_A(x)$, I_A	示性函数, 表示当 $x \in A$ (或 A 发生) 时函数值为 1, 否则为 0
MLE	最大似然估计
UMVUE	一致最小方差无偏估计
UMPT	一致最优 (功效) 检验
$\boldsymbol{a}^{\mathrm{T}}$	向量 $\boldsymbol{a}$ 的转置
ln	以 e 为底的对数, 或称为自然对数
$\triangleq$	定义为

在线模拟实验简介

本书提供了重要知识点的交互式在线模拟实验, 以帮助读者直观理解概念, 以及进行统计推断. 在重要概念或应用方法处均注有如何使用相应在线模拟实验的说明. 例如

实验 扫描实验 1 的二维码进行总体与样本的模拟实验, 理解总体是研究对象的全体, 以及总体是随机变量这一概念的抽象过程. 观察不同总体下样本的分布随样本量的变化, 以及其与总体分布的形状比较.

实验 1 总体与样本

下面我们对这些在线模拟实验简要说明.

• **总体与样本**实验从可视化角度解释了总体与样本之间的关系, 以及总体是如何抽象为随机变量的.

• **抽样分布**实验则对不同类型的总体分布, 揭示了常见统计量的分布情况, 以及其与总体特定特征之间的关系.

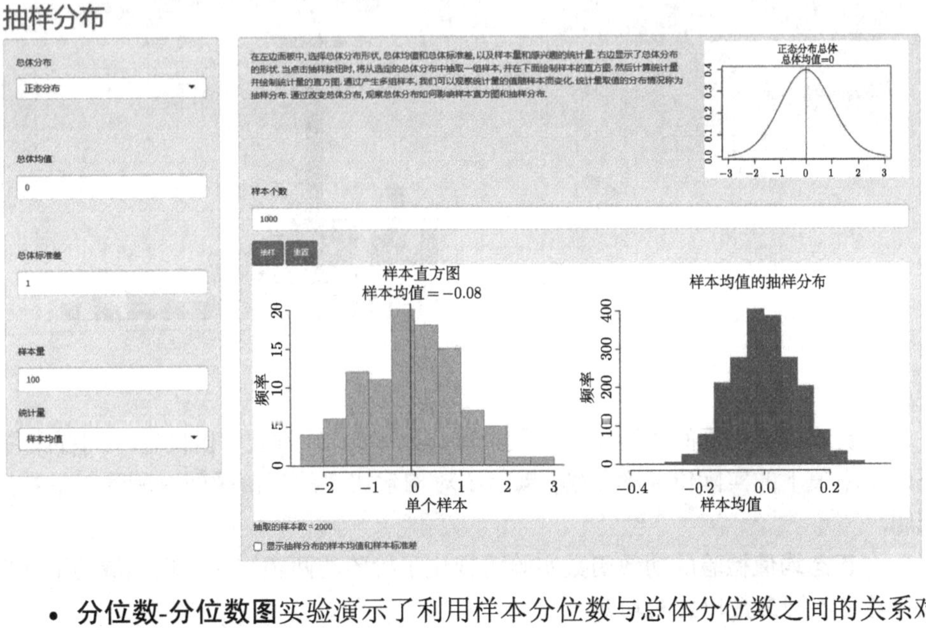

• **分位数-分位数图**实验演示了利用样本分位数与总体分位数之间的关系对总体分布进行图形化评估方法.

• **χ^2 分布、t 分布和 F 分布**等概率分布实验演示了不同参数下这些概率分布的密度函数和分布函数形状.

• **二项分布成功概率的后验分布**实验演示了先验分布对后验分布形状的影响.

• **最大似然估计**实验演示了使用梯度算法从给定初始值出发求解似然函数最大值点的数值迭代过程. **德军坦克问题**实验模拟了通过样本最大值估计总体最大取值的性能.

• **置信系数与覆盖率**实验则通过重复模拟计算置信区间, 并得出实际覆盖率. 以帮助读者直观上理解置信区间与置信系数的含义. **Bootstrap 置信区间**实验计算不同 Bootstrap 置信区间. **Bayes 可信区间**利用可视化方式解释了 Bayes 可信区间与最大后验密度区间.

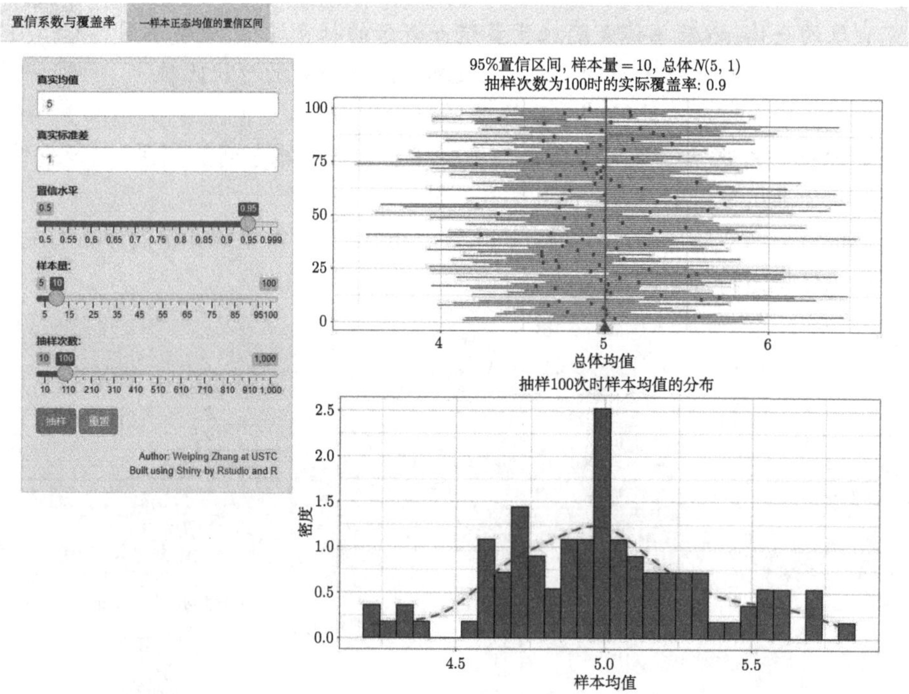

• **比率的置信区间**实验模拟比较了总体比率的 10 种置信区间在不同样本量、不同比率值下的实际覆盖率差别, 揭示了对构建比率的置信区间时所遇到的特别问题.

• **正态均值检验的功效函数**实验可视化了检验的两类错误、拒绝域的形状以及检验在不同参数值处的功效.

• **一样本 u 检验、一样本 t 检验、两样本正态均值差检验、一样本正态方差检验、一样本比率的检验**和**两样本比率的检验**等实验提供了相关参数检验的计算过程以及拒绝域的图示.

• **拟合优度检验、列联表分析和正态性检验**实验为总体分布类型的检验问题提供了可视化和量化工具.

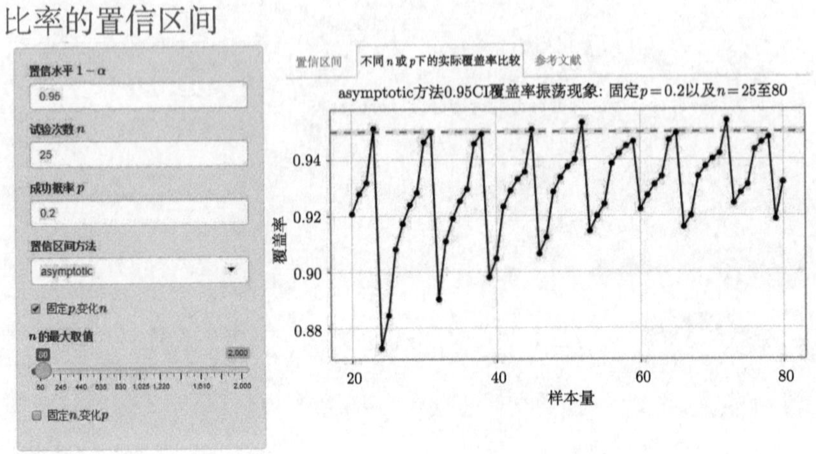

实 验 目 录

目　录

第 1 章 数理统计的基本概念和统计模型简介

1.1 什么是数理统计学

1.1.1 数理统计学的任务和性质

自然界的现象大致可以分为两大类: 一类称为确定性现象; 另一类称为非确定性现象, 亦称为随机现象. 确定性现象的例子, 如物理学中的自由落体运动, 可以用数学方程 $s = gt^2/2$ 刻画其运动规律. 这样的例子还有许多, 如物理学中的定律、化学中的反应规律和其他学科中的一些现象, 它们皆可以用数学中的方程式, 如微分方程等来精确描述. 随机现象的例子, 如在农业试验中, 在面积相等且相邻的两块土地上种植同一种小麦, 生产条件相同, 但在收获时小麦产量不完全一样. 又如在工业生产中, 进行某化工产品得率的试验, 使温度、压力和配方等主要因素控制在相同水平下, 获得的两批化工产品得率不能保证完全相同. 再如战士打靶试验, 同一战士在相同条件下每次打靶命中的环数不尽相同. 这些都是随机现象, 它们在自然界是大量存在的. 数理统计和概率论一样, 是研究随机现象的统计规律性的学科. 为了说明它的研究方法与概率论和其他数学学科有什么不同, 首先来介绍什么是统计学.

统计学的任务是研究怎样有效地收集、整理和分析带有随机性影响的数据, 从而对所考虑的问题作出一定的结论. 简言之, 统计学是一门从随机数据中学习知识的科学. 因此, 统计学是一门实用性很强的学科, 它在人类活动的各个领域都有着广泛的应用. 统计学的思想和方法是人类文明的一个组成部分. 研究统计学方法中理论基础问题的那一部分构成 "数理统计学" 的内容. 一般地, 可以认为

数理统计学是统计学的一个分支, 它是研究如何有效地收集和使用带有随机性影响的数据的一门学科.

一个统计问题的解决过程包含四个部分: ① 提出统计问题; ② 收集数据; ③ 分析数据; ④ 解释结果. 数据收集和分析方法是一个统计问题解决过程的核心. 下面通过例子对此陈述加以说明.

1. 有效地收集数据

收集数据的方法有: 全面观察 (或普查)、抽样调查和安排特定试验等方式. 数据的收集是以服务于研究目的为宗旨的, 不能服务于研究目的的数据是毫无意义的.

例 1.1.1　随着改革开放以来经济的快速发展, 中国社会也在不断地变迁中. “中国社会状况综合调查” 是中国社会科学院社会学研究所于 2005 年发起的一项全国范围内的大型连续性抽样调查项目, 调查区域覆盖了 31 个省 (自治区、直辖市), 包括了 151 个区 (市、县), 604 个村 (居委会), 每次抽样调查 7000 到 10000 余个家庭. 调查的目的是通过对全国公众的劳动就业、家庭收入、生活消费、社会态度等方面的长期纵向调查, 来获取转型时期中国社会变迁的数据资料, 从而为社会科学研究和政府决策提供翔实而科学的基础信息.

在本例中, 如何合理安排抽样调查, 获取尽可能多的、与所研究问题有关的信息, 是有效收集数据的重要方面, 这构成数理统计学的一个分支——抽样调查方法.

例 1.1.2　心脏病是现代社会的常见死亡原因之一. 我国每年有 260 万人死于心血管疾病, 其中冠心病占到了 80%. 定期服用阿司匹林能减少心脏病患病风险吗? 在一项长达三年的前瞻性医学研究中, 参与试验的 22000 名男性中一半人定期服用阿司匹林, 另一半人定期服用安慰剂 (不含活性成分的药丸). 在服用阿司匹林的人中, 有 0.9% 的人在试验期间心脏病发作; 而在服用安慰剂的人中, 有 1.7% 的人心脏病发作, 几乎是前者发病率的两倍. 据此, 我们能否得出定期服用阿司匹林能够有效降低心脏病患病的风险吗?

此例中, 有效的收集数据体现在: 如何设计合适的试验以收集和研究目的有关的信息. 在通过特定试验收集数据的情形中, 如何做到有效收集数据, 再看下例.

例 1.1.3　一家微芯片公司在芯片产量方面遇到了困难. 在生产过程中, 根据芯片的具体面积, 成百数千乃至数万个芯片被光刻和蚀刻在一张晶圆上, 然后再切割成一个个芯片. 影响芯片优良率的因素是温度、压强、掺杂量和沉积速率. 为寻找最佳生产条件, 试验的因素和水平如表 1.1.1 所示.

表 1.1.1　试验的因素和水平

因素＼水平	1	2	3
温度 (℃)	100	150	200
压强 (psi)①	2	5	8
掺杂量	4%	6%	8%
沉积速率 (mg/s)	0.1	0.2	0.3

4 个因素, 每个因素 3 个水平共要做 $3^4 = 81$ 次试验. 而每次流片的成本在几百万美元, 因此, 如何通过尽可能少的试验获得尽可能多的信息? 例如, 采用正交表安排试验就是一种有效的方法. 对此问题, 利用正交表 $L_9(3^4)$ 只需要进行 9 次试验. 如何科学安排试验方案和分析试验结果, 这构成数理统计学的另一分支——试验的设计和分析. 在本例中, 有效收集数据是通过科学安排试验的方法来实现的.

① 1 标准大气压 (atm) = 14.696 磅/平方英寸 (psi).

在有效收集数据中, 一个重要问题是数据必须具有随机性. 在例 1.1.1 中, 随机性体现在抽样的 7000—10000 个家庭是从全国几亿个家庭中按一定的方式"随机抽取"的, 它具有一定的代表性. 假如调查的家庭只在我国东部沿海富裕地区家庭中挑选, 得到的数据就不具有代表性, 也谈不上有效. 而在例 1.1.3 中, 数据的随机性是由试验误差来体现的. 芯片的优良率除了受温度、压强等 4 个因素影响外还受一些无法控制, 甚至仍未被人们认识的因素影响, 如每次试验中受试验材料产地的影响、金属条是否变形的影响、所使用检测仪器设备精度的影响和操作者水平的影响等等. 这些因素无法或不便加以完全控制, 从而对试验结果产生随机性的影响, 这就带来不确定性.

2. 有效地使用数据

获取数据后, 需要用有效的方法去集中和提取数据中的有关信息, 以对所研究的问题作出一定的结论, 这在统计上称为"推断".

为了有效地使用数据进行统计推断, 需要对数据建立一个统计模型 (如何建模见 1.4 节中的例子), 提出统计推断的方法, 并给定某些准则去评判不同统计推断方法的优劣. 例如, 为估计一个物体的重量 a, 把它在天平上称 5 次获得数据 $x_1, x_2, \cdots, x_5$, 它们都受到随机性因素的影响 (天平的精度反映了影响的大小). 估计 a 的大小采用下列 3 种不同方法: ① 用 5 个数的算术平均值 $\bar{x} = (x_1 + \cdots + x_5)/5$ 去估计 a; ② 将 $x_1, x_2, \cdots, x_5$ 按大小排列为 $x_{(1)} \leqslant x_{(2)} \leqslant \cdots \leqslant x_{(5)}$, 取中间一个值 $x_{(3)}$ 去估计 a; ③ 用 $W = \big(x_{(1)} + x_{(5)}\big)/2$ 去估计 a. 可能认为 $\bar{x}$ 优于 $x_{(3)}$, 而 $x_{(3)}$ 优于 W. 这是不是对的? 为什么? 在什么条件下才对? 事实上, 对这些问题的研究正是数理统计学的任务. 以后可以看到在一定的统计模型和优良性准则下, 上述 3 个估计方法中的任何一个都可能是最优的.

下面举例说明, 针对不同问题采用适当的统计方法也是有效使用数据的一个重要方面.

例 1.1.4 某网站规定一个话题的平均讨论发帖数超过 10 个则该话题就是一个潜在热点话题. 某个话题有 100 个用户参与了讨论, 其中 90 个用户每人发了 5 个讨论帖, 10 个用户每人发了 100 个讨论帖, 问此话题是否为热点话题?

解 问题在于平均发帖数目应该如何定义. (1) 用算术平均值计算该话题的平均发帖数目如下:

$$\bar{x} = \frac{90 \times 5 + 100 \times 10}{100} = 14.5\ (\text{个}).$$

按此方法得出结论: 该话题为热点话题. 但 90% 的用户只发了 5 个帖子, 事实上参与热烈讨论的用户只有 10 个人.

(2) 用样本中位数计算该话题的平均发帖数目, 即将 100 个用户的发帖数目分别记为 $x_1, x_2, \cdots, x_{100}$, 将其按大小排列为 $x_{(1)} \leqslant x_{(2)} \leqslant \cdots \leqslant x_{(100)}$. 样本中

位数定义为排在最中间两个用户发帖数的平均值, 即

$$\frac{x_{(50)}+x_{(51)}}{2}=5\ (\text{个}).$$

按此方法得出结论: 该话题不是热点话题. 这与实际情况相符. □

由此可见, 不同的统计方法得出的结论可能会不同. 有效地使用数据, 需要针对不同问题选择合适的统计方法, 避免因统计方法使用不当造成损失.

3. 数理统计学与各种专门学科的关系

数理统计方法有很广泛的实用性, 它与很多专门学科都有关. 但是应当了解: 数理统计方法所处理的只是在各种专门学科中带普遍性 (共性) 且受随机性影响的数据收集、整理和推断问题, 而不去涉及各种专门学科中的具体问题. 这种带共性的问题既然从专门领域中提炼出来, 就可以用统计学的方法去研究, 这就是数理统计学的研究任务.

拿例 1.1.3 来说, 实地进行芯片优良率试验, 当然要涉及一系列专门的微电子学的知识. 在安排试验时, 没有这些专门知识是不行的. 但是, 有些试验安排上的统计学问题却与微电子这个专门领域无关. 例如, 数理统计学告诉我们, 各因素取同样水平数参与试验, 以后的数据分析比较方便. 如果在 $3^4=81$ 种搭配中只做一部分, 则按某种方式挑选这一部分 (如按正交表安排试验), 以后的数据分析就容易进行. 当下一次碰到其他工业试验时, 这些考虑仍有效. 又如, 称重试验中用多次称重结果的平均数去估计物体的重量, 是一个常用的统计方法, 不管这个量是物理的、化学的或是生物的, 这一点都适用.

由统计方法的这个性质就引申出一个重要特点: 统计方法只是从事物外在数量上的表现去推断该事物可能的规律性. 统计方法本身不能说明何以会有这个规律性, 这是各个专门学科的任务. 例如, 用统计方法分析一些资料发现, 吸烟与某些呼吸系统的疾病有关. 这纯粹是从吸烟者和不吸烟者的发病率的对比上得出的结论, 它不能解释吸烟何以会增加患这类疾病的危险性, 这是医学这个专门学科的任务.

但是, 应当认识到, 这并不意味着一个数理统计学者可以不过问其他专门领域的知识. 相反, 如果要将统计方法用于实际问题, 必须对所涉及问题的专门知识有一定的了解, 这不仅可以帮助选定适当的统计模型和统计方法, 而且在正确解释所得结论时, 专门知识是必不可少的. 例如, 数理统计学在遗传基因分析中很有用, 但一个对遗传基因学一无所知的统计学家, 很难在这个领域有所作为.

数理统计学与数学的其他学科有密切的关系. 数理统计学中用到很多近代数学知识, 主要的如数学分析与函数论、矩阵代数、组合数学, 也用到泛函分析、拓扑学和抽象代数的知识, 但与数理统计关系最密切的是概率论. 数理统计进行统计推断的第一步是利用概率论提供的种种模型对数据建模. 在统计推断中, 一旦

确定了模型，就必须把数据看成来自具有一定概率模型的总体，概率论中关于这种模型的理论结果，就可用于统计推断的目的. 统计推断则致力于通过数据去检验选定的模型与实际数据是否符合，以及确定模型中某些未知的参数. 因此在很大程度上可以说：概率论是数理统计学的基础，数理统计学是概率论的一种应用. 但是，它们是两个并列的统计学分支学科，并无从属关系.

4. 数理统计方法的归纳性质

数理统计是以概率论和数学为基础的一个学科，但是它与其他数学学科的推理方法是不一样的. **统计方法的本质是归纳式的，而其他数学学科则是演绎式的.** 统计方法的归纳性质，源于它在作结论时，是根据所观察到的大量的"个别"情况"归纳"起来所得，而不是从一些假设、命题或已知事实出发，按一定的逻辑推理得出来的 (后者称为演绎推理). 例如，统计学家通过大量的观察资料发现，吸烟与某种呼吸系统的疾病有关. 得出这一结论的根据是：从观察到的大量例子，看到吸烟者中患此种疾病的比例远高于不吸烟者. 不可能用逻辑推理的方法证明这一点. 试拿统计学与几何学进行比较就可以清楚地看出二者方法的差别所在. 在几何学中要证明"等腰三角形两底角相等"，只需从等腰这个前提出发，运用几何公理，一步步地推出这个结论 (这一方法属于演绎推理). 而一个习惯于统计方法的人，就可能想出这样的方法：作很多大小和形状不一的等腰三角形，实际测量它的底角查看是否相等，根据所得数据，看看能否作出底角相等的结论，这一方法属于归纳推理.

众所周知，归纳推理是要冒风险的. 事实上，归纳推理的不确定性的出现是一种逻辑的必然. 人们不可能作出十分肯定的结论，因为归纳推理所依据的数据具有随机性. 然而，不确定性的推理是可行的，所以推理的不确定性程度是可以计算的. 统计学的作用之一就是提供归纳推理和计算不确定性程度的方法. 不确定性是用概率计算的. 以后会见到在参数的区间估计问题中，不但给出区间估计的表达式，而且给出这一区间包含未知参数的可靠程度的大小.

总之，统计推断属于归纳推理方法，归纳推理作出的推断不是 100% 可靠，但它的可靠程度 (即结论的正确程度) 是可以通过概率来度量的.

1.1.2 数理统计学的应用

人类在科学研究、生产和管理等各方面的活动，大都离不开数据资料的收集、整理和分析的工作. 因此统计学的应用领域也极其广泛.

(1) 国家行政机关和职能机构，如国家统计局，经常需要收集相关的数据和资料并加以整理、分析后提供给有关部门作出相应的决策. 这里面的统计工作，固然有大量的描述性统计的成分，但统计推断的方法也很有用并且十分必要. 例如，在判断某一时期经济运行是否过热, 是否需要采取宏观调控措施等重大决策时, 对当时经济运行中数据资料进行定量分析是必不可少的. 这就离不开统计推断方法.

用数理统计方法进行社会调查, 这种工作属于国家职能部门的工作范围. "抽样调查" 是常用的方法. 统计学的方法在决定调查规模和制定有效的抽样方案时是很有用的, 统计推断方法在对调查得来的资料进行正确分析时也有指导意义. 例如, 经过精心设计和组织的社会抽样调查, 其效果有时可达到甚至超过全面调查的水平. 在人口学中, 确定一个合适的人口发展动态模型需要掌握大量的观察资料, 而且要使用包括统计方法在内的一些科学方法. 再如, 在人寿保险中, 对寿命数据的分析、建立精算模型也要用到一些统计方法.

(2) 在工农业生产中, 常常要利用试验设计和方差分析的方法寻找最佳生产条件. 例如, 为提高农业中的单位面积产量, 有一些因素对这个指标有影响: 种子的品种、施肥量和浇水量等; 工业生产中影响某项产品质量指标的因素有原材料产地、配方、温度和压力等因素. 为了找到一组较好的生产条件就要进行试验, 如何科学地安排试验和分析试验结果, 就需要用到统计方法. 试验设计的基本思想和方差分析方法就是 R. A. Fisher 等学者于 1923—1926 年, 在进行田间试验中发展起来的, 这一方法后来广泛应用于工业生产中.

数理统计方法应用于工业生产的另一个重要方面是产品质量控制、抽样调查和工业产品寿命的可靠性问题. 现代工业生产有批量大和可靠度高的特点, 需要在连续生产过程中进行工序控制. 成批的产品在交付使用前要进行验收, 这种验收一般不能进行全面检验, 而只能是抽样验收, 需要根据统计学的原理制定合适的抽样方案. 大型设备或复杂产品 (如导弹) 包含成千上万个元件. 由于元件的数目很大, 元件的寿命服从一定的概率分布, 整个设备 (或产品) 的寿命与其结构和元件的寿命分布有关, 因此为了估计设备 (或产品) 的可靠性, 发展了一系列的统计方法. 统计质量管理就是由上述提到的这些方法构成的.

(3) 数理统计方法在经济和金融领域也有广泛的应用, 在经济学中定量分析的应用比其他社会科学部门更早更深入. 现在有一门称为 "计量经济学" 的学科, 其内容主要就是将统计方法 (及其他数学方法) 用于分析经济领域中数量方面的问题. 例如, 早在 20 世纪二三十年代, 时间序列的统计分析方法就用于市场预测, 目前金融等领域也广泛地使用时间序列方法.

(4) 统计方法在生物、医学和遗传学中有广泛的应用. 一种药品的疗效如何, 要通过精心安排的试验并使用正确的统计分析方法, 才能比较可靠地作出结论. 分析某种疾病的发生是否与特定因素有关 (一个典型的例子是吸烟与患肺癌的关系), 这些问题常常是从观察和分析大量资料的基础上得到启示, 再提高到理论上的研究. 这方面的应用还有流行病数据的统计分析、遗传基因数据的统计分析等.

(5) 数理统计方法在气象预报、水文、地震、地质等领域有广泛应用. 在这些领域中, 人们对事物规律性的认识不充分, 使用统计方法有助于获得一些对潜在规律性的认识, 用以指导人们的行动.

(6) 数理统计方法在科学研究中也具有重要作用. 自然科学研究的根本任务是揭示自然界的规律性, 科学实验是重要手段, 而随机因素对实验结果的影响无所不在. 一个好的统计方法有助于提取实验和观察数据中根本性的信息, 因而有助于提出较正确的理论或假说. 有了一定的理论和假说后, 统计方法可以指导研究工作者如何进一步安排试验或观察, 以使所得数据更有助于判定定理或假说是否正确. 数理统计学也提供了理论上有效的方法去评估观察或试验数据与理论的符合程度如何. 一个著名的例子是遗传学中的孟德尔 (Mendel) 定律. 这个根据观察资料提出的定律, 经历了严格的统计检验. 数量遗传学中的基本定律: Hardy-Weinberg 平衡定律也具有这种性质. 由此可见, 科学研究需要数理统计方法. 另外, 应用上的需要又是统计方法发展的动力. 例如, 现代统计学的奠基人、英国著名学者 R. A. Fisher 和 K. Pearson 在 20 世纪初期从事统计学的研究, 就是出于生物学、遗传学和农业科学方面的需求.

著名统计学家 C. R. Rao 在其著作《统计与真理——怎样运用偶然性》中概括道:

在终极的分析中, 一切知识都是历史;
在抽象的意义下, 一切科学都是数学;
在理性的基础上, 所有的判断都是统计学.

统计学已经成为人们认识客观世界的基本工具, 是科学研究领域的基石之一.

1.1.3 统计学发展简史

数理统计学是一门较年轻的学科, 它主要的发展是从 20 世纪初开始, 大概可分为两个阶段 (见文献 [5]). 前一阶段大致上到第二次世界大战结束时为止. 在这一早期发展阶段中, 起主导作用的是以 R. A. Fisher 和 K. Pearson 为首的英国学派, 特别是 Fisher, 他在本学科的发展中起了独特的作用. 其他一些著名的学者, 如 W. S. Gosset (student)、J. Neyman、E. S. Pearson (K. Pearson 的儿子)、A. Wald 以及我国的许宝騄 (1910—1970) 先生等都作出了根本性的贡献. 他们的工作奠定了许多数理统计学分支的基础, 提出了一系列具有重要应用价值的统计方法和一系列基本概念和重要理论问题. 有一种意见认为瑞典统计学家 H. Cramer 在 1946 年发表的著作 *Mathematical Methods of Statistics* (见文献 [3]) 标志了这门学科达到成熟的地步.

收集和记录种种数据的活动, 在人类历史上来源已久. 翻开我国二十四史, 可以看到上面有很多关于钱粮、人口、地震及洪水等自然灾害的记录. 在西方国家, Statistics (统计学) 一词源出于 State (国家), 意指国家收集的国情资料. 19 世纪中叶以后, 包括政治统计、人口统计、经济统计、犯罪统计、社会统计等多方面内容的 "社会统计学" 一词在西方开始出现, 与此相应的社会调查也有了较大发展. 人们试图通过社会调查, 收集、整理和分析数据, 以揭示社会现象和问题, 并提出解决具体问题的方法. 这种情况延续了许多年, 研究方法属于描述统计学的范畴. 这是因为, 当时还没有一定的数学工具特别是概率论的发展, 无法建立现代意义下的数理统计学. 也因为这方面的需求还没达到那么迫切, 足以构成一股强大的推动力. 到 19 世纪末和 20 世纪初情况才起了较大的变化. 有人认为 20 世纪初 K. Pearson 关于 χ^2 统计量极限分布的论文可以作为数理统计诞生的一个标志; 也有人认为, 直到 1922 年 R. A. Fisher 关于统计学的数学基础那篇著名论文的发表, 数理统计才正式诞生.

综上所述, 可以得到如下粗略的结论: 收集和整理乃至使用试验和观察数据的工作由来已久, 这类活动对于数理统计学的产生, 可算是一个源头. 19 世纪, 特别是 19 世纪后半期发展速度加快, 且有了质的变化. 19 世纪末到 20 世纪初这一阶段, 出现了一系列的重要工作. 无论如何, 最迟到 20 世纪 20 年代, 这门学科已稳稳地站住了脚跟. 20 世纪前 40 年有了迅速而全面的发展, 到 20 世纪 40 年代时, 数理统计已形成一个成熟的统计学分支.

从第二次世界大战后到现在可以说是第二阶段. 在这个时期中, 许多战前开始形成的数理统计分支, 在战后得以向纵深发展, 理论上的深度也比以前大大加强了. 同时还出现了根本性的发展, 如 A. Wald 的统计决策理论和 Bayes 学派的兴起. 在数理统计的应用方面, 其发展也给人深刻印象. 这不仅是战后工农业生产和科学技术迅速发展所提出的要求, 也是由于电子计算机这一有力工具的出现和飞速发展推动了数理统计学的进步. 战前由于计算工具跟不上, 许多需要大量计算的统计方法很难得以使用. 战后有了高速计算机使这一问题变得很容易, 这就大大推广了统计方法的应用. 目前, 统计方法仍在蓬勃发展中. 在一些统计学发达的国家中, 特别是在美国, 这方面的人才数以十万计, 并在大多数大学中建立了统计系. 近 30 年来, 数理统计学在我国的发展也是令人瞩目的, 尤其是 2011 年统计学从数学和经济学中独立出来成为一级学科, 这极大地推动了统计学的发展.

1.2 数理统计的若干基本概念

1.2.1 总体和样本

总体又称为母体. 通过下面的例子说明总体、个体和样本的概念.

例 1.2.1 假定一批产品有 10000 件, 其中有正品也有废品. 为估计废品率, 往往从中不放回地随机抽取一部分, 如 100 件进行检查. 此时这批 10000 件产品称为总体 (population), 其中的每件产品称为个体 (individual), 而从中抽取的 100

件产品称为样本 (sample).

从本例可对总体和样本作如下直观的定义.

定义 1.2.1 (总体与样本)

总体是由与所研究的问题有关的所有个体组成. 而样本是从总体中按照一定方式抽取的一部分个体. 样本中个体的数目称为样本大小 (sample size), 也称为样本容量. 而从总体中抽取样本的行为称为抽样 (sampling). 若总体中个体的数目为有限个, 则称为有限总体 (finite population), 否则称为无限总体 (infinite population). ♧

由此定义, 例 1.2.1 中总体为有限总体, 样本容量为 100, 抽样方式为不放回抽样.

在统计研究中, 人们所关心的不是总体内个体的本身, 而是关心个体上的一项 (或几项) 数量指标, 如日光灯的寿命、零件的尺寸. 在例 1.2.1 中若产品为正品用 0 表示, 若产品为废品用 1 表示, 每件产品取值是 0 或 1, 因而总体是由 0 和 1 组成的集合, 0 和 1 的分布情况反映了总体中正品或废品的比例. 因此可以将数量指标的分布情况与随机变量联系起来:

总体可以看成由所有个体上的某种数量指标构成的集合, 因此它是数的集合. 这些数量指标的出现也带有随机性, 从而可以把此种数量指标看成随机变量 (random variable, r.v.), 其数值的分布情况反映了总体的特征. 因而随机变量的分布就是该数量指标在总体中的分布. 以例 1.2.1 来说明, 假定 10000 只产品中废品数为 100 件, 其余的为正品, 废品率为 1%. 定义随机变量 X 如下:

$$X = \begin{cases} 1, & \text{废品}, \\ 0, & \text{正品}, \end{cases}$$

其概率分布为 0-1 分布, 且 $\mathbb{P}(X=1)=0.01$. 因此特定个体上的数量指标是 r.v. X 的观察值 (observation). 这样一来, 总体可以用一个随机变量及其分布来描述, 获得如下定义.

定义 1.2.2 (总体的随机变量)

一个统计问题所研究的对象的全体称为总体. 在数理统计学中总体可以用一个随机变量及其概率分布来描述. ♧

由于总体的特征由总体分布来刻画, 因此统计学上常把总体和总体分布视为同义语. 由于这个缘故, 常用随机变量的符号或分布的符号来表示总体. 比如研究某批日光灯的寿命时, 人们关心的数量指标是寿命 X, 那么此总体就可以用 r.v. X 来表示, 或用其分布函数 F 来表示. 若 F 有密度, 记为 f, 则此总体也可用密度函数 f 来表示. 有时也根据总体分布的类型来称呼总体的名称, 如正态分布总体、二项分布总体、0-1 分布总体.

若总体分布函数记为 F, 当有一个从该总体中抽取的相互独立相同分布 (i.i.d.) 的大小为 n 的样本 $X_1, \cdots, X_n$ 时, 则常记为

$$X_1, \cdots, X_n \text{ i.i.d.} \sim F. \tag{1.2.1}$$

若 F 有密度 f, 可记为

$$X_1, \cdots, X_n \text{ i.i.d.} \sim f. \tag{1.2.2}$$

若所考虑的总体用随机变量 X 表示, 其分布函数为 F, 样本 $X_1, \cdots, X_n$ 为从总体 X 中抽取的 i.i.d. 样本, 亦可记为

$$X_1, \cdots, X_n \text{ i.i.d.} \sim X. \tag{1.2.3}$$

式 (1.2.1)、式 (1.2.2) 和式 (1.2.3) 所代表的含义是完全相同的.

当个体上的数量指标不止一项时, 用随机向量来表示总体. 例如, 研究某地区小学生的发育状况时, 人们关心的是其身高 X 和体重 Y 这两个数量指标, 此时总体就可以用二维随机向量 (X, Y) 或其联合分布 $F(x, y)$ 表示. 当 F 有密度 f 时, 总体也可用联合密度 $f(x, y)$ 表示.

注 1.2.1 在一些场合下, 总体具有一定的抽象性, 请看例 1.2.2.

例 1.2.2 用秤去称一个物体的重量, 为了得到较准确的结果, 将物体称 5 次, 取 5 次称重的算术平均值作为物体的重量. 如 5 次称重的结果 (单位: g) 为 125.5, 124, 124.3, 126, 125.2. 此问题中总体和样本是什么?

解 由于此例中我们关心的是物体称重这一数量指标, 每一次试验称重 5 次, 得到一个样本, 用其算术平均值作为此次试验的结果. 因此设想用此种方式无限次地称下去, 则可以把总体理解为 "一切可能出现的称量结果的集合". 这是一个无限总体. □

实验 扫描实验 1 的二维码进行总体与样本的模拟实验, 理解总体是研究对象的全体, 以及总体是随机变量这一概念的抽象过程. 观察不同总体下样本的分布随样本容量的变化, 以及其与总体分布的形状比较.

实验 1 总体与样本

1.2.2 样本空间和样本的两重性

1. 样本空间

样本是由总体中抽取的一部分个体组成的. 设 $\boldsymbol{X} = (X_1, \cdots, X_n)$ 是从总体中抽取的样本, 其样本空间定义如下.

定义 1.2.3 (样本空间)

样本 $\boldsymbol{X} = (X_1, \cdots, X_n)$ 可能取值的全体, 构成样本空间 (sample space), 记为 $\mathscr{X}$.

例如, 在例 1.2.2 中, 样本空间为 $\mathscr{X} = \{(x_1, \cdots, x_5): 0 < x_i < \infty,\ i = 1,2,\cdots,5\}$, 也可以写成 $\mathscr{X} = \big\{(x_1,\cdots,x_5): -\infty < x_i < \infty, i = 1,2,\cdots,5\big\}$. 虽然物重不可以取负数, 但这无关紧要, 因为在考虑样本分布时, 可令样本取负值的概率为 0. 再看下例.

例 1.2.3 打靶试验, 每次打三发, 考察中靶的环数. 如样本 $\boldsymbol{X} = (5,1,9)$ 表示三次打靶分别中 5 环、1 环和 9 环. 此时样本空间为

$$\mathscr{X} = \big\{(x_1, x_2, x_3): x_i = 0,1,2,\cdots,10, i = 1,2,3\big\}.$$

这个样本空间中样本点数是有限的, 例 1.2.2 的样本空间中的样本点数是无限的.

2. 样本的两重性

当从总体中作具体抽样时, 每次抽样的结果都是些具体的数, 如例 1.2.3 的打靶问题中, 样本 $\boldsymbol{X} = (X_1, X_2, X_3)$, 其中 $0 \leqslant X_i \leqslant 10$ $(i = 1,2,3)$ 为整数, 它是数字向量. 但若是在相同条件下, 再打三发, 由于种种不可控制的随机因素的影响, 中靶的环数不大可能和上一次完全一样, 这就是样本的随机性. 如果无穷地打下去, 每次打三发, 出现的结果可视为随机向量 (X_1, X_2, X_3) 的具体观察值.

样本的两重性是说, 样本既可看成具体的数, 又可以看成随机变量 (或随机向量). 在实施抽样后, 它是具体的数; 在实施抽样前, 它被看成随机变量 (或随机向量). 因为在实施具体抽样之前无法预料抽样的结果, 只能预料它可能取值的范围, 因此可以把它看成随机变量 (或随机向量). 为区别起见, 今后用大写的英文字母表示随机变量, 用小写英文字母表示它的具体观察值; 用黑体大写英文字母表示随机向量或一组样本, 用小写黑体字母表示它们的具体观察值.

理论工作者更重视样本是随机变量 (或随机向量) 这一点, 而应用工作者虽重视将样本看成具体的数字, 但仍不可忽视样本是随机变量 (或随机向量) 这一背景. 否则, 样本就是一堆杂乱无章毫无规律可言的数字, 无法进行任何统计处理. 样本既然是随机变量 (或随机向量), 就有分布而言, 这样才存在统计推断问题.

3. 简单随机样本

抽样是指从总体中按一定方式抽取样本的行为. 抽样的目的是通过取得的样本对总体分布中某些未知的量作出推断, 为使抽取的样本能很好地反映总体的信息, 须考虑抽样方法. 最常用的一种抽样方法称为 "简单随机抽样", 它满足下列要求.

(1) 代表性. 总体中的每一个个体都有同等机会被抽入样本, 这意味着样本中每个个体与所考察的总体具有相同分布. 因此, 任一样本中的个体都具有代表性.

(2) 独立性. 样本中每一个个体取什么值并不影响其他个体取什么值. 这意味着, 样本中各个个体 $X_1, X_2, \cdots, X_n$ 是相互独立的随机变量.

由简单随机抽样获得的样本 $(X_1,\cdots,X_n)$ 称为简单随机样本. 其定义如下.

定义 1.2.4 (简单随机样本)

设有一总体 F, $X_1,\cdots,X_n$ 为从 F 中抽取的容量为 n 的样本, 若

(1) $X_1,\cdots,X_n$ 相同分布, 即有共同分布 F,

(2) $X_1,\cdots,X_n$ 相互独立,

则称 $X_1,\cdots,X_n$ 为简单随机样本, 有时简称为简单样本或随机样本. ♧

显然, 简单样本 $X_1,\cdots,X_n$ 独立同分布于总体 X. 因此有时也称简单样本为 i.i.d. 样本. 若总体 $X\sim F$, 则 i.i.d. 样本 $X_1,\cdots,X_n$ 的联合分布函数为

$$F(x_1,\cdots,x_n)=\prod_{i=1}^{n}F(x_i).$$

若 F 有密度 f, 则其联合密度函数为

$$f(x_1,\cdots,x_n)=\prod_{i=1}^{n}f(x_i).$$

若样本是多维的, 如从一大群人中抽取 n 个人, 测出每个人的身高和体重. 用随机向量 (X,Y) 或用其分布函数 $F(x,y)$ 记总体, $(X_1,Y_1),\cdots,(X_n,Y_n)$ 就是从这一总体中抽取的一组简单样本, 其联合分布函数为

$$F(x_1,y_1)F(x_2,y_2)\cdots F(x_n,y_n)=\prod_{i=1}^{n}F(x_i,y_i).$$

若 $F(x,y)$ 有密度 $f(x,y)$, 则其联合密度函数为

$$f(x_1,y_1)f(x_2,y_2)\cdots f(x_n,y_n)=\prod_{i=1}^{n}f(x_i,y_i).$$

显然, 有放回抽样获得的样本是简单样本. 当总体中包含的个体数较大或所抽样本在总体中所占比例较小时, 可以把无放回抽样获得的样本当成简单样本.

1.2.3 统计推断

1. 参数和参数空间

当样本分布不全已知时才存在统计推断问题. 例如, 设样本 $X_1,\cdots,X_n$ i.i.d. $\sim N(a,\sigma^2)$, 其中 a 和 σ^2 未知. 又如, 设样本 $X_1,\cdots,X_n$ i.i.d. $\sim$ 指数分布 $\mathrm{Exp}(\lambda)$, 其中 λ 未知. 这些未知的量, 只有通过样本去估计. 统计学上把出现在样本分布中的未知常数称为参数 (parameter), 例如正态分布 $N(a,\sigma^2)$ 中的 a 和 σ 分别称为参数, 这时可称 (a,σ) 为参数向量 (parameter vector). 又如, 指数分布 $\mathrm{Exp}(\lambda)$ 中的参数为 λ. 再如, 二元正态分布 $N(a,b;\sigma_1^2,\sigma_2^2;\rho)$ 中有 5 个参数, 分别为 a,b,σ_1,σ_2 和 ρ.

在一些问题中参数虽未知, 但根据参数的性质可给出参数取值的范围. 参数取值的范围称为参数空间 (parametric space). 例如, 正态分布 $N(a,\sigma^2)$ 中参数空间为 $\Theta=\{(a,\sigma):-\infty<a<\infty,\sigma>0\}$. 又如, 指数分布 $\mathrm{Exp}(\lambda)$ 中参数空间为 $\Theta=\{\lambda:\lambda>0\}$. 再如, 二元正态分布 $N(a,b;\sigma_1^2,\sigma_2^2;\rho)$ 中参数空间为 $\Theta=\{(a,b,\sigma_1,\sigma_2,\rho):-\infty<a,b<\infty,\sigma_1>0,\sigma_2>0,|\rho|<1\}$.

2. 样本分布族

样本分布既然包含未知参数, 则可能的样本分布就不止一个. 当参数取不同值时就得到不同的分布, 因此这些样本分布就构成一个分布族. 若样本 $X_1,\cdots,X_n$ 是从总体 X (F 为其分布函数, f 为其密度) 中抽取的 i.i.d. 样本, 则样本分布族和总体分布族可用相同的方式表示如下: $\mathscr{F}=\{F_\theta,\ \theta\in\Theta\}$ 或 $\mathscr{F}=\{f_\theta,\ \theta\in\Theta\}$, 其中 $\Theta\subset\mathbb{R}^k$ 称为参数空间.

以指数分布 $\mathrm{Exp}(\lambda)$ 为例, 样本分布族表示为

$$\mathscr{F}=\{f(x,\lambda):\ \lambda>0\},$$

其中 λ 为参数, 它的每一个可能的值对应于一个具体分布.

样本分布族, 连同其参数空间, 从总的方面确定了统计问题的范围. 分布族越小, 问题的确定度越高, 意味着可能作出更精确和更可靠的结论. 拿正态分布 $N(a,\sigma^2)$ 来说, 设问题是估计物重 a. 若反映天平精度的 σ 未知, 则分布族大些; 若 σ 已知 (例如, $\sigma=1$), 则分布族小些. 可以设想: 有关天平精度的知识对估计 a 是有用的. 这可以说成: 在知道 σ 时, 估计 a 的问题更确定些, 且估计的精度比 σ 未知时要高.

3. 统计推断

从总体中抽取一定大小的样本去推断总体的概率分布的方法称为统计推断 (statistical inference).

数理统计是着手于样本, 着眼于总体, 其任务是用样本去推断总体. 当样本分布完全已知时是不存在任何统计推断问题的. 当样本分布形式已知, 但含有未知的实参数时, 统计推断的任务是确定未知参数的值, 这种情况下的统计推断问题称为参数统计推断问题.

在另一些问题中情况就要复杂一些. 这类问题中样本分布的形式未知, 此时有关统计推断问题称为非参数统计推断问题.

参数统计推断有种种不同的形式: 主要有参数估计和假设检验问题. 例如, 在样本分布 $N(a,\sigma^2)$ 中, 当 a 和 σ^2 未知时, 从总体中抽取大小为 n 的样本 $X_1,\cdots,X_n$, 对 a 和 σ^2 的取值作出估计, 也可对 a 和 σ^2 的取值范围作出估计, 或对断言 "$a\leqslant 1$" 作出接受或拒绝这一假设的结论.

非参数统计推断问题中, 统计推断的主要任务是通过样本对总体的分布作出推断.

由于样本的随机性, 统计推断的结论不可能 100% 正确, 但可以给出衡量推断正确程度的指标. 例如, 在正态总体 $N(a,\sigma^2)$ 中, 若用 $\bar{X}=\sum\limits_{i=1}^{n}X_i/n$ 估计 a, 可以算出 $\bar{X}$ 与 a 的偏差大于 c 的概率, 即 $\mathbb{P}(|\bar{X}-a|>c)$, 作为用 $\bar{X}$ 推断 a 的正确性的合理指标.

统计推断包括下列三方面内容: ① 提出种种统计推断的方法; ② 计算有关推断方法性能的数量指标, 如前述例子中用 $\bar{X}$ 估计 $N(a,\sigma^2)$ 中的 a, 用 $\mathbb{P}(|\bar{X}-a|>c)$ 表示推断性能的数量指标; ③ 在一定的条件和优良性准则下寻找最优的统计推断方法, 或证明某种统计推断方法是最优的.

1.3 统 计 量

1.3.1 统计量的定义

数理统计的任务是通过样本去推断总体. 而样本自身是一些杂乱无章的数字, 要对这些数字进行加工整理, 计算出一些有用的量, 这就如同为了织布, 首先要把棉花加工纺成纱, 然后利用纱去织布. 可以这样理解: 这种由样本算出来的量, 把样本中与所要解决的问题有关的信息集中起来了. 把这种量称为统计量, 定义如下.

定义 1.3.1 (统计量)

由样本算出的量称为统计量 (statistic). 或者说, 统计量是样本的函数. ♧

注 1.3.1 对这一定义作如下几点说明:

(1) 统计量只与样本有关, 不能与未知参数有关. 例如, $X\sim N(a,\sigma^2)$, $X_1,\cdots,X_n$ 是从总体 X 中抽取的 i.i.d. 样本, 则 $\sum\limits_{i=1}^{n}X_i$ 和 $\sum\limits_{i=1}^{n}X_i^2$ 都是统计量, 当 a 和 σ^2 皆为未知参数时, $\sum\limits_{i=1}^{n}(X_i-a)$ 和 $\sum\limits_{i=1}^{n}X_i^2/\sigma^2$ 都不是统计量.

(2) 由于样本具有两重性, 它既可以看成具体的数, 又可以看成随机变量 (或随机向量); 统计量是样本的函数, 因此统计量也具有两重性. 正因为统计量可视为随机变量 (或随机向量), 才有概率分布可言, 这是利用统计量进行统计推断的依据.

(3) 在什么问题中选用什么统计量, 要看问题的性质. 一般说来, 所提出的统计量应是最好地集中了样本中与所讨论问题有关的信息, 这不是容易做到的. 通常是从直观或一般性准则出发提出统计量, 再考察它是否在某种意义下较好地集中了样本中与所讨论问题有关的信息.

1.3.2 若干常用的统计量

1. 样本均值

设 $X_1, \cdots, X_n$ 是从某总体 X 中抽取的样本, 则称

$$\bar{X} = \frac{1}{n}\sum_{i=1}^{n} X_i$$

为样本均值 (sample mean). 它反映了总体均值的信息.

2. 样本方差

设 $X_1, \cdots, X_n$ 是从某总体 X 中抽取的样本, 则称

$$S^2 = \frac{1}{n-1}\sum_{i=1}^{n}(X_i - \bar{X})^2$$

为样本方差 (sample variance). 它反映了总体方差的信息, 而 S 称为样本标准差, 它反映了总体标准差的信息. 一些教科书上也采用

$$S_n^2 = \frac{1}{n}\sum_{i=1}^{n}(X_i - \bar{X})^2$$

作为样本方差的定义. 用 S^2 定义样本方差的好处是 $\mathbb{E}(S^2) = \sigma^2 = \operatorname{Var}(X)$ (参看例 3.1.2), 其中 $n-1$ 称为其自由度. 本教材以后各章皆以 S^2 作为样本方差的定义.

样本均值和样本方差是两个最常用的统计量, 它们具有如下三个性质:

(1) $\sum\limits_{i=1}^{n}(X_i - \bar{X}) = 0$.

(2) 设非零实数 a 和 b 为常数, 作变换 $Y_i = aX_i + b$, $i = 1, 2, \cdots, n$, 则 $Y_1, \cdots, Y_n$ 的样本均值 $\bar{Y} = a\bar{X} + b$, 其样本方差 $S_Y^2 = a^2 S_X^2$, 其中 S_X^2 和 S_Y^2 分别表示 $X_1, \cdots, X_n$ 和 $Y_1, \cdots, Y_n$ 的样本方差. 这个性质表明: 改变度量的原点与单位, 上述公式给出了新旧度量系统中样本均值和样本方差之间的关系. 利用这一公式可简化样本方差的计算, 如 $X_1, \cdots, X_n$ 是含有若干小数点的数字, 经上述公式变换后 (取适当的 a 和 b) 使样本数字变成简单的整数, 易于计算.

(3) 对于任何常数 c, 有

$$\sum_{i=1}^{n}(X_i - c)^2 \geqslant \sum_{i=1}^{n}(X_i - \bar{X})^2,$$

且等号只在 $c = \bar{X}$ 时成立. 这个性质表明, 在偏差平方和最小的准则下, 用总体均值 a 的 n 次测量值的算术平均值估计 a 是最好的.

3. 样本矩

设 $X_1, \cdots, X_n$ 为从总体 F 中抽取的样本, 则称

$$a_{n,k}=\frac{1}{n}\sum_{i=1}^{n}X_i^k,\quad k=1,2,\cdots$$

为样本 k 阶原点矩. 特别当 $k=1$ 时, $a_{n,1}=\bar{X}$, 即样本均值. 称

$$m_{n,k}=\frac{1}{n}\sum_{i=1}^{n}(X_i-\bar{X})^k,\quad k=2,3,\cdots$$

为样本 k 阶中心矩. 特别当 $k=2$ 时, $m_{n,2}=(n-1)S^2/n$.

样本的原点矩和中心矩统称为样本矩 (sample moments).

4. 二维随机向量的样本矩

设 $(X_1,Y_1),\cdots,(X_n,Y_n)$ 为从二维总体 $F(x,y)$ 中抽取的样本, 则

$$\bar{X}=\frac{1}{n}\sum_{i=1}^{n}X_i,\quad S_X^2=\frac{1}{n-1}\sum_{i=1}^{n}(X_i-\bar{X})^2,$$

$$\bar{Y}=\frac{1}{n}\sum_{i=1}^{n}Y_i,\quad S_Y^2=\frac{1}{n-1}\sum_{i=1}^{n}(Y_i-\bar{Y})^2,$$

$$S_{XY}=\frac{1}{n}\sum_{i=1}^{n}(X_i-\bar{X})(Y_i-\bar{Y})$$

分别称为 X 和 Y 的样本均值、样本方差及 X 和 Y 的样本协方差 (sample covariance). 进而称

$$r=\sum_{i=1}^{n}(X_i-\bar{X})(Y_i-\bar{Y})\Big/\sqrt{[(n-1)S_X^2]\cdot[(n-1)S_Y^2]}$$

为样本相关系数 (sample correlation coefficient).

5. 次序统计量及其有关统计量

设 $X_1,\cdots,X_n$ 为从总体 F 中抽取的样本, 将其按大小排列为 $X_{(1)}\leqslant X_{(2)}\leqslant\cdots\leqslant X_{(n)}$, 则 $(X_{(1)},X_{(2)},\cdots,X_{(n)})$ 称为样本 $(X_1,\cdots,X_n)$ 的次序统计量 (order statistics), $(X_{(1)},\cdots,X_{(n)})$ 的任一部分也称为次序统计量.

利用次序统计量可以定义下列统计量.

(1) 样本中位数:

$$m_{\frac{1}{2}}=\begin{cases}X_{((n+1)/2)}, & n\text{ 为奇数},\\ \frac{1}{2}[X_{(n/2)}+X_{(n/2+1)}], & n\text{ 为偶数}\end{cases}\tag{1.3.1}$$

称为样本中位数 (sample median), 它反映总体中位数的信息. 当总体分布关于某点对称时, 对称中心既是总体中位数又是总体均值, 此时 $m_{1/2}$ 也反映总体均值的信息.

(2) 极值: $X_{(1)}$ 和 $X_{(n)}$ 分别称为样本的极小值和极大值, 它们统称为样本极

值 (extremum of sample). 极值统计量在关于灾害问题和材料试验的统计分析中是常用的统计量.

(3) 样本 p 分位数 $(0<p<1)$ 可定义为 $X_{(m)}$, $m=[(n+1)p]$, 此处 $[a]$ 表示实数 a 的整数部分. 当 $p=1/2$, n 为奇数时, 此定义与 (1) 中的样本中位数相同. 样本 p 分位数 (sample p-fractile) 反映了总体 p 分位数信息.

(4) 样本极差: $R=X_{(n)}-X_{(1)}$ 称为样本极差 (sample range), 它是反映总体分布散布程度的信息.

6. 样本变异系数

设 $X_1,\cdots,X_n$ 为从总体 F 中抽取的样本, 则称

$$\hat{\nu}=\frac{S_n}{\bar{X}} \tag{1.3.2}$$

为样本变异系数 (sample coefficient of variation). 它反映了总体变异系数 (population coefficient of variation) 的信息. 总体变异系数的定义是 $\nu=\sqrt{\mathrm{Var}(X)}/\,\mathbb{E}(X)$, 它是衡量总体分布散布程度的量, 但这个散布程度是以总体均值为单位来度量.

7. 样本偏度

设 $X_1,\cdots,X_n$ 为从总体 F 中抽取的样本, 则称

$$\hat{\beta}_1=\frac{m_{n,3}}{m_{n,2}^{3/2}}=\sqrt{n}\sum_{i=1}^{n}(X_i-\bar{X})^3\bigg/\left(\sum_{i=1}^{n}(X_i-\bar{X})^2\right)^{3/2} \tag{1.3.3}$$

为样本偏度 (sample skewness). 它反映了总体偏度的信息, 总体偏度 (population skewness) 的定义是 $\beta_1=\mu_3/\mu_2^{3/2}$, 此处 μ_i $(i=2,3)$ 是总体的 i 阶中心矩. β_1 是反映总体分布的非对称性或 "偏倚性" 的一种度量. 正态分布 $N(a,\sigma^2)$ 的偏度为零.

8. 样本峰度

设 $X_1,\cdots,X_n$ 为从总体 F 中抽取的样本, 则称

$$\hat{\beta}_2=\frac{m_{n,4}}{m_{n,2}^2}-3=n\sum_{i=1}^{n}(X_i-\bar{X})^4\bigg/\left(\sum_{i=1}^{n}(X_i-\bar{X})^2\right)^2-3 \tag{1.3.4}$$

为样本峰度 (sample kurtosis). 它反映了总体峰度的信息. 总体峰度 (population kurtosis) 的定义是 $\beta_2=\mu_4/\mu_2^2-3$, 其中 μ_i $(i=2,4)$ 是总体的 i 阶中心矩. β_2 是反映总体分布的密度函数在众数 (即密度函数的最大值点) 附近 "峰" 的尖峭程度的一种度量. 正态分布 $N(a,\sigma^2)$ 的峰度为零.

1.3.3 经验分布函数

总体 X 的分布函数 $F(x)=\mathbb{P}(X\leqslant x), x\in\mathbb{R}$ 刻画了其全部概率性质, 因此自然地希望通过样本来了解总体分布函数, 这个常用工具就是如下定义的经验分布函数.

定义 1.3.2 (经验分布函数)

设 $X_1,\cdots,X_n$ 为自总体 $F(x)$ 中抽取的 i.i.d. 样本, 将其按大小排列为 $X_{(1)}\leqslant X_{(2)}\leqslant\cdots\leqslant X_{(n)}$, 对任意实数 x, 称下列函数

$$F_n(x)=\begin{cases}0, & x<X_{(1)},\\ \dfrac{k}{n}, & X_{(k)}\leqslant x<X_{(k+1)},\ k=1,2,\cdots,n-1,\\ 1, & X_{(n)}\leqslant x\end{cases} \tag{1.3.5}$$

为经验分布函数 (empirical distribution function). ♧

易见经验分布函数是单调、非降、右连续函数, 具有分布函数的基本性质 (图 1.3.1). 它在 $x=x_{(k)}$, $k=1,2,\cdots,n$ 处有间断, 它是在每个间断点跳跃的幅度为 $1/n$ 的阶梯函数. $F_n(x)$ 可以看成总体分布函数 $F(x)=\mathbb{P}(X\leqslant x)$ 的一个估计量. 若记示性函数

$$I_A(x)=\begin{cases}1, & x\in A,\\ 0, & 其他,\end{cases}$$

则 $F_n(x)$ 可表示为

$$F_n(x)=\frac{1}{n}\sum_{i=1}^{n}I_{(-\infty,x]}(X_i). \tag{1.3.6}$$

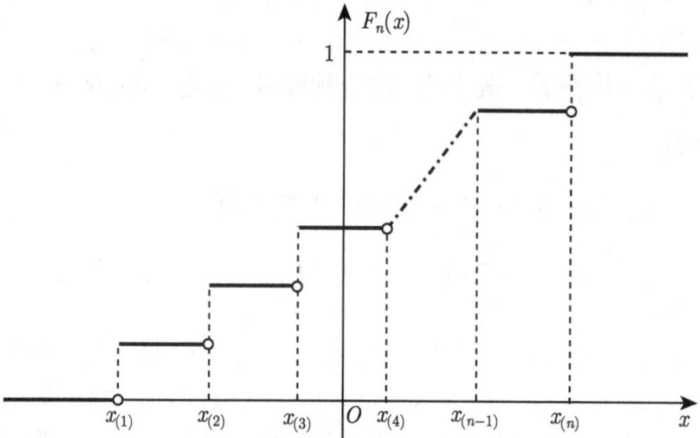

图 1.3.1 经验分布函数

由定义可知 $F_n(x)$ 是仅依赖于样本 $X_1,X_2,\cdots,X_n$ 的函数, 因此它是统计量. 它可能取值为 0, $1/n$, $2/n,\cdots,(n-1)/n$, 1. 若记 $Y_i=I_{(-\infty,x]}(X_i)$, $i=1,2,\cdots,n$, 则 $\mathbb{P}(Y_i=1)=F(x)$, $\mathbb{P}(Y_i=0)=1-F(x)$, 且 $Y_1,Y_2,\cdots,Y_n$ i.i.d. $\sim$

$B(1,F(x))$, 故 $nF_n(x)=\sum\limits_{i=1}^{n}Y_i\sim B(n,F(x))$, 因此对 $k=0,1,\cdots,n$ 有

$$\mathbb{P}\left(F_n(x)=\frac{k}{n}\right)=\mathbb{P}\left(\sum_{i=1}^{n}Y_i=k\right)=\binom{n}{k}[F(x)]^k[1-F(x)]^{n-k}.$$

利用二项分布的性质可知对任一固定的 $x\in\mathbb{R}$, $F_n(x)$ 具有大样本性质:

(1) 由中心极限定理, 则当 $n\to\infty$ 时有

$$\frac{\sqrt{n}(F_n(x)-F(x))}{\sqrt{F(x)(1-F(x))}}\xrightarrow{\mathscr{L}}N(0,1),$$

此处 $\xrightarrow{\mathscr{L}}$ 表示依分布收敛;

(2) 由 Bernoulli (或辛钦) 大数定律, 则当 $n\to\infty$ 时有

$$F_n(x)\xrightarrow{P}F(x);$$

(3) 由 Borel 强大数定律, 则有

$$\mathbb{P}\left(\lim_{n\to\infty}F_n(x)=F(x)\right)=1;$$

(4) 更进一步, 有下列格里汶科定理 (Glivenko-Cantelli theorem).

定理 1.3.1 (Glivenko-Cantelli 定理)

设 $F(x)$ 为 r.v. X 的分布函数, $X_1,\cdots,X_n$ 为取自总体 $F(x)$ 的简单样本, $F_n(x)$ 为其经验分布函数, 记 $D_n=\sup\limits_{-\infty<x<\infty}|F_n(x)-F(x)|$, 则有

$$\mathbb{P}\left(\lim_{n\to\infty}D_n=0\right)=1.$$

此定理的证明见文献 [4] 第 8 页.

注 1.3.2 上述定理中的 D_n 可用来衡量 $F_n(x)$ 和 $F(x)$ 之间在所有的 x 值上的最大差异程度, 格里汶科定理表明: 当 n 足够大时, 对所有的 x 值, 经验分布函数 $F_n(x)$ 与理论分布函数 $F(x)$ 之间只有很小的差别, 且 n 越大差异越小. 从而在 $F(x)$ 完全未知的情况下使用经验分布函数 $F_n(x)$ 来对 $F(x)$ 进行推断, 因此格里汶科定理也被称为是非参数统计的基石.

实验 扫描实验 2 二维码进行统计量的模拟实验, 对不同总体选择不同统计量, 观察在不同样本容量和抽样次数下的统计量取值分布形状. 观察统计量的值随样本容量增加与相应总体特征值之间的关系.

实验 2 抽样分布

1.4 统计模型的确定

样本既然是随机变量, 就有一定的概率分布, 这个概率分布就叫作样本分布 (sample distribution). 样本分布是样本所受随机性影响的最完整的描述. 所谓一个问题的统计模型 (statistical model), 就是指研究该问题时所抽样本的分布.

1.4.1 统计模型的确定方法及例子

确定一个问题的统计模型, 即确定样本分布, 就要根据观察值的具体指标的性质 (这往往涉及有关的专业知识), 以及对抽样方式和对试验进行的方式的了解, 此外常常还必须加进一些人为的假定. 下面通过一些例子来说明.

例 1.4.1 一大批产品共有 N 件, 其中废品 M 件, N 已知, 而 M 未知. 现在从中抽出 n 个检验其中废品的件数, 用以估计 M 或废品率 $p = M/N$. 抽样方式为: 不放回抽样, 一次抽一个, 依次抽取, 直到抽完 n 个为止. 求样本分布.

解 先将问题数量化. 设 X_i 表示第 i 次抽出的样本, 令

$$X_i = \begin{cases} 1, & \text{第 } i \text{ 次抽出的为废品}, \\ 0, & \text{第 } i \text{ 次抽出的为合格品}. \end{cases}$$

样本 $X_1, \cdots, X_n$ 中的每一个都只能取 0,1 两个值之一. 给定一组样本 $x_1, \cdots, x_n$, 每个 x_i 为 0 或 1. 所求的样本分布为 $\mathbb{P}(X_1 = x_1, \cdots, X_n = x_n)$. 若记事件 $A_i = \{X_i = x_i\}$, 利用概率乘法公式

$$\mathbb{P}(A_1A_2\cdots A_n) = \mathbb{P}(A_1)\mathbb{P}(A_2|A_1)\cdots\mathbb{P}(A_n|A_1A_2\cdots A_{n-1}),$$

不难求出样本分布. 为便于讨论, 先看 $n = 3$. 设 $x_1 = 1, x_2 = 0, x_3 = 1$, 则

$$\begin{aligned} &\mathbb{P}(X_1 = 1, X_2 = 0, X_3 = 1) \\ &= \mathbb{P}(X_1 = 1)\mathbb{P}(X_2 = 0|X_1 = 1)\mathbb{P}(X_3 = 1|X_1 = 1, X_2 = 0) \\ &= \frac{M}{N}\cdot\frac{N-M}{N-1}\cdot\frac{M-1}{N-2} = \frac{M}{N}\cdot\frac{M-1}{N-1}\cdot\frac{N-M}{N-2}. \end{aligned}$$

对一般情形, 记 $\sum\limits_{i=1}^{n} x_i = a$, 利用概率乘法公式易求

$$\begin{aligned} &\mathbb{P}(X_1 = x_1, X_2 = x_2, \cdots, X_n = x_n) \\ &= \begin{cases} \dfrac{M}{N}\cdot\dfrac{M-1}{N-1}\cdot\cdots\cdot\dfrac{M-a+1}{N-a+1}\cdot\dfrac{N-M}{N-a}\cdot\cdots\cdot\dfrac{N-M-n+a+1}{N-n+1}, \\ \qquad x_1, \cdots, x_n \text{为 0 或 1 且 } \sum\limits_{i=1}^{n} x_i = a, \\ 0, \qquad \text{其余情形}. \end{cases} \end{aligned} \tag{1.4.1}$$

由上述计算可见样本 $X_1, \cdots, X_n$ 不是相互独立的, 样本分布是利用乘法公式, 通过条件概率计算出来的. □

例 1.4.2 仍以例 1.4.1 为例, 抽样方式改为有放回抽样, 即每次抽样后记下结果, 然后将其放回去, 再随机抽第二个, 直到抽完 n 个为止, 求样本分布.

解 在有放回抽样情形, 每次抽样时, N 个产品中的每一个皆以 $1/N$ 的概率被抽出, 此时 $\mathbb{P}(X_i = 1) = M/N$, $\mathbb{P}(X_i = 0) = (N - M)/N$, 故有

$$\mathbb{P}(X_1 = x_1, \cdots, X_n = x_n) = \mathbb{P}(X_1 = x_1) \cdots \mathbb{P}(X_n = x_n)$$

$$= \begin{cases} \left(\dfrac{M}{N}\right)^a \left(\dfrac{N-M}{N}\right)^{n-a}, & x_1, \cdots, x_n \text{为 0 或 1且} \displaystyle\sum_{i=1}^{n} x_i = a, \\ 0, & \text{其余情形}. \end{cases} \tag{1.4.2}$$

□

可见此例比例 1.4.1 要简单, 因为本例中样本 $X_1, \cdots, X_n$ 是独立同分布的, 而例 1.4.1 中 $X_1, \cdots, X_n$ 不独立. 当 n/N 很小时, 式 (1.4.1) 和式 (1.4.2) 差别很小. 因而当 n/N 很小时, 可把例 1.4.1 中的无放回抽样当成有放回抽样来处理.

这两个例子说明对于同一个统计问题, 有两种不同的抽样方式, 确定了两个不同的统计模型. 因此把模型和样本紧密联系起来是必要的. 因此单说"问题的模型"是不够的, 还需要明确样本产生的方式.

例 1.4.3 为估计一物件的重量 a, 用一架天平将它重复称 n 次, 结果记为 $X_1, \cdots, X_n$, 求样本 $X_1, \cdots, X_n$ 的联合分布.

解 要定出 $X_1, \cdots, X_n$ 的分布, 就没有前面两个例子那种简单的算法, 需作一些假定: ① 假定各次称重是独立进行的, 即某次称重误差的大小不受其他次称重结果的影响. 这样 $X_1, \cdots, X_n$ 就可以认为是相互独立的随机变量. ② 假定各次称重是在"相同条件"下进行的, 可理解为每次用同一天平, 每次称重由同一人操作, 且周围环境 (如温度、湿度等) 都相同. 在这个假定下, 可认为 $X_1, \cdots, X_n$ 是同分布的. 在上述两个假定下, $X_1, \cdots, X_n$ 是 n 个相互独立、相同分布的随机变量, 即为简单样本.

为确定 $X_1, \cdots, X_n$ 的联合分布, 在以上假定之下求出 X_1 的分布即可. 在此考虑称重误差的特性: 这种误差一般由大量的、彼此独立起作用的随机因素叠加而成, 而每一个因素起的作用都很小. 由概率论中的中心极限定理可知这种误差近似服从正态分布. 再假定天平没有系统误差, 则可进一步假定此误差服从均值为 0 的正态分布. 从而 $X_1 = a + \varepsilon_1$ $(\varepsilon_1 \sim N(0, \sigma^2))$ 的概率分布为 $N(a, \sigma^2)$. 因此简单样本 $X_1, \cdots, X_n$ 的分布为

$$f(x_1, \cdots, x_n) = (\sqrt{2\pi}\sigma)^{-n} \exp\left\{-\frac{1}{2\sigma^2} \sum_{i=1}^{n} (x_i - a)^2\right\}. \tag{1.4.3}$$

□

本例中求样本分布, 引入两种假定: ① 导出样本 $X_1, \cdots, X_n$ i.i.d. 的假定, 它与前面例子中"每一个个体有同等机会被抽出"的假定相当; ② 正态假定, 这一

点依据问题的性质、概率论的中心极限理论和以往经验. 后一点是与前例的不同之处.

例 1.4.4 某工厂生产一种电子元件, 如晶体管. 由于大批量生产受随机因素的干扰, 生产出的晶体管的寿命不同. 从中抽取 n 个做寿命试验, 用以估计其平均寿命, 求样本的分布.

解 设用一定方式抽取了 n 个元件, 将其在正常条件下使用, 直到 n 个元件全部失效为止, 测得 n 个元件寿命为 $X_1, \cdots, X_n$, 这就是样本.

要确定 $X_1, \cdots, X_n$ 的联合分布, 要作一些假定: ① 假定工厂的生产量大, 生产条件在所考察的那段时间是稳定的. 这 n 个产品的抽取, 尽量不在同一天、同一个班次或同一个人生产的产品中抽取, 而在生产时间、空间上有足够"跨度"的产品中抽取. 这一假定表明 $X_1, \cdots, X_n$ 可以认为是相互独立相同分布的随机变量. ② 为确定 X_1 的分布, 则需作进一步的假定. 例如, 假定寿命具有无后效性, 即在元件已使用了长为 t 的一段时间尚未失效的条件下, 元件至少还能使用一段时间 s 的概率与 t 无关; 又设当元件在时刻 t 尚未失效, 它在 $[t, t+\Delta t]$ 的时间段内失效的概率有 $\lambda\Delta t + o(\Delta t)$ 的形式 $\left(\text{其中}\, o(\Delta t)\, \text{表示} \lim\limits_{\Delta t \to 0} o(\Delta t)/\Delta t = 0\right)$, $\lambda > 0$ 为一常数, 则在概率论中已证明了: 在上述两个假定下,

$$\mathbb{P}(X_1 \leqslant x) = \begin{cases} 1 - e^{-\lambda x}, & x > 0, \\ 0, & x \leqslant 0, \end{cases}$$

即有指数分布. 也可写成概率密度的形式: X_1 有概率密度

$$f(x, \lambda) = \begin{cases} \lambda e^{-\lambda x}, & x > 0, \\ 0, & x \leqslant 0. \end{cases} \tag{1.4.4}$$

□

本例中 X_1 的分布是严格按概率论的方法推导出来的, 但推导所依据的假定 ② 在实际问题中只能是近似成立. 因此样本 $X_1, \cdots, X_n$ 的联合密度为

$$f(x_1, \cdots, x_n; \lambda) = \begin{cases} \lambda^n \exp\{-n\lambda\bar{x}\}, & x_1, \cdots, x_n > 0, \\ 0, & \text{其他}, \end{cases}$$

此处 $\bar{x} = \sum\limits_{i=1}^{n} x_i/n$.

上面两个例子说明: 确定统计模型, 除了明确统计问题和抽样方式, 常常还需要根据样本的特点, 利用专业知识提出一些人为的假定, 才能确定统计模型.

例 1.4.5 若样本是多维的, 以上讨论也适用. 例如, 在一群人中抽取 n 个, 测其身高和体重得 $(X_1, Y_1), (X_2, Y_2), \cdots, (X_n, Y_n)$, 这就是大小为 n 的二维样本. 在一定条件下, 假定它们是 i.i.d. 的, 且 (X_1, Y_1) 的分布为二维正态分布 $N(a,\ b;\ \sigma_1^2,\ \sigma_2^2;\ \rho)$, 记 $\theta = (a, b, \sigma_1^2, \sigma_2^2, \rho)$, 则样本 $(X_1, Y_1), \cdots, (X_n, Y_n)$ 的联合密度为

$$f(x_1,y_1,\cdots,x_n,y_n;\theta)=\left(\frac{1}{2\pi\sigma_1\sigma_2\sqrt{1-\rho^2}}\right)^n$$

$$\times\prod_{i=1}^{n}\left\{\exp\left\{-\frac{1}{2(1-\rho^2)}\left[\frac{(x_i-a)^2}{\sigma_1^2}-\frac{2\rho(x_i-a)(y_i-b)}{\sigma_1\sigma_2}+\frac{(y_i-b)^2}{\sigma_2^2}\right]\right\}\right\}. \quad (1.4.5)$$

1.4.2 有关统计模型的几点说明

1. 统计模型的名称

如前所述, 一个问题的统计模型 (statistical model), 就是指研究该问题时所抽样本的分布, 也常称为概率模型.

由于模型只取决于样本的分布, 故常把分布的名称作为模型的名称. 例如, 正态分布模型 (简称正态模型)、Poisson 分布模型 (简称 Poisson 模型) 和指数分布模型等.

2. "问题的模型" 与抽样方式

在如上定义下, 模型是对指定的样本而言的. 因此只有明确了样本的产生方法, 并辅以必要的假定, 才能定下模型. 按模型的上述定义, 单说 "问题的模型" 还不很合适, 因为提出问题并非必须给定样本不可. 例如例 1.4.1 和例 1.4.2 中估计 N 件产品中的次品数 M 或估计废品率 $p=M/N$. 问题很明确, 但是如何抽样, 可以有各种不同的方法. 事实上, 例 1.4.1 和例 1.4.2 这两个例子说明对于同一个问题, 如果采取有放回和不放回两种不同的抽样方式, 就确定了两个不同的统计模型. 因此把模型和样本紧密联系起来是必要的. 统计分析的依据是样本, 从统计上说, 只有规定了样本的分布, 问题才算真正明确了.

3. 很多性质不一样的问题, 可以归入到同一模型下

例如, 涉及测量误差的问题, 只要例 1.4.3 中叙述的假定误差服从正态分布的理由成立, 则都可以用正态模型 (1.4.3). 只要把这个模型中的统计推断问题研究清楚了, 就可以解决许多专业部门中的这类问题. 可以说数理统计学的任务就是研究种种统计模型中所能提出来的种种统计问题. 许多不同专业部门中性质不一样的问题在一定条件下可归入到同一模型下, 对这一模型种种统计推断问题的研究反过来又可应用于解决这些专业部门提出的性质各异的同一类问题.

4. 同一模型下可以提出很多不同的统计推断问题

如例 1.4.3 的 $N(a,\sigma^2)$ 模型中, 有了样本 $X_1,\cdots,X_n$, 并规定分布 (1.4.3) 后就有了一个统计模型. 在这个模型下可提出一些统计推断问题, 如在例 1.4.3 中, 问题是估计物重 a, 为了考察天平的精度, 可以提出估计 σ^2, 当然还可以对 a 和 σ^2 提出假设检验和区间估计问题等.

1.5 指数型分布族

在统计理论问题中, 许多统计推断方法的优良性, 对一类范围广泛的统计模型 (亦称为分布族) 有较满意的结果. 这类分布族称为指数型分布族 (简称指数族). 常见的分布, 如正态分布、二项分布、Poisson 分布、负二项分布、指数分布、Gamma 分布和多项分布等都属于这类分布族, 这些表面上看来各不相同的分布族, 其实都可以统一在一种包罗更广的一类称为指数型分布族的模式中. 当然引进这种分布族的理由, 主要不在于谋求形式上的统一, 而在于这种统一抓住了它们的共性, 因此许多统计理论问题, 对指数族获得较彻底的解决. 本节介绍指数型分布族的定义及简单性质.

1.5.1 定义与例子

定义 1.5.1

设 $\mathscr{F}=\{f(x,\boldsymbol{\theta}):\boldsymbol{\theta}\in\Theta\}$ 是定义在样本空间 $\mathscr{X}$ 上的分布族, 其中 $\boldsymbol{\theta}=(\theta_1,\cdots,\theta_k)$, Θ 为参数空间. 若其概率函数 $f(x,\boldsymbol{\theta})$ 可表示成如下形式:

$$f(x,\boldsymbol{\theta})=C(\boldsymbol{\theta})\exp\left\{\sum_{i=1}^{k}Q_i(\boldsymbol{\theta})T_i(x)\right\}h(x), \tag{1.5.1}$$

则称此分布族为指数型分布族 (简称指数族, exponential family), 其中 k 为正整数, $C(\boldsymbol{\theta})>0$ 和 $Q_i(\boldsymbol{\theta})$ $(i=1,2,\cdots,k)$ 都是定义在参数空间 Θ 上的函数, $h(x)>0$ 和 $T_i(x)$ $(i=1,2,\cdots,k)$ 都是定义在样本空间 $\mathscr{X}$ 上的函数. ♧

指数族的一个重要性质是族中的所有分布具有共同的支撑集 ($G(x)=\{x:f(x,\boldsymbol{\theta})>0\}$ 称为概率函数 $f(x,\boldsymbol{\theta})$ 的支撑集). 由定义可见指数族的支撑集 $\{x:f(x,\boldsymbol{\theta})>0\}=\{x:h(x)>0\}$ 与 $\boldsymbol{\theta}$ 无关. 任一分布族若其支撑集与 $\boldsymbol{\theta}$ 有关, 则族中分布不再具有共同支撑集, 因而必不是指数族.

例 1.5.1 设 $\boldsymbol{X}=(X_1,\cdots,X_n)$ 为从正态分布 $N(\mu,\sigma^2)$ 中抽取的简单样本, 则样本分布族是指数族.

解 样本 $\boldsymbol{X}$ 的联合密度为

$$f(\boldsymbol{x};\mu,\sigma^2)=\left(\sqrt{2\pi}\sigma\right)^{-n}\exp\left\{-\frac{1}{2\sigma^2}\sum_{i=1}^{n}(x_i-\mu)^2\right\}. \tag{1.5.2}$$

记 $\boldsymbol{\theta}=(\mu,\sigma^2)$, 则参数空间为 $\Theta=\{\boldsymbol{\theta}=(\mu,\sigma^2):-\infty<\mu<\infty,\ \sigma^2>0\}$. 将式 (1.5.2) 改写为

$$f(\boldsymbol{x},\boldsymbol{\theta})=\left(\sqrt{2\pi}\sigma\right)^{-n}e^{-\frac{n\mu^2}{2\sigma^2}}\exp\left\{\frac{\mu}{\sigma^2}\sum_{i=1}^{n}x_i-\frac{1}{2\sigma^2}\sum_{i=1}^{n}x_i^2\right\}$$

$$= C(\boldsymbol{\theta})\exp\{Q_1(\boldsymbol{\theta})T_1(\boldsymbol{x}) + Q_2(\boldsymbol{\theta})T_2(\boldsymbol{x})\}h(\boldsymbol{x}), \tag{1.5.3}$$

其中 $C(\boldsymbol{\theta}) = (\sqrt{2\pi}\sigma)^{-n}\exp\{-n\mu^2/(2\sigma^2)\}$, $Q_1(\boldsymbol{\theta}) = \mu/\sigma^2$, $Q_2(\boldsymbol{\theta}) = -1/(2\sigma^2)$, $T_1(\boldsymbol{x}) = \sum\limits_{i=1}^n x_i$, $T_2(\boldsymbol{x}) = \sum\limits_{i=1}^n x_i^2$, $h(\boldsymbol{x}) \equiv 1$. 因此, 由定义可知上述样本分布族是指数族.

特别当取样本容量 $n = 1$ 时, X_1 的密度 (即正态密度) 函数为

$$\begin{aligned} f(x, \boldsymbol{\theta}) &= \frac{1}{\sqrt{2\pi}\sigma}e^{-\frac{(x-\mu)^2}{2\sigma^2}} = \frac{1}{\sqrt{2\pi}\sigma}e^{-\frac{\mu^2}{2\sigma^2}}\exp\left\{\frac{\mu}{\sigma^2}x - \frac{1}{2\sigma^2}x^2\right\} \\ &= C(\boldsymbol{\theta})\exp\{Q_1(\boldsymbol{\theta})T_1(x) + Q_2(\boldsymbol{\theta})T_2(x)\}h(x), \end{aligned}$$

其中 $\boldsymbol{\theta} = (\mu, \sigma^2)$, $C(\boldsymbol{\theta}) = (\sqrt{2\pi}\sigma)^{-1}e^{-\frac{\mu^2}{2\sigma^2}}$, $T_1(x) = x$, $T_2(x) = x^2$, $h(x) = 1$, 而 $Q_1(\boldsymbol{\theta})$, $Q_2(\boldsymbol{\theta})$ 与式 (1.5.3) 相同, 按定义, 正态分布族 $\{N(\mu, \sigma^2): -\infty < \mu < \infty, \sigma^2 > 0\}$ 是指数族. 这说明样本分布族是否为指数族, 不依赖于样本大小 n. □

例 1.5.2 设 $\boldsymbol{X} = (X_1, \cdots, X_n)$ 为从 Gamma 分布 $\Gamma(\gamma, \lambda)$ 中抽取的简单样本, 则样本分布族是指数族.

解 样本 $\boldsymbol{X}$ 的联合密度为

$$f(\boldsymbol{x}; \gamma, \lambda) = \prod_{i=1}^n \left[\frac{\lambda^\gamma}{\Gamma(\gamma)}x_i^{\gamma-1}\exp\{-\lambda x_i\}I_{(0,\infty)}(x_i)\right]. \tag{1.5.4}$$

记 $\boldsymbol{\theta} = (\gamma, \lambda)$, 则参数空间为 $\Theta = \{\boldsymbol{\theta} = (\gamma, \lambda):\ \gamma > 0,\ \lambda > 0\}$. 将上式改写为

$$\begin{aligned} f(\boldsymbol{x}, \boldsymbol{\theta}) &= \frac{\lambda^{n\gamma}}{[\Gamma(\gamma)]^n}\exp\left\{-\lambda\sum_{i=1}^n x_i + (\gamma - 1)\sum_{i=1}^n \log x_i\right\}\prod_{i=1}^n I_{(0,\infty)}(x_i) \\ &= C(\boldsymbol{\theta})\exp\{Q_1(\boldsymbol{\theta})T_1(\boldsymbol{x}) + Q_2(\boldsymbol{\theta})T_2(\boldsymbol{x})\}h(\boldsymbol{x}), \end{aligned} \tag{1.5.5}$$

其中 $C(\boldsymbol{\theta}) = \lambda^{n\gamma}/[\Gamma(\gamma)]^n$, $Q_1(\boldsymbol{\theta}) = -\lambda$, $Q_2(\boldsymbol{\theta}) = \gamma - 1$, $T_1(\boldsymbol{x}) = \sum\limits_{i=1}^n x_i$, $T_2(\boldsymbol{x}) = \sum\limits_{i=1}^n \log x_i$, $h(\boldsymbol{x}) = \prod\limits_{i=1}^n I_{(0,\infty)}(x_i)$. 按定义可知上述样本分布族是指数族. □

与例 1.5.1 末尾的说明相似, 当取样本容量 $n = 1$ 时, 将 X_1 的密度函数表成指数族的形式, 易见 Gamma 分布族 $\{\Gamma(\gamma, \lambda):\ \gamma > 0,\ \lambda > 0\}$ 仍是指数族.

例 1.5.3 二项分布族 $\{B(n, \theta):\ 0 < \theta < 1\}$ 是指数族.

解 设 $X \sim$ 二项分布 $B(n, \theta)$, 其概率函数为

$$\begin{aligned} p(x, \theta) = \mathbb{P}_\theta(X = x) &= \binom{n}{x}\theta^x(1 - \theta)^{n-x} \\ &= \binom{n}{x}\left(\frac{\theta}{1 - \theta}\right)^x(1 - \theta)^n, \quad x = 0, 1, 2, \cdots, n, \end{aligned} \tag{1.5.6}$$

其中样本空间 $\mathscr{X} = \{0, 1, 2, \cdots, n\}$, 参数空间 $\Theta = \{\theta: 0 < \theta < 1\} = (0, 1)$. 将上

式改写为

$$p(x,\theta)=(1-\theta)^n\exp\left\{x\ln\frac{\theta}{1-\theta}\right\}\cdot\binom{n}{x}$$
$$=C(\theta)\exp\{Q_1(\theta)T_1(x)\}h(x), \tag{1.5.7}$$

其中 $C(\theta)=(1-\theta)^n$, $Q_1(\theta)=\ln[\theta/(1-\theta)]$, $T_1(x)=x$, $h(x)=\binom{n}{x}$, 按定义二项分布族 $\{B(n,\theta):\ 0<\theta<1\}$ 也是指数族. □

例 1.5.4 Poisson 分布族 $\{P(\theta):\ \theta>0\}$ 是指数族.

解 设 $X\sim$ Poisson 分布 $P(\theta)$, 其概率函数为

$$p(x,\theta)=\mathbb{P}_\theta(X=x)=\frac{e^{-\theta}\theta^x}{x!}=\frac{e^{-\theta}\exp\{x\ln\theta\}}{x!}$$
$$=C(\theta)\exp\{Q_1(\theta)T_1(x)\}h(x),\quad x=0,1,2,\cdots, \tag{1.5.8}$$

其中样本空间 $\mathscr{X}=\{0,1,2,\cdots\}$, 参数空间 $\Theta=\{\theta:\theta>0\}=(0,\infty)$, $C(\theta)=e^{-\theta}$, $Q_1(\theta)=\ln\theta$, $T_1(x)=x$, $h(x)=1/x!$, 按定义 Poisson 分布族是指数族. □

例 1.5.5 均匀分布族 $\{U(0,\theta):\ \theta>0\}$ 和双参数指数分布不是指数族.

解 由指数族的定义可知, 其支撑集 $\{x:f(x,\theta)>0\}=\{x:h(x)>0\}$ 与 θ 无关. 而均匀分布族 $\{U(0,\theta):\ \theta>0\}$ 的支撑集为 $\{x:f(x,\theta)>0\}=(0,\ \theta)$ 与 θ 有关, 因此它不是指数族.

双参数指数分布族的密度函数如下:

$$p(x;\mu,\sigma)=\frac{1}{\sigma}\exp\left\{-\frac{x-\mu}{\sigma}\right\}I_{[x>\mu]},\quad -\infty<\mu<\infty,\ \ \sigma>0, \tag{1.5.9}$$

其中 μ 和 σ 为两个参数, 它的支撑集为 $\{x:p(x;\mu,\sigma)>0\}=(\mu,\infty)$ 与未知参数 μ 有关, 故它也不是指数族. 但若 μ 已知, 如 $\mu=0$, 则单参数指数分布族 $\mathrm{Exp}(1/\sigma)$ 属于指数族. □

1.5.2 指数族的自然形式及自然参数空间

在指数族的定义 $C(\boldsymbol{\theta})\exp\left\{\sum\limits_{i=1}^k Q_i(\boldsymbol{\theta})T_i(x)\right\}h(x)$ 中, 若用 φ_i 代替 $Q_i(\boldsymbol{\theta})$, 而将 $C(\boldsymbol{\theta})$ 表成 $\boldsymbol{\varphi}$ 的函数 $C^*(\boldsymbol{\varphi})$, $\boldsymbol{\varphi}=(\varphi_1,\cdots,\varphi_k)$, 则指数族的表达式变为 $C^*(\boldsymbol{\varphi})\exp\left\{\sum\limits_{i=1}^k \varphi_iT_i(x)\right\}\cdot h(x)$. 再改 φ_i 为 θ_i, $i=1,2,\cdots,k$, 得到如下指数族的自然形式 (或称为标准形式) 的定义.

定义 1.5.2

如果指数族有下列形式:

$$f(x,\boldsymbol{\theta})=C^*(\boldsymbol{\theta})\exp\left\{\sum_{i=1}^k\theta_iT_i(x)\right\}h(x), \tag{1.5.10}$$

则称它为指数族的自然形式 (natural form). 此时集合

$$\Theta^* = \left\{(\theta_1, \theta_2, \cdots, \theta_k) : \int_{\mathscr{X}} \exp\left\{\sum_{i=1}^{k} \theta_i T_i(x)\right\} h(x)dx < \infty\right\} \tag{1.5.11}$$

称为自然参数空间 (natural parametric space). ♧

例 1.5.6 将例 1.5.1 中样本分布族表示为指数族的自然形式, 并求出其自然参数空间.

解 令 $\boldsymbol{\theta} = (\mu, \sigma^2)$. 由例 1.5.1 可知

$$\begin{aligned} f(\boldsymbol{x}; \mu, \sigma^2) &= \left(2\pi\sigma^2\right)^{-\frac{n}{2}} e^{-\frac{n\mu^2}{2\sigma^2}} \exp\left\{\frac{\mu}{\sigma^2}\sum_{i=1}^{n} x_i - \frac{1}{2\sigma^2}\sum_{i=1}^{n} x_i^2\right\} \\ &= C(\boldsymbol{\theta}) \exp\{Q_1(\boldsymbol{\theta})T_1(\boldsymbol{x}) + Q_2(\boldsymbol{\theta})T_2(\boldsymbol{x})\}h(\boldsymbol{x}), \end{aligned}$$

其中 $C(\boldsymbol{\theta}) = (2\pi\sigma^2)^{-n/2} \exp\left\{-n\mu^2/(2\sigma^2)\right\}$, 而 $Q_1(\boldsymbol{\theta}) = \mu/\sigma^2$, $Q_2(\boldsymbol{\theta}) = -1/(2\sigma^2)$ 以及 $T_1(\boldsymbol{x}) = \sum\limits_{i=1}^{n} x_i$, $T_2(\boldsymbol{x}) = \sum\limits_{i=1}^{n} x_i^2$, $h(\boldsymbol{x}) \equiv 1$ 皆与式 (1.5.3) 中相同.

令 $\varphi_1 = Q_1(\boldsymbol{\theta})$, $\varphi_2 = Q_2(\boldsymbol{\theta})$, 解出 $\sigma^2 = -1/(2\varphi_2)$, $\mu^2/\sigma^2 = -\varphi_1^2/(2\varphi_2)$. 因此 $C(\boldsymbol{\theta})$ 变为 $C^*(\boldsymbol{\varphi}) = \left(-\varphi_2/\pi\right)^{n/2} \exp\left\{n\varphi_1^2/(4\varphi_2)\right\}$, $\boldsymbol{\varphi} = (\varphi_1, \varphi_2)$, 故式 (1.5.3) 变为下面的自然形式:

$$f(\boldsymbol{x}, \boldsymbol{\varphi}) = C^*(\boldsymbol{\varphi}) \exp\left\{\varphi_1 T_1(\boldsymbol{x}) + \varphi_2 T_2(\boldsymbol{x})\right\}h(\boldsymbol{x}), \tag{1.5.12}$$

其自然参数空间为

$$\Theta^* = \{\boldsymbol{\varphi} = (\varphi_1, \varphi_2) : -\infty < \varphi_1 < \infty,\ -\infty < \varphi_2 < 0\}. \tag{1.5.13}$$

□

例 1.5.7 将例 1.5.3 中二项分布族表成指数族的自然形式, 并求出其自然参数空间.

解 由例 1.5.3 可知

$$f(x, \theta) = (1-\theta)^n \exp\left\{\ln\frac{\theta}{1-\theta} \cdot x\right\} \binom{n}{x}, \quad x = 0, 1, 2, \cdots, n,$$

参数空间 $\Theta = \{\theta : 0 < \theta < 1\}$. 令 $\ln[\theta/(1-\theta)] = \varphi$, 故知 $-\infty < \varphi < \infty$. 由 $\varphi = \ln[\theta/(1-\theta)]$ 解出 $1 - \theta = 1/(1+e^{\varphi})$. 故由式 (1.5.7) 获得其自然形式

$$f(x, \varphi) = (1+e^{\varphi})^{-n} \exp\{\varphi \cdot x\}\binom{n}{x} = C^*(\varphi) \exp\{\varphi T_1(x)\}h(x), \tag{1.5.14}$$

其中 $C^*(\varphi) = (1+e^{\varphi})^{-n}$, 而 $T_1(x)$, $h(x)$ 与式 (1.5.7) 中相同, 其自然参数空间为

$$\Theta^* = \{\varphi : -\infty < \varphi < \infty\} = (-\infty, \infty). \tag{1.5.15}$$

□

1.5.3　指数族的性质

自然参数空间具有下述重要性质.

定理 1.5.1

在指数族的自然形式下, 自然参数空间为凸集.

证明的方法如下: 设 $\boldsymbol{\theta}=(\theta_1,\cdots,\theta_k)$ 为 k 维向量. 任给 $\boldsymbol{\theta}^{(1)}=(\theta_1^1,\cdots,\theta_k^1)$, $\boldsymbol{\theta}^{(0)}=(\theta_1^0,\cdots,\theta_k^0)$ 皆属于自然参数空间 Θ^*, 设 $0<\alpha<1$, 令 $\boldsymbol{\theta}=\alpha\boldsymbol{\theta}^{(1)}+(1-\alpha)\boldsymbol{\theta}^{(0)}$ (即 $\theta_i=\alpha\theta_i^1+(1-\alpha)\theta_i^0$, $i=1,2,\cdots,k$), 若能证明 $\boldsymbol{\theta}\in\Theta^*$, 则按凸集的定义, 定理 1.5.1 得证. 具体证明留作练习.

指数族具有良好的分析性质, 见下述定理.

定理 1.5.2

设指数族的自然形式中, 自然参数空间有内点, 其内点集为 Θ_0. 设 $g(x)$ 为任一实函数, 使得积分

$$G(\boldsymbol{\theta})=\int_{\mathscr{X}} g(x)\exp\left\{\sum_{j=1}^{k}\theta_j T_j(x)\right\}h(x)dx$$

在 Θ_0 内存在且有限, 则 $G(\boldsymbol{\theta})$ 的任意阶偏导数在 Θ_0 内存在且可在积分号下求得, 即

$$\frac{\partial^m G(\boldsymbol{\theta})}{\partial\theta_1^{m_1}\cdots\partial\theta_k^{m_k}}=\int_{\mathscr{X}}\frac{\partial^m}{\partial\theta_1^{m_1}\cdots\partial\theta_k^{m_k}}\left[g(x)\exp\left\{\sum_{j=1}^{k}\theta_j T_j(x)\right\}h(x)\right]dx,$$

其中 $\sum\limits_{j=1}^{k}m_j=m$, 即对 $G(\boldsymbol{\theta})$ 关于 $\boldsymbol{\theta}$ 的任意阶偏导数可在积分下求得.

此定理一般的形式叙述及其证明查看文献 [1] 第 21 页定理 1.2.1.

1.6　Bayes 模型

1.6.1　引言

1. 从 Bayes 公式说起

在概率论中我们学过全概率公式和 Bayes 公式, 回顾如下: 设 $B_1,B_2,\cdots,B_n$ (n 为有限或无穷) 是样本空间 Ω 中的一个完备事件群 (又称为 Ω 的一个分划). 换言之, 它们满足下列条件: ① 两两不相交, 即 $B_iB_j=\varnothing$, $i\neq j$; ② 它们之并 (和) 正好是样本空间, 即 $\sum\limits_{i=1}^{n}B_i=\Omega$. 设 A 为 Ω 中的一个事件, 则全概率公式为

$$\mathbb{P}(A)=\mathbb{P}\left(\sum_{i=1}^{n}AB_i\right)=\sum_{i=1}^{n}\mathbb{P}(A|B_i)\mathbb{P}(B_i).$$

这个公式将整个事件 A 分解成一些两两不相交的事件之并 (和), 直接计算 $\mathbb{P}(A)$ 不容易, 但分解后的那些事件的概率容易计算, 从而使 $\mathbb{P}(A)$ 的计算变得容易了.

Bayes 公式 在全概率公式的条件下, 即存在样本空间 Ω 中的一个完备事件群 $\{B_1,B_2,\cdots,B_n\}$, 设 A 为 Ω 中的一个事件, 且 $\mathbb{P}(B_i)>0$, $i=1,2,\cdots,n$, $\mathbb{P}(A)>0$, 则按条件概率计算方法有

$$\mathbb{P}(B_i|A)=\frac{\mathbb{P}(A|B_i)\mathbb{P}(B_i)}{\mathbb{P}(A)}=\frac{\mathbb{P}(A|B_i)\mathbb{P}(B_i)}{\sum_{j=1}^{n}\mathbb{P}(A|B_j)\mathbb{P}(B_j)},\quad i=1,\cdots,n.$$

这个公式称为 Bayes 公式 (Bayes formula), 它是概率论中的一个著名公式.

推敲一下这个公式的意义: 从形式上看这个公式不过是条件概率定义与全概率公式的简单推论. 其之所以著名, 是在这个公式的哲理意义上. 先看 $\mathbb{P}(B_1),\mathbb{P}(B_2),\cdots,\mathbb{P}(B_n)$, 这是在没有进一步信息 (不知道 A 发生) 时, 人们对 $B_1,B_2,\cdots,B_n$ 发生可能性大小的认识, 在有了新信息 (知道 A 发生) 后, 人们对事件 $B_1,B_2,\cdots,B_n$ 发生可能性大小的新认识体现在 $\mathbb{P}(B_1|A),\mathbb{P}(B_2|A),\cdots,\mathbb{P}(B_n|A)$.

如果我们把事件 A 看成 "结果", 把诸事件 $B_1,B_2,\cdots,B_n$ 看成导致这一结果的可能 "原因", 则可以形象地把全概率公式看成由 "原因" 推 "结果". 而 Bayes 公式正好相反. 其作用在于由 "结果" 推 "原因". 现在有了结果 A, 在导致 A 发生的众多原因中, 到底是哪个原因导致了 A 发生 (或曰: 到底是哪个原因导致 A 发生的可能性最大)? 这是日常生活和科学技术研究中常见到的问题. 请看下例.

例 1.6.1 一种诊断某癌症的试剂, 经临床试验有如下记录: 癌症患者试验结果是阳性的概率为 95%, 非癌症患者试验结果是阴性的概率为 95%. 现用这种试剂在某社区进行癌症普查, 设该社区癌症发病率为 0.5%, 问某人反应为阳性时, 该如何判断他是否患有癌症.

解 设 A 表示 "反应为阳性" 的事件, B 表示 "被诊断者患癌症" 的事件, 则 $B_1=B$ 和 $B_2=\bar{B}$ 构成一个完备事件群. 由题意,

$$\mathbb{P}(A|B_1)=0.95,\quad \mathbb{P}(A|B_2)=1-\mathbb{P}(\bar{A}|B_2)=1-0.95=0.05,$$

$$\mathbb{P}(B_1)=0.005,\quad \mathbb{P}(B_2)=0.995.$$

现在要算的是 $\mathbb{P}(B_1|A)$ 和 $\mathbb{P}(B_2|A)$. 由 Bayes 公式易得

$$\mathbb{P}(B_1|A)=\frac{\mathbb{P}(A|B_1)\mathbb{P}(B_1)}{\mathbb{P}(A|B_1)\mathbb{P}(B_1)+\mathbb{P}(A|B_2)\mathbb{P}(B_2)}$$

$$= \frac{0.95 \times 0.005}{0.95 \times 0.005 + 0.05 \times 0.995}$$
$$= 0.087 = 8.7\%.$$

类似地可算得 $\mathbb{P}(B_2|A) = 0.913 = 91.3\%$. 导致某人试验结果为阳性, 可能原因有两个: 一个是他患有癌症使试验结果呈阳性; 另一个是他根本就没有患有癌症, 但也可以使试验结果呈阳性. 从这两种原因发生的概率来看, 由于 $\mathbb{P}(B_2|A)$ 比 $\mathbb{P}(B_1|A)$ 大很多, 某人真正患癌症的可能性很小, 只有 8.7%, 告诉他不必紧张, 可以到医院去做进一步的检查, 以便排除这一疑点. □

通过上述介绍, 在了解 Bayes 公式后, 我们可对 Bayes 方法做如下说明.

Bayes 方法的基本观点是由 Bayes 公式引申而来的. 学过初等概率论的人都知道 Bayes 公式, 此公式包含在英国学者 Bayes 于 1763 年 (在他去世后两年) 发表的文章《论有关机遇问题的求解》中. 从形式上看这一公式不过是条件概率定义的一个简单推论, 但它却包含了归纳推理的一种思想, 后来学者把它发展成一种关于统计推断的系统理论和方法, 称为 Bayes 方法. 由这种方法获得的统计推断的全部结果, 构成了 Bayes 统计学的内容. 信奉 Bayes 统计, 乃至鼓吹 Bayes 观点是关于统计推断的唯一正确方法的那些学者形成了数理统计学中的 Bayes 学派. 这一学派始于 20 世纪二三十年代, 到五六十年代引起人们广泛的关注. 时至今日其影响日益扩大 (详见文献 [5]). Bayes 方法已渗透到了数理统计的几乎所有领域, 每个学习数理统计学的人, 都应当对这个学派的观点和方法有所了解.

Bayes 学派的观点在统计学界引起了广泛的争论. 频率 (经典) 学派与 Bayes 学派近几十年来的争论推动了数理统计学的发展. 这两大学派之间有共同点, 也有不同点, 为了弄清他们的主要差别, 首先介绍统计推断中所使用的三种信息.

2. 三种信息

如果已经知道总体的分布形式, 这就给了一种信息, 称为总体信息. 例如, 样本来自于正态总体, 它暗示很多信息, 如它的密度函数是倒立的钟形曲线, 它的所有阶矩存在, 任何事件的概率都可以通过查表求出. 由正态总体还可导出与之相关的 χ^2 分布、t 分布、F 分布等. 因此总体的信息是很重要的, 但是获得总体的信息是要付出代价的. 例如, 在工业可靠性问题中, 要想获得电子元器件的寿命分布, 要利用成千上万的元器件, 做大量的实验, 再进行统计分析从而导出其分布, 要费钱、费力、费时.

另外一种信息是样本信息, 即从总体中抽取的样本提供的信息. 这是最 "鲜活" 的信息. 样本越多, 提供的信息越多. 我们希望通过把样本加工、整理, 对总体的分布或总体的某些数字特征作出统计推断. 没有样本就没有统计推断, 这是任何一种统计推断都需要有的信息. 总体信息和样本信息统称为抽样信息.

基于上述两种信息进行统计推断的方法和理论称为经典 (古典) 统计学. 从 19 世纪至 20 世纪中叶, R. A. Fisher, K. Pearson, J. Neyman 等学者的杰出工作创立了经典统计学. 直到 20 世纪 50 年代这个学派占据了数理统计学的主导地位. 经典统计学在自然科学和社会科学中的各个领域得到发展, 但也暴露出它的一些缺点, 导致了新的统计学的产生.

第三种信息称为先验信息, 就是在抽样之前有关统计推断问题中未知参数的一些信息. 一般先验信息来自经验和历史资料.

例 1.6.2 英国统计学家 Savage 在 1961 年提出一个令人信服的例子说明先验信息有时是很重要的, 且看下面两个试验:

(1) 一位常饮牛奶和茶的女士说她能辨别先倒进杯子里的是茶还是牛奶. 对此做了 10 次试验她都说对了.

(2) 一位音乐家说他能够从一页乐谱辨别是海顿 (Haydn) 还是莫扎特 (Mozart) 的作品, 在 10 次试验中他都说对了.

在上面两个试验中, 如果认为试验者是猜对的, 每次成功概率为 0.5, 则 10 次都猜中的概率为 $(1/2)^{10} = 2^{-10} = 0.0009766$, 这是一个很小的概率, 几乎不可能发生. 故每次猜对的概率为 0.5 的假设被否定. 他们每次说对的概率比 0.5 要大得多, 这不能认为是猜测, 而是经验帮了忙. 可见经验 (先验信息) 在推断中不可忽视, 应当加以利用.

例 1.6.3 某工厂生产一种产品, 每日抽查 n 件产品以检查废品率 θ, 经过一段时间后获得大量数据, 对 θ 作出估计. 就当日被抽查的那批产品的废品率 θ 而言, 它只是一个固定的数, 并无随机性可言; 但逐日的废品率 θ 受随机因素的影响多少会有些波动. 从长期看, 将 "一日废品率 θ" 视为随机变量, 而要估计的某日的废品率是这个随机变量的一个观察值. 根据历史资料可构造一个分布

$$\mathbb{P}\left(\theta = \frac{i}{n}\right) = \pi_i, \quad i = 0, 1, 2, \cdots, n; \quad \sum_{i=1}^{n} \pi_i = 1.$$

这个对先验信息进行整理加工而得到的分布称为先验分布. 先验分布总结了该厂过去产品质量情况. 如果这个分布的概率大多集中在 $\theta = 0$ 附近, 那该产品可以认为是 "信得过产品". 假如以后多次抽样与历史资料提供的先验分布一致, 使用单位就可以作出 "免检产品" 的决定, 或者每月抽一两次就足够了, 省去大量人力和物力.

基于上述三种信息进行统计推断的方法和理论称为 Bayes 统计学. 它与经典统计学的主要区别在于是否利用先验信息. 在使用样本上也是存在差别的. Bayes 方法重视已出现的样本, 对尚未发生的样本值不予考虑. Bayes 学派重视先验信息的收集、挖掘和加工, 使之形成先验分布, 参加到统计推断中来, 以提高统计推断

的效果. 忽视先验分布的利用, 有时是一种浪费.

1.6.2 先验分布与后验分布

定义 1.6.1 (先验分布)

参数空间 Θ 上 θ 的任一概率分布称为先验分布 (prior distribution), 记为 $\pi(\theta)$ (即先验概率函数, 当 θ 为连续型 r.v. 时, 它表示其先验密度函数; 当 θ 为离散型 r.v. 时, 它表示其先验概率分布).

先验分布有不同的类型, 比较重要的几个概念是主观概率 、无信息先验分布和共轭先验分布. 下面几小节分别介绍主观概率、无信息先验和共轭先验及其后验分布.

先验分布 $\pi(\theta)$ 是在抽取样本 $\boldsymbol{X}$ 之前对参数 θ 可能取值的认识. 后验分布 $\pi(\theta|\boldsymbol{x})$(即后验概率函数, 当 θ 为连续型 r.v. 时, 它表示其后验密度; 当 θ 为离散型 r.v. 时, 它表示其后验概率分布) 是反映人们在获取样本后对 θ 的新认识. 这是由于样本 $\boldsymbol{X}$ 也包含 θ 的信息, 因此一旦获得样本 $\boldsymbol{X}$ 后, 人们对 θ 的认识就发生了变化和调整. 所以, 后验分布 $\pi(\theta|\boldsymbol{x})$ 可以看作是人们用总体信息和样本信息 (综合称为抽样信息) 对先验分布 $\pi(\theta)$ 作调整的结果.

为叙述方便, 本章中常假定有关的先验密度函数 $\pi(\theta)$ 和后验密度函数 $\pi(\theta|\boldsymbol{x})$ 皆存在.

定义 1.6.2 (后验分布)

在获得样本 $\boldsymbol{X}$ 后, θ 的后验分布 (posterior distribution) 就是给定 $\boldsymbol{X}=\boldsymbol{x}$ 条件下 θ 的条件分布, 后验密度 $\pi(\theta|\boldsymbol{x})$ 有下列计算公式:

$$\pi(\theta|\boldsymbol{x})=\frac{f(\boldsymbol{x},\theta)}{m(\boldsymbol{x})}=\frac{f(\boldsymbol{x}|\theta)\pi(\theta)}{\displaystyle\int_{\Theta}f(\boldsymbol{x}|\theta)\pi(\theta)d\theta}, \tag{1.6.1}$$

其中 $f(\boldsymbol{x}|\theta)$ 为给定 θ 时样本 $\boldsymbol{x}$ 的条件密度函数, $\pi(\theta)$ 为参数 θ 的先验密度, 而 $f(\boldsymbol{x},\theta)=f(\boldsymbol{x}|\theta)\pi(\theta)$ 为 $\boldsymbol{X}$ 和 θ 的联合密度,

$$m(\boldsymbol{x})=\int_{\Theta}f(\boldsymbol{x}|\theta)\pi(\theta)d\theta$$

为 $\boldsymbol{X}$ 的边缘密度.

注 1.6.1 后验密度 (1.6.1) 是 Bayes 公式的密度函数形式. 当样本分布和先验分布皆为离散情形时, 式 (1.6.1) 就变成了 Bayes 公式 (参看 1.6.6 小节的具体说明).

从 Bayes 学派的观点看获取后验分布后, 对参数 θ 的任何统计推断 (估计、检验等) 必须基于且只能基于 θ 的后验分布.

1.6.3 主观概率及其确定方法

在 Bayes 方法中关键的一步是如何确定或选择先验分布. 主观概率、无信息先验和共轭先验是三种主要的先验分布. 下面介绍主观概率的定义和其确定方法.

1. 主观概率

经典统计研究的对象是能在相同条件下大量重复的随机现象. 研究这类随机现象, 实际中大量采用的是频率方法, 不是这类随机现象就不能用频率方法去确定事件的概率.

但在诸多社会现象、经济领域和决策问题中, 常常不存在相同条件下可大量重复的事件. 如气象预报 "明天是晴天的概率为 0.8", 就不能用频率去解释, 因为天气随时间变化而变化, 不可大量重复. 又如国家统计局预测 "明年失业率 θ" 是 3%—5%, 这一事件也是不可重复的, 因为不同年份的经济形势是不一样的. 因此主观概率的创立, 使得在频率解释不能适用的情形也能讨论概率. 从这个意义上说, 主观概率至少是对概率的频率方法的补充.

定义 1.6.3 (主观概率)

主观概率 (subjective probability) 是人们根据经验对事件发生机会的个人信念. ♧

例如, 对一场足球赛胜负的打赌, 对明天是否下雨的估计, 对股票市场行情明天是升还是降的预测等都是采用主观概率方法. 自主观概率提出以来, 使用的人越来越多.

2. 确定主观概率的方法

确定主观概率的方法有多种, 罗列其中部分方法如下:

(1) 对一些事件进行对比, 获得相对似然性是确定主观概率最简单的办法. 例如, 某工厂已设计好一种新轿车, 决策者要决定是否投产, 需要评估新轿车畅销的概率, 根据新轿车的特点和多年经验认为畅销 (A) 是不畅销 $(\bar{A})$ 的可能性的 2 倍, 即 $\mathbb{P}(A)=2/3$, $\mathbb{P}(\bar{A})=1/3$, 由此决定投产.

(2) 利用专家意见来确定主观概率的方法是常用的. 例如, 有一项带有风险的投资, 欲估计成功的概率. 为此决策者向专家请教这笔生意成功的可能性有多大. 专家回答大约 0.6 (可以请教几位专家用其预测概率的平均值代替). 如果决策者对专家比较了解, 认为他的估计往往偏保守, 决策者可以修正这一估计, 将成功的概率修改为 0.7, 即 $\mathbb{P}(A)=0.7$, 这就是主观概率.

(3) 利用历史资料, 做一些对比修正, 确定主观概率. 例如, 某公司经营玩具, 现设计一种新式玩具将其投放市场, 要估计未来市场销售情况. 经理查阅了本公司生产的 37 种玩具的销售记录, 得到销售状态如下: A_1——畅销, A_2——一般, A_3——滞销, 分别有 29, 6, 2 种, 于是得到销售状态的概率分别为

$$\mathbb{P}(A_1)=29/37=0.784, \quad \mathbb{P}(A_2)=6/37=0.162, \quad \mathbb{P}(A_3)=2/37=0.054.$$

考虑到新玩具不仅外形新颖而且开发儿童智力, 认为它更畅销一些, 故对上述概率作修正得到 $\mathbb{P}(A_1)=0.85$, $\mathbb{P}(A_2)=0.14$, $\mathbb{P}(A_3)=0.01$ 作为该产品畅销、一般和滞销的概率.

1.6.4 无信息先验分布及其后验分布

Bayes 分析的一个重要特点就是在统计推断时要利用先验信息. 但常常会出现这样的情况: 没有先验信息或者只有极少的先验信息可利用, 但仍想用 Bayes 方法. 此时所需要的是一种*无信息先验* (noninformative prior), 即对参数空间 Θ 中的任何一点 θ 没有偏爱、都是同等无知的先验信息. 这就导致了无信息先验分布概念的提出. 当先验分布为无信息先验时, 后验分布的计算仍按式 (1.6.1) 进行.

无信息先验的开发和使用是 Bayes 统计中最成功的结果之一.

1. 均匀分布与广义先验分布

(1) 若 Θ 为有限集, 即 θ 只可能取有限个值, 如 $\theta=\theta_i$, $i=1,2,\cdots,n$, 无信息先验给 Θ 中的每个元素以概率 $1/n$, 即 $\mathbb{P}(\theta=\theta_i)=1/n$, $i=1,2,\cdots,n$.

(2) 若 Θ 为 $\mathbb{R}$ 上的有限区间 $[a,b]$, 取无信息先验为区间 $[a,b]$ 上的均匀分布 $U(a,b)$.

(3) 问题是若参数空间 Θ 无界, 无信息先验如何选取? 例如, 样本分布为 $N(\theta,\sigma^2)$, σ^2 已知, 此时 $\Theta=(-\infty,\infty)$. 若无信息先验取为 $\pi(\theta)\equiv 1$, 则 $\pi(\theta)$ 不是通常的密度, 因为 $\int_{-\infty}^{\infty}\pi(\theta)d\theta=\infty$. 这就引出广义先验分布的概念.

定义 1.6.4 (广义先验密度)

设随机变量 $X\sim f(x|\theta)$, $\theta\in\Theta$, 若 θ 的先验密度 $\pi(\theta)$ 满足下列条件:

(1) $\pi(\theta)\geqslant 0$ 且 $\int_{\Theta}\pi(\theta)d\theta=\infty$;

(2) 后验密度 $\pi(\theta|x)$ 是正常的密度函数,

则称 $\pi(\theta)$ 为 θ 的广义 (无信息) 先验密度 (improper prior density). ♧

注 1.6.2 由定义可见广义先验密度 $\pi(\theta)$ 乘以任一给定的正常数仍是一个广义先验密度.

例 1.6.4 设 $\boldsymbol{X}=(X_1,\cdots,X_n)$ 为从 $N(\theta,1)$ 总体中抽取的随机样本, 设 θ 的先验密度 $\pi(\theta)\equiv 1$, 求 θ 的后验密度.

解 由式 (1.6.1) 可知

$$\pi(\theta|\boldsymbol{x})=\frac{f(\boldsymbol{x}|\theta)\pi(\theta)}{\int_{-\infty}^{\infty}f(\boldsymbol{x}|\theta)\pi(\theta)d\theta}=\frac{\exp\left\{-\dfrac{1}{2}\sum\limits_{i=1}^{n}(x_i-\theta)^2\right\}}{\int_{-\infty}^{\infty}\exp\left\{-\dfrac{1}{2}\sum\limits_{i=1}^{n}(x_i-\theta)^2\right\}d\theta}$$

$$=\sqrt{\frac{n}{2\pi}}\exp\left\{-\frac{n}{2}(\theta-\bar{x})^2\right\}.$$

这是正态分布 $N(\bar{x},1/n)$ 的密度函数, 后验分布 $\pi(\theta|\boldsymbol{x})$ 仍为正常的密度函数, 故 $\pi(\theta)\equiv 1$ 为广义先验密度, 它也是一种无信息先验. □

对一般常见的概率分布, 如何求其参数的无信息先验分布? 下面将对位置参数和刻度参数分别加以介绍.

2. 位置参数的无信息先验

设总体分布族的密度函数有形式 $f(x-\theta)$, 其样本空间和参数空间皆为 $\mathbb{R}$, 则由此类密度函数构成的分布族称为位置参数族 (location parameter family), $\theta\in\Theta$ 称为位置参数 (location parameter). 例如, 正态分布族 $\{N(\theta,1):\ \theta\in\mathbb{R}\}$ 为位置参数族, θ 为位置参数.

对 X 作平移变换得到 $Y=X+c$, 同时对 θ 也作平移变换得到 $\eta=\theta+c$. 显然 Y 的密度函数有形式 $\{f(y-\eta),-\infty<\eta<\infty\}$, 仍为位置参数族. 所以 (X,θ) 与 (Y,η) 的统计问题结构相同. 因此主张它们有相同的无信息先验是合理的. 理解这一点的另一方法: X 和 Y 的测量原点不同, 由于测量原点的选择是非常任意的, 所以无信息先验应当与这种选择无关. 如果无信息先验不依赖于原点的选择, 则它在等长区间内的先验概率应当一样. 换言之, 先验密度应当恒等于 1, 即取 θ 的无信息先验密度

$$\pi(\theta)\equiv 1,\quad \theta\in\mathbb{R}.$$

它是一个广义先验密度, 其证明见文献 [13] 2.4.2 小节.

例 1.6.5 (续例 1.6.4) 设 $\boldsymbol{X}=(X_1,\cdots,X_n)$ 为从总体 $N(\theta,\sigma^2)$ 中抽取的简单样本, 其中 σ^2 已知. θ 无任何先验信息可用, 求 θ 的后验分布.

解 显见, 此时 $\bar{X}=\sum\limits_{i=1}^{n}X_i/n$ 为充分统计量且 $\bar{X}\sim N(\theta,\sigma^2/n)$, 即

$$p(\bar{x}|\theta)=\frac{\sqrt{n}}{\sqrt{2\pi}\sigma}\exp\left\{-\frac{n}{2\sigma^2}(\bar{x}-\theta)^2\right\}.$$

由于 θ 无任何先验信息可用, 此时如取无信息先验 $\pi(\theta)\equiv 1$, 则类似于例 1.6.4 可知后验密度是正态分布 $N(\bar{x},\sigma^2/n)$ 的密度. 例如, 取 θ 的 Bayes 估计为后验均值,

则 Bayes 估计为 $\hat{\theta}_B = \mathbb{E}(\theta|x) = \bar{x}$. 这个结果与经典统计中常用估计量一致. □

这种现象被 Bayes 学派解释为, 经典统计学中一些成功的估计量可以看作使用合理的无信息先验的结果.

3. 刻度参数的无信息先验

设总体分布族的密度函数有形式 $\sigma^{-1}\varphi(x/\sigma)$, $\sigma > 0$ 为刻度参数 (scale parameter), 参数空间为 $\mathbb{R}^+ = (0, \infty)$, 则由此类密度函数构成的分布族称为刻度参数族 (scale parameter family). 例如, 正态分布族 $\{N(0, \sigma^2): \sigma > 0\}$ 为刻度参数族, σ 为刻度参数.

对 X 作变换 $Y = cX$, 同时对 σ 也作相应的变换 $\eta = c\sigma$. 不难算出 Y 的密度有形式 $\eta^{-1}\varphi(y/\eta)$, $\eta > 0$, 仍为刻度参数族. 可见 (X, σ) 和 (Y, η) 统计问题的结构相同, 故主张 σ 的无信息先验与 η 的无信息先验相同是合理的. 理解这一点的另一方法: X 和 Y 的度量单位不同, 先验分布应当不依赖于度量单位的选择, 则对任何 a, b, $0 < a < b$, $c > 0$, σ 落在 $[a, b]$ 内的先验概率, 应当等于 η 落在 $[ca, cb]$ 内的先验概率, 不难看出, 这个事实只有在 σ 的先验密度为

$$\pi(\sigma) = \frac{1}{\sigma}, \quad \sigma > 0$$

时才能成立, 其证明见文献 [13] 2.4.3 小节.

例 1.6.6　设总体 X 为指数分布, 其密度为

$$f(x|\lambda) = \lambda^{-1} \exp\{-x/\lambda\}, \quad x > 0,$$

其中 $\lambda > 0$ 为刻度参数. 令 $\boldsymbol{X} = (X_1, \cdots, X_n)$ 是从上述分布中抽取的简单样本, λ 的先验密度为广义无信息先验, 求其后验密度.

解　记 $t = \sum_{i=1}^{n} x_i$, 由式 (1.6.1) 可知 λ 的后验密度为

$$\pi(\lambda|\boldsymbol{x}) = \frac{\prod_{i=1}^{n} f(x_i|\lambda)\pi(\lambda)}{\int_0^\infty \prod_{i=1}^{n} f(x_i|\lambda)\pi(\lambda)d\lambda} = \frac{\lambda^{-(n+1)} \exp\{-t/\lambda\}}{\int_0^\infty \lambda^{-(n+1)} \exp\{-t/\lambda\}d\lambda}$$
$$= \frac{t^n}{\Gamma(n)} \lambda^{-(n+1)} \exp\{-t/\lambda\}. \qquad \square$$

1.6.5 共轭先验分布及其后验分布

1. 共轭先验分布的定义

共轭先验分布的选择常常是理论研究的需要, 其定义如下:

定义 1.6.5 (共轭先验分布族)

设 $\mathscr{F}$ 表示由 θ 的先验分布 $\pi(\theta)$ 构成的分布族, 如果对任取的先验分布 $\pi \in \mathscr{F}$ 及样本 $\boldsymbol{x}$, 后验分布 $\pi(\theta|\boldsymbol{x})$ 仍属于 $\mathscr{F}$, 则称 $\mathscr{F}$ 是一个共轭先验分布族 (conjugate prior distribution family). ♧

下面给出计算共轭先验分布的一个例子.

例 1.6.7 设 $X \sim B(n,\theta)$.

(1) 令 $\theta \sim U(0,1)$, 即 $(0,1)$ 上的均匀分布, 证明 θ 的后验分布为 Beta 分布;

(2) 若取 θ 的先验分布为 Beta 分布 $\mathrm{Be}(a,b)$, 证明 θ 的后验分布仍为 Beta 分布, 即样本分布如果为二项分布, 则共轭先验分布为 Beta 分布.

证 (1) $U(0,1)$ 也是 $\mathrm{Be}(1,1)$ 分布. $X \sim B(n,\theta)$, 其概率分布为

$$f(x|\theta) = \binom{n}{x}\theta^x(1-\theta)^{n-x},$$

而 θ 的先验分布为 $\pi(\theta) \equiv 1$, 当 $\theta \in (0,1)$ 时, 故有

$$\pi(\theta|x) = \frac{\theta^x(1-\theta)^{n-x}}{\displaystyle\int_0^1 \theta^x(1-\theta)^{n-x}d\theta}. \tag{1.6.2}$$

计算积分得到

$$\int_0^1 \theta^x(1-\theta)^{n-x}d\theta = \frac{\Gamma(n-x+1)\Gamma(x+1)}{\Gamma(n+2)},$$

将上式结果代入式 (1.6.2), 得到后验密度

$$\pi(\theta|x) = \frac{\Gamma(n+2)}{\Gamma(n-x+1)\Gamma(x+1)}\,\theta^{(x+1)-1}(1-\theta)^{(n-x+1)-1},\quad 0<\theta<1,$$

即 θ 的后验分布是 Beta 分布 $\mathrm{Be}(x+1,n-x+1)$.

(2) 又若 $\theta \sim \mathrm{Be}(a,b)$, 则

$$\pi(\theta|x) = \frac{\theta^{x+a-1}(1-\theta)^{n-x+b-1}}{\displaystyle\int_0^1 \theta^{x+a-1}(1-\theta)^{n-x+b-1}d\theta}. \tag{1.6.3}$$

计算积分得到

$$\int_0^1 \theta^{x+a-1}(1-\theta)^{n-x+b-1}d\theta = \frac{\Gamma(x+a)\Gamma(n-x+b)}{\Gamma(n+a+b)}.$$

将上式结果代入式 (1.6.3), 得到后验密度

$$\pi(\theta|x) = \frac{\Gamma(n+a+b)}{\Gamma(x+a)\Gamma(n-x+b)}\theta^{(x+a)-1}(1-\theta)^{(n-x+b)-1},\quad 0<\theta<1,$$

即 θ 的后验分布是 Beta 分布 $\mathrm{Be}(x+a,n-x+b)$. 因此, 样本分布若为二项分布, 其参数 θ 的共轭先验分布族为 Beta 分布族. □

由此例可见计算后验分布时，计算边缘分布时需要算积分. 下列的方法说明可以简化后验分布的计算，省略计算边缘分布这一步骤.

2. 后验分布的计算

后验密度的计算公式由式 (1.6.1) 给出，即

$$\pi(\theta|\boldsymbol{x})=\frac{f(\boldsymbol{x},\theta)}{m(\boldsymbol{x})}=\frac{f(\boldsymbol{x}|\theta)\pi(\theta)}{\displaystyle\int_{\Theta}f(\boldsymbol{x}|\theta)\pi(\theta)d\theta}.$$

此处 $f(\boldsymbol{x}|\theta)$ 是给定 θ 时样本 $\boldsymbol{X}$ 的条件密度，$\pi(\theta)$ 是 θ 的先验密度，$m(\boldsymbol{x})$ 是 $\boldsymbol{X}$ 的边缘密度. 由于 $m(\boldsymbol{x})$ 与 θ 无关，故可将 $1/m(\boldsymbol{x})$ 看成与 θ 无关的常数，因此有

$$\pi(\theta|\boldsymbol{x})=\frac{f(\boldsymbol{x}|\theta)\pi(\theta)}{m(\boldsymbol{x})}\propto f(\boldsymbol{x}|\theta)\pi(\theta), \tag{1.6.4}$$

其中符号 “$\propto$” 表示 “正比于”，即上式的左边和右边只相差一个正的常数因子. 因此，对共轭先验分布情形，求后验密度可按下列步骤.

(1) 写出样本条件密度 $f(\boldsymbol{x}|\theta)$ 的核，即 $f(\boldsymbol{x}|\theta)$ 中仅与参数 θ 有关的因子；再写出先验密度 $\pi(\theta)$ 的核，即 $\pi(\theta)$ 中仅与参数 θ 有关的因子.

(2) 类似式 (1.6.4)，写出后验密度的核，即

$$\pi(\theta|\boldsymbol{x})\propto f(\boldsymbol{x}|\theta)\pi(\theta)\propto\{f(\boldsymbol{x}|\theta)\text{ 的核}\}\cdot\{\pi(\theta)\text{ 的核}\}, \tag{1.6.5}$$

即 “后验密度的核” 是 “样本条件密度的核与先验密度的核的乘积”.

(3) 将式 (1.6.5) 的右边添加一个正则化常数因子 (可以与 $\boldsymbol{x}$ 有关)，即可得到后验密度.

注 1.6.3 上述计算后验分布的简化方法，一般说来只对先验分布为共轭先验和无信息先验的情形有效. 当先验分布为其他先验的情形，获得后验分布的核之后，如果不能判断出后验分布的类型，就不知道如何添加正则化常数因子，将 “后验密度的核” 变成 “后验密度”. 此时只有老老实实按式 (1.6.1) 去计算后验密度.

例 1.6.8 (续例 1.6.7) 现在用上面介绍的方法来解例 1.6.7. 设 $X\sim B(n,\theta)$，若取 θ 的先验分布为 $\mathrm{Be}(a,b)$，求 θ 的后验分布.

解 样本条件密度的核是 $\theta^{x}(1-\theta)^{n-x}$，而先验密度的核是 $\theta^{a-1}(1-\theta)^{b-1}$. 因此由式 (1.6.5)，有

$$\pi(\theta|x)\propto f(x|\theta)\pi(\theta)\propto\theta^{x+a-1}(1-\theta)^{n-x+b-1}.$$

易见上式的右边是贝塔分布 “$\mathrm{Be}(x+a,n-x+b)$ 密度的核”. 因此，添加正则化因子得到后验密度

$$\pi(\theta|x)=\frac{\Gamma(n+a+b)}{\Gamma(x+a)\Gamma(n-x+b)}\theta^{(x+a)-1}(1-\theta)^{(n-x+b)-1},\quad 0<\theta<1. \qquad \square$$

实验 扫描实验 3 的二维码进行二项分布成功概率的后验分布模拟实验. 观察不同先验分布对后验分布的影响.

实验 3 二项分布成功概率的后验分布

由此例可见, 上面介绍的方法简化了后验分布的计算. 下面再看计算后验分布的几个例子.

例 1.6.9 设 $X \sim N(\theta, \sigma^2)$, σ^2 已知, $\boldsymbol{X} = (X_1, \cdots, X_n)$ 为从总体 X 中抽取的简单样本. 令 θ 的先验分布 $\pi(\theta)$ 为 $N(\mu, \tau^2)$, 其中 μ 和 τ^2 已知, 求 θ 的后验分布 $\pi(\theta|\boldsymbol{x})$.

解 给定 θ 时样本 $\boldsymbol{X}$ 的条件密度函数为

$$f(\boldsymbol{x}|\theta) = (2\pi\sigma^2)^{-\frac{n}{2}} \exp\left\{-\frac{1}{2\sigma^2}\left[\sum_{i=1}^{n}(x_i - \bar{x})^2 + n(\bar{x} - \theta)^2\right]\right\}$$

$$\propto \exp\left\{-\frac{(\bar{x} - \theta)^2}{2\sigma_n^2}\right\},$$

其中 $\sigma_n^2 = \sigma^2/n$. 令

$$A = \frac{1}{\sigma_n^2} + \frac{1}{\tau^2}, \quad B = \frac{\bar{x}}{\sigma_n^2} + \frac{\mu}{\tau^2}, \quad C = \frac{\bar{x}^2}{\sigma_n^2} + \frac{\mu^2}{\tau^2}, \tag{1.6.6}$$

则有

$$\pi(\theta|\boldsymbol{x}) \propto f(\boldsymbol{x}|\theta)\pi(\theta) \propto \exp\left\{-\frac{1}{2}\left[\frac{(\bar{x} - \theta)^2}{\sigma_n^2} + \frac{(\theta - \mu)^2}{\tau^2}\right]\right\}$$

$$\propto \exp\left\{-\frac{1}{2}\left[A\theta^2 - 2\theta B + C\right]\right\}$$

$$= \exp\left\{-\frac{A}{2}\left(\theta - \frac{B}{A}\right)^2 - \frac{1}{2}\left(C - \frac{B^2}{A}\right)\right\}$$

$$= \exp\left\{-\frac{1}{2\eta_n^2}\big(\theta - \mu_n(\boldsymbol{x})\big)^2\right\} \cdot \exp\left\{-\frac{(\bar{x} - \mu)^2}{2(\sigma_n^2 + \tau^2)}\right\}$$

$$\propto \exp\left\{-\frac{1}{2\eta_n^2}\,(\theta - \mu_n(\boldsymbol{x}))^2\right\}, \tag{1.6.7}$$

其中

$$\mu_n(\boldsymbol{x}) = \frac{B}{A} = \frac{\sigma_n^2\mu + \tau^2\bar{x}}{\sigma_n^2 + \tau^2}, \quad \eta_n^2 = \frac{1}{A} = \frac{\sigma_n^2\tau^2}{\sigma_n^2 + \tau^2}, \quad C - \frac{B^2}{A} = \frac{(\bar{x} - \mu)^2}{\sigma_n^2 + \tau^2}.$$

易见, 式 (1.6.7) 右边是 $N(\mu_n(\boldsymbol{x}), \eta_n^2)$ 密度的核, 添加正则化因子, 得到后验密度

$$\pi(\theta|\boldsymbol{x}) = \frac{1}{\sqrt{2\pi}\eta_n} \exp\left\{-\frac{1}{2\eta_n^2}\,[\theta - \mu_n(\boldsymbol{x})]^2\right\}, \quad -\infty < \theta < \infty. \qquad \square$$

此例表明当样本分布为方差已知的正态分布时, 则均值参数 θ 的共轭先验分布族是正态分布族.

例 1.6.10 设 $\boldsymbol{X} = (X_1, \cdots, X_n)$ 为从 Gamma 分布 $\Gamma(r, \lambda)$ 中抽取的简单

样本, 其中 r 已知. 假定 λ 的先验分布为 Gamma 分布 $\Gamma(b,a)$, 证明给定 $\boldsymbol{X}$ 时, λ 的后验分布仍为 Gamma 分布.

证　给定 λ 时样本 $\boldsymbol{X}$ 的条件密度为

$$f(\boldsymbol{x}|\lambda)=\frac{\lambda^{nr}}{[\Gamma(r)]^n}\prod_{i=1}^n x_i^{r-1}\cdot\exp\left\{-\lambda n\bar{x}\right\}\propto\lambda^{nr}\exp\{-\lambda n\bar{x}\},$$

其中 $\bar{x}=\sum\limits_{i=1}^n x_i/n$. 而 λ 的先验分布是

$$\pi(\lambda)=\frac{a^b}{\Gamma(b)}\lambda^{b-1}\exp\{-a\lambda\}\propto\lambda^{b-1}\exp\{-a\lambda\},$$

则由式 (1.6.5) 可知

$$\pi(\lambda|\boldsymbol{x})\propto f(\boldsymbol{x}|\lambda)\,\pi(\lambda)\propto\lambda^{nr+b-1}\exp\left\{-(a+n\bar{x})\lambda\right\}.$$

上式右边是 $\Gamma(nr+b,a+n\bar{x})$ 密度的核. 添加正则化常数因子, 得到后验密度

$$\pi(\lambda|\boldsymbol{x})=\frac{(a+n\bar{x})^{nr+b}}{\Gamma(nr+b)}\lambda^{nr+b-1}\exp\left\{-(a+n\bar{x})\lambda\right\},\quad\lambda>0.$$

此例表明当样本分布为 Gamma 分布 $\Gamma(r,\lambda)$, 其中 r 已知时, 则 λ 的共轭先验是 Gamma 分布族. 由于指数分布是 Gamma 分布的特例, 所以当样本分布为指数分布 $\mathrm{Exp}(\lambda)$ 时, λ 的共轭先验也是 Gamma 分布族. □

定义 1.6.6 (逆 Gamma 分布)

若样本 X 的密度函数为

$$f(x|\lambda)=\frac{\lambda^\alpha}{\Gamma(\alpha)}x^{-(\alpha+1)}e^{-\lambda/x},\quad x>0,$$

则称随机变量 X 的分布为逆 Gamma 分布, 记为 $X\sim\Gamma^{-1}(\alpha,\lambda)$. ♧

例 1.6.11　设 $\boldsymbol{X}=(X_1,\cdots,X_n)$ 是从正态分布 $N(\mu,\sigma^2)$ 中抽取的简单样本, 其中 μ 已知, 求 σ^2 的共轭先验分布.

解　给定 σ^2 时样本 $\boldsymbol{X}$ 的条件密度为

$$\begin{aligned}f(\boldsymbol{x}|\sigma^2)&=\left(\frac{1}{\sqrt{2\pi}\sigma}\right)^n\exp\left\{-\frac{1}{2\sigma^2}\sum_{i=1}^n(x_i-\mu)^2\right\}\\&\propto(\sigma^2)^{-n/2}\exp\{-A/\sigma^2\},\end{aligned}$$

其中 $A=\sum\limits_{i=1}^n(x_i-\mu)^2/2$, 可见样本条件密度 $f(\boldsymbol{x}|\sigma^2)$ 的“核”作为 $\theta=\sigma^2$ 的函数具有逆 Gamma 分布“核”的形式, 故取先验分布为逆 Gamma 分布 $\Gamma^{-1}(\alpha,\lambda)$, 即

$$\pi(\sigma^2)=\frac{\lambda^\alpha}{\Gamma(\alpha)}(\sigma^2)^{-(\alpha+1)}e^{-\lambda/\sigma^2}\propto(\sigma^2)^{-(\alpha+1)}e^{-\lambda/\sigma^2},\quad\sigma^2>0,$$

则由式 (1.6.5) 可知

$$\pi(\sigma^2|\boldsymbol{x}) \propto f(\boldsymbol{x}|\sigma^2)\,\pi(\sigma^2) \propto (\sigma^2)^{-(n/2+\alpha+1)}e^{-(\lambda+A)/\sigma^2}.$$

易见上式右边是逆 Gamma 分布 $\Gamma^{-1}(n/2+\alpha,\lambda+A)$ 密度的核. 添加正则化常数因子, 得到后验密度

$$\pi(\sigma^2|\boldsymbol{x}) = \frac{(\lambda+A)^{n/2+\alpha}}{\Gamma(n/2+\alpha)}(\sigma^2)^{-(n/2+\alpha+1)}e^{-(\lambda+A)/\sigma^2},\quad \sigma^2>0. \qquad \square$$

因此当样本分布为正态分布, 均值参数已知, 则 σ^2 的共轭先验是逆 Gamma 分布族.

3. 共轭先验分布的优点

共轭先验分布具有下列优点: ① 计算方便; ② 后验分布的某些参数常可以得到很好的解释. 例如, 在例 1.6.9 中, 后验分布为 $N(\mu_n(\bar{x}),\eta_n^2)$, 其中

$$\mu_n(\bar{x}) = \frac{\tau^2}{\sigma^2/n+\tau^2}\bar{x} + \frac{\sigma^2/n}{\sigma^2/n+\tau^2}\mu = r\bar{x}+(1-r)\mu$$

是样本均值 $\bar{x}$ 和先验均值 μ 的加权平均. 若 σ^2/n 很小, 即样本信息量很大, 相对的先验信息很少, 则后验均值主要由 $\bar{x}$ 决定, 反之若 σ^2/n 很大 (即样本信息很少), 则后验均值主要由先验分布的均值 μ 来决定. 由此可见后验均值是样本均值和先验均值的一个折中.

1.6.6 离散情形时, 后验分布的计算方法

当样本分布和先验分布皆为离散分布时, 后验分布的计算公式就是 Bayes 公式. Bayes 公式定义见 1.6.1 小节, 下面通过具体例子说明此时如何计算后验分布.

例 1.6.12 通过血液可以帮助说明一个人是否患有某种疾病, 化验结果为阳性 (以 $X=1$ 表示) 或者为阴性 (以 $X=0$ 表示). 令 θ_1 表示状态有病, θ_2 表示状态无病, 记 $\mathbb{P}(X=x|\theta)=p(x|\theta)$, 则有 $p(1|\theta_1)=0.8$, $p(0|\theta_1)=0.2$, $p(1|\theta_2)=0.1$, $p(0|\theta_2)=0.9$. 设先验信息为 $\pi(\theta_1)=0.05$, $\pi(\theta_2)=0.95$, 此即该地区患病和不患病的比例. 求 X 的边缘分布和 θ 的后验分布.

解 按公式 $m(x)=\sum\limits_{i=1}^{2}p(x|\theta_i)\pi(\theta_i)$ 算得 X 的边缘分布如下:

$$\begin{aligned}
m(1) &= p(1|\theta_1)\pi(\theta_1)+p(1|\theta_2)\pi(\theta_2)\\
&= 0.8\times 0.05+0.1\times 0.95 = 0.135;\\
m(0) &= p(0|\theta_1)\pi(\theta_1)+p(0|\theta_2)\pi(\theta_2)\\
&= 0.2\times 0.05+0.9\times 0.95 = 0.865.
\end{aligned}$$

按公式 $\pi(\theta|x)=\dfrac{p(x|\theta)\pi(\theta)}{m(x)}$, 算得 θ 的后验分布如下:

$$\pi(\theta_1|x=1)=\frac{p(1|\theta_1)\pi(\theta_1)}{m(1)}=\frac{0.8\times 0.05}{0.135}=0.296;$$

$$\pi(\theta_2|x=1)=\frac{p(1|\theta_2)\pi(\theta_2)}{m(1)}=\frac{0.1\times 0.95}{0.135}=0.704;$$

$$\pi(\theta_1|x=0)=\frac{p(0|\theta_1)\pi(\theta_1)}{m(0)}=\frac{0.2\times 0.05}{0.865}=0.012;$$

$$\pi(\theta_2|x=0)=\frac{p(0|\theta_2)\pi(\theta_2)}{m(0)}=\frac{0.9\times 0.95}{0.865}=0.988,$$

其中 $m(1)$ 和 $m(0)$ 分别为根据化验结果预测为阳性和阴性的比例. 即使验血结果为阳性 $(X=1)$, 也只有 29.6% (不到 1/3) 的可能性有病, 上述计算结果提示我们初始验血者有 13.5% 为阳性者要做更精细复杂的检查, 以便确诊是否患有疾病. □

以上是离散分布情形后验分布的计算. 若记 $A=\{X=1\}$, $\bar{A}=\{X=0\}$; $B_1=\{\theta=\theta_1\}$, $B_2=\{\theta=\theta_2\}$, 可将后验分布用后验概率表示为 $\mathbb{P}(B_1|A)$, $\mathbb{P}(B_2|A),\mathbb{P}(B_1|\bar{A})$ 和 $\mathbb{P}(B_2|\bar{A})$, 则上述后验分布的计算公式就与 1.6.1 小节中的 Bayes 公式相同. 本例说明: 后验密度计算公式 (1.6.1) 和 Bayes 公式表面上并不一样, 实质上是一致的. 在连续情形以后验密度形式 (1.6.1) 出现, 在离散情形以 Bayes 公式的形式出现.

本 章 总 结

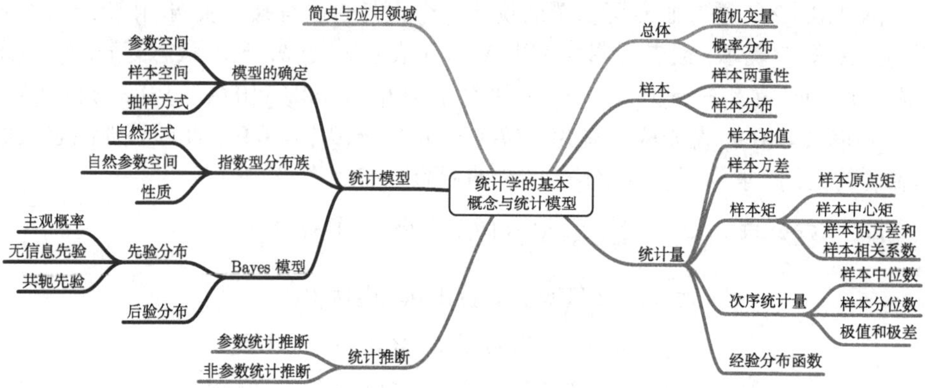

第 1 章知识点结构图

重点概念总结

- 数理统计的任务是用样本去推断总体. 为了使抽取的样本能很好地反映总体的信息, 常用的也是最重要的一种抽样方式是“简单随机抽样”.
- 样本有两重性, 统计量是样本的函数, 故统计量也有两重性. 在抽样前视为随机变量 (向量), 在抽样实施后就是一个 (组) 具体数值.
- 指数族统计模型在统计理论中占有重要位置, 许多统计推断的优良性对指数族都有较满意的结果.
- Bayes 模型中, 选择先验分布为无信息先验和共轭先验是文献中采用最多的方法. 因此, 当选取这两种先验分布时后验分布的计算在统计推断中就显得十分重要.

第 1 章习题

1. 试举出一个有限总体和一个无限总体的例子, 并指出其概率分布.
2. 某高校当年入学新生 2200 名, 其中女生 880 名, 现要从新生中抽取 100 人测量其身高, 以了解当年入学新生的平均身高, 你认为如何设计抽样方案才合理?
3. 设总体 X 服从两点分布 $B(1,p)$ $\big($即 $\mathbb{P}(X=1)=p$, $\mathbb{P}(X=0)=1-p\big)$, 其中 p 是未知参数, $\boldsymbol{X}=(X_1,\cdots,X_5)$ 为从此总体中抽取的简单样本,
   (1) 写出样本空间 $\mathscr{X}$ 和 $\boldsymbol{X}$ 的概率分布;
   (2) 指出 X_1+X_2, $\min\limits_{1\leqslant i\leqslant 5} X_i$, X_5+2p, $X_5-\mathbb{E}(X_1)$, $(X_5-X_1)^2/\mathrm{Var}(X_1)$ 哪些是统计量, 哪些不是, 为什么?
   (3) 若样本观察值 $(X_1,\cdots,X_n)$ 中有 m 个 1, $n-m$ 个 0, 求此样本的经验分布函数.
4. 设 $a\neq 0$ 和 b 皆为常数, 令 $y_i=ax_i+b$, $i=1,2,\cdots,n$. 试证明 $y_1,\cdots,y_n$ 的样本均值 $\bar{y}$, 样本方差 S_y^2 和 $x_1,\cdots,x_n$ 的样本均值 $\bar{x}$, 样本方差 S_x^2 之间存在下列关系:
$$\bar{y}=a\bar{x}+b,\quad S_y^2=a^2S_x^2.$$
   根据这个结果, 利用适当的变换, 用简化方法求下列一组数据的样本均值和样本方差:
$$480,\ 550,\ 500,\ 590,\ 510,\ 560,\ 490,\ 600,\ 580.$$
5. 从某总体先后获得相互独立的 k 组样本, 其第 i 组样本容量为 n_i, 样本均值为 $\bar{x}_i$, 样本方差为 s_i^2 $(i=1,\cdots,k)$, 将这 k 组样本合并为容量为 $n=\sum\limits_{i=1}^{k}n_i$ 的合样本, 证明合样本的样本均值和样本方差分别为
$$\bar{x}=\frac{1}{n}\sum_{i=1}^{k}n_i\bar{x}_i,\quad s^2=\frac{1}{n-1}\left[\sum_{i=1}^{k}(n_i-1)s_i^2+\sum_{i=1}^{k}n_i(\bar{x}_i-\bar{x})^2\right].$$
6. 设容量为 10 的样本观察值为
$$0.5,\ 0.7,\ 0.2,\ 0.7,\ 0.4,\ 2.5,\ 1.5,\ -0.2,\ -0.5,\ 0.1.$$
   试绘出经验分布函数的图形.

7. 在正态总体 $N(50,6^2)$ 中抽取容量为 36 的简单样本, 求样本均值 $\bar{X}$ 落在 50.6 和 51.8 之间的概率.
8. 设 $X_1,\cdots,X_{100}$ 是取自总体 $X\sim N(\mu,1)$ 的样本, 试确定常数 c, 使得对任意的 $\mu>0$, $\mathbb{P}(|\bar{X}|<c)$ 都不超过 0.05.
9. 设 $X_1,\cdots,X_n$ 是取自总体 $X\sim N(\mu,\sigma^2)$ 的简单样本, 假如要以 99.7% 的概率保证偏差 $|\bar{X}-\mu|<0.1$, 试问在 $\sigma^2=0.5$ 时, 样本容量 n 应取多大?
10. 利用 Chebyshev 不等式求一枚均匀硬币需抛掷多少次才能使样本均值 $\bar{X}$ 落在 0.4 和 0.6 之间的概率至少为 0.9 (此处 $X_i=1$ 表示抛掷硬币出现正面, 否则 $X_i=0$, $i=1,\cdots,n$)? 若用中心极限定理计算这个问题, 需抛掷的次数又是多少?
11. 调查 50 个人对某件事情是否支持: 不支持用 “1” 表示, 支持用 “0” 表示, 假设每个人对该事情支持的可能性为 p, 各人之间相互独立. 则总体分布是什么? 若其中 10 个人的调查结果为 $X_1,\cdots,X_{10}$ (其中 X_i 只取 0 或 1), 记 $T=\sum\limits_{i=1}^{10}X_i$, 则 T 的分布是什么?
12. 一个总体有 N 个元素, 其指标分别为 $a_1>a_2>\cdots>a_N$, 指定自然数 $M<N$, $n<N$, 并设 $m=nM/N$ 为整数. 在 $(a_1,\cdots,a_M)$ 中不放回地随机抽出 m 个, 在 $(a_{M+1},\cdots,a_N)$ 中不放回地随机抽出 $n-m$ 个. 写出所得样本的分布.
13. 一物体的重量 a 未知, 有两架天平可用, 其随机误差分别服从正态分布 $N(0,\sigma_1^2)$ 和 $N(0,\sigma_2^2)$, σ_1^2 和 σ_2^2 都未知. 先把物体在第一架天平上称两次得 X_1,X_2, 再在第二架天平上称两次得 X_3,X_4, 然后视不等式 $|X_1-X_2|\leqslant|X_3-X_4|$ 成立或否, 而在第一架天平或第二架天平上再称 $n-4$ 次得 $X_5,\cdots,X_n$. 写出 $(X_1,\cdots,X_n)$ 的密度.
14. 分别举出一个单参数指数族和多参数指数族的例子.
15. 判断下列分布族是不是指数型分布族:

    (1) 对数正态分布 $\mathrm{LN}(\mu,\sigma^2)$

    $$f(x;\mu,\sigma^2)=\frac{1}{\sqrt{2\pi}\sigma x}\exp\left\{-\frac{(\ln x-\mu)^2}{2\sigma^2}\right\},\quad x>0,\quad -\infty<\mu<\infty.$$

    (2) Cauchy 分布 $C(\mu,\lambda)$

    $$f(x;\mu,\lambda)=\frac{\lambda}{\pi[\lambda^2+(x-\mu)^2]},\quad x\in\mathbb{R}^1,\ \lambda>0,\ \mu\in\mathbb{R}^1.$$

    (3) 拉普拉斯 (Laplace) 分布 $\mathrm{La}(\mu,\lambda)$

    $$f(x;\mu,\lambda)=\frac{1}{2\lambda}\exp\left\{-\frac{-|x-\mu|}{\lambda}\right\},\quad x\in\mathbb{R}^1,\ \mu\in\mathbb{R}^1,\ \lambda>0.$$

    (4) 三参数韦布尔 (Weibull) 分布 $W(\mu,\alpha,\lambda)$

    $$f(x;\mu,\alpha,\lambda)=\lambda\alpha(x-\mu)^{\alpha-1}\exp\{-\lambda(x-\mu)^\alpha\},\quad x>\mu,\ \mu\geqslant 0,\alpha>0,\ \lambda>0.$$

    (5) 多项分布 $M(n,\boldsymbol{\theta})$, 其中 $\sum\limits_{i=1}^k x_i=n, \sum\limits_{i=1}^k\theta_i=1$,

    $$f(\boldsymbol{x};\boldsymbol{\theta})=\frac{n!}{x_1!x_2!\cdots x_k!}\theta_1^{x_1}\theta_2^{x_2}\cdots\theta_k^{x_k},\quad x_i>0,\ \theta_i>0,\ i=1,\cdots,k,$$

    其中 $\boldsymbol{\theta}=(\theta_1,\cdots,\theta_k),\boldsymbol{x}=(x_1,\cdots,x_k)$.
16. 将负二项分布和指数分布写成指数族的标准形式, 并求出其自然参数空间.
17. 设指数族的自然形式为 $f(x,\boldsymbol{\theta})=C(\boldsymbol{\theta})\exp\left\{\sum\limits_{j=1}^k\theta_jT_j(x)\right\}h(x),\boldsymbol{\theta}=(\theta_1,\cdots,\theta_k)$, 证明

$$\mathbb{E}_{\boldsymbol{\theta}}(T_j(x))=-\frac{\partial\ln C(\boldsymbol{\theta})}{\partial\theta_j}=-\frac{1}{C(\boldsymbol{\theta})}\frac{\partial C(\boldsymbol{\theta})}{\partial\theta_j},\quad \mathrm{Cov}(T_j(x),T_s(x))=-\frac{\partial^2\ln C(\boldsymbol{\theta})}{\partial\theta_j\partial\theta_s}.$$

18. 证明指数族的自然参数空间为凸集.

19. 设参数 θ 的先验分布为贝塔分布 $\mathrm{Be}(\alpha,\beta)$, 若从先验信息中获得其均值和方差分别为 1/3 与 1/45, 试确定该先验分布.

20. 设 θ 的先验分布是 Gamma 分布, 其均值为 10, 方差为 5, 试确定 θ 的先验分布.

21. 设 θ 是一批产品的不合格率, 已知它不是 0.1 就是 0.2, 且其先验分布为 $\pi(0.1)=0.7$, $\pi(0.2)=0.3$. 假如从这批产品中随机抽取 8 个进行检查, 发现有 2 个不合格, 求 θ 的后验分布.

22. 设 θ 是一批产品的不合格率, 从中随机抽取 8 个产品进行检查, 发现有 3 个不合格, 假如先验分布为

(1) $\theta \sim U(0.1)$;

(2) $\theta \sim \pi(\theta)=\begin{cases} 2(1-\theta), & 0<\theta<1, \\ 0, & \text{其他}. \end{cases}$

分别求 θ 的后验分布.

23. 设一卷磁带上的缺陷数服从 Poisson 分布 $P(\lambda)$, 其中 λ 可取 1.0 和 1.5 中的一个, 又设 λ 的先验分布为 $\pi(1.0)=0.4,\ \ \pi(1.5)=0.6$. 假如检查一卷磁带发现 3 个缺陷, 求 λ 的后验分布.

24. 某人每天早晨在车站等候公共汽车的时间 (单位: 分钟) 服从均匀分布 $U(0,\theta)$, 假如 θ 的先验分布为

$$\pi(\theta)=\begin{cases} 192/\theta^4, & \theta \geqslant 4, \\ 0, & \theta<4. \end{cases}$$

设此人在 3 个早晨等车时间分别为 5, 8, 8 分钟, 求 θ 的后验分布.

25. 考虑一个试验, 对给定的 θ, 试验结果 X 有如下密度函数:

$$p(x|\theta)=2x/\theta^2, \quad 0<x<\theta<1.$$

(1) 假如 θ 的先验分布是 $(0,1)$ 上的均匀分布, 试求 θ 的后验分布;

(2) 假如 θ 的先验密度是 $\pi(\theta)=3\theta^2,\ \ 0<\theta<1$, 试求 θ 的后验分布.

26. 设随机变量 X 服从几何分布: $\mathbb{P}(X=x|\theta)=\theta(1-\theta)^{x-1},\ x=1,2,\cdots$.

(1) 若 θ 的先验分布为 (0,1) 上的均匀分布 $U(0,1)$, 求 θ 的后验分布.

(2) 若 θ 的先验分布为贝塔分布 $\mathrm{Be}(\alpha,\beta)$, 求 θ 的后验分布.

27. 设随机变量 X 服从几何分布 $\mathrm{Nb}(1,\theta)$, 其中参数 θ 的先验分布为 (0,1) 上的均匀分布 $U(0,1)$.

(1) 若只对 X 做一次观察, 观测值为 3, 求 θ 的后验分布.

(2) 若只对 X 做三次观察, 观测值为 3, 2, 5, 求 θ 的后验分布.

28. 说明以下分布族是否为位置参数族或刻度参数族, 并给出其未知参数一个无信息先验:

(1) 均匀分布 $U(\theta-1,\theta+1)$;

(2) Cauchy 分布 $C(\mu,1)$;

(3) 正态分布 $N(0,\sigma^2)$;

(4) Pareto 分布 $\mathrm{Pa}(x_0,\alpha)$ (α 固定).

29. 设随机变量 X 服从负二项分布, 其概率分布为

$$f(x|p)=\binom{x-1}{k-1}p^k(1-p)^{x-k}, \quad x=k,k+1,\cdots.$$

证明其成功概率 p 的共轭先验分布族为 Beta 分布族.

30. 设 $\boldsymbol{X}=(X_1,\cdots,X_n)$ 为从 Poisson 分布 $P(\lambda)$ 中抽取的简单样本, λ 的先验分布为 Gamma 分布 $\Gamma(b,a)$. 证明给定 $\boldsymbol{X}=\boldsymbol{x}$ 时, λ 的后验分布仍为 Gamma 分布.
31. 设随机变量 X 服从参数为 λ 的指数分布 $\mathrm{Exp}(\lambda)$, 证明指数分布中参数 λ 的共轭先验分布族为 Gamma 分布族.
32. 设随机变量 X 服从指数型分布, 其密度函数为 $f(x|\theta)=\exp\{a(\theta)b(x)+c(\theta)+d(x)\}$, 其中 $a(\theta)$, $c(\theta)$ 是 θ 的函数, $b(x)$, $d(x)$ 是 x 的函数. 证明先验分布 $h(\theta)=Ae^{k_1a(\theta)+k_2c(\theta)}$ 是参数 θ 的共轭先验分布, 其中 A 为常数, k_1, k_2 是与 θ 无关的常数.
33. 设随机变量 X 的密度函数为

$$f(x|\lambda)=\begin{cases}\lambda^{-1}e^{-x/\lambda}, & 0<x<\infty,\\ 0, & x\leqslant 0.\end{cases}$$

证明参数 λ 的共轭先验分布族为逆 Gamma 分布族.

34. 设 $\boldsymbol{X}=(X_1,\cdots,X_n)$ 是从均匀分布 $U(0,\theta)$ 中抽取的简单样本, 又假设 θ 的先验分布是 Pareto 分布 $\mathrm{Pa}(\theta_0,\alpha)$, 其密度函数为

$$\pi(\theta)=\begin{cases}\dfrac{\alpha\theta_0^\alpha}{\theta^{\alpha+1}}, & \theta>\theta_0,\\ 0, & \theta\leqslant\theta_0,\end{cases}$$

其中 $\theta_0>0$, $\alpha>0$. 证明 Pareto 分布是 $U(0,\theta)$ 中端点 θ 的共轭先验分布.

35. 从一批产品中抽检 100 个, 发现 3 个不合格品, 假定该产品不合格率 θ 的先验分布为 Beta 分布 $\mathrm{Be}(2,200)$, 求 θ 的后验分布.
36. 设某校学生的身高 (单位: cm) 服从 $N(\theta,5^2)$, 今从该校学生中随机抽取 10 人测量其身高, 其平均高度为 175.34cm, 设平均高度 θ 的先验分布为 $N(172.72,2.56)$, 求 θ 的后验分布.
37. 设 $X_1,\cdots,X_n$ 为从正态总体 $N(\theta,2^2)$ 中抽取的随机样本, 又设 θ 的先验分布为正态分布.

    (1) 若样本容量 $n=100$, 证明不管先验标准差为多少, 后验标准差一定小于 1/5.

    (2) 若 θ 的先验分布的标准差为 1, 要使后验方差不超过 0.1, 最少要抽取样本容量多大的样本?
38. 设 $X_1,\cdots,X_n$ 为从指数分布 $\mathrm{Exp}(1/\lambda)$ 中抽取的 i.i.d. 样本.

    (1) 若 λ 的先验分布为 $(0,\infty)$ 上的广义 (无信息) 先验分布, 求 λ 的后验密度.

    (2) 若 λ 的先验分布为逆 Gamma 分布 $\Gamma^{-1}(\alpha,\beta)$, 求 λ 的后验密度.

第 2 章 抽样分布和数据的简化

2.1 引　　言

样本是随机变量, 有一定的概率分布, 称为样本分布. 统计量是样本的函数, 故它也是随机变量, 也有其概率分布. 这个概率分布原则上可由样本分布导出. 统计量的概率分布称为**抽样分布** (sampling distribution).

研究统计量的性质和评价统计推断方法的优良性, 完全取决于其抽样分布的性质. 确定种种统计量的抽样分布是数理统计学的一项基本问题, 也是较难的问题. 近代统计学的奠基人之一, 英国统计学家 R. A. Fisher 曾把抽样分布、参数估计和假设检验看作统计推断的三个中心内容.

当总体 X 的分布类型已知时, 若对任一样本容量为 n 的样本都能导出统计量 $T = T(X_1, \cdots, X_n)$ 分布的表达式, 这种分布称为 T 的精确抽样分布. 但是能求出统计量精确分布的情形不多. 已知的精确抽样分布大多是在正态条件下得到的. 有些情形下虽能求出统计量的精确分布, 但其表达式太复杂, 使用上不方便; 在更多的情形下统计量的精确抽样分布很难求出; 作为替代方法, 研究其极限分布. 当样本容量 $n \to \infty$ 时统计量的分布称为极限分布. 只要样本容量足够大, 且极限分布的形式比较简单, 就可以用统计量的极限分布作为其精确分布的近似.

本章将首先研究与正态总体有关的一些统计量的精确分布, 如正态总体样本均值和样本方差的分布; χ^2 分布、t 分布和 F 分布; 还将研究次序统计量的分布, 并对统计量极限分布作简要的介绍.

一个好的统计量是对样本 (数据) 的简化, 且信息无损失, 这样的统计量称为充分统计量. 本章最后两节介绍充分统计量和完全统计量的定义及有关性质.

2.2 正态总体样本均值和样本方差的分布

从正态总体获得的简单样本, 其样本均值和样本方差的精确分布可以求得. 下面先给出独立正态随机变量的线性变换的分布.

2.2.1 正态变量线性函数的分布

先讨论正态变量的线性组合的分布.

定理 2.2.1

设随机变量 $X_1,\cdots,X_n$ 相互独立且 $X_k\sim N(a_k,\sigma_k^2)$, $k=1,\cdots,n$. 令 c_1, c_2, $\cdots$, c_n 为常数, 记 $T=\sum\limits_{k=1}^{n}c_kX_k$, 则 $T\sim N(\mu,\tau^2)$, 其中 $\mu=\sum\limits_{k=1}^{n}c_ka_k$, $\tau^2=\sum\limits_{k=1}^{n}c_k^2\sigma_k^2$. ♡

证 因 $X_k\sim N(a_k,\sigma_k^2)$, $k=1,2,\cdots,n$, 故其特征函数 (c.f.) 为

$$\varphi_k(t)=\mathbb{E}(e^{itX_k})=e^{ia_kt-\frac{1}{2}t^2\sigma_k^2},$$

所以 T 的 c.f. 为

$$\begin{aligned}\varphi(t)&=\mathbb{E}(e^{itT})=\mathbb{E}\left(e^{it\sum\limits_{k=1}^{n}c_kX_k}\right)=\prod_{k=1}^{n}\mathbb{E}\left[e^{i(c_kt)X_k}\right]\\&=\prod_{k=1}^{n}\left(e^{ic_ka_kt-\frac{1}{2}t^2c_k^2\sigma_k^2}\right)=e^{it\left(\sum\limits_{k=1}^{n}c_ka_k\right)-\frac{1}{2}t^2\left(\sum\limits_{k=1}^{n}c_k^2\sigma_k^2\right)}.\end{aligned}$$

可见 $T\sim N(\mu,\tau^2)$, 其中 $\mu=\sum\limits_{k=1}^{n}c_ka_k$, $\tau^2=\sum\limits_{k=1}^{n}c_k^2\sigma_k^2$. 定理得证. □

利用此定理, 容易得到如下推论.

推论 2.2.1

在定理 2.2.1 中, 若 $a_1=\cdots=a_n=a$, $\sigma_1^2=\cdots=\sigma_n^2=\sigma^2$, 则有

$$T\sim N\left(a\sum_{k=1}^{n}c_k,\sigma^2\sum_{k=1}^{n}c_k^2\right).$$

若进一步假定 $c_1=\cdots=c_n=1/n$, 则 $T=\bar{X}$ 且有

$$\bar{X}\sim N(a,\sigma^2/n).$$

♡

对独立同分布的正态变量的线性变换, 有如下结论.

定理 2.2.2

设 $X_1,\cdots,X_n$ i.i.d. $\sim N(a,\sigma^2)$, $\boldsymbol{X}=(X_1,\cdots,X_n)^{\mathrm{T}}$, $\boldsymbol{Y}=(Y_1,\cdots,Y_n)^{\mathrm{T}}$, $\boldsymbol{A}=(a_{ij})$ 为 $n\times n$ 的常数方阵, 记 $\boldsymbol{Y}=\boldsymbol{AX}$, 即

$$\begin{pmatrix}Y_1\\\vdots\\Y_n\end{pmatrix}=\begin{pmatrix}a_{11}&\cdots&a_{1n}\\\vdots&&\vdots\\a_{n1}&\cdots&a_{nn}\end{pmatrix}\begin{pmatrix}X_1\\\vdots\\X_n\end{pmatrix},\tag{2.2.1}$$

则有

(1) $Y_1, \cdots, Y_n$ 也是正态随机变量, 且

$$\mathbb{E}(Y_i) = a\sum_{k=1}^{n} a_{ik}, \quad \operatorname{Var}(Y_i) = \sigma^2 \sum_{k=1}^{n} a_{ik}^2,$$

$$\operatorname{Cov}(Y_i, Y_j) = \sigma^2 \sum_{k=1}^{n} a_{ik}a_{jk}.$$

(2) 特别当 $\boldsymbol{A} = (a_{ij})$ 为 n 阶正交阵时, $Y_1, Y_2, \cdots, Y_n$ 也相互独立且 $Y_i \sim N(\mu_i, \sigma^2)$, 此处 $\mu_i = a\sum\limits_{k=1}^{n} a_{ik}, i = 1, \cdots, n$.

(3) 若再进一步假定 $a = 0$, 则 $Y_1, Y_2, \cdots, Y_n$ i.i.d. $\sim N(0, \sigma^2)$. 此事实说明: 独立同分布的正态分布 $N(0, \sigma^2)$ 随机变量经正交变换后仍为独立同分布的 $N(0, \sigma^2)$ 随机变量. ♡

证 (1) 由式 (2.2.1) 可知 $Y_i = \sum\limits_{k=1}^{n} a_{ik}X_k$, 再由推论 2.2.1 可知

$$Y_i \sim N\left(a\sum_{k=1}^{n} a_{ik},\ \sigma^2 \sum_{i=1}^{n} a_{ik}^2\right).$$

因此有 $\mathbb{E}(Y_i) = a\sum\limits_{k=1}^{n} a_{ik}$, $\operatorname{Var}(Y_i) = \sigma^2\sum\limits_{k=1}^{n} a_{ik}^2$. 而

$$\begin{aligned}\operatorname{Cov}(Y_i, Y_j) &= \mathbb{E}[(Y_i - \mathbb{E}Y_i)(Y_j - \mathbb{E}Y_j)] \\ &= \sum_{k=1}^{n}\sum_{l=1}^{n} a_{ik}a_{jl}\mathbb{E}[(X_k - a)(X_l - a)] \\ &= \sum_{k=1}^{n}\sum_{l=1}^{n} a_{ik}a_{jl} \cdot \delta_{kl}\ \sigma^2 = \sigma^2\sum_{k=1}^{n} a_{ik}a_{jk},\end{aligned}$$

此处 $\delta_{kl} = 1$, 当 $k = l$ 时; $\delta_{kl} = 0$, 当 $k \neq l$ 时. 故 (1) 得证.

(2) 当 $\boldsymbol{A} = (a_{ij})$ 为 n 阶正交阵时, $\sum\limits_{k=1}^{n} a_{ik}^2 = 1$, 则 $\mu_i = \mathbb{E}(Y_i) = a\sum\limits_{k=1}^{n} a_{ik}$, $\operatorname{Var}(Y_i) = \sigma^2\sum\limits_{k=1}^{n} a_{ik}^2 = \sigma^2$. 又由正交阵 $\boldsymbol{A}$ 的不同行和列的正交性可知: 当 $i \neq j$ 时, $\sum\limits_{k=1}^{n} a_{ik}a_{jk} = 0$, 故 $\operatorname{Cov}(Y_i, Y_j) = 0$. 因此 $Y_1, \cdots, Y_n$ 相互独立且 $Y_i \sim N(\mu_i, \sigma^2)$. 从而 (2) 得证.

(3) 特别若 $a = 0$, 由 (2) 显见 $\mu_i = 0$, $i = 1, \cdots, n$, 故此时 $Y_1, \cdots, Y_n$ i.i.d. $\sim N(0, \sigma^2)$, 故 (3) 得证. □

2.2.2 正态变量样本均值和样本方差的分布

下述定理给出了正态变量样本均值和样本方差的分布和它们的独立性.

定理 2.2.3

设 $X_1, X_2, \cdots, X_n$ i.i.d. $\sim N(a, \sigma^2)$, $\bar{X} = \sum_{i=1}^{n} X_i/n$ 和 $S^2 = \sum_{i=1}^{n}(X_i - \bar{X})^2/(n-1)$ 分别为样本均值和样本方差, 则有

(1) $\bar{X} \sim N(a, \sigma^2/n)$;

(2) $(n-1)S^2/\sigma^2 \sim \chi^2_{n-1}$;

(3) $\bar{X}$ 和 S^2 独立,

其中 χ^2_{n-1} 变量的定义见下节中的定义 2.3.1.

♡

证　(1) 由推论 2.2.1 立得 $\bar{X} \sim N(a, \sigma^2/n)$. 下面证 (2) 和 (3). 令

$$\boldsymbol{A} = \begin{pmatrix} \dfrac{1}{\sqrt{n}} & \dfrac{1}{\sqrt{n}} & \cdots & \dfrac{1}{\sqrt{n}} \\ a_{21} & a_{22} & \cdots & a_{2n} \\ \vdots & \vdots & & \vdots \\ a_{n1} & a_{n2} & \cdots & a_{nn} \end{pmatrix}$$

为一正交阵 (这一正交阵的存在性由 Schmidt 正交化方法保证), 作正交变换 $\boldsymbol{Y} = \boldsymbol{AX}$, 其中 $\boldsymbol{Y}$ 和 $\boldsymbol{X}$ 如定理 2.2.2 所示, 故有

$$Y_1 = \frac{1}{\sqrt{n}} \sum_{i=1}^{n} X_i = \sqrt{n}\bar{X}.$$

由正交变换保持向量长度不变可知

$$Y_1^2 + \cdots + Y_n^2 = X_1^2 + \cdots + X_n^2.$$

所以

$$\begin{aligned} (n-1)S^2 &= \sum_{i=1}^{n}(X_i - \bar{X})^2 = \sum_{i=1}^{n} X_i^2 - n\bar{X}^2 \\ &= \sum_{i=1}^{n} Y_i^2 - Y_1^2 = \sum_{i=2}^{n} Y_i^2. \end{aligned} \tag{2.2.2}$$

由定理 2.2.2 (2) 可知 $Y_1, \cdots, Y_n$ 相互独立且 $Y_i \sim N(\mu_i, \sigma^2)$, $i = 2, \cdots, n$. 再由 $\boldsymbol{A}$ 的行向量正交性得

$$\mu_i = a\sum_{k=1}^{n} a_{ik} = \sqrt{n}a \cdot \sum_{k=1}^{n} \frac{1}{\sqrt{n}} \cdot a_{ik} = 0, \quad i = 2, \cdots, n, \tag{2.2.3}$$

即 $Y_2, \cdots, Y_n$ i.i.d. $\sim N(0, \sigma^2)$, 故 $Y_2/\sigma, \cdots, Y_n/\sigma$ i.i.d. $\sim N(0, 1)$, 由式 (2.2.2) 得

$$\frac{(n-1)S^2}{\sigma^2} = \sum_{i=2}^{n}(Y_i/\sigma)^2 \sim \chi^2_{n-1}.$$

故 (2) 得证.

由上述 (2) 的证明中可知 $Y_1, Y_2, \cdots, Y_n$ 相互独立, S^2 只和 $Y_2, \cdots, Y_n$ 有关, $\bar{X}$ 只和 Y_1 有关, 因此 $\bar{X}$ 和 S^2 独立, 故 (3) 得证. □

2.3 χ^2 分布, t 分布和 F 分布

当总体分布为正态情形时, 许多重要统计量的抽样分布可以求得, 它们多与下面讨论的 χ^2 分布、t 分布和 F 分布这三个分布有密切关系. 这三个分布在后面几章中有重要应用. 下面将分别介绍它们的定义和有关性质.

2.3.1 χ^2 分布

1. χ^2 分布的定义和密度函数

定义 2.3.1 (χ^2 分布)

设 $X_1, X_2, \cdots, X_n$ i.i.d. $\sim N(0,1)$, 则称

$$\xi = \sum_{i=1}^{n} X_i^2$$

是自由度为 n 的 χ^2 变量, 其分布称为自由度为 n 的 χ^2 分布, 记为 $\xi \sim \chi_n^2$. ♧

自由度为 n 的 χ^2 变量的概率密度函数由下面的定理给出.

定理 2.3.1

设随机变量 ξ 是自由度为 n 的 χ^2 随机变量, 则其概率密度函数为

$$g_n(x) = \begin{cases} \dfrac{1}{2^{n/2}\Gamma(n/2)} x^{n/2-1} e^{-x/2}, & x > 0, \\ 0, & x \leqslant 0, \end{cases} \tag{2.3.1}$$

其中 $\Gamma(n/2) = \int_0^\infty x^{n/2-1} e^{-x} dx$. 显然 χ_n^2 的密度函数与 Gamma 分布 $\Gamma(n/2, 1/2)$ 的密度函数相同. ♡

证明 证法 **1** (利用 Gamma 分布): 由于 $X_1 \sim N(0,1)$, 故由密度变换公式知 X_1^2 的概率密度函数为

$$g_1(x) = \frac{1}{\sqrt{2\pi}} x^{-1/2} e^{-x/2} I_{(0,\infty)}(x).$$

此为 $\Gamma(1/2, 1/2)$ 的密度. 利用 Gamma 分布的再生性立证.

证法 **2** (直接计算): 由于 $X_1, X_2, \cdots, X_n$ i.i.d. $\sim N(0,1)$, 故其联合密度为

$$f(x_1, x_2, \cdots, x_n) = \left(\frac{1}{\sqrt{2\pi}}\right)^n \exp\left\{-\frac{1}{2}\sum_{i=1}^{n} x_i^2\right\}.$$

令 r.v. $\xi=\sum\limits_{i=1}^{n}X_i^2$ 的分布函数为 $G_n(x)$, 则有

$$G_n(x)=\mathbb{P}\left(\sum_{i=1}^{n}X_i^2<x\right)=\left(\frac{1}{\sqrt{2\pi}}\right)^n\underset{\sum\limits_{i=1}^{n}x_i^2<x}{\int\cdots\int}\exp\left\{-\frac{1}{2}\sum_{i=1}^{n}x_i^2\right\}dx_1\cdots dx_n.$$

作 n 维球坐标变换

$$\begin{cases}x_1=\rho\cos\theta_1\cos\theta_2\cdots\cos\theta_{n-2}\cos\theta_{n-1},\\ x_2=\rho\cos\theta_1\cos\theta_2\cdots\cos\theta_{n-2}\sin\theta_{n-1},\\ \quad\cdots\cdots\\ x_n=\rho\sin\theta_1.\end{cases}\tag{2.3.2}$$

变换的雅可比 (Jacobi) 行列式的绝对值为

$$|J|=\left|\frac{\partial(x_1,x_2,\cdots,x_n)}{\partial(\rho,\theta_1,\cdots,\theta_{n-1})}\right|=\rho^{n-1}D(\theta_1\cdots\theta_{n-1}),$$

其中 $D(\theta_1,\cdots,\theta_{n-1})$ 表示 $\theta_1,\cdots,\theta_{n-1}$ 的某个函数; $0<\rho<\sqrt{x}$; $-\pi/2<\theta_i<\pi/2$, $i=1,\cdots,n-2$; $-\pi<\theta_{n-1}<\pi$. 因此有

$$\begin{aligned}G_n(x)=&\left(\frac{1}{\sqrt{2\pi}}\right)^n\int_0^{\sqrt{x}}\rho^{n-1}e^{-\frac{\rho^2}{2}}d\rho\int_{-\pi}^{\pi}\int_{-\pi/2}^{\pi/2}\cdots\int_{-\pi/2}^{\pi/2}D(\theta_1\cdots\theta_{n-1})d\theta_1\cdots d\theta_{n-1}\\ =&C_n\int_0^{\sqrt{x}}\rho^{n-1}e^{-\frac{\rho^2}{2}}d\rho,\end{aligned}$$

其中

$$C_n=\left(\frac{1}{\sqrt{2\pi}}\right)^n\int_{-\pi}^{\pi}\int_{-\pi/2}^{\pi/2}\cdots\int_{-\pi/2}^{\pi/2}D(\theta_1\cdots\theta_{n-1})d\theta_1\cdots d\theta_{n-1}.$$

令 $y=\rho^2$, 则 $d\rho=1/(2\sqrt{y})\cdot dy$, 故有

$$G_n(x)=\frac{1}{2}C_n\int_0^x y^{\frac{n}{2}-1}e^{-\frac{y}{2}}dy.\tag{2.3.3}$$

下面确定 C_n. 由于

$$1=G_n(\infty)=\frac{1}{2}C_n\int_0^\infty y^{\frac{n}{2}-1}e^{-\frac{y}{2}}dy=C_n2^{\frac{n}{2}-1}\Gamma\left(\frac{n}{2}\right),$$

故有 $C_n=1/\left[2^{n/2-1}\Gamma(n/2)\right]$. 将其代入式 (2.3.3) 得

$$G_n(x)=\frac{1}{2^{n/2}\Gamma(n/2)}\int_0^x y^{\frac{n}{2}-1}e^{-\frac{y}{2}}dy.$$

因此 ξ 的密度函数 $g_n(x)$ 为

$$g_n(x) = G_n'(x) = \begin{cases} \dfrac{1}{2^{n/2}\Gamma(n/2)} x^{n/2-1} e^{-x/2}, & x > 0, \\ 0, & x \leqslant 0. \end{cases} \qquad \square$$

χ_n^2 密度函数的支撑集 (即使密度函数为正的变量取值集合) 为 $(0, \infty)$, 由图 2.3.1 可见当自由度 n 越大, χ_n^2 的密度曲线越趋于 "对称" (由中心极限定理知当 $n \to \infty$ 时, 它趋于正态分布), n 越小, 曲线越不 "对称". 当 $n = 1, 2$ 时曲线是单调下降趋于 0. 当 $n \geqslant 3$ 时曲线有单峰, 从 0 开始先单调上升, 在一定位置达到峰值, 然后单调下降趋向于 0.

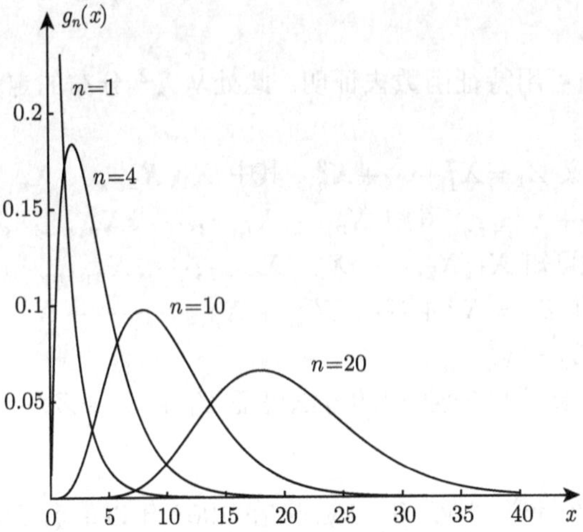

图 2.3.1　χ_n^2 的密度函数 $g_n(x)$ 形状图

设 $\xi \sim \chi_n^2$, $0 < \alpha < 1$, 令 $\mathbb{P}(\xi > c) = \alpha$, 则称 $c = \chi_n^2(\alpha)$ 为 χ_n^2 分布的上侧 α 分位数 (图 2.3.2). α 通常取较小的数, 如 $\alpha = 0.05$, 0.01 等. 当 α 和 n 给定时, 可查附表 3 求出 $\chi_n^2(\alpha)$ 之值, 如 $\chi_{10}^2(0.01) = 23.209$, $\chi_6^2(0.05) = 12.592$ 等.

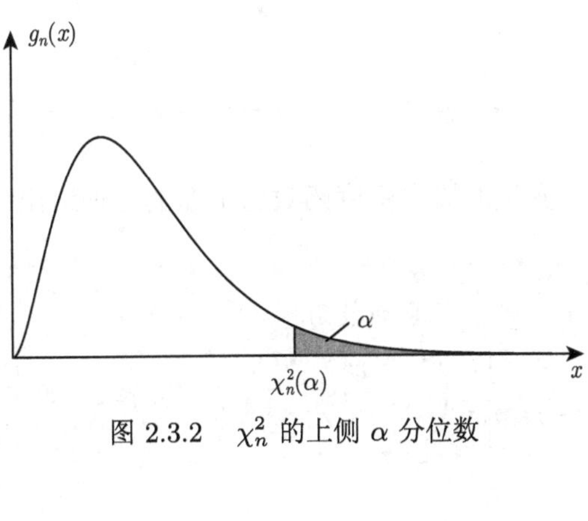

图 2.3.2　χ_n^2 的上侧 α 分位数

实验　扫描实验 4 的二维码进行 χ^2 分布模拟实验, 观察不同自由度下分布的形状.

实验 4 χ^2 分布

2. χ^2 变量的性质

(1) 设 r.v. $\xi \sim \chi_n^2$, 则 ξ 的特征函数为 $\varphi(t) = (1-2it)^{-n/2}$.

(2) r.v. ξ 的均值和方差分别为 $\mathbb{E}(\xi) = n$, $\mathrm{Var}(\xi) = 2n$.

(3) 若 $Y \sim \Gamma(\alpha, \lambda)$, 则 $Z = 2\lambda Y \sim \chi_{2\alpha}^2$.

上述两条性质的证明留给读者作练习.

(4) 设 $Z_i \sim \chi_{n_i}^2$, $i = 1, 2, \cdots, k$ 且 $Z_1, Z_2, \cdots, Z_k$ 相互独立, 则 $\sum\limits_{i=1}^{k} Z_i \sim \chi_{n_1+\cdots+n_k}^2$.

证　这一性质可用特征函数去证明. 此处从 χ^2 分布的定义出发给出另一个简单证明.

设 $k=2$, 由定义 $Z_1 = X_1^2 + \cdots + X_{n_1}^2$, 其中 $X_1, X_2, \cdots, X_{n_1}$ i.i.d. $\sim N(0,1)$, 同理 $Z_2 = X_{n_1+1}^2 + \cdots + X_{n_1+n_2}^2$, 其中 $X_{n_1+1}, X_{n_1+2}, \cdots, X_{n_1+n_2}$ i.i.d. $\sim N(0,1)$, 再由 Z_1 和 Z_2 的独立性可知 $X_1, X_2, \cdots, X_{n_1}, X_{n_1+1}, \cdots, X_{n_1+n_2}$ i.i.d. $\sim N(0,1)$. 因此

$$Z_1 + Z_2 = X_1^2 + \cdots + X_{n_1}^2 + X_{n_1+1}^2 + \cdots + X_{n_1+n_2}^2,$$

则按定义有 $Z_1 + Z_2 \sim \chi_{n_1+n_2}^2$.

对 $k > 2$ 的情形, 用完全类似的方法可证 $Z_1 + \cdots + Z_k \sim \chi_{n_1+\cdots+n_k}^2$. □

2.3.2　t 分布

t 分布是英国统计学家 W. S. Gosset 在 1908 年以笔名 Student 发表的论文中提出的, 故后人称为“学生氏 (student) 分布”或“t 分布”.

1. t 分布的定义和密度函数

定义 2.3.2 (t 分布)

设随机变量 $X \sim N(0,1)$, $Y \sim \chi_n^2$ 且 X 和 Y 独立, 则称

$$T = \frac{X}{\sqrt{Y/n}}$$

是自由度为 n 的 t 变量, 其分布称为自由度为 n 的 t 分布, 记为 $T \sim t_n$. ♧

自由度为 n 的 t 变量的概率密度函数由下面的定理给出.

定理 2.3.2

若随机变量 $T \sim t_n$, 则其密度函数为

$$t_n(x) = \frac{\Gamma\left(\frac{n+1}{2}\right)}{\Gamma\left(\frac{n}{2}\right)\sqrt{n\pi}}\left(1+\frac{x^2}{n}\right)^{-(n+1)/2}, \quad -\infty < x < \infty. \tag{2.3.4}$$

♡

该密度函数的推导采用下列方法: ① 求出 $\sqrt{Y/n}$ 的密度函数, 其中 $Y \sim \chi_n^2$; ② 利用求独立随机变量商的密度函数公式求出 T 的密度函数. 详细的计算过程留给读者作为练习.

t_n 的密度函数与标准正态分布 $N(0,1)$ 密度很相似, 它们都是关于原点对称、单峰的偶函数, 在 $x=0$ 处达到极大. 但 t_n 的峰值低于 $N(0,1)$ 的峰值, t_n 的密度函数尾部都要比 $N(0,1)$ 的两侧尾部粗一些, 如图 2.3.3 所示.

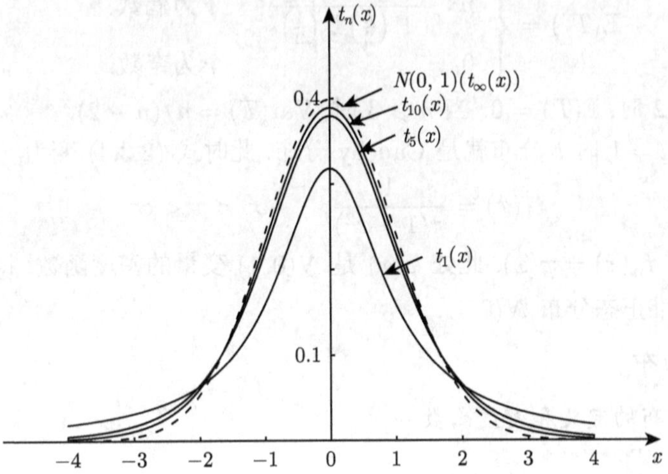

图 2.3.3 t_n 的密度函数 $t_n(x)$ 形状图

设 $T \sim t_n$, $0<\alpha<1$, 令 $\mathbb{P}(|T|>c)=\alpha$, 则称 $c=t_n(\alpha/2)$ 为自由度为 n 的 t 分布的双侧上 α 分位数, 如图 2.3.4 所示. 当 α 和 n 给定时, 可查附表 2 求出 $t_n(\alpha)$, $t_n(\alpha/2)$ 等. 例如, $t_{12}(0.05)=1.7823$, $t_9(0.025)=2.2622$ 等.

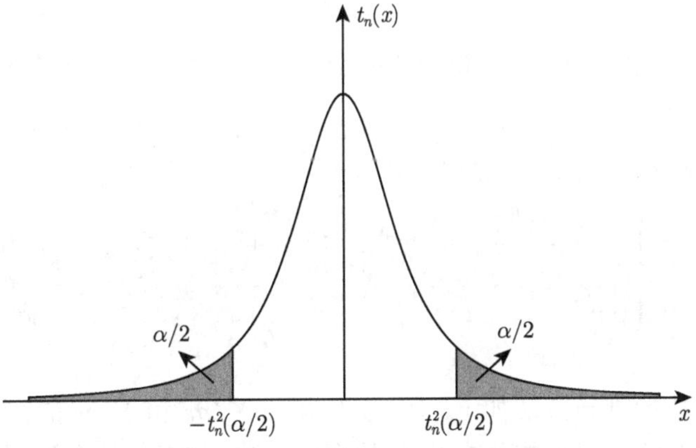

图 2.3.4 t_n 的双侧 α 分位数

实验 扫描实验 5 的二维码进行 t 分布模拟实验, 观察不同自由度下分布的形状及其与标准正态分布之间的关系. 当自由度 n 多大时其密度曲线与标准正态密度曲线重合?

实验 5 t 分布

2. t 变量的性质

(1) 若随机变量 $T \sim t_n$, 则 $\mathbb{E}(T^r)$ 只有当 $r < n$ $(n > 1)$ 时存在, 且

$$\mathbb{E}(T^r) = \begin{cases} n^{\frac{r}{2}} \dfrac{\Gamma\left(\frac{r+1}{2}\right)\Gamma\left(\frac{n-r}{2}\right)}{\Gamma\left(\frac{n}{2}\right)\Gamma\left(\frac{1}{2}\right)}, & r \text{ 为偶数}, \\ 0, & r \text{ 为奇数}. \end{cases}$$

特别当 $n \geqslant 2$ 时, $\mathbb{E}(T) = 0$. 当 $n \geqslant 3$ 时, $\mathrm{Var}(T) = n/(n-2)$.

(2) 当 $n = 1$ 时 t 分布就是 Cauchy 分布, 此时式 (2.3.4) 变为

$$t_1(x) = \frac{1}{\pi(1+x^2)}, \quad -\infty < x < \infty.$$

(3) $\lim\limits_{n\to\infty} t_n(x) = \varphi(x)$, 此处 $\varphi(x)$ 是 $N(0,1)$ 变量的密度函数. 即 t 变量的极限分布为标准正态分布 $N(0,1)$.

2.3.3 *F* 分布

1. F 分布的定义和密度函数

定义 2.3.3 (F 分布)

设 r.v. $X \sim \chi^2_m$, $Y \sim \chi^2_n$ 且 X 和 Y 独立, 则称

$$F = \frac{X/m}{Y/n}$$

是自由度为 m 和 n (注意分子的自由度在前) 的 F 变量, 其分布称为自由度是 m 和 n 的F 分布, 记为 $F \sim F_{m,n}$. ♧

自由度为 m 和 n 的 F 变量的概率密度函数由下面的定理给出.

定理 2.3.3

若随机变量 $Z \sim F_{m,n}$, 则其密度函数为

$$f_{m,n}(x) = \begin{cases} \dfrac{\Gamma\left(\frac{m+n}{2}\right)}{\Gamma\left(\frac{n}{2}\right)\Gamma\left(\frac{m}{2}\right)} m^{\frac{m}{2}} n^{\frac{n}{2}} x^{\frac{m}{2}-1}(n+mx)^{-\frac{m+n}{2}}, & x > 0, \\ 0, & \text{其他}. \end{cases} \tag{2.3.5}$$

♡

该密度函数的推导方法如下: ① 分别求出 X/m 和 Y/n 的密度函数; ② 利用求随机变量商的密度函数公式求 F 的密度函数. 详细的计算过程留给读者作为练习.

自由度为 m, n 的 F 分布的密度函数如图 2.3.5 所示. 注意 F 分布的自由度 m 和 n 是有顺序的, 当 $m \neq n$ 时, 若将自由度 m 和 n 的顺序颠倒一下, 得到的是两个不同的 F 分布. 图 2.3.5 给出了几个不同自由度的密度函数曲线. 由图 2.3.5 看到对给定 $m = 10$, n 取不同值时密度曲线 $f_{m,n}(x)$ 的图形是偏态的, n 越小偏态越严重.

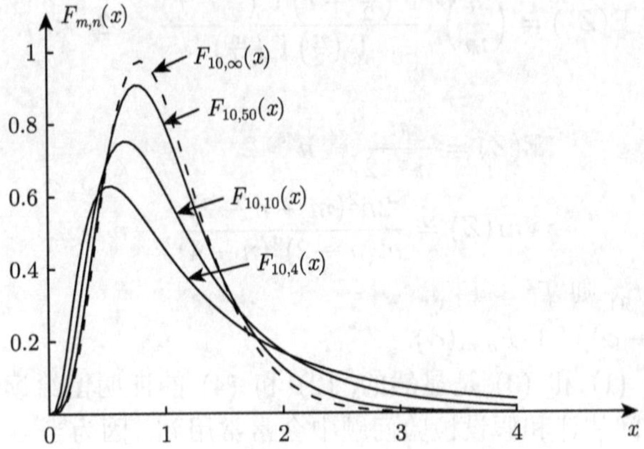

图 2.3.5 $F_{m,n}$ 的密度函数 $f_{m,n}(x)$ 形状图

设 $F \sim F_{m,n}$, $0 < \alpha < 1$, 令 $\mathbb{P}(F > c) = \alpha$, 则称 $c = F_{m,n}(\alpha)$ 为 F 分布的上侧 α 分位数, 如图 2.3.6 所示. 当 m, n 和 α 给定时, 可以通过查附表 4 求出 $F_{m,n}(\alpha)$ 之值. 例如, $F_{4,10}(0.05) = 3.48$, $F_{10,15}(0.01) = 3.80$ 等. 这在区间估计和假设检验问题中常常用到.

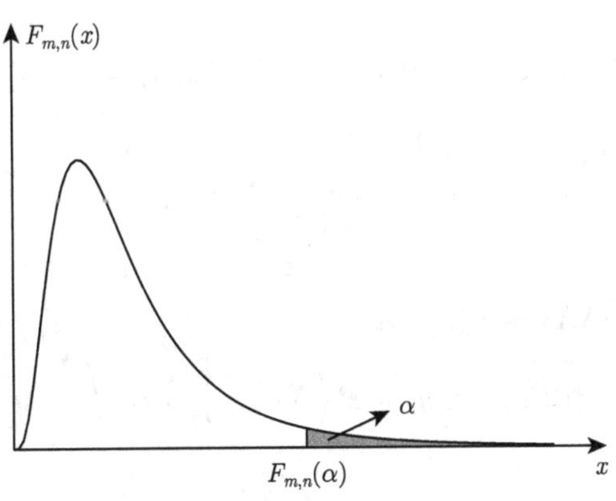

图 2.3.6 $F_{m,n}$ 的上侧 α 分位数

实验 扫描实验 6 的二维码进行 F 分布模拟实验, 观察不同自由度下分布的形状.

实验 6 F 分布

2. F 变量的性质

(1) 若 $Z \sim F_{m,n}$, 则 $1/Z \sim F_{n,m}$.

(2) 若 $Z \sim F_{m,n}$, 则对 $r > 0$ 有

$$\mathbb{E}(Z^r) = \left(\frac{n}{m}\right)^r \frac{\Gamma\left(\frac{m}{2}+r\right)\Gamma\left(\frac{n}{2}-r\right)}{\Gamma\left(\frac{n}{2}\right)\Gamma\left(\frac{m}{2}\right)}, \quad 2r < n.$$

特别地,

$$\mathbb{E}(Z) = \frac{n}{n-2}, \quad n > 2,$$

$$\mathrm{Var}(Z) = \frac{2n^2(m+n-2)}{m(n-2)^2(n-4)}, \quad n > 4.$$

(3) 若 $T \sim t_n$, 则 $T^2 \sim F_{1,n}$.

(4) $F_{m,n}(1-\alpha) = 1/F_{n,m}(\alpha)$.

以上性质中 (1) 和 (3) 是显然的, (2) 和 (4) 的证明留给读者作为练习, 尤其性质 (4) 在区间估计和假设检验问题中会常常用到. 因为当 α 为较小的数, 如 $\alpha = 0.05$ 或 $\alpha = 0.01$, m, n 给定时, 从已有的 F 分布表上查不到 $F_{m,n}(1-0.05)$ 和 $F_{m,n}(1-0.01)$ 之值, 但它们的值可利用性质 (4) 求得, 因为 $F_{n,m}(0.05)$ 和 $F_{n,m}(0.01)$ 是可以通过查 F 分布表求得的.

2.3.4 几个重要推论

下面这一推论给出了指数分布随机变量的线性函数的分布与 χ^2 分布的关系. 这在指数分布总体参数的区间估计和假设检验问题中有重要应用.

推论 2.3.1

设 $X_1, X_2, \cdots, X_n$ i.i.d. 服从密度函数为 $f(x,\lambda) = \lambda e^{-\lambda x} I_{(0,\infty)}(x)$ 的指数分布 $\mathrm{Exp}(\lambda)$, 则有

$$2\lambda n\bar{X} = 2\lambda\sum_{i=1}^{n} X_i \sim \chi^2_{2n}.$$

♡

证 首先证明 $2\lambda X_1 \sim \chi^2_2$. 因为

$$F(y) = \mathbb{P}(2\lambda X_1 < y) = \mathbb{P}\left(X_1 < \frac{y}{2\lambda}\right) = \int_0^{\frac{y}{2\lambda}} \lambda e^{-\lambda x}\mathrm{d}x,$$

所以

$$f(y) = \frac{dF(y)}{dy} = \begin{cases} \frac{1}{2}e^{-\frac{y}{2}}, & y > 0, \\ 0, & y \leqslant 0. \end{cases}$$

因此 $f(y)$ 即为自由度为 2 的 χ^2 密度, 即 $2\lambda X_1 \sim \chi_2^2$.

再利用 χ^2 分布的性质 (3), $2\lambda X_i \sim \chi_2^2$, $i = 1, 2, \cdots, n$; 又它们相互独立, 故有 $2\lambda \sum_{i=1}^n X_i \sim \chi_{2n}^2$. □

多元正态分布随机变量的二次型的分布和 χ^2 分布有着密切关系, 下列推论在 5.3 节 Wald 检验和得分检验中常常用到.

推论 2.3.2

设 $\boldsymbol{X} = (X_1, \cdots, X_p)^{\mathrm{T}}$ 服从 p 元正态分布, $\mathbb{E}(\boldsymbol{X}) = \boldsymbol{\mu}_{p\times 1}, \mathrm{Cov}(\boldsymbol{X}) = \boldsymbol{\Sigma}_{p\times p} > 0$, 则 $U = (\boldsymbol{X} - \boldsymbol{\mu})^{\mathrm{T}} \boldsymbol{\Sigma}^{-1} (\boldsymbol{X} - \boldsymbol{\mu})$ 服从自由度为 p 的 χ^2 分布. ♡

证 由于 $\boldsymbol{X} \sim N_p(\boldsymbol{\mu}, \boldsymbol{\Sigma})$, 故有 $\boldsymbol{Y} = \boldsymbol{\Sigma}^{-1/2}(\boldsymbol{X} - \boldsymbol{\mu}) \sim N_p(\boldsymbol{0}, \boldsymbol{I})$, 其中 $\boldsymbol{I} = \mathrm{diag}(1, \cdots, 1)$ 为单位阵. 由多元正态分布的性质可知 $Y_1, \cdots, Y_p$ i.i.d. $\sim N(0, 1)$. 因此由 χ^2 分布定义可知 $U = \boldsymbol{Y}^{\mathrm{T}}\boldsymbol{Y} = Y_1^2 + \cdots + Y_p^2 \sim \chi_p^2$. □

下列几个推论在正态总体参数区间估计和假设检验问题中有着重要的应用.

推论 2.3.3

设 $X_1, X_2, \cdots, X_n$ i.i.d. $\sim N(a, \sigma^2)$, 则

$$T = \frac{\sqrt{n}(\bar{X} - a)}{S} \sim t_{n-1},$$

其中 $\bar{X}$ 为样本均值, S^2 由定理 2.2.3 给出. ♡

证 由定理 2.2.3 可知 $\bar{X} \sim N(a, \sigma^2/n)$, 将其标准化得 $\sqrt{n}(\bar{X} - a)/\sigma \sim N(0, 1)$. 又 $(n-1)S^2/\sigma^2 \sim \chi_{n-1}^2$, 即 $S^2/\sigma^2 \sim \chi_{n-1}^2/(n-1)$ 且 $\bar{X}$ 和 S^2 独立, 按定义有

$$T = \frac{\sqrt{n}(\bar{X} - a)/\sigma}{\sqrt{S^2/\sigma^2}} = \frac{\sqrt{n}(\bar{X} - a)}{S} \sim t_{n-1}.$$ □

推论 2.3.4

设 $X_1, X_2, \cdots, X_m$ i.i.d. $\sim N(a_1, \sigma^2)$, $Y_1, Y_2, \cdots, Y_n$ i.i.d. $\sim N(a_2, \sigma^2)$, 且样本 $X_1, X_2, \cdots, X_m$ 与 $Y_1, Y_2, \cdots, Y_n$ 独立, 则

$$T_\omega = \frac{(\bar{X} - \bar{Y}) - (a_1 - a_2)}{S_w} \cdot \sqrt{\frac{mn}{n+m}} \sim t_{n+m-2},$$

其中 $(n+m-2)S_w^2 = (m-1)S_1^2 + (n-1)S_2^2$, 此处

$$S_1^2 = \frac{1}{m-1}\sum_{i=1}^m (X_i - \bar{X})^2, \quad S_2^2 = \frac{1}{n-1}\sum_{j=1}^n (Y_j - \bar{Y})^2.$$

♡

证 由定理 2.2.3 可知 $\bar{X} \sim N(a_1, \sigma^2/m), \bar{Y} \sim N(a_2, \sigma^2/n)$, 故有 $\bar{X} - \bar{Y} \sim N\big(a_1 - a_2, (n+m)\sigma^2/mn\big)$. 将其标准化得

$$\frac{(\bar{X}-\bar{Y})-(a_1-a_2)}{\sigma}\sqrt{\frac{mn}{m+n}} \sim N(0,1). \tag{2.3.6}$$

又 $(m-1)S_1^2/\sigma^2 \sim \chi^2_{m-1}$, $(n-1)S_2^2/\sigma^2 \sim \chi^2_{n-1}$, 且二者独立, 再利用 χ^2 分布的性质可知

$$\frac{(m-1)S_1^2+(n-1)S_2^2}{\sigma^2} \sim \chi^2_{n+m-2}. \tag{2.3.7}$$

再由式 (2.3.6) 和式 (2.3.7) 中 $(\bar{X}, \bar{Y})$ 与 (S_1^2, S_2^2) 相互独立, 由 t 变量的定义可知

$$\begin{aligned} T_\omega &= \frac{(\bar{X}-\bar{Y})-(a_1-a_2)}{\sigma}\sqrt{\frac{mn}{n+m}} \Bigg/ \sqrt{\frac{(m-1)S_1^2+(n-1)S_2^2}{\sigma^2(n+m-2)}} \\ &= \frac{(\bar{X}-\bar{Y})-(a_1-a_2)}{S_w}\sqrt{\frac{nm}{n+m}} \sim t_{n+m-2}. \end{aligned}$$ □

推论 2.3.5

设 $X_1, X_2, \cdots, X_m$ i.i.d. $\sim N(a_1, \sigma_1^2)$, $Y_1, Y_2, \cdots, Y_n$ i.i.d. $\sim N(a_2, \sigma_2^2)$, 且样本 $X_1, X_2, \cdots, X_m$ 和 $Y_1, Y_2, \cdots, Y_n$ 独立, 则

$$F = \frac{S_1^2}{S_2^2} \cdot \frac{\sigma_2^2}{\sigma_1^2} \sim F_{m-1,n-1},$$

此处 S_1^2 和 S_2^2 定义如推论 2.3.4 所述.

♡

证 由定理 2.2.3 可知 $(m-1)S_1^2/\sigma_1^2 \sim \chi^2_{m-1}$, $(n-1)S_2^2/\sigma_2^2 \sim \chi^2_{n-1}$, 且二者独立, 由 F 分布的定义可知

$$F = \frac{\frac{(m-1)S_1^2}{\sigma_1^2}\Big/(m-1)}{\frac{(n-1)S_2^2}{\sigma_2^2}\Big/(n-1)} = \frac{S_1^2}{S_2^2} \cdot \frac{\sigma_2^2}{\sigma_1^2} \sim F_{m-1,n-1}.$$ □

2.4 次序统计量的分布

次序统计量的定义在 1.3 节中已给出, 即若 $X_1, X_2, \cdots, X_n$ i.i.d. $\sim F$, 将其按大小排列为 $X_{(1)} \leqslant X_{(2)} \leqslant \cdots \leqslant X_{(n)}$, 则称 $(X_{(1)}, X_{(2)}, \cdots, X_{(n)})$ 为样本 $(X_1, X_2, \cdots, X_n)$ 的次序统计量. 它的任何一部分, 如 $X_{(i)}$ 和 $(X_{(i)}, X_{(j)})$ $(1 \leqslant i < j \leqslant n)$ 等也称为次序统计量. 本节将导出在 F 有密度时次序统计量的联合分布、单个次序统计量的分布和极差的分布, 最后给出样本 p 分位数的 (渐近) 分布. 在 F 有密度的情形, $X_{(1)} < X_{(2)} < \cdots < X_{(n)}$ (即排除其中任何两个相等的情形) 几乎处处成立.

2.4.1 次序统计量的分布

为求得次序统计量的分布, 需要如下引理.

引理 2.4.1

设总体 X 的分布函数为 $F(x)$, 密度函数为 $f(x), X_1, \cdots, X_n$ 为从总体 X 中抽取的简单样本, 则有

$$\int_{a<x_1<\cdots<x_n<b}\cdots\int f(x_1)\cdots f(x_n)dx_1\cdots dx_n = \frac{1}{n!}[F(b)-F(a)]^n, \tag{2.4.1}$$

此处 a 可取有限数或 $-\infty$, b 可取有限数或 ∞. ♡

证 利用数学归纳法很容易证明. 具体证明留给读者作为练习. □

1. 次序统计量 $(X_{(1)}, \cdots, X_{(n)})$ 的联合分布

定理 2.4.1

设 $X_1, \cdots, X_n$ i.i.d. $\sim F$, F 有密度 f. 如前所述 $(X_{(1)}, X_{(2)}, \cdots, X_{(n)})$ 为样本 $(X_1, X_2, \cdots, X_n)$ 的次序统计量. 令 $Y_i = X_{(i)}$, $i=1,\cdots,n$, 则次序统计量 $(Y_1, Y_2, \cdots, Y_n)$ 的联合密度为

$$g(y_1, y_2, \cdots, y_n) = \begin{cases} n!f(y_1)f(y_2)\cdots f(y_n), & y_1<y_2<\cdots<y_n, \\ 0, & \text{其他}. \end{cases} \tag{2.4.2}$$

♡

证 作下列变换:

$$\begin{cases} y_1 = x_{i_1}, \\ y_2 = x_{i_2}, \\ \cdots\cdots \\ y_n = x_{i_n}, \end{cases} \qquad x_{i_1} < x_{i_2} < \cdots < x_{i_n},$$

此处 $(i_1, i_2, \cdots, i_n)$ 是 $(1, 2, \cdots, n)$ 的任一排列, 这样的排列共有 $n!$ 种, 因此上述一一对应的变换有 $n!$ 个 (特别当 $n=3$ 时, 可将 $3!=6$ 组变换一一写出来, 见文献 [19]). 与上述 $n!$ 个变换相对应的 $n!$ 个区域 $x_{i_1} < x_{i_2} < \cdots < x_{i_n}$ 是互不相交的. 这 $n!$ 组区域和某些概率为零的集合 (如 $x_1 = x_2 = \cdots = x_n$ 等) 的并构成 n 维欧氏空间 $\mathbb{R}^n$. 每一组变换的 Jacobi 行列式

$$|J| = \left|\frac{\partial(x_{i_1}, x_{i_2}, \cdots, x_{i_n})}{\partial(y_1, y_2, \cdots, y_n)}\right| = 1.$$

由于 $X_{i_1}, X_{i_2}, \cdots, X_{i_n}$ 是总体 X 的 i.i.d. 样本, 故 $(X_{i_1}, X_{i_2}, \cdots, X_{i_n})$ 的联合密

度为

$$h(x_{i_1}, x_{i_2}, \cdots, x_{i_n}) = \prod_{j=1}^{n} f(x_{i_j}) = f(x_1)f(x_2)\cdots f(x_n), \quad x_{i_1} < x_{i_2} < \cdots < x_{i_n}.$$

在上述变换下, $(Y_1, Y_2, \cdots, Y_n)$ 的联合密度为

$$g(y_1, y_2, \cdots, y_n) = \sum_{\binom{1,\ 2,\ \cdots,\ n}{i_1, i_2, \cdots, i_n}} |J| \cdot h(x_{i_1}, x_{i_2}, \cdots, x_{i_n})\Big|_{x_{i_1}=y_1, x_{i_2}=y_2, \cdots, x_{i_n}=y_n}$$

$$= \begin{cases} n! f(y_1) f(y_2) \cdots f(y_n), & y_1 < y_2 < \cdots < y_n, \\ 0, & \text{其他}, \end{cases}$$

此处 $\sum\limits_{\binom{1,\ 2,\ \cdots,\ n}{i_1, i_2, \cdots, i_n}}$ 表示对 $i_1, i_2, \cdots, i_n$ 遍历 $1, 2, \cdots, n$ 的所有排列求和 (共 $n!$ 种).

□

2. 两个次序统计量 $(X_{(i)}, X_{(j)})$ 的联合分布

定理 2.4.2

设 $X_1, \cdots, X_n$ i.i.d. $\sim F$, F 有密度 f. 记 $\boldsymbol{X} = (X_1, \cdots, X_n)$, 则 $\boldsymbol{X}$ 的次序统计量 $(X_{(1)}, \cdots, X_{(n)})$ 中的任意两个 $(X_{(i)}, X_{(j)})$ $(i < j)$ 的联合密度为

$$f_{ij}(x, y) = \begin{cases} \dfrac{n!}{(i-1)!(j-i-1)!(n-j)!}(F(x))^{i-1}(F(y)-F(x))^{j-i-1} \\ \qquad \times (1-F(y))^{n-j} f(x) f(y), & x < y, \\ 0, & \text{其他}. \end{cases} \tag{2.4.3}$$

♡

证 由于 $f_{ij}(x,y)$ 是 $(X_{(1)}, \cdots, X_{(n)})$ 的联合密度 $g(x_{(1)}, \cdots, x_{(n)})$ 的边缘密度, 令 $x = x_{(i)}$, $y = x_{(j)}$, 由引理 2.4.1 可知当 $x < y$ 时,

$$\begin{aligned} & f_{ij}(x,y) \\ = & \int_{-\infty<x_1<\cdots<x_n<\infty} \cdots \int n! f(x_1)\cdots f(x_n) dx_1 \cdots dx_{i-1} dx_{i+1} \cdots dx_{j-1} dx_{j+1} \cdots dx_n \\ = & \, n! \int_{-\infty<x_1<\cdots<x_{i-1}<x} \cdots \int f(x_1) \cdots f(x_{i-1}) f(x) dx_1 \cdots dx_{i-1} \\ & \times \int_{x<x_{i+1}<\cdots<x_{j-1}<y} \cdots \int f(x_{i+1}) \cdots f(x_{j-1}) f(y) dx_{i+1} \cdots dx_{j-1} \\ & \times \int_{y<x_{j+1}<\cdots<x_n<\infty} \cdots \int f(x_{j+1}) \cdots f(x_n) dx_{j+1} \cdots dx_n \end{aligned}$$

$$= n!\frac{f(x)}{(i-1)!}\big[F(x)\big]^{i-1}\cdot\frac{f(y)}{(j-i-1)!}\big[F(y)-F(x)\big]^{j-i-1}\cdot\frac{[1-F(y)]^{n-j}}{(n-j)!}$$

$$=\frac{n!\,f(x)f(y)}{(i-1)!(j-i-1)!(n-j)!}\big[F(x)\big]^{i-1}\big[F(y)-F(x)\big]^{j-i-1}\big[1-F(y)\big]^{n-j}.$$

而当 $x \geqslant y$ 时 $f_{ij}(x,y)=0$, 这就证明了定理. □

用类似方法可求 $r\ (r>2)$ 个次序统计量 $(X_{(i_1)},\cdots,X_{(i_r)})\ (i_1<\cdots<i_r)$ 的联合分布.

注 2.4.1 **启发式推导**: 求次序统计量分布的另一种方法是利用概率密度函数与分布函数之间的关系, 能够方便地导出一个或多个次序统计量的概率密度函数 (详见 [12] 1.4.2 小节). 以两个次序统计量为例. 取充分小的 Δ_i 和 Δ_j, 则概率 $\mathbb{P}(x<X_{(i)}<x+\Delta_i, y<X_{(j)}<y+\Delta_j)$ 可以通过下述多项分布近似. 在 n 次独立的试验中, 事件 $x<X_{(i)}<x+\Delta_i, y<X_{(j)}<y+\Delta_j$ 的发生如图 2.4.1 所示.

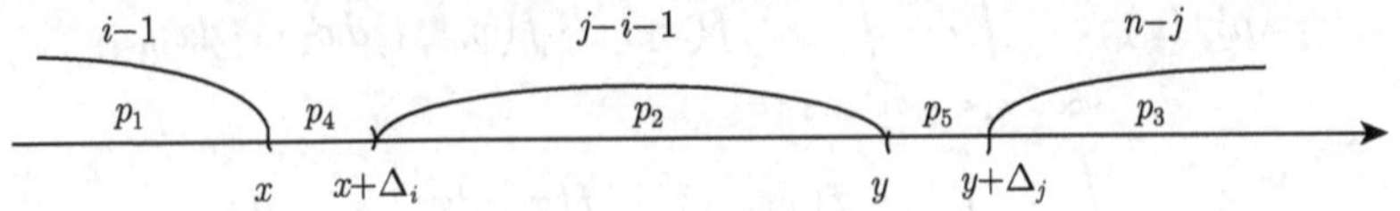

图 2.4.1 启发式推导图

其中 $p_1=F(x)$, $p_2=F(y)-F(x+\Delta_i)$, $p_3=1-F(y+\Delta_j)$, $p_4=F(x+\Delta_i)-F(x)$ 以及 $p_5=F(y+\Delta_j)-F(y)$. 根据多项分布的定义知概率为

$$\mathbb{P}(x<X_{(i)}<x+\Delta_i, y<X_{(j)}<y+\Delta_j)$$
$$=\frac{n!}{(i-1)!(j-i-1)!(n-j)!1!1!}p_1^{i-1}p_2^{j-i-1}p_3^{n-j}p_4p_5,$$

等式两边同除 $\Delta_i\Delta_j$ 并令其趋于零即得 $f_{ij}(x,y)$.

3. 单个次序统计量 $X_{(m)}$ 的分布

定理 2.4.3

设 $X_1,\cdots,X_n$ i.i.d. $\sim F$, F 有密度 f. 如本节开头所述 $(X_{(1)},X_{(2)},\cdots,X_{(n)})$ 为样本 $(X_1,X_2,\cdots,X_n)$ 的次序统计量, 则第 m 个次序统计量 $X_{(m)}$ 概率密度函数为

$$f_m(x)=m\binom{n}{m}[F(x)]^{m-1}[1-F(x)]^{n-m}f(x). \tag{2.4.4}$$

此处 $x=x_{(m)}$. 其分布函数为

$$F_m(x)=m\binom{n}{m}\int_0^{F(x)}t^{m-1}(1-t)^{n-m}dt.$$

特别当取 $m=1$ 时得到样本极小值 $X_{(1)}$ 的密度函数为

$$f_1(x)=n(1-F(x))^{n-1}f(x). \tag{2.4.5}$$

当取 $m=n$ 时得到样本极大值 $X_{(n)}$ 的密度函数为

$$f_n(x)=n(F(x))^{n-1}f(x). \tag{2.4.6}$$

证 由于 $f_m(x)$ 是 $(X_{(1)},\cdots,X_{(n)})$ 的联合密度 $h(x_{(1)},\cdots,x_{(n)})$ 的边缘密度, 因此由引理 2.4.1 可知

$$\begin{aligned}
&f_m(x)\\
&=\underset{-\infty<x_1<\cdots<x_n<\infty}{\int\cdots\int} n!f(x_1)\cdots f(x_n)dx_1\cdots dx_{m-1}dx_{m+1}\cdots dx_n\\
&=n!f(x)\underset{-\infty<x_1<\cdots<x_{m-1}<x}{\int\cdots\int} f(x_1)\cdots f(x_{m-1})dx_1\cdots dx_{m-1}\\
&\quad\times\underset{x<x_{m+1}<\cdots<x_n<\infty}{\int\cdots\int} f(x_{m+1})\cdots f(x_n)dx_{m+1}\cdots dx_n\\
&=\frac{n!f(x)}{(m-1)!}\big[F(x)\big]^{m-1}\cdot\frac{\big[1-F(x)\big]^{n-m}}{(n-m)!}\\
&=m\binom{n}{m}\big[F(x)\big]^{m-1}\big[1-F(x)\big]^{n-m}f(x).
\end{aligned}$$

易见其分布函数为

$$\begin{aligned}
F_m(x)&=\int_{-\infty}^{x}f_m(y)dy=m\binom{n}{m}\int_{-\infty}^{x}\big[F(y)\big]^{m-1}\big[1-F(y)\big]^{n-m}f(y)dy\\
&=m\binom{n}{m}\int_0^{F(x)}t^{m-1}(1-t)^{n-m}dt,
\end{aligned}$$

上式最后一个等式通过作变换 $t=F(y)$ 获得. □

2.4.2 极差的分布

样本极差的定义在 1.3 节中已给出, 即 $R=X_{(n)}-X_{(1)}$ 称为样本极差. 为求样本极差的分布, 先求 $V=X_{(j)}-X_{(i)}$, $j>i$ 的分布, 当取 $j=n$, $i=1$ 时即可得到样本极差的分布. 具体方法如下.

作下列变换:

$$\begin{cases}Z=X_{(i)},\\ V=X_{(j)}-X_{(i)}\end{cases}\iff\begin{cases}X_{(i)}=Z,\\ X_{(j)}=Z+V.\end{cases}$$

变换的 Jacobi 行列式为 $J=\left|\dfrac{\partial(X_{(i)},X_{(j)})}{\partial Z\partial V}\right|=1$, $(X_{(i)},X_{(j)})$ 的联合分布密度由式 (2.4.3) 给出, 将其中 x 用 z 代替, y 用 $z+v$ 代替, 再乘上变换的 Jacobi 行列式的绝对值 $|J|$, 得到 (Z,V) 的联合密度

$$g_{ij}(z,v)=\begin{cases}\dfrac{n!}{(i-1)!(j-i-1)!(n-j)!}\big[F(z)\big]^{i-1}\big[F(z+v)-F(z)\big]^{j-i-1}\\ \qquad\times\big[1-F(z+v)\big]^{n-j}f(z)f(z+v), \quad v>0,\\ 0, \qquad\qquad\qquad 其他.\end{cases} \tag{2.4.7}$$

从而易知 V 的密度为

$$g_V(v)=\int_{-\infty}^{\infty}g_{ij}(z,v)dz.$$

特别地, 在式 (2.4.7) 中取 $i=1$, $j=n$ 得到 $(Z,R)=(Z,V)$ 的联合密度

$$g_{1n}(z,r)=\begin{cases}n(n-1)\big[F(z+r)-F(z)\big]^{n-2}f(z+r)f(z), & r>0,\\ 0, & r\leqslant 0.\end{cases} \tag{2.4.8}$$

而 $R=X_{(n)}-X_{(1)}$ 的边缘密度为 $g_R(r)=\displaystyle\int_{-\infty}^{\infty}g_{1n}(z,r)dz.$

2.4.3 均匀分布情形

设 $X_1,X_2,\cdots,X_n$ i.i.d. $\sim$ 均匀分布 $U(0,1)$, 其分布函数和密度函数分别为

$$F(x)=\begin{cases}0, & x<0,\\ x, & 0\leqslant x<1,\\ 1, & x\geqslant 1\end{cases} \quad 和 \quad f(x)=\begin{cases}1, & 0\leqslant x<1,\\ 0, & 其他.\end{cases}$$

设 $(X_{(1)},X_{(2)},\cdots,X_{(n)})$ 为样本 $X_1,X_2,\cdots,X_n$ 的次序统计量, 由式 (2.4.4) 可知次序统计量 $X_{(m)}$ 的密度函数为

$$f_m(x)=m\binom{n}{m}x^{m-1}(1-x)^{n-m}I_{(0,1)}(x). \tag{2.4.9}$$

由式 (2.4.3) 可知 $(X_{(i)},X_{(j)})$ $(i<j)$ 的联合密度为

$$f_{ij}(x,y)\\ =\begin{cases}\dfrac{n!}{(i-1)!(j-i-1)!(n-j)!}x^{i-1}(y-x)^{j-i-1}(1-y)^{n-j}, & 0<x<y<1,\\ 0, & 其他.\end{cases} \tag{2.4.10}$$

由式 (2.4.2) 可知 $(X_{(1)},X_{(2)},\cdots,X_{(n)})$ 的联合密度为

$$f(x_{(1)},x_{(2)},\cdots,x_{(n)})=\begin{cases}n!, & 0<x_{(1)}<\cdots<x_{(n)}<1,\\ 0, & 其他.\end{cases} \tag{2.4.11}$$

在式 (2.4.7) 中, 令 $F(z)=z, f(z)=1, 0<z<1$; $F(z+v)=z+v, f(z+v)=1, 0<z+v<1$, 得到在均匀分布 $U(0,1)$ 情形 (Z,V) 的联合密度

$$g_{ij}(z,v)=\begin{cases}\dfrac{n!}{(i-1)!(j-i-1)!(n-j)!}z^{i-1}v^{j-i-1}[1-(z+v)]^{n-j},\\ \qquad 0<z<1,\ 0<z+v<1,\\ 0, \qquad 其他.\end{cases} \tag{2.4.12}$$

此时 $V=X_{(j)}-X_{(i)}$ 的边缘密度, 通过计算积分 $\int_0^{1-v} g_{ij}(v,z)dz$ 得

$$g_{ij}(v)=\begin{cases}\dfrac{n!}{(j-i-1)!(n-j+i)!}v^{j-i-1}(1-v)^{n-j+i}, & 0<v<1,\\ 0, & 其他.\end{cases} \tag{2.4.13}$$

特别地, 极差 $R=X_{(n)}-X_{(1)}$ 的密度函数 $g_R(r)$ 为将式 (2.4.13) 中的 v 换成 r, 将 j 和 i 分别用 n 和 1 代替得到

$$g_R(r)=\begin{cases}n(n-1)\,r^{n-2}(1-r), & 0<r<1,\\ 0, & 其他.\end{cases} \tag{2.4.14}$$

2.5　统计量的极限分布

2.5.1　定义

本章引言中已指出, 在许多情形下统计量的精确分布很难求出, 因此要研究统计量的极限分布. 首先给出下列定义.

定义 2.5.1 (大样本分布)

当样本容量 $n\to\infty$ 时, 统计量的分布趋于一确定分布, 则后者的分布称为统计量的极限分布, 也常称为大样本分布. ♧

当样本容量 n 充分大时, 极限分布可作为统计量的近似分布.

研究统计量的极限分布有下列意义:

(1) 为了获得统计推断方法的优良性, 常常要知道统计量的分布. 但统计量的精确分布一般很难求得, 建立统计量的极限分布, 提供了一种近似方法, 总比什么方法没有要好.

(2) 有时统计量的精确分布虽可求出, 但表达式过于复杂, 使用不方便. 若极限分布较简单, 宁可使用极限分布.

(3) 有些统计推断方法的优良性本身就是研究其极限性质, 如相合性、渐近正态性等.

定义 2.5.2 (大样本和小样本性质)

当样本容量 $n \to \infty$ 时, 一个统计量或统计推断方法的性质称为大样本性质 (large sample properties). 当样本大小固定时, 统计量或统计推断方法的性质称为小样本性质 (small sample properties). ♧

在此要强调的是, 大样本性质和小样本性质的差别不在于样本容量的多少, 而是在于所讨论的问题是在样本容量 $n \to \infty$ 时去考虑, 还是在样本容量 n 固定时去研究. 关于大样本性质的研究构成了数理统计的一个很重要的部分, 称为统计大样本理论. 统计大样本理论, 近几十年来发展很快, 成为第二次世界大战后数理统计发展的重要特点之一. 有些统计分支中, 如非参数统计, 大样本理论占据了主导地位.

2.5.2 几个例子

例 2.5.1 设 $X_1, \cdots, X_n$ i.i.d. $\sim F$, 其中总体 F 有均值 a_F 和方差 σ_F^2. 设 $0 < \sigma_F^2 < \infty$, $\bar{X}_n = \sum\limits_{i=1}^{n} X_i/n$ 为样本均值, 试讨论 $\bar{X}_n$ 的大样本性质和小样本性质.

解 (1) 由柯尔莫哥洛夫 (Kolmogorov) 强大数律有

$$\mathbb{P}\left(\lim_{n\to\infty} \bar{X}_n = a_F\right) = 1 \quad \Longleftrightarrow \quad \bar{X}_n \xrightarrow{\text{a.s.}} a_F \ \text{当}\ n \to \infty\ \text{时}. \tag{2.5.1}$$

式 (2.5.1) 表示当样本容量 $n \to \infty$ 时, 估计量 $\bar{X}_n$ 以概率 1 任意接近估计值 a_F, 这个性质称为 $\bar{X}_n$ 的强相合性, 是一个大样本性质. 因为只有在 $n \to \infty$ 时这个性质才有意义.

(2) 按 Lindeberg 中心极限定理, 当 $n \to \infty$ 时有

$$\sqrt{n}\big(\bar{X}_n - a_F\big)/\sigma_F \xrightarrow{\mathscr{L}} N(0,1), \tag{2.5.2}$$

其中 $\xrightarrow{\mathscr{L}}$ 表示依分布收敛. 式 (2.5.2) 刻画了 $\bar{X}_n$ 的另一个大样本性质——渐近正态性. $\bar{X}_n$ 作为总体均值的估计与 a_F 的偏差超过 c 的概率 $\mathbb{P}(|\bar{X}_n - a_F| > c)$, 可以作为衡量这一估计量优良性的一项指标. 若 F 为正态分布 $N(a_F, \sigma_F^2)$, 则这一概率可以精确地算出 (当 σ_F^2 已知时, 可通过查标准正态分布表, 即附表 1 求出其值), 若 F 的分布类型根本不知道, 这一概率无法计算. 但有了式 (2.5.2) 后, 至少在样本容量 n 较大时, 可用正态分布求得这一概率的近似值.

(3) 关于 $\bar{X}$ 的小样本性质有 $E\big(\bar{X}_n\big) = a_F$, 即估计量 $\bar{X}_n$ 的期望值等于被估计的未知参数 a_F. 这个性质称为 $\bar{X}_n$ 的无偏性 (即 $\bar{X}_n$ 为 a_F 的无偏估计). 这是一个小样本性质. 因为这个性质的意义是在样本大小 n 固定时去理解的. □

例 2.5.2 设 $X \sim B(1,p)$, 令 $X_1, \cdots, X_n$ 为自总体 X 中抽取的简单样本.

试证 $\sqrt{n}(\bar{X}-p)\Big/\sqrt{\bar{X}(1-\bar{X})}$ 的极限分布为 $N(0,1)$.

解　令 $\hat{p}=\bar{X}=\sum\limits_{i=1}^{n}X_i/n$, 由中心极限定理和大数定律可知, 当 $n\to\infty$ 时有

$$\frac{\hat{p}-p}{\sqrt{p(1-p)/n}}\xrightarrow{\mathscr{L}}N(0,1),\quad \frac{\sqrt{p(1-p)}}{\sqrt{\hat{p}(1-\hat{p})}}\xrightarrow{P}1.$$

故由 Slutsky 定理 (见第 2 章附录 A.12) 可知, 当 $n\to\infty$ 时有

$$\frac{\sqrt{n}(\bar{X}-p)}{\sqrt{\bar{X}(1-\bar{X})}}=\frac{\hat{p}-p}{\sqrt{p(1-p)/n}}\cdot\frac{\sqrt{p(1-p)}}{\sqrt{\hat{p}(1-\hat{p})}}\xrightarrow{\mathscr{L}}N(0,1).$$

问题得证. □

例 2.5.3*　设总体 X 有密度 f, $X_1,\cdots,X_n$ i.i.d. $\sim X$, 令总体 X 的中位数为 $\xi_{1/2}$, 即 $\xi_{1/2}$ 满足 $\int_{-\infty}^{\xi_{1/2}}f(x)dx=1/2$, 且假定 f 在 $\xi_{1/2}$ 点连续非 0 (由此可知 $\xi_{1/2}$ 为 f 唯一的中位数). 设 $m_{1/2}$ 为样本中位数, 则当 $n\to\infty$ 时有

$$2\sqrt{n}f(\xi_{1/2})(m_{1/2}-\xi_{1/2})\xrightarrow{\mathscr{L}}N(0,1),\tag{2.5.3}$$

此处样本中位数 $m_{1/2}$ 的定义由式 (1.3.1) 给出.

此例是下面定理 2.5.1 的特例 (见参考文献 [2] 定理 1.3 的证明).

定理 2.5.1

设 $0<p<1$, $\lim\limits_{n\to\infty}(m-np)/\sqrt{n}=0$, ξ_p 满足 $F(\xi_p)=\int_{-\infty}^{\xi_p}f(x)dx=p$, 且假定密度 f 在点 ξ_p 处连续非 0 (由此知 ξ_p 为 f 唯一的 p 分位数). 则当 $n\to\infty$ 时有

$$\sqrt{n}f(\xi_p)\big(X_{(m)}-\xi_p\big)/\sqrt{p(1-p)}\xrightarrow{\mathscr{L}}N(0,1),\tag{2.5.4}$$

其中 $X_{(m)}$ 是 $X_1,\cdots,X_n$ 的一个次序统计量. ♡

分位数-分位数图

分位数-分位数图 (quantile-quantile plot, Q-Q plot), 也称为概率图 (probability plot), 是一种检查观测数据是否来自指定的理论分布的图形化工具. 与分位数-分位数图类似的另外一种图形工具是概率-概率图 (probability-probility plot, P-P plot), 其根据变量的经验累积概率对应于所指定的理论分布累积概率而绘制的散点图.

设 $X_1,\cdots,X_n$ i.i.d. $\sim F$, 相应的次序统计量为 $\big(X_{(1)},X_{(2)},\cdots,X_{(n)}\big)$. 如果样本确实来自分布 F, 则根据定理 2.5.1 我们可以期待点

$$\left(x_{(i)}, F^{-1}\left(\frac{i}{n+1}\right)\right), \quad i=1,\cdots,n$$

接近对角线 $y=x$; 相反地, 偏离对角线越远就表明样本不是来自该分布的证据越强烈. 特别当 F 为正态分布 $N(\mu,\sigma^2)$ 时则称为正态分位数-分位数图. 此时成立

$$x_{(i)} \approx \mu + \sigma\Phi^{-1}\left(\frac{i}{n+1}\right).$$

实验 扫描实验 7 的二维码进行分位数-分位数图实验, 观察不同数据集的直方图形状和分位数-分位数图, 调整不同绘图函数参数, 观测图形的变化.

实验 7 分位数-分位数图

图 2.5.1 展示了样本来自正态分布、重尾分布、右偏分布和左偏分布时, 其正态分位数-分位数图的形状.

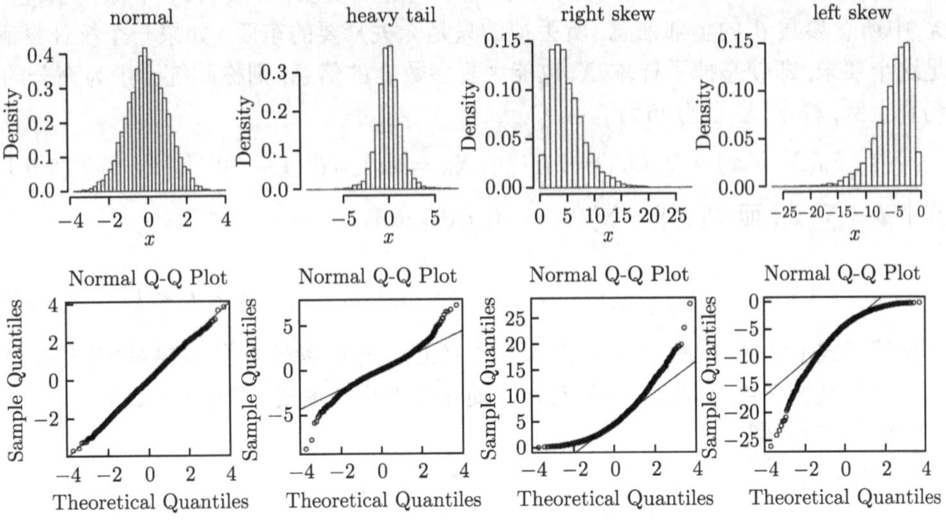

图 2.5.1 不同分布类型下样本的正态分位数-分位数图

2.6 充分统计量

2.6.1 引言与定义

统计量的充分性是数理统计的一个基本概念, 它是由 R. A. Fisher 在其 1922 年的奠基性工作中提出来的.

我们知道, 统计量是对样本的简化, 希望达到: ① 简化的程度高; ② 信息的损失少. 一个统计量能集中样本中信息的多少, 与统计量的具体形式有关, 也依赖于问题的统计模型. 最好的情况是统计量把样本中的全部信息都集中起来, 也就是说信息无损失, 称这样的统计量为*充分统计量*. 请看下例.

设 $\boldsymbol{X}=(X_1,\cdots,X_n)$ 为从 0-1 分布中抽取的简单样本, 即 $\mathbb{P}(X_i=1)=\theta$, $\mathbb{P}(X_i=0)=1-\theta$, $0<\theta<1$. 记 $T(\boldsymbol{X})=\sum\limits_{i=1}^{n}X_i$, 如果目的仅仅为了推断 θ, 则 $T(\boldsymbol{X})$ 是充分统计量. 从直观上看, 知道了 $T(\boldsymbol{X})$ 推断 θ 的效果, 与知道样本 $(X_1,\cdots,X_n)$ 一样, 因为 $T(\boldsymbol{X})$ 表示事件 A 在 n 次独立的 Bernoulli 试验中成功的次数. 而 $(X_1,\cdots,X_n)$ 比 $T(\boldsymbol{X})$ 更详细的地方在于指出了事件 A 是在哪几次试验中发生的. 由于各次试验是在同样条件下独立进行的, 所以 A 在哪几次试验中发生是随机的, 因此知道了 A 出现的总次数后, 再知道上述细节对推断 θ 不会有更多的用处. 故从直观上, 知道了 $T(\boldsymbol{X})$ 后与知道样本 $(X_1,\cdots,X_n)$ 对推断 θ 的效果相同.

一大堆原始资料, 加工成统计量 $T(\boldsymbol{X})$ 后, 一般来说在信息上会有损失. 但也有可能, 将样本 $\boldsymbol{X}$ 加工成 $T(\boldsymbol{X})$ 时抓住了问题的实质, 即 $T(\boldsymbol{X})$ 中保留了样本 $\boldsymbol{X}$ 中所含参数 θ 的全部信息, 所丢掉的只是无关紧要的东西. 如果一个统计量满足这个要求, 即使忘掉了样本 $\boldsymbol{X}$ 也能恢复参数 θ 的信息, 则称此统计量为充分的. 仍看上例, 样本 $\boldsymbol{X}$ 的分布为

$$\mathbb{P}_\theta(\boldsymbol{X}=\boldsymbol{x})=\mathbb{P}_\theta(X_1=x_1,\cdots,X_n=x_n)=\theta^t(1-\theta)^{n-t},\tag{2.6.1}$$

其中 $t=\sum\limits_{i=1}^{n}x_i$. 而 $T(\boldsymbol{X})=\sum\limits_{i=1}^{n}X_i\sim B(n,\theta)$, 故有

$$\mathbb{P}_\theta(T(\boldsymbol{X})=t)=\binom{n}{t}\theta^t(1-\theta)^{n-t},\quad t=0,1,2,\cdots,n,\ 0<\theta<1.\tag{2.6.2}$$

可见基于式 (2.6.2) 推断参数 θ 和基于式 (2.6.1) 推断参数 θ 的效果是相同的. 因此 $T(\boldsymbol{X})$ 为充分统计量. 这导致对样本简化的**充分性原则** (描述性) 如下.

充分性原则

如果 $T(\boldsymbol{X})$ 为 θ 的充分统计量, 则依赖样本 $\boldsymbol{X}$ 对 θ 所作的任何统计推断都可以仅通过统计量 $T(\boldsymbol{X})$ 进行, 不会有关于 θ 信息的损失. 也就是说, 如果 $\boldsymbol{x}$ 和 $\boldsymbol{y}$ 为满足 $T(\boldsymbol{x})=T(\boldsymbol{y})$ 的两个样本点, 则无论是观测到 $\boldsymbol{X}=\boldsymbol{x}$ 还是 $\boldsymbol{X}=\boldsymbol{y}$, 关于 θ 的推断都是相同的.

关于样本 $\boldsymbol{X}=(X_1,X_2,\cdots,X_n)$ 的信息可以设想成如下的公式:

$$\begin{aligned}\{\text{样本}\boldsymbol{X}\text{中的信息}\}&=\{T(\boldsymbol{X})\text{中所含样本的信息}\}\\&\quad+\{\text{在知道}T(\boldsymbol{X})\text{后样本}\boldsymbol{X}\text{尚含有的剩余信息}\}.\end{aligned}$$

故 $T(\boldsymbol{X})$ 为**充分统计量**的要求归结为: 要求后一项信息为 0. 用统计的语言来描述, 即要求 $\mathbb{P}_\theta(\boldsymbol{X}\in A|T=t)$ 与 θ 无关, 其中 A 为任一事件. 因此得到如下的定义.

定义 2.6.1

设样本 $\boldsymbol{X}$ 的分布族为 $\{f(\boldsymbol{x},\theta),\ \theta\in\Theta\}$, Θ 是参数空间. 令 $T=T(\boldsymbol{X})$ 为一统计量, 若在已知 T 的条件下, 样本 $\boldsymbol{X}$ 的条件分布与参数 θ 无关, 则称 $T(\boldsymbol{X})$ 为 θ 的充分统计量 (sufficient statistic). ♧

实际应用时条件分布用条件概率 (离散情形) 或条件密度 (连续情形) 来代替.

例 2.6.1 设 $\boldsymbol{X}=(X_1,X_2,\cdots,X_n)$ 为从 0-1 分布中抽取的简单样本, 则 $T(\boldsymbol{X})=\sum\limits_{i=1}^{n}X_i$ 为充分统计量.

证 记 $T=T(\boldsymbol{X})$, 按定义只要证明下列条件概率与 θ 无关. 当 $\sum\limits_{i=1}^{n}x_i=t_0$ 时有

$$\begin{aligned}&\mathbb{P}(X_1=x_1,\cdots,X_n=x_n|T=t_0)\\=&\frac{\mathbb{P}_\theta(X_1=x_1,\cdots,X_n=x_n,T=t_0)}{\mathbb{P}_\theta(T=t_0)}\\=&\frac{\mathbb{P}_\theta\left(X_1=x_1,\cdots,X_n=t_0-\sum\limits_{i=1}^{n-1}x_i\right)}{\mathbb{P}_\theta(T=t_0)}=\frac{\theta^{t_0}(1-\theta)^{n-t_0}}{\binom{n}{t_0}\theta^{t_0}(1-\theta)^{n-t_0}}=\frac{1}{\binom{n}{t_0}},\end{aligned}$$

因此有

$$\mathbb{P}(X_1=x_1,\cdots,X_n=x_n|T=t_0)=\begin{cases}\dfrac{1}{\binom{n}{t_0}}, & \sum\limits_{i=1}^{n}x_i=t_0,\\ 0, & \sum\limits_{i=1}^{n}x_i\neq t_0.\end{cases}$$

上述条件概率与 θ 无关, 因此 $T(\boldsymbol{X})=\sum\limits_{i=1}^{n}X_i$ 为 θ 的充分统计量. □

例 2.6.2 设 $\boldsymbol{X}=(X_1,X_2,\cdots,X_n)$ 为从正态总体 $N(\theta,1)$ 中抽取的简单样本, 则 $T(\boldsymbol{X})=\sum\limits_{i=1}^{n}X_i/n=\bar{X}$ 为 θ 的充分统计量.

证 如果直接证明在给定 T 时 $\boldsymbol{X}$ 的条件概率密度与 θ 无关, 则推导过程比较复杂. 采用如下办法: 作正交变换

$$(Y_1,\cdots,Y_n)^{\mathrm{T}}=\boldsymbol{A}(X_1,\cdots,X_n)^{\mathrm{T}},\tag{2.6.3}$$

其中正交阵

$$\boldsymbol{A}=\begin{pmatrix}\dfrac{1}{\sqrt{n}} & \dfrac{1}{\sqrt{n}} & \cdots & \dfrac{1}{\sqrt{n}}\\ a_{21} & a_{22} & \cdots & a_{2n}\\ \vdots & \vdots & & \vdots\\ a_{n1} & a_{n2} & \cdots & a_{nn}\end{pmatrix}.$$

由代数学中的 Schmidt 正交化方法可知上述正交阵 $\boldsymbol{A}$ 是存在的. 变换的 Jacobi 行列式的绝对值为 $|J|=1$. 由正交变换 (2.6.3) 可知

$$\begin{cases} Y_1=\dfrac{1}{\sqrt{n}}\displaystyle\sum_{i=1}^{n}X_i=\sqrt{n}\bar{X}, \\ Y_j=\displaystyle\sum_{k=1}^{n}a_{jk}X_k, \quad j=2,\cdots,n. \end{cases}$$

由定理 2.2.3 的证明过程可知 $\sum\limits_{i=1}^{n}Y_i^2=\sum\limits_{i=1}^{n}X_i^2$, 且 $Y_1,Y_2,\cdots,Y_n$ 是相互独立的, $Y_1\sim N(\sqrt{n}\theta,1)$, $Y_i\sim N(0,1)$, $i=2,\cdots,n$.

显然, $\bar{X}$ 对原样本 $\boldsymbol{X}$ 的充分性等价于 Y_1 对 $(Y_1,Y_2,\cdots,Y_n)$ 的充分性. 因此只要证明给定 $Y_1=y_1$ 时, $(Y_1,Y_2,\cdots,Y_n)$ 的条件密度与 θ 无关即可. 下面来证明这一事实.

易见 $Y_1,\cdots,Y_n$ 的联合密度为

$$f(y_1,\cdots,y_n)=(2\pi)^{-\frac{n}{2}}\exp\left\{-\frac{1}{2}\sum_{i=2}^{n}y_i^2-\frac{1}{2}(y_1-\sqrt{n}\theta)^2\right\}.$$

Y_1 的边缘密度函数为

$$f_{Y_1}(y_1)=\frac{1}{\sqrt{2\pi}}\exp\left\{-\frac{1}{2}(y_1-\sqrt{n}\theta)^2\right\},$$

给定 $Y_1=y_1$ 时, $(Y_1,\cdots,Y_n)$ 的条件密度是

$$f(y_1,\cdots,y_n|y_1)=\frac{f(y_1,\cdots,y_n)}{f_{Y_1}(y_1)}=(2\pi)^{-\frac{n-1}{2}}\exp\left\{-\frac{1}{2}\sum_{i=2}^{n}y_i^2\right\}, \qquad (2.6.4)$$

它与 θ 无关. 所以 $T(\boldsymbol{X})=\bar{X}$ 是 θ 的充分统计量. □

例 2.6.3 在例 2.6.2 中, 令 $T(\boldsymbol{X})=X_1$, 则 $T(\boldsymbol{X})$ 不是充分统计量.

证 在 $T=T(\boldsymbol{X})=X_1$ 给定的条件下, $(X_1,\cdots,X_n)$ 的条件密度为

$$\begin{aligned} f(x_1,x_2,\cdots,x_n|x_1)&=\frac{f(x_1,\cdots,x_n)}{f_T(x_1)} \\ &=f(x_2,\cdots,x_n)=\left(\frac{1}{\sqrt{2\pi}}\right)^{n-1}\exp\left\{-\frac{1}{2}\sum_{i=2}^{n}(x_i-\theta)^2\right\}, \end{aligned}$$

与 θ 有关, 因此 $T(\boldsymbol{X})=X_1$ 不是充分统计量. □

此例中 $T(\boldsymbol{X})=X_1$ 不是充分统计量, 这个道理是显然的, 因为 $T(\boldsymbol{X})$ 只使用了一个观察值 X_1, 把其余观察值 $X_2,\cdots,X_n$ 全丢掉了, 它当然不能把 $X_1,X_2,\cdots,X_n$ 的全部信息集中起来.

前面的例子表明, 从定义出发验证一个统计量是充分的, 计算太复杂. 幸好有下面的判别方法, 在应用上很方便.

2.6.2 充分性的判别准则——因子分解定理

因子分解定理是由 R. A. Fisher 在 20 世纪 20 年代提出来的, 它的最一般形式和严格数学证明是 Halmos 和 Savage 在 1949 年作出来的.

定理 2.6.1 (因子分解定理)

设样本 $\boldsymbol{X}=(X_1,\cdots,X_n)$ 的概率函数 $f(\boldsymbol{x},\theta)$ 依赖于参数 θ, $\boldsymbol{T}=T(\boldsymbol{X})$ 是一个统计量, 则 $\boldsymbol{T}$ 为充分统计量的充要条件是 $f(\boldsymbol{x},\theta)$ 可以分解为

$$f(\boldsymbol{x},\theta)=g(\boldsymbol{t}(\boldsymbol{x}),\theta)h(\boldsymbol{x}) \tag{2.6.5}$$

的形状. 注意此处函数 $h(\boldsymbol{x})=h(x_1,\cdots,x_n)$ 不依赖于 θ, $t(\boldsymbol{x})$ 为 $T(\boldsymbol{X})$ 的观察值. ♡

这里概率函数是指若 $\boldsymbol{X}$ 为连续型, 则 $f(\boldsymbol{x},\theta)$ 是其密度函数; 若 $\boldsymbol{X}$ 是离散型, 则 $f(\boldsymbol{x},\theta)=\mathbb{P}_\theta(X_1=x_1,\cdots,X_n=x_n)$, 即样本 $\boldsymbol{X}$ 的概率分布.

证 为确定计, 考虑 $\boldsymbol{X}$ 有密度的情形. 设统计量 $\boldsymbol{T}=(T_1,\cdots,T_k)$, $T_1,\cdots,T_k$ 都是一维的随机变量, k 一般是较小的自然数, 并可以找到 $n-k$ 维统计量 $\boldsymbol{Y}=(Y_1,\cdots,Y_{n-k})$ 使得变换

$$\boldsymbol{X}=(X_1,\cdots,X_n)\to(\boldsymbol{T},\boldsymbol{Y})=(T_1,\cdots,T_k,Y_1,\cdots,Y_{n-k})$$

是个一一对应的变换, 且有一阶连续偏导数. 假定 $\boldsymbol{X}$ 的样本空间 $\mathscr{X}$ 和 $\boldsymbol{T}$ 的样本空间 $\mathscr{T}$ 皆为欧氏的, 即 $\mathscr{X}=\mathbb{R}^n$, $\mathscr{T}=\mathbb{R}^k$. 由变换是一一对应可知

$$\begin{aligned}
&X_i=X_i(\boldsymbol{T},\boldsymbol{Y})=X_i(T_1,\cdots,T_k,Y_1,\cdots,Y_{n-k}),\quad i=1,2,\cdots,n;\\
&T_j=T_j(X_1,\cdots,X_n),\quad j=1,2,\cdots,k;\\
&Y_l=Y_l(X_1,\cdots,X_n),\quad l=1,2,\cdots,n-k.
\end{aligned}$$

变换的 Jacobi 行列式的绝对值为 $|J|=\left|\dfrac{\partial(x_1,\cdots,x_n)}{\partial(\boldsymbol{t},\boldsymbol{y})}\right|\triangleq w(\boldsymbol{t},\boldsymbol{y})$, 此处 $\boldsymbol{t}=\boldsymbol{t}(\boldsymbol{x})$ 为 $\boldsymbol{T}$ 的观察值, $\boldsymbol{y}$ 为 $\boldsymbol{Y}$ 的观察值.

充分性的证明. 已知因子分解式成立, 即

$$f(\boldsymbol{x},\theta)=g(\boldsymbol{t}(\boldsymbol{x}),\theta)h(\boldsymbol{x}).$$

故 $(\boldsymbol{T},\boldsymbol{Y})=(T_1,\cdots,T_k,Y_1,\cdots,Y_{n-k})$ 的联合密度为

$$\begin{aligned}
k(\boldsymbol{t},\boldsymbol{y};\theta)&=f(\boldsymbol{x},\theta)|J|=g(\boldsymbol{t}(\boldsymbol{x}),\theta)h(\boldsymbol{x})w(\boldsymbol{t},\boldsymbol{y})\\
&=g(\boldsymbol{t},\theta)h\big(x_1(\boldsymbol{t},\boldsymbol{y}),\cdots,x_n(\boldsymbol{t},\boldsymbol{y})\big)w(\boldsymbol{t},\boldsymbol{y})\\
&=g(\boldsymbol{t},\theta)\mu(\boldsymbol{t},\boldsymbol{y}),
\end{aligned}$$

此处 $\mu(\boldsymbol{t},\boldsymbol{y})=h\big(x_1(\boldsymbol{t},\boldsymbol{y}),\cdots,x_n(\boldsymbol{t},\boldsymbol{y})\big)w(\boldsymbol{t},\boldsymbol{y})$ 与 θ 无关, $\boldsymbol{T}=T(\boldsymbol{X})$ 的边缘密度

为

$$V(\boldsymbol{t};\theta)=\int_{\mathbb{R}^{n-k}}k(\boldsymbol{t},\boldsymbol{y};\theta)d\boldsymbol{y}=g(\boldsymbol{t},\theta)\int_{\mathbb{R}^{n-k}}\mu(\boldsymbol{t},\boldsymbol{y})d\boldsymbol{y}.$$

故给定 $\boldsymbol{T}=\boldsymbol{t}$ 时 $\boldsymbol{Y}$ 的条件密度为

$$q(\boldsymbol{y}|\boldsymbol{t})=\frac{k(\boldsymbol{t},\boldsymbol{y};\theta)}{V(\boldsymbol{t};\theta)}=\frac{g(\boldsymbol{t},\theta)\mu(\boldsymbol{t},\boldsymbol{y})}{g(\boldsymbol{t},\theta)\displaystyle\int_{\mathbb{R}^{n-k}}\mu(\boldsymbol{t},\boldsymbol{y})d\boldsymbol{y}}=\frac{\mu(\boldsymbol{t},\boldsymbol{y})}{\displaystyle\int_{\mathbb{R}^{n-k}}\mu(\boldsymbol{t},\boldsymbol{y})d\boldsymbol{y}},$$

与 θ 无关, 故 $\boldsymbol{T}=T(\boldsymbol{X})$ 为充分统计量.

必要性的证明. 此时已知 $\boldsymbol{T}=T(\boldsymbol{X})$ 为充分统计量, 因此给定 $\boldsymbol{T}=\boldsymbol{t}$ 时 $\boldsymbol{Y}$ 的条件密度 $q(\boldsymbol{y}|\boldsymbol{t})$ 与 θ 无关. $(\boldsymbol{T},\boldsymbol{Y})$ 的联合密度为

$$k(\boldsymbol{t},\boldsymbol{y};\theta)=q(\boldsymbol{y}|\boldsymbol{t})g(\boldsymbol{t},\theta).$$

故通过前面的一一对应变换可知 $(X_1,\cdots,X_n)$ 的联合密度为

$$\begin{aligned}f(\boldsymbol{x},\theta)&=k(\boldsymbol{t},\boldsymbol{y};\theta)\left|\frac{\partial(\boldsymbol{t},\boldsymbol{y})}{\partial(x_1,\cdots,x_n)}\right|=g(\boldsymbol{t},\theta)q(\boldsymbol{y}|\boldsymbol{t})\left|\frac{\partial(\boldsymbol{t},\boldsymbol{y})}{\partial(x_1,\cdots,x_n)}\right|\\&=g(\boldsymbol{t},\theta)\cdot h(\boldsymbol{x}).\end{aligned}\tag{2.6.6}$$

将 $\boldsymbol{t}=(t_1(x_1,\cdots,x_n),\cdots,t_k(x_1,\cdots,x_n))$ 和 $\boldsymbol{y}=(y_1(x_1,\cdots,x_n),\cdots,y_{n-k}(x_1,\cdots,x_n))$ 代入式 (2.6.6) 中 $q(\boldsymbol{y}|\boldsymbol{t})\left|\dfrac{\partial(\boldsymbol{t},\boldsymbol{y})}{\partial(x_1,\cdots,x_n)}\right|$ 的表达式中, 可见它是 $x_1,\cdots,x_n$ 的函数, 用 $h(\boldsymbol{x})$ 表示, 即 $h(\boldsymbol{x})=q(\boldsymbol{y}|\boldsymbol{t})\left|\dfrac{\partial(\boldsymbol{t},\boldsymbol{y})}{\partial(x_1,\cdots,x_n)}\right|$. 显见 $h(\boldsymbol{x})$ 与 θ 无关. 因此由式 (2.6.6) 可知因子分解定理成立. □

推论 2.6.1

设 $\boldsymbol{T}=T(\boldsymbol{X})$ 为 θ 的充分统计量, $S=\varphi(\boldsymbol{T})$ 是单值可逆函数, 则 $S=\varphi(\boldsymbol{T})$ 也是 θ 的充分统计量.

证　由于 $S=\varphi(\boldsymbol{T})$ 为单值可逆函数, 故

$$\{\boldsymbol{X}:T(\boldsymbol{X})=\boldsymbol{t}_0\}=\{\boldsymbol{X}:S=\varphi(\boldsymbol{T})=s_0\}$$

表示相同的事件, 故对任一事件 A,

$$\mathbb{P}(A|\boldsymbol{T}=\boldsymbol{t}_0)=\mathbb{P}(A|S=s_0)$$

与 θ 无关, 按定义 2.6.1 可知 $S=\varphi(\boldsymbol{T})$ 也是充分统计量. □

利用因子分解定理也不难证明推论 2.6.1, 这留给读者作为练习. 利用这一推论可知若 $T(\boldsymbol{X})=\sum\limits_{i=1}^{n}X_i$ 是充分统计量, 则 $\bar{X}$ 也是充分统计量.

例 2.6.4 设 $\boldsymbol{X}=(X_1,\cdots,X_n)$ 为从正态总体 $N(a,\sigma^2)$ 中抽取的简单样本, 令 $\boldsymbol{\theta}=(a,\sigma^2)$, 则 $(\bar{X},S^2)$ 为 $\boldsymbol{\theta}$ 的充分统计量, 此处 $\bar{X},S^2$ 分别为样本均值和样本方差.

证 样本 $\boldsymbol{X}$ 的联合密度为

$$\begin{aligned}f(\boldsymbol{x},\boldsymbol{\theta})&=\left(\frac{1}{\sqrt{2\pi}\sigma}\right)^n\exp\left\{-\frac{1}{2\sigma^2}\sum_{i=1}^n(x_i-a)^2\right\}\\&=\left(\frac{1}{\sqrt{2\pi}\sigma}\right)^n\exp\left\{-\frac{1}{2\sigma^2}\left(\sum_{i=1}^n x_i^2-2a\sum_{i=1}^n x_i+na^2\right)\right\}\\&=g(t(\boldsymbol{x}),\boldsymbol{\theta})\cdot h(\boldsymbol{x}).\end{aligned}$$

此处 $h(\boldsymbol{x})\equiv 1$, 由因子分解定理可知 $T(\boldsymbol{X})=\left(\sum\limits_{i=1}^n X_i,\sum\limits_{i=1}^n X_i^2\right)$ 为 $\boldsymbol{\theta}$ 的充分统计量.

由于 $\left(\sum\limits_{i=1}^n X_i,\sum\limits_{i=1}^n X_i^2\right)$ 与 $(\bar{X},S^2)$ 为一一对应的变换, 由推论 2.6.1 可知 $(\bar{X},S^2)$ 也是 θ 的充分统计量. □

例 2.6.5 设 $\boldsymbol{X}=(X_1,\cdots,X_n)$ 为从总体 $B(1,\theta)$ 中抽取的简单样本, 则 $T(\boldsymbol{X})=\sum\limits_{i=1}^n X_i$ 是 θ 的充分统计量.

证 样本 $\boldsymbol{X}$ 的联合分布是

$$\begin{aligned}f(\boldsymbol{x},\theta)&=\mathbb{P}_\theta(X_1=x_1,\cdots,X_n=x_n)\\&=\theta^{\sum\limits_{i=1}^n x_i}(1-\theta)^{n-\sum\limits_{i=1}^n x_i}=g(t(\boldsymbol{x}),\theta)h(\boldsymbol{x}),\end{aligned}$$

其中 $h(\boldsymbol{x})\equiv 1$, 由因子分解定理可知 $T(\boldsymbol{X})=\sum\limits_{i=1}^n X_i$ 为 θ 的充分统计量. □

例 2.6.6 设 $\boldsymbol{X}=(X_1,\cdots,X_n)$ 为从均匀分布 $U(0,\theta)$ 中抽取的简单样本, 则 $T(\boldsymbol{X})=X_{(n)}=\max\{X_1,\cdots,X_n\}$ 为 θ 的充分统计量.

证 样本 $\boldsymbol{X}$ 的联合密度为

$$f(\boldsymbol{x},\theta)=\frac{1}{\theta^n}I_{(0,\,\theta)}(x_{(n)})=g(t(\boldsymbol{x}),\theta)h(\boldsymbol{x}),$$

其中 $h(\boldsymbol{x})\equiv 1$. 由因子分解定理可知 $T(\boldsymbol{X})=X_{(n)}$ 为 θ 的充分统计量. □

例 2.6.7 设 $\boldsymbol{X}=(X_1,\cdots,X_n)$ 是从均匀分布 $U(\theta-1/2,\,\theta+1/2)$ 中抽取的简单样本, 其中 $-\infty<\theta<\infty$, θ 是区间 $[\theta-1/2,\theta+1/2]$ 的中点, 也是总体分布的均值. 利用因子分解定理, 验证样本均值 $\bar{X}$ 不是充分统计量.

证 记 $X_{(1)}=\min\{X_1,\cdots,X_n\}$, $X_{(n)}=\max\{X_1,\cdots,X_n\}$, $T(\boldsymbol{X})=(X_{(1)},X_{(n)})$. 样本 $\boldsymbol{X}$ 的联合密度为

$$f(\boldsymbol{x},\theta)=\begin{cases}1, & \theta-1/2<x_{(1)}\leqslant x_{(n)}<\theta+1/2,\\0, & \text{其他}\end{cases}$$

$$= g(t(\boldsymbol{x}),\theta)h(\boldsymbol{x}),$$

其中 $h(\boldsymbol{x})\equiv 1$, 因此由因子分解定理可知 $T(\boldsymbol{X})$ 是充分统计量. 由于因子分解定理中的条件是个充要条件, 若 $\bar{X}$ 是充分统计量, 则它必能用因子分解式表出. 上面说明 $f(\boldsymbol{x},\theta)$ 不能表成 $g(\bar{x},\theta)h(\boldsymbol{x})$ 的形式, 因此 $\bar{X}$ 不是充分统计量. □

例 2.6.8 若 $\boldsymbol{X}=(X_1,\cdots,X_n)$ 为从指数族 (1.5.1) 中抽取的简单样本, 其中 $\boldsymbol{\theta}=(\theta_1,\cdots,\theta_k)$, 求 $\boldsymbol{\theta}$ 的充分统计量.

解 样本 $\boldsymbol{X}$ 的联合密度为

$$\begin{aligned} f(\boldsymbol{x},\boldsymbol{\theta}) &= \prod_{j=1}^{n} f(x_j,\boldsymbol{\theta}) = \prod_{j=1}^{n}\left[C(\boldsymbol{\theta})\exp\left\{\sum_{i=1}^{k} Q_i(\boldsymbol{\theta})T_i(x_j)\right\}h(x_j)\right] \\ &= \left[C(\boldsymbol{\theta})\right]^n \exp\left\{\sum_{i=1}^{k} Q_i(\boldsymbol{\theta})\sum_{j=1}^{n} T_i(x_j)\right\}\prod_{j=1}^{n} h(x_j) \\ &= \widetilde{C}(\boldsymbol{\theta})\exp\left\{\sum_{i=1}^{k} Q_i(\boldsymbol{\theta})\widetilde{T}_i(\boldsymbol{x})\right\}\widetilde{h}(\boldsymbol{x}) = g(\widetilde{\boldsymbol{T}}(\boldsymbol{x}),\boldsymbol{\theta})\widetilde{h}(\boldsymbol{x}). \end{aligned} \tag{2.6.7}$$

由因子分解定理立得 $\widetilde{\boldsymbol{T}}(\boldsymbol{x})=(\widetilde{T}_1(\boldsymbol{x}),\cdots,\widetilde{T}_k(\boldsymbol{x}))$ 为 $\boldsymbol{\theta}$ 的充分统计量, 其中 $\widetilde{T}_i(\boldsymbol{x})=\sum\limits_{j=1}^{n} T_i(x_j)$, $i=1,\cdots,k$, $\widetilde{C}(\boldsymbol{\theta})=[C(\boldsymbol{\theta})]^n$, $\widetilde{h}(\boldsymbol{x})=\prod\limits_{j=1}^{n} h(x_j)$. □

例 2.6.9* 次序统计量的充分性. 设 $\mathscr{F}=\{f(x,\theta):\theta\in\Theta\}$, $\boldsymbol{X}=(X_1,\cdots,X_n)$ 是从分布族 $\mathscr{F}$ 中抽取的简单样本, 则次序统计量 $T(\boldsymbol{X})=(X_{(1)},\cdots,X_{(n)})$ 是充分统计量.

证 特别地, 若总体 X 是连续型的, 则 $\boldsymbol{X}=(X_1,\cdots,X_n)$ 的联合密度为

$$f(x_1,\cdots,x_n,\theta)=\prod_{i=1}^{n} f(x_i,\theta)=\prod_{i=1}^{n} f(x_{(i)},\theta)=g\big(T(\boldsymbol{x}),\theta\big)h(\boldsymbol{x}),$$

其中 $h(\boldsymbol{x})\equiv 1$, 则由因子分解定理可知 $T(\boldsymbol{X})=(X_{(1)},\cdots,X_{(n)})$ 为充分统计量.

若 $\mathscr{F}$ 为取值至多可数个值的离散分布族, 充分性的证明见参考文献 [4] 第 50 页例 1.6.5. 一般情形下的严格证明见参考文献 [1] 第 63 页例 1.5.4. □

*2.6.3 极小充分统计量

1. 极小充分统计量的定义

一个分布族 $\mathscr{F}$ 的充分统计量往往不止一个, 那么在使用中应该如何挑选呢? 我们知道, 统计量是由样本加工而来的, 如本节引言所述, 对样本的加工显然可以提出两条要求: ① 在加工中, 样本所含参数 θ 的信息损失越少越好. 若加工中此种信息毫无损失, 那就是充分性的要求. ② 加工中, 所得统计量越简化越好, 简化的程度可以用统计量的维数来衡量, 也可以用函数关系来表示. 例如, 对一个二

维统计量 $T_1(\boldsymbol{X})=\left(\sum\limits_{i=1}^{m}X_i,\ \sum\limits_{i=m+1}^{n}X_i\right)$, 再进一步加工得到一维统计量 $T_2(\boldsymbol{X})=\sum\limits_{i=1}^{n}X_i$. 直观上容易看出, T_2 比 T_1 简化. 而且可以看出, T_2 是 T_1 的函数. 一般来说, 若 T 与 S 是两个统计量且 T 是 S 的函数, 即 $T=q(S)$, 那么由函数的定义可知 T 比 S 简化.

定义 2.6.2

设 T 是分布族 $\mathscr{F}$ 的充分统计量, 若对 $\mathscr{F}$ 的任一充分统计量 $S(\boldsymbol{X})$, 存在一个函数 $q_s(\cdot)$ 使得 $T(\boldsymbol{X})=q_s(S(\boldsymbol{X}))$, 则称 $T(\boldsymbol{X})$ 是此分布族的极小充分统计量. ♧

虽然这一定义表面上看来颇复杂, 实质上是一个简单的概念: 先把样本加工成 $S(\boldsymbol{X})$, 然后通过 $T=q_s(S)$ 的方式, 再将半成品 $S(\boldsymbol{X})$ 加工成 $T(\boldsymbol{X})$. 这两步加工中信息都没有损失.

2. 极小充分统计量的求法

定理 2.6.2

设样本 $\boldsymbol{X}=(X_1,\cdots,X_n)$ 的概率函数为 $f(\boldsymbol{x},\boldsymbol{\theta})$, $\boldsymbol{x}\in\mathscr{X},\boldsymbol{\theta}\in\Theta$. 假定存在统计量 $T(\boldsymbol{x})$, 使得对每两个样本点 $\boldsymbol{x}$ 和 $\boldsymbol{y}$, 比值 $f(\boldsymbol{x},\boldsymbol{\theta})/f(\boldsymbol{y},\boldsymbol{\theta})$ 为与 $\boldsymbol{\theta}$ 无关的常数的充要条件为 $T(\boldsymbol{x})=T(\boldsymbol{y})$, 且 $T(\boldsymbol{x})$ 是充分统计量, 则 $T(\boldsymbol{x})$ 为 $\boldsymbol{\theta}$ 极小充分统计量, 其中 $\boldsymbol{\theta}$ 是一维或多维参数向量. ♡

证 我们要证明 $T(\boldsymbol{X})$ 是最小充分的, 只要对任一其他充分统计量 $T^*(\boldsymbol{X})$, 证明 $T(\boldsymbol{X})$ 是 $T^*(\boldsymbol{X})$ 的函数即可.

设 $T^*(\boldsymbol{X})$ 为 $\boldsymbol{\theta}$ 的任一充分统计量, 根据因子分解定理, 存在 g^* 和 h^* 使得 $f(\boldsymbol{x},\theta)=g^*\left(T^*(\boldsymbol{x}),\theta\right)h^*(\boldsymbol{x})$. 令 $\boldsymbol{x}$, $\boldsymbol{y}\in\mathscr{X}$ 为满足 $T^*(\boldsymbol{x})=T^*(\boldsymbol{y})$ 的任意两个点, 则

$$\frac{f(\boldsymbol{x},\theta)}{f(\boldsymbol{y},\theta)}=\frac{g^*\left(T^*(\boldsymbol{x}),\theta\right)h^*(\boldsymbol{x})}{g^*\left(T^*(\boldsymbol{y}),\theta\right)h^*(\boldsymbol{y})}=\frac{h^*(\boldsymbol{x})}{h^*(\boldsymbol{y})}.$$

因为比值与 θ 无关, 由定理假设条件知 $T(\boldsymbol{x})=T(\boldsymbol{y})$, 故 $T(\boldsymbol{x})$ 为 $T^*(\boldsymbol{x})$ 的函数 (因为, 若对任意的 $T^*(\boldsymbol{x})=T^*(\boldsymbol{y})$ 能推出 $T(\boldsymbol{x})=T(\boldsymbol{y})$, 则可以定义映射 $\varphi(\cdot)$ 使得 φ: $T^*(\boldsymbol{x})\mapsto T(\boldsymbol{x})$, $\forall\ x\in\mathscr{X}$), 即存在函数 φ 使得 $T(\boldsymbol{x})=\varphi\big(T^*(\boldsymbol{x})\big)$. 因此, $T(\boldsymbol{x})$ 是极小充分的. □

例 2.6.10 设 $\boldsymbol{X}=(X_1,\cdots,X_n)$ 为从指数族 (1.5.1) 中抽取的简单样本, 记 $\boldsymbol{\theta}=(\theta_1,\cdots,\theta_k)$, 求 $\boldsymbol{\theta}$ 的极小充分统计量.

解　样本 $\boldsymbol{X}$ 联合概率函数由例 2.6.8 中的式 (2.6.7) 给出, 则

$$\frac{f(\boldsymbol{x},\boldsymbol{\theta})}{f(\boldsymbol{y},\boldsymbol{\theta})}=\frac{\widetilde{C}(\boldsymbol{\theta})\exp\left\{\sum\limits_{i=1}^{k}Q_i(\boldsymbol{\theta})\widetilde{T}_i(\boldsymbol{x})\right\}\widetilde{h}(\boldsymbol{x})}{\widetilde{C}(\boldsymbol{\theta})\exp\left\{\sum\limits_{i=1}^{k}Q_i(\boldsymbol{\theta})\widetilde{T}_i(\boldsymbol{y})\right\}\widetilde{h}(\boldsymbol{y})}$$

$$=\exp\left\{\sum_{j=1}^{k}Q_i(\boldsymbol{\theta})\big(\widetilde{T}_i(\boldsymbol{x})-\widetilde{T}_i(\boldsymbol{y})\big)\right\}\cdot\frac{\widetilde{h}(\boldsymbol{x})}{\widetilde{h}(\boldsymbol{y})}.$$

令 $\widetilde{T}(\boldsymbol{x})=(\widetilde{T}_1(\boldsymbol{x}),\cdots,\widetilde{T}_k(\boldsymbol{x}))$, $\widetilde{T}_i(\boldsymbol{x})=\sum\limits_{j=1}^{n}T_i(x_j)$, $i=1,\cdots,k$, 则上式比值与 θ 无关的充要条件是 $\widetilde{T}_i(\boldsymbol{x})=\widetilde{T}_i(\boldsymbol{y})$, $i=1,\cdots,k$, 即 $\widetilde{\boldsymbol{T}}(\boldsymbol{x})=\widetilde{\boldsymbol{T}}(\boldsymbol{y})$. 因此由定理 2.6.2 可知 $\widetilde{\boldsymbol{T}}(\boldsymbol{X})=(\widetilde{T}_1(\boldsymbol{X}),\cdots,\widetilde{T}_k(\boldsymbol{X}))$ 是 $\boldsymbol{\theta}$ 的极小充分统计量. □

我们知道二项分布、Poisson 分布、正态分布和 Gamma 分布等都属于指数族, 因此将这些分布表示成指数族的形式, 则由例 2.6.10 可得:

(1) 二项分布 $B(m,\theta)$ 中, θ 的极小充分统计量为 $\sum\limits_{i=1}^{n}X_i$ (或 $\bar{X}$).

(2) Poisson 分布 $P(\lambda)$ 中, λ 的极小充分统计量为 $\sum\limits_{i=1}^{n}X_i$ (或 $\bar{X}$).

(3) 正态分布 $N(\mu,\sigma^2)$ 中, 记 $\boldsymbol{\theta}=(\mu,\sigma^2)$, 则 $\boldsymbol{T}(\boldsymbol{X})=\left(\sum\limits_{i=1}^{n}X_i,\sum\limits_{i=1}^{n}X_i^2\right)$ (或 $T(\boldsymbol{X})=(\bar{X},S^2)$) 为 $\boldsymbol{\theta}$ 的极小充分统计量.

(4) Gamma 分布 $\Gamma(r,\lambda)$ 中, 记 $\boldsymbol{\theta}=(r,\lambda)$, 则 $\boldsymbol{T}(\boldsymbol{X})=\left(\sum\limits_{i=1}^{n}X_i,\sum\limits_{i=1}^{n}\ln(X_i)\right)$ 为 $\boldsymbol{\theta}$ 的极小充分统计量.

例 2.6.11　设 $\boldsymbol{X}=(X_1,\cdots,X_n)$ 为从均匀分布总体 $U(\theta,\theta+1)$ 抽取的简单样本, 其中 $-\infty<\theta<\infty$. 求 θ 的极小充分统计量.

解　样本 $\boldsymbol{X}$ 的概率密度函数为

$$f(\boldsymbol{x},\theta)=I_{[\theta<x_1,\cdots,x_n<\theta+1]}=I_{[x_{(n)}-1<\theta<x_{(1)}]},$$

其中 $x_{(1)}=\min\{x_1,\cdots,x_n\}$, $x_{(n)}=\max\{x_1,\cdots,x_n\}$, 故有

$$\frac{f(\boldsymbol{x},\theta)}{f(\boldsymbol{y},\theta)}=\frac{I_{[x_{(n)}-1<\theta<x_{(1)}]}}{I_{[y_{(n)}-1<\theta<y_{(1)}]}}.$$

上式比值与 θ 无关的充要条件是 $x_{(1)}=y_{(1)}$, $x_{(n)}=y_{(n)}$, 因此由定理 2.6.2 可知 $\boldsymbol{T}(\boldsymbol{X})=(X_{(1)},X_{(n)})$ 是 θ 的极小充分统计量. □

例 2.6.12　设总体 X 服从位置参数为 μ、刻度参数为 λ 的指数分布, 记 $\boldsymbol{\theta}=(\mu,\lambda)$, 其密度函数为

$$f(x,\boldsymbol{\theta})=\lambda\exp\{-\lambda(x-\mu)\}I_{[x\geqslant\mu]}.$$

令 $\boldsymbol{X}=(X_1,\cdots,X_n)$ 为从总体 X 抽取的简单样本, 求 θ 的极小充分统计量.

解 样本 $\boldsymbol{X}$ 的概率密度函数为

$$f(\boldsymbol{x},\boldsymbol{\theta})=\prod_{i=1}^{n}\Big[\lambda\exp\{-\lambda(x_i-\mu)\}I_{[x_i\geqslant\mu]}\Big]=\lambda^n e^{n\lambda\mu}\cdot\exp\Big\{-\lambda\sum_{i=1}^{n}x_i\Big\}\cdot I_{[x_{(1)}\geqslant\mu]},$$

故有

$$\frac{f(\boldsymbol{x},\boldsymbol{\theta})}{f(\boldsymbol{y},\boldsymbol{\theta})}=\exp\Big\{-\lambda\Big[\sum_{i=1}^{n}x_i-\sum_{i=1}^{n}y_i\Big]\Big\}\cdot\frac{I_{[x_{(1)}\geqslant\mu]}}{I_{[y_{(1)}\geqslant\mu]}}.$$

令 $\boldsymbol{T}(\boldsymbol{x})=\Big(\sum\limits_{i=1}^{n}x_i,x_{(1)}\Big)$, 上式比值与 θ 无关的充要条件是 $\sum\limits_{i=1}^{n}x_i=\sum\limits_{i=1}^{n}y_i, x_{(1)}=y_{(1)}$, 即 $\boldsymbol{T}(\boldsymbol{x})=\boldsymbol{T}(\boldsymbol{y})$. 因此, 由定理 2.6.2 可知 $\boldsymbol{T}(\boldsymbol{X})=\Big(\sum\limits_{i=1}^{n}X_i,X_{(1)}\Big)$ 是 θ 的极小充分统计量. □

本节前面例子中用因子分解定理求出来的充分统计量都是极小的.

还有另外一种求极小充分统计量的简便方法, 将在 3.3.3 小节中由注 3.3.5 给出.

注 2.6.1 (1) Lehmann 与 Scheffe 证明了如下结论: 一个完全充分统计量总是极小的 (完全统计量的概念见下一节), 有反例说明这一结论之逆不真 (见文献 [18] 1.6 节例 6.25).

(2) 极小充分统计量不是唯一的, 因为对极小充分统计量所进行的一对一的变换也会获得极小充分统计量. 例如, 在例 2.6.11 中 $\boldsymbol{T}(\boldsymbol{X})=(X_{(1)},X_{(n)})$ 是 θ 的极小充分统计量, 而 $\boldsymbol{T}^*(\boldsymbol{X})=\big(X_{(n)}-X_{(1)},(X_{(n)}+X_{(1)})/2\big)$ 也是极小充分统计量. 因此, 如果把两个互为一对一变换的统计量视为同一个统计量, 则极小充分统计量是唯一的.

*2.7 完全统计量

2.7.1 定义和例子

统计量或分布族的完全性实际上就是积分变换的唯一性. 设 $X\sim\mathscr{F}=\{f(x,\theta):\theta\in\Theta\}$, 设 $\varphi(x)$ 是定义在样本空间 $\mathscr{X}$ 上的一个实函数, 一般说来, 积分 (如果存在)

$$\mathbb{E}_\theta[\varphi(X)]=\int_{\mathscr{X}}\varphi(x)f(x,\theta)dx=\psi(\theta),\quad\forall\,\theta\in\Theta$$

是参数 θ 的函数. 因此, 上述积分 (数学期望) 可以看作一个变换, 它把 $\mathscr{X}$ 上的一个函数 $\varphi(x)$ 变换到参数空间 Θ 上的一个函数 $\mathbb{E}_\theta[\varphi(X)]=\psi(\theta)$. 在这个观点下, $\mathbb{E}_\theta[\varphi(X)]$ 可以认为是在这个积分变换下 $\varphi(x)$ 的像.

这个变换在概率统计中是经常用到的, 因此人们还期望这个积分变换是一一对应的变换, 即对 $\forall\,\theta\in\Theta$, 有

$$\mathbb{P}_\theta\big(\varphi_1(X)=\varphi_2(X)\big)=1 \iff \mathbb{E}_\theta[\varphi_1(X)]=\mathbb{E}_\theta[\varphi_2(X)].$$

为此, 只需要 (上式左边 $\Rightarrow$ 右边显然成立, 右边 $\Rightarrow$ 左边需要下式条件)

$$\mathbb{E}_\theta[\varphi(X)]=0 \ \Rightarrow\ \mathbb{P}_\theta\big(\varphi(X)=0\big)=1. \tag{2.7.1}$$

因为, 若 $\varphi_1(X)$ 和 $\varphi_2(X)$ 的像相同, 将导致

$$\int_{\mathscr{X}}\big[\varphi_1(x)-\varphi_2(x)\big]f(x,\theta)dx=0,$$

于是由式 (2.7.1) (其中 $\varphi(X)=\varphi_1(X)-\varphi_2(X)$), 立即可推得

$$\mathbb{P}_\theta\big(\varphi_1(X)=\varphi_2(X)\big)=1.$$

或者说, $\varphi_1(X)$ 与 $\varphi_2(X)$ 几乎处处相等. 而式 (2.7.1) 成立与否与分布族 $\mathscr{F}$ 有极大的关系, 不是任何一个分布族都具有式 (2.7.1) 这个性质的 (例如 $X\sim N(0,\sigma^2)$, $E_\sigma(X)=0$ 成立, 但 $\varphi(x)=x\neq 0$ (a.e.)), 具有这个性质的分布族称为完全分布族, 定义如下.

定义 2.7.1 (完全分布族和完全统计量)

设 $T=T(\boldsymbol{X})$ 是统计量, 其诱导分布族记为 $\mathscr{F}^T=\big\{g(t,\theta):\theta\in\Theta\big\}$, 若对任一 t 的函数 $\varphi(t)=\varphi[t(\boldsymbol{x})]$ 的期望, 有

$$\mathbb{E}_\theta[\varphi(T)]=0,\quad \forall\,\theta\in\Theta, \tag{2.7.2}$$

总可以推出

$$\mathbb{P}_\theta\big[\varphi(T)=0\big]=1,\quad \forall\,\theta\in\Theta. \tag{2.7.3}$$

则称分布族 $\mathscr{F}^T$ 是完全的, 而称 $T(\boldsymbol{X})$ 为一完全统计量 (complete statistic). ♧

由定义可见, 若 $T(\boldsymbol{X})$ 是完全统计量, 则它的任一实函数 $\delta(T)$ 也是完全统计量.

注 2.7.1 分布族 (或统计量) 的 "完全性" 这个名称与正交函数理论中的 "完全性" 概念相似. 统计量 $T(\boldsymbol{X})$ 的完全性不仅取决于 T 的形状, 还取决于 T 的诱导分布族. 完全性 (亦称完备性) 这个名称, 来源于正交函数理论中的一个类似概念. 为简单计, 设统计量 $T(\boldsymbol{X})$ 有密度函数 $g(t,\theta)$, 则式 (2.7.2) 可写为

$$\int_{\mathscr{T}}\varphi(t)g(t,\theta)dt=0,\quad 一切\ \theta\in\Theta. \tag{2.7.4}$$

积分 (2.7.4) 形式上可看成 "φ 与 $g(t,\theta)$ 正交". 于是条件 (2.7.4) $\Rightarrow$ (2.7.3) 可说成是 "若 φ 与函数系 $\big\{g(t,\theta):\theta\in\Theta\big\}$ 正交, 则 φ 必为 0". 在正交函数论中, 若 M 表示一正交函数系, 且不存在与 M 正交的非零函数, 则称 M 为完全 (或完备) 正交函数系. 由式 (2.7.4) $\Rightarrow$ (2.7.3) 可以看出, 这里的完全性正好与正交函数系的完全性相当. 不过这里不是称密度函数系 $\big\{g(t,\theta):\theta\in\Theta\big\}$ 是完全的, 而是称分布

族 $\mathscr{F}^T = \{g(t,\theta): \theta \in \Theta\}$ 是完全的, 而称 T 为完全统计量. 因此, 统计量的完全性是通过其诱导分布族的完全性来定义的.

例 2.7.1 设 $\boldsymbol{X} = (X_1, \cdots, X_n)$ 为从总体 $B(1,\theta)$ 中抽取的简单样本, 则 $T(\boldsymbol{X}) = \sum\limits_{i=1}^{n} X_i$ 是完全统计量.

证 显然, $T(\boldsymbol{X}) \sim B(n,\theta)$, 故有

$$\mathbb{P}_\theta(T(\boldsymbol{X}) = k) = \binom{n}{k}\theta^k(1-\theta)^{n-k}, \quad k = 0, 1, 2, \cdots, n.$$

设 $\varphi(t)$ 为任一实函数, 满足 $\mathbb{E}_\theta[\varphi(T)] = 0$, $0 < \theta < 1$, 此即

$$\sum_{k=0}^{n} \varphi(k)\binom{n}{k}\theta^k(1-\theta)^{n-k} = 0 \iff$$

$$\sum_{k=0}^{n} \varphi(k)\binom{n}{k}\left(\frac{\theta}{1-\theta}\right)^k = 0, \quad 0 < \theta < 1.$$

令 $\theta/(1-\theta) = \delta$, 则上式等价于

$$\sum_{k=0}^{n}\left[\varphi(k)\binom{n}{k}\right]\delta^k = 0, \quad 0 < \delta < \infty.$$

上式左边是 δ 的多项式, 故必有

$$\varphi(k)\binom{n}{k} = 0, \quad k = 0, 1, 2, \cdots, n,$$

此处 $\{k: k = 0, 1, 2, \cdots, n\}$ 为 T 的支撑集, 由上式可见 $\varphi(T) = 0$, a.s. $\mathbb{P}_\theta$ 成立. 这就证明了 $T(\boldsymbol{X}) = \sum\limits_{i=1}^{n} X_i$ 是完全统计量. □

例 2.7.2 设 $X \sim \mathscr{F} = \{N(0,\sigma^2): \sigma > 0\}$, 证明分布族 $\mathscr{F}$ 不是完全的. 令 $\boldsymbol{X} = (X_1, X_2, \cdots, X_n)$ 为从总体 X 中抽取的简单样本, 证明由 $T_n = T(\boldsymbol{X}) = \sum\limits_{i=1}^{n} X_i^2$ 诱导出的分布族是完全的, 从而统计量 T 也是完全的.

证 (1) 要说明一个分布族不是完全的, 只要能找到这样一个函数 $\varphi(x)$, 它能使 $\mathbb{E}_\theta[\varphi(X)] = 0$, $\theta \in \Theta$, 但 $\mathbb{P}_\theta(\varphi(X) = 0) \neq 1$. 在此例中, 总体 $N(0,\sigma^2)$ 的密度函数是偶函数, 故对任一个奇函数, 比如 $\varphi(x) = x$, 就有 $\mathbb{E}_\sigma[\varphi(X)] = 0$ $(\sigma > 0)$, 但 $\mathbb{P}_\sigma(\varphi(X) \neq 0) = 1$. 所以, 这个正态分布族 $\mathscr{F}$ 不是完全的.

(2) 由 2.3 节 χ^2 变量的定义可知 $T_n/\sigma^2 = \sum\limits_{i=1}^{n}(X_i/\sigma)^2 \sim \chi_n^2$. 容易证明 $T_n = \sum\limits_{i=1}^{n} X_i^2$ 是 σ^2 的充分统计量, 且 $T_n \sim \Gamma(n/2, 1/(2\sigma^2))$. 其密度函数为

$$g(t,\sigma^2) = \frac{[1/(2\sigma^2)]^{n/2}}{\Gamma(n/2)} t^{\frac{n}{2}-1} \exp\left\{-\frac{t}{2\sigma^2}\right\}, \quad t > 0.$$

现讨论由统计量 T_n 的诱导分布族 $\mathscr{F}^T = \left\{\Gamma\big(n/2, 1/(2\sigma^2)\big) : \sigma > 0\right\}$ 的完全性. 假如函数 $\varphi(\cdot)$ 满足 $\mathbb{E}_\sigma[\varphi(T)] = 0,\ \forall\ \sigma > 0$, 即

$$\int_0^\infty \varphi(t)\ t^{\frac{n}{2}-1} \exp\left\{-\frac{t}{2\sigma^2}\right\} dt = 0, \quad \forall\ \sigma > 0.$$

上式左边是函数 $\varphi(t)\ t^{n/2-1}$ 的单边 Laplace 变换, 由单边 Laplace 变换的唯一性可知

$$\mathbb{P}_\sigma\big(\varphi(t) \cdot t^{n/2-1} = 0\big) = 1, \quad \forall\ \sigma > 0.$$

当 $t > 0$ 时, $t^{n/2-1} > 0$, 所以有

$$\mathbb{P}_\sigma\big(\varphi(t) = 0\big) = 1, \quad \forall\ \sigma > 0.$$

因此, 统计量 T_n 的诱导分布族 $\mathscr{F}^T$ 是完全的, 故 $T_n = \sum\limits_{i=1}^n X_i^2$ 是完全统计量. □

注 2.7.2　由定义 2.7.1 可以看出, 完全统计量的定义中没有要求原参数分布族 $\mathscr{F}$ 具有完全性. 因此就可能出现上例中的现象: 原分布族是不完全的, 但其诱导分布族是完全的, 这是完全统计量本身的构造所决定的.

例 2.7.3　设 $\boldsymbol{X} = (X_1, X_2, \cdots, X_n)$ 为从均匀分布 $U(0, \theta)$ 中抽取的简单样本, 则 $T(\boldsymbol{X}) = X_{(n)} = \max\{X_1, \cdots, X_n\}$ 为完全统计量.

证　容易计算得到 $T(\boldsymbol{X}) = X_{(n)}$ 的密度函数为

$$g_\theta(t) = \begin{cases} nt^{n-1}/\theta^n, & 0 < t < \theta, \\ 0, & \text{其他}. \end{cases}$$

设 $\varphi(t)$ 为 t 的任一实函数, 满足 $\mathbb{E}_\theta\big[\varphi(T)\big] = 0$, 此即

$$\frac{n}{\theta^n}\int_0^\theta \varphi(t)t^{n-1}dt = 0, \quad \text{一切 } \theta > 0,$$

即

$$\int_0^\theta \varphi(t)t^{n-1}dt = 0, \quad \text{一切 } \theta > 0.$$

对上式两边关于 θ 求导得

$$\theta^{n-1}\varphi(\theta) = 0 \quad \Leftrightarrow \quad \varphi(\theta) = 0, \quad \text{一切 } \theta > 0.$$

改 θ 为 t, 即 $\varphi(t) = 0, t > 0$, 故 $T(\boldsymbol{X}) = X_{(n)}$ 为完全统计量. □

由上面的几个例子可见, 从定义出发判断一个统计量的完全性较复杂, 下列定理将给判别统计量的完全性带来极大的方便.

2.7.2 指数族中统计量的完全性

定理 2.7.1

设样本 $\boldsymbol{X}=(X_1,X_2,\cdots,X_n)$ 的概率函数

$$f(\boldsymbol{x},\boldsymbol{\theta})=C(\boldsymbol{\theta})\exp\left\{\sum_{i=1}^{k}\theta_i T_i(\boldsymbol{x})\right\}h(\boldsymbol{x}),\quad \boldsymbol{\theta}=(\theta_1,\cdots,\theta_k)\in\Theta^*$$

为指数族的自然形式. 令 $T(\boldsymbol{X})=(T_1(\boldsymbol{X}),\cdots,T_k(\boldsymbol{X}))$, 若自然参数空间 Θ^* 作为 $\mathbb{R}^k$ 的子集有内点, 则 $T(\boldsymbol{X})$ 是完全统计量. ♡

证 见文献 [1] 第 80 页定理 1.6.1. □

例 2.7.4 利用定理 2.7.1 证明例 2.7.1 中的统计量 $T(\boldsymbol{X})=\sum\limits_{i=1}^{n}X_i$ 为完全统计量.

证 将样本 $\boldsymbol{X}=(X_1,\cdots,X_n)$ 的联合分布表成指数族的自然形式

$$f(\boldsymbol{x},\theta)=\theta^{T(\boldsymbol{x})}(1-\theta)^{n-T(\boldsymbol{x})}=(1+e^{\varphi})^{-n}\exp\{\varphi\cdot T(\boldsymbol{x})\}h(\boldsymbol{x}),$$

其中 $h(\boldsymbol{x})\equiv 1$, $\varphi=\log[\theta/(1-\theta)]$, 自然参数空间为

$$\Theta^*=\{\varphi:-\infty<\varphi<\infty\}=(-\infty,\infty),$$

显然自然参数空间 Θ^* 作为 $\mathbb{R}^1$ 的子集有内点, 故由定理 2.7.1 可知 $T(\boldsymbol{X})=\sum\limits_{i=1}^{n}X_i$ 为完全统计量. □

例 2.7.5 设 $\boldsymbol{X}=(X_1,\cdots,X_n)$ 为从正态总体 $N(a,\sigma^2)$ 中抽取的简单样本, 参数空间 $\Theta=\{\boldsymbol{\theta}=(a,\sigma^2):-\infty<a<\infty,\ \sigma^2>0\}$, 则 $(\bar{X},S^2)$ 为完全统计量, 其中 $\bar{X},S^2$ 分别为样本均值和样本方差.

证 由例 1.5.6 可知样本 $\boldsymbol{X}$ 的分布属于指数族, 其自然形式为

$$f(\boldsymbol{x},\boldsymbol{\varphi})=C^*(\boldsymbol{\varphi})\exp\Big\{\varphi_1T_1(\boldsymbol{x})+\varphi_2T_2(\boldsymbol{x})\Big\}h(\boldsymbol{x}),$$

其中 $h(\boldsymbol{x})\equiv 1$, $\varphi_1=a/\sigma^2$, $\varphi_2=-\dfrac{1}{2\sigma^2}$, $\boldsymbol{\varphi}=(\varphi_1,\varphi_2)$. 自然参数空间为

$$\Theta^*=\Big\{(\varphi_1,\varphi_2):-\infty<\varphi_1<\infty,-\infty<\varphi_2<0\Big\},$$

Θ^* 作为 $\mathbb{R}^2$ 的子集显然有内点, 由定理 2.7.1 可知 $(T_1(\boldsymbol{X}),T_2(\boldsymbol{X}))=\Big(\sum\limits_{i=1}^{n}X_i,\sum\limits_{i=1}^{n}X_i^2\Big)$ 为完全统计量. 由于 $T^*(\boldsymbol{X})=(\bar{X},S^2)$ 为 $\Big(\sum\limits_{i=1}^{n}X_i,\sum\limits_{i=1}^{n}X_i^2\Big)$ 的函数, 由定义可知 $T^*(\boldsymbol{X})$ 为完全统计量. □

例 2.7.6 设 $\boldsymbol{X}=(X_1,\cdots,X_n)$ 是从均匀分布 $U(\theta-1/2,\theta+1/2)$ 中抽取的简单样本, 则 $T(\boldsymbol{X})=(X_{(1)},X_{(n)})$ 是充分统计量, 但不是完全统计量.

证 $T(\boldsymbol{X}) = (X_{(1)}, X_{(n)})$ 的充分性在例 2.6.7 中已证. 下面来证明它不是完全的.

要证明一个统计量 $T(\boldsymbol{X})$ 不是完全的, 只要找到一个实函数 $\varphi(t)$ 使得 $\mathbb{E}_\theta[\varphi(T)] = 0$, 但 "$\varphi(T) = 0$, a.s. $\mathbb{P}_\theta$" 是不成立的, 即可.

令 $Y_i = X_i - (\theta - 1/2)$, $i = 1, 2, \cdots, n$, 则 $Y_1, \cdots, Y_n$ i.i.d. $\sim U(0,1)$ 与 θ 无关. 而此时 $Z = Z(T) = X_{(n)} - X_{(1)} = Y_{(n)} - Y_{(1)}$ 的分布也与 θ 无关. 找常数 $a < b$ 使得

$$\mathbb{P}(Z < a) = \mathbb{P}(Z > b) > 0.$$

定义

$$\varphi(t) = \begin{cases} 1, & z(t) < a, \\ -1, & z(t) > b, \\ 0, & \text{其他}, \end{cases}$$

则易见 $\varphi(t)$ 满足 $\mathbb{E}_\theta[\varphi(T)] = 0$, 但 $\varphi(t) \neq 0$ $\big($即 $\mathbb{P}(\varphi(t) \neq 0) > 0\big)$. 按定义 $T(\boldsymbol{X}) = (X_{(1)}, X_{(n)})$ 不是完全统计量. □

2.7.3 有界完全统计量及其性质

定义 2.7.2

若对任何满足

$$\mathbb{E}_\theta[\varphi(T(X))] = 0, \quad \forall\, \theta \in \Theta$$

的有界 (或 a.s. 有界) 的函数 $\varphi(\cdot)$ 都有

$$\mathbb{P}_\theta\big(\varphi(T(X)) = 0\big) = 1, \quad \forall\, \theta \in \Theta,$$

则称 $T(X)$ 为有界完全统计量. ♧

由定义可见, 一个 "完全统计量" 必为 "有界完全统计量", 反之不必对.

定理 2.7.2 (Basu 定理)

设 $\mathscr{F} = \{f(x,\theta),\ \theta \in \Theta\}$ 为一分布族, Θ 是参数空间. 样本 $\boldsymbol{X} = (X_1, \cdots, X_n)$ 是从分布族 $\mathscr{F}$ 中抽取的简单样本, 设 $T(\boldsymbol{X})$ 是一有界完全统计量, 且是充分统计量. 若随机变量 $V(\boldsymbol{X})$ 的分布与 θ 无关, 则对任何 $\theta \in \Theta$, $T(\boldsymbol{X})$ 与 $V(\boldsymbol{X})$ 独立. ♡

证 见文献 [1] 第 88 页定理 1.6.4.

对指数族, 定理 2.7.2 有如下推论.

推论 2.7.1

设样本 $\boldsymbol{X}$ 的分布族为指数族的自然形式, 即

$$f(\boldsymbol{x},\boldsymbol{\theta})=C(\boldsymbol{\theta})\exp\left\{\sum_{j=1}^{k}\theta_j T_j(\boldsymbol{x})\right\}h(\boldsymbol{x}),\quad \boldsymbol{\theta}=(\theta_1,\cdots,\theta_k).$$

而自然参数空间 Θ^* 作为 $\mathbb{R}^k$ 的子集有内点. 若 r.v. $V(\boldsymbol{X})$ 的分布与 $\boldsymbol{\theta}$ 无关, 对任何 $\boldsymbol{\theta}$, 则 $V(\boldsymbol{X})$ 与 $\boldsymbol{T}(\boldsymbol{X})=(T_1(\boldsymbol{X}),\cdots,T_k(\boldsymbol{X}))$ 独立. ♡

例 2.7.7 设 $\boldsymbol{X}=(X_1,\cdots,X_n)$ 是从 $N(\theta,1)$ 中抽取的简单样本, $R(\boldsymbol{X})=X_{(n)}-X_{(1)}$ 称为极差, 则 $T(\boldsymbol{X})=\bar{X}=\sum\limits_{i=1}^{n}X_i/n$ 与 $R(\boldsymbol{X})$ 独立.

证 由于正态分布 $N(\theta,1)$ 为指数族, 自然参数空间 $\Theta^*=\{\theta:-\infty<\theta<\infty\}$ 作为 $\mathbb{R}^1$ 的子集有内点. 故 $T(\boldsymbol{X})$ 为充分完全统计量.

令 $Y_i=X_i-\theta$, 则 $Y_i\sim N(0,1)$, $i=1,2,\cdots,n$. 因此 $Y_1,\cdots,Y_n$ i.i.d. $\sim N(0,1)$ 与 θ 无关. 从而 $Y_{(n)}-Y_{(1)}$ 的分布也与 θ 无关. 故

$$R(\boldsymbol{X})=X_{(n)}-X_{(1)}=Y_{(n)}-Y_{(1)}$$

的分布与 θ 无关, 由推论 2.7.1 可知 $T(\boldsymbol{X})$ 与 $R(\boldsymbol{X})$ 独立. □

例 2.7.8 设 $\boldsymbol{X}=(X_1,\cdots,X_n)$ 是从正态总体 $\{N(0,\sigma^2),\ \sigma>0\}$ 中抽取的简单样本, 则 $T(\boldsymbol{X})=\sum\limits_{i=1}^{n}X_i^2$ 与随机变量 $\sum\limits_{i=1}^{n}\lambda_iX_i^2\Big/\sum\limits_{i=1}^{n}X_i^2$ 独立, 此处 $\lambda_1,\cdots,\lambda_n$ 为任意实数.

证 由例 1.5.6 ($\mu=0$ 情形) 可知, 正态分布 $N(0,\sigma^2)$ 为指数族, 记 $\varphi=-1/(2\sigma^2)$, 则自然参数空间 $\Theta^*=\{\varphi:-\infty<\varphi<0\}$ 作为 $\mathbb{R}^1$ 子集有内点. 故 $T(\boldsymbol{X})$ 为充分完全统计量.

令 $Y_i=X_i/\sigma$, 则 $Y_i\sim N(0,1)$, $i=1,2,\cdots,n$, 故 $Y_1,\cdots,Y_n$ i.i.d. $\sim N(0,1)$ 与 φ 无关. 而

$$V(\boldsymbol{X})=\frac{\sum\limits_{i=1}^{n}\lambda_iX_i^2}{\sum\limits_{i=1}^{n}X_i^2}=\frac{\sum\limits_{i=1}^{n}\lambda_iY_i^2}{\sum\limits_{i=1}^{n}Y_i^2},$$

显然它的分布与 φ 无关, 即与 σ^2 无关, 由推论 2.7.1 可知 $T(\boldsymbol{X})$ 与 $V(\boldsymbol{X})$ 独立. □

附录: 随机变量序列收敛性简介

下面讨论的随机变量均定义在同一概率空间中.

A. 1 (依概率收敛定义)　称随机变量序列 $\{X_n\}$ 依概率收敛到随机变量 X, 如果对任意 $\epsilon > 0$ 在 $n \to \infty$ 时有 $\mathbb{P}(|X_n - X| \geqslant \epsilon) \to 0$. 记为 $X_n \xrightarrow{P} X$.

A. 2 (几乎处处收敛定义)　称随机变量序列 $\{X_n\}$ 几乎处处收敛到随机变量 X, 如果

$$\mathbb{P}\left(\lim_{n\to\infty} X_n = X\right) = 1.$$

记为 $X_n \xrightarrow{\text{a.s.}} X$.

A. 3 (依分布收敛定义)　称随机变量序列 $\{X_n\}$ 依分布收敛到随机变量 X, 如果在 $n \to \infty$ 时有 $F_n(x) \to F(x)$, 其中 F_n 和 F 分别为 X_n 和 X 的分布函数, x 为 F 的任一连续点. 记为 $X_n \xrightarrow{\mathscr{L}} X$.

A.4 (r 阶矩收敛定义)　称随机变量序列 $\{X_n\}$ 依 r 阶矩收敛到随机变量 X, 如果

$$\lim_{n\to\infty} \mathbb{E}\,|X_n - X|^r = 0.$$

记为 $X_n \xrightarrow{L_r} X$.

A.5 (四种收敛性的关系)　(1) $X_n \xrightarrow{\text{a.s.}} X \Rightarrow X_n \xrightarrow{P} X$, 反之不必对.

(2) $X_n \xrightarrow{P} X \Rightarrow X_n \xrightarrow{\mathscr{L}} X$.

(3) $X_n \xrightarrow{L_r} X \Rightarrow X_n \xrightarrow{P} X$, 反之不必对.

由于依分布收敛对 X_n 和 X 的联合分布未作要求, 因此不难看出依分布收敛一般不能推出依概率收敛. 但是考虑下述情况:

A.6　如果 $X \equiv c_0$ (一个常数), 则依分布收敛 $\{X_n\} \xrightarrow{\mathscr{L}} X$ 蕴含依概率收敛 $X_n \xrightarrow{P} X$.

A.7　如果 $X_n \xrightarrow{P} c_0$ (一个常数), g 在 c_0 处连续, 则 $g\,(X_n) \xrightarrow{P} g\,(c_0)$.

更一般地, 有下列定理.

A.8 (连续映射定理)　(1) 若 $X_n \xrightarrow{\mathscr{L}} X$ 以及 g 是连续函数, 则 $g\,(X_n) \xrightarrow{\mathscr{L}} g(X)$.

(2) 若 $X_n \xrightarrow{\text{a.s.}} X$ 以及 g 是连续函数, 则 $g\,(X_n) \xrightarrow{\text{a.s.}} g(X)$.

(3) 若 $X_n \xrightarrow{P} X$ 以及 g 是连续函数, 则 $g\,(X_n) \xrightarrow{P} g(X)$.

下述 Slutsky 定理经常使用.

A.9 (Slutsky 定理)　若 $X_n \xrightarrow{\mathscr{L}} X$ 以及 $Y_n \xrightarrow{P} c_0$ (一个常数), 则

(1) $X_n + Y_n \xrightarrow{\mathscr{L}} X + c_0$.

(2) $X_n Y_n \xrightarrow{\mathscr{L}} c_0 X$.

(3) $X_n / Y_n \xrightarrow{\mathscr{L}} X / c_0$ $(c \neq 0)$.

证明参看苏淳等《概率论》(第三版) 6.3.2 小节.

A. 10 (控制收敛定理)　设 $X_n \xrightarrow{\text{a.s.}} X$, 且对充分大的 n 有 $|X_n| \leqslant Y$, 其中 $\mathbb{E}(Y) < \infty$, 则

$$\lim_{n\to\infty} \mathbb{E}(X_n) = \mathbb{E}(X).$$

A. 11 (强大数律) 设 $X_1, X_2, \cdots$ 为独立同分布的随机变量序列. 若 $\mu = \mathbb{E}|X_1| < \infty$, 则

$$\bar{X}_n = \frac{1}{n}\sum_{i=1}^{n} X_i \xrightarrow{\text{a.s}} \mu.$$

A.12 (中心极限定理) 设 $\{X_i\}$ 为一列独立同分布随机变量序列, 有共同的均值 μ 和方差 $0 < \sigma^2 < \infty$. 则有 $\sqrt{n}(\bar{X}_n - \mu)/\sigma \xrightarrow{\mathscr{L}} N(0,1)$, 其中 $\bar{X}_n = \frac{1}{n}\sum_{i=1}^{n} X_i$.

A. 13 (Delta 方法) 设随机变量序列 $\{X_n\}$ 满足 $\sqrt{n}(X_n - \theta) \xrightarrow{\mathscr{L}} N(0, \sigma^2)$, 其中 $\sigma^2 > 0$ 和 θ 均为有限数. g 的一阶导函数 $g'(x)$ 在 $x = \theta$ 处连续且非零, 则

$$\sqrt{n}\,[g(X_n) - g(\theta)] \xrightarrow{\mathscr{L}} N\left(0, [g'(\theta)]^2\sigma^2\right).$$

A.14 (多元 Delta 方法) 设 p 维随机向量序列 $\{\boldsymbol{X}_n\}$ 满足 $\sqrt{n}(\boldsymbol{X}_n - \boldsymbol{\theta}) \xrightarrow{\mathscr{L}} N_p(\mathbf{0}, \boldsymbol{\Sigma})$, 其中 $\boldsymbol{\Sigma} > \mathbf{0}$ 和 $\boldsymbol{\theta}$ 均有限. p 元实函数 g 的梯度 $\nabla g(\boldsymbol{x}) = (\partial g(\boldsymbol{x})/\partial x_1, \cdots, \partial g(\boldsymbol{x})/\partial x_p)^{\mathrm{T}}$ 在 $\boldsymbol{x} = \boldsymbol{\theta}$ 处连续且非零, 则

$$\sqrt{n}\,(g(\boldsymbol{X}_n) - g(\boldsymbol{\theta})) \xrightarrow{\mathscr{L}} N(0, (\nabla g(\boldsymbol{\theta}))^{\mathrm{T}}\boldsymbol{\Sigma}\nabla g(\boldsymbol{\theta})).$$

A. 15 (Cramer-Wold device) 设 $\{\boldsymbol{X}_n\}$, $\boldsymbol{X}$ 为 p 维随机向量. 则 $\boldsymbol{X}_n \xrightarrow{\mathscr{L}} \boldsymbol{X}$ 当且仅当 $\boldsymbol{a}^{\mathrm{T}}\boldsymbol{X}_n \xrightarrow{\mathscr{L}} \boldsymbol{a}^{\mathrm{T}}\boldsymbol{X}$ 对所有非零 p 维实数向量 a 成立.

应用 Cramer-Wold device, 可以方便地导出多元场合的中心极限定理.

A. 16 (多元中心极限定理) 设 $\{\boldsymbol{X}_i\}$ 为一列独立同分布的 p 维随机向量序列, 有共同的均值 $\boldsymbol{\mu}$ 和有限的协方差矩阵 $\boldsymbol{\Sigma}$. 则有 $\sqrt{n}(\bar{\boldsymbol{X}}_n - \boldsymbol{\mu}) \xrightarrow{\mathscr{L}} N_p(\mathbf{0}, \boldsymbol{\Sigma})$, 其中 $\bar{\boldsymbol{X}}_n = \sum_{i=1}^{n} \boldsymbol{X}_i/n$.

A.17 设 $f_1, f_2, \cdots$ 为可测空间 $(\Omega, \mathscr{F}, \nu)$ 上的一列 Borel 函数.

(1) (Fatou 引理) 如果 $f_n \geqslant 0$, 则

$$\int \liminf_n f_n d\nu \leqslant \liminf_n \int f_n d\nu.$$

(2) (控制收敛定理) 如果存在可积函数 g 使得 $|f_n| \leqslant g$, a.e., 且 $\lim_{n\to\infty} f_n = f$, a.e., 则

$$\int \lim_{n\to\infty} f_n d\nu = \lim_{n\to\infty} \int f_n d\nu.$$

(3) (单调收敛定理) 如果 $0 \leqslant f_1 \leqslant f_2 \leqslant \cdots$ 以及 $\lim_{n\to\infty} f_n = f$, a.e., 则

$$\int \lim_{n\to\infty} f_n d\nu = \lim_{n\to\infty} \int f_n d\nu.$$

下列三个重要的统计不等式也放在此附录中, 方便读者查阅.

A.18 (Jensen 不等式) 设 g 为一凸函数, X 为随机变量且期望存在, 则

$$\mathbb{E}[g(X)] \geqslant g[\mathbb{E}(X)].$$

A.19 (Chebyshev 不等式) 设 X 为一平方可积随机变量, 则对任意 $\delta > 0$ 有

$$\mathbb{P}(|X - \mathbb{E}X| > \delta) \leqslant \frac{\mathrm{Var}(X)}{\delta^2}.$$

A.20 (Hölder 不等式) $\mathbb{E}(|XY|) \leqslant \left[\mathbb{E}\left(|X|^r\right)\right]^{1/r}\left[\mathbb{E}\left(|Y|^s\right)\right]^{1/s}$, 其中 $r > 1$ 以及 $1/r + 1/s = 1$, $p > 1$. 当 $r = 2$ 时即为柯西-施瓦茨 (Cauchy-Schwarz) 不等式.

本章总结

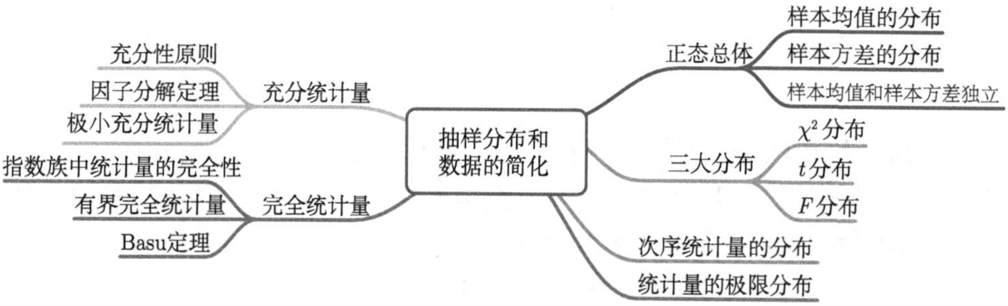

第 2 章知识点结构图

重点概念总结

- 正态总体样本均值和样本方差的分布以及二者的相互独立性这个事实非常重要, 它是统计三大分布的基础.
- 如何利用一组 (或两组) i.i.d. 样本构造 χ^2 变量、t 变量和 F 变量, 它是处理正态总体区间估计和假设检验问题的基础.
- 充分统计量和完全统计量是数理统计学中的重要概念, 在参数估计优良性理论中有重要应用.
- Basu 定理给出了判别一个随机变量和一个有界完全统计量相互独立性的有别于传统方法的新思路.

第 2 章习题

1. 设从正态总体 $N(20, 9)$ 中分别抽取容量为 10 和 15 的两组独立样本, 记这两组样本的样本均值和样本方差分别为 $\bar{X}$, $\bar{Y}$ 和 S_X^2, S_Y^2. (1) 求两样本均值差的绝对值大于 0.3 的概率. (2) 求 $9S_X^2 + 14S_Y^2$ 大于 164 的概率.
2. 设 $X_1, \cdots, X_n$ 和 $Y_1, \cdots, Y_n$ 是分别从正态总体 $N(\mu, \sigma^2)$ 中抽取的两组简单样本, 且二者相互独立. 令 $\bar{X}$ 和 $\bar{Y}$ 分别为这两组样本的样本均值, 试确定样本大小 n 的近似值, 使得 $\mathbb{P}\left(\left|\bar{X} - \bar{Y}\right| > \sigma\right) \approx 0.01$.
3. 设 $X_1, \cdots, X_n$ 为从下列总体中抽取的简单样本, 利用特征函数试求样本均值 $\bar{X}$ 的分布:

   (1) 正态总体 $N(a, \sigma^2)$;

(2) 参数为 λ 的 Poisson 总体 $P(\lambda)$;

(3) 参数为 λ 的指数分布.

4. 设 X_1, X_2 为取自正态总体 $X \sim N(0, \sigma^2)$ 的一个样本, 证明统计量 X_1/X_2 和 $\sqrt{X_1^2 + X_2^2}$ 是相互独立的.

5. 若 X 服从自由度为 n 的 χ^2 分布, 求证:

(1) X 的特征函数为 $\varphi(t) = (1 - 2it)^{-\frac{n}{2}}$;

(2) $\mathbb{E}(X) = n, \mathrm{Var}(X) = 2n$;

(3) 如果 $X_1, \cdots, X_k$ 相互独立且 $X_i \sim \chi^2_{n_i}$, 则 $\sum\limits_{i=1}^{k} X_i \sim \chi^2_n$, 此处 $n = \sum\limits_{i=1}^{k} n_i$.

6. 设 r.v. X 服从参数为 α, p 的 Gamma 分布 $\Gamma(p, \alpha)$, 求证:

(1) $\Gamma(p, \alpha)$ 的特征函数为 $\varphi(t) = \left(\dfrac{\alpha}{\alpha - it}\right)^p$;

(2) $\mathbb{E}(X) = p/\alpha, \mathrm{Var}(X) = p/\alpha^2$;

(3) 如果 $X_i \sim \Gamma(p_i, \alpha), i = 1, 2, \cdots, k$ 且 $X_1, \cdots, X_n$ 相互独立, 则 $\sum\limits_{i=1}^{n} X_i \sim \Gamma(p, \alpha)$, 其中 $p = \sum\limits_{i=1}^{n} p_i$;

(4) 若 $X_1, \cdots, X_r$ i.i.d. $\sim$ 指数分布 $\mathrm{Exp}(\alpha)$, 证明 $\sum\limits_{i=1}^{r} X_i \sim \Gamma(r, \alpha)$.

7. 设 $X_1 \sim \Gamma(\alpha_1, \lambda)$, $X_2 \sim \Gamma(\alpha_2, \lambda)$, 且 X_1 与 X_2 独立, 则 $Y_1 = X_1 + X_2$ 与 $Y_2 = X_1/(X_1 + X_2)$ 亦独立, 且 $Y_1 \sim \Gamma(\alpha_1 + \alpha_2, \lambda)$, $Y_2 \sim \mathrm{Be}(\alpha_1, \alpha_2)$.

8. 设 $X_1, \cdots, X_n$ 是从总体 $X \sim \chi^2_m$ 中抽取的大小为 n 的简单样本, 试求样本均值 $\bar{X}$ 的概率分布.

9. 计算自由度为 n 的 χ^2 分布的变异系数和峰度.

10. 设 $X \sim \chi^2_{2n}, Y$ 服从参数为 λ 的 Poisson 分布 $P(\lambda)$, 则有 $\mathbb{P}(X < 2\lambda) = \mathbb{P}(Y \geqslant n)$.

11. 设 $\xi \sim \chi^2_n$, r 为常数, 计算 $\mathbb{E}(\xi^r)$ 和 $\mathrm{Var}(\xi^r)$, 并指出 r 取哪些值时这些量才存在. 又问 ξ 的密度的最大值在哪一点达到?

*12. 设 Y 服从参数为 λ 的 Poisson 分布 $P(\lambda)$, 当给定 $Y = k$ 时 X 的条件分布为 χ^2_{n+2k}, 则 X 服从自由度为 n, 非中心参数为 $\sqrt{2\lambda}$ 的非中心 χ^2 分布 (其定义参看文献 [1] 的 1.1 节).

*13. 设 $X_1, \cdots, X_n$ 独立, $X_i \sim N(0, \sigma_i^2)$, $i = 1, \cdots, n$, 定义

$$\xi = \sum_{i=1}^{n} \frac{(X_i - Z)^2}{\sigma_i^2}, \qquad \text{其中 } Z = \sum_{i=1}^{n} \frac{X_i}{\sigma_i^2} \Big/ \sum_{i=1}^{n} \frac{1}{\sigma_i^2},$$

求 ξ 的分布. (提示: 作适当的正交变换.)

14. 设 $X_1, \cdots, X_n$ i.i.d. $\sim N(a, \sigma^2)$, 且 $\bar{X} = \dfrac{1}{n}\sum\limits_{i=1}^{n} X_i$, $S_n^2 = \dfrac{1}{n}\sum\limits_{i=1}^{n}(X_i - \bar{X})^2$, 又设 $X_{n+1} \sim N(a, \sigma^2)$ 且与 $X_1, \cdots, X_n$ 独立, 试求统计量 $\dfrac{X_{n+1} - \bar{X}}{S_n}\sqrt{\dfrac{n-1}{n+1}}$ 的分布.

15. 设 $X_1, \cdots, X_m$ i.i.d. $\sim N(\mu_1, \sigma^2)$, $Y_1, \cdots, Y_n$ i.i.d. $\sim N(\mu_2, \sigma^2)$, 且 $X_1, \cdots, X_m$ 和 $Y_1, \cdots, Y_n$ 相互独立, $\bar{X}$ 和 $\bar{Y}$ 分别表示它们的样本均值, S_{1m}^2 和 S_{2n}^2 定义类似上题中的 S_n^2. α 和 β 是两个给定的实数, 试求

$$T = \frac{\alpha(\bar{X} - \mu_1) + \beta(\bar{Y} - \mu_2)}{\sqrt{\dfrac{mS_{1m}^2 + nS_{2n}^2}{n + m - 2} \cdot \left(\dfrac{\alpha^2}{m} + \dfrac{\beta^2}{n}\right)}}$$

的分布.

16. 证明定理 2.3.2.

17. 若 r.v. X 服从自由度 n 的 t 分布, $n>1$, 证明对 $r<n$, $\mathbb{E}(X^r)$ 存在且

$$\mathbb{E}(X^r)=\begin{cases} n^{\frac{r}{2}}\cdot\dfrac{\Gamma\left(\frac{r+1}{2}\right)\Gamma\left(\frac{n-r}{2}\right)}{\Gamma\left(\frac{n}{2}\right)\Gamma\left(\frac{1}{2}\right)}, & r\text{为偶数},\\ 0, & r\text{为奇数}. \end{cases}$$

18. 设 r.v. $\xi_n\sim t_n$, 计算 ξ_n 的方差 $\mathrm{Var}(\xi_n)$, 并说明 n 取何值时, $\mathrm{Var}(\xi_n)$ 才存在.

19. 证明当 $n\to\infty$ 时 t_n 分布趋于标准正态分布.

*20. 设 $X_1,\cdots,X_n$ i.i.d. $\sim N(a,\sigma^2)$, $\bar{X}=\sum\limits_{i=1}^{n}X_i/n$, $S^2=\sum\limits_{i=1}^{n}(X_i-\bar{X})^2/(n-1)$, 记 $\xi=(X_1-\bar{X})/S$. 试找出 ξ 与 t 分布的联系, 因而定出 ξ 的密度. (提示: 作正交变换 $Y_1=\sqrt{n}\bar{X}$, $Y_2=\sqrt{\dfrac{n}{n-1}}(X_1-\bar{X})$, $Y_i=\sum\limits_{j=1}^{n}c_{ij}X_j$, $i=3,\cdots,n$, 利用定理 2.2.3.)

21. 设从两个方差相等, 且相互独立的两个正态总体中分别抽取样本容量为 15 和 20 样本, 若其样本方差分别为 S_1^2 和 S_2^2, 试求 $\mathbb{P}(S_1^2/S_2^2>2)$.

22. 证明定理 2.3.3.

23. 设 r.v. $\xi\sim F_{m,n}$, 求 $\mathbb{E}(\xi)$ 和 $\mathrm{Var}(\xi)$, 并指出 m,n 取什么值时这些量才存在?

24. 若 $X\sim F_{m,n}$, 记 $A=F_{m,n}(1-\alpha)$ $\left(\text{即}\displaystyle\int_0^A f_{m,n}(x)dx=\alpha\right)$, 证明

$$F_{m,n}(1-\alpha)=\frac{1}{F_{n,m}(\alpha)}.$$

25. 设 $\boldsymbol{X}=(X_1,\cdots,X_n)$ 为从总体 F 中抽取的简单样本, $(X_{(1)},X_{(2)},\cdots,X_{(n)})$ 是样本 $\boldsymbol{X}$ 的次序统计量.

(1) 证明 $F_m(x)=\mathbb{P}(X_{(m)}<x)=\sum\limits_{i=m}^{n}\binom{n}{i}(F(x))^i(1-F(x))^{n-i}$.

(2) 证明下列恒等式:

$$\sum_{i=m}^{n}\binom{n}{i}(F(x))^i(1-F(x))^{n-i}=m\binom{n}{m}\int_0^{F(x)}t^{m-1}(1-t)^{n-m}dt.$$

(提示: 为证 $\sum\limits_{i=m}^{n}\binom{n}{i}p^i(1-p)^{n-i}=m\binom{n}{m}\int_0^p t^{m-1}(1-t)^{n-m}dt$, 注意 $p=0$ 时两边相等, 两边对 p 的导数也一样.)

(3) 利用 (1) 和 (2) 的结果, 求 $F_m(x)$ 及其密度函数 $f_m(x)$ 的表达式.

26. 证明引理 2.4.1.

27. 设总体 X 的概率密度函数为 $f(x)=2xI_{[0<x<1]}$. 从总体 X 中抽取容量为 5 的 i.i.d. 样本 $X_1,\cdots,X_5$,

(1) 求次序统计量 $X_{(1)}$ 和 $X_{(5)}$ 的概率密度函数.

(2) 令 $Y_3=X_{(3)}$, 计算概率 $\mathbb{P}(Y_3>1/2)$.

28. 设 $X_{(1)},\cdots,X_{(n)}$ 为从均匀分布 $U(0,1)$ 中抽取的次序统计量,

(1) 样本容量 n 为多大时, 才能使 $\mathbb{P}(X_{(n)}\geqslant 0.99)\geqslant 0.95$?

(2) 令极差 $R_n=X_{(n)}-X_{(1)}$ 的密度函数如式 (2.4.14) 所示, 证明统计量 $Z=2n(1-R_n)$ 极限分布为 χ_4^2.

29. 设总体 $X \sim N(0,1)$, 令 F 为其分布函数. 从该总体中获取一组样本观察值: $X_1=0$, $X_2=0.2$, $X_3=0.25$, $X_4=-0.3$, $X_5=-0.1$, $X_6=2$, $X_7=0.15$, $X_8=1$, $X_9=-0.7$, $X_{10}=-1$. 记 $X_{(1)},X_{(2)},\cdots,X_{(10)}$ 为上述样本的次序统计量.

(1) 求上述样本的经验分布函数;

(2) 计算 $E\{F(X_{(6)})\}$, $D\{F(X_{(6)})\}$;

(3) 计算次序统计量 $X_{(6)}$ 的分布函数在 0.2 处的值.

30. 设总体 X 服从 Weibull 分布, 其分布函数为

$$F(x)=\begin{cases}1-e^{-(x/\beta)^{\alpha}}, & x\geqslant 0,\\ 0, & x<0,\end{cases}$$

其中 α 为形状参数, β 为刻度参数. $(X_1,\cdots,X_n)$ 为从此总体中抽取的简单样本, 试证 $Y=\min(X_1,\cdots,X_n)$ 仍服从 Weibull 分布并指出 Y 的分布的形状参数和刻度参数是什么?

31. 某电子元件寿命服从指数分布, 其密度函数为

$$f(x)=\begin{cases}\dfrac{1}{\lambda}e^{-x/\lambda}, & 0<x<\infty,\\ 0, & x\leqslant 0.\end{cases}$$

从这批产品中抽取 n 个作寿命试验, 规定到第 r $(0<r\leqslant n)$ 个电子元件失效时就停止试验. 这样获得前 r 个次序统计量 $X_{(1)}\leqslant X_{(2)}\leqslant\cdots\leqslant X_{(r)}$ 和 n 个电子元件总试验时间 $T=\sum\limits_{i=1}^{r}X_{(i)}+(n-r)X_{(r)}$, 证明 $2T/\lambda$ 服从自由度为 $2r$ 的 χ^2 分布, 即 $2T/\lambda\sim\chi^2_{2r}$.

32. 设总体 X 服从双指数分布, 其分布函数为

$$F(x)=\begin{cases}1-\exp\left\{-\dfrac{x-\mu}{\sigma}\right\}, & x>\mu,\\ 0, & x\leqslant\mu,\end{cases}$$

其中 $-\infty<\mu<\infty$, $0<\sigma<\infty$, $X_{(1)}\leqslant\cdots\leqslant X_{(n)}$ 是样本 $X_1,\cdots,X_n$ 的次序统计量, 试证明 $\dfrac{2(n-i+1)}{\sigma}(X_{(i)}-X_{(i-1)})$ 服从自由度为 2 的 χ^2 分布 $(i=2,\cdots,n)$.

33. 设总体 X 的 $2k$ 阶原点矩 $\alpha_{2k}=\mathbb{E}(X^{2k})<\infty$, 证明样本的 k 阶原点矩 $A_k=\sum\limits_{i=1}^{n}X_i^k/n$ 的渐近分布为 $N\big(\alpha_k,(\alpha_{2k}-\alpha_k^2)/n\big)$ (即证明 $\sqrt{n}(A_k-\alpha_k)\big/\sqrt{\alpha_{2k}-\alpha_k^2}\xrightarrow{\mathscr{L}}N(0,1)$).

34. 设 $\xi_n\sim\chi^2_n$, 证明当 $n\to\infty$ 时 $(\xi-n)/\sqrt{2n}\xrightarrow{\mathscr{L}}N(0,1)$. 利用这一事实给出 χ^2_n 的 p 分位点与 $N(0,1)$ 的 p 分位点之间的一个近似关系.

35. 设 $X_1,\cdots,X_n$ 为来自均匀分布总体 $U(0,\theta)$ 的简单样本, 根据中心极限定理, 求样本均值 $\bar{X}$ 的渐近分布.

36. 若 $X_1,\cdots,X_n$ 为取自 Poisson 分布 $P(\lambda)$ 的样本. 试证 $(\bar{X}-\lambda)\big/\sqrt{\bar{X}/n}$ 的极限分布为 $N(0,1)$.

37. 设 $X_1,\cdots,X_m$ 和 $Y_1,\cdots,Y_n$ 分别为取自正态总体 $N(\mu,\sigma_1^2)$ 和 $N(\mu,\sigma_2^2)$ 的样本, 试证明当 m, n 都趋于无穷时, 统计量 $(\bar{X}-\bar{Y})\Big/\sqrt{\dfrac{S_X^2}{m}+\dfrac{S_Y^2}{n}}\xrightarrow{\mathscr{L}}N(0,1)$. 其中 S_X^2 和 S_Y^2 分别为两组样本的样本方差.

38. 设 $\boldsymbol{X}=(X_1,\cdots,X_n)$ 是从 Poisson 分布 $P(\lambda)$ 中抽取的简单样本, 从定义出发证明 $T(\boldsymbol{X})=\sum\limits_{i=1}^{n}X_i$ 为充分统计量, 再用因子分解定理证明之.
39. 设 $\boldsymbol{X}=(X_1,\cdots,X_n)$ 是从几何分布中抽取的简单样本, 试用两种方法证明 $T(\boldsymbol{X})=\sum\limits_{i=1}^{n}X_i$ 是充分统计量: (1) 从定义出发; (2) 用因子分解定理.
40. 设 $T=T(\boldsymbol{X})$ 是充分统计量, 又 $S(\boldsymbol{X})=G(T(\boldsymbol{X}))$, 而函数 $S=G(T)$ 是一对一的 (即 $T_1\neq T_2\Rightarrow G(T_1)\neq G(T_2)$), 则 S 也是充分统计量.
41. 设 $X_1,\cdots,X_n$ i.i.d. $\sim$ 指数分布 $f(x,\lambda)=\lambda e^{-\lambda x}I_{[x>0]}$, 用两种方法证明 $T(\boldsymbol{X})=\sum\limits_{i=1}^{n}X_i$ 是充分统计量.
   (1) 从定义出发. (提示: 作变换 $Y_1=X_1,\cdots,Y_{n-1}=X_{n-1},Y_n=X_1+\cdots+X_n\triangleq T$, 证明条件密度 $f(y_1,\cdots,y_n|t)$ 与 λ 无关.)
   (2) 用因子分解定理.
42. 设 $X_1,\cdots,X_n$ i.i.d. $\sim N(\theta,\theta^2)$, $\theta>0$, 问 $\bar{X}$ 是否为充分统计量?
43. 设 $X_1,\cdots,X_n$ i.i.d. $\sim N(\theta,1)$, 求 θ 的极小充分统计量.
44. 设 $X=(X_1,\cdots,X_n)$ 为从均匀分布 $U(\theta_1,\theta_2)$ 中抽取的简单样本, 记 $\boldsymbol{\theta}=(\theta_1,\theta_2)$, 求 $\boldsymbol{\theta}$ 的极小充分统计量.
45. 总体 X 具有下列概率密度函数

$$f(x,\theta)=\frac{\lambda^{-r}}{\Gamma(r)}x^{r-1}\exp\left\{-\frac{x-\mu}{\lambda}\right\}I_{[x\geqslant\mu]},$$

其中 r 已知, $\boldsymbol{\theta}=(\mu,\lambda)$, μ 为位置参数, λ 为刻度参数. 令 $\boldsymbol{X}=(X_1,\cdots,X_n)$ 为从总体 X 中抽取的简单样本, 求 θ 的极小充分统计量.
46. 设总体 X 的密度函数为

$$f(x,\theta)=\begin{cases}\theta, & 0<x<1,\\ 1-\theta, & 1\leqslant x<2,\\ 0, & \text{其他},\end{cases}$$

其中 $0<\theta<1$ 为未知参数. 现从此总体中抽出一样本容量为 n 的样本 $X_1,\ldots,X_n$. 试求参数 θ 的充分统计量. 其是否为极小充分统计量? 是否为完全统计量?
47. 设 $X_1,\cdots,X_m$ i.i.d. $\sim N(a,\sigma^2)$, $Y_1,\cdots,Y_n$ i.i.d. $\sim N(b,\sigma^2)$ 且两组样本独立. 记 $\bar{X}=\sum\limits_{i=1}^{m}X_i/m$, $\bar{Y}=\sum\limits_{j=1}^{n}Y_j/n$, 而

$$S^2=\frac{1}{n+m-2}\left[\sum_{i=1}^{m}(X_i-\bar{X})^2+\sum_{j=1}^{n}(Y_j-\bar{Y})^2\right].$$

证明 $(\bar{X},\bar{Y},S^2)$ 为充分完全统计量.
48. 设 $\boldsymbol{X}=(X_1,\cdots,X_n)$ 是从下列总体中抽取的简单样本, 其密度函数为

$$f(x,\theta)=\frac{1}{2\theta}\exp\left\{-\frac{|x|}{\theta}\right\},\quad -\infty<x<\infty,\ \theta>0,$$

证明 $T(\boldsymbol{X})=\sum\limits_{i=1}^{n}|X_i|$ 是 θ 的充分完全统计量.

49. 设 $\boldsymbol{X}=(X_1,\cdots,X_n)$ 为取自下列指数分布总体的简单样本,

$$f(x,\theta)=\exp\{-(x-\theta)\},\quad x>\theta,$$

其中 $-\infty<\theta<\infty$ 为位置参数. 证明 $T(\boldsymbol{X})=X_{(1)}$ 为充分完全统计量.

50. 设 $X=(X_1,\cdots,X_n)$ 为从均匀分布 $U(-\theta/2,\theta/2)$, $0<\theta<\infty$ 中抽取的简单样本, 证明 $(X_{(1)},X_{(n)})$ 为充分统计量, 但不是完全的.

51. 设 $X_1,\cdots,X_n$ i.i.d. $\sim$ 均匀分布 $U(\theta,2\theta)$, $\theta>0$, 证明 $(X_{(1)},X_{(n)})$ 是充分统计量, 但不是完全的.

52. 设 $X_1,\cdots,X_n$ i.i.d. $\sim$ 均匀分布 $U(0,\theta)$, $\theta>1$, 证明 $X_{(n)}$ 是充分统计量, 但不是完全的.

53. 设 $X_1,\cdots,X_n$ i.i.d. 服从双参数指数分布, 其密度函数为

$$f(x;\lambda,\mu)=\lambda^{-1}\exp\left\{-\frac{x-\mu}{\lambda}\right\}I_{[x>\mu]},$$

其中 $-\infty<\mu<\infty$, $0<\lambda<\infty$. 设 $X_{(1)}\leqslant\cdots\leqslant X_{(n)}$ 是样本的次序统计量, 证明: (1) $\left(X_{(1)},\sum\limits_{i=1}^{n}X_{(i)}\right)$ 是 (λ,μ) 的极小充分统计量. *(2) $X_{(1)}$ 与 $\sum\limits_{i=1}^{n}(X_i-X_{(1)})$ 独立.

54. 设 $X_1,\cdots,X_n$ 为来自 $N(a,\sigma^2)$ 中抽取的 i.i.d. 样本, 证明 $\bar{X}$ 和 $X_{(n)}-X_{(1)}$ 独立.

55. 设 $\boldsymbol{X}=(X_1,\cdots,X_n)$ 是从 $N(a,\sigma_1^2)$ 中抽取的简单样本, $\boldsymbol{Y}=(Y_1,\cdots,Y_n)$ 是从 $N(b,\sigma_2^2)$ 中抽取的简单样本, 且合样本 $X_1,\cdots,X_n;Y_1,\cdots,Y_n$ 相互独立, 证明 $T(\boldsymbol{X},\boldsymbol{Y})=(\bar{X},\bar{Y},Q_1^2,Q_2^2)$ 与

$$r(\boldsymbol{X},\boldsymbol{Y})=\sum_{i=1}^{n}(X_i-\bar{X})(Y_i-\bar{Y})\Big/\sqrt{Q_1^2\cdot Q_2^2}$$

独立, 此处 $\bar{X}=\sum\limits_{i=1}^{n}X_i/n$, $\bar{Y}=\sum\limits_{j=1}^{n}Y_j/n$, $Q_1^2=\sum\limits_{i=1}^{n}(X_i-\bar{X})^2$, $Q_2^2=\sum\limits_{j=1}^{n}(Y_j-\bar{Y})^2$.

*56. 设 $X_1,\cdots,X_n$ i.i.d. $\sim N(a,\sigma^2)$, $\bar{X}$ 为样本均值, $\xi=f(x_1,\cdots,x_n)$ 满足条件 $f(x_1+c,\cdots,x_n+c)=f(x_1,\cdots,x_n)$, 对任何常数 c, 证明 ξ 与 $\bar{X}$ 独立. (提示: 方法一, 用 Basu 定理; 方法二, 作类似定理 2.2.3 的正交变换把 ξ 表示为 $Y_1,\cdots,Y_n$ 的函数, 证明此函数只依赖于 $Y_2,\cdots,Y_n$, 而 $\bar{X}$ 只依赖于 Y_1, 且 $Y_1,\cdots,Y_n$ 相互独立.)

第 3 章　点　估　计

3.1　引　　言

3.1.1　参数估计问题

数理统计的任务是用样本去推断总体. 参数估计是统计推断的一种重要形式. 它是用样本对总体中感兴趣的未知参数作出推断的方法.

设有参数分布族 $\mathscr{F}=\{F_\theta,\ \theta\in\Theta\}$, 其中 Θ 是参数空间, F_θ 的分布形式已知, 但其分布与未知参数 θ 有关. $X_1,\cdots,X_n$ 是从参数分布族 $\mathscr{F}$ 中抽取的简单样本, 那么自然的问题就是, 样本来自的真实分布是哪一个? 或者说, 样本来自的真实分布 F_θ 对应的参数 θ 或其函数 $g(\theta)$ 的值是什么? 因此参数估计问题就是如何利用样本对未知参数 θ 或其函数 $g(\theta)$ 作出估计的问题, 例如, $X_1,\cdots,X_n$ i.i.d. $\sim N(\mu,\sigma^2)$, 记 $\boldsymbol{\theta}=(\mu,\sigma^2)$, 希望利用样本对 μ 和 σ^2 或其函数 $g(\boldsymbol{\theta})=\mu/\sigma^2$ 的值作出估计, 这就是参数估计问题.

有时总体分布族 $\mathscr{F}=\{F\}$ 是非参数分布族, 其分布形式未知, 我们对 F 的信息知之甚少 (如只知道是否对称, 是否连续等). 在非参数分布族场合, 把参数理解为分布族 $\mathscr{F}$ 上的泛函 $g(F)$, 如 $g(F)$ 为总体均值、方差或中位数等, 希望利用样本对 $g(F)$ 作出估计, 这也属于参数估计问题. 例如, 从某城市居民中抽取一部分, 对其年收入作调查, 获得样本 $X_1,\cdots,X_n$, 要对该城市居民的年人均收入作出估计, 就属于这类问题.

参数估计 (parameter estimation) 问题常有两类: 点估计和区间估计. *点估计*就是用样本函数的一个具体数值去估计一个未知参数. *区间估计*就是用样本函数的两个值构成的区间去估计未知参数的取值范围. 例如, 在某市居民年人均收入的调查中, 估计该市居民的年人均收入为 82500 元, 这是一个点估计. 若估计年人均收入在 63500 元到 98500 元之间, 这就是一个区间估计. 点估计与区间估计是互为补充的参数估计形式. 本章主要是讨论参数的点估计问题, 区间估计问题在第 4 章讨论.

3.1.2 点估计

定义 3.1.1 (点估计)

设 $\boldsymbol{X}=(X_1,\cdots,X_n)$ 为从某个总体 F_θ 中抽取的样本. $g(\theta)$ 为总体参数 θ 的实函数, 用 $\hat{g}(\boldsymbol{X})$ 作为 $g(\theta)$ 估计, 称为点估计 (point estimation). 此时 $\hat{g}(\boldsymbol{X})$ 称为 $g(\theta)$ 的估计量 (estimator). 在一组具体样本值 $\boldsymbol{x}=(x_1,\cdots,x_n)$ 下估计量的值 $\hat{g}(\boldsymbol{x})$ 称为 $g(\theta)$ 的估计值. ♧

由此定义和样本的两重性知, 估计量是样本的函数, 是统计量, 因而是随机变量. 而估计值是估计量的一个实现, 是具体数值.

本章首先讨论点估计的方法. 对于同一个未知参数 θ (为方便计, 此处以 $g(\theta)=\theta$ 为例) 的估计量可以有很多. 请看下例.

例 3.1.1 对某种环氧树脂片的击穿电压 (单位: kV/mm) 进行 20 次观测得到

$$24.46, 25.61, 26.25, 26.42, 26.66, 27.15, 27.31, 27.54, 27.74, 27.94,$$
$$27.98, 28.04, 28.28, 28.49, 28.50, 28.87, 29.11, 29.13, 29.50, 30.88.$$

有证据表明击穿电压值服从均值为 μ 的正态分布. 讨论 μ 的点估计问题.

解 由于正态分布是对称的, 均值 μ 也是该分布的中位数. 给定的观测值是样本 $X_1,X_2,\cdots,X_{20}$ 的实现, 则基于统计量和正态分布的特点, 直观上 μ 的估计可以为

(1) 样本均值 $\bar{X}$: 估计值为 $\bar{x}=\sum\limits_{i=1}^{20}x_i/20=555.86/20=27.793$.

(2) 样本中位数 $m_{1/2}$: 估计值为 $m_{1/2}=(27.94+27.98)/2=27.960$.

(3) 样本范围的中心 $(X_{(n)}+X_{(1)})/2$: 估计值为 $(24.46+30.88)/2=27.670$, 其中 $X_{(1)}$ 和 $X_{(n)}$ 为样本最小和最大次序统计量. □

由此可见, 有多种看来合理的参数估计的方法. 这就产生了一个问题: 采用哪一个估计量作为 θ 的点估计较好呢? 这就涉及评价一个估计量优劣的标准问题. 标准不同, 回答也不同. 在经典估计理论中, 用来评价估计量好坏的标准有: 无偏性、有效性、相合性和渐近正态性等. 下面将分别叙述这几个准则.

点估计是数理统计学中内容很丰富的一个分支. 它主要包括导出估计量的一般方法、制定评价估计量优良性的种种合理准则、寻求某种特定准则下的最优估计量. 本章后面几节将分别介绍矩估计法、最大似然估计方法、一致最小方差无偏估计、Cramer-Rao 不等式、Bayes 点估计等内容.

3.1.3 点估计的优良性准则

1. 无偏性

在评价估计量好坏时, 一般总希望估计量 $\hat{\theta}(\boldsymbol{X})$ 的平均值与 θ 越接近越好, 即 $\mathbb{E}[\hat{\theta}(\boldsymbol{X})-\theta]$ 越小越好. 由于估计量 $\hat{\theta}(\boldsymbol{X})$ 是随机变量, $\hat{\theta}(\boldsymbol{X})$ 的值有时比 θ 的真

值大, 有时比 θ 的真值小, 我们自然希望 $\hat{\theta}(\boldsymbol{X})$ 在大量重复使用时, 在平均意义下 $\hat{\theta}(\boldsymbol{X})$ 与 θ 的偏差越小越好. 当期望值 $\mathbb{E}\big[\hat{\theta}(\boldsymbol{X})-\theta\big]=0$ 时就得到无偏性的概念. 将其一般化, 用 $g(\theta)$ 代替 θ, 用 $\hat{g}(\boldsymbol{X})$ 代替 $\hat{\theta}(\boldsymbol{X})$, 得到如下定义.

定义 3.1.2 (无偏估计)

设 $\boldsymbol{X}=(X_1,\cdots,X_n)$ 为从总体 $\{F_\theta,\ \theta\in\Theta\}$ 中抽取的样本, $g(\theta)$ 是定义于参数空间 Θ 上的已知函数. $\hat{g}(\boldsymbol{X})=\hat{g}(X_1,\cdots,X_n)$ 是 $g(\theta)$ 的一个估计量, 如果

$$\mathbb{E}_\theta\big[\hat{g}(\boldsymbol{X})\big]=g(\theta),\quad \theta\in\Theta,$$

则称 $\hat{g}(\boldsymbol{X})$ 为 $g(\theta)$ 的一个无偏估计 (unbiased estimation). 记 $\hat{g}(\boldsymbol{X})=\hat{g}_n(\mathbf{X})$, 若 $\mathbb{E}_\theta\big[\hat{g}_n(\boldsymbol{X})\big]\neq g(\theta)$, 但

$$\lim_{n\to\infty}\mathbb{E}_\theta\big[\hat{g}_n(\boldsymbol{X})\big]=g(\theta),\quad \theta\in\Theta,$$

则称 $\hat{g}_n(\boldsymbol{X})$ 为 $g(\theta)$ 的渐近无偏估计 (asymptotically unbiased estimation). ♧

注意参数空间 Θ 中的每个 θ 对应的分布 F_θ 都可能是产生样本的“真实”分布, 因此在无偏估计的定义中要求等式对所有的参数 $\theta\in\Theta$ 成立.

无偏性的含义有两个: 第一个含义是无系统偏差. 由于样本的随机性, $\hat{g}(\boldsymbol{X})$ 是样本的函数, 因此它是一随机变量, 用估计量 $\hat{g}(\boldsymbol{X})$ 去估计 $g(\theta)$, 对某些样本 $\boldsymbol{x}$, $\hat{g}(\boldsymbol{x})$ 与 $g(\theta)$ 相比偏低; 对另一些样本 $\boldsymbol{x}$, $\hat{g}(\boldsymbol{x})$ 偏高; 无偏性表明, 把这些正负偏差在概率上平均起来, 其值为 0. 如用一杆秤去称东西, 误差的来源有两个: ① 这杆秤自身结构上有问题, 用它称东西总是倾向于偏高或总是倾向于偏低, 这属于系统误差; ② 另一种误差是随机误差, 由不可控制的因素产生, 如温度、湿度和工作人员心理波动等影响造成的, 这属于随机误差. 无偏性相当于要求无系统误差. 随机误差总是存在的, 大量重复使用无偏估计量, 误差有时为正, 有时为负, 但随机误差可以在大量重复使用中正负相抵消.

无偏性的另一个含义是: 要求估计量大量重复使用, 在多次重复使用下给出接近真值 $g(\theta)$ 的估计. 设想这样一种情况: 每天抽样对 $g(\theta)$ 进行估计, 第 i 天的样本为 $\boldsymbol{X}^{(i)}=(X_1^{(i)},\cdots,X_n^{(i)})$, 估计值为 $\hat{g}\big(\boldsymbol{X}^{(i)}\big)$, 一共作了 m 天. 设 $\boldsymbol{X}^{(1)},\cdots,\boldsymbol{X}^{(m)}$ 是独立同分布的样本, 如 $\hat{g}(\boldsymbol{X})$ 有无偏性, 按大数定律有

$$\mathbb{P}\left(\lim_{m\to\infty}\frac{1}{m}\sum_{i=1}^{m}\hat{g}\big(\mathbf{X}^{(i)}\big)=g(\theta)\right)=1.$$

也就是说, 尽管一次估计结果 $\hat{g}\big(\boldsymbol{X}^{(i)}\big)$ 不一定恰好等于 $g(\theta)$, 但在大量重复使用时, 多次估计的算术平均值, 可以任意接近 $g(\theta)$. 如果这一估计量 $\hat{g}(\boldsymbol{X})$ 只使用一次, 无偏性这个概念就失去意义.

不妨设想一个例子. 某工厂生产一种产品, 从长期来看废品率稳定在 p_0 上. 设商店每日从该工厂进货一批, 每批 N 件, 每件单价 a 元. 双方议定: 若某日抽样中 p_0 的估计值为 $\hat{p}$, 则商店付给工厂 $N(1-\hat{p})a$ 元. 这时, 就一日的情况而言, $\hat{p}$ 相对 p_0 可能偏高, 也可能偏低, 因而有一方要吃一点亏. 但从长远看, 若 $\hat{p}$ 为 p_0 的无偏估计, 则平均说来哪一方也不吃亏. 无偏性保证从长远来看是公平的. 如果应用中这种经常的重复使用性不存在, 无偏性也就失去意义.

在点估计理论中, 目前无偏性仍占有重要的地位. 除历史因素外, 还有两个原因. 一是无偏性的要求只涉及一阶矩 (均值), 在数学处理时较方便; 二是在没有其他合理准则可循时, 人们心理上觉得: 一个具有无偏性的估计, 总比没有这种性质的估计要好些.

例 3.1.2　设 $X_1,\cdots,X_n$ 是取自期望为 μ, 方差为 σ^2 的总体的一个样本. 显然样本均值 $\bar{X}$ 是 μ 的无偏估计. 证明样本方差 $S^2=\sum\limits_{i=1}^{n}(X_i-\bar{X})^2/(n-1)$ 是 σ^2 的无偏估计.

证　显然

$$\begin{aligned}\mathbb{E}(S^2)&=\frac{1}{n-1}\left[\sum_{i=1}^{n}\mathbb{E}(X_i^2)-n\mathbb{E}(\bar{X}^2)\right]=\frac{n}{n-1}\left[\mathbb{E}(X_1^2)-\mathbb{E}(\bar{X}^2)\right]\\&=\frac{n}{n-1}\left[(\sigma^2+\mu^2)-(\sigma^2/n+\mu^2)\right]=\sigma^2,\end{aligned}$$

故样本方差 S^2 是 σ^2 的无偏估计. □

2. 有效性

在应用中, 同一个参数的无偏估计常常不止一个, 那么选用哪一个无偏估计更好呢? 为了解决好这一问题, 就要讨论估计量的有效性 (efficiency). 设 $\widehat{\theta}_1$ 和 $\widehat{\theta}_2$ 为 θ 的两个无偏估计, 由无偏性可知它们的一阶原点矩相等, 比较它们的二阶中心矩——方差, 方差越小越好.

举一个例子来说明这个问题. 到商店购买电视机, 看中了其中的两种品牌, 它们分别由甲、乙两厂生产, 外观、音质和画面都不错. 根据市场调查, 甲、乙两厂生产的这两种电视机平均使用寿命相同, 都是 20 年. 甲厂生产的电视机质量较稳定, 最低使用寿命有 18 年, 最高可使用 22 年; 而乙厂生产的电视机质量稳定性要差一些, 最差的使用 10 年就坏了, 但最好的可使用 30 年. 选用哪一个厂家生产的电视机呢? 若将电视机的使用寿命视为随机变量, 甲、乙两厂生产的电视机使用寿命的均值相等, 但乙厂的质量不稳定, 即方差较大. 从稳健的角度出发, 显然愿意购买甲厂生产的电视机, 其风险较小, 即方差较小, 质量稳定.

定义 3.1.3 (有效性)

设 $\hat{g}_1(\boldsymbol{X})=\hat{g}_1(X_1,\cdots,X_n)$ 和 $\hat{g}_2(\boldsymbol{X})=\hat{g}_2(X_1,\cdots,X_n)$ 为 $g(\theta)$ 的两个不同无偏估计量, 若

$$\mathrm{Var}_\theta(\hat{g}_1(\boldsymbol{X}))\leqslant \mathrm{Var}_\theta(\hat{g}_2(\boldsymbol{X})),\quad 一切\ \theta\in\Theta,$$

且至少存在一个 $\theta\in\Theta$, 使得严格不等号成立, 则称估计量 $\hat{g}_1(\boldsymbol{X})$ 比 $\hat{g}_2(\boldsymbol{X})$ 有效. ♧

从这个定义出发可以看出, 在均值相等的条件下, 方差越小的估计量越有效. 例如, $X_1,\cdots,X_n$ 是取自总体 F 的一个简单样本, 设总体均值 μ 和总体方差 σ^2 都存在, 则 $\hat{\theta}_1=X_1$ 和 $\hat{\theta}_2=\bar{X}$ 都是总体均值 μ 的无偏估计量, 它们的方差分别是

$$\mathrm{Var}(\hat{\theta}_1)=\sigma^2,\quad \mathrm{Var}(\hat{\theta}_2)=\frac{1}{n}\sigma^2.$$

后者方差更小, 可见 $\bar{X}$ 比 X_1 更有效, 且 n 越大, $\bar{X}$ 对 μ 的估计就越有效. 这就是在物体的称重问题中, 为什么要将物体称 n 次, 用其平均值作为物重的理由.

3. 相合性

大量实践表明, 随着样本容量 n 的增加, 估计量 $\hat{g}(\boldsymbol{X})=\hat{g}(X_1,\cdots,X_n)$ 与被估计参数 $g(\theta)$ 的偏差越来越小, 这是一个良好估计量应具有的性质. 试想, 若不然, 无论做多少次试验, 也不能把 $g(\theta)$ 估计到任意指定的精确程度, 这样的估计量显然是不可取的.

定义 3.1.4 (相合性)

设对每个自然数 n, $\hat{g}_n(\boldsymbol{X})=\hat{g}_n(X_1,\cdots,X_n)$ 是 $g(\theta)$ 一个估计量, 若 $\hat{g}_n(\boldsymbol{X})$ 依概率收敛到 $g(\theta)$, 即对任何 $\theta\in\Theta$ 及 $\varepsilon>0$ 有

$$\lim_{n\to\infty}\mathbb{P}_\theta(|\hat{g}_n(\boldsymbol{X})-g(\theta)|\geqslant\varepsilon)=0,$$

则称 $\hat{g}_n(\boldsymbol{X})$ 为 $g(\theta)$ 的弱相合估计 (weakly consistent estimation). 若对任何 $\theta\in\Theta$ 有

$$\mathbb{P}_\theta\left(\lim_{n\to\infty}\hat{g}_n(\boldsymbol{X})=g(\theta)\right)=1,$$

则称 $\hat{g}_n(\boldsymbol{X})$ 为 $g(\theta)$ 的强相合估计 (strongly consistent estimation). 若 $r>0$ 和对任何 $\theta\in\Theta$, 有

$$\lim_{n\to\infty}\mathbb{E}_\theta|\hat{g}_n(\boldsymbol{X})-g(\theta)|^r=0,$$

则称 $\hat{g}_n(\boldsymbol{X})$ 为 $g(\theta)$ 的 r 阶矩相合估计 (consistent estimation in r'th mean). 当 $r=2$ 时称为均方相合估计 (consistent estimation in quadratic mean). ♧

估计量的相合性是对大样本问题提出的要求, 是估计量的一种大样本性质.

由概率论中关于这几种收敛性的关系, 可知上述三种相合性有如下关系: 强相合 $\Rightarrow$ 弱相合, 反之不必对; 对任何 $r>0$ 有: r 阶矩相合 $\Rightarrow$ 弱相合, 反之不必对; 又强相合与 r 阶矩相合之间没有包含关系.

估计量的大样本性质, 还有渐近正态性, 将在本章后面有关小节中给出定义.

例 3.1.3 设 $\boldsymbol{X}=(X_1,\cdots,X_n)$ 为从均匀分布 $U(0,\theta)$ 中抽取的简单样本, θ 为未知参数. 证明 $T(\boldsymbol{X})=\left(\prod\limits_{i=1}^n X_i\right)^{1/n}$ 是 $g(\theta)=\theta e^{-1}$ 的强相合估计.

证 令 $Y_i=\ln X_i,\ i=1,\cdots,n$, 则 $Y_1,\cdots,Y_n$ 相互独立, 具有下列共同分布

$$f(y,\theta)=\frac{1}{\theta}\,e^y I_{(-\infty,\ \ln\theta)}(y)$$

且

$$\mathbb{E}(Y_1)=\frac{1}{\theta}\int_{-\infty}^{\ln\theta} ye^y dy=\frac{1}{\theta}\left[ye^y\Big|_{-\infty}^{\ln\theta}-\int_{-\infty}^{\ln\theta}e^y dy\right]=\ln\theta-1.$$

故由强大数定律可知

$$\ln T(\boldsymbol{X})=\frac{1}{n}\sum_{i=1}^n \ln X_i=\frac{1}{n}\sum_{i=1}^n Y_i=\bar{Y}\ \xrightarrow{\text{a.s.}}\ \mathbb{E}(Y_1)=\ln\theta-1.$$

因此有

$$T(\boldsymbol{X})=e^{\bar{Y}}\ \xrightarrow{\text{a.s.}}\ e^{\ln\theta-1}=\theta\cdot e^{-1}.$$ □

3.2 矩 估 计

3.2.1 矩法和矩估计量

设 $X_1,\cdots,X_n$ 是从总体 F 中抽取的简单样本. 这时, 样本矩可用来估计总体 F 相应的总体矩. 即样本 k 阶原点矩

$$a_{nk}=\frac{1}{n}\sum_{i=1}^n X_i^k,\quad k=1,2,\cdots \tag{3.2.1}$$

是总体 k 阶原点矩 $\alpha_k=\mathbb{E}(X^k)$ 的 "自然" 的矩估计量. 特别总体均值 $\alpha_1=\mathbb{E}(X)$ 的 "自然" 的矩估计量是样本均值 $a_{n1}=\bar{X}$.

样本 k 阶中心矩

$$m_{nk}=\frac{1}{n}\sum_{i=1}^n\left(X_i-\bar{X}\right)^k,\quad k=2,3,\cdots \tag{3.2.2}$$

是总体 k 阶中心矩 $\mu_k=\mathbb{E}[X-\mathbb{E}(X)]^k$ 的 "自然" 的矩估计量. 特别总体方差 $\mu_2=\mathbb{E}\big[X-\mathbb{E}(X)\big]^2$ 的 "自然" 的矩估计量是 $m_{n2}=S_n^2=\sum\limits_{i=1}^n\left(X_i-\bar{X}\right)^2/n$, 它与样本方差 $S^2=\sum\limits_{i=1}^n\left(X_i-\bar{X}\right)^2/(n-1)$ 只差一个常数因子.

用 a_{nk}, m_{nk} 分别估计 α_k和 μ_k 是一种基于直观的方法, 它的依据是 a_{nk} 是 α_k 的无偏估计, 即

$$\mathbb{E}(a_{nk}) = \frac{1}{n}\sum_{i=1}^{n}\mathbb{E}(X_i^k) = \frac{1}{n}\sum_{i=1}^{n}\alpha_k = \alpha_k. \tag{3.2.3}$$

但用 m_{nk} 估计 μ_k, 一般不是无偏的, 当样本大小 n 较大时, 偏差不显著, 且必要时可作一些修正, 使之成为无偏估计. 请看例 3.2.1 .

例 3.2.1　设 $\mu_2 = \sigma^2$ 是总体 X 的方差, 令 $X_1, \cdots, X_n$ i.i.d. $\sim X$, 则 $S_n^2 = m_{n2}$ 不是 σ^2 的无偏估计.

证　由例 3.1.2 可知

$$\begin{aligned}\mathbb{E}(S_n^2) &= \mathbb{E}\left(\frac{1}{n}\sum_{i=1}^{n}(X_i - \bar{X})^2\right) = \frac{n-1}{n}\mathbb{E}\left(\frac{1}{n-1}\sum_{i=1}^{n}(X_i - \bar{X})^2\right)\\ &= \frac{n-1}{n}\mathbb{E}(S^2) = \frac{n-1}{n}\sigma^2.\end{aligned} \tag{3.2.4}$$

因而 m_{n2} 不是 σ^2 的无偏估计, 且是系统地偏低. 将其修正, 只需用

$$m_{n2}^* = \frac{n}{n-1}m_{n2} = \frac{1}{n-1}\sum_{i=1}^{n}(X_i - \bar{X})^2 = S^2 \tag{3.2.5}$$

代替 m_{n2}, 就得到 $\mathbb{E}(m_{n2}^*) = \mathbb{E}(S^2) = \sigma^2$, 即 S^2 为总体方差的无偏估计. 这就是用 S^2 作为样本方差的定义, 而不用 m_{n2} 的理由所在. 但当 $k \geqslant 4$ 时, 就不能通过这样简单的修正得出 μ_k 的无偏估计. □

一般地, 样本的 k 阶中心矩可以用样本的原点矩表出 (令 $a_{n0} = 1$)

$$\begin{aligned}m_{nk} &= \frac{1}{n}\sum_{i=1}^{n}(X_i - a_{n1})^k = \frac{1}{n}\sum_{i=1}^{n}\sum_{r=0}^{k}\binom{k}{r}(-1)^{k-r}X_i^r a_{n1}^{k-r}\\ &= \sum_{r=0}^{k}\left(\frac{1}{n}\sum_{i=1}^{n}X_i^r\right)(-1)^{k-r}\binom{k}{r}a_{n1}^{k-r}\\ &= \sum_{r=0}^{k}(-1)^{k-r}\binom{k}{r}a_{nr}\,a_{n1}^{k-r}.\end{aligned} \tag{3.2.6}$$

下面给出矩法及矩估计量的定义.

定义 3.2.1 (矩估计)

设有总体分布族 $\{f(x,\theta),\ \theta \in \Theta\}$, Θ 是参数空间, $g(\theta)$ 是定义在 Θ 上参数 θ 的函数, 它可以表示为总体分布的某些矩的函数, 即

$$g(\theta) = G(\alpha_1, \cdots, \alpha_k; \mu_2, \cdots, \mu_s). \tag{3.2.7}$$

设 $\boldsymbol{X} = (X_1, \cdots, X_n)$ 是从上述分布族中抽取的简单样本, 将式 (3.2.7) 中

的 α_i 和 μ_j 分别用它们"自然"的矩估计量 a_{ni} 和 m_{nj} 代替, 得

$$\hat{g}(\boldsymbol{X}) = G(a_{n1}, \cdots, a_{nk}; m_{n2}, \cdots, m_{ns}), \tag{3.2.8}$$

则 $\hat{g}(\boldsymbol{X})$ 作为 $g(\theta)$ 的估计量, 称为 $g(\theta)$ 的矩估计量 (moment estimate). 这种求矩估计量的方法称为矩法 (moment method of estimation). ♧

3.2.2 若干例子

例 3.2.2 设总体 X 服从具有成功概率为 θ 的两点分布 $B(1,\theta)$, $\boldsymbol{X} = (X_1, \cdots, X_n)$ 是从总体 X 中抽取的简单样本, 求 $g_1(\theta) = \theta$ 和 $g_2(\theta) = \theta(1-\theta)$ 的矩估计量.

解 由于 $X \sim B(1,\theta)$, 则有 $\mathbb{P}(X = x) = \theta^x(1-\theta)^{1-x}$, $x = 0, 1$. 故 $\mathbb{E}(X) = \alpha_1 = \theta$, 所以按定义 $g_1(\theta) = \alpha_1$ 的矩估计量为

$$\hat{g}_1(X_1, \cdots, X_n) = \hat{\theta}(X_1, \cdots, X_n) = \bar{X};$$

按定义 $g_2(\theta) = \alpha_1(1-\alpha_1)$ 的矩估计量为

$$\hat{g}(X_1, \cdots, X_n) = \bar{X}(1-\bar{X}).$$

□

例 3.2.3 设总体 X 服从均匀分布 $U(\theta_1, \theta_2)$, $\boldsymbol{X} = (X_1, \cdots, X_n)$ 为从总体 X 中抽取的简单样本, 令 $\boldsymbol{\theta} = (\theta_1, \theta_2)$, 其中 $-\infty < \theta_1 < \theta_2 < \infty$. 求 θ_1 和 θ_2 的矩估计量.

解 由于 $X \sim U(\theta_1, \theta_2)$, 由均匀分布的性质可知

$$\mathbb{E}(X) = \alpha_1 = (\theta_1 + \theta_2)/2,$$
$$\mathrm{Var}(X) = \mu_2 = (\theta_2 - \theta_1)^2/12.$$

解此方程组得

$$\theta_1 = \alpha_1 - \sqrt{3\mu_2}, \quad \theta_2 = \alpha_1 + \sqrt{3\mu_2}.$$

将上式中 α_1 和 μ_2 分别用 $\bar{X}$ 和 m_{n2} 代入得

$$\hat{\theta}_1(X_1, \cdots, X_n) = \bar{X} - \sqrt{3m_{n2}} = \bar{X} - \sqrt{3}\,S_n,$$
$$\hat{\theta}_2(X_1, \cdots, X_n) = \bar{X} + \sqrt{3}\,S_n,$$

其中 $S_n^2 = m_{n2}$ (亦可用 S 代替 S_n, 此处 S^2 由式 (3.2.5) 给出). □

例 3.2.4 设总体 X 有概率密度

$$f(x,\theta) = \begin{cases} 2\sqrt{\dfrac{\theta}{\pi}}\ \exp\{-\theta x^2\}, & x > 0, \\ 0, & x \leqslant 0, \end{cases}$$

其中 $\theta > 0$ 为未知参数. 这个分布称为 Maxwell 分布, 在气体分子动力学中有应

用. 设 $\boldsymbol{X}=(X_1,\cdots,X_n)$ 为抽自此总体的简单样本, 求 $g(\theta)=1/\theta$ 的矩估计量.

解 由于 $X\sim f(x,\theta)$, 由方程

$$\alpha_1=\mathbb{E}(X)=2\sqrt{\frac{\theta}{\pi}}\int_0^{\infty}xe^{-\theta x^2}dx=\frac{1}{\sqrt{\pi\theta}},$$

解得 $g(\theta)=1/\theta=\pi\alpha_1^2$, 将 α_1 用 $\bar{X}$ 代替, 得

$$\widehat{g}_1(\boldsymbol{X})=\pi\bar{X}^2.$$

另一方面, 由另一方程

$$\alpha_2=\mathbb{E}_\theta(X^2)=2\sqrt{\frac{\theta}{\pi}}\int_0^{\infty}x^2e^{-\theta x^2}dx=\frac{1}{2\theta},$$

解得 $g(\theta)=1/\theta=2\alpha_2$, 将 α_2 用 $a_{n2}=\sum\limits_{i=1}^{n}X_i^2/n$ 代入, 得 $g(\theta)$ 的矩估计

$$\hat{g}_2(\boldsymbol{X})=2\,a_{n2}=\frac{2}{n}\sum_{i=1}^{n}X_i^2.$$ □

由此可见矩估计不唯一. 这两个矩估计量 $\hat{g}_1(\boldsymbol{X})$ 和 $\hat{g}_2(\boldsymbol{X})$ 中哪一个更好? 以后可以证明基于 a_{n2} 的估计量 $\hat{g}_2(\boldsymbol{X})$, 在 $g(\theta)$ 一切无偏估计类中是方差最小者. 基于 a_{n1} 的估计 $\hat{g}_1(\boldsymbol{X})$ 不是 $g(\theta)$ 的无偏估计.

例 3.2.5 设 $X_1,\cdots,X_n$ 为从总体 X 中抽取的 i.i.d. 样本, 求总体 X 的变异系数、偏度和峰度

$$\nu=\frac{\sqrt{\mu_2}}{\alpha_1},\quad \beta_1=\frac{\mu_3}{\mu_2^{3/2}},\quad \beta_2=\frac{\mu_4}{\mu_2^2}-3$$

的矩估计量.

解 总体变异系数、偏度和峰度的定义在 1.3 节中由式 (1.3.2)—式 (1.3.4) 给出, 此处不再解释其意义. 将上述表达式中的 α_1, μ_2, μ_3 和 μ_4 分别用它们的矩估计 a_{n1}, m_{n2}, m_{n3} 和 m_{n4} 代替, 得到 ν, β_1, β_2 的矩估计, 也称为样本变异系数、样本偏度和样本峰度, 它们的表达式分别为

$$\begin{aligned}\hat{\nu}(X_1,\cdots,X_n)&=\frac{\sqrt{m_{n2}}}{a_{n1}},\\ \hat{\beta}_1(X_1,\cdots,X_n)&=\frac{m_{n3}}{m_{n2}^{3/2}},\\ \hat{\beta}_2(X_1,\cdots,X_n)&=\frac{m_{n4}}{m_{n2}^2}-3.\end{aligned}$$ □

例 3.2.6 设总体 X 有概率密度

$$f(x,\boldsymbol{\theta})=\begin{cases}\dfrac{\theta_2}{\Gamma((1+\theta_1)/\theta_2)}x^{\theta_1}\exp\{-x^{\theta_2}\}, & x>0,\\ 0, & x\leqslant 0,\end{cases}$$

参数 $\boldsymbol{\theta}=(\theta_1,\theta_2)$ 的变化范围是 $-1<\theta_1<\infty$, $\theta_2>0$. 设 $\boldsymbol{X}=(X_1,\cdots,X_n)$ 为

抽自此总体的简单样本, 求 θ_1 和 θ_2 的矩估计量.

解 由简单计算得到总体 X 的前两阶矩为

$$\begin{aligned}\alpha_1 &= \Gamma\left(\frac{2+\theta_1}{\theta_2}\right)\Big/\Gamma\left(\frac{1+\theta_1}{\theta_2}\right),\\ \alpha_2 &= \Gamma\left(\frac{3+\theta_1}{\theta_2}\right)\Big/\Gamma\left(\frac{1+\theta_1}{\theta_2}\right).\end{aligned} \tag{3.2.9}$$

按矩估计方法, 用 a_{n1} 和 a_{n2} 分别代替式 (3.2.9) 中的 α_1 和 α_2, 用 $\hat{\theta}_1$ 和 $\hat{\theta}_2$ 分别代替 θ_1 和 θ_2, 得到如下的方程组:

$$a_{n1} = \Gamma\left(\frac{2+\hat{\theta}_1}{\hat{\theta}_2}\right)\Big/\Gamma\left(\frac{1+\hat{\theta}_1}{\hat{\theta}_2}\right),$$

$$a_{n2} = \Gamma\left(\frac{3+\hat{\theta}_1}{\hat{\theta}_2}\right)\Big/\Gamma\left(\frac{1+\hat{\theta}_1}{\hat{\theta}_2}\right).$$

其解就是 θ_1 和 θ_2 的矩估计. 但此处得不出 $\hat{\theta}_1$ 和 $\hat{\theta}_2$ 的简单解析表达式, 而只能用数值方法. 此例说明不是所有的矩估计都有解析表达式. □

矩估计方法也可以用于多维样本, 请看下例.

例 3.2.7 设 (X_i, Y_i), $i=1,2,\cdots,n$ 为从一个二维总体中抽取的简单样本, 求总体分布的协方差 σ_{12} 和相关系数 ρ 的矩估计.

解 σ_{12} 的矩估计量是样本协方差, 即

$$m_{12} = \frac{1}{n}\sum_{i=1}^{n}(X_i - \bar{X})(Y_i - \bar{Y}), \tag{3.2.10}$$

其中 $\bar{X} = \sum\limits_{i=1}^{n} X_i/n$, $\bar{Y} = \sum\limits_{j=1}^{n} Y_j/n$, 而 ρ 的矩估计量是样本相关系数, 即

$$r = \sum_{i=1}^{n}(X_i - \bar{X})(Y_i - \bar{Y})\Big/\sqrt{Q_1^2 \cdot Q_2^2}, \tag{3.2.11}$$

此处 $Q_1^2 = \sum\limits_{i-1}^{n}(X_i - \bar{X})^2$, $Q_2^2 = \sum\limits_{j=1}^{n}(Y_j - \bar{Y})^2$. □

例 3.2.8 在第二次世界大战期间, 德军的豹式坦克给盟军造成了很大的损失. 估计德军拥有该型坦克的数量对确保诺曼底登陆的成功非常重要. 对此具体有两种可供选择的做法: 第一种做法是使用传统的情报手段; 第二种做法是使用统计学的方法来进行估计. 盟军最初通过传统情报手段得出的结论是从 1940 年 6 月到 1942 年 9 月期间每月生产 1400 辆坦克. 但这个数字显然与事实不符, 因为在长达 8 个月的斯大林格勒战役中, 德、奥、意使用了 1200 辆坦克, 也就是说 1400 的数字高得离谱. 最终盟军找到了关键线索: 序列号. 盟军发现每辆被俘坦克上都有一个独一无二的序列号. 通过仔细观察, 他们发现从这些序列号可以推

算出坦克的生产量. 这些序列号主要是变速箱的号码. 假设坦克是按从 1 到 N 顺序生产的, 那么如何使用统计方法估算坦克总数呢?

解 在这个问题中, 我们观测到 k 辆坦克. 直观上可以使用观测到的最大序列号 m 来估计 N. 这是因为在 N 辆坦克中随机抽查 k 辆, 记观测到最大序列号为 $X_{(k)}$, 则 $\{X_{(k)} = m\}$ 的概率为

$$\mathbb{P}(X_{(k)} = m) = \binom{m-1}{k-1} \Big/ \binom{N}{k}.$$

给定总数 N 和样本容量 k, 利用 $\sum\limits_{m=k}^{N} \binom{m}{k} = \binom{N+1}{k+1}$, 则

$$\mathbb{E}[X_{(k)}] = \mu = \sum_{m=k}^{N} m \binom{m-1}{k-1} \Big/ \binom{N}{k} = \frac{k(N+1)}{k+1}.$$

因此, 可以得到

$$N = \mu(1 + k^{-1}) - 1.$$

于是, 由矩估计方法可知 N 的矩估计量为

$$\hat{N} = X_{(k)}(1 + k^{-1}) - 1 = m(1 + k^{-1}) - 1.$$

可以证明, $\hat{N}$ 是 N 的最小方差无偏估计 (参见 3.4 节). 其方差为

$$\mathrm{Var}(\hat{N}) = (1 + k^{-1})^2 \mathrm{Var}(X_{(k)}) = \frac{1}{k} \frac{(N-k)(N+1)}{k+2} \approx \frac{N^2}{k^2}, \quad \text{当 } k \ll N \text{ 时}.$$

从而标准差约为 N/k. □

盟军使用上述统计方法来确定德军坦克的生产速度, 得出的结论是: 1940 年夏天到 1942 年秋天, 德军每月生产坦克 246 辆. 而根据第二次世界大战后德军内部数据, 德军坦克实际月产量为 245 辆, 只比估计值少一辆.

实验 扫描实验 8 的二维码进行德军坦克问题的模拟实验, 观察不同样本最大值下预测值与真实值的关系.

实验 8
德军坦克问题

3.2.3 矩估计的无偏性和渐近无偏性

矩法是由 K. Pearson 在 1894 年提出的点估计的古老方法. 它的特点是直观性强, 用此法获得估计量简便、易行, 且不要求事先知道总体的分布, 在一定条件下矩估计量还具有相合性和渐近正态性. 它的缺点是: 在参数分布族场合, 没有充分利用提供的有关参数的信息, 小样本性质不突出. 此外, 矩估计量不具有唯一性.

下面研究矩估计的三方面的性质: 小样本性质有无偏性, 大样本性质有相合性和渐近正态性. 其大样本性质将放在下面两小节考虑.

估计量的无偏性和渐近无偏性的定义在 3.1 节中已给出, 下面讨论矩估计的无偏性和渐近无偏性.

(1) 样本 k 阶原点矩 a_{nk} 是总体 k 阶原点矩 α_k $(k=1,2,\cdots)$ 的无偏估计, 式 (3.2.3) 已给出了证明.

(2) 对 $k \geqslant 2$, 样本 k 阶中心矩不是总体 k 阶中心矩的无偏估计.

(i) 由例 3.2.1 可知

$$\mathbb{E}(m_{n2}) = \frac{n-1}{n}\mu_2,$$

将其修正, 得

$$m_{n2}^* = S^2 = \frac{n}{n-1}\cdot m_{n2} = \frac{1}{n-1}\sum_{i=1}^{n}(X_i - \bar{X})^2$$

是 μ_2 的无偏估计.

(ii) 经过计算可知样本 3 阶中心矩 m_{n3} 也不是总体 3 阶中心矩 μ_3 的无偏估计, 事实上,

$$\mathbb{E}(m_{n3}) = \frac{(n-1)(n-2)}{n^2}\mu_3, \tag{3.2.12}$$

将其修正, 得

$$m_{n3}^* = \frac{n^2}{(n-1)(n-2)}m_{n3},$$

它是 μ_3 的无偏估计.

(iii) 更进一步, 可以证明对 $k \geqslant 4$ 有

$$\mathbb{E}(m_{nk}) = \mu_k + O\left(\frac{1}{n}\right), \tag{3.2.13}$$

因此对 $k \geqslant 4$, m_{nk} 也不是总体 k 阶中心矩 μ_k 的无偏估计.

(3) 当待估函数 $g(\theta)$ 为总体分布一些矩的函数时, 即

$$g(\theta) = G(\alpha_1, \cdots, \alpha_k; \mu_2, \cdots, \mu_s) \tag{3.2.14}$$

时, 矩估计

$$\hat{g}(X_1, \cdots, X_n) = G(a_{n1}, \cdots, a_{nk}; m_{n2}, \cdots, m_{ns}) \tag{3.2.15}$$

一般不是 $g(\theta)$ 的无偏估计, 例 3.2.4 就是一例. 但若 $g(\theta)$ 为若干总体原点矩的线性组合时, 即

$$g(\theta) = h(\alpha_1, \cdots, \alpha_m) = \sum_{i=1}^{m} c_i\alpha_i$$

时, 其矩估计

$$\hat{g}(X_1, \cdots, X_n) = \sum_{i=1}^{m} c_i\, a_{ni}$$

是 $g(\theta)$ 的无偏估计.

(4) 矩估计一般具有渐近无偏性. 由前面第 2 段可见 $m_{n\nu}$ ($\nu \geqslant 2$) 是总体 ν 阶中心矩 μ_ν 的渐近无偏估计, 如

$$\lim_{n\to\infty} \mathbb{E}(m_{n3}) = \lim_{n\to\infty} \frac{(n-1)(n-2)}{n^2}\mu_3 = \mu_3.$$

当待估参数函数 $g(\theta)$ 是式 (3.2.14) 形式时, 其矩估计 (3.2.15) 是否具有渐近无偏性? 可以证明对函数 G 加上适当的条件, 这个结论是对的 (见文献 [3] 第 338 页).

例 3.2.9　设 $X_1, \cdots, X_n$ ($n > 1$) i.i.d. $\sim$ 指数分布 $\mathrm{Exp}(\lambda)$, 其密度为 $f(x,\lambda) = \lambda e^{-\lambda x} \cdot I_{[x>0]}$. 求 λ 的矩估计量 $\hat{\lambda}$, 并讨论它的无偏性.

解　由于 $\alpha_1 = \int_0^\infty x f_\lambda(x)dx = 1/\lambda$, 解得 $\lambda = 1/\alpha_1$, 将 α_1 用其矩估计量 $\bar{X} = a_{n1}$ 代入, 得到 λ 的矩估计量为

$$\hat{\lambda}(X_1, \cdots, X_n) = \frac{1}{\bar{X}}.$$

由于 $Y = \sum_{i=1}^n X_i \sim$ Gamma 分布 $\Gamma(n, \lambda)$,

$$\mathbb{E}(\hat{\lambda}) = n\mathbb{E}\left(\frac{1}{Y}\right) = n\int_0^\infty \frac{1}{y} \cdot \frac{\lambda^n}{\Gamma(n)} y^{n-1} e^{-\lambda y} dy = \frac{n}{n-1}\lambda,$$

可见 $\hat{\lambda}(X_1, \cdots, X_n) = 1/\bar{X}$ 不是 λ 的无偏估计. 因此矩估计量不一定都具有无偏性. 但 $\lim_{n\to\infty} \mathbb{E}(\hat{\lambda}) = \lim_{n\to\infty} [n/(n-1) \cdot \lambda] = \lambda$, 故 $\hat{\lambda}(X_1, \cdots, X_n)$ 是 λ 的渐近无偏估计. 对 $\hat{\lambda}$ 略作修正, 可得 λ 的一个无偏估计

$$\hat{\lambda}^*(X_1, \cdots, X_n) = \frac{n-1}{n} \cdot \hat{\lambda}(X_1, \cdots, X_n) = \frac{n-1}{n} \cdot \frac{1}{\bar{X}}. \qquad \square$$

3.2.4　矩估计的相合性

估计量的几种相合性的定义已在 3.1 节中给出. 一般说来, 矩估计在较一般的条件下具有相合性. 此处给出矩估计的强相合性, 显然相应的矩估计的弱相合性也成立.

(1) 样本 k 阶原点矩是总体 k 阶原点矩的强相合估计. 设 $X_1, \cdots, X_n$ 是从总体 F 中抽取的简单样本, a_{nk} 为样本的 k 阶原点矩, α_k 为总体的 k 阶原点矩. 由独立同分布场合的柯尔莫哥洛夫强大数律可知 $a_{nk} \xrightarrow{\text{a.s.}} \alpha_k$, $k = 1, 2, \cdots$, 即

$$\mathbb{P}\left(\lim_{n\to\infty} a_{nk} = \alpha_k\right) = 1, \quad k = 1, 2, \cdots.$$

(2) 样本 k 阶中心矩是总体 k 阶中心矩的强相合估计.

连续映射定理 (第 2 章附录定理 A.11) 结论是对一元连续函数成立, 我们把它推广到下列多元连续函数情形:

设函数 $f(y_1, \cdots, y_k)$ 在 $(c_1, c_2, \cdots, c_k)$ 处连续, 若 $y_{n1} \xrightarrow{\text{a.s.}} c_1, \cdots, y_{nk} \xrightarrow{\text{a.s.}}$

c_k, 则 $f(y_{n1},\cdots,y_{nk})\xrightarrow{\text{a.s.}}f(c_1,c_2,\cdots,c_k)$. 利用这一事实证明上述结论. 由于

$$\mu_k=\sum_{r=0}^{k}(-1)^{k-r}\binom{k}{r}\alpha_r\alpha_1^{k-r}=f(\alpha_1,\alpha_2,\cdots,\alpha_k),$$

显见 $f(\cdot)$ 是其变元的连续函数. 由 $a_{ni}\xrightarrow{\text{a.s.}}\alpha_i,\ i=1,\cdots,k$, 利用式 (3.2.6) 得

$$m_{nk}=f(a_{n1},\cdots,a_{nk})\xrightarrow{\text{a.s.}}f(\alpha_1,\cdots,\alpha_k)=\mu_k,\quad k=2,3,\cdots,$$

这就证明了结论.

(3) 设 $g(\theta)$ 有式 (3.2.14) 的形式, 其矩估计为式 (3.2.15), 关于此类矩估计的强相合性有下述定理.

定理 3.2.1

设 $\boldsymbol{X}=(X_1,\cdots,X_n)$ 为从总体 F 中抽取的简单样本, 待估函数 $g(\theta)=G(\alpha_1,\cdots,\alpha_k;\mu_2,\cdots,\mu_s)$, 其矩估计量为 $\hat{g}_n(\boldsymbol{X})=G(a_{n1},\cdots,a_{nk};m_{n2},\cdots,m_{ns})$, 且 G 为其变元的连续函数, 则 $\hat{g}_n(\boldsymbol{X})$ 为 $g(\theta)$ 之强相合估计. ♡

证 由 $a_{ni}\xrightarrow{\text{a.s.}}\alpha_i,\ i=1,2,\cdots,k$, 利用矩估计相合性的性质 (2) 可知 $m_{nj}\xrightarrow{\text{a.s.}}\mu_j,\ j=2,3,\cdots,s$. 再由 G 是其变元的连续函数, 立即可得 $\hat{g}_n(\boldsymbol{X})\xrightarrow{\text{a.s.}}g(\theta)$. □

由这一定理可得出一些常见估计的相合性. 例如, 正态总体 $N(a,\sigma^2)$ 中, 样本均值 $\bar{X}$ 和样本方差 S^2 分别是 a 和 σ^2 的强相合估计. 也不难证明 S^2 是 σ^2 的均方相合估计 (留作习题). 其实对任何 $r>0$, S^2 是 σ^2 的 r 阶矩相合估计. 例 3.2.5 中定义的偏度、峰度和变异系数的矩估计都是强相合的.

例 3.2.10 证明例 3.2.3 中 θ_1 和 θ_2 的矩估计量分别是 θ_1 和 θ_2 的强相合估计.

证 在例 3.2.3 中已求出 θ_1 和 θ_2 的矩估计量分别为

$$\hat{\theta}_1=\hat{\theta}_1(X_1,\cdots,X_n)=\bar{X}-\sqrt{3}S_n,$$

$$\hat{\theta}_2=\hat{\theta}_2(X_1,\cdots,X_n)=\bar{X}+\sqrt{3}S_n.$$

由强大数定律可知 $\bar{X}$ 和 $S_n^2=\sum\limits_{i=1}^{n}(X_i-\bar{X})^2/n$ 分别为 $\alpha_1=\mathbb{E}(X)$ 和 $\mu_2=\text{Var}(X)$ 的强相合估计, 又 $\hat{\theta}_1$ 和 $\hat{\theta}_2$ 分别是 $\bar{X}$ 和 S_n^2 的连续函数, 故由定理 3.2.1 可知

$$\hat{\theta}_1\xrightarrow{\text{a.s.}}\alpha_1-\sqrt{3\mu_2}=\theta_1,$$

$$\hat{\theta}_2\xrightarrow{\text{a.s.}}\alpha_1+\sqrt{3\mu_2}=\theta_2.$$ □

*3.2.5 矩估计的渐近正态性

本节将在很一般的条件下, 给出矩估计是相合渐近正态估计. 下面首先给出定义.

定义 3.2.2 (相合渐近正态性)

设 $\boldsymbol{X}=(X_1,\cdots,X_n)$ 是从总体 $\{f(x,\theta),\ \theta\in\Theta\}$ 中抽取的简单样本, $\hat{g}_n(\boldsymbol{X})$ 是 $g(\theta)$ 的矩估计量. 若存在与样本大小 n 有关的、定义于参数空间 Θ 上的函数 $A_n(\theta)$ 和 $B_n(\theta)$, 其中 $B_n(\theta)$ 在 Θ 上处处大于 0, 使当 $n\to\infty$ 时,

$$\frac{\hat{g}_n(\boldsymbol{X})-A_n(\theta)}{B_n(\theta)}\xrightarrow{\mathscr{L}}N(0,1),$$

且 $\hat{g}_n(\boldsymbol{X})$ 为 $g(\theta)$ 的弱相合估计, 则称 $\hat{g}_n(\boldsymbol{X})$ 为 $g(\theta)$ 的相合渐近正态估计 (consistent asymptotic normal estimation, CAN 估计). ♧

就是说 CAN 估计是既相合, 其分布又渐近服从正态分布的那种估计. 本段提出两个重要结果, 即在很一般的条件下, 矩估计为 CAN 估计.

(1) 设样本 $\boldsymbol{X}=(X_1,\cdots,X_n)$ 为从总体 $\{f(x,\theta),\theta\in\Theta\}$ 中抽取的简单样本, $g(\theta)$ 是定义在参数空间 Θ 上的实函数, 它可以表示为如下形式: $g(\theta)=G(\alpha_1,\cdots,\alpha_k)$ (若 G 是 $\alpha_1,\cdots,\alpha_k;\ \mu_2,\cdots,\mu_s$ 的函数, 不妨令 $s\leqslant k$, 可将 μ_j 用 $\alpha_1,\cdots,\alpha_s$ 表出, 则 G 仍可表示为 $\alpha_1,\cdots,\alpha_k$ 的函数), 而 $\hat{g}(\boldsymbol{X})=G(a_{n1},\cdots,a_{nk})$ 为 $g(\theta)$ 的矩估计. 再设总体的 $2k$ 阶原点矩存在, 且 G 对其各变元的一阶偏导数存在、连续, 令

$$b_{ij}=\alpha_{i+j}-\alpha_i\alpha_j,\quad i,j=1,\cdots,k;\quad \boldsymbol{B}=(b_{ij})\ 为\ k\times k\ 的方阵,$$

$$d_i=\frac{\partial G(\alpha_1,\cdots,\alpha_k)}{\partial\alpha_i},\quad i=1,\cdots,k;\quad \boldsymbol{d}=(d_1,\cdots,d_k)^{\mathrm{T}},$$

$$b^2=\boldsymbol{d}^{\mathrm{T}}\boldsymbol{B}\boldsymbol{d}.$$

定理 3.2.2

在上述记号和条件下, $\hat{g}_n(\boldsymbol{X})$ 为 $g(\theta)$ 的 CAN 估计, 即 $\hat{g}_n(\boldsymbol{X})$ 为 $g(\theta)$ 的弱相合估计, 且有

$$\sqrt{n}\left[\hat{g}_n(\boldsymbol{X})-G(\alpha_1,\cdots,\alpha_k)\right]\xrightarrow{\mathscr{L}}N(0,b^2),\quad n\to\infty.$$ ♡

证　由定理 3.2.1 可知 $\hat{g}_n(\boldsymbol{X})$ 为 $g(\theta)=G(\alpha_1,\cdots,\alpha_k)$ 的强相合估计, 显然它也是弱相合估计, 其渐近正态性的证明参见文献 [1] 第 194 页定理 2.6.2 的证明. □

(2) 在一些情况下, $g(\theta)$ 可表示为一两个中心矩的函数, 还可能包含总体均值 α_1, $g(\theta)$ 的表达式较简单. 若将中心矩用原点矩表出, $g(\theta)$ 的表达式则显得复杂, 因此有必要给出这种情形下渐近正态性的结果. 一般地, 将 $g(\theta)$ 表达成如下形式:

$$g(\theta) = H(\alpha_1, \mu_{t_2}, \cdots, \mu_{t_r}), \tag{3.2.16}$$

其矩估计量为 $H(\bar{X}, m_{nt_2}, \cdots, m_{nt_r})$, 使用与定理 3.2.2 基本相同的证明方法, 可得如下结果.

定理 3.2.3

设式 (3.2.16) 中的函数 H 在点 $(\alpha_1, \mu_{t_2}, \cdots, \mu_{t_r})$ 的邻域内有一阶偏导数, 且此偏导数在点 $(\alpha_1, \mu_{t_2}, \cdots, \mu_{t_r})$ 处连续, 则有

$$\sqrt{n}\Big(H(\bar{X}, m_{nt_2}, \cdots, m_{nt_r}) - H(\alpha_1, \mu_{t_2}, \cdots, \mu_{t_r})\Big) \xrightarrow{\mathscr{L}} N(0, b^2). \tag{3.2.17}$$

此处

$$b^2 = \sum_{i=1}^{r}\sum_{j=1}^{r} \sigma_{ij} H_i H_j, \tag{3.2.18}$$

其中

$$H_1 = \frac{\partial H}{\partial \alpha_1}, \quad H_i = \frac{\partial H}{\partial \mu_{t_i}}, \quad i = 2, 3, \cdots, r;$$

$$\sigma_{11} = \mu_2, \quad \sigma_{1i} = \sigma_{i1} = \mu_{t_i+1} - t_i\mu_{t_i-1}\mu_2, \quad i = 2, \cdots, r;$$

$$\begin{aligned}\sigma_{ij} = {} & \mu_{t_i+t_j} - t_i\mu_{t_i-1}\mu_{t_j+1} - t_j\mu_{t_i+1}\mu_{t_j-1} - \mu_{t_i}\mu_{t_j} \\ & + t_i t_j \mu_2 \mu_{t_i-1}\mu_{t_j-1}, \quad i, j = 2, 3, \cdots, r.\end{aligned}$$

如果 $g(\theta)$ 有 $H(\mu_{t_2}, \cdots, \mu_{t_r})$ 的形状, 即与 α_1 无关, 则式 (3.2.17) 仍成立, 只需把式 (3.2.18) 所确定的 b^2 改为 $\sum\limits_{i=2}^{r}\sum\limits_{j=2}^{r} \sigma_{ij} H_i H_j$ 即可. ♡

例 3.2.11 继续考虑例 3.2.5. 假定例 3.2.5 中样本来自是正态总体 X, 被估计的量 $g(\theta)$ 为偏度 β_1、峰度 β_2 和变异系数 ν, 其矩估计量由例 3.2.5 可知为

$$\hat{\beta}_1 = \frac{m_{n3}}{m_{n2}^{3/2}}, \quad \hat{\beta}_2 = \frac{m_{n4}}{m_{n2}^2} - 3, \quad \hat{\nu} = \sqrt{m_{n2}}/\bar{X}.$$

讨论它们的渐近正态性.

解 按式 (3.2.17) 和式 (3.2.18), 对这三个矩估计量分别算得 b^2 之值为

$$b^2(\beta_1) = 6, \quad b^2(\beta_2) = 24, \quad b^2(\nu) = \nu^2/2 + \nu^4.$$

于是根据定理 3.2.3, 有

$$\begin{aligned}&\sqrt{n}(\hat{\beta}_1 - \beta_1) \xrightarrow{\mathscr{L}} N(0, 6), \\ &\sqrt{n}(\hat{\beta}_2 - \beta_2) \xrightarrow{\mathscr{L}} N(0, 24), \\ &\sqrt{n}(\hat{\nu} - \nu) \xrightarrow{\mathscr{L}} N\big(0, \nu^2/2 + \nu^4\big).\end{aligned}$$

值得注意的是 $\hat{\beta}_1$, $\hat{\beta}_2$ 的极限分布的方差与被估计的参数值无关, 这点对 β_1, β_2 的大样本推断有用. □

3.3　最大似然估计

3.3.1　引言及定义

最大似然法是在参数分布族情形下常用的参数估计方法. 设有一参数分布族 $\mathscr{F}=\{f(x,\theta),\ \theta\in\Theta\}$, 其中 Θ 为参数空间. 令 $\boldsymbol{X}=(X_1,\cdots,X_n)$ 为从 $\mathscr{F}$ 中抽取的简单样本, $f(\boldsymbol{x},\theta)=f(x_1,\cdots,x_n,\theta)$ 为样本 $\boldsymbol{X}$ 的概率函数, 即当总体分布为连续型时, $f(\boldsymbol{x},\theta)$ 表示样本 $\boldsymbol{X}$ 的密度函数; 当总体分布为离散型时, $f(\boldsymbol{x},\theta)$ 为样本 $\boldsymbol{X}$ 的概率分布, 即 $f(\boldsymbol{x},\theta)=\mathbb{P}_\theta(X_1=x_1,\cdots,X_n=x_n)$. 首先引入似然函数的概念.

定义 3.3.1 (似然函数)

设 $f(\boldsymbol{x},\theta)=f(x_1,\cdots,x_n,\theta)$ 为样本 $\boldsymbol{X}=(X_1,\cdots,X_n)$ 的概率函数. 当 $\boldsymbol{x}$ 固定时, 把 $f(\boldsymbol{x},\theta)$ 看成 θ 的函数, 称为似然函数 (likelihood function), 记为

$$L(\theta,\boldsymbol{x})=f(\boldsymbol{x},\theta),\quad \theta\in\Theta,\ \boldsymbol{x}\in\mathscr{X},\tag{3.3.1}$$

其中 Θ 为参数空间, $\mathscr{X}$ 为样本空间. 称 $\ell(\theta,\boldsymbol{x})=\ln L(\theta,\boldsymbol{x})$ 为对数似然函数.

♣

注 3.3.1　似然函数和概率函数是同一表达式 (3.3.1), 但表示两种不同含义. 当把 θ 固定, 将其看成定义在样本空间 $\mathscr{X}$ 上的函数时, 称为概率函数; 当把 $\boldsymbol{x}$ 固定, 将其看成定义在参数空间 Θ 上的函数时, 称为似然函数. 这是两个不同的概念.

为解释最大似然原理, 考虑下列一个简单的实例.

例 3.3.1　设罐子里有许多黑球和红球. 假定已知它们的比例是 1 : 3, 但不知道是黑球多还是红球多. 也就是说抽出一个黑球的概率或者是 1/4 或者是 3/4. 如果有放回地从罐子中抽 n 个球, 要根据抽样数据, 说明抽到黑球的概率是 1/4, 还是 3/4.

解　将此问题用统计模型来表述. 令 X_i 表示第 i 次抽球的结果, 即

$$X_i=\begin{cases}1, & \text{第 } i \text{ 次抽出为黑球},\\ 0, & \text{否则}.\end{cases}$$

记每次抽样中抽到黑球的概率为 θ, 此处 θ 只取可能的两个值 $\theta_1=1/4$ 和 $\theta_2=3/4$ 之一. 记 $X=\sum\limits_{i=1}^{n}X_i$, 则 $X\sim B(n,\theta)$. 即样本分布族 $\mathscr{F}=\big\{f(x,\theta_1),f(x,\theta_2)\big\}$, 其中 $f(x,\theta_1)$ 为 $B(n,\theta_1)$, $f(x,\theta_2)$ 为 $B(n,\theta_2)$. 要根据抽样结果对 θ 作出估计, 即 θ 取值为 1/4 还是 3/4? 或说样本来自总体 $f(x,\theta_1)$ 还是 $f(x,\theta_2)$?

显然, 当观测到样本 $X=x$ 时, 似然函数

$$L(\theta,x)=\binom{n}{x}\theta^x(1-\theta)^{n-x},\quad x=0,1,2,\cdots,n$$

表示了在 θ 对应的分布下观测到 $X=x$ 的概率. 为简单计, 取 $n=3$. 当 $x=0,1,2,3$ 时似然函数取值如表 3.3.1 所示.

表 3.3.1

x	0	1	2	3
$L(\theta_1,x)$	$\frac{27}{64}$	$\frac{27}{64}$	$\frac{9}{64}$	$\frac{1}{64}$
$L(\theta_2,x)$	$\frac{1}{64}$	$\frac{9}{64}$	$\frac{27}{64}$	$\frac{27}{64}$

由表 3.3.1 可见:

当 $x=0,1$ 时, $L(\theta_1,x)>L(\theta_2,x)$;

当 $x=2,3$ 时, $L(\theta_2,x)>L(\theta_1,x)$.

因此得出结论: 当样本观察值 $x=\sum\limits_{i=1}^{3}x_i$ 取值为 0,1 时认为样本来自总体 $f(x,\theta_1)$, 即取参数 θ 的估计值为 $\theta_1=1/4$; 当 $x=2,3$ 时认为样本来自总体 $f(x,\theta_2)$, 即取 θ 的估计值为 $\theta_2=3/4$. 即使得事件 $\{X=x\}$ 发生的概率最大的那个 θ 值看起来 "最像" 是合理的. □

将此例模型化如下: 若样本 $\boldsymbol{X}=(X_1,\cdots,X_n)$ 为从总体 $\mathscr{F}=\{f(x,\theta):\theta\in\Theta\}$ 中抽取的简单样本, 其中 $\Theta=\{\theta_1,\theta_2\}$. 此即等价地说分布族 $\mathscr{F}$ 中只有两个总体 $f(x,\theta_1),f(x,\theta_2)$. 一旦获得了样本 $\boldsymbol{x}$, 如何用最大似然方法求出真参数 θ 的估计值呢? 上例表明, 若

$$L(\theta_1,\boldsymbol{x})>L(\theta_2,\boldsymbol{x}),$$

则倾向于认为样本 $\boldsymbol{X}$ 来自总体 $f(x,\theta_1)$ (即真参数 θ 为 θ_1) 的理由比认为样本 $\boldsymbol{X}$ 来自总体 $f(x,\theta_2)$ (即真参数 θ 为 θ_2) 的理由更充分些. 或者说, 真参数 θ 为 θ_1 的 "似然性" 更大些. 这样, 自然把 "似然性" 最大 (即看起来最像) 的那个值作为真参数 θ 的估计值. 这正是 "最大似然" 一词的由来.

更一般地, 若样本 $\boldsymbol{X}$ 的分布族 $\mathscr{F}=\{f(\boldsymbol{x},\theta)\colon\theta\in\Theta\}$, 参数空间 Θ 为 $\mathbb{R}$ 的有限子集或无限子集. 当样本 $\boldsymbol{x}$ 给定时, 若 $\hat{\theta}^*$ 使似然函数 $L(\hat{\theta}^*,\boldsymbol{x})$ 为集合 $\{L(\theta,\boldsymbol{x})\colon$ 一切 $\theta\in\Theta\}$ 中最大者, 即参数 θ 的真值为 $\hat{\theta}^*$ 的 "似然性" 比参数空间 Θ 中任何其他参数值的 "似然性" 都大, 则取 "似然性" 最大的 $\hat{\theta}^*$ 作为 θ 的估计值, 由这一方法得到的参数 θ 的估计, 称为 "**最大似然估计**". 将这一直观想法用统计学语言来描述, 得到如下定义.

定义 3.3.2 (最大似然估计)

设 $\boldsymbol{X} = (X_1, \cdots, X_n)$ 是从参数分布族 $\mathscr{F} = \{f(x,\theta) : \theta \in \Theta\}$ 中抽取的简单样本, $L(\theta, \boldsymbol{x})$ 是似然函数, $\ell(\theta, \boldsymbol{x}) = \ln L(\theta, \boldsymbol{x})$ 为对数似然函数, 若存在统计量 $\hat{\theta}^* = \hat{\theta}^*(\boldsymbol{X})$, 满足条件

$$L\big(\hat{\theta}^*(\boldsymbol{x}), \boldsymbol{x}\big) = \max_{\theta \in \Theta} L(\theta, \boldsymbol{x}), \quad \forall\, \boldsymbol{x} \in \mathscr{X}, \tag{3.3.2}$$

或等价地使得

$$\ell\big(\hat{\theta}^*(\boldsymbol{x}), \boldsymbol{x}\big) = \max_{\theta \in \Theta} \ell(\theta, \boldsymbol{x}), \quad \forall\, \boldsymbol{x} \in \mathscr{X}, \tag{3.3.3}$$

则称 $\hat{\theta}^*(\boldsymbol{X})$ 为 θ 的最大似然估计 (maximum likelihood estimation, MLE). 若待估函数是 $g(\theta)$, 则定义 $g(\hat{\theta}^*)$ 为 $g(\theta)$ 的 MLE.

注 3.3.2 最大似然估计具有不变性: 设样本分布族如定义 3.3.2 所述, 若参数 θ 的最大似然估计为 $\hat{\theta}^*$, 则 θ 的任一 (可测) 函数 $g(\theta)$ 的最大似然估计为 $g(\hat{\theta}^*)$. 正因为 MLE 具有这一性质, 因此我们将 θ 的函数 $g(\theta)$ 的 MLE 放到定义 3.3.2 中.

最大似然估计是 R. A. Fisher 在 1912 年的一项工作中提出来的. 在正态分布这个特殊情况下, 该方法可追溯到 Gauss 在 19 世纪初关于最小二乘法的工作. R. A. Fisher 后来在 1922 年研究工作中, 尤其在 1925 年发表的 "Theory of Statistical Estimation" 一文中对这一估计作了许多研究. 因此这个方法应归功于 R. A. Fisher.

3.3.2 最大似然估计的求法及例

1. 用微积分中求极值的方法

设 $\boldsymbol{\theta} = (\theta_1, \cdots, \theta_k)$ 为参数向量 (特别当 $k = 1$ 时, $\boldsymbol{\theta}$ 为参数 θ). 若似然函数 $L(\boldsymbol{\theta}, \boldsymbol{x})$ 是 $\boldsymbol{\theta}$ 的连续可微函数, 则可用微积分中求极值点的方法去求 $\boldsymbol{\theta}$ 的 MLE, 即找使 $L(\boldsymbol{\theta}, \boldsymbol{x})$ 达到最大时 $\boldsymbol{\theta}$ 的值. 由于 $L(\boldsymbol{\theta}, \boldsymbol{x})$ 和对数似然函数 $\ln L(\boldsymbol{\theta}, \boldsymbol{x}) = \ell(\boldsymbol{\theta}, \boldsymbol{x})$ 具有相同的极值点, 可用 $\ell(\boldsymbol{\theta}, \boldsymbol{x})$ 来代替 $L(\boldsymbol{\theta}, \boldsymbol{x})$. 由于 $L(\boldsymbol{\theta}, \boldsymbol{x})$ 一般是若干个函数的乘积, $\ell(\boldsymbol{\theta}, \boldsymbol{x})$ 为若干个函数之和, 较易于处理.

若 $\ell(\boldsymbol{\theta}, \boldsymbol{x})$ 的极大值在参数空间 Θ 的内点处 (而非边界点) 达到, 则此点必为似然方程组

$$S_i(\boldsymbol{\theta}, \boldsymbol{x}) = \frac{\partial \ell(\boldsymbol{\theta}, \boldsymbol{x})}{\partial \theta_i} = 0, \quad i = 1, 2, \cdots, k$$

的解. 由于 $S(\boldsymbol{\theta}, \boldsymbol{x}) = \partial \ell(\boldsymbol{\theta}, \boldsymbol{x}) / \partial \boldsymbol{\theta}$ 的值表示了对数似然函数对参数 $\boldsymbol{\theta}$ 的无穷小量变化的敏感程度, 其在光滑对数似然函数的局部最大值处值为 0, 因此称为得分函数.

因此求最大似然估计首先求似然方程组的解 $\hat{\boldsymbol{\theta}}^*$. 但此解是否一定是 $\boldsymbol{\theta}$ 的 MLE 呢? $\hat{\boldsymbol{\theta}}^*$ 满足似然方程, 只是 MLE 的必要条件, 而非充分条件. 一般只有满足下列条件: ① 似然函数的极大值在参数空间 Θ 内部达到; ② 似然方程只有唯一解, 则似然方程之解 $\hat{\boldsymbol{\theta}}^*$ 必为 $\boldsymbol{\theta}$ 的 MLE.

因此求出似然方程 (或方程组) 的解后, 要验证它为 $\boldsymbol{\theta}$ 的 MLE, 有时并非易事. 但对样本分布族是指数族的场合, 有非常满意的结果, 叙述如下.

设 $\boldsymbol{X}=(X_1,\cdots,X_n)$ 为从某总体中抽取的简单样本, X_1 的分布为指数族, 即

$$f(\boldsymbol{x},\boldsymbol{\theta})=C(\boldsymbol{\theta})\exp\left\{\sum_{i=1}^k\theta_iT_i(x)\right\}h(\boldsymbol{x}),\quad \boldsymbol{\theta}\in\Theta,$$

其中 Θ 为自然参数空间, Θ_0 为 Θ 之内点集, 这时 $\boldsymbol{X}$ 的联合密度为

$$L(\boldsymbol{\theta},\boldsymbol{x})=\prod_{j=1}^nL(\boldsymbol{\theta},x_j)=C^n(\boldsymbol{\theta})\exp\left\{\sum_{i=1}^k\theta_i\sum_{j=1}^nT_i(x_j)\right\}h(\boldsymbol{x}),$$

此处 $h(\boldsymbol{x})=\prod\limits_{j=1}^nh(x_j)$. 对上式取对数得对数似然函数

$$\ell(\boldsymbol{\theta},\boldsymbol{x})=\ln L(\boldsymbol{\theta},\boldsymbol{x})=n\ln C(\boldsymbol{\theta})+\sum_{i=1}^k\theta_i\sum_{j=1}^nT_i(x_j)+\ln h(\boldsymbol{x}).$$

定理 3.3.1

若对任何样本 $\boldsymbol{X}=(X_1,\cdots,X_n)$, 方程组

$$\frac{n}{C(\boldsymbol{\theta})}\frac{\partial C(\boldsymbol{\theta})}{\partial\theta_i}=-\sum_{j=1}^nT_i(X_j),\quad i=1,2,\cdots,k$$

在 Θ_0 内有解, 则解必唯一且为 $\boldsymbol{\theta}$ 的 MLE. ♡

证 见文献 [1] 第 199 页定理 2.6.3. □

因此若样本分布为指数族, 只要似然方程或似然方程组的解属于自然参数空间的内点集 (这点很容易验证), 则其解必为 $\boldsymbol{\theta}$ 的 MLE. 常见的分布族, 如二项分布族、Poisson 分布族、正态分布族、Gamma 分布族等都是指数族, 定理 3.3.1 的条件皆成立. 因此似然方程的解, 就是有关参数的 MLE.

2. 从定义出发

当似然函数 $L(\theta,\boldsymbol{x})$ 对参数 θ 不可微, 甚至不连续时, 似然方程一般没有意义, 不能采用上述方法, 必须直接从定义 3.3.2 出发去求参数 θ 的最大似然估计.

下面分别用上述两种方法考察一些例子.

例 3.3.2 设 $\boldsymbol{X}=(X_1,\cdots,X_n)$ 是从两点分布族 $\{B(1,p):\ 0<p<1\}$ 中抽取的简单样本, 求 p 和 $g(p)=p(1-p)$ 的 MLE.

解 似然函数为

$$L(p, \boldsymbol{x}) = p^{\sum\limits_{i=1}^{n} x_i}(1-p)^{n-\sum\limits_{i=1}^{n} x_i},$$

故有

$$\ell(p, \boldsymbol{x}) = \ln L(p, \boldsymbol{x}) = \left(\sum_{i=1}^{n} x_i\right)\ln p + \left(n - \sum_{i=1}^{n} x_i\right)\ln(1-p).$$

对数似然方程为

$$\frac{\partial \ell(p, \boldsymbol{x})}{\partial p} = \frac{1}{p}\sum_{i=1}^{n} x_i - \frac{1}{1-p}\left(n - \sum_{i=1}^{n} x_i\right) = 0,$$

求解并将 x 换成 X 得估计量

$$\hat{p}^* = \frac{1}{n}\sum_{i=1}^{n} X_i = \bar{X}.$$

由于两点分布族为指数族, 当 $\bar{X} \neq 0, 1$ 时, $\hat{p}^* = \bar{X}$ 属于自然参数空间 $\Theta^* = (0,1)$ 的内点集, 故 $\hat{p}^*$ 为 p 的 MLE. 它与例 3.2.2 中给得出的 p 的矩估计量相同. 按定义可知 $g(p) = p(1-p)$ 的 MLE 为

$$\hat{g}^*(\boldsymbol{X}) = \hat{p}^*(1-\hat{p}^*) = \bar{X}(1-\bar{X}).$$

□

注 3.3.3 当 $0 < \bar{X} < 1$ 时, 易知 $\hat{p}^* = \bar{X}$ 为 p 的唯一的 MLE. 而当 $\sum\limits_{i=1}^{n} X_i = 0$ 或 n 时 $\bar{X} = 0$, 1 不在 $\Theta = (0,1)$ 内, 严格意义上讲, 此时 p 的 MLE 不存在. 为了克服这一缺陷, 对 MLE 的定义加以补充: 当 $\hat{p}^* \notin \Theta$ 时, 若存在一列 $\{\hat{p}_n^*\}$ 使得 $\lim\limits_{n\to\infty} \hat{p}_n^* = \hat{p}^*$, 且 $\hat{p}_n^* \in \Theta$, $n = 1, 2, \cdots$, 则 $\hat{p}^*$ 也称为 p 的 MLE. 在给出上述补充定义后, 本题中当 $\bar{X} = 0$, 1 时, 可认为 $\hat{p}^* = \bar{X}$ 是 p 的 MLE.

例 3.3.3 设 $\boldsymbol{X} = (X_1, \cdots, X_n)$ 是从正态分布族 $\{N(\mu, \sigma^2) : -\infty < \mu < \infty, \ \sigma^2 > 0\}$ 中抽取的简单样本. 记 $\boldsymbol{\theta} = (\mu, \sigma^2)$, 求 μ, σ^2 和 $g(\boldsymbol{\theta}) = \mu/\sigma^2$ 的 MLE.

解 样本 $\boldsymbol{X} = (X_1, \cdots, X_n)$ 的分布为

$$f(\boldsymbol{x}, \boldsymbol{\theta}) = \left(2\pi\sigma^2\right)^{-\frac{n}{2}} \exp\left\{-\frac{1}{2\sigma^2}\sum_{i=1}^{n}(x_i - \mu)^2\right\}.$$

对数似然函数为

$$\ell(\boldsymbol{\theta}, \boldsymbol{x}) = \ln f(\boldsymbol{x}, \boldsymbol{\theta}) = -\frac{n}{2}\ln 2\pi - \frac{n}{2}\ln\sigma^2 - \frac{1}{2\sigma^2}\sum_{i=1}^{n}(x_i - \mu)^2.$$

由对数似然方程组

$$\frac{\partial \ell(\boldsymbol{\theta}, \boldsymbol{x})}{\partial \mu} = \frac{1}{\sigma^2}\sum_{i=1}^{n}(x_i - \mu) = 0,$$

$$\frac{\partial \ell(\boldsymbol{\theta},\boldsymbol{x})}{\partial \sigma^2}=-\frac{n}{2\sigma^2}+\frac{1}{2\sigma^4}\sum_{i=1}^{n}(x_i-\mu)^2=0,$$

解得

$$\hat{\mu}^*=\frac{1}{n}\sum_{i=1}^{n}X_i=\bar{X},\quad \hat{\sigma}_*^2=\frac{1}{n}\sum_{i=1}^{n}(X_i-\bar{X})^2=S_n^2.$$

由于正态分布族为指数族, 可知: 若令 $\theta_1=\mu/\sigma^2,\theta_2=-1/(2\sigma^2)$, 则定理 3.3.1 中对数似然方程组的解 $\hat{\theta}_1^*=\hat{\mu}^*/\hat{\sigma}_*^2$, $\hat{\theta}_2^*=-1/(2\hat{\sigma}_*^2)$ 属于自然参数空间 $\Theta^*=\{(\theta_1,\theta_2):\theta_1\in\mathbb{R},\theta_2<0\}$ 的内点集, 故它们分别是 θ_1 和 θ_2 的 MLE. 因此 $\hat{\mu}^*$ 和 $\hat{\sigma}_*^2$ 分别是 μ 和 σ^2 的 MLE, 它们也分别是 μ 和 σ^2 的矩估计量. 前者是 μ 的无偏估计, 后者不是 σ^2 的无偏估计. 可见最大似然估计不一定具有无偏性.

又由定义可知 $g(\boldsymbol{\theta})=\mu/\sigma^2$ 的 MLE 为

$$\hat{g}^*(\boldsymbol{X})=\frac{\hat{\mu}^*}{\hat{\sigma}_*^2}=\frac{\bar{X}}{S_n^2}.$$ □

例 3.3.4 设元件的寿命 X 服从下列指数分布 $\mathrm{Exp}(\lambda)$, 其密度函数为

$$f(x,\lambda)=\begin{cases}\lambda e^{-\lambda x}, & x>0,\\ 0, & x\leqslant 0.\end{cases}$$

设 $X_1,\cdots,X_n$ 分别表示接受试验的 n 个元件寿命. 由于受时间的限制, 试验实际上只进行到有 r $(r\leqslant n)$ 个元件失效时就停止了, 以 $X_{(1)}\leqslant X_{(2)}\leqslant\cdots\leqslant X_{(r)}$ 记这 r 个元件的寿命, 即只观察到了样本 $X_1,\cdots,X_n$ 前 r 个次序统计量 $X_{(1)}$, $X_{(2)},\cdots,X_{(r)}$. 基于这前 r 个次序统计量, 求 λ 和 $g(\lambda)=1/\lambda$ 的 MLE.

解 为叙述方便, 记 $t_i=x_{(i)}$, $i=1,2,\cdots,n$, 则有 $t_1\leqslant t_2\leqslant\cdots\leqslant t_n$. 设 $F(x)$ 为 X 的分布函数, 易知 $F(x)=1-e^{-\lambda x}$. 下面利用引理 2.4.1 的结果和 2.4.1 小节所介绍的方法求 $(X_{(1)},X_{(2)},\cdots,X_{(r)})$ 的联合密度函数如下:

$$\begin{aligned}p(t_1,\cdots,t_r;\lambda)&=\underset{t_r<t_{r+1}<\cdots<t_n<\infty}{\int\cdots\int} n!f(t_1,\lambda)\cdots f(t_n,\lambda)dt_{r+1}\cdots dt_n\\&=\frac{n!}{(n-r)!}f(t_1,\lambda)\cdots f(t_r,\lambda)\big[1-F(t_r)\big]^{n-r}\\&=\frac{n!}{(n-r)!}\lambda^r\exp\left\{-\lambda\left(\sum_{i=1}^{r}t_i+(n-r)t_r\right)\right\}.\end{aligned}$$

记 $T=\sum\limits_{i=1}^{r}t_i+(n-r)t_r$, 故对数似然函数为

$$\ell(\lambda,t_1,\cdots,t_r)=\ln c+r\ln\lambda-\lambda T,$$

其中 $c=n!/(n-r)!$. 对 λ 求导, 得似然方程为

$$\frac{\partial \ell}{\partial \lambda}=\frac{r}{\lambda}-T=0,$$

解得

$$\hat{\lambda}^* = \frac{r}{T} = r\left[\sum_{i=1}^{r} X_{(i)} + (n-r)X_{(r)}\right]^{-1}.$$

似然函数 $L\left(\lambda, x_{(1)}, \cdots, x_{(r)}\right)$ 是指数族的形式, 且 $\hat{\lambda}^*$ 属于自然参数空间 $\Theta^* = \{\lambda : \lambda > 0\} = (0, \infty)$ 的内点集, 故 $\hat{\lambda}^*$ 为 λ 的 MLE. 由定义可知 $g(\lambda) = 1/\lambda$ 的 MLE 为

$$\hat{g}^*(X_{(1)}, \cdots, X_{(r)}) = \frac{T}{r} = \frac{1}{r}\left[\sum_{i=1}^{r} X_{(i)} + (n-r)X_{(r)}\right]. \qquad \square$$

本例中所述元件寿命试验进行到第 r 个元件失效时就终止, 这种试验称为定数截尾试验. 另一种方式是先定下一个时间 $T > 0$, 当试验进行 T 时试验就终止, 这种试验称为定时截尾试验.

例 3.3.5 设 $\boldsymbol{X} = (X_1, \cdots, X_n)$ 是从均匀分布族 $\{U(0, \theta] :\ \theta > 0\}$ 中抽取的简单样本.

(1) 求 θ 的 MLE $\hat{\theta}^*$.

(2) 说明 $\hat{\theta}^*$ 是否为 θ 的无偏估计. 若不然, 作适当修正获得 θ 的无偏估计 $\hat{\theta}_1^*$.

(3) 试将 $\hat{\theta}_1^*$ 与 θ 的矩估计 $\hat{\theta}_1$ 进行比较, 看哪一个有效?

(4) 证明 θ 的最大似然估计 $\hat{\theta}^*$ 是 θ 的弱相合估计.

解 (1) 样本 $\boldsymbol{X} = (X_1, \cdots, X_n)$ 的联合密度为

$$f(\boldsymbol{x}, \theta) = \begin{cases} \dfrac{1}{\theta^n}, & 0 < x_{(n)} \leqslant \theta, \\ 0, & \text{其他}. \end{cases} \tag{3.3.4}$$

因为均匀分布 $U(0, \theta]$ 的支撑集依赖于 θ, 似然函数 $L(\theta, \boldsymbol{x}) = f(\boldsymbol{x}, \theta)$ 作为 θ 的函数不是连续函数, 所以不能用对似然函数求微商的办法去求 θ 的 MLE. 只能从 MLE 的定义出发来讨论.

为使 $L(\theta, \boldsymbol{x})$ 达到极大, 由式 (3.3.4) 可见, 应使分母上的 θ 尽可能地小, 但 θ 又不能太小以致 L 为 0. 这个界限就在

$$\hat{\theta}^* = \max(X_1, \cdots, X_n) = X_{(n)}.$$

故当 $\theta > \hat{\theta}^*$ 时 $L > 0$ 且为 θ^{-n}, 当 $\theta < \hat{\theta}^*$ 时 $L = 0$. 因此 $\hat{\theta}^*$ 是唯一使 L 达到最大的 θ 值, 即 θ 的 MLE.

(2) 为求 $\mathbb{E}\left[X_{(n)}\right]$, 就要算出 $T = X_{(n)}$ 的密度函数, 易求 T 的密度函数

$$g(t, \theta) = \begin{cases} \dfrac{nt^{n-1}}{\theta^n}, & 0 \leqslant t \leqslant \theta, \\ 0, & \text{其他}, \end{cases} \tag{3.3.5}$$

故有

$$\mathbb{E}(\hat{\theta}^*) = \mathbb{E}(T) = \int_0^{\theta} \frac{nt^n}{\theta^n} dt = \frac{n}{n+1}\theta,$$

故 $\hat{\theta}^* = X_{(n)}$ 不是 θ 的无偏估计. 显见

$$\hat{\theta}_1^* = \frac{n+1}{n} X_{(n)}$$

为 θ 的无偏估计.

(3) θ 的矩估计 $\hat{\theta}_1 = 2\bar{X}$ 是 θ 的无偏估计. 由于

$$\mathrm{Var}(\hat{\theta}_1^*) = \frac{\theta^2}{n(n+2)}, \quad \mathrm{Var}(\hat{\theta}_1) = \frac{\theta^2}{3n},$$

所以在 $n \geqslant 2$ 时 $\hat{\theta}_1^*$ 比 $\hat{\theta}_1$ 有效. 在 $n=1$ 时 $\mathrm{Var}(\hat{\theta}_1^*) = \mathrm{Var}(\hat{\theta}_1)$, 即这两个估计的效是相同的.

(4) 已知 T 的密度函数由式 (3.3.5) 给出, 故对任给的 $\varepsilon > 0$, 有

$$\begin{aligned}
&\mathbb{P}(|\hat{\theta}^* - \theta| \geqslant \varepsilon) \\
&= 1 - \mathbb{P}(|\hat{\theta}^* - \theta| < \varepsilon) = 1 - \mathbb{P}(\theta - \varepsilon < T < \theta + \varepsilon) \\
&= 1 - \int_{\theta-\varepsilon}^{\theta} \frac{nt^{n-1}}{\theta^n} dt = 1 - \frac{1}{\theta^n}\left[\theta^n - (\theta-\varepsilon)^n\right] = \left(1 - \frac{\varepsilon}{\theta}\right)^n.
\end{aligned}$$

因此有

$$\lim_{n\to\infty} \mathbb{P}(|\hat{\theta}^* - \theta| \geqslant \varepsilon) = \lim_{n\to\infty} \left(1 - \frac{\varepsilon}{\theta}\right)^n = 0,$$

故知 $\hat{\theta}^* = X_{(n)}$ 为 θ 的弱相合估计. □

注 3.3.4 在例 3.3.5 中将均匀分布族 $\{U(0,\theta] : \theta > 0\}$ 改为均匀分布族 $\{U(0,\theta) : \theta > 0\}$, 则结论如何? 容易发现此时参数 θ 的 MLE 不存在, 但是只要做如下的简单修改, 问题就可以解决: 由于连续型随机变量取一点的概率为 0, 因此可以修改均匀分布的支撑集为区间 $(0,\theta]$, 如例 3.3.5(1) 所述 θ 的 MLE 就很容易求得了.

例 3.3.6 设 $\boldsymbol{X} = (X_1, \cdots, X_n)$ 是从均匀分布族 $\{U(\theta, \theta+1) : -\infty < \theta < \infty\}$ 中抽取的简单样本, 求 θ 的 MLE.

解 给定样本 $\boldsymbol{x}$ 时, θ 的似然函数为

$$L(\theta, \boldsymbol{x}) = \begin{cases} 1, & \theta < x_{(1)} \leqslant x_{(n)} < \theta + 1, \\ 0, & \text{其他} \end{cases} = \begin{cases} 1, & x_{(n)} - 1 < \theta < x_{(1)}, \\ 0, & \text{其他}. \end{cases}$$

这时, 似然函数只取 1 和 0 两个值, 只要 $x_{(n)} - 1 < \theta < x_{(1)}$ 都可使 L 达到极大. 故 θ 的 MLE 不止一个, 如

$$\hat{\theta}_1^*(\boldsymbol{X}) = X_{(1)}, \quad \hat{\theta}_2^*(\boldsymbol{X}) = X_{(n)} - 1$$

都是 θ 的 MLE. 事实上对任给的 $0 \leqslant \lambda \leqslant 1$,

$$\hat{\theta}^*(\boldsymbol{X}) = \lambda \hat{\theta}_1^*(\boldsymbol{X}) + (1-\lambda)\hat{\theta}_2^*(\boldsymbol{X}) = \lambda X_{(1)} + (1-\lambda)\left(X_{(n)} - 1\right)$$

都是 θ 的 MLE, 故知 θ 的 MLE 有无穷多个. □

例 3.3.7 设 k 个事件 $A_1, A_2, \cdots, A_k$ 构成完备事件群, 事件 A_i 发生的概

率为 $0 < p_i < 1$, $i = 1, \cdots, k$ 且 $\sum\limits_{i=1}^{k} p_i = 1$. 将试验独立重复 n 次, 以 X_i 记 A_i 发生的次数, $i = 1, 2, \cdots, k$, $\sum\limits_{i=1}^{k} X_i = n$, 则 $\boldsymbol{X} = (X_1, \cdots, X_k)$ 服从多项分布 $M(n, p_1, \cdots, p_k)$. 求 $p_1, \cdots, p_k$ 的 MLE.

解 记 $\boldsymbol{p} = (p_1, \cdots, p_k)$. 给定样本 $\boldsymbol{x}$ 时, 对数似然函数为

$$\ell(\boldsymbol{p}, \boldsymbol{x}) = \ln n! - \sum_{i=1}^{k} \ln x_i! + \sum_{i=1}^{k-1} x_i \ln p_i + x_k \ln\left(1 - \sum_{i=1}^{k-1} p_i\right). \tag{3.3.6}$$

对 p_i 求偏导数, 得似然方程组

$$\frac{\partial \ell(\boldsymbol{p}, \boldsymbol{x})}{\partial p_i} = \frac{x_i}{p_i} - \frac{x_k}{p_k} = 0, \quad i = 1, 2, \cdots, k-1.$$

若令

$$\frac{x_1}{p_1} = \frac{x_2}{p_2} = \cdots = \frac{x_k}{p_k} = \lambda,$$

则有

$$x_i = \lambda p_i, \quad i = 1, 2, \cdots, k. \tag{3.3.7}$$

将这 k 个等式两边分别相加得

$$n = \sum_{i=1}^{k} x_i = \lambda \sum_{i=1}^{k} p_i = \lambda.$$

由于多项分布族属于指数族, 因此由定理 3.3.1 和式 (3.3.7) 可知 p_i 的 MLE 如下:

$$\hat{p}_i^* = \frac{X_i}{n}, \quad i = 1, 2, \cdots, k.$$

在有些问题中, $p_1, \cdots, p_k$ 都是另一些参数 $\theta_1, \cdots, \theta_r$ $(r \leqslant k)$ 的函数, 这时去掉式 (3.3.6) 中与 $\theta_1, \cdots, \theta_r$ 无关的部分后, 得对数似然函数为

$$\ell(\theta_1, \cdots, \theta_r; \boldsymbol{x}) = \sum_{i=1}^{k} x_i \ln p_i(\theta_1, \cdots, \theta_r),$$

对 θ_i 求偏导数得似然方程组

$$\frac{\partial l}{\partial \theta_i} = 0, \quad i = 1, 2, \cdots, r. \tag{3.3.8}$$

若似然方程之解 $\hat{\theta}_1^*, \cdots, \hat{\theta}_r^*$ 为 $\theta_1, \cdots, \theta_r$ 的 MLE, 则 $p_1, \cdots, p_k$ 的 MLE 分别是 $\hat{p}_1(\hat{\theta}_1^*, \cdots, \hat{\theta}_r^*), \cdots, \hat{p}_k(\hat{\theta}_1^*, \cdots, \hat{\theta}_r^*)$. 有时似然方程组 (3.3.8) 无显式解, 就只能用数值方法. □

例 3.3.8 设从总体 X 分布为

X	0	1	2	3
$\mathbb{P}$	$\theta/2$	θ	$3\theta/2$	$1-3\theta$

设 $\boldsymbol{X}=(X_1,\cdots,X_n)$ 为从总体 X 中抽取的简单样本.

(1) 求 θ 的矩估计量 $\hat{\theta}_M$ 和最大似然估计量 $\hat{\theta}_{\mathrm{MLE}}$, 在 $\boldsymbol{X}=(0,3,1,1,0,2,2,2,3,2)$ 时求出相应估计量的值.

(2) 上述估计量是否是无偏的? 若不是, 请作修正.

(3) 比较修正后的两个估计量, 指出哪个更有效.

解 表格第一行表示 r.v. X 取值只有 $0,1,2,3$ 这 4 种可能, 第二行表示 X 取相应值的概率 p_i, $i=0,1,2,3$. 与上例相似这是一个多项分布, 令样本 $X_1,\cdots,X_n$ 中取值为 $i\ (i=0,1,2,3)$ 的频数为 $n_i\ (i=0,1,2,3)$, 则 $n_i\ (i=0,1,2,3)$ 是随机变量, 但满足条件 $\sum\limits_{i=0}^{3}n_i=n$.

(1) 求 θ 的矩估计和最大似然估计:

$$\mathbb{E}(X)=\sum_{i=0}^{3}ip_i=3-5\theta.$$

将上式中 $\mathbb{E}(X)$ 用 $\bar{X}=\dfrac{1}{n}\sum\limits_{i=1}^{n}X_i$ 代替, 解方程得 θ 的矩估计 $\hat{\theta}_M=(3-\bar{X})/5$.

令 θ 的似然函数为

$$L(\theta,x)=c\prod_{i=0}^{3}p_i^{n_i}=\left(\frac{\theta}{2}\right)^{n_0}\theta^{n_1}\left(\frac{3\theta}{2}\right)^{n_2}(1-3\theta)^{n_3}\propto\theta^{10-n_3}(1-3\theta)^{n_3},$$

此处 $c=n!/(n_0!n_1!n_2!n_3!)$. 令 $\partial\ln L(\theta,x)/\partial\theta=0$, 解得 θ 的 MLE 为 $\hat{\theta}_{\mathrm{MLE}}=(10-n_3)/30$.

由样本 $\boldsymbol{X}=(0,3,1,1,0,2,2,2,3,2)$ 算得 $\bar{X}=\dfrac{1}{10}\sum\limits_{i=1}^{10}X_i=1.6$, $n_0=n_1=n_3=2, n_2=4$, 因此可知 $\hat{\theta}_M$ 和 $\hat{\theta}_{\mathrm{MLE}}$ 的具体估计值为

$$\hat{\theta}_M=(3-\bar{X})/5=0.28,\quad \hat{\theta}_{\mathrm{MLE}}=(10-n_3)/30\approx0.27.$$

(2) 由于 $\mathbb{E}(\hat{\theta})=\left[3-\mathbb{E}(\bar{X})\right]/5=\theta, \mathbb{E}(\hat{\theta}_{\mathrm{MLE}})=[10-\mathbb{E}(n_3)]/30=\theta$, 这里注意 $n_3\sim B(10,1-3\theta)$. 因此两个估计均为无偏估计.

(3) 由于 $\mathrm{Var}(\hat{\theta})=\mathrm{Var}(\bar{X})/25=\mathrm{Var}(X)/250=\theta(2-5\theta)/50$, 而 $\mathrm{Var}(\hat{\theta}_{\mathrm{MLE}})=\mathrm{Var}[(10-n_3)/30]=\mathrm{Var}(n_3)/900=\theta(1-3\theta)/30$. 显然 $\theta(2-5\theta)/50>\theta(1-3\theta)/30$, 因此 $\hat{\theta}_{\mathrm{MLE}}$ 比 $\hat{\theta}$ 有效. □

3.3.3 最大似然估计的性质

1. 最大似然估计的无偏性

在前面的例 3.3.3 中已指出最大似然估计不一定是无偏的. 因此最大似然估计可以是无偏的, 但也可以是有偏的, 要视具体情况而定.

2. 最大似然估计与充分统计量

定理 3.3.2

设 $\boldsymbol{X}=(X_1,\cdots,X_n)$ 为自总体 $\{f(x,\theta):\theta\in\Theta\}$ 中抽出的简单样本. 若 $T=T(X_1,\cdots,X_n)$ 是 θ 的充分统计量, 且 θ 的最大似然估计 $\hat{\theta}^*$ 唯一存在, 则它必为 T 的函数.

证 由因子分解定理可知样本 $\boldsymbol{X}$ 的概率函数, 即似然函数可表示为

$$L(\theta,\boldsymbol{x})=\prod_{i=1}^{n}f(x_i,\theta)=g(T(\boldsymbol{x}),\theta)h(\boldsymbol{x}),$$

此处 $h(\boldsymbol{x})$ 与 θ 无关. 若 θ 的 MLE 唯一存在, 记为 $\hat{\theta}^*$, 则

$$L(\hat{\theta}^*,\boldsymbol{x})=\max_{\theta\in\Theta}L(\theta,\boldsymbol{x})\iff g(T(\boldsymbol{x}),\hat{\theta}^*)=\max_{\theta\in\Theta}g(T(\boldsymbol{x}),\theta),$$

因此使 $\max\limits_{\theta}L(\theta,\boldsymbol{x})$ 达到上确界唯一之点 $\hat{\theta}^*$, 即为使 $\max\limits_{\theta}g(T(\boldsymbol{x}),\theta)$ 达到上确界唯一之点, 它必为 $T(\boldsymbol{x})$ 的函数. □

此性质说明 θ 的最大似然估计 $\hat{\theta}^*=\hat{\theta}^*(X_1,\cdots,X_n)$ 可表示为充分统计量 $T(\boldsymbol{X})$ 的函数, 即 $\hat{\theta}^*=\hat{\theta}^*(T(X_1,\cdots,X_n))$, 如例 3.3.2—例 3.3.7 中的最大似然估计皆为充分统计量的函数.

注 3.3.5 最大似然估计的上述性质告诉我们: 假如充分统计量存在, θ 的最大似然估计量 $\hat{\theta}^*$ 为充分统计量的函数, 若此最大似然估计本身也是充分的, 由于此充分统计量 $\hat{\theta}^*$ 是其他充分统计量的函数, 由定义可知 $\hat{\theta}^*$ 是极小充分的.

*3. 最大似然估计的存在性和相合性

在一些场合下, 最大似然估计可以不存在, 例子如下.

例 3.3.9 设 $X\sim B(1,1/(1+\exp(\theta)))$, 其中参数空间 $\Theta=\mathbb{R}$. 如果观测到 $x=1$, 则似然函数 $L(\theta,1)=1/(1+\exp(\theta))$ 为 θ 的单调减函数且在 Θ 上取不到最大值, 即 θ 的 MLE 不存在. 如果 Θ 为闭集, 即 $\Theta=\bar{\mathbb{R}}$, 则最大似然估计为 $-\infty$.

研究 MLE 的大样本理论 (如相合性和渐近正态性) 有两个途径, 一种是从 MLE 的极值定义出发. 这种处理很难, 需要加上很繁重的正则性条件, 好处是确实针对 MLE 本身. 另一种是从似然方程出发, 这实际上是讨论似然方程根的大样本性质, 由于似然方程根不一定是 MLE, 这就偏离了原来的主题, 除非在该种情况下能肯定这个根就是 MLE (指数族是一个重要的例子). 这个途径处理较易, 但也需要加上一些繁杂的条件. 因此, MLE 的相合性问题, 远没有矩估计那么简单.

MLE 的相合性问题引起许多统计学者的兴趣, 直到现在都不能说已彻底解决了. 1946 年, H. Cramer 在一些条件下, 利用前面所说的第二种途径证明了似然方程有一个根是参数 θ 的弱相合估计. 如前所述, 似然方程的根不一定是最大似然

估计, 这个结果还是没有解决最大似然估计的相合性问题. 直到 1949 年, A. Wald 利用前面所说的第一种途径首次证明了最大似然估计的强相合性, 但所要求的条件很复杂. 此后有一些学者继续进行研究, 希望在较少的条件下证明相合性. 这些结果, 不便在此一一细述. 存在反例 (见本章习题 26), 说明最大似然估计可以不相合.

下面我们给出似然方程解的强相合性的一个结果.

定理 3.3.3

假设 $\boldsymbol{X}_n = (X_1, \cdots, X_n)$ 为从分布族 $\mathscr{F} = \{f(x,\theta) : \theta \in \Theta\}$ 中抽取的 i.i.d. 样本, 其中 Θ 为一开区间. 假定下列条件满足:

(1) 分布族 $\mathscr{F}$ 是可识别的, 即对 Θ 中任意 $\theta_1 \neq \theta_2$, 则有 $f(x,\theta_1) \neq f(x,\theta_2)$.

(2) 对 $\forall\, x \in \mathscr{X}$, $\theta \in \Theta$ 有 $f(x,\theta) > 0$, 且一阶偏导数 $\partial f(x,\theta)/\partial\theta$ 存在、连续. 那么在任一 $\mathbb{P}_\theta$ 之下, 以概率 1 当 n 充分大时, 对数似然方程

$$\sum_{i=1}^{n} \frac{\partial \ln f(x_i,\theta)}{\partial\theta} = 0 \tag{3.3.9}$$

存在一个解, 且解序列 $\{\hat{\theta}_n\}$ 是强相合的. ♡

证 见文献 [9] 第 174—175 页定理 5.9 的证明. □

A. Wald 关于最大似然估计强相合性的结果及其证明见文献 [1] 第 205—209 页定理 2.6.5 及其证明.

*4. 最大似然估计的相合渐近正态性

只考虑参数 θ 为一维的情形. 设 $\mathscr{F} = \{f(x,\theta) : \theta \in \Theta\}$ 为一概率函数族, $\Theta = (a,b)$ 为 $\mathbb{R}$ 上开区间, $\mathscr{F}$ 是可识别的. 设 $f(x,\theta)$ 满足下列条件:

(1) 对一切 $\theta \in \Theta$, $x \in \mathscr{X}$ 有 $f(x,\theta) > 0$, 且 $f(x,\theta)$ 对 θ 有直到 2 阶的连续偏导数.

(2) 对任一给定的 θ_0, 存在它的一个邻域 $U(\theta_0)$ 和可能依赖于该 θ_0 的函数 $g(x) > 0$ 和 $G(x) > 0$, 对该邻域内的任一 θ, 有

$$\left|\frac{\partial f(x,\theta)}{\partial\theta}\right| < g(x), \quad \left|\frac{\partial^2 f(x,\theta)}{\partial\theta^2}\right| < g(x),$$
$$\left|\frac{\partial^2 f(x,\theta)}{\partial\theta^2} - \frac{\partial^2 f(x,\theta_0)}{\partial\theta^2}\right| \leqslant G(x)(\theta-\theta_0)^2$$

且

$$\int_{-\infty}^{\infty} g(x)dx < \infty, \quad E_{\theta_0}[G(x)] < \infty.$$

(3) 对一切 $\theta \in \Theta$, 有

$$0 < I(\theta) = \mathbb{E}\left[\left(\frac{\partial \ln f(X,\theta)}{\partial \theta}\right)^2\right] = \int_{-\infty}^{\infty}\left(\frac{\partial \ln f(x,\theta)}{\partial \theta}\right)^2 f(x,\theta)dx < \infty,$$

这里 $I(\theta)$ 称为 Fisher 信息量 (详细介绍见 3.5.2 小节).

关于最大似然估计的相合渐近正态 (CAN) 性, 有下列结果.

定理 3.3.4

设 $\boldsymbol{X} = (X_1, \cdots, X_n)$ 为自分布族 $\mathscr{F}$ 中抽取的简单样本, 若上述条件 (1)—(3) 满足, 则对任何 $\theta_0 \in \Theta$, 对数似然方程

$$\sum_{i=1}^{n} \frac{\partial \ln f(x_i, \theta)}{\partial \theta} = 0$$

有一根 $\hat{\theta}_n = \hat{\theta}(\boldsymbol{X})$, 满足

$$\sqrt{n}(\hat{\theta}_n - \theta_0) \xrightarrow{\mathscr{L}} N\left(0, I^{-1}(\theta_0)\right), \quad \theta \in \Theta, \tag{3.3.10}$$

且 $\hat{\theta}_n$ 为 θ_0 的弱相合估计.

证　由定理 3.3.3 可知, 在本定理的条件下, 似然方程 (3.3.9) 有一根 $\hat{\theta}_n$ 满足条件 $\mathbb{P}_{\theta_0}(\hat{\theta}_n \to \theta_0) = 1$, 故 $\hat{\theta}_n$ 是弱相合的. 式 (3.3.10) 的证明见文献 [9] 第 177—179 页定理 5.11 的证明. □

注 3.3.6 (多元情形的推广)　将 MLE 的相合渐近正态性推广到多元情形, 令 $\boldsymbol{\theta} = (\theta_1, \cdots, \theta_p) \in \Theta \subseteq \mathbb{R}^k$, 在如定理 3.3.4 条件 (1)—(3) 的推广的正则条件下 (参看文献 [9] 第 177 页定理 5.11 的条件), 存在似然方程组解 $\hat{\boldsymbol{\theta}}_n = (\hat{\theta}_{n1}, \cdots, \hat{\theta}_{np})$ 使得

$$\sqrt{n}(\hat{\boldsymbol{\theta}}_n - \boldsymbol{\theta}_0) \xrightarrow{\mathscr{L}} N_p\left(\boldsymbol{0}, \boldsymbol{I}^{-1}(\boldsymbol{\theta}_0)\right), \quad \boldsymbol{\theta} \in \Theta,$$

其中 $\boldsymbol{I}(\boldsymbol{\theta})$ 是 Fisher 信息矩阵, 其定义将在 3.5.3 小节中介绍.

例 3.3.10　设 $X_1, \cdots, X_n$ 是取自正态总体 $N(\mu, \sigma^2)$ 的样本, 则 μ 和 σ^2 的 MLE 分别具有渐近正态性.

证　(1) 显然正态分布满足定理 3.3.4 的条件 (1)—(3). 因此在 σ^2 已知时 μ 的 MLE 是 $\hat{\mu} = \bar{X}$. 由于

$$f(x, \mu) = \frac{1}{\sqrt{2\pi}\sigma} \exp\left\{-\frac{(x-\mu)^2}{2\sigma^2}\right\},$$

故有

$$\ln f(x, \mu) = -\frac{1}{2}\ln 2\pi - \frac{1}{2}\ln \sigma^2 - \frac{(x-\mu)^2}{2\sigma^2}.$$

所以

$$I_1(\theta)=\mathbb{E}\left[\left(\frac{\partial\ln f(x,\mu)}{\partial\mu}\right)^2\right]=\mathbb{E}\left[\left(\frac{x-\mu}{\sigma^2}\right)^2\right]=\frac{1}{\sigma^2},$$

从而由定理 3.3.4 可知

$$\sqrt{n}(\hat{\mu}-\mu)\xrightarrow{\mathscr{L}}N(0,\sigma^2),$$

即 $\hat{\mu}$ 的渐近分布为 $N(\mu,\sigma^2/n)$.

(2) 在 μ 已知时, 可知 σ^2 的 MLE 是 $\hat{\sigma}^2=S_\mu^2=\frac{1}{n}\sum_{i=1}^n(X_i-\mu)^2$. 由于

$$I_2(\theta)=\mathbb{E}\left[\left(\frac{\partial\ln f(x,\sigma^2)}{\partial\sigma^2}\right)^2\right]=\mathbb{E}\left[-\frac{1}{2\sigma^2}+\frac{(x-\mu)^2}{2\sigma^4}\right]^2=\frac{1}{2\sigma^4},$$

故由定理 3.3.4 可知

$$\sqrt{n}(\hat{\sigma}^2-\sigma^2)\xrightarrow{\mathscr{L}}N(0,2\sigma^4),$$

即 $\hat{\sigma}^2$ 的渐近分布为 $N(\sigma^2,2\sigma^4/n)$. □

*3.4 一致最小方差无偏估计

3.4.1 引言及定义

设有一参数分布族 $\mathscr{F}=\{f(x,\theta):\theta\in\Theta\}$, 其中 Θ 为参数空间. 设 $g(\theta)$ 是定义在 Θ 上的实函数, $\boldsymbol{X}=(X_1,\cdots,X_n)$ 为自 $\mathscr{F}$ 中抽取的简单样本, $\hat{g}(\boldsymbol{X})=\hat{g}(X_1,\cdots,X_n)$ 为 $g(\theta)$ 的一个估计量, 如何评价 $\hat{g}(\boldsymbol{X})$ 的优劣? 一般用 $\hat{g}(\boldsymbol{X})-g(\theta)$ 作为其偏差, 为消除 $\hat{g}(\boldsymbol{X})-g(\theta)$ 取值出现"正负"可能抵消的影响, 一般用 $[\hat{g}(\boldsymbol{X})-g(\theta)]^2$ 来代替. 由于这个量是随机的, 将其求平均, 即计算其均值, 以得到一个整体性的指标 $\mathbb{E}_\theta[\hat{g}(\boldsymbol{X})-g(\theta)]^2$, 这就是估计量 $\hat{g}(\boldsymbol{X})$ 的均方误差 (在统计决策问题中, 若取损失函数为平方损失, 则 $\mathbb{E}_\theta[\hat{g}(\boldsymbol{X})-g(\theta)]^2$ 就是风险函数).

定义 3.4.1

设 $\hat{g}(\boldsymbol{X})$ 为 $g(\theta)$ 的估计量, 则称 $\mathbb{E}_\theta[\hat{g}(\boldsymbol{X})-g(\theta)]^2$ 为 $\hat{g}(\boldsymbol{X})$ 的均方误差 (mean square error, MSE).

设 $\hat{g}_1(\boldsymbol{X})$ 和 $\hat{g}_2(\boldsymbol{X})$ 为 $g(\theta)$ 的两个不同的估计量, 若

$$\mathbb{E}_\theta\big[\hat{g}_1(\boldsymbol{X})-g(\theta)\big]^2\leqslant\mathbb{E}_\theta\big[\hat{g}_2(\boldsymbol{X})-g(\theta)\big]^2,\quad 一切\ \theta\in\Theta,$$

且不等号至少对某个 $\theta\in\Theta$ 成立, 则称在 MSE 准则下 $\hat{g}_1(\boldsymbol{X})$ 优于 $\hat{g}_2(\boldsymbol{X})$.

若存在 $\hat{g}^*(\boldsymbol{X})$, 使得对 $g(\theta)$ 的任一估计量 $\hat{g}(\boldsymbol{X})$, 都有

$$\mathbb{E}_\theta\big[\hat{g}^*(\boldsymbol{X})-g(\theta)\big]^2\leqslant\mathbb{E}_\theta\big[\hat{g}(\boldsymbol{X})-g(\theta)\big]^2,\quad 一切\ \theta\in\Theta,$$

则称 $\hat{g}^*(\boldsymbol{X})$ 为 $g(\theta)$ 的一致最小均方误差估计. ♧

可惜的是, 一致最小均方误差估计常不存在. 解决这个问题的办法之一是把最优性准则放宽一些, 使适合这种最优性准则的估计一般能存在. 从直观上想, 在一个大的估计类中, 一致最优估计量不存在, 把估计类缩小, 就有可能存在一致最优的估计量. 因此把估计类缩小为无偏估计类来考虑. 在无偏估计类中, 估计量的均方误差就变为其方差, 即当 $\hat{g}(\boldsymbol{X})$ 为 $g(\theta)$ 的无偏估计时, $\mathrm{MSE}[\hat{g}(\boldsymbol{X})] = \mathrm{Var}_\theta[\hat{g}(\boldsymbol{X})]$, 此处 $\mathrm{Var}_\theta[\hat{g}(\boldsymbol{X})]$ 表示 $\hat{g}(\boldsymbol{X})$ 的方差.

存在这样的情形, 参数 $g(\theta)$ 的无偏估计不存在. 请看下例.

例 3.4.1　设样本 $X \sim$ 二项分布 $B(n,p)$, n 已知而 p 未知. 令 $g(p) = 1/p$, 则参数 $g(p)$ 的无偏估计不存在.

证　采用反证法. 若不然, $g(p)$ 有无偏估计 $\hat{g}(X)$. 由于 X 只取 $0,1,\cdots,n$ 这些值, 令 $\hat{g}(X)$ 的取值用 $\hat{g}(i) = a_i$ 表示, $i = 0,1,\cdots,n$. 由 $\hat{g}(X)$ 的无偏性, 应有

$$\mathbb{E}_p(\hat{g}(X)) = \sum_{i=0}^{n} a_i \binom{n}{i} p^i (1-p)^{n-i} = \frac{1}{p}, \quad 0 < p < 1.$$

于是有

$$\sum_{i=0}^{n} a_i \binom{n}{i} p^{i+1} (1-p)^{n-i} - 1 = 0, \quad 0 < p < 1.$$

但上式左端是 p 的 $n+1$ 次多项式, 它最多在 $(0,1)$ 区间有 $n+1$ 个实根, 可无偏性要求对 $(0,1)$ 中的任一实数 p 上式都成立. 这个矛盾说明 $g(p) = 1/p$ 的无偏估计不存在. □

今后把不存在无偏估计的参数除外. 参数的无偏估计若存在, 则称此参数为**可估参数**; 若参数函数的无偏估计存在, 则称此函数为**可估函数** (estimable function). 因此可估函数的无偏估计类是非空的.

假如可估函数的无偏估计类中的无偏估计不止一个, 怎样比较它们的优劣? 故引入下列的定义.

定义 3.4.2 (一致最小方差无偏估计)

设 $\mathscr{F} = \{f(x,\theta) : \theta \in \Theta\}$ 是一个参数分布族, 其中 Θ 为参数空间, $g(\theta)$ 为定义在 Θ 上的可估函数. 设 $\hat{g}^*(\boldsymbol{X}) = \hat{g}^*(X_1,\cdots,X_n)$ 为 $g(\theta)$ 的一个无偏估计, 若对 $g(\theta)$ 的任一无偏估计 $\hat{g}(\boldsymbol{X}) = \hat{g}(X_1,\cdots,X_n)$, 都有

$$\mathrm{Var}_\theta[\hat{g}^*(\boldsymbol{X})] \leqslant \mathrm{Var}_\theta[\hat{g}(\boldsymbol{X})], \quad 一切\ \theta \in \Theta,$$

则称 $\hat{g}^*(\boldsymbol{X})$ 是 $g(\theta)$ 的一致最小方差无偏估计 (uniformly minimum variance unbiased estimation, UMVUE). ♧

对给定参数分布族, 如何寻找可估函数的 UMVUE 呢? 本节以下将介绍两种方法: **零无偏估计法和充分完全统计量法**, 3.5 节的 Cramer-Rao 不等式是求

UMVUE 的另一种方法.

下列的定理提供了一个改进无偏估计的方法, 它在本节以下寻找 UMVUE 中, 起到简化问题的作用.

定理 3.4.1 (Rao-Blackwell 定理)

设 $T=T(\boldsymbol{X})$ 是一个充分统计量, 而 $\hat{g}(\boldsymbol{X})$ 是 $g(\theta)$ 的一个无偏估计, 则

$$h(T)=\mathbb{E}[\hat{g}(\boldsymbol{X})|T]$$

是 $g(\theta)$ 的无偏估计, 并且

$$\mathrm{Var}_\theta[h(T)]\leqslant \mathrm{Var}_\theta[\hat{g}(\boldsymbol{X})],\quad 一切\ \theta\in\Theta, \tag{3.4.1}$$

其中等号当且仅当 $\mathbb{P}_\theta\big(\hat{g}(\boldsymbol{X})=h(T)\big)=1$, 即 $\hat{g}(\boldsymbol{X})=h(T)$, a.s. $\mathbb{P}_\theta$ 成立. ♡

证 因 $T(\boldsymbol{X})$ 为充分统计量, 按定义, 给定 T 时 $\boldsymbol{X}$ 的条件分布与 θ 无关. 因此给定 T 时, $\hat{g}(\boldsymbol{X})$ 的条件期望 $h(T)=\mathbb{E}_\theta(\hat{g}(\boldsymbol{X})|T)$ 与 θ 无关. 所以 $h(T)$ 是统计量, 可作为 $g(\theta)$ 的估计量, 且有

$$\mathbb{E}_\theta[h(T)]=\mathbb{E}_\theta[\mathbb{E}_\theta(\hat{g}(\boldsymbol{X})|T)]=\mathbb{E}_\theta[\hat{g}(\boldsymbol{X})]=g(\theta),\quad 一切\ \theta\in\Theta.$$

因此 $h(T)$ 是 $g(\theta)$ 的无偏估计. 为证式 (3.4.1), 易知

$$\begin{aligned}\mathrm{Var}_\theta[\hat{g}(\boldsymbol{X})]&=E\big\{[\hat{g}(\boldsymbol{X})-h(T)]+[h(T)-g(\theta)]\big\}^2\\&=\mathbb{E}_\theta\big[\hat{g}(\boldsymbol{X})-h(T)\big]^2+\mathrm{Var}_\theta\big[h(T)\big]\\&\quad+2\mathbb{E}_\theta\big\{[h(T)-g(\theta)][\hat{g}(\boldsymbol{X})-h(T)]\big\},\end{aligned}$$

由于 $\mathbb{E}_\theta\big[\hat{g}(\boldsymbol{X})|T\big]-h(T)=0$, 可知

$$\begin{aligned}&\mathbb{E}_\theta\big\{[h(T)-g(\theta)][\hat{g}(\boldsymbol{X})-h(T)]\big\}\\=&\ \mathbb{E}_\theta\big\{\mathbb{E}_\theta[(h(T)-g(\theta))(\hat{g}(\boldsymbol{X})-h(T))|T]\big\}\\=&\ \mathbb{E}_\theta\big\{[h(T)-g(\theta)]\mathbb{E}_\theta[(\hat{g}(\boldsymbol{X})-h(T))|T]\big\}\\=&\ \mathbb{E}_\theta\big\{[h(T)-g(\theta)][\mathbb{E}_\theta(\hat{g}(\boldsymbol{X})|T)-h(T)]\big\}=0.\end{aligned}$$

故有

$$\begin{aligned}\mathrm{Var}_\theta\big[\hat{g}(\boldsymbol{X})\big]&=\mathbb{E}_\theta\big[g(\boldsymbol{X})-h(T)\big]^2+\mathrm{Var}_\theta\big[h(T)\big]\\&\geqslant \mathrm{Var}_\theta\big[h(T)\big],\quad 一切\ \theta\in\Theta,\end{aligned}$$

且等号成立的充要条件是

$$\mathbb{E}_\theta\big[\hat{g}(\boldsymbol{X})-h(T)\big]^2=0,$$

此即 $\hat{g}(\boldsymbol{X})=h(T)$, a.s. $\mathbb{P}_\theta$ 成立. □

这个定理提供了一个改进无偏估计的方法, 即一个无偏估计 $\hat{g}(\boldsymbol{X})$ 对充分统计量 $T(\boldsymbol{X})$ 的条件期望 $E\{\hat{g}(\boldsymbol{X})|T\}$ 将能导出一个新的无偏估计, 且它的方差不

会超过原估计量 $\hat{g}(\boldsymbol{X})$ 的方差. 若原估计 $\hat{g}(\boldsymbol{X})$ 不是 $T(\boldsymbol{X})$ 的函数, 则新的无偏估计 $E[\hat{g}(\boldsymbol{X})|T]$ 一定比原估计 $\hat{g}(\boldsymbol{X})$ 具有更小的方差. 这个定理还表明一致最小方差无偏估计 一定是充分统计量的函数, 否则可以通过充分统计量, 按定理 3.4.1 的方法构造出一个具有更小方差的无偏估计.

例 3.4.2 设 $\boldsymbol{X} = (X_1, \cdots, X_n)$ 是从两点分布族 $\{B(1,p):\ 0 < p < 1\}$ 中抽取的简单样本. 显然, X_1 是 p 的一个无偏估计, $T(\boldsymbol{X}) = \sum\limits_{i=1}^{n} X_i$ 是 p 的充分统计量, 试利用 $T = T(\boldsymbol{X})$ 构造一个具有比 X_1 方差更小的无偏估计.

解 由定理 3.4.1 可知, 容易构造 p 的一个无偏估计如下:

$$\begin{aligned}
h(t) &= \mathbb{E}(X_1|T = t) = 1 \cdot \mathbb{P}(X_1 = 1|T = t) + 0 \cdot \mathbb{P}(X_1 = 0|T = t) \\
&= \frac{\mathbb{P}(X_1 = 1, T = t)}{\mathbb{P}(T = t)} = \frac{\mathbb{P}(X_1 = 1, X_2 + \cdots + X_n = t - 1)}{\mathbb{P}(T = t)} \\
&= \frac{p \cdot \binom{n-1}{t-1} p^{t-1}(1-p)^{n-t}}{\binom{n}{t} p^t (1-p)^{n-t}} = \frac{t}{n} = \bar{x}.
\end{aligned}$$

显然, 样本均值 $h(T) = \bar{X}$ 的方差为 $p(1-p)/n$, 而 X_1 的方差为 $p(1-p)$, 当 $n \geqslant 2$ 时 $\bar{X}$ 的方差更小. □

经过上述改进后的无偏估计是否为 UMVUE? 定理 3.4.1 并未解决这个问题. 下面介绍的两种方法可以回答这个问题.

3.4.2 零无偏估计法

本段介绍一个一般性的定理, 用以判断某一估计量是否为 UMVUE 或者是否存在 UMVUE.

定理 3.4.2

设 $\hat{g}(\boldsymbol{X})$ 是 $g(\theta)$ 的一个无偏估计, $\mathrm{Var}_\theta(\hat{g}(\boldsymbol{X})) < \infty$, $\forall\, \theta \in \Theta$. 令

$$\mathscr{U} = \{U(\boldsymbol{X}):\ \mathbb{E}_\theta[U(\boldsymbol{X})] = 0, \forall\, \theta \in \Theta\}$$

为零无偏估计的集合. 则 $\hat{g}(\boldsymbol{X})$ 是 $g(\theta)$ 的 UMVUE 的充分必要条件为

$$\mathrm{Cov}_\theta[\hat{g}(\boldsymbol{X}), U(\boldsymbol{X})] = \mathbb{E}_\theta[\hat{g}(\boldsymbol{X}) \cdot U(\boldsymbol{X})] = 0, \quad \forall\, \theta \in \Theta,\ \forall\, U(\boldsymbol{X}) \in \mathscr{U}. \tag{3.4.2}$$

注 3.4.1 从形式上看, 条件 "$\mathbb{E}_\theta[U(\boldsymbol{X})] = 0,\ \forall\, \theta \in \Theta$" 可解释为 "$U(\boldsymbol{X})$ 是零的无偏估计", 由此得到求 UMVUE 的方法之一的名称 "零无偏估计法".

证 下面将给出充分性的证明, 必要性的证明留给读者作为练习.

设 $\hat{g}_1(\boldsymbol{X})$ 为 $g(\theta)$ 的任一方差有限的无偏估计. 记 $U(\boldsymbol{X}) = \hat{g}_1(\boldsymbol{X}) - \hat{g}(\boldsymbol{X})$ 为

零的无偏估计, 由于式 (3.4.2) 成立, 因而

$$\begin{aligned}\mathrm{Var}_\theta\big[\hat{g}_1(\boldsymbol{X})\big] &= \mathrm{Var}_\theta\big[\hat{g}(\boldsymbol{X})+U(\boldsymbol{X})\big]\\ &= \mathrm{Var}_\theta\big[\hat{g}(\boldsymbol{X})\big]+\mathrm{Var}_\theta\big[U(\boldsymbol{X})\big]+2\mathrm{Cov}_\theta\big[\hat{g}(\boldsymbol{X}),U(\boldsymbol{X})\big]\\ &= \mathrm{Var}_\theta\big[\hat{g}(\boldsymbol{X})\big]+\mathrm{Var}_\theta\big[U(\boldsymbol{X})\big]\\ &\geqslant \mathrm{Var}_\theta\big[\hat{g}(\boldsymbol{X})\big],\quad \forall\,\theta\in\Theta.\end{aligned}$$

这就证明了所要的结果. □

当存在充分统计量 $T=T(\boldsymbol{X})$ 时, 根据充分性原则, 只需考虑基于充分统计量的无偏估计 $\hat{g}(T)$ 和零无偏估计 $U(T)$ 即可. 因此有下述推论.

推论 3.4.1

设 $T=T(\boldsymbol{X})$ 为 θ 的充分统计量, $h(T)=h[T(\boldsymbol{X})]$ 是 $g(\theta)$ 的一个方差有限的无偏估计, 令 $\mathscr{U}_T$ 是基于充分统计量 T 的零无偏估计的集合. 则 $h(T)$ 是 $g(\theta)$ 的 UMVUE 的充分必要条件为

$$\mathrm{Cov}_\theta\big[h(T),\delta(T)\big]=\mathbb{E}_\theta\big[h(T)\cdot\delta(T)\big]=0,\quad \forall\,\theta\in\Theta,\ \forall\,\delta(T)\in\mathscr{U}_T. \tag{3.4.3}$$ ♡

下面的例子中有关参数的无偏估计都是充分统计量 T 的函数, 因此可直接利用推论 3.4.1 中的条件 (3.4.3) 求 UMVUE.

例 3.4.3　求例 3.4.2 中 $g(p)=p$ 的 UMVUE.

解　由例 3.4.2 已知 $T=\sum\limits_{i=1}^n X_i$ 为充分统计量, p 的无偏估计 $h(T)=T/n$, 故只要验证它满足推论 3.4.1 的条件. 显然 $\mathrm{Var}_p[h(T)]=p(1-p)/n<\infty, 0<p<1$. 现设 $\delta(T)$ 为任一零无偏估计, 并记 $a_i=\delta(i),\ i=0,1,2,\cdots,n$, 则因 $T\sim B(n,p)$, 故有

$$\mathbb{E}_p\left[\delta(T)\right]=\sum_{i=0}^n a_i\binom{n}{i}p^i(1-p)^{n-i}=0,\quad 0<p<1.$$

约去因子 $(1-p)^n$, 并记 $\varphi=p/(1-p)$ (φ 取值于 $(0,\infty)$), 将上式改写为

$$\sum_{i=0}^n a_i\binom{n}{i}\varphi^i=0,\quad \text{一切 } 0<\varphi<\infty.$$

上式左边是 φ 的多项式, 要使其为 0, 必有 $a_i\binom{n}{i}=0$, 即 $a_i=0,\ i=0,1,2,\cdots,n$. 故 $\delta(T)$ 在其定义域中处处为 0, 因而有 $\delta(T)\equiv 0$. 从而有

$$\mathrm{Cov}_p\big[h(T),\delta(T)\big]=\mathbb{E}_p\big[h(T)\cdot\delta(T)\big]=0,$$

即推论 3.4.1 条件成立, 故 $h(T)=\bar{X}=T/n$ 为 p 的 UMVUE. □

例 3.4.4　设 $\boldsymbol{X}=(X_1,\cdots,X_n)$ 为从指数分布 $f(x)=e^{-(x-\mu)}I_{[\mu,\infty)}(x)$ 中抽取的简单样本, 用零无偏估计法求参数 μ 的 UMVUE.

解 注意到$T=X_{(1)}$为μ的充分统计量，其密度函数为$f_1(t)=ne^{-n(t-\mu)}I_{[\mu,\infty)}(t)$. 因此由充分性原则，只需考虑基于 T 的估计量. $h(T)=T-1/n$ 为 μ 的一个无偏估计. 记 $\delta(T)$ 为任一零无偏估计，故有

$$\mathbb{E}_\mu\big[\delta(T)\big]=\int_\mu^\infty \delta(t)ne^{-n(t-\mu)}dt=0,\quad -\infty<\mu<\infty,$$

$$\text{上式} \iff \int_\mu^\infty \delta(t)e^{-nt}dt=0,\quad -\infty<\mu<\infty. \tag{3.4.4}$$

对式 (3.4.4) 的左右两边关于 μ 求导，得到 $\delta(\mu)e^{-n\mu}=0,-\infty<\mu<\infty$, 故有 $\delta(\mu)=0,-\infty<\mu<\infty$. 因此有 $\mathrm{Cov}_\mu\big[h(T),\delta(T)\big]=\mathbb{E}_\mu\big[h(T)\cdot\delta(T)\big]=0$, 即推论 3.4.1 中的条件 (3.4.3) 成立，因此 $h(T)=X_{(1)}-1/n$ 为 μ 的 UMVUE. □

例 3.4.5 设 $\boldsymbol{X}=(X_1,\cdots,X_n)$ 为从均匀分布 $U(0,\theta)$ 中抽取的简单样本，其中 $\theta\in\varTheta=[1,\infty)$. 用零无偏估计法求 θ 的 UMVUE.

解 由例 2.6.6 已知 $T=T(\boldsymbol{X})=X_{(n)}$ 是参数 θ 的充分统计量，由例 3.3.5 可知 T 的密度函数为 $g(t,\theta)=n\theta^{-n}t^{n-1}I_{(0,\theta)}(t)$. 设 $\delta(T)$ 为任一零无偏估计，故有

$$\mathbb{E}_\theta[\delta(T)]=\int_0^1\delta(t)\frac{nt^{n-1}}{\theta^n}dt+\int_1^\theta\delta(t)\frac{nt^{n-1}}{\theta^n}dt=0,\quad \theta\geqslant 1,$$

$$\text{上式} \iff \int_0^1\delta(t)t^{n-1}dt+\int_1^\theta\delta(t)t^{n-1}dt=0,\quad \theta\geqslant 1. \tag{3.4.5}$$

对式 (3.4.5) 的两边关于 θ 求导，得到 $\delta(\theta)\theta^{n-1}=0,\ \forall\,\theta\geqslant 1\iff\delta(\theta)=0,\ \forall\,\theta\geqslant 1$, 即

$$\delta(t)=0,\qquad \forall\, t\geqslant 1, \tag{3.4.6}$$

将其代入式 (3.4.5), 得到

$$\int_0^1\delta(t)t^{n-1}dt=0.$$

设 $h(T)$ 为 θ 的一个无偏估计，其表达式待定. 为了满足 $\mathbb{E}_\theta\big[h(T)\cdot\delta(T)\big]=0$, 由式 (3.4.6) 可知

$$0=\mathbb{E}_\theta\big[h(T)\cdot\delta(T)\big]=\int_0^1\delta(t)h(t)\frac{nt^{n-1}}{\theta^n}dt,$$

$$\text{上式} \iff 0=\int_0^1\delta(t)h(t)t^{n-1}dt. \tag{3.4.7}$$

为了保证式 (3.4.7) 成立，考虑无偏估计 $h(t)$ 的形式如下:

$$h(t)=\begin{cases} c, & 0\leqslant t<1,\\ bt, & t\geqslant 1,\end{cases}$$

其中 b, c 为 2 个待定常数. 由 $h(t)$ 为 θ 的无偏估计, 可知

$$\theta = \mathbb{E}_\theta[h(T)] = c\int_0^1 \frac{nt^{n-1}}{\theta^n}dt + b\int_1^\theta \frac{nt^n}{\theta^n}dt = c\theta^{-n} + \frac{bn}{n+1}(\theta - \theta^{-n}).$$

取 $c=1$, $b=(n+1)/n$, 得到 θ 的 UMVUE 为

$$h(T) = \begin{cases} 1, & 0 \leqslant T < 1, \\ [(n+1)/n]T, & T \geqslant 1. \end{cases} \tag{3.4.8}$$

注意本例同时说明了在 $\Theta = [1,\infty)$ 下统计量 $T = X_{(n)}$ 不是完全统计量. □

注 3.4.2 例 3.4.5 与例 3.4.3 和例 3.4.4 不同, 例 3.4.5 中的 UMVUE 是构造性的, 且充分统计量 T 也不是完全的. 而例 3.4.3 和例 3.4.4 中的 UMVUE 是验证性的, 即验证某个特定的无偏估计量 $h(T) = h[T(\boldsymbol{X})]$ 为 UMVUE 的, 且充分统计量 T 是完全的 (通常由零无偏估计 $\delta[T(\boldsymbol{x})]$ 满足条件 $\mathbb{E}_\theta[\delta(T(\boldsymbol{x}))] = 0$, 推出 $\delta[T(\boldsymbol{x})] = 0$, a.s. $\mathbb{P}_\theta$ 成立), 从而 $h(T)$ 为 UMVUE 的充分条件 (3.4.3) 成立. 因此像例 3.4.3 和例 3.4.4 这类验证性的例子中统计量 $T(\boldsymbol{X})$ 是充分完全统计量, 用下一小节介绍的 Lehmann-Scheffe (L-S) 定理来证明无偏估计 $h(T)$ 是 UMVUE 的比用零无偏估计法更方便. 而例 3.4.5 是不可以用下一小节的方法来考虑的.

3.4.3 充分完全统计量法

下列定理给出的求 UMVUE 的一种方法, 即充分完全统计量法, 是由 E. L. Lehmann 和 H. Scheffe 给出的, 完全统计量的概念也是由他们在 1950 年提出的.

定理 3.4.3 (Lehmann-Scheffe 定理)

设 $X \sim \{f(x,\theta): \theta \in \Theta\}, \Theta$ 为参数空间. 令 $\boldsymbol{X} = (X_1, \cdots, X_n)$ 为从总体 X 中抽取的简单样本, $g(\theta)$ 为定义于参数空间 Θ 上的可估函数, $T(\boldsymbol{X})$ 为一个充分完全统计量. 若 $\hat{g}[T(\boldsymbol{X})]$ 为 $g(\theta)$ 的一个无偏估计, 则 $\hat{g}[T(\boldsymbol{X})]$ 是 $g(\theta)$ 的唯一的 UMVUE (唯一性是在这样的意义下: 设 $\hat{g}$ 和 $\hat{g}_1$ 是 $g(\theta)$ 的两个估计量, 若 $\mathbb{P}_\theta(\hat{g}=\hat{g}_1)=1$, 对一切 $\theta\in\Theta$, 则视 $\hat{g}$ 和 $\hat{g}_1$ 是同一个估计量).

证 先证唯一性. 设 $\hat{g}_1[T(\boldsymbol{X})]$ 为 $g(\theta)$ 的任一无偏估计, 令 $\delta[T(\boldsymbol{X})] = \hat{g}[T(\boldsymbol{X})] - \hat{g}_1[T(\boldsymbol{X})]$, 则 $\mathbb{E}_\theta\delta[T(\boldsymbol{X})] = \mathbb{E}_\theta\hat{g}[T(\boldsymbol{X})] - \mathbb{E}_\theta\hat{g}_1[T(\boldsymbol{X})] = 0, \theta \in \Theta$. 由 $T(\boldsymbol{X})$ 为完全统计量, 可知 $\delta[T(\boldsymbol{X})]=0$, a.s. $\mathbb{P}_\theta$ 成立, 即 $\hat{g}[T(\boldsymbol{X})] = \hat{g}_1[T(\boldsymbol{X})]$, a.s. $\mathbb{P}_\theta$ 成立, 故唯一性成立.

再证一致最小方差性. 设 $\varphi(\boldsymbol{X})$ 为 $g(\theta)$ 的任一无偏估计. 令 $h[T(\boldsymbol{X})] = \mathbb{E}[\varphi(\boldsymbol{X})|T]$, 由 $T(\boldsymbol{X})$ 为充分统计量, 故知 $h[T(\boldsymbol{X})]$ 与 θ 无关, 是统计量. 由定理 3.4.1 可知

$$\mathbb{E}_\theta\{h[T(\boldsymbol{X})]\} = g(\theta), \qquad 一切\ \theta \in \Theta,$$

$$\mathrm{Var}_\theta\big\{h[T(\boldsymbol{X})]\big\}\leqslant \mathrm{Var}_\theta[\varphi(\boldsymbol{X})],\quad 一切\ \theta\in\Theta.$$

由唯一性得 $\hat{g}[T(\boldsymbol{X})]=h[T(\boldsymbol{X})]$, a.e. $\mathbb{P}_\theta$ 成立, 由上式可知

$$\mathrm{Var}_\theta\big\{\hat{g}[T(\boldsymbol{X})]\big\}=\mathrm{Var}_\theta\big\{h[T(\boldsymbol{X})]\big\}\leqslant \mathrm{Var}_\theta[\varphi(\boldsymbol{X})],\quad 一切\ \theta\in\Theta,$$

所以 $\hat{g}[T(\boldsymbol{X})]$ 为 $g(\theta)$ 的 UMVUE, 且唯一. □

例 3.4.6 求例 3.4.2 中 $g(p)=p$ 的 UMVUE.

证 由因子分解定理可知 $T=T(\boldsymbol{X})=\sum\limits_{i=1}^n X_i$ 为两点分布 $B(1,p)$ 中参数 p 的充分统计量, 由例 2.7.4 可知 T 也是完全统计量, 故 $h(T)=T/n$ 是充分完全统计量 T 的函数, 且 $\mathbb{E}_p\,[h(T)]=p$, 对 $0<p<1$. 因此由 L-S 定理可知 $h(T)=\bar{X}$ 为 p 的唯一的 UMVUE. □

例 3.4.7 在例 3.4.6 中, 已知 $T=T(\boldsymbol{X})=\sum\limits_{i=1}^n X_i$ 服从二项分布 $B(n,p)$, 且 $T(\boldsymbol{X})$ 为充分完全统计量, 求 $g(p)=p(1-p)$ 的 UMVUE.

解 方法一: 令 $\varphi(\boldsymbol{X})=I_{[X_1=1,X_2=0]}$, 则 $\mathbb{E}[\varphi(\boldsymbol{X})]=\mathbb{P}(X_1=1,X_2=0)=p(1-p)$. 因此 $\varphi(\boldsymbol{X})$ 为 $g(p)$ 的无偏估计. 注意到 $T=\sum\limits_{i=1}^n X_i\sim B(n,p)$ 和 $\sum\limits_{i=3}^n X_i\sim B(n-2,p)$, 故由定理 3.4.1 知 $g(p)$ 改进的无偏估计为

$$\begin{aligned}h(t)&=\mathbb{E}(\varphi(\boldsymbol{X})\,|\,T=t)=\mathbb{P}\big(X_1=1,X_2=0\,|\,T=t\big)\\&=\mathbb{P}\left(X_1=1,X_2=0,\sum_{i=3}^n X_i=t-1\right)\Big/\mathbb{P}(T=t)\\&=\binom{n-2}{t-1}\Big/\binom{n}{t}=\frac{t(n-t)}{n(n-1)}.\end{aligned}$$

故由 L-S 定理可知 $h(T)$ 为 $g(p)$ 的 UMVUE.

方法二: 设 $\delta(T)$ 为 $g(p)=p(1-p)$ 的一个无偏估计, 要导出 $\delta(T)$ 的表达式. 按 $T\sim B(n,p)$ 及无偏估计的定义可得

$$\sum_{t=0}^n\binom{n}{t}\delta(t)p^t(1-p)^{n-t}=p(1-p),\quad 一切\ 0<p<1.$$

令 $\rho=p/(1-p)$, 故有 $p=\rho/(1+\rho)$, $1-p=1/(1+\rho)$, 将它们代入上式得

$$\sum_{t=0}^n\binom{n}{t}\delta(t)\rho^t=\rho(1+\rho)^{n-2},\quad 一切\ 0<\rho<\infty.$$

将 $\rho(1+\rho)^{n-2}$ 展开得

$$\rho(1+\rho)^{n-2}=\sum_{l=0}^{n-2}\binom{n-2}{l}\rho^{l+1}=\sum_{t=1}^{n-1}\binom{n-2}{t-1}\rho^t,$$

将其代入前一式右边得

$$\sum_{t=0}^{n}\binom{n}{t}\delta(t)\rho^t=\sum_{t=1}^{n-1}\binom{n-2}{t-1}\rho^t,\quad \text{一切 } 0<\rho<\infty.$$

上式两边为 ρ 的多项式, 比较其系数得

$$\delta(t)=0,\quad \text{当 } t=0,n \text{ 时};$$

$$\delta(t)=\binom{n-2}{t-1}\bigg/\binom{n}{t}=\frac{t(n-t)}{n(n-1)},\quad \text{当 } t=1,2,\cdots,n-1 \text{ 时}.$$

综合上述两式得

$$\delta(T)=\frac{T(n-T)}{n(n-1)},\quad T=0,1,\cdots,n$$

为 $g(p)=p(1-p)$ 的无偏估计, 它又是充分完全统计量 $T=\sum\limits_{i=1}^{n}X_i$ 的函数, 由 L-S 定理可知 $\delta(T)$ 为 $g(p)$ 的 UMVUE. □

例 3.4.8 设 $\boldsymbol{X}=(X_1,\cdots,X_n)$ 为从 Poisson 分布 $P(\lambda)$ 中抽取的简单样本, 求 (1) $g_1(\lambda)=\lambda$; (2) $g_2(\lambda)=\lambda^r$, $r>0$ 为自然数; (3) $g_3(\lambda)=\mathbb{P}_\lambda(X_1=x)$ 的 UMVUE.

解 由 2.6 节和 2.7 节可知 $T=T(\boldsymbol{X})=\sum\limits_{i=1}^{n}X_i$ 为充分完全统计量.

(1) 令 $h_1(T)=T/n$, $\mathbb{E}(h_1(T))=\mathbb{E}(\bar{X})=\lambda$, 故 $h_1(T)$ 是充分完全统计量 T 的函数, 且是 λ 的无偏估计, 故由 L-S 定理可知 $h_1(T)$ 是 λ 的 UMVUE.

(2) 由于 $T\sim P(n\lambda)$, 令 $h_2(T)$ 为 $g_2(\lambda)=\lambda^r$ 的无偏估计, 故有 $\mathbb{E}_\lambda[h_2(T)]=g_2(\lambda)$, 即

$$\sum_{t=0}^{\infty}h_2(t)\frac{e^{-n\lambda}(n\lambda)^t}{t!}=\lambda^r.$$

此式等价于

$$\sum_{t=0}^{\infty}h_2(t)\frac{n^t\lambda^t}{t!}=\lambda^r e^{n\lambda}.$$

将上式右边作展开得

$$\lambda^r c^{n\lambda}-\sum_{l=0}^{\infty}\frac{n^l\lambda^{l+r}}{l!}=\sum_{t=r}^{\infty}\frac{n^{t-r}\lambda^t}{(t-r)!}.$$

将其代入前一式右边得

$$\sum_{t=0}^{\infty}h_2(t)\frac{n^t\lambda^t}{t!}=\sum_{t=r}^{\infty}\frac{n^{t-r}\lambda^t}{(t-r)!}.$$

上述等式两边是 λ 的幂级数, 比较其系数得

$$h_2(t)=0,\quad \text{当 } t=0,1,\cdots,r-1 \text{ 时},$$

$$h_2(t)=\frac{t!\,n^{t-r}}{(t-r)!n^t}=\frac{t(t-1)\cdots(t-r+1)}{n^r},\quad \text{当 } t=r,r+1,\cdots \text{ 时}.$$

综合上述两式得

$$h_2(T)=\frac{T(T-1)\cdots(T-r+1)}{n^r},\quad \text{当 } T=0,1,2,\cdots \text{ 时}$$

为 $g_2(\lambda)=\lambda^r$ 的无偏估计, $h_2(T)$ 是充分完全统计量 T 的函数, 故由 L-S 定理可知 $h_2(T)$ 为 $g_2(\lambda)$ 的 UMVUE.

(3) 由 $\mathbb{P}_\lambda(X_1=x)=\ e^{-\lambda}\lambda^x/x!$, 可见它是参数 λ 的函数, 故可用 $g_3(\lambda)$ 表示. 令 $\varphi(X_1)=I_{[X_1=x]}$, 则 $\mathbb{E}_\lambda[\varphi(X_1)]=\mathbb{P}_\lambda(X_1=x)$. 因此 $\varphi(X_1)$ 为 $g_3(\lambda)$ 的无偏估计, 注意到 $T=T(\boldsymbol{X})=\sum\limits_{i=1}^n X_i\sim P(n\lambda)$ 和 $\sum\limits_{i=2}^n X_i\sim P((n-1)\lambda)$, 故有

$$\begin{aligned}h_3(t)=&\ \mathbb{E}(\varphi(X_1)|T=t)=\mathbb{P}_\lambda(X_1=x|T=t)=\frac{\mathbb{P}_\lambda(X_1=x,T=t)}{\mathbb{P}_\lambda(T=t)}\\=&\ \frac{\mathbb{P}_\lambda(X_1=x)\mathbb{P}_\lambda(X_2+\cdots+X_n=t-x)}{\mathbb{P}_\lambda(X_1+\cdots+X_n=t)}=\frac{(n-1)^{t-x}t!}{n^t(t-x)!x!}\\=&\ \binom{t}{x}\frac{(n-1)^{t-x}}{n^t}=\binom{t}{x}\left(\frac{1}{n}\right)^x\left(1-\frac{1}{n}\right)^{t-x},\quad t\geqslant x.\end{aligned}$$

由定理 3.4.1 可知 $h_3(T)$ 为 $g_3(\lambda)$ 的无偏估计, 它又是充分完全统计量 T 的函数, 所以由 L-S 定理可知

$$h_3(T)=\binom{T}{x}\left(\frac{1}{n}\right)^x\left(1-\frac{1}{n}\right)^{T-x}$$

为 $g_3(\lambda)$ 的 UMVUE. □

例 3.4.9　设 $\boldsymbol{X}=(X_1,\cdots,X_n)$ 为从指数分布 $\text{Exp}(\lambda)$ 中抽取的简单样本, 求 (1) $g(\lambda)=\lambda$; (2) $g_2(\lambda)=1-e^{-\lambda x_0}$ 的 UMVUE, 其中 x_0 已知.

解　由因子分解定理和 2.7.2 小节介绍的方法容易证明 $T=T(\boldsymbol{X})=\sum\limits_{i=1}^n X_i$ 为充分完全统计量. 由指数分布的性质, 易知 $T(\boldsymbol{X})\sim\Gamma(n,\lambda)$, 即参数为 n 和 λ 的 Gamma 分布.

(1) 显然

$$\mathbb{E}\left(\frac{1}{T}\right)=\int_0^\infty\frac{1}{t}\cdot\frac{\lambda^n}{\Gamma(n)}t^{n-1}e^{-\lambda t}dt=\frac{\lambda}{n-1}.$$

因此 $h(T)=(n-1)/T$ 为 λ 的无偏估计, 由 L-S 定理可知它是 λ 的 UMVUE.

(2) 令 $h_1(T)$ 为 $e^{-\lambda x_0}$ 的无偏估计, 由于 $T\sim\Gamma(n,\lambda)$, 故有

$$\begin{aligned}\mathbb{E}[h_1(T)]=&\int_0^\infty h_1(t)\frac{\lambda^n}{\Gamma(n)}t^{n-1}e^{-\lambda t}dt\\=&\ e^{-\lambda x_0}\int_0^\infty h_1(t)\frac{\lambda^n}{\Gamma(n)}t^{n-1}e^{-\lambda(t-x_0)}dt.\end{aligned}$$

易见要使 $\mathbb{E}[h_1(T)]=e^{-\lambda x_0}$, 必须取

$$h_1(t)=\frac{(t-x_0)^{n-1}}{t^{n-1}}I_{(x_0,\infty)}(t).$$

因此

$$h_2(T)=1-h_1(T)=1-\frac{(T-x_0)^{n-1}}{T^{n-1}}I_{(x_0,\infty)}(T).$$

为 $g_2(\lambda)=1-e^{-\lambda x_0}$ 的无偏估计, 它又是充分完全统计量 T 的函数, 所以由 L-S 定理可知 $h_2(T)$ 为 $g_2(\lambda)$ 的 UMVUE. □

例 3.4.10 设 $\boldsymbol{X}=(X_1,\cdots,X_n)$ 为从正态分布 $N(a,\sigma^2)$ 中抽取的简单样本, 记 $\boldsymbol{\theta}=(a,\sigma^2)$. 求 (1) a 和 σ^2; (2) $g_1(\boldsymbol{\theta})=\sigma^r$, $r>0$; (3) $g_2(\boldsymbol{\theta})=a/\sigma^2$ 的 UMVUE.

解 由 2.6 节和 2.7 节可知 $\boldsymbol{T}=(T_1,T_2)$ 为充分完全统计量, 其中 $T_1=T_1(\boldsymbol{X})=\bar{X}$, $T_2=T_2(\boldsymbol{X})=\sum\limits_{i=1}^{n}(X_i-\bar{X})^2$.

(1) 由于 $h_1(\boldsymbol{T})=\bar{X}=T_1$ 和 $h_2(\boldsymbol{T})=T_2/(n-1)$ 分别为 a 和 σ^2 的无偏估计, 它们又是充分完全统计量的函数, 故由 L-S 定理可知它们分别是 a 和 σ^2 的 UMVUE.

(2) 由于 $Y=T_2/\sigma^2\sim\chi^2_{n-1}$, 故 σ^r 的无偏估计与 T_2 的幂函数有关. 先计算下式:

$$\begin{aligned}\frac{1}{\sigma^r}\mathbb{E}\left(T_2^{\frac{r}{2}}\right)=\mathbb{E}\left(\frac{T_2}{\sigma^2}\right)^{r/2}&=\int_0^\infty y^{\frac{r}{2}}\cdot\frac{1}{2^{\frac{n-1}{2}}\Gamma((n-1)/2)}y^{\frac{n-1}{2}-1}e^{-\frac{y}{2}}dy\\&=2^{\frac{r}{2}}\Gamma\left(\frac{n+r-1}{2}\right)\Big/\Gamma\left(\frac{n-1}{2}\right)\triangleq\frac{1}{K_{n-1,r}}.\end{aligned}$$

由上式可知

$$E\left(K_{n-1,r}\cdot T_2^{r/2}\right)=\sigma^r.$$

因此估计量

$$h_3(\boldsymbol{T})=K_{n-1,r}T_2^{r/2}=\Gamma\left(\frac{n-1}{2}\right)T_2^{r/2}\Big/\left[2^{\frac{r}{2}}\Gamma\left(\frac{n+r-1}{2}\right)\right]$$

是 σ^r 的无偏估计, 它是充分完全统计量 $\boldsymbol{T}=(T_1,T_2)$ 的函数, 故由 L-S 定理可知 $h_3(\boldsymbol{T})$ 是 $g_1(\boldsymbol{\theta})=\sigma^r$ 的 UMVUE.

(3) 由下列事实: 若 $X\sim\chi^2_n$, 则 $\mathbb{E}(1/X)=1/(n-2)$, 以及 T_1 和 T_2 相互独立可知

$$\mathbb{E}\left(\frac{T_1}{T_2}\right)=\mathbb{E}(T_1)\mathbb{E}\left(\frac{1}{T_2}\right)=\frac{a}{(n-3)\sigma^2}.$$

因此 $h_4(\boldsymbol{T})=(n-3)T_1/T_2$ 为 $g_2(\boldsymbol{\theta})$ 的无偏估计, 它又是充分完全统计量 $\boldsymbol{T}$ 的函数, 故由 L-S 定理可知它是 $g_2(\boldsymbol{\theta})$ 的 UMVUE. □

例 3.4.11 设 $\boldsymbol{X}=(X_1,\cdots,X_n)$ 为从均匀分布 $U(0,\theta)$ 中抽取的简单样本, 用 L-S 定理求参数 θ 的 UMVUE.

解　由 2.6 节和 2.7 节可知 $T = T(\boldsymbol{X}) = \max(X_1, \cdots, X_n) = X_{(n)}$ 为充分完全统计量, 由例 3.3.5(2) 已知 $h(T) = (n+1)T/n$ 为 θ 的无偏估计, 故由 L-S 定理立得 $h(T)$ 为 θ 的 UMVUE. □

3.5　Cramer-Rao 不等式

3.5.1　引言

Cramer-Rao 不等式 (简称 C-R 不等式) 是判别一个无偏估计量是否为 UMVUE 的主要方法之一. 这一方法的思想如下: 设 $\mathscr{U}_g$ 是 $g(\theta)$ 的一切无偏估计构成的类. $\mathscr{U}_g$ 中估计量的方差有一个下界, 如果 $g(\theta)$ 的一个无偏估计量 $\hat{g}$ 的方差达到这个下界, 则 $\hat{g}$ 就是 $g(\theta)$ 的一个 UMVUE, 当然样本分布族和 $\hat{g}$ 要满足一定的正则条件. 这个不等式是由 C. R. Rao 和 H. Cramer 在 1945 年和 1946 年分别证明的, 故称此不等式为 Cramer-Rao 不等式 (简称 C-R 不等式). 以后一些统计学者将此不等式的条件作了一些改进和精确化, 但结果的基本形式并无重大变化.

这一方法的缺陷是: 由于 C-R 不等式确定的下界 (称为 C-R 下界) 常比真下界小. 在一些场合, 虽然 $g(\theta)$ 的 UMVUE $\hat{g}$ 存在, 但其方差大于 C-R 下界. 在这一情况下, 用 C-R 不等式就无法判定 $g(\theta)$ 的 UMVUE 存在. 因此这一方法的适用范围不广. C-R 不等式除用于判别 $g(\theta)$ 的 UMVUE 之外, 它在数理统计理论上还有其他的用处, 如估计的效率和有效估计的概念以及 Fisher 信息量都与之有关.

C-R 不等式成立需要样本分布族满足一些正则条件, 适合这些条件的分布族称为 C-R 正则分布族, 下面给出其定义.

定义 3.5.1 (C-R 正则分布族, C-R 正则条件)

若单参数概率函数族 $\mathscr{F} = \{f(x,\theta) : \theta \in \Theta\}$ 满足下列条件:

(1) 参数空间 Θ 是直线上的某个开区间;

(2) 对任何 $x \in \mathscr{X}$ 及 $\theta \in \Theta$, $f(x,\theta) > 0$, 即分布族具有共同支撑;

(3) 对任何 $x \in \mathscr{X}$ 及 $\theta \in \Theta, \partial f(x,\theta)/\partial\theta$ 存在;

(4) 概率函数 $f(x,\theta)$ 的积分与微分运算可交换, 即

$$\frac{\partial}{\partial\theta}\int f(x,\theta)dx = \int \frac{\partial}{\partial\theta}f(x,\theta)dx,$$

若 $f(x,\theta)$ 为离散随机变量的概率分布, 上述条件改为无穷级数和微分运算可交换;

(5) 下列数学期望存在, 且

$$0 < I(\theta) = \mathbb{E}_\theta\left[\frac{\partial \ln f(X,\theta)}{\partial\theta}\right]^2 < \infty, \tag{3.5.1}$$

则称该分布族为 C-R 正则分布族, 其中 (1)—(5) 称为 C-R 正则条件. $I(\theta)$ 称为该分布的 Fisher 信息量 (或称为 Fisher 信息函数). ♧

3.5.2 单参数 C-R 不等式

1. C-R 不等式及例

定理 3.5.1

设 $\mathscr{F}=\{f(x,\theta):\theta\in\Theta\}$ 是 C-R 正则分布族, $g(\theta)$ 是定义于参数空间 Θ 上的可微函数. 设 $\boldsymbol{X}=(X_1,\cdots,X_n)$ 是由总体 $f(x,\theta)\in\mathscr{F}$ 中抽取的简单样本, $\hat{g}(\boldsymbol{X})$ 是 $g(\theta)$ 的任一无偏估计, 且满足下列条件:

(6) 积分

$$\int\cdots\int \hat{g}(\boldsymbol{x})f(\boldsymbol{x},\theta)d\boldsymbol{x}$$

可在积分号下对 θ 求导数 (此处 $d\boldsymbol{x}=dx_1\cdots dx_n$), 则有

$$\mathrm{Var}_\theta[\hat{g}(\boldsymbol{X})] \geqslant \frac{[g'(\theta)]^2}{nI(\theta)}, \quad \forall\ \theta\in\Theta. \tag{3.5.2}$$

此不等式称为 Cramer-Rao 不等式, 简称 C-R 不等式. ♡

注 3.5.1 在 C-R 不等式中出现的 $I(\theta)$ 是由式 (3.5.1) 定义的 Fisher 信息量. $I(\theta)$ 可以解释成单个样品 (即样本容量为 1 的样本) 提供的信息量, 它反映总体分布的性质. 由于 $X_1,\cdots,X_n$ 是 i.i.d. 的, 它们的地位是平等的, 故每个样品 X_i 提供同样多的信息 $I(\theta)$, 故整个样本 $(X_1,\cdots,X_n)$ 所含信息量为 $nI(\theta)$, 它与样本容量 n 和总体分布的信息量 $I(\theta)$ 成正比. 因此, 式 (3.5.2) 右端的 C-R 下界表明, 当样本的容量 n 越大或总体分布的信息量 $I(\theta)$ 越大, C-R 下界就越小, UMVUE 的精度就越高. 这与人们的直观认识相符.

证 由于 $X_1,\cdots,X_n$ 为 i.i.d. 样本, 故有 $f(\boldsymbol{x},\theta)=\prod_{i=1}^n f(x_i,\theta)$. 记

$$S(\boldsymbol{x},\theta)=\frac{\partial \ln f(\boldsymbol{x},\theta)}{\partial\theta}=\sum_{i=1}^n\frac{\partial \ln f(x_i,\theta)}{\partial\theta},$$

因此由正则条件 (3) 和 (4) 可知

$$\mathbb{E}_\theta\{S(\boldsymbol{X},\theta)\}=\sum_{i=1}^n\mathbb{E}_\theta\left\{\frac{\partial \ln f(X_i,\theta)}{\partial\theta}\right\}=\sum_{i=1}^n\int\frac{1}{f(x_i,\theta)}\frac{\partial f(x_i,\theta)}{\partial\theta}\cdot f(x_i,\theta)dx_i$$

$$= \sum_{i=1}^{n} \int \frac{\partial f(x_i, \theta)}{\partial \theta} dx_i = \sum_{i=1}^{n} \frac{\partial}{\partial \theta} \int f(x_i, \theta) dx = 0.$$

由 $\hat{g}(\boldsymbol{x})$ 为 $g(\theta)$ 的无偏估计和正则条件 (5) 与 (6) 可知

$$\begin{aligned}
\mathrm{Cov}_\theta\big[\hat{g}(\boldsymbol{X}), S(\boldsymbol{X},\theta)\big] &= \mathbb{E}_\theta\{\hat{g}(\boldsymbol{X}) \cdot S(\boldsymbol{X},\theta)\} \\
&= \int \cdots \int \hat{g}(\boldsymbol{x}) \left[\frac{1}{f(\boldsymbol{x},\theta)} \frac{\partial f(\boldsymbol{x},\theta)}{\partial \theta}\right] f(\boldsymbol{x},\theta) d\boldsymbol{x} \\
&= \int \cdots \int \hat{g}(\boldsymbol{x}) \frac{\partial f(\boldsymbol{x},\theta)}{\partial \theta} d\boldsymbol{x} \\
&= \frac{\partial}{\partial \theta} \int \cdots \int \hat{g}(\boldsymbol{x}) f(\boldsymbol{x},\theta) d\boldsymbol{x} = \frac{\partial g(\theta)}{\partial \theta} \triangleq g'(\theta), \\
\mathrm{Var}_\theta(S(\boldsymbol{X},\theta)) &= \sum_{i=1}^{n} \mathrm{Var}_\theta\left\{\frac{\partial \ln f(X_i,\theta)}{\partial \theta}\right\} \\
&= \sum_{i=1}^{n} \mathbb{E}_\theta\left\{\frac{\partial \ln f(X_i,\theta)}{\partial \theta}\right\}^2 = nI(\theta). \qquad (3.5.3)
\end{aligned}$$

由 Cauchy-Schwarz 不等式, 得

$$\mathrm{Var}_\theta\{\hat{g}(\boldsymbol{X})\} \cdot \mathrm{Var}_\theta\{S(\boldsymbol{X},\theta)\} \geqslant [\mathrm{Cov}_\theta(\hat{g}(\boldsymbol{X}), S(\boldsymbol{X},\theta))]^2 = [g'(\theta)]^2,$$

将式 (3.5.3) 代入上式得

$$\mathrm{Var}_\theta\big[\hat{g}(\boldsymbol{X})\big] \geqslant \frac{[g'(\theta)]^2}{nI(\theta)}, \quad \forall\ \theta \in \Theta.$$

定理得证. □

由式 (3.5.2) 给出的 C-R 不等式可视为验证某一无偏估计是否为 UMVUE 的方法. 用 C-R 不等式寻找 $g(\theta)$ 的 UMVUE 时, 首先要验证样本分布族是否满足 C-R 正则条件 (1)—(5) 和 (6), 然后再计算 Fisher 信息量 $I(\theta)$ 和无偏估计 $\hat{g}(\boldsymbol{X})$ 的方差 $\mathrm{Var}_\theta\big[\hat{g}(\mathbf{X})\big]$, 看其是否达到 C-R 下界. 验证正则条件 (1)—(5) 和条件 (6) 十分麻烦. 但幸运的是对指数族, 上述正则条件 (1)—(5) 皆成立, 而条件 (6) 正好是由定理1.5.2 给出的指数族的一条重要性质. 因此对于指数族, 定理 3.5.1 的条件皆成立.

但要注意一点的是: 若 $\mathrm{Var}_\theta\big[\hat{g}(\boldsymbol{X})\big]$ 达不到 C-R 下界, 并不能得出结论说 $g(\theta)$ 的 UMVUE 就不存在, 而只能说用此法判别失效. 存在这样的例子, $\hat{g}(\boldsymbol{X})$ 是 $g(\theta)$ 的 UMVUE, 但其方差大于 C-R 下界. 本节后面将会给出这一例子.

例 3.5.1 设 $\boldsymbol{X} = (X_1, \cdots, X_n)$ 为从两点分布 $B(1,p)$ 中抽取的简单样本, 利用 C-R 不等式证明样本均值 $\bar{X} = \sum\limits_{i=1}^{n} X_i/n$ 为 p 的 UMVUE.

证 设随机变量 $X \sim B(1,p)$, 则其概率分布为 $f(x,p) = p^x(1-p)^{1-x}$, $x = 0, 1$, $0 < p < 1$. 由于两点分布族是指数族, C-R 正则条件成立. Fisher 信息函数

为

$$I(p)=\mathbb{E}_p\left[\frac{\partial\ln f(X,p)}{\partial p}\right]^2=\mathbb{E}_p\left[\frac{X-p}{p(1-p)}\right]^2=\frac{\mathrm{Var}_p(X)}{p^2(1-p)^2}=\frac{1}{p(1-p)},$$

因此 C-R 下界为 $1/[nI(p)]=p(1-p)/n$.

而 $\bar{X}$ 为 p 的无偏估计, 其方差 $\mathrm{Var}_p(\bar{X})=p(1-p)/n$ 达到 C-R 下界. 故 $\bar{X}$ 为 p 的 UMVUE. □

例 3.5.2 设 $\boldsymbol{X}=(X_1,\cdots,X_n)$ 为从 Poisson 分布 $P(\lambda)$ 中抽取的简单样本, 用 C-R 不等式验证样本均值 $\bar{X}=\sum\limits_{i=1}^{n}X_i/n$ 为 λ 的 UMVUE.

证 设随机变量 $X\sim P(\lambda)$, 则其概率分布为 $f(x,\lambda)=e^{-\lambda}\lambda^x/x!$, $x=0,1,2,\cdots$, $\lambda>0$. 由于 Poisson 分布族为指数族, 故 C-R 正则条件成立. Fisher 信息函数为

$$I(\lambda)=\mathbb{E}_\lambda\left[\frac{\partial\ln f(X,\lambda)}{\partial\lambda}\right]^2=\mathbb{E}_\lambda\left(\frac{X-\lambda}{\lambda}\right)^2=\frac{1}{\lambda^2}\mathrm{Var}_\lambda(X)=\frac{1}{\lambda},$$

C-R 下界为 $1/[nI(\lambda)]=\lambda/n$.

$\hat{g}(\mathbf{X})=\bar{X}$ 为 $g(\lambda)=\lambda$ 的无偏估计, 且方差 $\mathrm{Var}_\lambda(\bar{X})=\lambda/n$ 达到 C-R 下界, 故 $\bar{X}$ 为 λ 的 UMVUE. □

例 3.5.3 设 $\boldsymbol{X}=(X_1,\cdots,X_n)$ 为从指数分布 $\mathrm{Exp}(\lambda)$ 中抽取的简单样本, 用 C-R 不等式验证 $\hat{g}(\boldsymbol{X})=\bar{X}$ 为 $g(\lambda)=1/\lambda$ 的 UMVUE.

证 指数分布 $\mathrm{Exp}(\lambda)$ 的密度函数为 $f(x,\lambda)=\lambda e^{-\lambda x}I_{(0,\infty)}(x)$, $\lambda>0$. 指数分布族是指数族, 故 C-R 正则条件成立. Fisher 信息函数为

$$I(\lambda)=\mathbb{E}_\lambda\left[\frac{\partial\ln f(X,\lambda)}{\partial\lambda}\right]^2=\mathbb{E}_\lambda\left(\frac{1}{\lambda}-X\right)^2=\mathrm{Var}_\lambda(X)=\frac{1}{\lambda^2},$$

故 C-R 下界为 $(g'(\lambda))^2/[nI(\lambda)]=1/(n\lambda^2)$.

而 $\hat{g}(\mathbf{X})=\bar{X}$ 为 $g(\lambda)=1/\lambda$ 的无偏估计, 其方差 $\mathrm{Var}_\lambda(\bar{X})=1/(n\lambda^2)$ 达到 C-R 下界, 故 $\bar{X}$ 为 $g(\lambda)=1/\lambda$ 的 UMVUE. □

例 3.5.4 设 $\boldsymbol{X}=(X_1,\cdots,X_n)$ 为从 $N(a,\sigma^2)$ 中抽取的简单样本, 其中 σ^2 已知, 用 C-R 不等式验证 $\bar{X}$ 为 a 的 UMVUE.

证 由于正态分布族是指数族, C-R 正则条件皆成立. 正态分布 $N(a,\sigma^2)$ 的密度函数为

$$f(x,a)=\frac{1}{\sqrt{2\pi}\sigma}\exp\left\{-\frac{1}{2\sigma^2}(x-a)^2\right\}.$$

Fisher 信息函数为

$$I(a)=\mathbb{E}_a\left[\frac{\partial\ln f(X,a)}{\partial a}\right]^2=\mathbb{E}_a\left[\frac{(X-a)^2}{\sigma^4}\right]=\frac{1}{\sigma^4}\mathrm{Var}_a(X)=\frac{1}{\sigma^2}.$$

故 C-R 下界为 $1/[nI(a)] = \sigma^2/n$. 而 $\mathrm{Var}_a(\bar{X}) = \sigma^2/n$ 达到 C-R 下界, 故 $\bar{X}$ 为 a 的 UMVUE. □

同样, 若本题中改 a 为已知, 但 σ^2 未知, 容易验证 $S_a^2 = \dfrac{1}{n}\sum\limits_{i=1}^{n}(X_i - a)^2$ 为 σ^2 的 UMVUE, 这留作练习.

*2. C-R 不等式等号成立的条件

关于 "C-R 不等式等号成立的条件" 的主要结论概括如下:

(1) 若样本分布族非指数族, 任何 $g(\theta)$ 的任何无偏估计, 其方差不能处处 (即对每一个 $\theta \in \Theta$) 达到 C-R 不等式中的下界.

(2) 即使样本分布族为指数族 $f(\boldsymbol{x}, \theta) = C(\theta)\exp\{Q(\theta)T(\boldsymbol{x})\}h(\boldsymbol{x})$, 也不是对任何 $g(\theta)$ 都能找到无偏估计 $\hat{g}(\boldsymbol{X})$, 使其方差处处达到 C-R 下界. 唯有在 $g(\theta) = \mathbb{E}_\theta(aT(\boldsymbol{X}) + b)$ 时, 即 $\hat{g}(\boldsymbol{X}) = aT(\boldsymbol{X}) + b$ 的情形才可, 此处 $a \neq 0$ 和 b 为与 θ 无关的常数.

详细的介绍请查看文献 [1] 第 114—118 页. 下面是 C-R 不等式等号成立的一个例子.

例 3.5.5 设 $\boldsymbol{X} = (X_1, \cdots, X_n)$ 为自 Poisson 分布 $P(\lambda)$ 中抽取的简单样本, 证明只有 $g(\lambda)$ 是 λ 的线性函数时, 才存在 $g(\lambda)$ 的无偏估计, 其方差能处处达到 C-R 下界.

证 将样本 $\boldsymbol{X}$ 的概率分布

$$f(\boldsymbol{x}, \lambda) = \frac{\lambda^{x_1+\cdots+x_n} e^{-n\lambda}}{x_1! \cdots x_n!}$$

表成指数族的形式

$$f(\boldsymbol{x}, \lambda) = \frac{e^{-n\lambda}\exp\{n\bar{x}\ln\lambda\}}{x_1! \cdots x_n!} = C(\lambda)\exp\{Q(\lambda)T(\boldsymbol{x})\}h(\boldsymbol{x}),$$

其中 $C(\lambda) = e^{-n\lambda},\ Q(\lambda) = \ln\lambda,\ T(\boldsymbol{x}) = n\bar{x} = \sum\limits_{i=1}^{n} x_i,\ h(\boldsymbol{x}) = 1/(x_i! \cdots x_n!)$.

由 "C-R 不等式等号成立的条件" 结论可知: 当

$$g(\lambda) = \mathbb{E}(aT(\boldsymbol{X}) + b) = a \cdot n\lambda + b = c\lambda + b, \quad c,\ b\text{为常数}$$

时, 无偏估计 $\hat{g}(\boldsymbol{X}) = aT(\boldsymbol{X}) + b$ 的方差处处达到 C-R 下界, 且是 $g(\lambda)$ 的 UMVUE. 其他形式的参数都不存在达到 C-R 下界的无偏估计.

特别取 $g(\lambda) = \lambda$, 即 $a = 1/n,\ b = 0$, 则 $\hat{g}(\boldsymbol{X}) = T/n = \bar{X}$ 的方差处处达到 C-R 下界, 因此它是 λ 的 UMVUE. 这与例 3.5.2 给出的结果相同. □

3.5.3 多参数 C-R 不等式简介

以上讨论的都是参数 θ 为一维的情形, 对 $\boldsymbol{\theta}$ 为高维的情形也可以建立类似的结果. 为此先引进一些记号. 设 $\boldsymbol{A}=(a_{ij})$ 和 $\boldsymbol{B}=(b_{ij})$ 是同阶的非负定方阵, 若 $\boldsymbol{A}-\boldsymbol{B}$ 是非负定的, 则记为 $\boldsymbol{A}\geqslant\boldsymbol{B}$. 这时必有 $a_{ii}\geqslant b_{ii}$, 对一切 i.

现设 $\boldsymbol{\theta}=(\theta_1,\cdots,\theta_k)$, 总体概率函数记为 $f(x,\boldsymbol{\theta})$, $\boldsymbol{X}=(X_1,\cdots,X_n)$ 为从总体中抽取的简单样本. 设 $\hat{\boldsymbol{\theta}}=\hat{\theta}(\boldsymbol{X})=(\hat{\theta}_1,\cdots,\hat{\theta}_k)$ 是 $\boldsymbol{\theta}$ 的一个无偏估计. 以 $\mathrm{Cov}_{\boldsymbol{\theta}}(\hat{\boldsymbol{\theta}})$ 记 $\hat{\boldsymbol{\theta}}$ 的协方差阵, 它是一个 k 阶非负定方阵, 其 (i,j) 元为 $\mathbb{E}_{\boldsymbol{\theta}}\big[(\hat{\theta}_i-\theta_i)(\hat{\theta}_j-\theta_j)\big]$, 则在类似于 $\boldsymbol{\theta}$ 为一维时的正则条件下,

$$\mathrm{Cov}_{\boldsymbol{\theta}}(\hat{\boldsymbol{\theta}})\geqslant(n\boldsymbol{I}(\boldsymbol{\theta}))^{-1}, \tag{3.5.4}$$

其中 $\boldsymbol{I}(\boldsymbol{\theta})=(I_{ij}(\boldsymbol{\theta}))$ 是总体的 Fisher 信息矩阵 (样本容量是 1 时的信息阵), 其中

$$I_{ij}(\boldsymbol{\theta})=\mathbb{E}_{\boldsymbol{\theta}}\left[\left(\frac{\partial\ln f(X,\boldsymbol{\theta})}{\partial\theta_i}\right)\left(\frac{\partial\ln f(X,\boldsymbol{\theta})}{\partial\theta_j}\right)\right],\quad i,j=1,2,\cdots,k, \tag{3.5.5}$$

则式 (3.5.4) 就是多维的 C-R 不等式. 若记 $[\boldsymbol{I}(\boldsymbol{\theta})]^{-1}=\boldsymbol{I}^*(\boldsymbol{\theta})=(I^*_{ij}(\boldsymbol{\theta}))$, 故由式 (3.5.4) 得

$$\mathrm{Var}_{\boldsymbol{\theta}}(\hat{\theta}_i)\geqslant\frac{I^*_{ii}(\boldsymbol{\theta})}{n},\quad i=1,2,\cdots,k. \tag{3.5.6}$$

这给出了 $\boldsymbol{\theta}$ 的每个分量 θ_i 的无偏估计 $\hat{\theta}_i$ 的方差的下限.

注 3.5.2 在上述多参数 C-R 不等式中, Fisher 信息阵 $\boldsymbol{I}(\boldsymbol{\theta})=(I_{ij}(\boldsymbol{\theta}))$, 其元素 $I_{ij}(\boldsymbol{\theta})$ 由式 (3.5.5) 给出, 以后我们会看到 $I_{ij}(\boldsymbol{\theta})$ 还有另一种表示方式, 即

$$I_{ij}(\boldsymbol{\theta})=\mathbb{E}_{\boldsymbol{\theta}}\left[-\left(\frac{\partial^2\ln f(X,\boldsymbol{\theta})}{\partial\theta_i\partial\theta_j}\right)\right]\quad i,j=1,2,\cdots,k. \tag{3.5.7}$$

可以证明: 在 C-R 正则条件下, 由式 (3.5.5) 和由式 (3.5.7) 给出的 Fisher 信息阵, 二者是相等的. 此结论的证明留给读者作为练习 (见本章习题 41).

例 3.5.6 设 $\boldsymbol{X}=(X_1,\cdots,X_n)$ 为从正态总体 $N(a,\sigma^2)$ 中抽取的简单样本, 记 $\boldsymbol{\theta}=(a,\sigma^2)$, 其中 $\theta_1=a$, $\theta_2=\sigma^2$. 求 $\boldsymbol{\theta}$ 的两个分量无偏估计方差的 C-R 下界, 并将其与 θ_1 和 θ_2 的无偏估计 $\bar{X}$ 和 S^2 的方差进行比较.

解 正态随机变量的密度函数为

$$f(x,\boldsymbol{\theta})=(2\pi\theta_2)^{-\frac{1}{2}}\exp\left\{-\frac{1}{2\theta_2}(x-\theta_1)^2\right\},$$

可知

$$\frac{\partial\ln f(x,\boldsymbol{\theta})}{\partial\theta_1}=\frac{x-\theta_1}{\theta_2},\quad \frac{\partial\ln f(x,\boldsymbol{\theta})}{\partial\theta_2}=\frac{-\theta_2+(x-\theta_1)^2}{2\theta_2^2}.$$

由此算出

$$I_{11}(\boldsymbol{\theta})=\frac{1}{\sigma^2},\quad I_{22}(\boldsymbol{\theta})=\frac{1}{2\sigma^4},\quad I_{12}(\boldsymbol{\theta})=I_{21}(\boldsymbol{\theta})=0,$$

故有

$$n\boldsymbol{I}(\boldsymbol{\theta})=\begin{pmatrix}\dfrac{n}{\sigma^2} & 0\\ 0 & \dfrac{n}{2\sigma^4}\end{pmatrix},\quad (n\boldsymbol{I}(\boldsymbol{\theta}))^{-1}=\begin{pmatrix}\dfrac{\sigma^2}{n} & 0\\ 0 & \dfrac{2\sigma^4}{n}\end{pmatrix},$$

若记

$$\hat{\theta}_1=\bar{X}=\frac{1}{n}\sum_{i=1}^{n}X_i,\quad \hat{\theta}_2=S^2=\frac{1}{n-1}\sum_{i=1}^{n}(X_i-\bar{X})^2,$$

则由多维 C-R 不等式可知

$$\mathrm{Cov}_{\boldsymbol{\theta}}(\hat{\boldsymbol{\theta}})=\mathrm{Cov}_{\boldsymbol{\theta}}\begin{pmatrix}\hat{\theta}_1\\ \hat{\theta}_2\end{pmatrix}\geqslant\begin{pmatrix}\dfrac{\sigma^2}{n} & 0\\ 0 & \dfrac{2\sigma^4}{n}\end{pmatrix}.$$

而 $\mathrm{Var}_\theta(\hat{\theta}_1)=\sigma^2/n$ 达到 C-R 下界，故它是 $\theta_1=a$ 的 UMVUE. 利用 $(n-1)S^2/\sigma^2\sim\chi^2_{n-1}$ 及 $\mathrm{Var}_\theta[(n-1)S^2/\sigma^2]=2(n-1)$ 可得

$$\mathrm{Var}_\theta(\hat{\theta}_2)=\frac{2\sigma^4}{n-1}>\frac{2\sigma^4}{n}.$$

因此，$S^2=\hat{\theta}_2$ 的方差大于 C-R 下界. 在例 3.4.10 中已证明了 $\bar{X}$ 和 S^2 分别是 a 和 σ^2 的 UMVUE. □

由本例看出，即使在正态总体方差这样简单的场合，方差 σ^2 的 UMVUE S^2 也达不到 C-R 下界. 因此在一些问题中 C-R 下界常比真下界小. 这表明以 C-R 不等式作为寻找 UMVUE 的方法是不够理想的. 多年来有一些学者一直在研究改进这个不等式的问题.

例 3.5.7 (续例 3.3.10)　在例 3.3.10 中若记 $\boldsymbol{\theta}=(\mu,\sigma^2)^{\mathrm{T}}$, $\widehat{\boldsymbol{\theta}}_n^*=(\bar{X},S_n^2)^{\mathrm{T}}$ 其中 $\widehat{\mu}^*(\boldsymbol{X})=\bar{X}$, $\widehat{\sigma}_*^2=S_n^2$, 是由例 3.3.3 给出的 μ, σ^2 的 MLE, 显见 $\widehat{\boldsymbol{\theta}}_n^*$ 为 $\boldsymbol{\theta}$ 的 MLE, 则 $\boldsymbol{\theta}$ 的 MLE $\widehat{\boldsymbol{\theta}}_n^*$ 具有渐近正态性.

证　首先，注 3.3.6 中所述关于样本分布族的正则条件 (见文献 [9] 第 177 页定理 5.1.1 的条件) 对正态分布族成立；其次，由例 3.5.6 可知 Fisher 信息阵 $\boldsymbol{I}(\boldsymbol{\theta})=\mathrm{diag}(1/\sigma^2,\ 1/(2\sigma^4))$ 为对角阵，其逆矩阵 $\boldsymbol{I}^{-1}(\boldsymbol{\theta})=\mathrm{diag}(\sigma^2,2\sigma^4)$ 也是一个对角阵. 故由注 3.3.6 可知

$$\sqrt{n}(\widehat{\boldsymbol{\theta}}_n^*-\boldsymbol{\theta})\xrightarrow{\mathscr{L}}N_p\big(\mathbf{0},\boldsymbol{I}^{-1}(\boldsymbol{\theta})\big),\quad \boldsymbol{\theta}\in\Theta.$$

即 $\widehat{\boldsymbol{\theta}}_n^*$ 的极限分布为二元正态分布 $N_2\big(\boldsymbol{\theta},\boldsymbol{I}^{-1}(\boldsymbol{\theta})/n\big)$. □

3.5.4　有效估计和估计的效率

定义 3.5.2 (有效估计)

设 $\hat{g}_n(\boldsymbol{X})$ 为 $g(\theta)$ 的无偏估计，比值

$$e_{\hat{g}_n}(\theta)=\frac{[g'(\theta)]^2/(nI(\theta))}{\mathrm{Var}_\theta[\hat{g}_n(\boldsymbol{X})]}$$

称为无偏估计 $\hat{g}_n(\boldsymbol{X})$ 的效率 (efficiency). 显然 $0<e_{\hat{g}_n}(\theta)\leqslant 1$, 当 $e_{\hat{g}_n}(\theta)=$

1 时, 称 $\hat{g}_n(\boldsymbol{X})$ 是 $g(\theta)$ 的有效估计 (effective estimation). 若 $\hat{g}_n(\boldsymbol{X})$ 不是 $g(\theta)$ 的有效估计, 但 $\lim\limits_{n\to\infty} e_{\hat{g}_n}(\theta)=1$, 则称 $\hat{g}_n(\boldsymbol{X})$ 是 $g(\theta)$ 的渐近有效估计 (asymptotically effective estimation). ♧

这一概念有其不足之处: 有效估计是无偏估计类中最好的估计, 当然希望使用它. 可惜, 有效估计是不多的, 但渐近有效估计却不少. 从有效估计的定义看, 有效估计一定是 UMVUE, 但很多 UMVUE 不是有效估计. 这是因为 C-R 下界偏小, 在很多场合 UMVUE 的方差达不到 C-R 下界. 另外 C-R 不等式成立的前提是要求样本分布族满足 C-R 正则条件. 当这些条件不成立时, C-R 不等式可以不对, 这时依据它所提供的 C-R 下界去定义估计的效率或求有效估计就不合理了.

例 3.5.8 由例 3.5.1—例 3.5.4 给出的有关参数的无偏估计, 其方差都能达到 C-R 下界, 因此它们都是相应参数的有效估计.

例 3.5.9 设 $\boldsymbol{X}=(X_1,\cdots,X_n)$ 为从 $N(a,\sigma^2)$ 中抽取的简单样本.

(1) 当 a 未知时, 证明样本方差 S^2 不是 σ^2 的有效估计, 但是渐近有效估计.

(2) 当 a 已知时, 求 σ^2 的有效估计.

解 (1) 由例 3.5.6 已经知道, 当 a 未知时, $S^2=\sum\limits_{i=1}^{n}(X_i-\bar{X})^2/(n-1)$ 之方差为 $2\sigma^4/(n-1)$, 达不到 C-R 下界 $2\sigma^4/n$, 故它不是 σ^2 的有效估计. 估计的效率为 $e_{S^2}(\sigma^2)=(n-1)/n<1$, 但是

$$\lim_{n\to\infty} e_{S^2}(\sigma^2)=\lim_{n\to\infty}\frac{n-1}{n}=1,$$

因此 S^2 是 σ^2 的渐近有效估计.

(2) 由于 a 已知, 令 $S_a^2=\sum\limits_{i=1}^{n}(X_i-a)^2/n$, 由于 $nS_a^2/\sigma^2\sim\chi_n^2$, 故 $\operatorname{Var}(nS_a^2/\sigma^2)=2n$, 因此有 $\operatorname{Var}(S_a^2)=2\sigma^4/n$, 它达到 C-R 下界, 故 S_a^2 为 σ^2 的有效估计. 当 a 已知时, 利用 Lehmann-Scheffe 定理也容易证明 S_a^2 为 σ^2 的 UMVUE. □

例 3.5.10 设 $\boldsymbol{X}=(X_1,\cdots,X_n)$ 是从下列含有位置参数的指数分布族中抽取的简单样本,

$$f(x,a)=e^{-(x-a)}I_{(a,\infty)}(x),\quad -\infty<a<\infty,$$

求 a 的 UMVUE.

解 上述分布族不是 C-R 正则族, 即 C-R 正则条件不成立. 因为密度函数的支撑集 $\{x:f(x,a)>0\}=\{x:x>a\}$ 与未知参数 a 有关, 因此它至少不满足 C-R 正则条件 (2). 因此不能用 C-R 不等式来求 a 的 UMVUE.

显然, 样本的最小次序统计量 $X_{(1)}$ 是 a 的充分完全统计量 (见第 2 章习题

49). $Y = X_{(1)}$ 的密度函数为

$$f(y,a) = ne^{-n(y-a)}I_{[a,\infty)}(y).$$

于是

$$\mathbb{E}(X_{(1)}) = n\int_a^\infty ye^{-n(y-a)}dy = a + \frac{1}{n},$$

故由 L-S 定理可知 $\hat{a}(\boldsymbol{X}) = X_{(1)} - 1/n$ 是 a 的 UMVUE; 但不可以讨论 $\hat{a}(\boldsymbol{X})$ 是否为有效估计, 因为 C-R 正则条件不成立, 去讨论 C-R 下界就失去了意义. □

3.6 Bayes 点估计

3.6.1 Bayes 点估计的定义

1.6 节已经介绍了如何计算后验分布, 当后验分布已知, 我们可从后验分布出发, 按经典方法 (用后验分布代替通常的样本分布) 求未知参数 θ 的点估计, 如后验最大似然估计 (也称为后验众数估计)、后验中位数估计和后验期望估计等. 下面首先给出三种估计的定义.

定义 3.6.1

用后验密度 $\pi(\theta|\boldsymbol{x})$ 达到最大值时 θ 之值作为估计量, 称为 θ 的后验众数估计 (posterior mode estimation), 或称为广义最大似然估计 (广义 MLE), 记为 $\hat{\theta}_{\mathrm{MD}}$; 用后验分布的中位数作为 θ 的估计量, 称为 θ 的后验中位数估计 (posterior median estimation), 记为 $\hat{\theta}_{\mathrm{ME}}$; 用后验分布的期望值作为 θ 的估计量, 称为 θ 的后验期望估计 (posterior expectation estimation), 记为 $\hat{\theta}_E$. 三个估计都称为 Bayes 估计, 在不会引起混淆时, 上述三个估计皆用 $\hat{\theta}_B$ 来记. ♧

注 3.6.1　一般场合下这三种估计是不同的, 但当后验密度为单峰对称时, θ 的上述三种 Bayes 估计重合. 使用时可根据需要选用其中的一种. 一般来说, 当先验分布为共轭先验时, 求上述三种估计比较容易.

例 3.6.1　设 $\boldsymbol{X} = (X_1, \cdots, X_n)$ 是从正态总体 $N(\theta, \sigma^2)$ 中抽取的简单样本, 其中 σ^2 已知. 取 θ 的先验为共轭先验分布 $N(\mu, \tau^2)$, 求 θ 的 Bayes 估计.

解　由例 1.6.9 可知 θ 的后验分布是正态分布 $N(\mu_n(\bar{x}), \eta_n^2)$, 其中

$$\mu_n(\bar{x}) = \frac{\sigma^2}{\sigma^2 + n\tau^2}\mu + \frac{n\tau^2}{\sigma^2 + n\tau^2}\bar{x},$$

由于后验分布 $N(\mu_n(\bar{x}), \eta_n^2)$ 为单峰对称分布, 故后验众数估计、后验中位数

估计和后验期望估计皆相同, 故 θ 的 Bayes 估计为

$$\hat{\theta}_B = \mu_n(\bar{x}) = \frac{\sigma^2}{\sigma^2 + n\tau^2}\mu + \frac{n\tau^2}{\sigma^2 + n\tau^2}\bar{x},$$

如例 1.6.9 所述, $\hat{\theta}_B$ 是 $\bar{x}$ 和 μ 加权平均, 是对样本信息和先验信息的综合.

看一个数值的例子. 考虑对一个儿童做智力测验, 设测试结果 $X \sim N(\theta, 100)$, 其中 θ 在心理学中被定义为被测试儿童的智商 (IQ) 的真值 (换言之, 如果对这个儿童做大量类似而又独立的这种测试, 他的平均分数为 θ), 根据过去的多次测试的资料, 可假设 θ 的先验分布为 $\theta \sim N(100, 225)$. 应用上述方法, 在 $n = 1$ (即样本大小为 1) 时, 求该儿童智商 θ 的估计值.

解 该儿童智商 θ 的后验分布为 $N(\mu(x), \eta^2)$, 其中

$$\mu(x) = \frac{\sigma^2\mu + \tau^2 x}{\sigma^2 + \tau^2} = \frac{100 \times 100 + 225\,x}{100 + 225} = \frac{400 + 9x}{13},$$

$$\eta^2 = \frac{\sigma^2\tau^2}{\tau^2 + \sigma^2} = \frac{100 \times 225}{100 + 225} = 69.23 = 8.32^2\,.$$

若该儿童此次测试得分 $x = 115$, 则其智商 θ 的 Bayes 估计为

$$\hat{\theta}_B = \mu(x) = \frac{400 + 9 \times 115}{13} = 110.38\,.$$

□

例 3.6.2 为估计不合格品率 θ, 今从一批产品中随机抽取 n 件, 其中不合格品数 $X \sim$ 二项分布 $B(n, \theta)$, 若取 θ 的先验分布为 $\mathrm{Be}(1,1)$, 即 θ 的先验分布为 (0,1) 上的均匀分布, 并假定 $x = 0$. 求 θ 的后验中位数估计.

证 由例 1.6.7 可知, 当 θ 的先验分布为均匀分布 $U(0,1)$ 时, θ 的后验分布为 $\mathrm{Be}(x+1, n-x+1)$. 当 $x = 0$ 时, θ 的后验密度为

$$\pi(\theta|x=0) = (n+1)(1-\theta)^n, \quad 0 < \theta < 1,$$

令 $m_{1/2}$ 为 θ 的后验中位数估计, 则有

$$\frac{1}{2} = \int_0^{m_{\frac{1}{2}}} (n+1)(1-\theta)^n d\theta = 1 - \left(1 - m_{\frac{1}{2}}\right)^{n+1}, \quad m_{\frac{1}{2}} = 1 - 2^{-\frac{1}{n+1}}.$$

即 θ 的后验中位数估计为 $1 - \sqrt[n+1]{1/2}$.

□

例 3.6.3 设随机变量 $X \sim f(x|\theta) = e^{-(x-\theta)} I_{[\theta,\infty)}(x)$, 此处 $-\infty < \theta < \infty$ 为位置参数, 取 θ 的先验分布为 Cauchy 分布, 即先验密度 $\pi(\theta) = 1/[\pi(1+\theta^2)]$, $-\infty < \theta < \infty$, 求 θ 的后验众数估计.

解 θ 的后验密度为

$$\pi(\theta|x) = \frac{f(x|\theta)\pi(\theta)}{m(x)} = \frac{e^{-(x-\theta)}}{m(x)\pi(1+\theta^2)}, \quad x \geqslant \theta.$$

要找使 $\pi(\theta|x)$ 最大化的 $\hat{\theta}$, 对后验密度关于 θ 求导数, 可得

$$\frac{d\pi(\theta|x)}{d\theta} = \frac{e^{-x}}{\pi m(x)}\left[\frac{e^\theta}{1+\theta^2} - \frac{2\theta e^\theta}{(1+\theta^2)^2}\right] = \frac{e^{-x}}{\pi m(x)} \cdot \frac{e^\theta(\theta-1)^2}{(1+\theta^2)^2},$$

故 $\pi(\theta|x)$ 的导数在 $\theta \leqslant x$ 范围内是非负的, 因而 $\pi(\theta|x)$ 是单调增的, 故在 $\theta = x$ 时达到最大, 即 $\hat{\theta}_{\mathrm{MD}} = x$ 是后验众数估计. □

本例中的另外两个估计, 后验期望估计和后验中位数估计需要通过数值计算得到. 本例中的三种 Bayes 估计是互不相同的.

3.6.2　Bayes 点估计的精度——估计的误差

设 θ 的后验分布为 $\pi(\theta|\boldsymbol{x})$, θ 的 Bayes 估计为 $\delta(\boldsymbol{x})$, 知道在经典方法中衡量一个估计量的优劣看其均方误差 (在无偏估计情形看方差) 大小, 一个估计量均方误差 (MSE) 越小越好. 在此处对 Bayes 估计 $\delta(\boldsymbol{x})$, 衡量优劣用如下定义的后验均方误差 (posterior mean square error, PMSE):

$$\mathrm{PMSE}(\delta(\boldsymbol{x})) = \mathbb{E}^{\theta|\boldsymbol{x}}[(\theta - \delta(\boldsymbol{x}))^2]$$

来度量估计量的精度, PMSE 越小越好. 若记 $\mu^\pi(\boldsymbol{x})$ 为 θ 的后验期望, 特别当 $\delta(\boldsymbol{x}) = \mu^\pi(\boldsymbol{x})$ 时, 则 $\delta(\boldsymbol{x})$ 的 PMSE 为后验方差, 即

$$\mathrm{PMSE}(\delta(\boldsymbol{x})) = \mathbb{E}^{\theta|\boldsymbol{x}}[(\theta - \mu^\pi(\boldsymbol{x}))^2] = V^\pi(\boldsymbol{x}),$$

其中 $V^\pi(\boldsymbol{x})$ 为 θ 的后验方差. 对 θ 的任一估计 $\delta(\boldsymbol{x})$, 其后验均方误差 PMSE 与后验方差 $V^\pi(\boldsymbol{x})$ 的关系如下:

$$\begin{aligned}\mathrm{PMSE}(\delta(\boldsymbol{x})) &= \mathbb{E}^{\theta|\boldsymbol{x}}[(\theta - \delta(\boldsymbol{x}))^2] = \mathbb{E}^{\theta|\boldsymbol{x}}[(\theta - \mu^\pi(\boldsymbol{x})) + (\mu^\pi(\boldsymbol{x}) - \delta(\boldsymbol{x}))]^2 \\ &= V^\pi(\boldsymbol{x}) + [\mu^\pi(\boldsymbol{x}) - \delta(\boldsymbol{x})]^2 \geqslant V^\pi(\boldsymbol{x}),\end{aligned}$$

且等号成立的充要条件是 $\delta(\boldsymbol{x}) = \mu^\pi(\boldsymbol{x})$, 即 θ 的后验期望估计使 PMSE 达到最小. 故后验期望估计是在 PMSE 准则下的最优估计. 这就是为什么习惯上在三种 Bayes 估计 (后验众数估计、后验中位数估计、后验期望估计) 中常取后验期望 $\mu^\pi(\boldsymbol{x}) = \mathbb{E}(\theta|\boldsymbol{x})$ 作为 θ 的 Bayes 估计的理由.

例 3.6.4 (续例 3.6.1)　设总体 X 服从正态分布 $N(\theta, \sigma^2)$, 其中 σ^2 已知. 令 $\mathbf{X} = (X_1, \cdots, X_n)$ 为从总体 X 中抽取的 i.i.d. 样本.

(1) 若 θ 的先验分布为无信息先验 $\pi(\theta) \equiv 1$, 求 θ 的后验期望估计及后验方差.

(2) 若取 θ 的先验分布为共轭先验 $\theta \sim N(\mu, \tau^2)$, 求 θ 的后验期望估计 $\hat{\theta}_E$ 的方差, 以及 θ 的经典估计 $\delta(\boldsymbol{x}) = \bar{x}$ 的 PMSE, 将二者进行比较.

解　(1) 类似于例 1.6.5, 可知 θ 的后验分布 $\pi(\theta|\boldsymbol{x})$ 为 $N(\bar{x}, \sigma^2/n)$. 故 θ 的后验期望估计为

$$\hat{\theta}_E = \mu^\pi(\boldsymbol{x}) = \bar{x}, \qquad V^\pi(\boldsymbol{x}) = \sigma^2/n.$$

本例说明无信息先验得到的 Bayes 估计与经典方法所得 θ 的估计 (MLE) 一致. 这又一次说明经典方法获得的估计是特殊先验分布下的 Bayes 估计.

(2) 由例 3.6.1 可知 θ 的后验分布 $\pi(\theta|\boldsymbol{x})$ 为 $N(\mu_n(\boldsymbol{x}),\eta_n^2)$. 因此后验期望估计为 $\mu_n(\boldsymbol{x})$, 其后验方差为 η_n^2, 即

$$\hat{\theta}_E=\mu_n(\boldsymbol{x})=\frac{\sigma^2}{\sigma^2+n\tau^2}\mu+\frac{n\tau^2}{\sigma^2+n\tau^2}\bar{x},\quad \mathrm{V}^\pi(\boldsymbol{x})=\eta_n^2=\frac{\sigma^2\tau^2}{\sigma^2+n\tau^2}.$$

而 $\delta(\boldsymbol{x})=\bar{x}$ 的 PMSE 为

$$\begin{aligned}\mathrm{PMSE}(\delta(\boldsymbol{x}))&=V^\pi(\boldsymbol{x})+\left[\mu^\pi(\boldsymbol{x})-\bar{x}\right]^2\\&=V^\pi(\boldsymbol{x})+\left(\frac{\sigma^2/n}{\sigma^2/n+\tau^2}\right)^2(\mu-\bar{x})^2\geqslant V^\pi(\boldsymbol{x}).\end{aligned}$$

由此可见 Bayes 估计 $\hat{\theta}_E$ 比经典估计 $\delta(x)=\bar{x}$ 的 PMSE 要小. □

例 3.6.5 为估计不合格品率 θ, 今从一批产品中随机抽取 n 件, 其中不合格品数 $X\sim$ 二项分布 $B(n,\theta)$, 此处 $X=\sum\limits_{i=1}^n X_i$, $X_i=1$ 表示抽出的第 i 件不合格, $X_i=0$ 表示抽出的第 i 件合格. 若取 θ 的先验分布为 $\mathrm{Be}(\alpha,\beta)$.

(1) 求后验期望估计及后验方差;

(2) 当取 $\alpha=\beta=1$, 即先验分布 $\pi(\theta)$ 为均匀分布 $U(0,1)$ 时, 求后验期望估计和后验众数估计, 并将其进行比较.

(3) 当 $\alpha=\beta=1$ 时, 求后验期望估计的后验方差和后验众数估计的后验均方误差, 并将其进行比较

证 (1) 当 θ 的先验分布为 $\mathrm{Be}(\alpha,\beta)$ 时, 由例 1.6.7 可知 θ 的后验密度为

$$\pi(\theta|x)=\frac{\Gamma(\alpha+\beta+n)}{\Gamma(x+\alpha)\Gamma(\beta+n-x)}\theta^{x+\alpha-1}(1-\theta)^{n-x+\beta-1},\quad 0<\theta<1,$$

即 θ 的后验分布 $\pi(\theta|x)$ 为 $\mathrm{Be}(x+\alpha,n-x+\beta)$. 由贝塔分布 $\mathrm{Be}(a,b)$ 的均值和方差分别为 $a/(a+b)$, $ab/[(a+b)^2(a+b+1)]$, 可知 θ 的后验期望估计为

$$\hat{\theta}_E=\mu^\pi(x)=\frac{x+\alpha}{n+\alpha+\beta},$$

其后验方差为

$$V^\pi(x)=\frac{(x+\alpha)(n-x+\beta)}{(\alpha+\beta+n)^2(\alpha+\beta+n+1)}.$$

(2) 若 θ 的先验分布为 $U(0,1)$, 则 θ 的后验分布为贝塔分布 $\mathrm{Be}(x+1,n-x+1)$, 则由 $\mathrm{Be}(a,b)$ 分布的均值为 $a/(a+b)$、众数为 $(a-1)/(a+b-2)$, 可知 θ 的后验期望估计和后验众数估计分别为

$$\hat{\theta}_E=\mu^\pi(x)=\frac{x+1}{n+2},\qquad \hat{\theta}_{\mathrm{MD}}=\frac{x}{n},\tag{3.6.1}$$

对这两个估计作如下说明: ① 由 (3.6.1) 可见 θ 的后验众数估计 (即广义 MLE) 就是经典方法中的 MLE, 即不合格率 θ 的 MLE 就是取先验分布为无信息先验 $U(0,1)$ 下的 Bayes 估计, 这种现象以后还会看到. Bayes 学派对这种现象的看法是任何使用经典统计方法的人都自觉或不自觉地使用 Bayes 方法. ② θ 的

后验期望估计要比后验众数更合适一些, 表 3.6.1 列出四个试验结果, 1 号试验与 2 号试验各抽 3 个与 10 个, 其中没有一件是不合格品, 这两件事在人们心目中留下的印象是不同的, 后者的质量要比前者更信得过. 但 $\hat{\theta}_{\mathrm{MD}}$ 皆为 0, 显示不出二者的差别, 而 $\hat{\theta}_E$ 可显示出二者的差别; 对 3 号和 4 号试验, 也是各抽 3 个与 10 个, 其中没有一件是合格品, 也在人们心目中留下了不同的印象, 认为后者的质量更差, 这种差别用 $\hat{\theta}_{\mathrm{MD}}$ (取值皆为 1) 反映不出来, 而用 $\hat{\theta}_E$ (后者取值更接近 1) 能反映出来. 由于 $\hat{\theta}_{\mathrm{MD}}$ 与经典估计相同, 故 Bayes 估计 $\hat{\theta}_E$ 显示出相对于经典估计的优点.

表 3.6.1　不合格品率 θ 的两种 Bayes 估计的比较

试验号	样本容量 n	不合格品数 x	$\hat{\theta}_{\mathrm{MD}}=x/n$	$\hat{\theta}_E=(x+1)/(n+2)$
1	3	0	0	0.200
2	10	0	0	0.083
3	3	3	1	0.800
4	10	10	1	0.917

由此可见, 在这些极端场合下, 后验期望估计更具有吸引力, 在其他场合这两个估计差别不大. 在实际问题中, 由于后验期望估计常优于后验众数估计, 人们常选用后验期望估计作为 Bayes 估计.

(3) 若取先验分布 $\pi(\theta)$ 为 $U(0,1)$, 则 θ 的后验分布为贝塔分布 $\mathrm{Be}(x+1,n-x+1)$, 易知 $\hat{\theta}_E$ 的后验方差为

$$V^{\pi}(x)=\frac{(x+1)(n-x+1)}{(n+2)^2(n+3)},$$

而 $\hat{\theta}_{\mathrm{MD}}$ 的后验均方误差为

$$\begin{aligned}\mathrm{PMSE}(\hat{\theta}_{\mathrm{MD}})&=V^{\pi}(x)+(\hat{\theta}_{\mathrm{MD}}-\hat{\theta}_E)^2\\&=\frac{(x+1)(n-x+1)}{(n+2)^2(n+3)}+\left(\frac{x}{n}-\frac{x+1}{n+2}\right)^2\geqslant V^{\pi}(x).\end{aligned}$$

可见后验期望估计的精度比后验众数估计的精度高.

表 3.6.2 是根据 4 对 (n,x) 的值算得的 $\hat{\theta}_E$ 和 $\hat{\theta}_{\mathrm{MD}}$ 的后验方差和后验均方误差的值, 从此表可见后验期望估计的 $V^{\pi}(x)$ 小于后验众数估计的 PMSE, 由此表还可见样本容量的增加有利于后验方差和后验均方误差的减小. □

表 3.6.2　$\hat{\theta}_E$ 和 $\hat{\theta}_{MD}$ 的后验方差和后验均方误差

n	x	$\hat{\theta}_E$	$V^{\pi}(x)$	$\hat{\theta}_{\mathrm{MD}}$	PMSE
3	0	1/5	0.02667	0	0.06667
10	0	1/12	0.00588	0	0.01282
10	1	2/12	0.01068	1/10	0.01512
20	1	2/22	0.00359	1/20	0.00527

3.7 点估计中的数值优化方法

在很多场合, 参数的点估计没有显式表示, 只能表示为一组非线性方程的解. 此时, 我们需要使用数值优化方法来求解. 对似然函数进行最大化或者进行方程求解是一个优化问题, 因此根据问题的特点可以选择不同的优化方法. 这里我们的目的是展示数值优化过程, 因此我们将仅简要介绍常用的 Newton-Raphson 算法和期望最大化 (expectation-maximization, EM) 算法.

3.7.1 Newton-Raphson 算法

这是一种常用的非线性方程数值求根或者光滑函数求极值的数值迭代算法. 考虑无约束最优化问题

$$\min_{\boldsymbol{\theta}\in\mathbb{R}^p} f(\boldsymbol{\theta}),$$

其中 $f(\boldsymbol{\theta})$ 具有二阶连续偏导数, $\boldsymbol{\theta}$ 为 p 维变元. 记 $\boldsymbol{\theta}^*$ 为 $f(\boldsymbol{\theta})$ 的极小值点, 并记第 k 次迭代值为 $\boldsymbol{\theta}^{(k)}$, 则可将 $f(\boldsymbol{\theta})$ 在 $\boldsymbol{\theta}^{(k)}$ 处进行二阶泰勒展开:

$$f(\boldsymbol{\theta}) \approx f(\boldsymbol{\theta}^{(k)}) + \nabla f(\boldsymbol{\theta}^{(k)})^{\mathrm{T}}(\boldsymbol{\theta}-\boldsymbol{\theta}^{(k)}) + \frac{1}{2}(\boldsymbol{\theta}-\boldsymbol{\theta}^{(k)})^{\mathrm{T}}\nabla^2 f(\boldsymbol{\theta}^{(k)})(\boldsymbol{\theta}-\boldsymbol{\theta}^{(k)}),$$

其中 $\nabla f(\boldsymbol{\theta}) = \partial f(\boldsymbol{\theta})/\partial\boldsymbol{\theta}$ 和 $\nabla^2 f(\boldsymbol{\theta}) = \partial^2 f(\boldsymbol{\theta})/\partial\boldsymbol{\theta}\partial\boldsymbol{\theta}^{\mathrm{T}}$ 分别为梯度 (得分) 函数和 Hessian 函数. 函数 $f(\boldsymbol{\theta})$ 有极值的必要条件是在极值点处梯度为 0, 因此

$$0 = \nabla f(\boldsymbol{\theta}) \approx \nabla f(\boldsymbol{\theta}^{(k)}) + \nabla^2 f(\boldsymbol{\theta}^{(k)})(\boldsymbol{\theta}-\boldsymbol{\theta}^{(k)}),$$

由此得到下一步迭代值

$$\boldsymbol{\theta}^{(k+1)} = \boldsymbol{\theta}^{(k)} - [\nabla^2 f(\boldsymbol{\theta}^{(k)})]^{-1}\nabla f(\boldsymbol{\theta}^{(k)}). \tag{3.7.1}$$

显然, 迭代算法 (3.7.1) 也可以视为求方程式 $\nabla f(\boldsymbol{\theta}) = 0$ 的根的一种数值方法.

可以看出, Newton-Raphson 算法需要假设: ① 函数 $f(\boldsymbol{\theta})$ 二次连续可导; ② 在每步迭代中 Hessian 矩阵正定; ③ 初始值 $\boldsymbol{\theta}^{(0)}$ 足够接近 $\boldsymbol{\theta}^*$. 则得到的序列 $\boldsymbol{\theta}^{(0)}, \boldsymbol{\theta}^{(1)}, \boldsymbol{\theta}^{(2)}, \cdots$ 将快速趋近极小值点 (图 3.7.1).

上述求函数极小值点的方法同样适用于求函数的极大值点, 令 $g(\theta) = -f(\theta)$, 易见 $f(\theta)$ 的极小值点, 必为 $g(\theta)$ 的极大值点.

考虑对数似然函数 $f(\boldsymbol{\theta}) = \ell(\boldsymbol{\theta}, \boldsymbol{x})$, 由 (3.7.1) 知,

$$\boldsymbol{\theta}^{(k+1)} = \boldsymbol{\theta}^{(k)} - [H(\boldsymbol{\theta}^{(k)}, \boldsymbol{x})]^{-1} S(\boldsymbol{\theta}^{(k)}, \boldsymbol{x}), \tag{3.7.2}$$

其中 $S(\boldsymbol{\theta}, \boldsymbol{x}) = \partial\ell(\boldsymbol{\theta}, \boldsymbol{x})/\partial\boldsymbol{\theta}$ 和 $H(\boldsymbol{\theta}, \boldsymbol{x}) = \partial S(\boldsymbol{\theta}, \boldsymbol{x})/\partial\boldsymbol{\theta}^{\mathrm{T}} = \partial^2\ell(\boldsymbol{\theta}, \boldsymbol{x})/\partial\boldsymbol{\theta}\partial\boldsymbol{\theta}^{\mathrm{T}}$ 分别为得分函数和 Hessian 函数. 因此最大似然估计的 Newton-Raphson 算法为

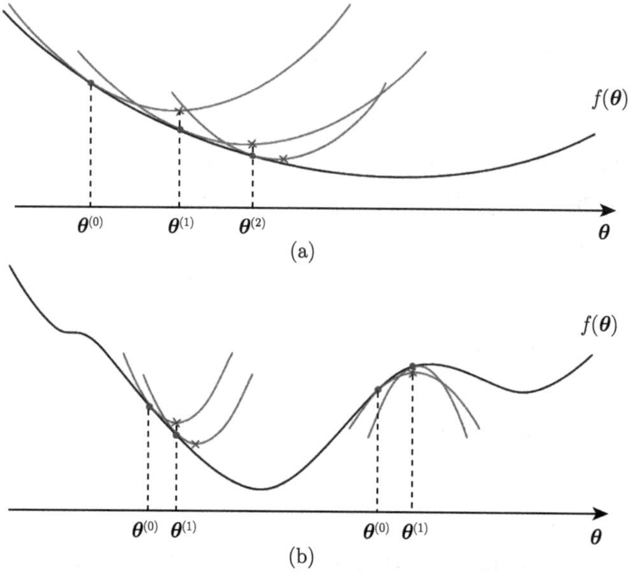

图 3.7.1 Newton-Raphson 算法

算法 1 最大似然估计的 Newton-Raphson 算法

输入: 得分函数 $S(\boldsymbol{\theta}, \boldsymbol{x})$ 和 Hessian 函数 $H(\boldsymbol{\theta}, \boldsymbol{x})$, 初始值 $\boldsymbol{\theta}^{(0)}$

输出: $\boldsymbol{\theta}^*$

　while 某种收敛准则 **do**

　　$\boldsymbol{\theta}^{(k+1)} = \boldsymbol{\theta}^{(k)} - [H(\boldsymbol{\theta}^{(k)}, \boldsymbol{x})]^{-1} S(\boldsymbol{\theta}^{(k)}, \boldsymbol{x})$

　　$k = k + 1$

　end while

算法中的收敛准则可以根据需要选择, 比如控制梯度大小 $\|S(\boldsymbol{\theta}^{(k)}, \boldsymbol{x})\|$, 或者迭代中参数值的变化量 $\|\boldsymbol{\theta}^{(k+1)} - \boldsymbol{\theta}^{(k)}\|$, 或者限制迭代次数, 等等.

Newton-Raphson 算法是一种二阶近似方法, 因此收敛速度较快. 但是需要在每一次迭代中计算和求逆 Hessian 矩阵, 计算复杂度高. 在求最大似然估计时, 如果样本容量为 n, $\boldsymbol{\theta}$ 为 p 维参数, 则计算 Hessian 矩阵需要 $O(np^2)$ 次循环, 求逆需要 $O(p^3)$ 次循环. 此外, 在一些问题中 Newton-Raphson 算法在极小值点附近可能不稳定. 由于 Newton-Raphson 算法的每次迭代中使用固定步长, 因此对于非二次型目标函数就不能保证目标函数值稳定地下降. 最后, 对于凸函数, 这些二次近似函数也是凸的, 但是对于非凸函数, 二次近似函数可以凸也可以凹, 这导致算法可能会收敛到局部极大值点 (图 3.7.1(b)). 为此, Newton-Raphson 算法的变种算法被大量提出, 这里我们不再赘述, 感兴趣的读者可以参阅专业的优化算法教材.

对似然函数而言, 注意到 $-H(\boldsymbol{\theta}, \boldsymbol{X}) \approx n\boldsymbol{I}(\boldsymbol{\theta})$, 这里 $\boldsymbol{I}(\boldsymbol{\theta})$ 为总体的 Fisher 信息阵 (详细讨论见 3.5 节). 因此迭代式 (3.7.2) 可以调整为

$$\boldsymbol{\theta}^{(k+1)} = \boldsymbol{\theta}^{(k)} + [n\boldsymbol{I}(\boldsymbol{\theta}^{(k)})]^{-1} S(\boldsymbol{\theta}^{(k)}, \boldsymbol{x}), \tag{3.7.3}$$

称此算法为 Fisher Scoring 算法. 由于 Fisher 信息阵为正定矩阵, 因此在一些问题中 Fisher Scoring 算法相比于 Newton-Raphson 算法具有更优的数值稳定性.

例 3.7.1 设 $X_1, \cdots, X_n$ 为来自如下 Logistic 分布的简单样本:

$$f(x, \theta) = \frac{\exp\{-(x-\theta)\}}{(1+\exp\{-(x-\theta)\})^2}, \quad -\infty < x < \infty, -\infty < \theta < \infty,$$

则相应似然函数有唯一最大值点, 但是没有显式表达. 使用 Newton-Raphson 算法给出求 θ 的 MLE 的算法.

解 通过计算似然函数的一阶和二阶导数, 选择样本平均值作为初始值, 利用算法 1 容易写出迭代步骤. □

实验 扫描实验 9 的二维码进行最大似然估计的数值优化模拟实验, 观察不同初始值下寻求到最大值点的过程.

实验 9
最大似然估计

3.7.2 期望-最大化 (EM) 算法

EM 算法是一种求解最大似然估计的迭代算法. 有很多统计模型具有这样一种结构: 有一个 "理想地" 观测 Y 服从密度 $f(y, \theta)$, 其对数似然函数 $\ell(\theta, \boldsymbol{y})$ 容易最大化, 最大似然估计具有显式表达. 但是我们实际观测到的是 $X = g(Y)$, 其密度函数为 $g(x, \theta)$, 相应的对数似然函数 $\ell(\theta, \boldsymbol{x})$ 形式复杂, 难以进行最大化, 因而最大似然估计也没有显式表达. 期望-最大化算法是解决此类问题的一种常用迭代优化算法.

记实际观测的量为 X, 缺失量为 Z, 完全数据为 $Y = (X, Z)$, 待估参数为 θ. 则观测数据的对数似然函数为 $\ell(\theta, \boldsymbol{x})$. EM 算法通过迭代方式来寻求 $\ell(\theta, \boldsymbol{x})$ 的最大化解. 假设 $\theta^{(k)}$ 表示在第 t 次迭代后的对数似然函数的最大值点, $k = 0, 1, 2, \cdots$. 定义 $Q(\theta|\theta^{(k)})$ 为在观测到 $X = \boldsymbol{x}$, 以及在参数 $\theta = \theta^{(k)}$ 的条件下完全数据的对数似然函数的期望, 此期望是在条件密度 $f(z|x, \theta^{(k)})$ 下计算, 即

$$\begin{aligned} Q(\theta|\theta^{(k)}) &= \mathbb{E}\{\ell(\theta, Y)|\boldsymbol{x}, \theta^{(k)}\} \\ &= \mathbb{E}\{\ln f(\boldsymbol{x}, Z, \theta)|\boldsymbol{x}, \theta^{(k)}\} \\ &= \int \ln f(\boldsymbol{x}, z, \theta) f(z|\boldsymbol{x}, \theta^{(k)}) dz. \end{aligned}$$

最后一式强调, 一旦我们给定了 $X = \boldsymbol{x}$, Z 就是 Y 唯一的随机部分.

EM 算法从 $\theta^{(0)}$ 开始, 然后在两步之间交替: E 表示期望, M 表示最大化. 该算法概括如下.

算法 2 最大似然估计的 EM 算法

输入: 初始值 $\theta^{(0)}$

输出: θ^*

while 某种收敛准则 **do**

(E-步) 计算 $Q(\theta|\theta^{(k)}) = \mathbb{E}[\ell(\theta, Y)|\boldsymbol{x}, \theta^{(k)}]$.

(M-步) $\theta^{(k+1)} = \arg\max_\theta Q(\theta|\theta^{(k)})$

$k = k + 1$

end while

当 E-步和 M-步均容易计算时候, EM 算法就非常吸引人. 在一些特定问题中, E-步和 M-步的计算可以结合其他数值计算方法来进行, 比如 E-步可以使用 Monte Carlo 近似, M-步使用 Newton-Raphson 算法, 等等, 发展出了各种的 EM 变种算法. 观测数据的对数似然 $\ell(\theta, \boldsymbol{x}), Q(\theta|\theta^{(k)}), \theta^{(k)}$ 和 $\theta^{(k+1)}$ 之间的关系如图 3.7.2 所示.

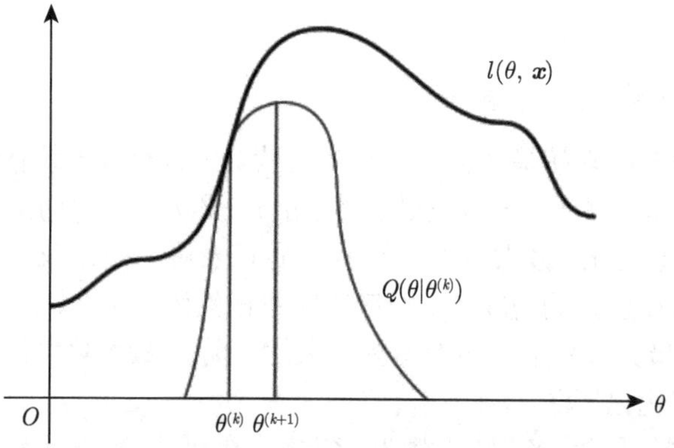

图 3.7.2 EM 算法

为了说明 EM 算法的收敛性, 我们通过说明在每步最大化过程增加了观测数据的对数似然量 $\ell(\theta, \boldsymbol{x})$. 注意到对数似然函数可以表示为

$$\ln f_X(\boldsymbol{x}, \theta) = \ln f(y, \theta) - \ln f_{Z|X}(z|\boldsymbol{x}, \theta)$$

因此

$$\mathbb{E}\{\ln f_X(\boldsymbol{x}, \theta)|\boldsymbol{x}, \theta^{(k)}\} = \mathbb{E}\{\ln f_Y(y|\theta)|\boldsymbol{x}, \theta^{(k)}\} - \mathbb{E}\{\ln f_{Z|X}(Z|\boldsymbol{x}, \theta)|\boldsymbol{x}, \theta^{(k)}\},$$

其中期望是关于 $Z|\boldsymbol{x}, \theta^{(k)}$ 计算的. 于是

$$\ln f_X(\boldsymbol{x}, \theta) = Q(\theta|\theta^{(k)}) - H(\theta|\theta^{(k)}),$$

其中

$$H(\theta|\theta^{(k)}) = \mathbb{E}\{\ln f_{Z|X}(Z|\boldsymbol{x}, \theta)|\boldsymbol{x}, \theta^{(k)}\}.$$

由于

$$
\begin{aligned}
H(\theta^{(k)}|\theta^{(k)}) - H(\theta|\theta^{(k)}) &= \mathbb{E}\{\ln f_{Z|X}(Z|\boldsymbol{x},\theta^{(k)})|\boldsymbol{x},\theta^{(k)}\} \\
&\quad - \mathbb{E}\{\ln f_{Z|X}(Z|\boldsymbol{x},\theta)|\boldsymbol{x},\theta^{(k)}\} \\
&= \int -\ln\left[\frac{f_{Z|X}(Z|\boldsymbol{x},\theta)}{f_{Z|X}(Z|\boldsymbol{x},\theta^{(k)})}\right] f_{Z|X}(z|\boldsymbol{x},\theta^{(k)})dz \\
&\geqslant -\ln\int f_{Z|X}(z|\boldsymbol{x},\theta)dz = 0.
\end{aligned}
$$

即在每个 M-步中,

$$
H(\theta^{(k)}|\theta^{(k)}) \geqslant H(\theta|\theta^{(k)}), \quad \forall\, \theta
$$

等号当且仅当 $\theta = \theta^{(k)}$ 时成立. 因此有

$$
\ell(\theta^{(k+1)},\boldsymbol{x}) = \ln f_X(\boldsymbol{x},\theta^{(k+1)}) \geqslant \ell(\theta^{(k)},\boldsymbol{x}) = \ln f_X(\boldsymbol{x},\theta^{(k)}) \geqslant 0.
$$

因此, EM 算法收敛到一个局部极大值点, 它是一种局部最优的算法.

例 3.7.2 椒花蛾 (peppered moth) 的色彩已经被确认是通过某单个基因决定的, 该基因有三个可能的等位基因: C, I 和 T. 其中 C 对 I 是显性的, T 对 I 是隐性的. 因此基因型 CC, CI 和 CT 导致 (深色) 黑色的表型. 基因型 TT 导致浅色的表型 (图 3.7.3). II 和 IT 导致一种中间的表型, 外观上变化很广泛, 但通常以中间色彩杂色而成. 因此有 6 种基因型, 3 种表现型.

图 3.7.3　浅色和深色椒花蛾

在英国和北美燃煤的工业区, 浅色的蛾子几乎被深色的蛾子所替代. 这种等位基因频率在种群内的变化被认为是在人类时间刻度下可以观察到生物微进化的一个例子. (被实验证实的) 理论结果是 “鸟类在不同反射背景下对蛾子的捕食程度明显不同”. 在燃煤的工业区, 污染减弱了黑色表型蛾子栖息在树皮表面的反射程度, 因而对其有利. 当环境改善后, 浅色表型增加, 黑色表型减少, 这并不令人奇怪.

因此, 监视这种蛾子的等位基因 C, I, T 的变化, 除可以研究微进化过程外, 还可以用于环境污染监控. 假设 Hardy-Weinberg 平衡律成立, 记各个等位基因在种群中的频率为 p_{C}, p_{I}, p_{T} $(p_{\mathrm{C}}+p_{\mathrm{I}}+p_{\mathrm{T}}=1)$, 则基因型 CC, CI, CT, II, IT, TT 的频率分别为 p_{C}^2, $2p_{\mathrm{C}}p_{\mathrm{I}}$, $2p_{\mathrm{C}}p_{\mathrm{T}}$, p_{I}^2, $2p_{\mathrm{I}}p_{\mathrm{T}}$, p_{T}^2.

假设我们随机捕了 $n=622$ 只蛾子, 其中黑色表型的有 $n_{\mathrm{C}}=85$ 只, 中间表型的有 $n_{\mathrm{I}}=196$ 只, 浅色表型的有 $n_{\mathrm{T}}=341$ 只. 求等位基因的概率 $p_{\mathrm{C}}, p_{\mathrm{I}}, p_{\mathrm{T}}$ 的最大似然估计.

解 由于各个基因型的频数不可观测:

	CC	CI	CT	II	IT	TT
不可观测	n_{CC}	n_{CI}	n_{CT}	n_{II}	n_{IT}	n_{TT}
观测		n_{C} 黑色			n_{I} 中间	n_{T} 浅色

因此, 此时观测数据为 $\boldsymbol{x} = (n_{\mathrm{C}}, n_{\mathrm{I}}, n_{\mathrm{T}})$, 而完全数据为 $\boldsymbol{y} = (n_{\mathrm{CC}}, n_{\mathrm{CI}}, n_{\mathrm{CT}}, n_{\mathrm{II}}, n_{\mathrm{IT}}, n_{\mathrm{TT}})$, 这里 $n_{\mathrm{CC}} + n_{\mathrm{CI}} + n_{\mathrm{CT}} = n_C$, $n_{\mathrm{II}} + n_{\mathrm{IT}} = n_{\mathrm{I}}$, 以及 $n_{\mathrm{TT}} = n_{\mathrm{T}}$. 我们希望由此数据来估计各个等位基因的概率 p_C, p_I, p_T. 完全数据 $\boldsymbol{Y} = (N_{CC}, N_{CI}, N_{CT}, N_{II}, N_{IT}, N_{TT}) \sim$ 多项分布 $M(n, \boldsymbol{p})$ (注意 $\boldsymbol{y}$ 是 $\boldsymbol{Y}$ 的具体观察值), 其中 $\boldsymbol{p} = (p_{CC}, p_{CI}, p_{CT}, p_{II}, p_{IT}, p_{TT})$, 从而完全数据的对数似然函数为

$$\begin{aligned}\ln f(\boldsymbol{y}|\boldsymbol{p}) = {} & n_{\mathrm{CC}} \ln p_{\mathrm{C}}^2 + n_{\mathrm{CI}} \ln(2p_{\mathrm{C}}p_{\mathrm{I}}) + n_{\mathrm{CT}} \ln(2p_{\mathrm{C}}p_{\mathrm{T}}) \\ & + n_{\mathrm{II}} \ln(p_{\mathrm{I}}^2) + n_{\mathrm{IT}} \ln(2p_{\mathrm{I}}p_{\mathrm{T}}) + n_{\mathrm{TT}} \ln(p_{\mathrm{TT}}^2) \\ & + \ln \frac{n!}{n_{\mathrm{CC}}!n_{\mathrm{CI}}!n_{\mathrm{CT}}!n_{\mathrm{II}}!n_{\mathrm{IT}}!n_{\mathrm{TT}}!}.\end{aligned}$$

由于完全数据不可观测, 若记 $N_{CC}, N_{CI}, N_{CT}, N_{II}, N_{IT}, N_{TT}$ 分别为各个基因型的个数, 利用多项分布的条件分布和边缘分布的性质, 可知

(1) $N_{\mathrm{CC}}, N_{\mathrm{CI}}, N_{\mathrm{CT}}|n_{\mathrm{C}}, n_{\mathrm{I}}, n_{\mathrm{T}}, \boldsymbol{p} \sim$

$$M\left(n_C, \frac{(p_C)^2}{1-(p_I+p_T)^2}, \frac{2p_Cp_I}{1-(p_I+p_T)^2}, \frac{2p_Cp_T}{1-(p_I+p_T)^2}\right)$$

(2) $N_{\mathrm{II}}, N_{\mathrm{IT}}|n_{\mathrm{C}}, n_{\mathrm{I}}, n_{\mathrm{T}}, \boldsymbol{p} \sim$

$$M\left(n_I, \frac{(p_I)^2}{2p_Tp_I+(p_I)^2}, \frac{2p_Tp_I}{2p_Tp_I+(p_I)^2}\right),$$

(3) $N_{\mathrm{TT}}|n_{\mathrm{C}}, n_{\mathrm{I}}, n_{\mathrm{T}}, \boldsymbol{p} \sim B(n_{\mathrm{T}}, p_{\mathrm{T}}^2)$.

从而在 EM 算法的第 k 步中, 对完全对数似然函数取期望得到

$$\begin{aligned}Q(\boldsymbol{p}|\boldsymbol{p}^{(k)}) = {} & n_{\mathrm{CC}}^{(k)} \ln(p_{\mathrm{C}}^2) + n_{\mathrm{CI}}^{(k)} \ln(2p_{\mathrm{C}}p_{\mathrm{I}}) + n_{\mathrm{CT}}^{(k)} \ln(2p_{\mathrm{C}}p_{\mathrm{T}}) \\ & + n_{\mathrm{II}}^{(k)} \ln(p_{\mathrm{I}}^2) + n_{\mathrm{IT}}^{(k)} \ln(2p_{\mathrm{I}}p_{\mathrm{T}}) + n_{\mathrm{TT}}^{(k)} \ln(p_{\mathrm{TT}}^2) \\ & + k(n_{\mathrm{C}}, n_{\mathrm{I}}, n_{\mathrm{T}}, \boldsymbol{p}^{(k)}),\end{aligned}$$

其中

$$n_{\mathrm{CC}}^{(k)} = \mathbb{E}\{N_{\mathrm{CC}}|n_{\mathrm{C}}, n_{\mathrm{I}}, n_{\mathrm{T}}, \boldsymbol{p}^{(k)}\} = n_{\mathrm{C}} \frac{(p_{\mathrm{C}}^{(k)})^2}{1-(p_{\mathrm{I}}^{(k)}+p_{\mathrm{T}}^{(k)})^2},$$

$$n_{\mathrm{CI}}^{(k)} = \mathbb{E}\{N_{\mathrm{CI}}|n_{\mathrm{C}}, n_{\mathrm{I}}, n_{\mathrm{T}}, \boldsymbol{p}^{(k)}\} = n_{\mathrm{C}} \frac{2p_{\mathrm{C}}^{(k)}p_{\mathrm{I}}^{(k)}}{1-(p_{\mathrm{I}}^{(k)}+p_{\mathrm{T}}^{(k)})^2},$$

$$n_{\mathrm{CT}}^{(k)} = \mathbb{E}\{N_{\mathrm{CT}}|n_{\mathrm{C}}, n_{\mathrm{I}}, n_{\mathrm{T}}, \boldsymbol{p}^{(k)}\} = n_{\mathrm{C}} \frac{2p_{\mathrm{C}}^{(k)}p_{\mathrm{T}}^{(k)}}{1-(p_{\mathrm{I}}^{(k)}+p_{\mathrm{T}}^{(k)})^2},$$

$$
\begin{aligned}
n_{II}^{(k)} &= \mathbb{E}\{N_{II}|n_C,n_I,n_T,\boldsymbol{p}^{(k)}\} = n_I\frac{(p_I^{(k)})^2}{2p_I^{(k)}p_T^{(k)}+(p_I^{(k)})^2}\\
n_{IT}^{(k)} &= \mathbb{E}\{N_{IT}|n_C,n_I,n_T,\boldsymbol{p}^{(k)}\} = n_I\frac{2p_I^{(k)}p_T^{(k)}}{2p_I^{(k)}p_T^{(k)}+(p_I^{(k)})^2}.\\
n_{TT}^{(k)} &= \mathbb{E}\{N_{TT}|n_C,n_I,n_T,\boldsymbol{p}^{(k)}\} = n_T\left(p_T^{(k)}\right)^2.
\end{aligned}
$$

最后一项

$$
k(n_{\mathrm{C}},n_{\mathrm{I}},n_{\mathrm{T}},\boldsymbol{p}^{(k)}) = \mathbb{E}\left\{\ln\frac{n!}{n_{\mathrm{CC}}!n_{\mathrm{CI}}!n_{\mathrm{CT}}!n_{\mathrm{II}}!n_{\mathrm{IT}}!n_{\mathrm{TT}}!}\middle|n_{\mathrm{C}},n_{\mathrm{I}},n_{\mathrm{T}},\boldsymbol{p}^{(k)}\right\}
$$

与 $\boldsymbol{p}$ 无关.

下面对 $Q(\boldsymbol{p}|\boldsymbol{p}^{(k)})$ 进行最大化, 注意 $p_C+p_I+p_T=1$, 于是关于 p_C,p_I 求导

$$
\begin{aligned}
\frac{\partial Q(\boldsymbol{p}|\boldsymbol{p}^{(k)})}{\partial p_{\mathrm{C}}} &= \frac{2n_{\mathrm{CC}}^{(k)}+n_{\mathrm{CI}}^{(k)}+n_{\mathrm{CT}}^{(k)}}{p_{\mathrm{C}}} - \frac{2n_{\mathrm{TT}}^{(k)}+n_{\mathrm{CT}}^{(k)}+n_{\mathrm{IT}}^{(k)}}{1-p_{\mathrm{C}}-p_{\mathrm{I}}},\\
\frac{\partial Q(\boldsymbol{p}|\boldsymbol{p}^{(k)})}{\partial p_{\mathrm{I}}} &= \frac{2n_{\mathrm{II}}^{(k)}+n_{\mathrm{IT}}^{(k)}+n_{\mathrm{CI}}^{(k)}}{p_{\mathrm{I}}} - \frac{2n_{\mathrm{TT}}^{(k)}+n_{\mathrm{CT}}^{(k)}+n_{\mathrm{IT}}^{(k)}}{1-p_{\mathrm{C}}-p_{\mathrm{I}}}
\end{aligned}
$$

令导数为零, 得到

$$
\begin{aligned}
p_{\mathrm{C}}^{(k+1)} &= \frac{2n_{\mathrm{CC}}^{(k)}+n_{\mathrm{CT}}^{(k)}+n_{\mathrm{CI}}^{(k)}}{2n},\\
p_{\mathrm{I}}^{(k+1)} &= \frac{2n_{\mathrm{II}}^{(k)}+n_{\mathrm{IT}}^{(k)}+n_{\mathrm{CI}}^{(k)}}{2n},\\
p_{\mathrm{T}}^{(k+1)} &= \frac{2n_{\mathrm{TT}}^{(k)}+n_{\mathrm{CT}}^{(k)}+n_{\mathrm{IT}}^{(k)}}{2n}.
\end{aligned}
$$

代入数据计算得到 $\hat{p}_C=0.071,\hat{p}_I=0.189,\hat{p}_T=0.74.$ □

实验 扫描实验 10 的二维码进行上例中最大似然估计的 EM 数值优化模拟实验, 观察不同初始值下寻求到最大值点的过程.

实验 10
椒花蛾色彩等位基因概率估计

本章总结

第 3 章知识点结构图

重点概念总结

- 最大似然估计有两种不同的求法: ① 微积分求极大值方法; ② 从定义出发. 若似然函数关于参数 θ 可求导, 则用前者, 否则用后者.
- 最大似然估计 (MLE) 具有不变性, 即若 θ 的 MLE 为 $\hat{\theta}$, 则 θ 的函数 $g(\theta)$ 的 MLE 为 $g(\hat{\theta})$. 本教材中将这一性质直接用定义给出.
- L-S 定理是求一致最小方差无偏估计 (UMVUE) 的主要方法, 是基于充分完全统计量的方法.
- 另外一种求 UMVUE 的方法是 C-R 不等式法, 但要注意: 若用 C-R 不等式法失效, 并不能说明有关参数的 UMVUE 不存在.

第 3 章习题

1. 设 $X_1,\cdots,X_n$ i.i.d. $\sim N(a,\sigma^2)$, 样本方差 $S^2=\sum\limits_{i=1}^n(X_i-\bar{X})^2/(n-1)$ 是 σ^2 的无偏估计. 证明 S^2 是 σ^2 的强相合估计和均方相合估计.
2. 证明 $\hat{\theta}_n$ 是 θ 的均方相合估计的充要条件为: $\hat{\theta}_n$ 是渐近无偏的且 $\lim\limits_{n\to\infty}\mathrm{Var}_\theta(\hat{\theta}_n)=0$, 对任何 $\theta\in\Theta$.
3. 设 $\boldsymbol{X}=(X_1,\cdots,X_n)$ 是从某总体中抽取的简单样本, 满足 $\mathbb{E}(X_1)=\mu<\infty$, $\mathbb{E}(X_1^2)<\infty$, 证明 $T(\boldsymbol{X})=2\sum\limits_{i=1}^n iX_i/[n(n+1)]$ 是 μ 的弱相合估计.
4. 设 $X_n\xrightarrow{\text{a.s.}}X$, $g(x)$ 为 x 的连续函数, 则 $g(X_n)\xrightarrow{\text{a.s.}}g(X)$.
5. 设总体 X 服从均匀分布 $U(0,2\theta)$, 令 $X_1,\cdots,X_n$ 为从总体 X 中抽取的简单样本.
   (1) 证明 $\hat{\theta}_1=\bar{X}$ 和 $\hat{\theta}_2=(n+1)X_{(n)}/(2n)$ 为 θ 的无偏估计.
   (2) 证明 $\hat{\theta}_1$ 为 θ 的强相合估计, $\theta_2^*=X_{(n)}/2$ 为 θ 的弱相合估计.
   (3) 求 $\hat{\theta}_1$ 和 $\hat{\theta}_2$ 的方差, 问哪一个更有效?
6. 设总体 X 服从二项分布 $B(k,p)$, k 是正整数, $0<p<1$, 两者都是未知参数, $X_1,\cdots,X_n$ 为从中抽取的简单样本, 求 k 和 p 的矩估计.
7. 设 $X_1,\cdots,X_n$ 为抽自对数级数分布
$$\mathbb{P}(X=k)=-\frac{1}{\ln(1-p)}\cdot\frac{p^k}{k},\quad 0<p<1,\ k=1,2,\cdots$$
   的随机样本, 求参数 p 的矩估计量.
8. 设样本 $X_1,\cdots,X_n$ 抽自正态分布 $N(0,\sigma^2)$, 求 σ 的矩估计量:
   (1) 利用 $\mathbb{E}|X_1|=\sqrt{\dfrac{2}{\pi}}\sigma$;
   (2) 利用 $\sigma=\sqrt{\mathrm{Var}(X_1)}$.
9. 设 $X_1,\cdots,X_n$ 是来自正态总体 $N(a,\sigma^2)$ 的简单样本, 求 $\mathbb{P}(X>1)$ 的矩估计量.
10. 设 $X_1,\cdots,X_n$ i.i.d. $\sim\Gamma(r,\lambda)$, 其中 r 已知, 求 λ 矩估计量, 并讨论它的无偏性.

11. 若 $X=e^{\xi}$, 而 $\xi \sim N(a,\sigma^2)$, 则 r.v.X 的分布称为对数正态分布. 求出 X 的密度函数. 设 $X_1,\cdots,X_n$ 是从总体 X 抽取的简单样本, 求 a 和 σ^2 的矩估计和最大似然估计.

12. 设总体 X 的概率分布如下表:

X	0	1	2	3
$\mathbb{P}$	θ^2	$2\theta(1-\theta)$	θ^2	$1-2\theta$

其中 $0<\theta<1/2$ 为未知参数. 现从此总体中抽出一样本容量为 100 的简单样本, 其中 0 出现了 10 次, 1 出现了 53 次, 2 出现了 16 次, 3 出现了 21 次. 试求 θ 的矩估计和最大似然估计.

13. 设 $X_1,\cdots,X_n$ 是从总体 X 中抽取的简单样本, X 的分布为下列之一, 试分别用矩估计法和最大似然法求 θ 的估计量:

(1) $f(x,\theta)=\begin{cases}\theta(\theta+1)x^{\theta-1}(1-x), & 0<x<1,\ \theta>0,\\ 0, & \text{其他};\end{cases}$

(2) $f(x,\theta)=(\theta+1)x^{\theta},\quad 0<x<1,\ \theta>-1;$

(3) $f(x,\theta)=\begin{cases}\dfrac{\theta^{-r}}{\Gamma(r)}x^{r-1}\exp\left\{-\dfrac{x}{\theta}\right\}, & x>0,\\ 0, & \text{其他},\end{cases}\quad r>0 \text{ 已知}.$

14. 设总体 X 的密度为 $\dfrac{1}{2\sigma}\exp\{-|x-a|/\sigma\}$, 其中 $\sigma>0$ 和 $-\infty<a<\infty$ 为未知参数. 设 $X_1,\cdots,X_n$ 为抽自此总体的简单样本, 求 a 和 σ 的矩估计和最大似然估计.

15. 设随机变量 X 的密度函数为

$$f(x,\theta)=\begin{cases}\dfrac{x}{\theta^2}\exp\left\{-\dfrac{x^2}{2\theta^2}\right\}, & x>0,\\ 0, & x\leqslant 0,\end{cases}\qquad \theta>0.$$

设 $X_1,\cdots,X_n$ 为从总体 X 中抽取的随机样本, 求 θ 的 MLE.

16. 设 $X_1,\cdots,X_n$ 是来自双参数指数分布

$$f(x,\mu,\sigma)=\frac{1}{\sigma}\exp\left\{-\frac{x-\mu}{\sigma}\right\},\quad x\geqslant\mu$$

的简单样本, 其中 $-\infty<\mu<\infty,\sigma>0$. 记 $\boldsymbol{\theta}=(\mu,\sigma)$, 求 μ, σ 和 $\mathbb{P}_{\theta}(X_1\geqslant t)$ $(t>\mu)$ 的矩估计和最大似然估计.

17. 设 $X_1,\cdots,X_n$ 为从总体 X 中抽取的随机样本, X 服从均匀分布 $U(\theta-1/2,\theta+1/2)$, 求 θ 的 MLE.

18. 设 $X_1,\cdots,X_n$ 是来自均匀分布 $U(\theta,2\theta)$ 的简单样本, 其中 $0<\theta<\infty$, 求 θ 的 MLE, 它是 θ 的无偏估计吗? 如果不是, 试对它略作修改, 得到 θ 的一个无偏估计.

19. 设 $X_1,\cdots,X_m$ 和 $Y_1,\cdots,Y_n$ 分别来自总体 $N(\mu_1,\sigma^2)$ 和 $N(\mu_2,\sigma^2)$ 的两组独立样本, 求 μ_1, μ_2 和 σ^2 的 MLE.

20. 为了估计湖中有多少条鱼, 从中捞出 1000 条, 标上记号后放回湖中, 然后再捞出 150 条鱼, 发现其中有 10 条鱼有记号. 问湖中有多少条鱼, 才能使 150 条鱼中出现 10 条带记号的鱼的概率最大?

21. 一个罐子中装有黑白两种球, 今有放回地抽取一个大小为 n 的样本, 其中有 k 个白球, 求罐中黑白球之比的最大似然估计.

22. 设 $X_1, X_2, \cdots, X_N$ 为 i.i.d. 样本，$X_1 \sim$ Poisson 分布 $P(\lambda)$，$\lambda > 0$. 若仅观测到 $X_1, X_2, \cdots, X_N$ 中的前 n 个样本 $X_1, X_2, \cdots, X_n$ 的值，以及后面 $N-n$ 个样本的和 $\sum\limits_{i=n+1}^{N} X_i = T$, 求 λ 的最大似然估计.

23. 设 $X_1, \cdots, X_n$ 为抽自下列指数分布的简单样本:

$$f(x, \theta) = \begin{cases} e^{-(x-\mu)}, & x > \mu, \\ 0, & \text{其他}, \end{cases}$$

其中 $-\infty < \mu < \infty$.

(1) 试求 μ 的最大似然估计 $\hat{\mu}^*$，$\hat{\mu}^*$ 是 μ 的无偏估计吗? 如果不是, 试对它作修改, 以得到 μ 的无偏估计 $\hat{\mu}^{**}$;

(2) 试求 μ 的矩估计 $\hat{\mu}$, 并证明它是 μ 的无偏估计;

(3) 试问 $\hat{\mu}^{**}$ 和 $\hat{\mu}$ 哪一个有效?

24. 设 $X_1, \cdots, X_n$ i.i.d. $\sim$ 均匀分布 $U(0, \theta)$, 求 θ 的 MLE $\hat{\theta}_n$, 证明 $\hat{\theta}_n$ 是 θ 的强相合估计和 r $(r > 0)$ 阶矩相合估计. (提示: 证强相合估计要用到 Borel-Contelli 引理, 即证明对任给 $\varepsilon > 0$, 有 $\sum\limits_{n=1}^{\infty} \mathbb{P}\big(|\hat{\theta}_n - \theta| \geqslant \varepsilon\big) < \infty$.)

25. 设 $X_1, \cdots, X_n$ i.i.d. $\sim N(\sigma, \sigma^2)$, $\sigma > 0$, 试求 σ^2 的 MLE $\hat{\sigma}_*^2$, 并证明 $\hat{\sigma}_*$ 为 σ 的弱相合估计.

26. 设总体 X 为下列 0-1 分布族

$$\mathbb{P}_\theta(X=1) = 1 - \mathbb{P}_\theta(X=0) = \begin{cases} \theta, & \theta \text{ 为有理数}, \\ 1-\theta, & \theta \text{ 为无理数}. \end{cases}$$

设 $X_1, \cdots, X_n$ 为从总体 X 中抽取的简单样本, 证明 θ 的 MLE 不是相合估计.

*27. 设 $X_1, \cdots, X_n$ 是来自 Gamma 分布 $\Gamma(\alpha, \lambda)$ 的简单样本, 试证明

(1) 当 $\lambda = 1$ 时, 记 α 的 MLE 为 $\hat{\alpha}$, 则

$$\sqrt{n}(\hat{\alpha} - \alpha) \xrightarrow{\mathscr{L}} N\left(0, \left[E\left(\frac{\partial \ln g(x, \alpha)}{\partial \alpha}\right)^2\right]^{-1}\right),$$

此处 $g(x, \alpha)$ 是参数分别为 α, $\lambda = 1$ 的 Gamma 分布的密度函数;

(2) 当 α 已知时, λ 的 MLE $\hat{\lambda}$ 近似服从 $N(\lambda, \lambda^2/(n\alpha))$, 即 $\sqrt{n}(\hat{\lambda} - \lambda) \xrightarrow{\mathscr{L}} N(0, \lambda^2/\alpha)$.

28. 考察均匀分布族 $\{U(0, \theta) : \theta > 0\}$, 则不管样本容量 n 有多大, $g(\theta) = 1/\theta$ 不是可估参数. 试以 $n = 1$ 为例, 证明这个结论.

29. 设 $X_1, \cdots, X_n$ i.i.d. $\sim N(\theta, 1)$, 证明 $g(\theta) = |\theta|$ 没有无偏估计, 即 $g(\theta)$ 不是可估参数. (提示: 利用 $g(\theta)$ 在 $\theta = 0$ 处不可导.)

30. 试证明定理 3.4.2 逆成立: 若 $\hat{g}$ 为 $g(\theta)$ 的 UMVUE, $\mathrm{Var}_\theta(\hat{g}) < \infty$ 对任何 $\theta \in \Theta$, 则当 $\mathbb{E}_\theta(\hat{l}) = 0$ 且 $\mathrm{Var}_\theta(\hat{l}) < \infty$ 对一切 $\theta \in \Theta$ 成立时, 必有 $\mathrm{Cov}_\theta(\hat{g}, \hat{l}) = 0$ 对一切 $\theta \in \Theta$. (提示: 用反证法. 若 $\mathrm{Cov}_\theta(\hat{g}, \hat{l}) \neq 0$ 对某个 $\theta \in \Theta$, 则存在常数 δ, $|\delta|$ 充分小, 使 $\mathrm{Var}_\theta(\hat{g} + \delta\hat{l}) < \mathrm{Var}_\theta(\hat{g})$, 因为 $\hat{g} + \delta\hat{l}$ 为无偏估计, 得到矛盾.)

31. 设 $\boldsymbol{X} = (X_1, \cdots, X_n)$ 为从均匀分布 $U(0, \theta)$ 中抽取的简单样本, 用零无偏估计法求 θ 的 UMVUE.

*32. 设 $\boldsymbol{X} = (X_1, \cdots, X_n)$ 为从指数分布 $f(x) = e^{-(x-\mu)} I_{[\mu, \infty)}(x)$, $\mu \leqslant 0$ 中抽取的简单样本, 用零无偏估计法求参数 μ 的 UMVUE.

33. 设 $X_1, \cdots, X_n$ i.i.d. $\sim N(\mu, \sigma^2)$, $-\infty < \mu < \infty$, $\sigma^2 > 0$ 都是未知参数, 试求参数函数的 UMVUE:

(1) $3\mu + 4\sigma^2$;

(2) $\mu^2/(4\sigma^2)$.

34. 设 $X_1, \cdots, X_n$ i.i.d. 服从两点分布 $B(1, p)$, $0 < p < 1$ 是未知参数, 试求:

(1) p^s 的 UMVUE;

(2) $p^s + (1-p)^{n-s}$ 的 UMVUE ($0 < s < n$ 为整数).

35. 设 $X_1, \cdots, X_m$ i.i.d. $\sim N(a, \sigma^2)$, $Y_1, \cdots, Y_n$ i.i.d. $\sim N(a, 2\sigma^2)$, 且两组样本独立, 求 a 和 σ^2 的 UMVUE.

36. 设 $\boldsymbol{X} = (X_1, \cdots, X_n)$ 是从下列几何分布中抽取的简单样本:

$$\mathbb{P}(X_1 = i) = \theta(1-\theta)^{i-1}, \quad i = 1, 2, \cdots, \ 0 < \theta < 1.$$

(1) 试证明 $T = T(\boldsymbol{X}) = \sum_{i=1}^{n} X_i$ 是 θ 的充分完全统计量, 且服从帕斯卡 (负二项) 分布

$$\mathbb{P}_\theta(T = t) = \binom{t-1}{n-1}\theta^n(1-\theta)^{t-n}, \quad t = n, n+1, n+2, \cdots.$$

(2) 计算 $\mathbb{E}_\theta(T)$, 并由此求 θ^{-1} 的 UMVUE.

(3) 试证明

$$\psi(X_1) = \begin{cases} 1, & X_1 = 1, \\ 0, & X_1 = 2, 3, \cdots \end{cases}$$

是 θ 的无偏估计, 计算 $\mathbb{E}_\theta\left(\psi(X_1)|T = t\right)$, 并由此求得 θ 的 UMVUE.

37. 设有分布族 $\{\theta e^{-\theta x} I_{(0,\ \infty)}(x) : \theta > 0\}$, $X_1, \cdots, X_n$ 为从中抽取的简单样本, 求 $e^{-\theta\tau}$ 的 UMVUE (注意: $e^{-\theta\tau} = \mathbb{P}_\theta(X_1 > \tau)$), 此处 $\tau > 0$ 为给定的数.

*38. 设 $X_1, \cdots, X_n$ 是来自均匀分布总体 $U(\theta_1, \theta_2)$ 的简单样本.

(1) 试求 θ_1 和 θ_2 的 MLE $\hat{\theta}_1$ 和 $\hat{\theta}_2$.

(2) $\hat{\theta}_1$ 和 $\hat{\theta}_2$ 分别是 θ_1 和 θ_2 的无偏估计吗? 如果不是, 请加以修正, 以获得 θ_1 和 θ_2 的无偏估计. (提示: 确定 a 和 b, 使得 $a\hat{\theta}_1 + b\hat{\theta}_2$ 是 θ_1(或 θ_2) 的无偏估计.)

(3) 若 $\hat{\theta}_1$ 和 $\hat{\theta}_2$ 为充分完全统计量, 由 (2) 得到的无偏估计是否分别为 θ_1 和 θ_2 的 UMVUE?

(4) 试分别求出中点 $(\theta_1 + \theta_2)/2$ 和变程 $\theta_2 - \theta_1$ 的 UMVUE.

39. 设 $X_1, \cdots, X_n$ i.i.d. $\sim N(\theta, 1)$, 求 θ^2 的 UMVUE. 证明此 UMVUE 的方差达不到 C-R 不等式的下界, 即它不是有效估计.

*40. 在 C-R 正则条件下证明: 由式 (3.5.5) 和式 (3.5.7) 给出的 Fisher 信息阵 $\boldsymbol{I}(\boldsymbol{\theta}) = (I_{ij}(\boldsymbol{\theta}))$ 的 (i, j) 元相等, 即证明

$$I_{ij}(\boldsymbol{\theta}) = \mathbb{E}_{\boldsymbol{\theta}}\left[\left(\frac{\partial \ln f(X, \boldsymbol{\theta})}{\partial \theta_i}\right)\left(\frac{\partial \ln f(X, \boldsymbol{\theta})}{\partial \theta_j}\right)\right] = \mathbb{E}_{\boldsymbol{\theta}}\left[-\left(\frac{\partial^2 \ln f(X, \boldsymbol{\theta})}{\partial \theta_i \partial \theta_j}\right)\right].$$

此题的结果表明 Fisher 信息阵有两种不同的表示方式, 二者是一致的.

41. 证明均匀分布族 $\mathscr{F} = \{U(0, \theta):\ 0 < \theta < \infty\}$ 不是 C-R 正则分布族.

42. 设 $X_1, \cdots, X_n$ 为自下列总体中抽取的简单样本,

$$f(x,\theta)=\begin{cases}\theta^{-1}e^{-x/\theta}, & x>0,\\ 0, & \text{其他},\end{cases}$$

其中 $\theta>0$ 为未知参数, 求 θ 的 UMVUE, 并比较此 UMVUE 的方差与 θ 的无偏估计方差的 C-R 下界.

43. 设 $X_1, \cdots, X_n$ 是来自 Gamma 分布族 $\{\Gamma(\alpha,\lambda): \alpha \text{ 已知}, \lambda>0\}$ 的简单样本. 试证: $\bar{X}/\alpha$ 是 $g(\lambda)=1/\lambda$ 的有效估计.

44. 设 $X_1, \cdots, X_n$ i.i.d. $\sim N(0,\sigma^2)$, $\sigma^2>0$ 为未知参数,
(1) 求 σ^2 的无偏估计方差的 C-R 下界;
(2) 求 σ^2 的一致最小方差无偏估计及它的效率.

45. 设 $X_1, \cdots, X_n$ i.i.d. $\sim N(a,\sigma^2)$, a 已知, 证明 $\dfrac{1}{n}\sqrt{\dfrac{\pi}{2}}\sum\limits_{i=1}^{n}|X_i-a|$ 为 σ 的无偏估计量, 且有效率为 $1/(\pi-2)$.

46. 设 X_1, X_2, X_3 i.i.d. 服从均匀分布 $U(0,\ \theta)$, 试证 $\dfrac{4}{3}\max\limits_{1\leqslant i\leqslant 3}X_i$ 及 $4\min\limits_{1\leqslant i\leqslant 3}X_i$ 都是 θ 的无偏估计量, 哪个更有效?

47. 设总体 X 的数学期望为 a, $\hat{a}_1$ 及 $\hat{a}_2$ 分别为 a 的两个无偏估计量, 它们的方差分别为 σ_1^2 和 σ_2^2, 相关系数为 ρ, 试确定常数 $c_1>0$, $c_2>0$, $c_1+c_2=1$, 使得 $c_1\hat{a}_1+c_2\hat{a}_2$ 有最小方差.

48. 设 $T_1, \cdots, T_m$ 为 $g(\theta)$ 的 m 个独立线性无偏估计, $\mathrm{Var}(T_i)=\sigma^2<\infty$, $i=1,2,\cdots,m$. 则 $\bar{T}=\sum\limits_{i=1}^{m}T_i/m$ 为 $T_1,\cdots,T_m$ 的线性组合类中 $g(\theta)$ 的最小方差无偏估计 (所谓线性无偏估计量, 即 T_i 为 $X_1,\cdots,X_n$ 的线性函数且 $\mathbb{E}(T_i)=g(\theta)$).

49. 设随机变量 X 服从几何分布 $p(x|\theta)=\mathbb{P}(X=x|\theta)=\theta(1-\theta)^{x-1}$, $x=1,2,\cdots$, 其中参数 θ 的先验分布为均匀分布 $U(0,1)$.
(1) 若只对 X 作一次观察, 观察值为 3, 求 θ 的后验期望估计和后验方差;
(2) 若对 X 作三次观察, 观察值为 3, 2, 5, 求 θ 的后验期望估计和后验方差.

50. 设某银行为一位顾客服务的时间 (单位: 分钟) 服从指数分布 Exp (λ), 其中参数 λ 的先验分布是均值为 0.2、标准差为 1.0 的 Gamma 分布. 如今对 20 位顾客服务进行观测, 测得平均服务时间是 3.8 分钟, 分别求 λ 和 λ^{-1} 的后验期望估计及相应的后验方差.

51. 设某产品的不合格率 θ 的先验分布为贝塔分布 Be(5, 10), 在下列顺序抽样信息下逐次寻求 θ 的后验期望估计和后验方差, 以及后验众数估计和其后验均方误差.
(1) 先随机抽检 20 个产品, 发现 3 个不合格品.
(2) 再随机抽检 20 个产品, 没有发现 1 个不合格品.

52. 设 $\boldsymbol{X}=(X_1,\cdots,X_n)$ 是从均匀分布 $U(0,2\theta)$ 中抽取的 i.i.d. 样本, 令 θ 的先验分布是 Pareto 分布 $\mathrm{Pa}(\theta_0,\alpha)$ (其密度函数见第 1 章习题 34), 其中 θ_0, α 已知. 求 θ 的后验中位数估计和后验均方误差.

53. 假设从有限混合正态分布中抽取一组简单样本, 即

$$X_1, X_2, \cdots, X_n \text{ i.i.d.} \sim \sum_{j=1}^{m}\pi_j N\left(\mu_j, \sigma_j^2\right),$$

其中 $-\infty < \mu_j < \infty,\ \sigma_j > 0,\ j = 1, \cdots, m$ 为未知参数且 $\pi_j > 0,\ \sum\limits_{i=1}^{n} \pi_i = 1$. 写出求参数 $(\pi_j, \mu_j, \sigma_j^2),\ j = 1, \cdots, m$ 的最大似然估计的 EM 算法.

54. 考虑 Rao (1973) 关于特定基因组合率的数据. 这里 197 个观测值被分为 4 个类: $\{1, 2, 3, 4\}$, 观测值中各类的个数以及各类的概率见下表.

计数	$y_1 = 125$	$y_2 = 18$	$y_3 = 20$	$y_4 = 34$
概率	$\frac{1}{2} + \frac{\theta}{4}$	$\frac{1}{4}(1-\theta)$	$\frac{1}{4}(1-\theta)$	$\frac{\theta}{4}$

试用 EM 算法计算 θ 的最大似然估计.

第 4 章　区 间 估 计

4.1　区间估计的基本概念

4.1.1　参数的区间估计问题

设有一个参数分布族 $\mathscr{F}=\{f(x,\theta):\theta\in\Theta\}$, 其中 Θ 是参数空间. $\boldsymbol{X}=(X_1,\cdots,X_n)$ 为取自分布族中某总体 $f(x,\theta)$ 的样本, $g(\theta)$ 为定义在 Θ 上的一个已知函数, 要利用样本 $\boldsymbol{X}$ 对 $g(\theta)$ 的值作出估计, 就是参数估计问题. 参数估计有两类: 点估计和区间估计. 关于点估计的问题已在第 3 章中讨论过了. 在那里是用样本函数 $\hat{g}(\boldsymbol{X})$ 去估计 $g(\theta)$ 的, 称为点估计. 这种估计的缺点是: 单从 $\hat{g}(\boldsymbol{X})$ 所给出的估计值上, 无法看出它的精度有多大. 当然可以定义某种指标, 如估计的均方误差之类去刻画它的精度, 但也还是间接的. 更直接的方法是指出一个误差限 $d(\boldsymbol{X})$, 把估计写成 $\hat{g}(\boldsymbol{X})\pm d(\boldsymbol{X})$ 的形式. 在应用部门中常见到这种写法. 这实际上就是一种区间估计, 即估计 $g(\theta)$ 的取值在区间 $[\hat{g}(\boldsymbol{X})-d(\boldsymbol{X}),\hat{g}(\boldsymbol{X})+d(\boldsymbol{X})]$ 之内. 将其一般化, 给出区间估计的下列定义.

定义 4.1.1 (区间估计)

设有一个参数分布族 $\mathscr{F}=\{f(x,\theta):\theta\in\Theta\}$, $g(\theta)$ 是定义在参数空间 Θ 上的一个已知函数, $\boldsymbol{X}=(X_1,\cdots,X_n)$ 是从分布族 $\mathscr{F}$ 中抽取的样本, 令 $\hat{g}_1(\boldsymbol{X})$ 和 $\hat{g}_2(\boldsymbol{X})$ 为定义在样本空间 $\mathscr{X}$ 上, 取值在 Θ 上的两个统计量, 且 $\hat{g}_1(\boldsymbol{X})\leqslant\hat{g}_2(\boldsymbol{X})$, 则称随机区间 $[\hat{g}_1(\boldsymbol{X}),\ \hat{g}_2(\boldsymbol{X})]$ 为 $g(\theta)$ 的一个区间估计 (interval estimation). ♧

根据这个定义, 从形式上看, 任何一个满足条件 $\hat{g}_1\leqslant\hat{g}_2$ 的统计量 $\hat{g}_1$, $\hat{g}_2$ 都可构成 $g(\theta)$ 的一个区间估计 $[\hat{g}_1,\hat{g}_2]$. 既然一个未知参数的区间估计有很多种, 如何从中挑选一个好的区间估计呢? 这就涉及评价一个区间估计优劣的标准问题. 评价一个区间估计优劣的标准有两个要素: 可靠度与精度 (也称精确度). 可靠度是指待估参数 $g(\theta)$ 被包含在 $[\hat{g}_1,\hat{g}_2]$ 内可能性的大小. 可能性越大, 可靠度越高. 精度可由随机区间的平均长度来度量. 长度越短, 精度越高.

不言而喻, 希望所作的区间估计既有高的可靠度, 又有高的精度. 但这二者往往是彼此矛盾的, 不可能同时都很高. 当样本大小固定时, 若精度提高了, 可靠度就降低; 反之, 若可靠度提高, 则精度就降低. 举例来说明: 有人要求对科大少年班学生入学的年龄作一个区间估计. 甲估计少年班学生入学年龄为 14—16 岁, 精度很高, 但可靠度小了. 因为根据历年记载少年班学生的入学年龄最小的是 12 岁, 在估计区间之外. 乙估计少年班学生的入学年龄为 10—18 岁, 这个可靠度很高, 因为根据历年记载还没有超过这个范围, 更何况少年班入学年龄上限是 16 岁. 但乙估计的精度较差. 可见高可靠度和高精度往往不可兼得.

如何构造可靠度和精度尽可能高的区间估计呢? 通常采用的方法是在保证一定可靠度的前提下选择精度尽可能高的区间估计. 这就是著名统计学家 Neyman 提出的一种妥协方案.

当然, 如果在应用中人们要求可靠度和精度都很高, 则必须加大样本容量, 也就是说要多做一些试验, 才可能实现.

4.1.2 置信区间

为书写简单计, 本节以下假定被估计的 $g(\theta)$ 就是 θ 自身, 这与一般情况没有原则区别.

1. 置信度

设 $\boldsymbol{X}$ 为样本, $[\hat{\theta}_1(\boldsymbol{X}),\hat{\theta}_2(\boldsymbol{X})]$ 是 θ 的一个区间估计. 由于 θ 是未知的, 且样本是随机的, 不能保证在任何情况下 (即对任何具体的样本值), 区间 $[\hat{\theta}_1,\hat{\theta}_2]$ 必定包含 θ, 而只能以一定的概率保证它. 希望随机区间 $[\hat{\theta}_1,\hat{\theta}_2]$ 包含 θ 的概率 $\mathbb{P}_\theta(\hat{\theta}_1\leqslant\theta\leqslant\hat{\theta}_2)$ 越大越好. 这个概率就是前面所说的可靠度, 数理统计学上称这个概率为**置信度**或**置信水平**.

一般说来, 这个概率与 θ 有关, 假如一个区间估计对某个 $\theta_1\in\Theta$ 其置信度大, 而对另一个 $\theta_2\in\Theta$ 其置信度小, 那么这种区间估计的适应性要差一些, 不能认为是一个好的区间估计. 若对参数空间 Θ 中的任一 θ, 其置信度都很大, 则此区间估计就是一个好的区间估计. 因此有如下定义.

定义 4.1.2 (置信水平, 置信系数)

设随机区间 $[\hat{\theta}_1,\hat{\theta}_2]$ 为参数 θ 的一个区间估计, 则 $[\hat{\theta}_1,\hat{\theta}_2]$ 包含 θ 的概率 $\mathbb{P}_\theta(\hat{\theta}_1\leqslant\theta\leqslant\hat{\theta}_2)$ 称为此区间估计的置信水平 (confidence level). 置信水平在参数空间 Θ 上的下确界

$$\inf_{\theta\in\Theta}\mathbb{P}_\theta\big(\hat{\theta}_1\leqslant\theta\leqslant\hat{\theta}_2\big)$$

称为该区间估计的置信系数 (confidence coefficient). ♧

显然, 一个区间估计的置信水平越大越好. 为了计算置信水平或置信系数, 需要利用有关统计量的精确分布或渐近分布. 可见, 抽样分布在评价和构造区间估计中发挥着重要的作用.

2. 精度

精度的概念在前面已说过. 精度的标准不止一个. 这里介绍其中最常见的一个标准, 即随机区间 $[\hat{\theta}_1, \hat{\theta}_2]$ 的平均长度 $\mathbb{E}_\theta(\hat{\theta}_2 - \hat{\theta}_1)$. 平均长度越短, 精度越高, 这也是符合实际的一项要求. 为说明精度和置信度及其关系, 请看下例.

例 4.1.1　设样本 $\boldsymbol{X} = (X_1, \cdots, X_n)$ 来自正态总体 $N(\mu, \sigma^2)$, 其中 $\mu \in \mathbb{R}$, $\sigma^2 > 0$. μ 和 σ^2 的估计量分别是样本均值 $\bar{X}$ 和样本方差 $S^2 = \sum\limits_{i=1}^{n}(X_i - \bar{X})^2/(n-1)$, 用 $[\bar{X} - kS/\sqrt{n},\ \bar{X} + kS/\sqrt{n}]$ 作为总体均值 μ 的区间估计. 考虑其置信度和精度.

解　记 $\boldsymbol{\theta} = (\mu, \sigma^2)$, 上述区间估计的置信度为

$$\begin{aligned}&\mathbb{P}_\theta\left(\bar{X} - kS/\sqrt{n} \leqslant \mu \leqslant \bar{X} + kS/\sqrt{n}\right)\\ =\ &\mathbb{P}_\theta\left(\left|\sqrt{n}(\bar{X} - \mu)/S\right| \leqslant k\right)\\ =\ &\mathbb{P}(|T| \leqslant k),\end{aligned}$$

其中 $T = \sqrt{n}(\bar{X} - \mu)/S \sim t_{n-1}$, 其分布与 θ 无关, 因而区间估计的置信系数为 $\mathbb{P}(|T| \leqslant k)$. 显然 k 越大, 区间的置信系数越大, 区间就越可靠.

由于 $(n-1)S^2/\sigma^2 \sim \chi^2_{n-1}$, 所以区间的平均长度为

$$l_k = \frac{2k\,\mathbb{E}(S)}{\sqrt{n}} = \frac{2\sqrt{2}\,k\,\sigma\,\Gamma(n/2)}{\sqrt{n(n-1)}\,\Gamma((n-1)/2)}.$$

显然, k 越大, 区间也越长, 精度就越差. □

由此例可以看到, 在样本容量 n 给定后, 为了提高置信度, 需要增加 k 值, 从而放大了区间, 降低了精度. 反过来, 为了提高精度, 需要减小 k 值, 从而缩短了区间, 降低了置信度. 置信度与精度互相制约着. 如前所述, 面对这一矛盾, 著名统计学家 Neyman 建议采取如下方案: 在保证置信系数达到指定要求的前提下, 尽可能提高精度. 这一建议导致引入如下置信区间的概念, 由于是 Neyman 建议的, 通常也称置信区间为 Neyman 置信区间.

定义 4.1.3 (置信区间)

设 $[\hat{\theta}_1(\boldsymbol{X}), \hat{\theta}_2(\boldsymbol{X})]$ 是参数 θ 的一个区间估计, 若对于给定的 $0<\alpha<1$, 有

$$\mathbb{P}_\theta\left(\hat{\theta}_1(\boldsymbol{X}) \leqslant \theta \leqslant \hat{\theta}_2(\boldsymbol{X})\right) \geqslant 1-\alpha, \quad \theta \in \Theta,$$

则称 $\left[\hat{\theta}_1(\boldsymbol{X}), \hat{\theta}_2(\boldsymbol{X})\right]$ 是 θ 的置信水平 (confidence level) 为 $1-\alpha$ 的置信区间 (confidence interval). 而 $\inf\limits_{\theta\in\Theta} \mathbb{P}_\theta\big(\hat{\theta}_1(\boldsymbol{X}) \leqslant \theta \leqslant \hat{\theta}_2(\boldsymbol{X})\big)$称为 $\left[\hat{\theta}_1(\boldsymbol{X}), \hat{\theta}_2(\boldsymbol{X})\right]$ 的置信系数. ♧

置信区间有如下频率解释: 设 $\alpha = 0.05$, 则 $1-\alpha = 0.95$, 若把置信区间

$[\hat{\theta}_1, \hat{\theta}_2]$ 反复使用多次, 如使用 100 次, 平均大约有 95 次随机区间 $[\hat{\theta}_1, \hat{\theta}_2]$ 包含真参数 θ , 平均大约有 5 次随机区间 $[\hat{\theta}_1, \hat{\theta}_2]$ 不包含 θ . 当使用次数充分大时, 频率接近于置信系数.

实验 扫描实验 11 的二维码进行置信系数与覆盖率的模拟实验, 观察不同样本容量下覆盖率的变化. 解释置信区间和置信系数的含义.

实验 11
置信系数
与覆盖率

4.1.3 置信限

在一些实际问题中, 人们感兴趣的有时仅仅是未知参数的置信上限或置信下限. 例如, 一种新材料的强度, 关心它最低不少于多少; 一个工厂的废品率, 关心它最高不超过多少等. 这也是一种区间估计, 称之为置信下限或置信上限, 定义如下.

定义 4.1.4 (置信限)

设 $\hat{\theta}_U(\boldsymbol{X})$ 和 $\hat{\theta}_L(\boldsymbol{X})$ 是定义在样本空间 $\mathscr{X}$ 上, 在参数空间 Θ 上取值的两个统计量, 若对给定的 $0<\alpha<1$, 有

$$\mathbb{P}_\theta\left(\theta \leqslant \hat{\theta}_U(\boldsymbol{X})\right) \geqslant 1-\alpha, \quad 一切\ \theta \in \Theta,$$

$$\mathbb{P}_\theta\left(\hat{\theta}_L(\boldsymbol{X}) \leqslant \theta\right) \geqslant 1-\alpha, \quad 一切\ \theta \in \Theta,$$

则分别称 $\hat{\theta}_U(\boldsymbol{X})$ 和 $\hat{\theta}_L(\boldsymbol{X})$ 分别是 θ 的置信水平为 $1-\alpha$ 的 (单侧) 置信上限 (upper confidence limit) 和置信下限 (lower confidence limit). 上式左端概率在参数空间 Θ 上的下确界分别称为置信上、下限的置信系数. ♧

显然, 对置信上限 $\hat{\theta}_U$ 而言, 若 $\mathbb{E}(\hat{\theta}_U)$ 越小, 其精度越高; 对置信下限 $\hat{\theta}_L$ 而言, 若 $\mathbb{E}(\hat{\theta}_L)$ 越大, 则置信下限的精度越高.

容易看出, 单侧置信上、下限都是置信区间的特例. 因此寻求置信区间的方法可以毫不困难地用来求单侧置信上、下限. 单侧置信限与双侧置信限 (置信区间) 之间存在着一个简单的联系, 下述的引理说明, 在有了单侧置信上、下限后, 不难求得置信区间.

引理 4.1.1

设 $\hat{\theta}_L(\boldsymbol{X})$ 和 $\hat{\theta}_U(\boldsymbol{X})$ 分别是参数 θ 的置信水平为 $1-\alpha_1$ 和 $1-\alpha_2$ 的单侧置信下限和置信上限, 且对任何样本 $\boldsymbol{X}$ 都有 $\hat{\theta}_L(\boldsymbol{X}) \leqslant \hat{\theta}_U(\boldsymbol{X})$, 则 $[\hat{\theta}_L(\boldsymbol{X}), \hat{\theta}_U(\boldsymbol{X})]$ 是 θ 的置信水平为 $1-(\alpha_1+\alpha_2)$ 的双侧置信区间. ♡

证明 在引理的假设下, 下列三个事件:

$$\left\{\hat{\theta}_L(\boldsymbol{X}) \leqslant \theta \leqslant \hat{\theta}_U(\boldsymbol{X})\right\}, \quad \left\{\theta < \hat{\theta}_L(\boldsymbol{X})\right\}, \quad \left\{\theta > \hat{\theta}_U(\boldsymbol{X})\right\}$$

是互不相容的, "三个事件之并" 为 "必然事件". 再考虑到

$$\mathbb{P}_\theta\left(\theta < \hat{\theta}_L(\boldsymbol{X})\right) = 1 - \mathbb{P}_\theta\left(\hat{\theta}_L(\boldsymbol{X}) \leqslant \theta\right) < \alpha_1,$$

$$\mathbb{P}_\theta\left(\theta > \hat{\theta}_U(\boldsymbol{X})\right) = 1 - \mathbb{P}_\theta\left(\theta \leqslant \hat{\theta}_U(\boldsymbol{X})\right) < \alpha_2,$$

因此有

$$\begin{aligned}\mathbb{P}_\theta\left(\hat{\theta}_L(\boldsymbol{X}) \leqslant \theta \leqslant \hat{\theta}_U(\boldsymbol{X})\right) &= 1 - \mathbb{P}_\theta\left(\theta < \hat{\theta}_L(\boldsymbol{X})\right) - \mathbb{P}_\theta\left(\theta > \hat{\theta}_U(\boldsymbol{X})\right) \\ &\geqslant 1 - (\alpha_1 + \alpha_2).\end{aligned}$$

□

4.1.4　置信域

以上讨论的置信区间和置信上、下限都是假定参数 θ 是一维的, 如果将其推广到参数 θ 是 k 维 $(k \geqslant 2)$ 的情形, 就得如下定义的置信域.

定义 4.1.5 (置信域)

设有一个参数分布族 $\mathscr{F} = \{f(x, \boldsymbol{\theta}) : \boldsymbol{\theta} \in \Theta\}$, Θ 是参数空间, 其中 $\boldsymbol{\theta} = (\theta_1, \cdots, \theta_k) \in \Theta \subset \mathbb{R}^k$, $k \geqslant 2$. $\boldsymbol{X} = (X_1, \cdots, X_n)$ 是来自分布族 $\mathscr{F}$ 的样本. 若统计量 $S(\boldsymbol{X})$ 满足

(1) 对任一样本 $\boldsymbol{X}$, $S(\boldsymbol{X})$ 是 Θ 的一个子集;

(2) 对给定的 $0 < \alpha < 1$, $\mathbb{P}_{\boldsymbol{\theta}}\big(\boldsymbol{\theta} \in S(\boldsymbol{X})\big) \geqslant 1 - \alpha$,　一切 $\boldsymbol{\theta} \in \Theta$,

则称 $S(\boldsymbol{X})$ 是 $\boldsymbol{\theta}$ 的置信水平为 $1 - \alpha$ 的置信域 (confidence region) 或置信集, 而 $\inf\limits_{\boldsymbol{\theta} \in \Theta} \mathbb{P}_{\boldsymbol{\theta}}\big(\boldsymbol{\theta} \in S(\boldsymbol{X})\big)$ 称为置信系数.

♧

在多维场合, 置信域 $S(\boldsymbol{X})$ 的形状可以是各种各样的, 但实用上只限于一些规则的几何图形, 如其各面与坐标平面平行的长方体、球、椭球等. 特别当置信集是长方体 (其面与坐标平面平行) 时, 它又称为联合区间估计.

4.1.5　构造区间估计的方法

目前应用最广泛的区间估计的形式是 Neyman 的置信区间. 4.2 节和 4.3 节将介绍这一方法, 这一方法的关键是基于点估计去构造枢轴变量, 因此也称为枢轴变量法. 其核心思想就是寻求点估计 $T = T(\mathbf{X})$ 和参数 θ 的函数 (称为枢轴变量) $\varphi(T, \theta)$, 使其分布完全已知, 进而利用分位数就可以确定置信区间. 另外一种构造区间估计的重要方法是利用假设检验来构造置信区间, 它与枢轴变量法同属于一个理论体系, 即 Neyman 的关于置信区间和假设检验的理论. 利用假设检验构造置信区间的方法将在 5.5 节介绍.

当精确分布未知且样本容量不大时候, 自助法这一计算密集方法常用来计算置信区间, 将在 4.4 节介绍. 4.5 节将介绍 Bayes 区间估计方法, 4.6 节介绍 Fisher

的信仰推断方法, 4.7 节介绍容忍区间与容忍限.

4.2 枢轴变量法——正态总体参数的置信区间

4.2.1 引言

构造枢轴变量的基本要点, 就是在参数的点估计基础上, 去寻求满足要求的置信区间. 下面举一个例子, 说明是如何基于点估计去构造置信区间的.

例 4.2.1 设 $\boldsymbol{X}=(X_1,\cdots,X_n)$ 是从总体 $N(\mu,\sigma^2)$ 中抽取的简单样本, 此处 σ^2 已知, 求 μ 的置信系数为 $1-\alpha$ 的置信区间.

解 显然, μ 的一个良好的点估计是 $\bar{X}=\dfrac{1}{n}\sum\limits_{i=1}^{n}X_i$, 其分布为 $\bar{X}\sim N(\mu,\sigma^2/n)$, 将其标准化得

$$U=\frac{\sqrt{n}(\bar{X}-\mu)}{\sigma}\sim N(0,1),$$

其分布与 μ 无关. 由正态分布的对称性, 可得

$$\mathbb{P}_\mu\left(\left|\frac{\sqrt{n}(\bar{X}-\mu)}{\sigma}\right|\leqslant u_{\alpha/2}\right)=1-\alpha,$$

此处 $u_{\alpha/2}$ 为标准正态分布的上侧 $\alpha/2$ 分位数. 经不等式等价变形, 可知

$$\mathbb{P}_\mu\left(\bar{X}-\frac{\sigma}{\sqrt{n}}u_{\alpha/2}<\mu<\bar{X}+\frac{\sigma}{\sqrt{n}}u_{\alpha/2}\right)=1-\alpha.$$

因此 $\left[\bar{X}-\sigma u_{\alpha/2}/\sqrt{n},\bar{X}+\sigma u_{\alpha/2}/\sqrt{n}\right]$ 为 μ 的置信系数 $1-\alpha$ 的置信区间. 令 $d=\sigma u_{\alpha/2}/\sqrt{n}$, 由于 $\bar{X}$ 的分布关于 μ 对称且为单峰, 故在指定置信系数下, 这种形式的置信区间 $\left[\bar{X}-d,\bar{X}+d\right]$ 长度最短. □

由本例可知构造置信区间的步骤如下:

(1) 找待估参数 μ 的一个良好点估计. 此例中这个点估计是 $T(\boldsymbol{X})=\bar{X}$.

(2) 构造一个 $T=T(\boldsymbol{X})$ 和 μ 的函数 $\varphi(T,\mu)$, 使其满足

(i) 其表达式与待估参数 μ 有关,

(ii) 其分布与待估参数 μ 无关,

则称随机变量 $\varphi(T,\mu)$ 为枢轴变量. 本例中这一变量即为 $U=\sqrt{n}(\bar{X}-\mu)/\sigma$, 它的表达式与 μ 有关, 但其分布 $N(0,1)$ 与 μ 无关. 因此 U 为枢轴变量.

(3) 对给定的 $0<\alpha<1$, 决定两个常数 a 和 b (选择 a, b 使区间长 $b-a$ 尽可能短, 本例中 a,b 为 $\pm u_{\alpha/2}$,) 使得

$$\mathbb{P}_\mu\left(a\leqslant\varphi(T,\mu)\leqslant b\right)=1-\alpha.$$

解括号中的不等式得到 $\hat{\mu}_1(\boldsymbol{X})\leqslant\mu\leqslant\hat{\mu}_2(\boldsymbol{X})$, 则有

$$\mathbb{P}_\mu\left(\hat{\mu}_1(\boldsymbol{X})\leqslant\mu\leqslant\hat{\mu}_2(\boldsymbol{X})\right)=1-\alpha.$$

这表明 $\left[\hat{\mu}_1(\boldsymbol{X}), \hat{\mu}_2(\boldsymbol{X})\right]$ 是 μ 的置信水平为 $1-\alpha$ 的置信区间.

类似的步骤可获得 μ 的置信水平为 $1-\alpha$ 的单侧置信上、下限.

例 4.2.1 中的 μ 的置信区间就是通过上述三个步骤获得的, 其中最关键的步骤是 (2), 即构造枢轴变量 $\varphi(T,\mu)$, 这个变量一定和 μ 的一个良好的点估计有关. 这种构造置信区间的方法称为**枢轴变量法**.

4.2.2 单个正态总体参数的置信区间

正态分布 $N(\mu,\sigma^2)$ 是常用的分布. 寻求它的两个参数 μ 和 σ^2 的置信区间是实际中常遇到的问题, 下面将分几种情况分别加以讨论. 这里假设 $\boldsymbol{X} = (X_1,\cdots,X_n)$ 是从正态总体 $N(\mu,\sigma^2)$ 抽取的简单样本. 记

$$\bar{X}=\frac{1}{n}\sum_{i=1}^{n}X_i,\quad S^2=\frac{1}{n-1}\sum_{i=1}^{n}(X_i-\bar{X})^2,$$

即 $\bar{X}$ 和 S^2 分别为样本均值和样本方差.

1. σ^2 已知时, 正态总体均值 μ 的置信区间

这就是例 4.2.1 讨论过的问题. μ 的置信系数为 $1-\alpha$ 的置信区间为

$$\left[\bar{X}-\frac{\sigma}{\sqrt{n}}u_{\alpha/2}, \bar{X}+\frac{\sigma}{\sqrt{n}}u_{\alpha/2}\right], \tag{4.2.1}$$

其单侧置信上、下限分别为 $\bar{X}+\sigma u_\alpha/\sqrt{n}$ 和 $\bar{X}-\sigma u_\alpha/\sqrt{n}$.

由式 (4.2.1) 可知置信区间的长度为 $l_n=2\sigma u_{\alpha/2}/\sqrt{n}$. 由此可以看出,

(1) 样本容量 n 越大, 该区间越短, 精度就越高.

(2) σ 越大, 则 l_n 越大, 精度越低. 这是因为方差越大, 随机影响也就越大, 精度就会低下来.

(3) 置信系数 $1-\alpha$ 越大, 则 α 越小, 从而 $u_{\alpha/2}$ 就越大, l_n 越长, 精度就越低.

由此可见, 在 σ 和 α 固定的情形下, 要提高精度, 只有增加样本容量. 例如, 置信系数 $1-\alpha$ 固定, 要使上述置信区间的长度 $l_n \leqslant l_0$, l_0 为给定的常数, 则 $n \geqslant \left[\left(2\sigma u_{\alpha/2}/l_0\right)^2\right]+1$, 其中 $[x]$ 表示实数 x 的整数部分.

例 4.2.2 假设国庆期间大学生的娱乐支出服从正态分布 $N(\mu,\sigma^2)$. 如果希望以大学生娱乐支出均值的置信系数 90% 的置信区间误差幅度为 100 元 (对称置信区间的"误差"定义为其长度的一半), 试在下述情形下计算至少要调查多少位大学生? (1) $\sigma=200$ 元; (2) 根据经验, 大约 96% 的大学生娱乐支出在 100 元到 1700 元之间.

解 (1) 由于 $\sigma=200$, $u_{0.05}=1.645$ 已知, 我们已经知道 μ 的 $(1-\alpha)$ 置信区间为 $\bar{X}\pm\sigma\, u_{\alpha/2}/\sqrt{n}$. 因此误差幅度 $d=\sigma\, u_{\alpha/2}/\sqrt{n}$. 从而由

$$\frac{\sigma\, u_{\alpha/2}}{\sqrt{n}} \leqslant 100$$

得到

$$n \geqslant \left(\frac{\sigma u_{\alpha/2}}{100}\right)^2 = \left(\frac{200 \times 1.645}{100}\right)^2 \approx 10.82.$$

即至少需要调查 11 位大学生才可满足要求.

(2) 由于 σ^2 未知, 因此需要估计 σ^2. 注意此时在试验前, 还没有观测到样本, 因此也不能使用样本方差进行估计. 由题意, 经验表明大约 96% 大学生娱乐支出在 100 元到 1700 元之间. 由于正态分布均值置信区间的等尾性, 我们可以认为 2% 的大学生支出不超过 100 元, 98% 的大学生支出不超过 1700 元. 查标准正态分布表可知 98% 分位数与 2% 分位数之差约为 4σ, 因此标准差的一个粗糙估计可取为

$$\hat{\sigma} = \frac{\{\text{样本 98\% 分位数}\} - \{\text{样本 2\% 分位数}\}}{4} = \frac{1700 - 100}{4} = 400.$$

从而样本容量

$$n \geqslant \left(\frac{\hat{\sigma}\, u_{\alpha/2}}{100}\right)^2 = \left(\frac{400 \times 1.645}{100}\right)^2 \approx 43.30.$$

即为达到要求至少需要调查 44 位大学生. 这里体现了利用已知信息的统计思想. □

2. σ^2 未知时, 正态总体均值 μ 的置信区间

在这种情况下, μ 的良好的点估计仍为 $\bar{X}$, 由于 σ^2 未知, 例 4.2.1 中的随机变量 $U = \sqrt{n}(\bar{X} - \mu)/\sigma$ 在此不能作为枢轴变量, 将其中的 σ 用 S (S^2 是样本方差) 代替, 得到

$$T = \frac{\sqrt{n}(\bar{X} - \mu)}{S}.$$

由推论 2.3.3 可知 $T \sim t_{n-1}$. 可见 T 的表达式与 μ 有关, 而其分布与 μ 无关, 故取 T 为枢轴变量. 由于 t 分布关于原点对称, 令

$$\mathbb{P}(|T| \leqslant c) = \mathbb{P}\left(-c \leqslant \frac{\sqrt{n}(\bar{X} - \mu)}{S} \leqslant c\right) = 1 - \alpha,$$

则 $c = t_{n-1}(\alpha/2)$. 将括号中的不等式经过等价变形得 μ 的置信系数为 $1 - \alpha$ 的置信区间为

$$\left[\bar{X} - \frac{S}{\sqrt{n}} t_{n-1}(\alpha/2),\ \bar{X} + \frac{S}{\sqrt{n}} t_{n-1}(\alpha/2)\right], \tag{4.2.2}$$

其单侧置信上、下限分别为 $\bar{X} + S\, t_{n-1}(\alpha)/\sqrt{n}$ 和 $\bar{X} - S\, t_{n-1}(\alpha)/\sqrt{n}$.

例 4.2.3 为测得某种溶液中的甲醛浓度, 取样得 4 个独立测定值的平均值 $\bar{X} = 8.34\%$, 样本标准差 $S = 0.03\%$, 并设测量值近似服从正态分布, 求总体均值 μ 的 95% 的置信区间.

解　因为 $1-\alpha=0.95$, $n=4$, 查表得 $t_{n-1}(\alpha/2)=t_3(0.025)=3.182$, 故有 $St_{n-1}(\alpha/2)/\sqrt{n}=0.03\%\times 3.182/2=0.0477\%$, $\bar{X}=8.34\%$, 由式 (4.2.2) 可知, μ 的置信系数为 95% 的置信区间为

$$\left[\bar{X}-\frac{S}{\sqrt{n}}t_{n-1}(\alpha/2),\ \bar{X}+\frac{S}{\sqrt{n}}t_{n-1}(\alpha/2)\right]=[8.292\%, 8.388\%].$$ □

注 4.2.1　说这是一个置信系数为 95% 的置信区间, 不是说 μ 有 95% 的概率落在这个区间内 (因为 μ 不是随机变量), 而是说若把这个置信区间重复使用多次, 如使用 100 次, 大约有 95 次能盖住真参数 μ, 大约有 5 次不能盖住 μ. 一旦算出具体的区间, 如区间估计 [8.292%, 8.388%], 它就是一个具体确定的区间, μ 是个未知常数, 该区间是否盖住了 μ, 只有两个答案: "是" 或 "不是", 没有概率可言, 即不能说有 95% 的机会盖住 μ 了.

3. 正态总体方差 σ^2 的置信区间

记 $\boldsymbol{\theta}=(\mu,\sigma^2)$, 其中 μ 和 σ^2 皆未知. 此时 $S^2=\sum\limits_{i=1}^{n}(X_i-\bar{X})^2/(n-1)$ 是 σ^2 的良好估计, 且是无偏的. 由定理 2.2.3 可知 $(n-1)S^2/\sigma^2\sim\chi^2_{n-1}$. 取 $T=(n-1)S^2/\sigma^2$ 为枢轴变量, 其表达式与 σ^2 有关, 而其分布与 σ^2 无关. 找 d_1 和 d_2, 使得

$$\mathbb{P}_{\boldsymbol{\theta}}\left(d_1\leqslant\frac{(n-1)S^2}{\sigma^2}\leqslant d_2\right)=1-\alpha.$$

满足上式要求的 d_1 和 d_2 有无穷多对, 其中有一对 d_1 和 d_2 使区间的长度最短, 但这样一对 d_1 和 d_2 常常需要用数值方法 (除非枢轴变量为对称分布), 不易求得, 应用不方便. 通常的做法是构造等尾的置信区间, 即令 d_1 和 d_2 满足下列要求:

$$\mathbb{P}_{\boldsymbol{\theta}}\left(\frac{(n-1)S^2}{\sigma^2}<d_1\right)=\frac{\alpha}{2},\qquad \mathbb{P}_{\boldsymbol{\theta}}\left(\frac{(n-1)S^2}{\sigma^2}>d_2\right)=\frac{\alpha}{2}.$$

由 χ^2 分布的上侧分位数表可知 $d_1=\chi^2_{n-1}(1-\alpha/2)$, $d_2=\chi^2_{n-1}(\alpha/2)$, 故有

$$\mathbb{P}_{\theta}\left(\chi^2_{n-1}(1-\alpha/2)\leqslant\frac{(n-1)S^2}{\sigma^2}\leqslant\chi^2_{n-1}(\alpha/2)\right)=1-\alpha.$$

最后再利用不等式的等价变形, 得出 σ^2 的置信系数为 $1-\alpha$ 等尾的置信区间

$$\left[\frac{(n-1)S^2}{\chi^2_{n-1}(\alpha/2)},\frac{(n-1)S^2}{\chi^2_{n-1}(1-\alpha/2)}\right].\tag{4.2.3}$$

若把这个随机区间的两个端点开平方, 得到 σ 的置信系数为 $1-\alpha$ 的置信区间为

$$\left[\left(\frac{(n-1)S^2}{\chi^2_{n-1}(\alpha/2)}\right)^{1/2},\left(\frac{(n-1)S^2}{\chi^2_{n-1}(1-\alpha/2)}\right)^{1/2}\right].$$

类似可得 σ^2 的置信系数为 $1-\alpha$ 的单侧置信下、上限为 $(n-1)S^2/\chi^2_{n-1}(\alpha)$ 和 $(n-1)S^2/\chi^2_{n-1}(1-\alpha)$.

当正态总体均值 μ 已知时, 方差 σ^2 的置信区间如何求? 这问题留给读者作为练习.

注 4.2.2 上述等尾的置信区间不是最短的, 但对正态总体参数的区间估计而言, 其精度也不算差, 而且比较容易求得, 因此实用中常采用这种置信区间.

例 4.2.4 求例 4.2.3 中总体方差 σ^2 及 σ 的置信系数为 95% 的置信区间.

解 如同例 4.2.3, $n-1=3$, $\alpha/2=0.025$, $1-\alpha/2=0.975$. 查表求得 $\chi_3^2(0.025)=9.348$, $\chi_3^2(0.975)=0.216$, $S^2=0.0009$, 由式 (4.2.3) 可知, σ^2 的置信系数为 95% 的置信区间为

$$\left[\frac{(n-1)S^2}{\chi_{n-1}^2(\alpha/2)}, \frac{(n-1)S^2}{\chi_{n-1}^2(1-\alpha/2)}\right]=[0.00029, 0.0125],$$

σ 的置信系数为 95% 的置信区间为

$$\left[\left(\frac{(n-1)S^2}{\chi_{n-1}^2(\alpha/2)}\right)^{1/2}, \left(\frac{(n-1)S^2}{\chi_{n-1}^2(1-\alpha/2)}\right)^{1/2}\right]=[0.017,\ 0.112]. \qquad \square$$

4.2.3 两个正态总体参数的置信区间

设 $X_1,\cdots,X_m$ 是自正态总体 $N(a,\sigma_1^2)$ 抽取的简单样本, $Y_1,\cdots,Y_n$ 是自正态总体 $N(b,\sigma_2^2)$ 抽取的简单样本, 且 $X_1,\cdots,X_m$ 和 $Y_1,\cdots,Y_n$ 独立. 设 $\bar{X},\bar{Y}$ 和 S_1^2,S_2^2 分别为这两组样本的样本均值和样本方差, 其中 $\bar{X}=\dfrac{1}{m}\sum\limits_{i=1}^m X_i$, $\bar{Y}=\dfrac{1}{n}\sum\limits_{j=1}^n Y_j$, 而 $S_1^2=\sum\limits_{i=1}^m (X_i-\bar{X})^2/(m-1)$, $S_2^2=\sum\limits_{j=1}^n (Y_j-\bar{Y})^2/(n-1)$. 下面讨论两个正态总体均值差和方差比的置信区间问题.

1. 均值差 $b-a$ 的置信区间

(1) 当 $\sigma_1^2=\sigma_2^2=\sigma^2$ 未知时, 令

$$\begin{aligned} S_\omega^2 &= \frac{1}{m+n-2}\left[(m-1)S_1^2+(n-1)S_2^2\right] \\ &= \frac{1}{m+n-2}\left[\sum_{i=1}^m (X_i-\bar{X})^2+\sum_{i=1}^n (Y_i-\bar{Y})^2\right], \end{aligned}$$

显然 $\bar{Y}-\bar{X}$ 是 $b-a$ 的无偏估计, 由推论 2.3.4 可知

$$T_\omega=\frac{\bar{Y}-\bar{X}-(b-a)}{S_\omega}\sqrt{\frac{mn}{m+n}}\sim t_{n+m-2},$$

T_ω 的表达式与 $b-a$ 有关, 但其分布与 $b-a$ 无关, 取 T_ω 为枢轴变量, 故有

$$\mathbb{P}\left(\left|\frac{\bar{Y}-\bar{X}-(b-a)}{S_\omega}\right|\sqrt{\frac{mn}{m+n}}\leqslant t_{m+n-2}(\alpha/2)\right)=1-\alpha,$$

由括号中不等式的等价变形, 可得 $b-a$ 的置信系数为 $1-\alpha$ 的置信区间为

$$\left[\bar{Y}-\bar{X}-S_{\omega}t_{m+n-2}\left(\frac{\alpha}{2}\right)\sqrt{\frac{1}{m}+\frac{1}{n}},\bar{Y}-\bar{X}+S_{\omega}t_{m+n-2}\left(\frac{\alpha}{2}\right)\sqrt{\frac{1}{m}+\frac{1}{n}}\right], \tag{4.2.4}$$

其单侧置信上、下限为 $(\bar{Y}-\bar{X})\pm S_{\omega}t_{m+n-2}(\alpha)\sqrt{\dfrac{1}{m}+\dfrac{1}{n}}$, 其中 "+" 号是置信上限.

注 4.2.3　上面讨论的是两个正态总体方差 $\sigma_1^2=\sigma_2^2$ 但未知的情形, 如果两个正态总体方差 σ_1^2 和 σ_2^2 已知, 如何求其均值差 $b-a$ 的置信区间？这个问题留给读者作为练习.

还有另外一个问题: 设两个正态总体的方差 σ_1^2 和 σ_2^2 未知且不假定二者相等, 但假定从两个正态总体中分别抽取样本的样本容量 $m=n$, 此时如何求两个正态总体均值差 $b-a$ 的置信区间？这个问题有相对简单的处理方法, 也留给读者作为练习.

例 4.2.5　某公司利用两条自动化流水线灌装矿泉水. 现从生产线上抽取样本 $X_1,\cdots,X_{12}$ 和 $Y_1,\cdots,Y_{17}$, 它们是每瓶矿泉水的体积 (单位: mL). 算得样本均值 $\bar{X}=501.1$, $\bar{Y}=499.7$; 样本方差 $S_1^2=2.4$, $S_2^2=4.7$. 假设这两条流水线所装的矿泉水的体积分别服从正态分布 $N(a,\sigma^2)$ 和 $N(b,\sigma^2)$, 试求 $b-a$ 置信系数为 0.95 的置信区间.

解　由于 $\bar{Y}-\bar{X}=-1.4$,

$$S_{\omega}^2=\frac{(m-1)S_1^2+(n-1)S_2^2}{n+m-2}=\frac{11\times 2.4+16\times 4.7}{12+17-2}=3.763,$$

于是 $S_{\omega}=1.94$, 查表求得 $t_{m+n-2}(\alpha/2)=t_{27}(0.025)=2.05$, 算得

$$S_{\omega}t_{m+n-2}(\alpha/2)\sqrt{\frac{1}{n}+\frac{1}{m}}=1.94\times 2.05\sqrt{\frac{1}{12}+\frac{1}{17}}=1.50.$$

因此 $b-a$ 的 95% 的置信区间按式 (4.2.4) 算得 $[-2.9, 0.1]$.　□

(2) 当 $\sigma_1^2\neq\sigma_2^2$ 皆未知时, 求 $b-a$ 的置信区间问题. 这是著名的 Behrens-Fisher 问题. 它是 Behrens 在 1929 年从实际应用提出的问题, 它的几种特殊情况已获圆满解决, 但一般情况至今仍有文献在讨论. Fisher 首先研究了这个问题, 并对一般情况给出近似解法. 随后许多著名统计学家, 如 Scheffe 和 Welch 等也研究过这个问题. 但至今还得不出简单、精确的解法, 只提出一些近似的解法. 下面给出两种近似结果.

(i) 当 m 与 n 都充分大时可用大样本方法, 由于

$$\frac{\bar{Y}-\bar{X}-(b-a)}{\sqrt{\sigma_1^2/m+\sigma_2^2/n}}\sim N(0,1), \tag{4.2.5}$$

且当 $m \to \infty$ 时 $S_1^2 \xrightarrow{P} \sigma_1^2$, 当 $n \to \infty$ 时 $S_2^2 \xrightarrow{P} \sigma_2^2$, 将式 (4.2.5) 中的 σ_1^2 和 σ_2^2 分别用 S_1^2 和 S_2^2 代入, 利用 Slutsky 定理 (见第 2 章附录 A.9) 可知, 当 $m, n \to \infty$ 时, 有

$$\widetilde{U} = \frac{\bar{Y} - \bar{X} - (b-a)}{\sqrt{S_1^2/m + S_2^2/n}} = \frac{\bar{Y} - \bar{X} - (b-a)}{\sqrt{\sigma_1^2/m + \sigma_2^2/n}} \cdot \frac{\sqrt{\sigma_1^2/m + \sigma_2^2/n}}{\sqrt{S_1^2/m + S_2^2/n}} \xrightarrow{\mathscr{L}} N(0,1).$$

因此, 取 $\widetilde{U}$ 为枢轴变量. 当 m, n 充分大时, $b-a$ 的置信系数近似为 $1-\alpha$ 的置信区间是

$$\left[\bar{Y} - \bar{X} - u_{\alpha/2}\sqrt{\frac{S_1^2}{m} + \frac{S_2^2}{n}},\ \bar{Y} - \bar{X} + u_{\alpha/2}\sqrt{\frac{S_1^2}{m} + \frac{S_2^2}{n}}\right]. \tag{4.2.6}$$

其单侧置信上、下限为 $(\bar{Y} - \bar{X}) \pm u_\alpha\sqrt{S_1^2/m + S_2^2/n}$, 其中 "+" 号是置信上限.

*(ii) 一般情形, 即 $\sigma_1^2 \neq \sigma_2^2$ 皆未知, 且 m 和 n 都不是充分大的情形. 令

$$S_*^2 = \frac{S_1^2}{m} + \frac{S_2^2}{n}.$$

取枢轴变量为

$$T_* = \frac{\bar{Y} - \bar{X} - (b-a)}{S_*}.$$

在一般情况下, T_* 已不服从 t 分布. 但与具有适当自由度 r 的 t 分布很接近, 其中 r 由下列公式确定:

$$r = S_*^4 \Big/ \left[\frac{S_1^4}{m^2(m-1)} + \frac{S_2^4}{n^2(n-1)}\right].$$

r 一般不为整数, 可取与其最接近的整数代替之. 于是, 近似地有

$$T_* = \frac{\bar{Y} - \bar{X} - (b-a)}{S_*} \sim t_r.$$

取 T_* 为枢轴变量, 运用与前面类似步骤可得 $b-a$ 的置信系数近似为 $1-\alpha$ 的置信区间为

$$\left[\bar{Y} - \bar{X} - t_r(\alpha/2)\ S_*,\ \bar{Y} - \bar{X} + t_r(\alpha/2)\ S_*\right]. \tag{4.2.7}$$

其单侧置信上、下限为 $(\bar{Y} - \bar{X}) \pm t_r(\alpha)\ S_*$, 其中 "+" 号是置信上限.

这是由 Welch 在 1938 年给出的 Behrens-Fisher 问题的一个近似解法.

例 4.2.6 欲比较甲、乙两种棉花品种的优劣. 现假设用它们纺出的棉纱强度服从 $N(a, \sigma_1^2)$ 和 $N(b, \sigma_2^2)$, $\sigma_1^2 \neq \sigma_2^2$. 试验者从这两批棉纱中分别抽取样本 $X_1, \cdots, X_{120}$ 和 $Y_1, \cdots, Y_{60}$, 其均值分别为 $\bar{X} = 3.32$, $\bar{Y} = 3.76$, $S_1^2 = 2.18$, $S_2^2 = 5.76$. 试给出 $a-b$ 的 95% 的置信区间.

解 由于 $\sigma_1^2 \neq \sigma_2^2$, 故这是 Behrens-Fisher 问题. 由于样本容量 $m = 120$, $n = 60$ 都比较大, 采用大样本的近似方法求置信区间. 由数据算得 $\bar{X} - \bar{Y} =$

-0.44, $\sqrt{S_1^2/m+S_2^2/n}=\sqrt{2.18/120+5.76/60}=0.338$, 查表求得 $u_{0.025}=1.96$, 算得

$$u_{\alpha/2}\sqrt{S_1^2/m+S_2^2/n}=1.96\times 0.338=0.662,$$

按式 (4.2.6) 可得 $a-b$ 的置信系数近似为 0.95 的置信区间为 $[-1.102, 0.222]$. □

例 4.2.7 某厂利用两条自动化流水线装番茄酱罐头, 现分别从两条流水线上各随机抽取一组样本: $X_1, X_2, \cdots, X_6; Y_1, Y_2, \cdots, Y_7$. 分别称重 (单位: 克) 后, 算得

$$\bar{X}=10.6,\quad \bar{Y}=10.1,\quad S_1^2=0.0125,\quad S_2^2=0.01.$$

假设这两条流水线上所装番茄酱的重量都服从正态分布, 其均值分别为 a 和 b, 而方差 σ_1^2 和 σ_2^2 不等, 求 $a-b$ 的置信水平近似为 0.90 的置信区间.

解 由于方差 $\sigma_1^2\neq\sigma_2^2$, 故这是 Behrens-Fisher 问题. 由于样本容量 $m=6$ 和 $n=7$ 都比较小, 故按式 (4.2.7) 求置信区间. 容易算得

$$S_*^2=\frac{0.0125}{6}+\frac{0.01}{7}=0.003512,\qquad S_*=0.05926.$$

$$r=0.003512^2\bigg/\left(\frac{0.0125^2}{6^2\times 5}+\frac{0.01^2}{7^2\times 6}\right)=129.35\approx 129.$$

$\alpha=0.10$, 查 t 分布表可得 $t_r(\alpha/2)=t_{129}(0.05)=1.654$, $\bar{X}-\bar{Y}=0.5$, 故 $a-b$ 的置信水平近似为 0.90 的置信区间为

$$\left[\bar{X}-\bar{Y}-t_{129}(0.05)\,S_*,\ \bar{X}-\bar{Y}+t_{129}(0.05)\,S_*\right]=[0.402, 0.598].$$ □

2. 方差比 σ_1^2/σ_2^2 的置信区间

令 S_1^2 和 S_2^2 由本小节开头的公式给出, 显然 $(m-1)S_1^2/\sigma_1^2\sim\chi_{m-1}^2$, $(n-1)S_2^2/\sigma_2^2\sim\chi_{n-1}^2$, 且 S_1^2 和 S_2^2 分别为 σ_1^2 和 σ_2^2 的无偏估计, 故由推论 2.3.5 可知

$$F=\frac{S_1^2/\sigma_1^2}{S_2^2/\sigma_2^2}=\frac{S_1^2}{S_2^2}\cdot\frac{\sigma_2^2}{\sigma_1^2}\sim F_{m-1,n-1}.$$

F 的表达式与 σ_1^2/σ_2^2 有关, 但其分布与 σ_1^2/σ_2^2 无关, 故取 F 为枢轴变量. 找 d_1 和 d_2, 使得

$$\mathbb{P}\left(d_1\leqslant\frac{S_1^2}{S_2^2}\cdot\frac{\sigma_2^2}{\sigma_1^2}\leqslant d_2\right)=1-\alpha.$$

满足上述要求的 d_1 和 d_2 有无穷多对, 其中存在一对使区间估计精度最高, 但这样一对 d_1 和 d_2 常常无显式表达, 需要通过数值方法求得, 使用不方便. 通常的做法是构造等尾的置信区间, 即令 d_1 和 d_2 满足下列要求:

$$\mathbb{P}\left(\frac{S_1^2}{S_2^2}\cdot\frac{\sigma_2^2}{\sigma_1^2}<d_1\right)=\frac{\alpha}{2},\quad \mathbb{P}\left(\frac{S_1^2}{S_2^2}\cdot\frac{\sigma_2^2}{\sigma_1^2}>d_2\right)=\frac{\alpha}{2},$$

查自由度为 $m-1$, $n-1$ 的 F 分布上侧分位数表易得 $d_1=F_{m-1,n-1}(1-\alpha/2)$, $d_2=F_{m-1,n-1}(\alpha/2)$, 故有

$$\mathbb{P}\left(F_{m-1,n-1}(1-\alpha/2) \leqslant \frac{S_1^2}{S_2^2} \cdot \frac{\sigma_2^2}{\sigma_1^2} \leqslant F_{m-1,n-1}(\alpha/2)\right) = 1-\alpha.$$

最后利用不等式的等价变形，得到 σ_1^2/σ_2^2 的置信系数为 $1-\alpha$ 的置信区间为

$$\left[\frac{S_1^2}{S_2^2} \cdot \frac{1}{F_{m-1,n-1}(\alpha/2)}, \frac{S_1^2}{S_2^2} \cdot \frac{1}{F_{m-1,n-1}(1-\alpha/2)}\right]. \tag{4.2.8}$$

由于当 α 较小时 (如 $\alpha = 0.01$, $\alpha = 0.05$)，$F_{m-1,n-1}(1-\alpha/2)$ 在 F 分布表中无法查到，利用 F 分布的如下性质 (第 2 章习题 24):

$$F_{m,n}(1-\alpha/2) = \frac{1}{F_{n,m}(\alpha/2)}, \tag{4.2.9}$$

可以通过查 $F_{n,m}(\alpha/2)$ 将其算得.

由引理 4.1.1 可知，σ_1^2/σ_2^2 的置信系数为 $1-\alpha$ 的单侧置信下、上限分别为

$$\frac{S_1^2}{S_2^2} \cdot \frac{1}{F_{m-1,n-1}(\alpha)} \quad \text{和} \quad \frac{S_1^2}{S_2^2} \cdot \frac{1}{F_{m-1,n-1}(1-\alpha)} = \frac{S_1^2}{S_2^2} \cdot F_{n-1,m-1}(\alpha).$$

注 4.2.4 上面讨论的是两个正态总体均值 a 和 b 未知时，方差比 σ_1^2/σ_2^2 的置信区间问题. 还有另外一个问题，就是当两个正态总体均值 a 和 b 已知时，方差比 σ_1^2/σ_2^2 的置信区间如何求？这个问题留给读者作为练习.

例 4.2.8 求例 4.2.6 中方差比 σ_1^2/σ_2^2 的置信系数为 90% 的置信区间.

解 $S_1^2/S_2^2 = 2.18/5.76 = 0.378$，查表求得 $F_{m-1,n-1}(\alpha/2) = F_{119,59}(0.05) = 1.47$，$F_{m-1,n-1}(1-\alpha/2) = 1/F_{n-1,m-1}(\alpha/2) = 1/F_{59,119}(0.05) = 1/1.43$，由式 (4.2.8) 得 σ_1^2/σ_2^2 的置信系数为 90% 的置信区间为

$$\left[\frac{S_1^2}{S_2^2} \cdot \frac{1}{F_{m-1,n-1}(\alpha/2)}, \frac{S_1^2}{S_2^2} \cdot F_{n-1,m-1}(\alpha/2)\right] = [0.257,\ 0.541]. \qquad \square$$

4.3 枢轴变量法——非正态总体参数的置信区间

利用枢轴变量法构造置信区间的方法在 4.2 节已介绍，本节将用这一方法讨论几个非正态总体参数的置信区间问题. 若枢轴变量的精确分布容易求得，可用小样本方法获得精确的置信区间；若枢轴变量的精确分布不易求得，或若其精确分布虽可以求得，但表达式很复杂，使用不方便，则可用枢轴变量的极限分布来构造有关参数近似的置信区间.

4.3.1 小样本方法

1. 指数分布参数的置信区间

设 $\boldsymbol{X} = (X_1, \cdots, X_n)$ 为从指数分布 $\text{Exp}(\lambda)$ 中抽取的简单样本，其密度函数为 $f(x,\lambda) = \lambda e^{-\lambda x} I_{(0,\infty)}(x)$，$\lambda > 0$，要求 λ 的置信系数为 $1-\alpha$ 的置信区间.

因为 $\bar{X}=\sum\limits_{i=1}^{n}X_i/n$ 是 $1/\lambda$ 的一个无偏估计 (且是 UMVUE), 设想 λ 的置信区间可通过 $\bar{X}$ 表示. 枢轴变量可取为 $T=2\lambda n\bar{X}$, 由推论 2.3.1 可知

$$2\lambda n\bar{X}=2\lambda\sum_{i=1}^{n}X_i\sim\chi^2_{2n}. \tag{4.3.1}$$

确定 a, b 使得

$$\mathbb{P}(a\leqslant 2\lambda n\bar{X}\leqslant b)=1-\alpha.$$

使上式成立的 a, b 有很多对, 其中存在一对, 使置信区间的长度最短, 但这样一对 a, b 无显式表达, 需用数值方法求得, 应用上也不方便. 通常采用下列等尾的置信区间. 令

$$\mathbb{P}(2\lambda n\bar{X}<a)=\frac{\alpha}{2},\quad \mathbb{P}(2\lambda n\bar{X}>b)=\frac{\alpha}{2}.$$

由式 (4.3.1) 可知, $a=\chi^2_{2n}(1-\alpha/2)$, $b=\chi^2_{2n}(\alpha/2)$, 这样求出的 a, b 虽不能使置信区间的精度最高, 但差别不大, 且表达式简单, 可通过查 χ^2 分布的上侧 α 分位数表求得, 应用上很方便. 故有

$$\mathbb{P}\left(\chi^2_{2n}(1-\alpha/2)\leqslant 2\lambda n\bar{X}\leqslant\chi^2_{2n}(\alpha/2)\right)=1-\alpha. \tag{4.3.2}$$

利用不等式的等价变形, 可得 λ 的置信系数为 $1-\alpha$ 的置信区间为

$$\left[\frac{\chi^2_{2n}(1-\alpha/2)}{2n\bar{X}},\ \frac{\chi^2_{2n}(\alpha/2)}{2n\bar{X}}\right], \tag{4.3.3}$$

其单侧置信上、下限分别为 $\chi^2_{2n}(\alpha)/(2n\bar{X})$ 和 $\chi^2_{2n}(1-\alpha)/(2n\bar{X})$.

同理, 利用式 (4.3.2) 中不等式的等价变形, 可求得 $g(\lambda)=1/\lambda$ 的置信系数为 $1-\alpha$ 的置信区间为

$$\left[\frac{2n\bar{X}}{\chi^2_{2n}(\alpha/2)},\ \frac{2n\bar{X}}{\chi^2_{2n}(1-\alpha/2)}\right]. \tag{4.3.4}$$

其单侧置信上、下限分别为 $2n\bar{X}/\chi^2_{2n}(1-\alpha)$ 和 $2n\bar{X}/\chi^2_{2n}(\alpha)$.

例 4.3.1 设某电子产品的寿命服从指数分布 $\mathrm{Exp}(\lambda)$, 现从此分布的一批产品中抽取容量为 9 的样本, 测得寿命 (单位: 千小时) 为

$$15,\ 45,\ 50,\ 53,\ 60,\ 65,\ 70,\ 83,\ 90.$$

求平均寿命 $1/\lambda$ 的置信系数为 90% 的置信区间和置信上、下限.

解 $n=9$, $\alpha=0.05$, 由样本算得 $\bar{X}=59$, $2n\bar{X}=1062$. 查表求得

$$\chi^2_{18}(0.05)=28.869,\quad \chi^2_{18}(0.95)=9.390,$$

$$\chi^2_{18}(0.10)=25.989,\quad \chi^2_{18}(0.90)=10.865,$$

则由式 (4.3.4) 可知 $g(\lambda)=1/\lambda$ 的置信水平为 90% 的置信区间为

$$\left[\frac{2n\bar{X}}{\chi^2_{18}(0.05)}, \frac{2n\bar{X}}{\chi^2_{18}(0.95)}\right]=[36.787,\ 113.099].$$

类似方法求得 $g(\lambda)=1/\lambda$ 的置信系数为 90% 的置信上、下限 $\hat{g}_U$ 和 $\hat{g}_L$ 分别为

$$\hat{g}_U=\frac{2n\bar{X}}{\chi^2_{18}(0.90)}=97.745\ (\text{千小时}),$$

$$\hat{g}_L=\frac{2n\bar{X}}{\chi^2_{18}(0.10)}=40.863\ (\text{千小时}).$$ □

2. 均匀分布参数的置信区间

设 $\boldsymbol{X}=(X_1,\cdots,X_n)$ 为自均匀分布总体 $U(0,\theta)$ 中抽取的简单样本, 要求 θ 的置信系数为 $1-\alpha$ 的置信区间.

设 $T(\boldsymbol{X})=X_{(n)}=\max\{X_1,\cdots,X_n\}$, $T(\boldsymbol{X})$ 为充分统计量, 由例 3.3.5 可知 $(n+1)T/n$ 是 θ 的无偏估计 (也是 θ 的 UMVUE). 设想枢轴变量一定与 T 有关. 由于 $Y_i=X_i/\theta\sim U(0,1)$, $i=1,2,\cdots,n$, 故 $Y_{(n)}=T/\theta$ 的密度函数为 $f(y)=ny^{n-1}I_{(0,1)}(y)$. 取 $Z=1/Y_{(n)}=\theta/T$ 为枢轴变量, 其表达式与 θ 有关, 其密度函数为

$$\frac{\theta}{T}\sim g(z)=nz^{-(n+1)}I_{(1,\infty)}(z), \tag{4.3.5}$$

$g(z)$ 与 θ 无关. 确定 d_1, d_2, $1\leqslant d_1<d_2\leqslant\infty$ 使得

$$\begin{aligned}\mathbb{P}_\theta\left(d_1\leqslant\frac{\theta}{T}\leqslant d_2\right)&=\mathbb{P}\big(d_1T\leqslant\theta\leqslant d_2T\big)\\&=\int_{d_1}^{d_2}nz^{-n-1}dz=\frac{1}{d_1^n}-\frac{1}{d_2^n}=1-\alpha.\end{aligned} \tag{4.3.6}$$

于是 $\big[d_1T,\ d_2T\big]$ 为 θ 的置信系数为 $1-\alpha$ 的置信区间. 由式 (4.3.6) 中被积函数 $g(z)$ 单调降的性质, 要使区间估计的精度最高, 宜取 $d_1=1$, 再解方程 $1-1/d_2^n=1-\alpha$ 得到 $d_2=1/\sqrt[n]{\alpha}$.

因此 θ 的置信系数为 $1-\alpha$ 的置信区间为

$$\big[d_1T,\ d_2T\big]=\left[T,\ \frac{T}{\sqrt[n]{\alpha}}\right]. \tag{4.3.7}$$

4.3.2 大样本方法

4.2 节和 4.3.1 小节介绍的区间估计的方法属于小样本方法, 它的特点是导出区间估计的枢轴变量的精确分布是容易求得的, 可用小样本方法获得置信水平 $1-\alpha$ 精确的置信区间. 但若枢轴变量的精确分布不易求得, 或若其精确分布虽可求得, 但表达式复杂, 使用不便, 则可用大样本方法获得枢轴变量的渐近分布, 从而获得置信水平近似为 $1-\alpha$ 置信区间.

获得枢轴变量的极限分布的主要方法是基于中心极限定理, 但不同的统计模型中构造区间估计的枢轴变量所基于的中心极限定理可能是不完全相同的. Cauchy 分布中位置参数的置信区间, 是基于样本中位数的极限定理, 下面第一段将首先介绍这方面的内容; 最大似然估计相合渐近正态性给出的渐近分布有一点特殊性, 即它的渐近方差达到 C-R 下界, 我们将在下面第二段介绍; 比率 p 的置信区间的构造是基于二项分布的中心极限定理, 我们将在下面第三段介绍; 最后, 一般情形构造置信区间是基于独立同分布场合的中心极限定理, 将放在最后一段介绍.

1. Cauchy 分布位置参数的置信区间

设 $\boldsymbol{X}=(X_1,\cdots,X_n)$ 为从 Cauchy 分布 $C(\theta,1)$ 中抽取的简单样本, 此分布的密度函数为

$$f(x,\theta)=\frac{1}{\pi[1+(x-\theta)^2]},\quad -\infty<x<\infty,\ -\infty<\theta<\infty,$$

要求位置参数 θ 的置信区间.

以 m_n 记 $X_1,\cdots,X_n$ 的样本中位数, θ 是总体的中位数, 因此 m_n 作为 θ 的点估计是合适的. 由于 Cauchy 分布关于 θ 对称, 故 $m_n-\theta$ 的分布与从 $\theta=0$ 的 Cauchy 分布中抽取的大小为 n 的样本中位数的分布相同. 因此 $m_n-\theta$ 的分布与 θ 无关, 可作为枢轴变量, 其分布密度记为 $f_n(x)$. 当 n 为奇数时 $f_n(x)$ 的表达式利用式 (2.4.4) 可直接写出来. 当 n 为偶数时要复杂些, 但原则上求其表达式并无困难. 找到 $f_n(x)$ 后, 要确定 c, 使得

$$\mathbb{P}_\theta(|m_n-\theta|\leqslant c)=\int_{-c}^{c}f_n(x)dx=1-\alpha,\tag{4.3.8}$$

由此得出 θ 的置信系数为 $1-\alpha$ 的置信区间为 $[m_n-c,\ m_n+c]$.

但是, 因为 $f_n(x)$ 的表达式很复杂, 要由式 (4.3.8) 决定 c 不容易. 但根据式 (2.5.3), 并注意到 $f(\xi_{1/2})=1/\pi$, 可知当 $n\to\infty$ 时有

$$\frac{2\sqrt{n}(m_n-\theta)}{\pi}\xrightarrow{\mathscr{L}}N(0,1),\tag{4.3.9}$$

因此以 $2\sqrt{n}(m_n-\theta)/\pi$ 作为枢轴变量, 近似地有

$$\mathbb{P}\left(\frac{2\sqrt{n}|m_n-\theta|}{\pi}\leqslant u_{\alpha/2}\right)\approx 1-\alpha,$$

此处 $u_{\alpha/2}$ 是标准正态分布的上侧 $\alpha/2$ 分位数. 利用不等式的等价变形可知, 当 n 充分大时, θ 的置信系数近似为 $1-\alpha$ 的置信区间为

$$\left[m_n-\frac{\pi u_{\alpha/2}}{2\sqrt{n}},\ m_n+\frac{\pi u_{\alpha/2}}{2\sqrt{n}}\right],\tag{4.3.10}$$

其单侧置信上、下限为 $m_n\pm\pi u_\alpha/(2\sqrt{n})$, 其中 "+" 号是置信上限.

*2. 基于 MLE 的近似置信区间

设总体 X 的密度函数为 $f(x,\theta)$, 令 $\boldsymbol{X}=(X_1,\cdots,X_n)$ 为从总体 X 中抽取的简单样本, 在 3.3 节中, 定理 3.3.4 在一般条件下证明了 θ 的 MLE, $\hat{\theta}_n^*=\hat{\theta}_n^*(\boldsymbol{X})$, 有渐近正态分布 $\sqrt{n}(\hat{\theta}_n^*-\theta)\xrightarrow{\mathscr{L}}N(0,1/I(\theta))$, 即 $\hat{\theta}_n^*$ 渐近服从 $N(\theta,\sigma^2(\theta)/n)$, 此处 $\sigma^2(\theta)=1/I(\theta)$, 其中

$$I(\theta)=\mathbb{E}_\theta\left[\left(\frac{\partial\ln f(X,\theta)}{\partial\theta}\right)^2\right]$$

是 Fisher 信息量. 也就是说在这种情形, 参数 θ 的 MLE 的渐近方差达到了 C-R 下界.

此时, 虽然 $\sqrt{n}(\hat{\theta}_n^*-\theta)/\sigma(\theta)\sim N(0,1)$, 但我们不能用随机变量 $\sqrt{n}(\hat{\theta}_n^*-\theta)/\sigma(\theta)$ 作为枢轴变量求 θ 近似的置信区间, 因为 θ 的 MLE $\hat{\theta}_n^*$ 的渐近标准差 $\sigma(\theta)/\sqrt{n}$ 未知, 常用的解决方法是: 用 $\hat{\theta}_n^*$ 去代替 $\sigma(\theta)$ 中的 θ, 大数定律保证 $\sigma(\hat{\theta}_n^*)$ 依概率收敛到 $\sigma(\theta)$. 由 Slutsky 定理 (第 2 章附录 A.9) 可证: 当 $n\to\infty$ 时, 有

$$\frac{\sqrt{n}(\hat{\theta}_n^*-\theta)}{\sigma(\hat{\theta}_n^*)}=\frac{\sqrt{n}(\hat{\theta}_n^*-\theta)}{\sigma(\theta)}\cdot\frac{\sigma(\theta)}{\sigma(\hat{\theta}_n^*)}\xrightarrow{\mathscr{L}}N(0,1). \tag{4.3.11}$$

令 $T=\sqrt{n}(\hat{\theta}_n^*-\theta)/\sigma(\hat{\theta}_n^*)$ 作为枢轴变量, 其极限分布与 θ 无关, 则有

$$\mathbb{P}\left(\left|\frac{\sqrt{n}(\hat{\theta}_n^*-\theta)}{\sigma(\hat{\theta}_n^*)}\right|\leqslant u_{\alpha/2}\right)\approx 1-\alpha,$$

解括号中的不等式可得 θ 的置信系数近似为 $1-\alpha$ 的置信区间

$$\left[\hat{\theta}_n^*-\frac{u_{\alpha/2}}{\sqrt{n}}\,\sigma(\hat{\theta}_n^*),\ \hat{\theta}_n^*+\frac{u_{\alpha/2}}{\sqrt{n}}\,\sigma(\hat{\theta}_n^*)\right]. \tag{4.3.12}$$

此处 $u_{\alpha/2}$ 是标准正态分布的上侧 $\alpha/2$ 分位数. 其单侧置信上、下限为 $\hat{\theta}_n^*\pm u_\alpha\,\sigma(\hat{\theta}_n^*)/\sqrt{n}$, 其中 “+” 号是置信上限.

例 4.3.2 某电子产品寿命 X 服从指数分布 $\mathrm{Exp}(1/\theta)$, 其密度函数为 $f(x,\theta)=\theta^{-1}e^{-x/\theta}$, 其中 θ 为其平均寿命. 若从中抽取 60 个样品进行寿命试验, 试验到全部失效为止, 所得 60 个数据之和为 $T_n=45079$ (小时), 求其置信系数 0.90 的置信区间.

解 由 MLE 方法可知, 参数 θ 的 MLE 为 $\hat{\theta}_n^*=\bar{X}=T_n/n=45079/60=751.32$ (小时), 此处样本容量 $n=60$. Fisher 信息量为

$$I(\theta)=\mathbb{E}_\theta\left[\left(\frac{\partial\log f(X,\theta)}{\partial\theta}\right)^2\right]=E_\theta\left[\left(\frac{X}{\theta^2}-\frac{1}{\theta}\right)^2\right]=\frac{1}{\theta^2}.$$

故 $\hat{\theta}_n^*$ 渐近标准差为 $\sigma(\theta)/\sqrt{n}=[nI(\theta)]^{-1/2}=\theta/\sqrt{n}$, 其估计量为 $\sigma(\hat{\theta}_n^*)/\sqrt{n}=\hat{\theta}_n^*/\sqrt{n}$.

将 $\widehat{\theta}_n^* = \bar{X} = 751.32$, $n = 60$, $u_{0.05} = 1.65$ 代入式 (4.3.12) 得到 θ 的置信系数近似为 0.90 的置信区间为

$$[\bar{X} - u_{\alpha/2}\,\bar{X}/\sqrt{n},\ \bar{X} + u_{\alpha/2}\,\bar{X}/\sqrt{n}] = [591.28,\ 911.36]. \qquad \square$$

注 4.3.1　本题中若采用 4.3.1 小节第一段中用 χ^2 分布获得指数分布 $\mathrm{Exp}(\lambda)$ 参数 λ 置信区间的类似方法 (小样本枢轴变量法), 只要令 $\lambda = 1/\theta$, 由式 (4.3.4) 容易看出 θ 的置信系数 $1-\alpha = 0.90$ 的置信区间

$$\left[\frac{2n\bar{X}}{\chi^2_{2n}(\alpha/2)},\ \frac{2n\bar{X}}{\chi^2_{2n}(1-\alpha/2)}\right] = \left[\frac{2\times 45079}{146.57},\ \frac{2\times 45079}{95.70}\right] = [615.12,\ 942.09],$$

其中 $\bar{X} = 751.32$, $n = 60$, $\alpha = 0.10$, $\chi^2_{120}(0.05) = 146.57$, $\chi^2_{120}(0.95) = 95.7$.

将二者进行比较, 本题中样本容量 $n = 60$, 比较大, 由上述结果可见在样本容量较大的情形, 二者差别不大. 但若将上述两种方法用在样本容量较小的情形 (如样本容量小于 10), 则二者差别会很大, 用渐近正态方法得到的置信区间肯定不如用基于 χ^2 分布得到的置信区间好. 今后遇到这类问题, 在大样本情形建议用基于渐近正态分布的方法; 在小样本情形显然用基于 χ^2 分布的精确方法, 其效果更好.

3. 比率 p 的置信区间

比率是指特定的一部分个体 (人或物) 在总体中所占的比例, 如产品的不合格率、发射导弹的成功率、疾病的治愈率、射击的命中率和人口的死亡率等都涉及比率的问题, 是实际问题中常遇到的一种参数.

比率 p 可以看作两点分布 $B(1,p)$ 中的一个参数. 设 $\boldsymbol{X} = (X_1, \cdots, X_n)$ 为自两点分布 $B(1,p)$ 中抽取的简单样本, 令 $S_n = \sum\limits_{i=1}^{n} X_i$, 则随机变量 S_n 服从二项分布 $B(n,p)$, 要求 p 的置信区间.

利用中心极限定理, 有

$$\frac{S_n - np}{\sqrt{np(1-p)}} = \frac{\sqrt{n}(\bar{X}-p)}{\sqrt{p(1-p)}} \xrightarrow{\mathscr{L}} N(0,1), \quad n \to \infty. \tag{4.3.13}$$

这表明当 n 充分大时, 随机变量 $T = \sqrt{n}(\bar{X}-p)/\sqrt{p(1-p)}$ 的极限分布是 $N(0,1)$, 与未知参数 p 无关. 取这样的 T 为枢轴变量. 因此 n 充分大时有

$$\mathbb{P}(|T| \leqslant u_{\alpha/2}) = \mathbb{P}\left(\left|\frac{\sqrt{n}(\bar{X}-p)}{\sqrt{p(1-p)}}\right| \leqslant u_{\alpha/2}\right) \approx 1-\alpha. \tag{4.3.14}$$

解上式括号中的不等式 $|T| \leqslant u_{\alpha/2}$, 则由式 (4.3.14) 得到

$$\mathbb{P}(|T| \leqslant u_{\alpha/2}) = \mathbb{P}(c_1 \leqslant p \leqslant c_2) \approx 1-\alpha,$$

其中 $c_1 = c_1(\boldsymbol{X})$, $c_2 = c_2(\boldsymbol{X})$ 与 p 无关. 故 $[c_1(\boldsymbol{X}), c_2(\boldsymbol{X})]$ 可作为 p 的置信系数

近似为 $1-\alpha$ 的置信区间. 记 $\hat{p}=\bar{X}$, $\gamma=u_{\alpha/2}$, 则式 (4.3.14) 括号中不等式等价于

$$(\hat{p}-p)^2 \leqslant \frac{\gamma^2 p(1-p)}{n},$$

将不等式两边展开, 整理合并同类项, 得到 p 的二次三项式

$$p^2(n+\gamma^2)-p(2n\hat{p}+\gamma^2)+n\hat{p}^2 \leqslant 0.$$

上式左端 p 的二次三项式的判别式大于 0, 且平方项系数为正, 故满足上述不等式的 p 介于其两个不相等的正根之间, 记这两个根为 c_1, c_2, $c_1<c_2$, 它们是

$$c_1,\ c_2=\frac{n}{n+\gamma^2}\left[\hat{p}+\frac{\gamma^2}{2n}\pm\gamma\cdot\sqrt{\frac{\hat{p}(1-\hat{p})}{n}+\frac{\gamma^2}{4n^2}}\right], \tag{4.3.15}$$

其中 c_2 相应于"+"号. 因此 $[c_1(\boldsymbol{X}),c_2(\boldsymbol{X})]$ 就是 p 的置信系数近似为 $1-\alpha$ 的置信区间. 称此置信区间为得分区间 (score interval).

在实用中, 可采用下列更简单的方法: 由 $\hat{p}=S_n/n \xrightarrow{P} p$ (即当 $n\to\infty$ 时依概率收敛到 p) 及式 (4.3.13) 可知, 当 $n\to\infty$ 时, 有

$$\sqrt{\frac{p(1-p)}{\hat{p}(1-\hat{p})}} \xrightarrow{P} 1, \quad \frac{\sqrt{n}(\hat{p}-p)}{\sqrt{p(1-p)}} \xrightarrow{\mathscr{L}} N(0,1).$$

故由 Slutsky 定理 (第 2 章附录 A.9) 可知

$$\frac{\sqrt{n}(\hat{p}-p)}{\sqrt{\hat{p}(1-\hat{p})}}=\frac{\sqrt{n}(\hat{p}-p)}{\sqrt{p(1-p)}}\cdot\frac{\sqrt{p(1-p)}}{\sqrt{\hat{p}(1-\hat{p})}} \xrightarrow{\mathscr{L}} N(0,1), \tag{4.3.16}$$

故可取 $T=\sqrt{n}(\hat{p}-p)/\sqrt{\hat{p}(1-\hat{p})}$ 作为枢轴变量, 其极限分布与 p 无关, 令

$$\mathbb{P}\left(\left|\frac{\sqrt{n}(\hat{p}-p)}{\sqrt{\hat{p}(1-\hat{p})}}\right| \leqslant u_{\alpha/2}\right) \approx 1-\alpha.$$

利用不等式等价变形, 得到 p 的置信系数近似为 $1-\alpha$ 的置信区间为

$$\left[\hat{p}-u_{\alpha/2}\cdot\sqrt{\hat{p}(1-\hat{p})/n},\ \hat{p}+u_{\alpha/2}\cdot\sqrt{\hat{p}(1-\hat{p})/n}\right], \tag{4.3.17}$$

其单侧置信上、下限为 $\hat{p}\pm u_\alpha\sqrt{\hat{p}(1-\hat{p})/n}$, 其中"+"号是置信上限. 这是以 $\hat{p}$ 为对称中心的置信区间, 称为 Wald 置信区间, 其效果肯定比公式 (4.3.15) 要差, 因为它经过了二次近似, 对 n 的要求更高了, 一般要求 $n\hat{p}>10$ 和 $n(1-\hat{p})>10$ 成立.

实验 *扫描实验 12 的二维码进行比率的置信区间模拟实验, 观察不同参数下覆盖率的变化情况.*

实验 12 比率的置信区间

例 4.3.3 网络钓鱼 (phishing) 是一种通过欺骗性垃圾邮件或者网页, 意图引诱人们给出敏感信息 (如密码、银行卡号等) 的一种违法攻击方式. 2017 年发表的一篇研究论文描述了一项试验, 向 320 名参与者展示一些网页, 并要求他们识别哪些是合法的, 哪些是钓鱼欺诈性的. 在研究的一个阶段

内, 有 157 名参与者将一个钓鱼网站误认为是安全的. 记 p 为参与试验人数中错误识别钓鱼网站的比例, 求 p 的 95% 置信区间.

解　显然 p 的点估计为 $\hat{p}=157/320=0.491$, $n=320$, $\alpha=0.05$, 查标准正态分布表得 $u_{0.025}=1.96$, 根据 (4.3.15) 知 p 的一个近似 95% 置信区间为

$$\frac{0.491+(1.96)^2/[2(320)]}{1+(1.96)^2/320}\pm 1.96\times\frac{\sqrt{0.491\times 0.509/320+(1.96)^2/[4(320)^2]}}{1+(1.96)^2/320}$$
$$=0.491\pm 0.054=(0.437,0.545).$$

因此, 在 95% 置信系数下, 我们得出参与试验的人员中有 43.7% 至 54.5% 未能识别该钓鱼网站. □

在大样本场合, 还有另外一个问题: 为使比率 p 的区间估计达到指定的精度 (即给定置信区间的长度) 至少需要多少样本的问题. 基于得分区间 (4.3.15), 指定置信区间的长度, 确定样本容量 n 的表达式较复杂, 一个简便的方法是基于置信区间 (4.3.17), 具体方法如下.

在 p 的置信系数近似为 $1-\alpha$ 的置信区间 (4.3.17) 中, 使区间估计的长度不超过 w, 问样本容量至少多大才能达到要求的精度? 令

$$2u_{\alpha/2}\cdot\sqrt{\hat{p}(1-\hat{p})/n}\leqslant w,$$

解不等式得

$$n\geqslant 4\,u_{\alpha/2}^2\,\hat{p}(1-\hat{p})/w^2.$$

这种确定样本容量的方法都包含了 $\hat{p}$, 因此需要在试验后利用样本得到. 这导致无法在试验前就确定好样本容量 n. 如果试验者基于其他试验可以给出一个先验估计 p_0, 则可以使用 p_0 代替 $\hat{p}$ 来确定样本量 n. 另外一种常用的保守做法是考虑到在 $0<x<1$ 时总有 $x(1-x)\leqslant 1/4$, 即 $\hat{p}(1-\hat{p})$ 的最大值在 $\hat{p}=0.5$ 处达到, 且最大值为 1/4. 因此可得样本容量

$$n\geqslant u_{\alpha/2}^2/w^2. \tag{4.3.18}$$

例 4.3.4　如果要求例 4.3.3 中置信系数为 95% 置信区间的长度不超过 0.08, 样本容量 n 至少为多少?

解　取 $w=0.08, \alpha=0.05$, 查表得 $u_{0.025}=1.96$, 按式 (4.3.18) 求得 $n\geqslant 600.25$, 故取样本容量 $n=601$ 即可满足要求. □

*4. 基于独立同分布样本中心极限定理的近似置信区间

在前一小段, 我们利用基于 i.i.d. 样本情形的中心极限定理获得了比率 p 的近似置信区间, 现在我们来将这一方法推广到下列的一般情形.

设 $\boldsymbol{X}=(X_1,\cdots,X_n)$ 为自总体 F (若有密度记为 f) 中抽取的 i.i.d. 样本, 只要假定总体均值 θ_F 和方差 σ_F^2 存在, 则无论总体分布是什么 (总体分布形式已知

或未知), 由独立同分布场合的中心极限定理, 其样本均值 $\bar{X}$ 有渐近正态分布, 即

$$\sqrt{n}(\bar{X}-\theta_F)/\sigma_F \xrightarrow{\mathscr{L}} N(0,1), \tag{4.3.19}$$

要求 θ_F 的置信区间. 由于 σ_F 未知, 不能以 $\sqrt{n}(\bar{X}-\theta_F)/\sigma_F$ 作为枢轴变量. 但是, 当 n 充分大时样本标准差 S 是 σ_F 的一个相合估计, 故可近似地用 S 代替式 (4.3.19) 中的 σ_F, 利用 Slutsky 定理 (第 2 章附录 A.9) 可证: 当 $n\to\infty$ 时, 有

$$\frac{\sqrt{n}(\bar{X}-\theta_F)}{S}=\frac{\sqrt{n}(\bar{X}-\theta_F)}{\sigma_F}\cdot\frac{\sigma_F}{S} \xrightarrow{\mathscr{L}} N(0,1). \tag{4.3.20}$$

此时可将 $T=\sqrt{n}(\bar{X}-\theta_F)/S$ 作为枢轴变量, 它的极限分布与 θ_F 无关, 令

$$\mathbb{P}\left(\left|\frac{\sqrt{n}(\bar{X}-\theta_F)}{S}\right|\leqslant u_{\alpha/2}\right)\approx 1-\alpha,$$

解上式括号中的不等式, 得到 θ_F 的置信系数近似为 $1-\alpha$ 的置信区间为

$$\left[\bar{X}-\frac{S}{\sqrt{n}}u_{\alpha/2},\bar{X}+\frac{S}{\sqrt{n}}u_{\alpha/2}\right], \tag{4.3.21}$$

其单侧置信上、下限为 $\bar{X}\pm S\,u_\alpha/\sqrt{n}$, 其中 "+" 号是置信上限.

例 4.3.5 某鸟类学家调查了某林区 50 个鸟窝, 发现窝中鸟蛋个数的数据如下:

3, 7, 3, 3, 3, 4, 1, 4, 2, 3, 2, 0, 2, 2, 1, 2, 4, 4, 0, 3, 0, 2, 0, 3, 1,
0, 0, 2, 1, 1, 4, 3, 1, 2, 0, 1, 4, 3, 3, 3, 5, 1, 3, 1, 3, 2, 7, 2, 1, 3.

假定鸟蛋的个数 X 服从 Poisson 分布 $P(\lambda)$, $\lambda>0$. 试求平均每窝鸟蛋个数的置信系数为 0.95 的置信区间.

解 由假设知平均每窝鸟蛋个数为 $E_\lambda(X)=\mathrm{Var}_\lambda(X)=\lambda$. 设 $\boldsymbol{X}=(X_1,\cdots,X_n)$ 为自总体 X 中抽取的简单样本, $\bar{X}$ 为样本均值, 由中心极限定理得

$$\frac{\sqrt{n}(\bar{X}-\lambda)}{\sqrt{\lambda}} \xrightarrow{\mathscr{L}} N(0,1), \quad \text{当 } n\to\infty \text{ 时}, \tag{4.3.22}$$

令随机变量 $T=\sqrt{n}(\bar{X}-\lambda)/\sqrt{\lambda}$ 作为枢轴变量. 记 $\widehat{\lambda}=\bar{X}$, 用比率 p 置信区间问题中导出置信区间 (4.3.15) 类似的方法 (具体推导留给读者作为练习) 获得 λ 的置信系数近似为 $1-\alpha$ 的置信区间为 $[d_1,d_2]$, 其中

$$d_1,\ d_2=\widehat{\lambda}+\frac{u_{\alpha/2}^2}{2n}\pm u_{\alpha/2}\sqrt{\frac{u_{\alpha/2}^2}{4n^2}+\frac{\widehat{\lambda}}{n}}, \quad d_2 \text{ 相应于 “+” 号}. \tag{4.3.23}$$

由鸟蛋数据可知: $n=50$, $\widehat{\lambda}=\bar{X}=2.3$, $u_{0.025}=1.96$. 将这些数据代入式 (4.3.23) 得到 λ 的置信系数为 0.95 的置信区间 $[d_1,d_2]=[1.916,\ 2.760]$.

实用上, 可采用下列更简单的方法: 将式 (4.3.22) 分母中 Poisson 分布的标准差 $\sqrt{\lambda}$ 用其估计量 $\sqrt{\widehat{\lambda}}$ 代替, 由 $\widehat{\lambda}=\bar{X}\xrightarrow{P}\lambda$ (当 $n\to\infty$ 时), 和 Slutsky 定理

(第 2 章附录 A.9) 可知, 当 $n \to \infty$ 时有

$$\frac{\sqrt{n}(\widehat{\lambda}-\lambda)}{\sqrt{\widehat{\lambda}}} = \frac{\sqrt{n}(\widehat{\lambda}-\lambda)}{\sqrt{\lambda}} \cdot \frac{\sqrt{\lambda}}{\sqrt{\widehat{\lambda}}} \xrightarrow{\mathscr{L}} N(0,1). \tag{4.3.24}$$

令 $T = \sqrt{n}(\widehat{\lambda}-\lambda)/\sqrt{\widehat{\lambda}}$ 为枢轴变量, 给定置信系数 $1-\alpha$, 则由 $\mathbb{P}(|\sqrt{n}(\widehat{\lambda}-\lambda)|/\sqrt{\widehat{\lambda}} \leqslant u_{\alpha/2}) \approx 1-\alpha$, 得到 λ 的置信系数近似为 $1-\alpha$ 的置信区间为

$$\left[\widehat{\lambda} - u_{\alpha/2}\sqrt{\widehat{\lambda}/n},\ \widehat{\lambda} + u_{\alpha/2}\sqrt{\widehat{\lambda}/n}\right], \tag{4.3.25}$$

其单侧置信上、下限为 $\widehat{\lambda} \pm u_\alpha\sqrt{\widehat{\lambda}/n}$, 其中 "+" 号是置信上限.

由鸟蛋数据可知: $n = 50$, $\widehat{\lambda} = \bar{X} = 2.3$, $u_{0.025} = 1.96$. 将这些数据代入式 (4.3.25) 得到 λ 的置信系数为 0.95 的置信区间 [1.880, 2.720].

可见两种方法差别不大, 当然后一方法精度要差一点, 因为后一方法经过两次近似. □

4.4 自助法置信区间

如果总体分布不是正态分布且样本容量比较小, 如何构建总体均值的置信区间呢? 如何构建总体其他参数, 比如总体中位数和总体 90% 分位数、偏度系数和峰度系数等的置信区间呢? 统计学家布拉德利-埃夫隆 (Bradley Efron, 1938—) 在 20 世纪 70 年代末提出的**自助法** (bootstrap method) 在统计理论没有得出置信区间公式的情况下, 仅仅通过使用已有的样本数据而不对总体的分布做任何假设 (比如传统方法中的正态分布假设), 来计算统计量分布的分位数等, 进而给出置信区间. 这种方法用大量的计算来代替理论, 现在许多统计软件包 (包括 SAS, R, JMP Pro 和 Minitab 等) 都实现了自助法的各种应用. 本节我们简单介绍这种方法在构建置信区间中的应用.

前面我们介绍的统计推断方法都是在给定一组样本容量为 n 的样本下, 通过利用某个 (些) 特定统计量的抽样分布来进行. 所谓抽样分布就是统计量的分布, 或者等价地说, 当我们假想地从总体中抽取所有可能的样本容量为 n 的随机样本时此统计量值呈现出的分布. 图 4.4.1 (a) 是样本均值的抽样分布一个例子. 相反地, 自助法考虑的是如果我们从当前已有样本观测值中重复抽取会怎么样. 例如, 我们从某个总体中得到一组样本容量为 15 的样本, 感兴趣的是对总体均值推断. 样本均值 $\bar{X}$ 作为推断时的统计量, 其**自助分布** (bootstrap distribution), 即基于自助版本统计量的经验分布就是从当前样本观测值中重复地随机抽取相同样本容量为 15 的样本 (即从样本中重复抽样) 而得到的所有可能值 $\bar{X}$ 的分布. 显然, 每次重复抽取必须是从当前样本观测值中有放回地抽取, 否则我们会得到相同的值

$\overline{X}$. 图 4.4.1(b) 展示了自助法抽样过程.

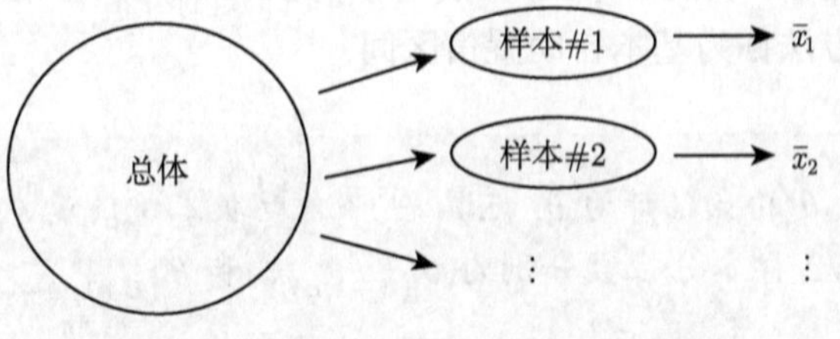

(a) 得出$\overline{X}$的抽样分布

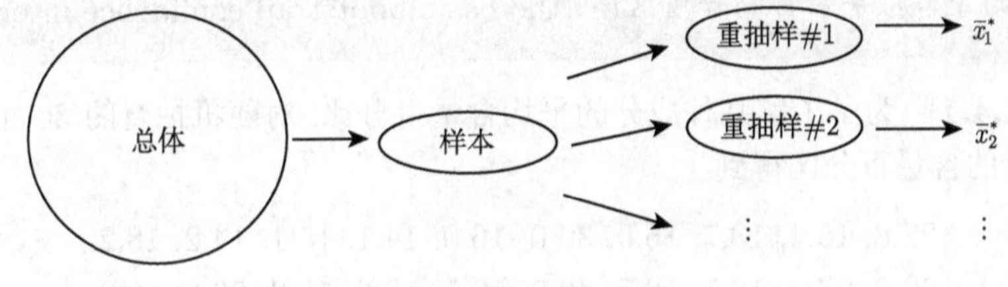

(b) 得出$\overline{X}$的自助分布

图 4.4.1 两种抽样波动性

从哲学上讲, 自助法将手头的样本当成了总体, 因为样本在某种意义上代表了我们对潜在总体的所有认识. 再次说明, 自助法的优势就在于其能用于没有理论 (如中心极限定理) 或不作分布性 (如正态性) 假设的场合. 标准自助法的步骤如下.

假设我们在当前样本观测值 $x_1, x_2, \cdots, x_n$ 下想得到统计量 $\hat{\theta}$ 的自助分布, 则

(1) 从 $x_1, x_2, \ldots, x_n$ 中有放回地抽取一组样本容量同样为 n 的样本, 记为 $x_1^*, x_2^*, \cdots, x_n^*$, 称为一个自助样本.

(2) 基于自助样本 $x_1^*, x_2^*, \cdots, x_n^*$ 计算统计量 $\hat{\theta}$ 的值, 称为 $\hat{\theta}$ 的一个自助版本.

(3) 重复上述 (1)—(2) 步足够多次, 比如 B 次, 得到 B 个自助版本 $\hat{\theta}_1^*, \hat{\theta}_2^*, \cdots, \hat{\theta}_B^*$, 它们被用来近似统计量 $\hat{\theta}$ 的自助分布. 也就是说视自助版本为 $\hat{\theta}$ 的同分布复制.

这里我们说 "近似" 是因为我们仅重复抽样 B 次, 统计量 $\hat{\theta}$ 的自助分布应是其所有可能自助样本下值的分布. 可以证明, 当样本容量为 n 时, 所有可能的自助样本有 $\binom{2n-1}{n-1}$ 个. 即便对 $n = 15$, 其自助样本数目也超过了 7700 万. 自助样本的数目会随着 n 的增加而快速增加. 在实际中, 一般常取 $B = 1000$.

设 $\hat{\theta}$ 为参数 θ 的一个良好点估计. 为了构造 θ 的 $1-\alpha$ 置信区间, 直观上, 可以以 $\hat{\theta} - \theta$ 为枢轴变量, 则我们寻求 L 和 U 使得

$$\mathbb{P}(L \leqslant \hat{\theta} - \theta \leqslant U) = 1 - \alpha.$$

由于 $\hat{\theta}-\theta$ 可以由 $\hat{\theta}^*-\hat{\theta}$ 来近似, 因此其分布可以由自助版本 $\hat{\theta}_1^*-\hat{\theta}, \hat{\theta}_2^*-\hat{\theta}, \cdots, \hat{\theta}_B^*-\hat{\theta}$ 的经验分布来近似. 从而 L 和 U 分别近似为 $\hat{\theta}^*_{[(B+1)\alpha/2]}-\hat{\theta}$ 和 $\hat{\theta}^*_{[(B+1)(1-\alpha/2)]}-\hat{\theta}$, 代入即得. 这种方法称为基本自助置信区间.

定义 4.4.1

设感兴趣参数 θ 的点估计为 $\hat{\theta}$, 记其 B 个自助版本统计量 $\hat{\theta}_1^*, \hat{\theta}_2^*, \cdots, \hat{\theta}_B^*$ 的 $\alpha/2$ 和 $1-\alpha/2$ 样本分位数分别为 $\hat{\theta}^*_{[(B+1)\alpha/2]}$ 和 $\hat{\theta}^*_{[(B+1)(1-\alpha/2)]}$, 则称

$$\left[2\hat{\theta}-\hat{\theta}^*_{[(B+1)(1-\alpha/2)]}, 2\hat{\theta}-\hat{\theta}^*_{[(B+1)\alpha/2]}\right]$$

为 θ 的 $1-\alpha$ 基本自助置信区间 (the basic bootstrap confidence interval). ♧

例 4.4.1 为了了解某种成分的平均含量百分比, 对随机抽查的 30 个样品测量该成分的含量百分比得到

$$\begin{aligned}&22.8, 16.4, 13.7, 16.9, 30.0, 16.0, 14.1, 15.1, 14.2, 18.2,\\&22.9, 27.7, 16.5, 16.2, 40.2, 19.1, 13.6, 19.0, 20.3, 19.8,\\&18.3, 15.5, 15.8, 19.1, 11.6, 18.5, 16.1, 17.0, 12.1, 19.3.\end{aligned}$$

试求该成分平均含量百分比的 95% 置信区间.

解 这里考虑使用样本均值构建总体均值的置信区间, 但是总体分布未知且样本容量 $n=30$ 比较小. 图 4.4.2 (a) 展示了样本的直方图, 由此可以看出总体分布不像是正态分布. 进一步得到样本均值 $\bar{x}=18.53$, 我们使用 $B=1000$ 个自助版本样本均值 $\bar{x}^*$, 其 2.5% 和 97.5% 分位数分别为 16.76 和 20.62. 图 4.4.2 (b) 展示了它们的直方图, 可以看出样本均值的自助抽样分布有一点右偏, 即偏离正态分布. 使用基本自助置信区间方法, 可以得到总体均值的 95% 置信区间为

$$[2\times 18.53-20.62, 2\times 18.53-16.76]=[16.44, 20.30]. \qquad \square$$

我们已经知道, 对 θ 的 (渐近) 无偏估计 $\hat{\theta}$, 如果其标准差 $\mathrm{se}(\hat{\theta})$ 能够得到且枢轴变量

$$T=(\hat{\theta}-\theta)/\mathrm{se}(\hat{\theta})$$

的 (渐近) 分布已知, 则可以使用 T 来构建 θ 的置信区间. 例如对正态总体均值 θ, 当 $\hat{\theta}=\bar{X}$ 时我们已经知道 T 的分布为 t 分布 (方差未知) 或者正态 (方差已知). 当总体分布未知时, 则需要对 $\mathrm{se}(\hat{\theta})$ 进行估计. 自助 t 置信区间方法使用 $\hat{\theta}$ 的自助版本 $\hat{\theta}_1^*, \hat{\theta}_2^*, \cdots, \hat{\theta}_B^*$ 的样本标准差对 $\mathrm{se}(\hat{\theta})$ 进行估计,

$$\widehat{\mathrm{se}}_B(\hat{\theta})=\sqrt{\frac{1}{B-1}\sum_{b=1}^{B}(\hat{\theta}_b^*-\bar{\hat{\theta}}^*)^2}, \tag{4.4.1}$$

其中 $\bar{\hat{\theta}}^* = \sum_{b=1}^{B} \hat{\theta}_b^*/B$. 然后构建一个 "$T$ 类型" 的统计量

$$T^* = \frac{\hat{\theta}^* - \hat{\theta}}{\hat{se}(\hat{\theta}^*)}. \tag{4.4.2}$$

统计量 T^* 的自助版本为：$T_b^* = (\hat{\theta}_b^* - \hat{\theta})/\hat{se}_R(\hat{\theta}_b^*)$, $b = 1, 2, \cdots$, 其中 $\hat{se}_R(\hat{\theta}_b^*)$ 由后面的式 (4.4.3) 给出.

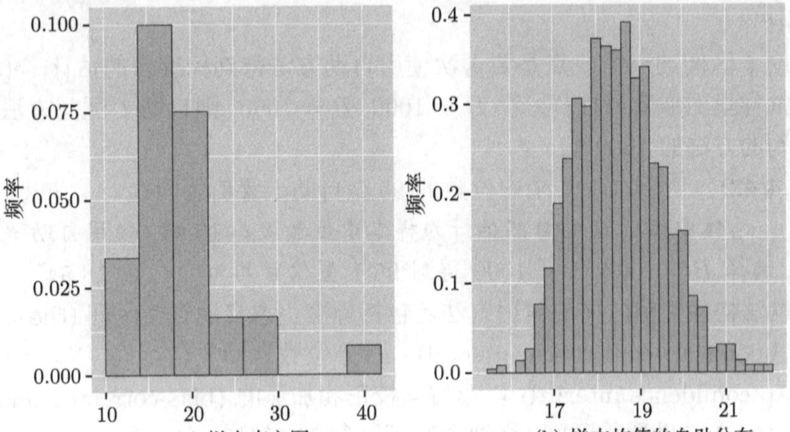

(a) 样本直方图 (b) 样本均值的自助分布

图 4.4.2 样本与 $B = 1000$ 个自助版本 $\bar{X}$ 的直方图

定义 4.4.2

令 $\widetilde{T} = (\hat{\theta} - \theta)/\hat{se}_B(\hat{\theta})$ 为枢轴变量, 则

$$[\hat{\theta} - t_{1-\alpha/2}^* \hat{se}_B(\hat{\theta}), \hat{\theta} - t_{\alpha/2}^* \hat{se}_B(\hat{\theta})]$$

称为 θ 的 $1 - \alpha$ 自助 t 置信区间 (the bootstrap t confidence interval). 其中 $t_{\alpha/2}^*$ 和 $t_{1-\alpha/2}^*$ 为由自助法算出的 T^* (由式 (4.4.2) 给出) 的样本分位数. ♧

记样本值为 $\boldsymbol{x} = (x_1, \cdots, x_n)$, 则自助 t 置信区间的算法如下.

第 1 步由样本观测值得到 $\hat{\theta}$.

第 2 步对每个再抽样, $b = 1, \cdots, B$:

(a) 从 $\boldsymbol{x}$ 中有放回地抽样得到第 b 个再抽样样本 $\boldsymbol{x}^{(b)} = (x_1^{(b)}, \cdots, x_n^{(b)})$.

(b) 由第 b 个再抽样样本计算 $\hat{\theta}_b^*$.

(c) 计算 $\hat{\theta}_b^*$ 的标准差估计 $\hat{se}_R(\hat{\theta}_b^*)$ (即从 $\boldsymbol{x}^{(b)}$ 中有放回重复抽取样本容量为 n 的 R 个样本, 算得 R 个自助版本 $\widetilde{\theta}_1^*, \widetilde{\theta}_2^*, \cdots, \widetilde{\theta}_R^*$, 用于计算下列的 $\hat{se}_R(\hat{\theta}_b^*)$):

$$\hat{se}_R(\hat{\theta}_b^*) = \sqrt{\frac{1}{R-1} \sum_{k=1}^{R} (\widetilde{\theta}_k^* - \bar{\widetilde{\theta}}^*)^2}, \tag{4.4.3}$$

其中 $\bar{\widetilde{\theta}}^* = \sum\limits_{k=1}^{R} \widetilde{\theta}_k^*/R$.

(d) 按式 (4.4.2) 计算第 b 个重复下的 "t" 统计量: $t_b^* = (\hat{\theta}_b^* - \hat{\theta})/\hat{se}_R(\hat{\theta}_b^*)$.

第 3 步重复样本 $t_1^*, \cdots, t_B^*$ 的分布作为推断分布. 找出样本分位数 $t_{\alpha/2}^*$ 和 $t_{1-\alpha/2}^*$.

第 4 步计算 $\hat{se}_B(\hat{\theta})$, 即由式 (4.4.1) 给出的自助版本 $\{\hat{\theta}_b^*\}$ 的样本标准差.

第 5 步计算置信系数为 $1-\alpha$ 的自助 t 置信区间 $[\hat{\theta} - t_{1-\alpha/2}^* \hat{se}_B(\hat{\theta}), \hat{\theta} - t_{\alpha/2}^* \hat{se}_B(\hat{\theta})]$.

自助 t 区间的一个缺点是要再次使用自助方法得到标准差的估计 $\hat{\mathrm{se}}(\hat{\theta}_b^*)$. 这是在再抽样里面嵌套再抽样. 若 $B=1000$, $R=1000$, 则自助 t 区间方法需要的时间是别的方法的 1000 倍.

例 4.4.2　对例 4.4.1, 求中位数的 95% 自助 t 置信区间.

解　总体中位数 θ 的自然估计为样本中位数 $\hat{\theta} = 16.95$. 使用自助 t 置信区间方法, 选择 $B=1000$, $R=1000$ 得到 95% 置信区间为 [14.38, 18.54]. □

自助法构建置信区间的常用方法还包括标准正态自助置信区间 (the standard normal bootstrap confidence interval)、百分位数自助置信区间 (the percentile bootstrap confidence interval) 以及偏差校正和加速的 (bias-corrected and accelerated , BCa) 自助置信区间. 详细介绍可以参考文献①.

直观上, 在有了统计量 $\hat{\theta}$ 的 B 个自助版本 $\hat{\theta}_1^*, \hat{\theta}_2^*, \cdots, \hat{\theta}_B^*$ 后, 我们可以对 $\hat{\theta}$ 的所有分布特征进行估计. 比如 $\mathbb{P}(\hat{\theta} > 0) \approx \dfrac{1}{B} \sum_b I(\hat{\theta}_b^* > 0)$, 偏差的估计 $\bar{\hat{\theta}}^* - \hat{\theta}$, 等等.

实验　扫描实验 13 的二维码进行 Bootstrap 置信区间模拟实验, 对输入数据, 调整 Bootstrap 抽样次数, 观测不同统计量的 Bootstrap 版本分布, 以及不同 Bootstrap 置信区间的差异.

实验 13
Bootstrap
置信区间

4.5　Bayes 区间估计

4.5.1　定义及例子

对于区间估计问题, Bayes 方法具有处理方便和含义清晰的优点. 而经典方法寻求的置信区间常受到批评.

当 θ 的后验分布 $\pi(\theta|\boldsymbol{x})$ 获得后, 若存在区间 $[a,b]$, 使 θ 落在 $[a,b]$ 内的后验概率为 $1-\alpha$, 即

$$\mathbb{P}(a \leqslant \theta \leqslant b|\boldsymbol{x}) = \int_a^b \pi(\theta|\boldsymbol{x}) d\theta = 1-\alpha,$$

① DiCiccio T J, Efron B. Bootstrap confidence intervals. Statist. Sci., 1996, 11 (3): 189-228.

则称 $[a,b]$ 为 θ 的 Bayes 区间估计, 又称为可信区间. 这是 θ 的后验分布为连续型随机变量的情形, 若 θ 为离散型随机变量, 对给定概率 $1-\alpha$, 上述的区间 $[a,b]$ 不一定存在, 而要将左边概率适当放大一点使 $\mathbb{P}(a \leqslant \theta \leqslant b|\boldsymbol{x}) \geqslant 1-\alpha$, 这样的区间也是 θ 的 Bayes 可信区间. 定义如下.

定义 4.5.1 (可信区间)

设参数 θ 的后验分布为 $\pi(\theta|\boldsymbol{x})$, 对给定的样本 $\boldsymbol{x}$ 和 $0<\alpha<1$ (通常 α 取较小的数), 若存在两个统计量 $\hat{\theta}_1=\hat{\theta}_1(\boldsymbol{x})$ 和 $\hat{\theta}_2=\hat{\theta}_2(\boldsymbol{x})$, 使得

$$\mathbb{P}(\hat{\theta}_1 \leqslant \theta \leqslant \hat{\theta}_2|\boldsymbol{x}) \geqslant 1-\alpha,$$

则称 $[\hat{\theta}_1,\hat{\theta}_2]$ 为 θ 的可信水平为 $1-\alpha$ 的 Bayes 可信区间 (Bayesian credible interval). 而满足

$$\mathbb{P}(\theta \geqslant \hat{\theta}_L|\boldsymbol{x}) \geqslant 1-\alpha$$

的 $\hat{\theta}_L=\hat{\theta}_L(\boldsymbol{x})$ 称为 θ 的可信水平为 $1-\alpha$ 的可信下限. 而满足

$$\mathbb{P}(\theta \leqslant \hat{\theta}_U|\boldsymbol{x}) \geqslant 1-\alpha$$

的 $\hat{\theta}_U=\hat{\theta}_U(\boldsymbol{x})$ 称为 θ 的可信水平为 $1-\alpha$ 的可信上限. ♧

可信水平和可信区间与经典统计方法中的置信水平和置信区间虽是同类概念, 但二者存在本质差别, 主要表现如下.

(1) 基于后验分布 $\pi(\theta|\boldsymbol{x})$, 在给定 $\boldsymbol{x}$ 和 $1-\alpha$ 后求得的可信区间, 如 $1-\alpha=0.90$ 的可信区间为 $[1.2,2.0]$, 这时可以写为

$$\mathbb{P}(1.2 \leqslant \theta \leqslant 2.0|\boldsymbol{x})=0.90.$$

既可以说 "θ 属于这个区间的概率为 0.90", 也可以说 "θ 落入这个区间的概率为 0.90". 可对置信区间就不能这样说. 因为经典统计方法认为 θ 为未知常数, 不是随机变量, 它要么在 $[1.2,2.0]$ 之内, 要么在其外, 不能说 "θ 落在 $[1.2,2.0]$ 中的概率为 0.90", 而只能说 "100 次重复使用这个置信区间, 大约有 90 次能覆盖 θ". 这种频率解释对仅使用这个置信区间一次或两次的人来说是毫无意义的. 可见 Bayes 可信区间简单, 自然易被人们接受和理解. 事实上很多实际工作者把求得的置信区间当可信区间去用.

(2) 经典统计方法寻求置信区间有时是困难的, 要设法构造一个枢轴变量, 要求它的表达式与 θ 有关, 而它的分布与 θ 无关. 这是一项技术性很强的工作, 有时找枢轴变量的分布相当困难, 而寻求可信区间只需要利用后验分布, 不需要寻求另外的分布, 与经典统计方法相比要简单得多.

例 4.5.1 设 $\boldsymbol{X}=(X_1,\cdots,X_n)$ 是从正态总体 $N(\theta,\sigma^2)$ 中抽取的简单样本, 其中 σ^2 已知. θ 的先验分布是 $N(\mu,\tau^2)$, 其中 μ, τ^2 已知. 求 θ 的可信水平 $1-\alpha$

的可信区间.

解 由例 1.6.9 已知 θ 的后验分布是 $N(\mu_n(\boldsymbol{x}),\eta_n^2)$, 其中

$$\mu_n(x)=\frac{\sigma^2}{\sigma^2+n\tau^2}\mu+\frac{n\tau^2}{\sigma^2+n\tau^2}\bar{x},\quad \eta_n^2=\frac{\tau^2\cdot\sigma^2}{n\tau^2+\sigma^2}.\tag{4.5.1}$$

令 $\mathbb{P}\big(\big|[\theta-\mu_n(\boldsymbol{x})]/\eta_n\big|\leqslant u_{\alpha/2}\big|\bar{x}\big)=1-\alpha$, 其等价形式为

$$\mathbb{P}\left(\mu_n(\boldsymbol{x})-\eta_n u_{\alpha/2}\leqslant\theta\leqslant\mu_n(\boldsymbol{x})+\eta_n u_{\alpha/2}\,|\,\boldsymbol{x}\right)=1-\alpha,$$

其中 $u_{\alpha/2}$ 为 $N(0,1)$ 的上侧 $\alpha/2$ 分位数, 因此 $[\mu_n(\boldsymbol{x})-\eta_n u_{\alpha/2},\mu_n(\boldsymbol{x})+\eta_n u_{\alpha/2}]$ 就是 θ 的可信水平 $1-\alpha$ 的可信区间.

看一个数值例子 (其中 $n=1$). 在儿童智商测验的例子中, 设测验结果 $X\sim N(\theta,100)$, 其中 θ 为被测验儿童智商 IQ 真值, θ 的先验分布是 $N(100,225)$, 若该儿童测验得分 $x=115$, 由式 (4.5.1) 算得 $(n=1)$ $\mu_1(x)=110.38$, $\eta_1^2=8.32^2$, 即 θ 的后验分布为 $N(110.38,8.32^2)$, 因此 θ 的可信系数为 0.95 的可信区间为

$$[\mu_1(x)-1.96\eta_1,\mu_1(x)+1.96\eta_1]=[94.07,126.69].$$

在这个例子中, 若不用先验信息, 用经典方法 $X\sim N(\theta,100)$, $x=115$ 可求 θ 的置信系数 0.95 的置信区间为

$$[115-10\times1.96,115+10\times1.96]=[95.4,134.6].$$

这两个区间是不同的, 区间长度也不同. 可信区间长度短了一些, 这是由于利用了先验信息. 另一个不同是经典方法不能说 "θ 落入区间 [95.4, 134.6] 中的概率为 0.95", 也不能说 "θ 属于此区间的概率为 0.95".

这就是经典置信区间常受到批评的原因. □

例 4.5.2 彩色电视机 (简称彩电) 的寿命服从指数分布 $\mathrm{Exp}(1/\theta)$, 其密度函数为

$$f(x|\theta)=\theta^{-1}\exp\left\{-\frac{x}{\theta}\right\}\cdot I_{(0,\infty)}(x),$$

其中 $\theta>0$ 为彩电的平均寿命. 现从一批彩电中随机抽取 n 台进行寿命试验, 试验进行到第 r $(1\leqslant r\leqslant n)$ 台失效为止, 其失效时间为 $t_1\leqslant t_2\leqslant\cdots\leqslant t_r$, 其他 $n-r$ 台彩电直到试验停止 (t_r) 时还未失效, 这样的试验称为定数截尾寿命试验, 所得样本 $(t_1,t_2,\cdots,t_r)$ 称为截尾样本, 假定 θ 的先验分布为逆 Gamma 分布 $\Gamma^{-1}(\alpha,\beta)$, 求此批彩电平均寿命及其可信下限.

解 设被抽取的 n 台彩电的寿命为 $X_1,X_2,\cdots,X_n$, 令 $X_{(1)}\leqslant\cdots\leqslant X_{(n)}$ 为其次序统计量, 记 $t_1=X_{(1)},\cdots,t_r=X_{(r)}$, 易知

$$T=\sum_{j=1}^{r}t_j+(n-r)t_r$$

是 θ 的充分统计量且给定 θ 时 $2T/\theta \sim \chi^2_{2r}$ (见例 3.3.4), 故 T 的密度函数为

$$g(t|\theta) = \frac{\theta^{-r}}{\Gamma(r)} t^{r-1} \exp\left\{-\frac{t}{\theta}\right\} \cdot I_{(0,\infty)}(t), \quad \theta > 0.$$

取 θ 的先验密度为

$$\pi(\theta) = \frac{\beta^\alpha}{\Gamma(\alpha)} \theta^{-(\alpha+1)} \exp\left\{-\frac{\beta}{\theta}\right\} \cdot I_{(0,\infty)}(\theta), \tag{4.5.2}$$

容易求得 θ 的后验密度为

$$\pi(\theta|t) = \frac{(t+\beta)^{r+\alpha}}{\Gamma(r+\alpha)} \theta^{-(r+\alpha+1)} \exp\left\{-\frac{t+\beta}{\theta}\right\} \cdot I_{(0,\infty)}(\theta), \tag{4.5.3}$$

即 θ 的后验分布为逆 Gamma 分布 $\Gamma^{-1}(r+\alpha, t+\beta)$.

若取后验期望估计作为 θ 的 Bayes 估计, 则有

$$\hat{\theta} = \mathbb{E}(\theta|t) = \frac{t+\beta}{r+\alpha-1}. \tag{4.5.4}$$

下面是一个具体数字的例子. 为求出彩电平均寿命 θ 的 Bayes 估计 (4.5.4) 具体值, 需要确定先验分布中超参数 α 和 β 的值. 我国彩电生产实验室和一些独立的实验室收集了大量彩电寿命试验的数据, 还对一些彩电进行了三年现场跟踪试验, 对如此大量先验信息加工整理后, 确认我国彩电平均寿命不低于 30000 小时, 它的 10% 的分位数 $\theta_{0.1}$ 大约为 11250 小时, 经过一些专家认定, 这两个数据符合我国 80 年代彩电寿命的实际情况. 由此可列出如下两个方程:

$$\begin{cases} \dfrac{\beta}{\alpha-1} = 30000, \\ \displaystyle\int_0^{11250} \pi(\theta) d\theta = 0.1\,, \end{cases} \tag{4.5.5}$$

其中第一个方程式由先验分布为逆 Gamma 分布 $\Gamma^{-1}(\alpha, \beta)$ 的数学期望 $\mathbb{E}(\theta) = \beta/(\alpha-1)$ 确定. 在计算机上解此方程组 (详见文献 [13], 第 119 页), 得

$$\alpha = 2.9914, \qquad \beta = 59741. \tag{4.5.6}$$

将其代入 (4.5.2) 和 (4.5.3), 得到 θ 的先验分布 $\theta \sim \Gamma^{-1}(2.9914, 59741)$ 和后验分布 $\theta|t \sim \Gamma^{-1}(r+2.9914, t+59741)$.

现随机抽取 100 台彩电, 在规定条件下连续进行 400 小时寿命试验, 没有发生一台失效, 这时总试验时间为

$$t = 100 \times 400 = 40000 \text{ (小时)}, \qquad r = 0. \tag{4.5.7}$$

据此, 由公式 (4.5.4)—(4.5.7) 可知彩电平均寿命 θ 的 Bayes 估计为

$$\hat{\theta} = \frac{\beta+t}{r+\alpha-1} = \frac{59741+40000}{2.9914-1} \approx 50086 \text{ (小时)}.$$

利用后验分布 (4.5.3) 可获得 θ 的可信下限, 为了在构造 θ 的可信下限时方便查表, 需要对后验分布 $\Gamma^{-1}(r+\alpha, t+\beta)$ 做一些变换:

(1) 若 $\theta|t \sim \Gamma^{-1}(r+\alpha, t+\beta)$, 则 $\theta^{-1}|t \sim \Gamma(r+\alpha, t+\beta)$;

(2) 若 $\theta^{-1}|t \sim \Gamma(r+\alpha, t+\beta)$, 则 $2(t+\beta)\theta^{-1}|t \sim \chi^2_{2(r+\alpha)}$, 其中 $f=2(r+\alpha)$ 为 χ^2 分布的自由度 (参看 2.3.1 小节中 χ^2 变量的性质 (3)).

设 $\chi^2_f(\eta)$ 是自由度为 f 的 χ^2 分布的上侧 η 分位数, 则有

$$\mathbb{P}(2(t+\beta)/\theta \leqslant \chi^2_f(\eta)\,|\,t) = \mathbb{P}(2(t+\beta)/\chi^2_f(\eta) \leqslant \theta\,|\,t) = 1-\eta.$$

于是可得 θ 的 $1-\eta$ 的可信下限为

$$\hat{\theta}_L = 2(t+\beta)/\chi^2_f(\eta),$$

这里 $f=2(r+\alpha)=5.9828$, 当自由度 f 不是自然数时, χ^2 分布表不存在, 但可以通过线性插值求得其近似值, 若取 $1-\eta=0.9$, 则可从 χ^2 分布表上查得 $\chi^2_5(0.10)=9.236$, $\chi^2_6(0.10)=10.645$, 再用线性内插获得其近似值 $\chi^2_{5.9828}(0.10)=10.621$, 最后可得 θ 的 0.90 的可信下限为

$$\hat{\theta}_L = 2(t+\beta)/\chi^2_f(\eta) = 2(40000+59741)/10.621 = 18782\ (\text{小时}).$$

上述计算表明, 80 年代我国彩电的平均寿命大约 50000 小时, 而平均寿命的 90% 的可信下限约为 18800 小时. □

4.5.2 最大后验密度可信区间

衡量一个可信区间的好坏, 一看它的可信度 $1-\alpha$, 另一个看它的精度, 即区间的长度. 可信度 $1-\alpha$ 越大, 精度越高 (即区间越短) 越好. 寻找最优可信区间的方法是在控制可信度为 $1-\alpha$ 的前提下, 找长度最短的区间. 通常获得可信度 $1-\alpha$ 的可信区间不止一个, 但其中必有一个是最短的.

等尾可信区间在实际中常被用, 其计算方便, 但未必是最好的, 最好的可信区间应是区间长度最短的. 若后验分布是单峰对称, 则等尾是最好的. 要使可信区间最短, 只有把具有最大后验密度的点都包含在区间内, 而在区间外的点后验密度的值都不会超过区间内的点后验密度的值, 这样的区间称为最大后验密度可信区间, 定义如下.

定义 4.5.2

设参数 θ 的后验密度为 $\pi(\theta|\boldsymbol{x})$, 对给定的概率 $1-\alpha$ $(0<\alpha<1)$, 集合 C 满足如下条件:

(1) $\mathbb{P}(\theta \in C\,|\,\boldsymbol{x}) = \int_C \pi(\theta|\boldsymbol{x})d\theta = 1-\alpha$,

(2) 对任给的 $\theta_1 \in C$ 和 $\theta_2 \bar{\in} C$, 总有 $\pi(\theta_1\,|\,\boldsymbol{x}) > \pi(\theta_2\,|\,\boldsymbol{x})$,

则称 C 为 θ 的可信水平 $1-\alpha$ 最大后验密度可信集 (the highest posterior density (HPD) credible set), 简称为 $1-\alpha$ HPD 可信集 (区间). ♧

注 4.5.1 这个定义是仅对后验密度函数而给的, 这是因为当 θ 为离散随机变量时, HPD 可信集很难求出. 由定义可见, 当后验密度 $\pi(\theta|\boldsymbol{x})$ 为单峰时, HPD 可信区间总存在; 当后验密度为多峰时, 就比较复杂, 可能得到几个互不连接的区间组成 HPD 可信区间 (见图 4.5.1).

当后验分布为单峰对称时, $1-\alpha$ 的 HPD 可信区间易求, 它就是等尾的区间. 当后验密度虽为单峰, 但不对称时, 寻求 HPD 可信区间并不容易, 可用计算机进行数值计算. 例如, 当后验密度 $\pi(\theta|\boldsymbol{x})$ 为单峰连续函数时, 可按下述算法 3 中的方法逐步逼近, 获得 θ 的 $1-\alpha$ HPD 可信区间.

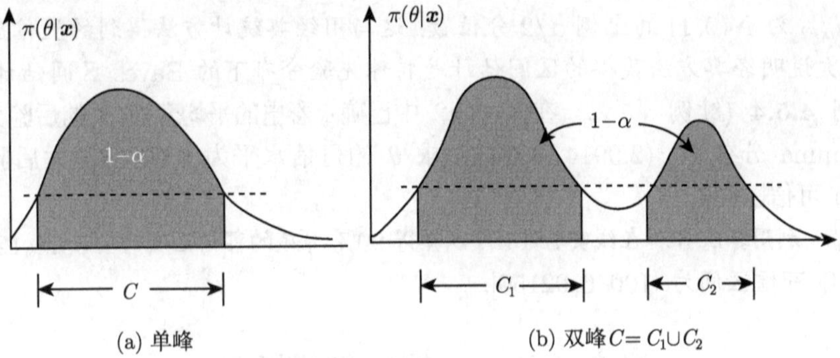

图 4.5.1 HPD 可信区间与 HPD 可信集

当后验密度 $\pi(\theta|\boldsymbol{x})$ 形式过于复杂而使得算法 3 中解方程无法进行时候, 则可以考虑使用 Monte Carlo 方法. 其基本思想就是基于抽自后验分布 $\pi(\theta|\boldsymbol{x})$ 的样本, 利用样本分位数构建 $1-\alpha$ 可信区间, 然后从中寻找区间最短的可信区间即为所求的 HPD 区间. 标准统计软件中均提供了计算 HPD 区间的工具, 例如 R 软件包 HPDinterval 提供了多种求解 HPD 区间的工具.

算法 3 HPD 区间 $[\theta_a, \theta_b]$ 求解算法

输入: 后验密度 $\pi(\theta|\boldsymbol{x})$, 可信水平 $1-\alpha$, 初始值 π_0, 步长 δ, 精度 ϵ

输出: $[\theta_a, \theta_b]$

解方程 $\pi(\theta|\boldsymbol{x}) = \pi_0$ 得 θ_a 和 θ_b, 计算偏差

$$d = \mathbb{P}(\theta_a \leqslant \theta \leqslant \theta_b|\boldsymbol{x}) - (1-\alpha)$$

while $|d| > \epsilon$ **do**

$\pi_0 = \pi_0 + \delta \cdot \text{sign}(d)$

解方程 $\pi(\theta|\boldsymbol{x}) = \pi_0$ 得 θ_a 和 θ_b, 计算偏差

$$d = \mathbb{P}(\theta_a \leqslant \theta \leqslant \theta_b|\boldsymbol{x}) - (1-\alpha)$$

end while

实验　扫描实验 14 的二维码进行 Bayes 可信区间和 HPD 区间的求解实验, 选择不同分布类型及其参数值, 注意区间长度的差异. 利用该软件求解例 4.5.2 和例 4.5.4.

实验 14 Bayes可信区间

例 4.5.3　设 $X_1, \cdots, X_n$ i.i.d. $\sim N(\theta, \sigma^2)$, σ^2 已知, θ 的先验分布为无信息先验, 即 $\pi(\theta) \equiv 1$, $\theta \in \mathbb{R}^1$, 求 θ 的 $1-\alpha$ 的 HPD 可信区间.

解　由例 1.6.5, 易知 θ 的后验分布 $\pi(\theta|\bar{x})$ 为 $N(\bar{x}, \sigma^2/n)$. 后验分布为单峰且关于 $\bar{x}$ 对称, 故 $1-\alpha$ 的 HPD 可信区间为

$$\left[\bar{x} - \frac{\sigma}{\sqrt{n}} u_{\alpha/2}, \bar{x} + \frac{\sigma}{\sqrt{n}} u_{\alpha/2}\right],$$

其中 $u_{\alpha/2}$ 为 $N(0,1)$ 的上侧 $\alpha/2$ 分位数. 这与用经典统计方法得到的置信区间相同; 再次说明经典方法获得的区间估计是特殊先验分布下的 Bayes 区间估计. □

例 4.5.4 (续例 4.5.2)　在例 4.5.2 中已确定彩电的平均寿命 θ 的后验分布为逆 Gamma 分布 $\Gamma^{-1}(2.9914, 99741)$, 求 θ 的可信水平为 0.90 的最大后验密度 (HPD) 可信区间.

解　利用算法 3 和在线实验 14 可以算得 90% 等尾的可信区间为 [15875,122640], 而 HPD 可信区间为 [10046, 92150]. □

*4.6　Fisher 的信仰推断法

4.6.1　引言

本章 4.2 节和 4.3 节讨论了构造 Neyman 的置信区间的方法, 这是目前应用最广泛的区间估计的形式. 它的好处在于理论上是基于柯尔莫哥洛夫公理体系下的概率论, 在实用上允许给出频率的解释. 在本章后面这两节将介绍区间估计的两种其他方法. 差不多在 Neyman 发表其置信区间理论的同时, R. A. Fisher 提出了一种求区间估计的方法, 这个方法原则上可用于任何统计推断问题, 因而它不仅是一个方法上的问题, 而且还代表了对待统计推断问题的一种根本不同的观点. 这就是本节将要介绍的 Fisher 信仰推断法.

Fisher 认为在有了样本 $\boldsymbol{x}$ 后, 就有了参数 θ 的一个分布. 这个分布表示由于样本所提供的信息, θ 落在了各个范围内的 "可信程度". 下面举例来说明. 设 $X_1, \cdots, X_n$ 为从 $N(\theta, 1)$ 中抽取的简单样本, 要求 θ 的区间估计. 假设在抽样之前对 θ 一无所知. 因此对事件 "$-1 \leqslant \theta \leqslant 1$" 和 "$150 \leqslant \theta \leqslant 152$" 发生的可能性谁大谁小, 无法断言. 但在抽取样本后, 由于样本中所包含 θ 的信息, 使得对上述两事件发生的可能性将有某种估计, 即赋予不同的 "信任程度" 或称之为 "信仰 (信任) 概率" (fiducial probability). 例如, 由样本算出 $\bar{X} = 0$, 而样本容量 n 比较大, 则将认为 "$-1 \leqslant \theta \leqslant 1$" 发生的可能性比 "$150 \leqslant \theta \leqslant 152$" 发生的可能性大得

多. 这是因为 θ 是总体均值, $\bar{X}$ 为样本均值, 当 n 较大时, $\bar{X}$ 和 θ 很接近. 所以由 $\bar{X}=0$ 可断定 θ 取值在 0 附近. 因此如果能对这种信仰分布 (概率) 作一数量上的刻画, 则就可利用它作出 θ 的区间估计. 这种区间估计称为信仰区间 (fiducial interval), 信仰区间的可靠程度称为信仰系数 (fiducial coefficient). 下面将通过例子说明信仰区间的求法.

4.6.2 信仰区间的求法

例 4.6.1 设样本 $\boldsymbol{X}=(X_1,\cdots,X_n)$ 为自 $N(\theta,1)$ 中抽取的简单样本, 其中 $-\infty<\theta<\infty$, 求 θ 的信仰区间.

解 由于 $\bar{X}$ 是 θ 的充分统计量, 所以可基于 $\bar{X}$ 来考虑该问题. 因为 $\bar{X}\sim N(\theta,1/n)$, 若记随机误差 $e\sim N(0,1)$, 则等价地有

$$\bar{X}=\theta+\frac{1}{\sqrt{n}}\,e, \tag{4.6.1}$$

移项可得

$$\theta=\bar{X}-\frac{1}{\sqrt{n}}\,e. \tag{4.6.2}$$

由式 (4.6.1) 到式 (4.6.2), 从通常概率的观点来看, 不过是写法的不同, 没有什么实质性的新内容, 但 Fisher 却赋予式 (4.6.2) 以完全新的解释: 有了样本 $\boldsymbol{X}$ 后, 并继而得到 $\bar{X}$ (即 $\bar{X}$ 看成一个已知数) , 把 θ 看成一个随机变量, 式 (4.6.2) 给出了 θ 的分布, $\theta\sim N(\bar{X},1/n)$, Fisher 称这个分布为 θ 的信仰分布.

为什么可以把 θ 看成随机变量呢? 按 Fisher 的意思, 在进行抽样得到 $\boldsymbol{X}$, 继而得到 $\bar{X}$ 之前, θ 是一个未知数, 对它茫然无知, 就对它的了解而言, 它什么都可能取, 取什么值的可能性有多大, 一点也说不上. 但在抽取样本 $\boldsymbol{X}$, 继而得到 $\bar{X}$ 后, 虽然这时 θ 仍有可能取各种值, 但对取这些值的可能性如何, 通过样本 $\boldsymbol{X}$ 提供的信息 (或者说由 $\bar{X}$ 提供的信息, 因为 $\bar{X}$ 为 θ 的充分统计量), 就有些关于 θ 的信息了. 例如, 考虑到 θ 是总体均值, 就会觉得 θ 落在样本均值 $\bar{X}$ 附近的可能性, 比远离 $\bar{X}$ 的可能性 (似然性) 大 (可以把这个说法与"似然性"概念联系起来——从这个意义上看"信仰推断法"是 Fisher"最大似然方法"的一个推广). 这只是一个笼统的、非定量的说法, 下面的信仰概率式 (4.6.3) 则对 θ 取各种值的可能性给予了定量的刻画 (在得到 $\bar{X}$ 的背景下).

记 $\widetilde{\mathbb{P}}$ 表示信仰概率, $\mathbb{P}$ 为通常意义下的概率, 利用信仰分布 (4.6.2), 对任意的 a, b $(a<b)$, 算出事件 $\{a\leqslant\theta\leqslant b\}$ 的信仰概率为

$$\widetilde{\mathbb{P}}(a\leqslant\theta\leqslant b)=\int_a^b\frac{\sqrt{n}}{\sqrt{2\pi}}e^{\frac{-n(\theta-\bar{x})^2}{2}}d\theta. \tag{4.6.3}$$

由式 (4.6.2) 可知 $\sqrt{n}(\theta-\bar{X})=-e\sim N(0,1)$, e 是关于 0 的对称分布, 故 $-e$ 与 e 同分布. 令

$$\widetilde{\mathbb{P}}\Big(\big|\sqrt{n}(\theta-\bar{X})\big|\leqslant c\Big)=\mathbb{P}\left(|e|\leqslant c\right)=1-\alpha,$$

则 $c=u_{\alpha/2}$. 等价地有

$$\widetilde{\mathbb{P}}\left(\bar{X}-\frac{u_{\alpha/2}}{\sqrt{n}}\leqslant\theta\leqslant\bar{X}+\frac{u_{\alpha/2}}{\sqrt{n}}\right)=1-\alpha,$$

其中 $1-\alpha$ 称为信仰系数. $\left[\bar{X}-u_{\alpha/2}\big/\sqrt{n},\ \bar{X}+u_{\alpha/2}\big/\sqrt{n}\right]$ 称为 θ 的信仰系数为 $1-\alpha$ 的信仰区间. 由 Neyman 置信区间理论可知, 这个区间也是 θ 的置信系数为 $1-\alpha$ 的置信区间. 因此在本例中两种方法得到同一种结果, 虽则其解释根本不同. 但有时信仰系数为 $1-\alpha$ 的区间估计并不是置信系数为 $1-\alpha$ 的区间估计, 如本节最后将要介绍的 Behrens-Fisher 问题所示. □

例 4.6.2 设样本 $\boldsymbol{X}=(X_1,\cdots,X_n)$ 为自正态分布总体 $N(\theta,\sigma^2)$ 中抽取的简单样本, 其中 $-\infty<\theta<\infty$, $\sigma^2>0$, 求 θ 和 σ^2 的信仰区间.

解 设 $\bar{X}$ 为样本均值. 记

$$Q^2=(n-1)S^2=\sum_{i=1}^{n}(X_i-\bar{X})^2, \tag{4.6.4}$$

其中 S^2 为样本方差, 由于 $(\bar{X},Q^2)$ 是 (θ,σ^2) 的充分统计量, 所以可以基于 $(\bar{X},Q^2)$ 来考虑问题. 因 $\bar{X}\sim N(\theta,\sigma^2/n)$, $Q^2/\sigma^2\sim\chi^2_{n-1}$, 并且 $\bar{X}$ 和 Q^2 相互独立. 若记 $e_1\sim N(0,1)$, $e_2\sim\chi^2_{n-1}$ 且 e_1, e_2 相互独立, 则等价地有

$$\begin{cases}\bar{X}=\theta+\dfrac{\sigma}{\sqrt{n}}\cdot e_1,\\ Q^2=\sigma^2\cdot e_2.\end{cases} \tag{4.6.5}$$

将式 (4.6.5) 第 2 式中 $\sigma=\sqrt{Q^2/e_2}$ 代入第 1 式, 移项得到

$$\begin{cases}\theta=\bar{X}-\dfrac{1}{\sqrt{n}}\dfrac{Q}{\sqrt{e_2}}\cdot e_1,\\ \sigma^2=\dfrac{Q^2}{e_2}.\end{cases} \tag{4.6.6}$$

在有了样本 $\boldsymbol{X}$, 从而有了 $(\bar{X},Q^2)$ 后, 可诱导出 (θ,σ^2) 的联合信仰分布. 由于 $e_1\sim N(0,1)$, $e_2\sim\chi^2_{n-1}$ 且 e_1 和 e_2 相互独立, 则 (θ,σ^2) 联合信仰分布为

$$p(\theta,\tau)=c\cdot\exp\left\{-\frac{n(\theta-\bar{X})^2+Q^2}{2\tau}\right\}\cdot(\tau)^{-\frac{n+2}{2}}, \qquad -\infty<\theta<\infty,\quad \tau>0, \tag{4.6.7}$$

其中 $\tau=\sigma^2$, c 为正则化常数, 使得上述密度函数积分为 1. 由此联合信仰分布可分别导出 θ 和 σ^2 的边缘分布. 当然, 也可以直接由式 (4.6.6) 分别导出 θ 和 σ^2 的边缘分布. 例如, 在式 (4.6.6) 第 1 式中将 $Q=\sqrt{n-1}\,S$ 代入, 得到

$$\frac{\sqrt{n}(\theta-\bar{X})}{S}=-\frac{e_1}{\sqrt{e_2/(n-1)}}\sim t_{n-1}.$$

因此 θ 的边缘信仰分布为自由度 $n-1$ 的 t 分布. 若令

$$\widetilde{\mathbb{P}}\left(\left|\frac{\sqrt{n}(\theta-\bar{X})}{S}\right|\leqslant c\right)=\mathbb{P}\left(\left|\frac{e_1}{\sqrt{e_2/(n-1)}}\right|\leqslant c\right)=1-\alpha,$$

则 $c=t_{n-1}(\alpha/2)$. 上式等价于

$$\widetilde{\mathbb{P}}\left(\bar{X}-\frac{S}{\sqrt{n}}t_{n-1}(\alpha/2)\leqslant\theta\leqslant\bar{X}+\frac{S}{\sqrt{n}}t_{n-1}(\alpha/2)\right)=1-\alpha.$$

因此 θ 的信仰系数为 $1-\alpha$ 的信仰区间为

$$\left[\bar{X}-\frac{S}{\sqrt{n}}t_{n-1}(\alpha/2),\ \bar{X}+\frac{S}{\sqrt{n}}t_{n-1}(\alpha/2)\right].$$

这与 4.2 节中求得的 θ 的置信系数为 $1-\alpha$ 的置信区间完全相同.

由式 (4.6.6) 第 2 式可得

$$\frac{\sigma^2}{Q^2}=\frac{1}{e_2},\quad e_2\sim\chi^2_{n-1}.$$

因此 σ^2 的边缘信仰分布是一个逆 χ^2 分布. 若令

$$\widetilde{\mathbb{P}}\left(c\leqslant\frac{\sigma^2}{Q^2}\leqslant d\right)=\mathbb{P}\left(\frac{1}{d}\leqslant e_2\leqslant\frac{1}{c}\right)=1-\alpha,$$

由于 $Q^2/\sigma^2=e_2\sim\chi^2_{n-1}$, 故可取 $1/d=\chi^2_{n-1}(1-\alpha/2)$, $1/c=\chi^2_{n-1}(\alpha/2)$, 即有

$$\widetilde{\mathbb{P}}\left(\frac{Q^2}{\chi^2_{n-1}(\alpha/2)}\leqslant\sigma^2\leqslant\frac{Q^2}{\chi^2_{n-1}(1-\alpha/2)}\right)=1-\alpha.$$

因此 σ^2 的信仰系数为 $1-\alpha$ 的信仰区间为

$$\left[\frac{Q^2}{\chi^2_{n-1}(\alpha/2)},\ \frac{Q^2}{\chi^2_{n-1}(1-\alpha/2)}\right].$$

这与 4.2 节中求得的 σ^2 的置信系数为 $1-\alpha$ 的置信区间也完全相同. □

在以上的例子中, 信仰分布的求得过程基本上是个形式上的转换, 由其所确定的信仰区间, 与 Neyman 理论所确定的置信区间也完全一样. 因此, 在 Fisher 方法发表的初期, 人们认为它与 Neyman 方法是同一件事的两种不同的说法. 然而, 往后的发展使人们清楚地看到, 这二者是不同的, 具体结果也不同. 这一点可以从下面要介绍的 Behrens-Fisher 问题中看出来.

在 Neyman 的理论中, θ 是一个虽未知, 但是为非随机的常数, 说不上有什么分布而言. 这个理论不需要在传统概率论之外引进什么新概念; 它在求具体参数的区间估计时所涉及的计算和推理, 都是在传统的概率论中早已确立的框架内.

Fisher 的信仰推断理论则不然, 它虽然也要借用传统概率的结果, 但有两个根本问题要解决:

(1) 信仰分布究竟是什么. 在基于频率解释的概率论中, 概率有一种可诉诸实验进行验证的频率解释. 在 Fisher 的理论中, 信仰分布是人们对 θ 取各种值的信任程度的刻画. 但这种信任程度因人而异, 且无法诉诸实验去验证.

(2) 怎样确定信仰分布, 即要制定一些合理的规则, 使用这些规则就可以在已知样本具体值及样本分布时, 唯一地定出参数的信仰分布.

这个问题至今未解决. Fisher 在充分统计量存在时, 指出了如何确定信仰分布, 如前面讨论过的两个例子. 但是, 充分统计量不是经常存在的. 即使在充分统计量存在的情形, Fisher 也没有指出一种足以唯一确定信仰分布的普遍方法.

由于这些原因, Fisher 的思想在统计学界引起相当大的兴趣和争论. 大约有这样几种看法: 有的学者, 如 Neyman, 对此持完全否定的态度; 有的人承认这一理论不完善, 但不妨探索一下这些问题可否解决; 还有一种持实用观点的人认为, 不管其基础如何, Fisher 的方法在某些问题中提供了可用的解法, 在这种情况下, 不必因其基础问题未解决而拒绝使用.

这里还要说明的是 Fisher 在提出信仰分布的概念时, 就特别将它与 Bayes 统计中的后验分布划清了界限, 认为前者不需对参数作任何先验的假定.

4.6.3 用 Fisher 方法解 Behrens-Fisher 问题

4.2 节已提过, Behrens-Fisher 问题是这样一个问题: 设 $\boldsymbol{X} = (X_1, \cdots, X_m)$ 是从正态总体 $N(\mu_1, \sigma_1^2)$ 中抽取的简单样本, $\boldsymbol{Y} = (Y_1, \cdots, Y_n)$ 是从正态总体 $N(\mu_2, \sigma_2^2)$ 中抽取的简单样本, 其中 $-\infty < \mu_1, \mu_2 < \infty, \sigma_1^2, \sigma_2^2 > 0$ 为未知参数, 且合样本 $\boldsymbol{X}, \boldsymbol{Y}$ 独立. 要求 $\theta = \mu_2 - \mu_1$ 的精确的区间估计. 这个问题是 Behrens 于 1929 年提出的, Fisher 用他提出的信仰推断法给出了一个解法, 所以人们习惯称这个问题为 Behrens-Fisher 问题.

这个问题在实用上有很重要的意义. 当 $\sigma_1^2 = \sigma_2^2$ 但未知时, 区间估计问题已在 4.2 节得到解决. 在许多情况下, 两总体方差相等的假定未必成立. 不少学者在 Neyman 理论的范围内提出了一些解法, 它们在其意义下是不精确的, 即其置信系数只是近似而非精确地等于指定的 $1-\alpha$. 1943 年, Scheffe 提出过一种解法, 他在上述意义下是精确的, 可是这个解法有一个很大的缺点: 其解依赖样本排列的次序. 然而样本的次序应与问题的解无关, 无论如何都是一个合理的要求. 除了 Scheffe 的精确解法, Welch 在 1938 年给出了 Behrens-Fisher 问题的一个近似解法, Welch 的近似解法较 Scheffe 的精确解法简单, 并且他们给出的区间估计相差也不大, 所以在实用中通常使用 Welch 的近似解法. 4.2 节已对 Welch 的近似解法作过简单的介绍.

现在来叙述 Fisher 基于信仰分布的解法. 令 $\bar{X}$, $\bar{Y}$, S_1^2 和 S_2^2 分别表示样本 $\boldsymbol{X}, \boldsymbol{Y}$ 的样本均值和样本方差, 记 $Q_1^2=(m-1)S_1^2$, $Q_2^2=(n-1)S_2^2$.

由于 $\bar{X}\sim N(\mu_1,\sigma_1^2/m)$, $\bar{Y}\sim N(\mu_2,\sigma_2^2/n)$, $Q_1^2/\sigma_1^2\sim\chi_{m-1}^2$, $Q_2^2/\sigma_2^2\sim\chi_{n-1}^2$; 若记随机误差 $e_i\sim N(0,1)$, $i=1,2$; $\xi_1\sim\chi_{m-1}^2$, $\xi_2\sim\chi_{n-1}^2$; e_1 和 e_2, ξ_1 和 ξ_2 相互独立, 则等价地有

$$\left\{\begin{array}{l}\bar{X}=\mu_1+\dfrac{\sigma_1}{\sqrt{m}}\cdot e_1,\\ Q_1^2=\sigma_1^2\cdot\xi_1,\\ \bar{Y}=\mu_2+\dfrac{\sigma_2}{\sqrt{n}}\cdot e_2,\\ Q_2^2=\sigma_2^2\cdot\xi_2.\end{array}\right. \tag{4.6.8}$$

从式 (4.6.8) 的第 2, 4 两个式子中解得 $\sigma_1=Q_1/\sqrt{\xi_1}$, $\sigma_2=Q_2/\sqrt{\xi_2}$, 将它们分别代入式 (4.6.8) 的第 1, 3 两个式子中, 整理移项得到

$$\left\{\begin{array}{l}\mu_1=\bar{X}-\dfrac{Q_1}{\sqrt{m}}\cdot\dfrac{e_1}{\sqrt{\xi_1}},\\ \sigma_1^2=Q_1^2/\xi_1,\\ \mu_2=\bar{Y}-\dfrac{Q_2}{\sqrt{n}}\cdot\dfrac{e_2}{\sqrt{\xi_2}},\\ \sigma_2^2=Q_2^2/\xi_2.\end{array}\right. \tag{4.6.9}$$

将 $Q_1=\sqrt{m-1}S_1$ 和 $Q_2=\sqrt{n-1}S_2$ 分别代入式 (4.6.9) 的第 1, 3 两式, 整理得

$$\left\{\begin{array}{l}\mu_1=\bar{X}-\dfrac{S_1}{\sqrt{m}}t_1=\bar{X}-S_1^*t_1,\\ \mu_2=\bar{Y}-\dfrac{S_2}{\sqrt{n}}t_2=\bar{Y}-S_2^*t_2,\end{array}\right. \tag{4.6.10}$$

其中 $t_1=e_1/\sqrt{\xi_1/(m-1)}\sim t_{m-1}$, $t_2=e_2/\sqrt{\xi_2/(n-1)}\sim t_{n-1}$, $S_1^*=S_1/\sqrt{m}$, $S_2^*=S_2/\sqrt{n}$. 记 $Z=\bar{Y}-\bar{X}$, $\theta=\mu_2-\mu_1$, 将式 (4.6.10) 中的两式相减, 得到

$$Z-\theta=S_2^*t_2-S_1^*t_1,\quad \theta=Z-(S_2^*t_2-S_1^*t_1). \tag{4.6.11}$$

一旦有了样本, 算出 $Z=z$ 和 $S_i^*=s_i^*$, $i=1,2$ 时, 式 (4.6.11) 就表示了 θ 的信仰分布. 式 (4.6.11) 第 1 式右边是两个相互独立的 t 变量的线性组合, 将其改写成如下形式:

$$S_2^*t_2-S_1^*t_1=\gamma(t_2\cos\varphi-t_1\sin\varphi),$$

其中 $\gamma=\sqrt{S_1^{*2}+S_2^{*2}}$, $\cos\varphi=S_2^*/\gamma$, $0<\varphi<\pi/2$. 记 $W=t_2\cos\varphi-t_1\sin\varphi$, 可以证明 W 的分布关于原点对称, 它的分布函数只依赖于 m, n 和 φ. 以 $F_{m,n,\varphi}$ 记这一分布函数, 找 $y_{m,n,\varphi,\alpha}>0$, 使得

$$F_{m,n,\varphi}(y_{m,n,\varphi,\alpha})-F_{m,n,\varphi}(-y_{m,n,\varphi,\alpha})=1-\alpha,$$

则由 θ 的信仰分布 (4.6.11) 可得

$$\widetilde{\mathbb{P}}\big(|\theta - Z| \leqslant \gamma\, y_{m,n,\varphi,\alpha}\big) = \mathbb{P}\big(|W| \leqslant y_{m,n,\varphi,\alpha}\big) = 1 - \alpha.$$

此处 $\widetilde{\mathbb{P}}$ 为信仰概率, $\mathbb{P}$ 是通常意义下的概率. 上式的等价的形式为

$$\widetilde{\mathbb{P}}\big(Z - \gamma y_{m,n,\varphi,\alpha} < \theta < Z + \gamma y_{m,n,\varphi,\alpha}\big) = 1 - \alpha. \tag{4.6.12}$$

因此, $\theta = \mu_2 - \mu_1$ 的信仰系数为 $1-\alpha$ 的信仰区间为

$$\big[Z - \gamma y_{m,n,\varphi,\alpha}, Z + \gamma y_{m,n,\varphi,\alpha}\big].$$

注意在有了样本并给定 α 后, Z, γ, $y_{m,n,\varphi,\alpha}$ 都可以定出, Fisher 和 Yates 曾给出 $y_{m,n,\varphi,\alpha}$ 的表.

Neyman 通过计算证明, 若把式 (4.6.12) 视为一个置信区间, 其置信系数 (而非信仰系数) 并非 $1-\alpha$. Neyman 指出: 区间 (4.6.12) 包含被估计的 $\theta = \mu_2 - \mu_1$ 的概率 (是指通常的概率而非信仰概率) 依赖于比值 $\rho = \sigma_1/\sigma_2$, 它就 $m = 12$, $n = 6$ 和 $\alpha = 0.05$ 的情况, 算出 $\rho = 0.1$, 1.0 和 10 时, 这个概率分别为 0.966, 0.960 和 0.934, 而不是名义上的 0.95. Neyman 的这个批评的意义在于, 明确了在本问题中, "置信系数" 和 "信仰系数" 的确不是 "形异实同" 的东西. 因而 Fisher 的方法与 Neyman 的方法不是一回事. 使人们感兴趣的是 Neyman 算出的置信系数的值与 Fisher 信仰系数 0.95 相去不远. 人们因此觉得 Fisher 提供的解是可以放心使用的.

Fisher 将信仰推断这一方法用于解决著名的 Behrens-Fisher 问题之后, 信仰推断方法受到人们很大的关注. 这说明信仰推断方法是解决区间估计问题的一个有效方法. 另外, 信仰推断方法直观, 容易被实际工作者所接受. 但是随着研究的深入, 人们发现了信仰推断方法的一些内在问题, 正如在上一段末尾所指出的信仰推断有两个根本问题未得到解决, 还算不上是一个完善的统计推断的理论和方法.

*4.7　容忍区间与容忍限

本节要讨论的问题, 其提法与区间估计并无共同之处, 但其解与区间估计有形式上的相似性, 都是用一个由样本确定的区间或上、下限的形式表达, 因此把它放在本章末尾, 作一简单介绍.

4.7.1　问题的提法及定义

设有分布族 $\{F_\theta,\ \theta \in \Theta\}$, Θ 是参数空间, $\boldsymbol{X} = (X_1, \cdots, X_n)$ 为从分布族某总体中抽取的简单样本. 本节不是考虑参数 θ 的置信区间, 而是考虑随机变量 X 的 "置信区间", 称之为*容忍区间*, 即希望求 $T_1 = T_1(\boldsymbol{X})$ 和 $T_2 = T_2(\boldsymbol{X})$, 使得对给定的 $0 < \beta < 1$,

$$\mathbb{P}_\theta^*\Big\{X \in [T_1(\boldsymbol{X}), T_2(\boldsymbol{X})]\Big\} \geqslant 1 - \beta, \tag{4.7.1}$$

其中 $\mathbb{P}_\theta^*$ 应理解为在给定样本 $\boldsymbol{X}$ 的条件下关于随机变量 X 的分布计算的条件概率. 请看以下两个例子.

例 4.7.1 设某轴承厂有一部自动化机器, 生产直径为 0.25cm 的轴承, 允许误差为 0.001cm. 生产中要求 99% 的产品达到以上规定, 即要求轴承的直径落在 $[0.249, 0.251]$. 今对一批轴承抽取 n 件, 测得其直径为 $X_1, \cdots, X_n$, 问这一批轴承是否合格?

设随机变量 X 表示轴承的直径, 其分布函数为 $F_\theta(x)$. 解决这一问题的方法, 就是由样本 $\boldsymbol{X} = (X_1, \cdots, X_n)$ 确定两个统计量 $T_1 = T_1(\boldsymbol{X})$ 和 $T_2 = T_2(\boldsymbol{X})$, 使得 $\mathbb{P}_\theta^*\big(X \in [T_1, T_2]\big) = F_\theta(T_2) - F_\theta(T_1) \geqslant 0.99$, 若 $[T_1, T_2] \subset [0.249, 0.251]$, 则说明此批轴承合格. 这就归结为求容忍区间的问题.

例 4.7.2 钢厂生产某种钢材, 要求其钢材的强度不小于 ξ_0 (如 $\xi_0 = 120$ 单位强度). 若生产中钢材强度有 99% 符合上述要求, 认为此批钢材合格. 今对一批钢材测试了 n 根, 强度为 $X_1, \cdots, X_n$, 问这批钢材是否合格?

设钢材的强度为随机变量 X, 其分布函数为 $F_\theta(x)$. 解决这一问题的一种方法是由样本 $\boldsymbol{X} = (X_1, \cdots, X_n)$ 确定一个统计量 $T_L = T_L(\boldsymbol{X})$, 使得 $\mathbb{P}_\theta^*(X \in [T_L, \infty)) = 1 - F_\theta(T_L) \geqslant 0.99$, 若 $T_L \geqslant \xi_0$, 则说明这批钢材合格, 这就归结为求容忍下限的问题.

将上述两个例子提出的问题统一在一个模型下, 描述如下: 设有分布族 $\{F_\theta, \theta \in \Theta\}$. 令 $\boldsymbol{X}=(X_1, \cdots, X_n)$ 为从此分布族中抽取的简单样本, 要找到两个统计量 $T_1 = T_1(\boldsymbol{X})$ 和 $T_2 = T_2(\boldsymbol{X})$, 使得对 $0 < \beta < 1$ 有

$$\mathbb{P}_\theta^*\big(T_1 \leqslant X \leqslant T_2\big) = F_\theta(T_2) - F_\theta(T_1) \geqslant 1 - \beta, \tag{4.7.2}$$

或找一个统计量 $T_L = T_L(\boldsymbol{X})$, 使得对 $0 < \beta < 1$ 有

$$\mathbb{P}_\theta^*\big(T_L \leqslant X < \infty\big) = 1 - F_\theta(T_L) \geqslant 1 - \beta, \tag{4.7.3}$$

或找一个统计量 $T_U = T_U(\boldsymbol{X})$, 对 $0 < \beta < 1$ 有

$$\mathbb{P}_\theta^*\big(-\infty < X \leqslant T_U\big) = F_\theta(T_U) \geqslant 1 - \beta. \tag{4.7.4}$$

在式 (4.7.2) 中, 由于 T_1 和 T_2 为随机变量, 故 $F_\theta(T_1)$ 和 $F_\theta(T_2)$ 也是随机变量, 所以 “$F(T_2) - F(T_1) \geqslant 1 - \beta$” 是一个随机事件. 显然不能保证这一事件绝对发生, 于是只能降低要求: 给定 r (通常 $0 < r < 1$) , 要求 “$F(T_2) - F(T_1) \geqslant 1 - \beta$” 这个事件至少以概率 $1 - r$ 成立, 即

$$\mathbb{P}_\theta\Big\{F(T_2) - F(T_1) \geqslant 1 - \beta\Big\} \geqslant 1 - r.$$

对式 (4.7.3) 和式 (4.7.4) 中的 T_L, T_U 也可以提出类似要求, 这就引出容忍区间和

容忍限的概念. 下面给出定义.

定义 4.7.1

设 $\boldsymbol{X}=(X_1,\cdots,X_n)$ 为从总体 $X\sim\{F_\theta,\ \theta\in\Theta\}$ 中抽取的简单样本. 又设 $T_1=T_1(\boldsymbol{X})$ 和 $T_2=T_2(\boldsymbol{X})$ 是两个统计量, 且 $T_1\leqslant T_2$, 若对任意给定的 β, γ (通常取较小的数, 如 $\beta=0.05$, $\gamma=0.01$), $0<\beta$, $\gamma<1$ 有

$$\begin{aligned}&\mathbb{P}_\theta\Big\{\mathbb{P}^*_\theta(T_1\leqslant X\leqslant T_2)\geqslant 1-\beta\Big\}\\ =&\mathbb{P}_\theta\Big\{F_\theta(T_2)-F_\theta(T_1)\geqslant 1-\beta\Big\}\geqslant 1-\gamma,\quad 一切\ \theta\in\Theta,\end{aligned}\tag{4.7.5}$$

则称 $[T_1,T_2]$ 是 F_θ 的一个水平为 $(1-\beta,1-\gamma)$ 的容忍区间 (tolerance interval). 设 $T_L=T_L(\boldsymbol{X})$ 和 $T_U=T_U(\boldsymbol{X})$ 是两个统计量, 若对 $\forall\ \beta$, γ, $0<\beta$, $\gamma<1$ 分别有

$$\begin{aligned}&\mathbb{P}_\theta\Big\{\mathbb{P}^*_\theta(T_L\leqslant X)\geqslant 1-\beta\Big\}=\mathbb{P}_\theta\Big\{1-F_\theta(T_L)\geqslant 1-\beta\Big\}\\ =&\mathbb{P}_\theta\Big\{F_\theta(T_L)\leqslant\beta\Big\}\geqslant 1-\gamma,\quad 一切\ \theta\in\Theta,\end{aligned}\tag{4.7.6}$$

$$\begin{aligned}&\mathbb{P}_\theta\Big\{\mathbb{P}^*_\theta(X\leqslant T_U)\geqslant 1-\beta\Big\}=\mathbb{P}_\theta\Big\{F_\theta(T_U)\geqslant 1-\beta\Big\}\\ \geqslant& 1-\gamma,\quad 一切\ \theta\in\Theta,\end{aligned}\tag{4.7.7}$$

则称 T_L 和 T_U 分别是 F_θ 的一个水平为 $(1-\beta,1-\gamma)$ 的容忍下限 (tolerance lower limit) 和容忍上限 (tolerance upper limit). ♧

注意上述定义中的 $\mathbb{P}_\theta$ 和 $\mathbb{P}^*_\theta$ 的含义是不同的, 里面的 $\mathbb{P}^*_\theta$ 的意义如式 (4.7.1) 中所述, 外面的 $\mathbb{P}_\theta$ 是按样本 $\boldsymbol{X}=(X_1,\cdots,X_n)$ 的联合分布来计算的.

容忍区间和容忍限之间有下列关系.

引理 4.7.1

若 $T_2=T_2(\boldsymbol{X})$ 和 $T_1=T_1(\boldsymbol{X})$ 分别是分布 F_θ 的水平为 $(1-\beta/2,1-\gamma/2)$ 的容忍上、下限, 且总有 $T_2\geqslant T_1$, 则 $[T_1,T_2]$ 为 F_θ 的水平为 $(1-\beta,1-\gamma)$ 的容忍区间. ♡

证　令 A 表示事件 “$F(T_1)\leqslant\beta/2$”; B 表示事件 “$F(T_2)\geqslant 1-\beta/2$”; C 表示事件 “$F(T_2)-F(T_1)\geqslant 1-\beta$”, 则由定义 4.7.1 可知

$$\mathbb{P}_\theta(A)\geqslant 1-\gamma/2,\quad \mathbb{P}_\theta(B)\geqslant 1-\gamma/2.\tag{4.7.8}$$

希望证明 $\mathbb{P}_\theta(C)\geqslant 1-\gamma$. 由以上定义可知, 若 A, B 同时成立, 则必有 $F(T_2)-F(T_1)\geqslant 1-\beta$, 即 C 成立, 因此 $AB\subset C$, 故有 $\mathbb{P}_\theta(C)\geqslant\mathbb{P}_\theta(AB)$, 由此可得

$$\mathbb{P}_\theta(C)=\mathbb{P}_\theta\Big\{F_\theta(T_2)-F_\theta(T_1)\geqslant 1-\beta\Big\}\geqslant\mathbb{P}(AB)$$

$$
\begin{aligned}
&= \mathbb{P}(A) + \mathbb{P}(B) - \mathbb{P}(A \cup B) \\
&\geqslant (1-\gamma/2) + (1-\gamma/2) - 1 = 1-\gamma. \qquad \square
\end{aligned}
$$

4.7.2 正态总体的容忍区间和容忍限

设 $\boldsymbol{X}=(X_1,\cdots,X_n)$ 为自总体 $X \sim N(\mu,\sigma^2)$ 中抽取的简单样本, $\boldsymbol{\theta}=(\mu,\sigma^2)$ 的充分统计分量为

$$
\bar{X} = \frac{1}{n}\sum_{i=1}^{n} X_i, \quad S^2 = \frac{1}{n-1}\sum_{i=1}^{n}(X_i - \bar{X})^2.
$$

将基于充分统计量 $(\bar{X}, S^2)$ 来构造正态总体的容忍限和容忍区间. 在总体 $N(\mu,\sigma^2)$ 中, 若 μ 和 σ^2 已知, 则水平为 $(1-\beta, 1-\gamma)$ 的容忍上下限和容忍区间分别为 $\mu+\sigma u_\beta$, $\mu-\sigma u_\beta$ 和 $[\mu-\sigma u_{\beta/2}, \mu+\sigma u_{\beta/2}]$. 但现在 μ 和 σ^2 未知, 知道 $\bar{X}$ 和 S^2 分别是 μ 和 σ^2 的良好估计, 因此将上述容忍上限中的 μ 和 σ 用 $\bar{X}$ 和 S 代替得到 $\bar{X}+Su_\beta$. 由于估计而带来的随机性, 水平 $(1-\beta,1-\gamma)$ 的容忍上限不见得正好是 $\bar{X}+Su_\beta$, 而可能要将系数 u_β 修改为某个 λ, λ 既与 β 有关, 也与 γ 有关 (注意 u_β 与 γ 无关). 容忍下限和容忍区间也如此处理.

因此首先来求容忍上限, 即找 λ 使 $\bar{X}+\lambda S$ 为水平 $(1-\beta,1-\gamma)$ 的容忍上限. 按定义, 对给定的 β 和 γ, $0<\beta$, $\gamma<1$, 要确定 λ, 使得

$$
\mathbb{P}_\theta\Big\{\mathbb{P}_\theta^*\big(X \leqslant \bar{X}+\lambda S\big) \geqslant 1-\beta\Big\} \geqslant 1-\gamma.
$$

由于 $(X-\mu)/\sigma \sim N(0,1)$, 其分布函数为 $\varPhi(\cdot)$ 所以上式左边也为

$$
\begin{aligned}
&\mathbb{P}_\theta\left\{\mathbb{P}_\theta^*\left(\frac{X-\mu}{\sigma} \leqslant \frac{\bar{X}-\mu+\lambda S}{\sigma}\right) \geqslant 1-\beta\right\} \\
=&\,\mathbb{P}_\theta\left\{\varPhi\left(\frac{\bar{X}-\mu+\lambda S}{\sigma}\right) \geqslant 1-\beta\right\} \\
=&\,\mathbb{P}_\theta\left\{\frac{\bar{X}-\mu+\lambda S}{\sigma} \geqslant \varPhi^{-1}(1-\beta) = u_\beta\right\}. \qquad (4.7.9)
\end{aligned}
$$

令 $Z=\sqrt{n}(\bar{X}-\mu)/\sigma$, $S_*=S/\sigma$, 则 $Z \sim N(0,1)$, $S_* \sim \sqrt{\chi^2_{n-1}/(n-1)}$. 因此

$$
\frac{Z-\sqrt{n}u_\beta}{S/\sigma} = \frac{Z-\sqrt{n}u_\beta}{S_*} \sim t_{n-1,\,\delta}\,,
$$

即自由度 $n-1$, 非中心参数 $\delta=-\sqrt{n}u_\beta$ 的非中心 t 分布 (关于非中心 t 分布的介绍参看文献 [1] 第 10 页). 由式 (4.7.9) 可知

$$
\begin{aligned}
&\mathbb{P}_\theta\left\{\mathbb{P}_\theta^*\left(X \leqslant \bar{X}+\lambda S\right) \geqslant 1-\beta\right\} \geqslant 1-\gamma \\
\Leftrightarrow\ &\mathbb{P}_\theta\left\{\frac{\bar{X}-\mu+\lambda S}{\sigma} \geqslant u_\beta\right\} \geqslant 1-\gamma
\end{aligned}
$$

$$\Leftrightarrow \mathbb{P}_\theta\left\{\frac{Z-\sqrt{n}u_\beta}{S_*} \geqslant -\sqrt{n}\lambda\right\} \geqslant 1-\gamma. \tag{4.7.10}$$

若记 $\lambda=\lambda(n,\beta,\gamma)$, 故由 $-\sqrt{n}\lambda=t_{n-1,\,\delta}(1-\gamma)$, 解得 $\lambda(n,\beta,\gamma)=-t_{n-1,\,\delta}(1-\gamma)/\sqrt{n}$. 注意到 $-t_{n-1,\delta}(1-\gamma)=t_{n-1,\delta}(\gamma)$, 因此可知, 水平为 $(1-\beta,1-\gamma)$ 的容忍上限为 $\bar{X}+\lambda S$, 其中 $\lambda=t_{n-1,\,\delta}(\gamma)/\sqrt{n}$. 类似可求水平为 $(1-\beta,1-\gamma)$ 的容忍下限为 $\bar{X}-\lambda S$, λ 同上. 对常见的 n, λ, γ 已编制了 $\lambda(n,\beta,\gamma)$ 值的表, 见附表 6.

求正态总体 $N(\mu,\sigma^2)$ 的容忍区间, 可利用引理 4.7.1 可得 $[\bar{X}-\lambda S,\bar{X}+\lambda S]$, 此处 $\lambda(n,\beta,\gamma)=t_{n-1,\delta^*}(\gamma/2)/\sqrt{n}$, 其中 $\delta^*=-\sqrt{n}u_{\beta/2}$. 当然, 现有的非中心 t 分布表还不够大, 不一定能从表上直接查到非中心 t 分布的分位数的值. 但附表 7 给出了 $\lambda(n,\beta,\gamma)$ 值的表.

例 4.7.3 经验表明: 某厂生产乐器用的镍合金线的抗拉强度服从正态分布. 今从一批产品中随机抽取 10 个样品, 测得其抗拉强度 (单位: kg/mm²) 分别为

$$10512,\ 10623,\ 10668,\ 10554,\ 10776,\ 10717,\ 10557,\ 10581,\ 10666,\ 10670.$$

求该镍合金线抗拉强度容忍下限 (设水平为 (0.95, 0.95)).

解 此问题中 $n=10$, 水平为 $(0.95,0.95)$, 即 $\beta=0.05$, $\gamma=0.05$. 因此 $1-\beta=0.95$, $1-\gamma=0.95$. 由数据算得

$$\bar{X}=10632.4,\quad S^2=6738.77,\quad S=82.09.$$

查附表 6 得 $\lambda=2.91$, 因此得容许下限 $T_L=\bar{X}-\lambda S=10632.4-2.91\times 82.09=10393.52$. 因此这批镍合金线抗拉强度不低于 10393.52kg/mm^2. □

例 4.7.4 经验表明棉纱的断裂负荷 (单位: 百分之一牛顿) 服从正态分布, 现从一批棉纱中随机抽取 12 根, 测得其断裂负荷分别为

$$228.6,\ 232.7,\ 238.8,\ 317.2,\ 315.8,\ 275.1,$$
$$222.2,\ 236.7,\ 224.7,\ 251.2,\ 210.4,\ 270.7.$$

求棉纱断裂负荷的水平为 (0.95,0.99) 的容忍区间.

解 此问题中 $n=12$, $1-\beta=0.95$, $1-\gamma=0.99$, 由数据算得

$$\bar{X}=252.0,\quad S^2=1263.4,\quad S=35.5.$$

查附表 7 得 $\lambda(12,0.95,0.99)=3.87$, 由此算得

$$T_1=\bar{X}-\lambda S=252.0-3.87\times 35.5=114.6,$$
$$T_2=\bar{X}+\lambda S=252.0+3.87\times 35.5=389.4.$$

因此棉纱断裂负荷的水平 $(0.95,0.99)$ 的容忍区间为 $[T_1,T_2]=[114.6,389.4]$. □

4.7.3 非参数容忍限和容忍区间

在实际问题中, 还会经常遇到这样的问题, 人们只知道总体分布 F 是连续的, 要求此分布的容忍限和容忍区间. 由于这时不知道分布的具体形式, 谈不上运用

分布的性质, 只能利用样本给出的信息. 下面讨论基于次序统计量如何给出 F 的容忍限和容忍区间. 先证明一个预备知识.

引理 4.7.2

设一维随机变量 $X \sim F(x)$, $F(x)$ 是分布函数且处处连续, 则 $Y = F(X)$ 服从均匀分布 $U(0,1)$. ♡

证 因为 $0 < Y < 1$, 故只需对 $0 < y < 1$ 证明 $\mathbb{P}(Y < y) = y$ 即可. 记 $t = \inf\{x\colon F(x) \geqslant y\}$, 则由 $F(x)$ 处处连续且非降, 易见 $F(t) = y$, 以及 $F(x) < y \Leftrightarrow x < t$, 故有

$$\mathbb{P}(Y < y) = \mathbb{P}(F(X) < y) = \mathbb{P}(X < t) = F(t) = y. \qquad \square$$

现设 $\boldsymbol{X} = (X_1, \cdots, X_n)$ 为从总体 $X \sim F(x)$ 中抽取的简单样本, $X_{(1)} \leqslant X_{(2)} \leqslant \cdots \leqslant X_{(n)}$ 为其次序统计量, 根据引理 4.7.2 可知, 若记 $U_i = F(X_i)$, $i = 1, 2, \cdots, n$, 则 $U_1, \cdots, U_n$ i.i.d. $\sim U(0,1)$. $U_{(1)} \leqslant U_{(2)} \leqslant \cdots \leqslant U_{(n)}$ 为其次序统计量.

1. 求 F 的水平 $(1-\beta, 1-\gamma)$ 的容忍区间

记 $U_i = F(X_i)$, $i = 1, 2, \cdots, n$; $V_{ij} = U_{(j)} - U_{(i)}$, $1 \leqslant i < j \leqslant n$, 则 V_{ij} 的密度 g_{ij} 已由式 (2.4.13) 给出. 若以 $\left[X_{(i)}, X_{(j)}\right]$ 作为容忍区间, 按定义有

$$\mathbb{P}\Big\{\mathbb{P}^*\big(X_{(i)} \leqslant X \leqslant X_{(j)}\big) \geqslant 1-\beta\Big\} \geqslant 1-\gamma. \tag{4.7.11}$$

此处 $\mathbb{P}^*$ 的意义与式 (4.7.1) 中 $\mathbb{P}_\theta^*$ 的意义相同. 上式左边为

$$\mathbb{P}\Big\{F(X_{(j)}) - F(X_{(i)}) \geqslant 1-\beta\Big\} = \mathbb{P}\big(V_{ij} \geqslant 1-\beta\big) = \int_{1-\beta}^{1} g_{ij}(v)dv. \tag{4.7.12}$$

如果选择适当的 i, j 使式 (4.7.11) 中的积分不小于给定的 $1-\gamma$, 则 $[X_{(i)}, X_{(j)}]$ 就是 F 的一个水平 $(1-\beta, 1-\gamma)$ 的容忍区间. 形如式 (2.4.13) 的密度 g_{ij}, 称为 Beta 分布, 其参数为 $j-i$ 和 $n-j+i+1$, 记为 $\mathrm{Be}(j-i, n-j+i+1)$. Beta 分布的参数不必为整数, 只要大于 0 就行. 当 $p > 0$, $q > 0$ 时, $\mathrm{Be}(p,q)$ 是一个概率分布, 其分布函数为

$$I_{p,q}(x) = \frac{1}{\mathrm{B}(p,q)} \int_0^x t^{p-1}(1-t)^{q-1}dt, \tag{4.7.13}$$

其中 $\mathrm{B}(p,q) = \displaystyle\int_0^1 t^{p-1}(1-t)^{q-1}dt$, 称为 Beta 积分. 它与 Gamma 函数 $\Gamma(x)$ 有关系 $\mathrm{B}(p,q) = \Gamma(p)\Gamma(q)/\Gamma(p+q)$, 这个公式在微积分中已经给出过.

式 (4.7.13) 当 $0 < x < 1$ 时, 称为不完全的 Beta 积分, Pearson 曾给它造了

表. 该表可用于选择 i,j 的问题.

2. 求 F 的水平 $(1-\beta,1-\gamma)$ 容忍限

对 $F(x)$ 的水平 $(1-\beta,1-\gamma)$ 的容忍上下限的问题也同样处理. 对容忍上限有

$$\mathbb{P}\Big\{\mathbb{P}^*\big(X \leqslant X_{(i)}\big) \geqslant 1-\beta\Big\} \geqslant 1-\gamma,$$

此式左边是 $\mathbb{P}\big\{F(X_{(i)}) \geqslant 1-\beta\big\} = \mathbb{P}\big(U_{(i)} \geqslant 1-\beta\big)$. 利用式 (2.4.4), 在其中令 $F(x)=x$, $f(x)=1$ 得 $U_{(i)}$ 的密度

$$f_i(x) = i\binom{n}{i}x^{i-1}(1-x)^{n-i}I_{(0,1)}(x).$$

因此有

$$\mathbb{P}\Big\{F(X_{(i)}) \geqslant 1-\beta\Big\} = \mathbb{P}\big(U_{(i)} \geqslant 1-\beta\big) = \int_{1-\beta}^{1} f_i(v)dv. \tag{4.7.14}$$

选择 i 使式 (4.7.14) 不小于 $1-\gamma$, 则根据定义 $X_{(i)}$ 就是 F 的一个水平 $(1-\beta,1-\gamma)$ 的容忍上限.

同理, 选择 j, 使得下式不小于 $1-\gamma$, 即

$$\mathbb{P}\Big\{F(X_{(j)}) \leqslant \beta\Big\} = \mathbb{P}\big(U_{(j)} \leqslant \beta\big) = \int_{0}^{\beta} f_j(v)dv \geqslant 1-\gamma, \tag{4.7.15}$$

则 $X_{(j)}$ 就是 F 的一个水平 $(1-\beta,1-\gamma)$ 的容忍下限.

在式 (4.7.14) 和式 (4.7.15) 中选择 i,j 使积分不小于 $1-\gamma$, 可借助于不完全 Beta 函数表求得.

3. 特例

(1) 假如取 $X_{(n)}$ 作为 F 的一个水平 $(1-\beta,1-\gamma)$ 的容忍上限, 样本容量 n 必须有一定的要求, 否则它不能作为合适的容忍上限. 那么样本容量 n 至少应为多少? 这就把求容忍上限的问题转化为确定样本容量的问题.

由于 $X \sim F(x)$ 且 $F(x)$ 处处连续, 故 $F(X) \sim U(0,1)$. 而 $F(X_{(n)}) = U_{(n)}$ 是来自总体 $U(0,1)$ 的容量为 n 的样本的最大次序统计量, 其密度函数为

$$f_n(y) = ny^{n-1}I_{(0,1)}(y)\,.$$

于是要求确定 n, 使得

$$\mathbb{P}\Big\{F(X_{(n)}) \geqslant 1-\beta\Big\} = \mathbb{P}\big(U_{(n)} \geqslant 1-\beta\big) \geqslant 1-\gamma,$$

即

$$\int_{1-\beta}^{1} ny^{n-1}dy \geqslant 1-\gamma \Longleftrightarrow 1-(1-\beta)^n \geqslant 1-\gamma.$$

因此有

$$n \geqslant \frac{\ln \gamma}{\ln (1-\beta)}.$$

对给定的 β, γ, 可以算得满足上述不等式的最小自然数 n.

(2) 类似计算可知, 若取 $X_{(1)}$ 作为 F 的一个水平 $(1-\beta, 1-\gamma)$ 的容忍下限, 可知 $F(X_{(1)}) = U_{(1)}$ 密度函数为

$$f_1(y) = n(1-y)^{n-1} I_{(0,1)}(y).$$

故要使

$$\mathbb{P}\Big\{F(X_{(1)}) \leqslant \beta\Big\} = \mathbb{P}\big(U_{(1)} \leqslant \beta\big) = \int_0^\beta n(1-y)^{n-1} dy \geqslant 1-\gamma,$$

同样解出 $n \geqslant \ln \gamma / \ln (1-\beta)$.

对通常用的 β, γ, 确定 F 的水平 $(1-\beta, 1-\gamma)$ 的容忍上、下限所需要最小样本容量 n, 已编制了表, 详见附表 8, 如 $1-\beta = 0.90$, $1-\gamma = 0.95$, 从附表 8 上查得 $n = 29$, 若 $1-\beta = 0.95$, $1-\gamma = 0.99$ 从表上查得 $n = 90$.

(3) 若取 $[X_{(1)}, X_{(n)}]$ 作为 $F(x)$ 的一个水平为 $(1-\beta, 1-\gamma)$ 的容忍区间, 按定义

$$\mathbb{P}\Big\{F(X_{(n)}) - F(X_{(1)}) \geqslant 1-\beta\Big\} = \mathbb{P}\big(U_{(n)} - U_{(1)} \geqslant 1-\beta\big) \geqslant 1-\gamma. \tag{4.7.16}$$

由于 $(U_{(1)}, U_{(n)})$ 的联合密度由式 (2.4.10) 给出, 只要取 $i=1$, $j=n$, 即

$$p(y_1, y_2) = n(n-1)(y_2-y_1)^{n-2} I_{[0<y_1<y_2<1]},$$

所以式 (4.7.16) 可改写为

$$\iint\limits_{y_2-y_1 \geqslant 1-\beta} p(y_1, y_2) dy_1 dy_2$$

$$= \int_0^\beta \int_{y_1+(1-\beta)}^1 n(n-1)(y_2-y_1)^{n-2} dy_2 dy_1 \geqslant 1-\gamma,$$

解之可得

$$n(1-\beta)^{n-1} - (n-1)(1-\beta)^n \leqslant \gamma.$$

对给定的 β 和 γ (或等价地给定 $1-\beta, 1-\gamma$), 可以从上述不等式中解出 n 来.

对常用的 $1-\beta$ 和 $1-\gamma$, 也已编造了确定 F 的水平 $(1-\beta, 1-\gamma)$ 的容忍区间所需最小样本容量表, 见附表 9. 例如, $1-\beta = 0.90$, $1-\gamma = 0.95$, 从附表 9 上查得 $n = 46$; $1-\beta = 0.95$, $1-\gamma = 0.99$, 从表上查得 $n = 130$.

本 章 总 结

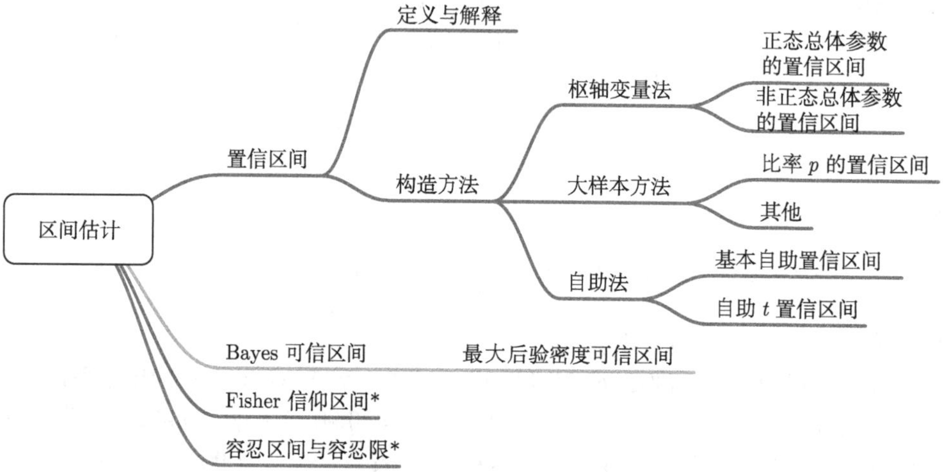

第 4 章知识点结构图

重点概念总结

- 评价区间估计的优劣有两个要素, 可靠度与精度, 二者不可同时兼得, 我们采用的是 Neyman 置信区间的方法, 即控制可靠度的前提下, 获得精度尽可能高的置信区间.
- 构造正态总体参数的置信区间是基于统计三大分布, 即 2.3.4 小节推论 2.3.3—推论 2.3.5.
- 在非正态总体区间估计问题中, 指数分布区间估计基于推论 2.3.1.
- 区间估计的大样本方法是基于统计量的渐近正态性, 在 2.5 节中讨论过.
- 了解贝叶斯可信区间与经典统计方法中置信区间的主要不同之处.

第 4 章习题

1. 对物体某指标进行 5 次测量, 得其数据为 4.781, 4.795, 4.769, 4.792, 4.779. 设指标值服从 $N(\mu,\sigma^2)$, 其中 $\sigma=0.01$, 试求物体该指标平均值的置信系数为 0.95 的置信区间.
2. 设在上题中 σ 未知, 作置信系数分别为 0.95 和 0.99 的置信区间.
3. 设某种电子元件的使用寿命服从正态分布, 从一批电子元件中随机抽取 15 个进行试验. 得样本均值为 1950 小时, 样本标准差 300 小时, 以 95% 的可靠度求整批电子元件平均使用寿命的置信区间.

4. 设样本 $X_1, \cdots, X_n$ 取自正态总体 $N(\mu, 16)$, 为使 $[\bar{X}-1, \bar{X}+1]$ 是 μ 的置信系数为 0.90 的置信区间, 样本容量 n 至少应为多少?
5. 设样本 $X_1, \cdots, X_n$ 取自正态总体 $N(\mu, 16)$, 为使得 μ 的置信系数为 $1-\alpha$ 的置信区间的长度不大于给定的 L, 样本容量 n 至少应为多少?
6. 设 $X_1, \cdots, X_m$ i.i.d. $\sim N(a, \sigma_1^2)$, $Y_1, \cdots, Y_n$ i.i.d. $\sim N(ca, \sigma_2^2)$, c, σ_1^2, σ_2^2 已知, a 未知, $c \neq 0$. 又设合样本 $X_1, \cdots, X_m, Y_1, \cdots, Y_n$ 独立.
(1) 找 a 的 UMVUE;
(2) 基于此 UMVUE 构造 a 的一个置信系数为 $1-\alpha$ 的置信区间.
7. (1) 设 $X_1, \cdots, X_n$ i.i.d. $\sim N(\mu, \sigma^2)$. 当 μ 已知时, 试导出方差 σ^2 的等尾置信区间和置信上、下限的表达式. 并利用这个结果求解下列问题.
(2) 为了解一台测量长度的仪器的精度, 对一根长 30mm 的标准金属棒进行了 6 次测量, 结果 (单位: mm) 是

$$30.1,\ 29.9,\ 29.8,\ 30.3,\ 30.2,\ 29.6.$$

假如测量值服从正态分布 $N(30, \sigma^2)$, 要求 σ^2 的置信水平为 0.95 的置信区间和置信上、下限.
8. 调查 10 个企业的研究经费, 得到的情况如下:

企业	1	2	3	4	5	6	7	8	9	10
研究经费所占比例	2	0	6	3	4	2	6	8	7	4

假设研究经费所占比例服从正态分布, 求方差的区间估计, 置信系数为 0.95.
9. 某电子产品的某一参数服从正态分布, 从某天生产的产品中抽取 15 只, 测得该参数为

$$3.0,\ 2.7,\ 2.9,\ 2.8,\ 3.1,\ 2.6,\ 2.5,\ 2.8,\ 2.4,\ 2.9,\ 2.7,\ 2.6,\ 3.2,\ 3.0,\ 2.8.$$

试分别对该参数的均值和方差作置信系数为 95% 的置信区间.
10. 设有 3 个同方差的正态总体, 现从中各取一个样本, 样本容量 n 和 $Q^2 = \sum\limits_{i=1}^{n}(X_i - \bar{X})^2$ 的值分别为

n	6	3	8
Q^2	40	20	50

试求共同方差 σ^2 的置信系数为 0.95 的单侧置信上限.
11. 设 $X_1, \cdots, X_n$ 为取自正态总体 $N(\mu, \sigma^2)$ 的样本. 为使 $\left[\sum\limits_{i=1}^{n}(X_i - \bar{X})^2\right]^{1/2} \Big/ 4$ 成为 σ 的置信系数为 0.95 的 (单侧) 置信上限, 样本容量 n 至少应取多少?
12. 随机地从 A 批导线中抽取 4 根, 从 B 批导线中抽取 5 根, 测量电阻 (单位: Ω) 为

A 批导线	0.143	0.142	0.143	0.137	
B 批导线	0.140	0.142	0.136	0.138	0.140

设测试数据分别服从 $N(a_1, \sigma^2)$ 和 $N(a_2, \sigma^2)$, 并且它们相互独立, a_1, a_2, σ^2 均未知, 求 $a_1 - a_2$ 的 95% 的置信区间.

13. 枪弹的速度 (单位: m/s) 服从正态分布, 为了比较两种枪弹的速度, 在相同的条件下进行速度测定. 算得如下数据:

$$\text{枪弹甲}: m = 110,\ \bar{X} = 2805,\ S_1 = 120.41;$$
$$\text{枪弹乙}: n = 100,\ \bar{Y} = 2680,\ S_2 = 105.00.$$

试求这两种枪弹的平均速度之差的置信水平近似为 95% 的置信区间.

14. 某电子产品有两种型号. 为了比较它们的某项参数值, 分别从这两种型号电子产品中随机抽取若干个, 测量该项参数值, 得如下数据:

型号甲: 10.1, 10.3, 10.4, 9.7, 9.8;
型号乙: 12.5, 12.2, 12.1, 12.0, 11.9, 11.8, 12.8.

假设这两种型号的电子产品的该项参数值皆服从正态分布, 而且它们的方差相等. 试求它们的平均参数之差的置信系数为 95% 的置信区间.

15. 设 $X_1, \cdots, X_m$ 是自正态总体 $N(a, \sigma_1^2)$ 抽取的简单样本, $Y_1, \cdots, Y_n$ 是自正态总体 $N(b, \sigma_2^2)$ 抽取的简单样本, 且 $X_1, \cdots, X_m$ 和 $Y_1, \cdots, Y_n$ 独立.
(1) 当样本容量 $m = n$ 时, 求均值差 $b - a$ 的置信水平为 $1 - \alpha$ 的置信区间.
(2) 当方差 σ_1^2 和 σ_2^2 已知时, 求其均值差 $b - a$ 的置信水平为 $1 - \alpha$ 的置信区间.
(3) 当均值 a 和 b 已知时, 求方差比 σ_1^2/σ_2^2 的置信水平为 $1 - \alpha$ 的置信区间.

16. 为了在正常条件下, 检验一种杂交水稻的两种处理方案, 在同一地区随机挑选 8 块地段, 按两种方案栽种水稻, 这 8 块地段收获稻谷的单位面积产量是

方案 1	86	87	56	93	84	93	75	79
方案 2	80	79	58	91	77	82	74	66

(1) 假设这两种方案产量分别服从正态分布 $N(a, \sigma_1^2)$ 和 $N(b, \sigma_2^2)$. 求 $a - b$ 的置信水平为 0.95 的置信区间.
(2) 如果不假定产量服从正态分布, 使用自助法求其相应的置信区间.

*17. 设 $X_1, \cdots, X_m$ 是自正态总体 $N(a, \sigma_1^2)$ 抽取的简单样本, $Y_1, \cdots, Y_n$ 是自正态总体 $N(b, \sigma_2^2)$ 抽取的简单样本, 且两组样本独立. 当 $\sigma_2^2/\sigma_1^2 = \lambda$ 且 λ 已知时, 求 $b - a$ 的置信系数为 $1 - \alpha$ 的置信区间.

18. 有甲、乙两台机床加工同样产品, 分别从它们加工的产品中抽取若干个产品, 测得产品直径后, 算得如下数据:

$$\text{机床甲}: m = 8,\ \bar{x} = 30.97,\ S_1 = 36.7;$$
$$\text{机床乙}: n = 7,\ \bar{y} = 21.99,\ S_2 = 8.1.$$

假设产品直径服从正态分布. 试求:
(1) 这两台机床加工产品的平均直径之差的置信水平近似为 95% 的置信区间;
(2) 这两台机床加工精度 (即方差) 之比的置信水平为 90% 的置信区间.

19. 有两个化验员 A, B, 他们独立地对某种聚合物的含氯量用相同的方法作了 10 次测量, 其测定值的方差 S^2 分别为 0.5419 和 0.6065, 设 σ_{A}^2 和 σ_{B}^2 分别为 A, B 所测数据总体 (设为正态总体) 的方差, 求 $\sigma_{\text{A}}^2/\sigma_{\text{B}}^2$ 的 95% 的置信区间.

20. 设从两台机器所生产的滚珠轴承中分别抽取容量为 10 的样本, 算得它们直径的标准差分别为 $S_1 = 0.042\text{cm}$ 和 $S_2 = 0.035\text{cm}$, 假定轴承直径服从正态分布, 试求两个总体方差比的置信系数为 0.99 的置信区间.

*21. 设 $X_1, \cdots, X_n$ 是来自均匀分布 $U(\theta_1, \theta_2)$ 的简单样本, 此处 $-\infty < \theta_1 < \theta_2 < \infty$, 记 $X_{(1)} \leqslant X_{(2)} \leqslant \cdots \leqslant X_{(n)}$ 为其次序统计量. 求

(1) $\theta_2-\theta_1$ 的置信系数为 $1-\alpha$ 的置信区间; (提示: 证明 $[(\theta_2-\theta_1)-(X_{(n)}-X_{(1)})]/(\theta_2-\theta_1)$ 分布与 θ_1, θ_2无关)

(2) 求 $[X_{(1)} + X_{(n)} - (\theta_1 + \theta_2)]/(X_{(n)} - X_{(1)})$ 的分布;

(3) 求 $(\theta_1 + \theta_2)/2$ 的置信水平为 $1 - \alpha$ 的置信区间.

*22. 设 $X_1, \cdots, X_m$ i.i.d. $\sim$ 均匀分布 $U(0, \theta_1)$, $Y_1, \cdots, Y_n$ i.i.d. $\sim$ 均匀分布 $U(0, \theta_2)$, $\theta_1 > 0$, $\theta_2 > 0$ 皆未知, 且合样本独立. 求 θ_1/θ_2 的一个置信系数为 $1 - \alpha$ 的置信区间. (提示: 令 $T_1 = X_{(m)}, T_2 = Y_{(n)}$, 证明 $(T_2\theta_1)/(T_1\theta_2)$ 的分布与 θ_1, θ_2 无关.)

23. 设 $X_1, \cdots, X_n$ 是来自均匀分布 $U(\theta - 1/2,\ \theta + 1/2)$ 的简单样本, 求 θ 的置信系数 $1 - \alpha$ 的置信区间.

*24. 设 r.v. X 具有密度

$$f(x, \theta_1, \theta_2) = \begin{cases} \dfrac{\theta_2}{\theta_1}\left(\dfrac{x}{\theta_1}\right)^{\theta_2 - 1} e^{-(x/\theta_1)^{\theta_2}}, & x > 0, \\ 0, & x \leqslant 0, \end{cases}$$

则称 X 服从 Weibull 分布, $\theta_1 > 0$, $\theta_2 > 0$ 皆未知. 设 $X_1, \cdots, X_n$ 是从此总体中抽取的简单的随机样本.

(1) 写出估计 θ_1, θ_2 的似然方程;

(2) 令 $Y_i = (X_i/\theta_1)^{\theta_2}$, 证明 $Y_1, \cdots, Y_n$ i.i.d. 且 Y_1 分布与 θ_1, θ_2 无关;

(3) 将似然方程转化到 $Y_1, \cdots, Y_n$, 以证明若 $\hat{\theta}_2$ 为似然方程对 θ_2 之解, 则 $\hat{\theta}_2/\theta_2$ 的分布与 θ_1, θ_2 无关;

(4) 指出利用 (3) 中结果构造 θ_2 的置信区间的方法.

25. 设 $X_1, \cdots, X_n$ 为从具有密度 $f(x, \theta) = e^{-(x-\theta)} I_{[x>\theta]}$ 的总体中抽取的简单样本, 此处 $-\infty < \theta < +\infty$, θ 未知.

(1) 证明 $X_{(1)} - \theta$ 的分布与 θ 无关, 并求出此分布. 此处 $X_{(1)} = \min\{X_1, \cdots, X_n\}$. (提示: 记 $X_i' = X_i - \theta$, $i = 1, 2, \cdots, n$. 证明 $X_1', \cdots, X_n'$ 的分布皆与 θ 无关, 又注意到 $X_{(1)} - \theta = X'_{(1)}$.)

(2) 求 θ 的置信系数为 $1 - \alpha$ 的置信区间.

26. 设 $X_1, \cdots, X_n$ 是来自具有密度函数

$$f(x, \theta) = \frac{\theta}{x^2} I_{[0<\theta<x<\infty]}$$

的总体的简单样本, 求 θ 的置信系数为 $1 - \alpha$ 的置信区间.

27. 某学校计划组织一次大的郊游活动, 为此要了解学生对该活动的支持程度, 随机地对 100 名学生进行了解, 其中有 22 名支持者. 若记该校学生中支持这项活动的人数比例为 p, 并设该校学生数足够多.

(1) 求 p 的置信系数为 0.99 的置信区间;

(2) 若只关心 p 的下限, 求出置信系数为 0.95 的置信下限.

28. 设 X 服从二项分布 $B(m, p_1)$, Y 服从二项分布 $B(n, p_2)$, m, n 很大, p_1, p_2 是未知参数, 且 X, Y 独立, 做出基于 X, Y 的 $p_2 - p_1$ 的置信系数近似为 $1-\alpha$ 的置信区间.
29. 设 $X_1, \cdots, X_m$ 和 $Y_1, \cdots, Y_n$ 分别为自具有位置参数 θ_1 和 θ_2 的 Cauchy 分布总体中抽取的简单样本, 且样本 $X_1, \cdots, X_m$, $Y_1, \cdots, Y_n$ 相互独立, m, n 很大, 求 $\theta_2 - \theta_1$ 的置信系数近似为 $1-\alpha$ 的置信区间. (Cauchy 分布密度 $f(x,\theta) = 1/\{\pi[1+(x-\theta)^2]\}$, $-\infty < x < \infty$. 提示: 利用样本中位数及其极限定理.)
30. 设 $\boldsymbol{X} = (X_1, \cdots, X_n)$ 为抽自 Poisson 总体 $P(\lambda)$ 的简单样本, 证明用大样本方法导出 λ 的置信系数近似为 $1-\alpha$ 的置信区间为 $[d_1, d_2]$, 其中

$$d_1,\ d_2 = \hat{\lambda} + \frac{u_{\alpha/2}^2}{2n} \pm u_{\alpha/2}\sqrt{\frac{u_{\alpha/2}^2}{4n^2} + \frac{\hat{\lambda}}{n}}, \qquad \text{“+” 号为 } d_2.$$

31. 电话总机在单位时间内接到呼唤次数服从 Poisson 分布 $P(\lambda)$. 观察单位时间内呼唤次数 40 次, 获得如下数据:

接到呼唤次数	0	1	2	3	4	5	6	7
观察次数	5	10	12	8	3	2	0	0

分别用大样本方法和自助法求 λ 的置信水平近似为 0.95 的置信区间.

32. 15 所法律院校入学考试的平均成绩 (LSAT) 和 GPA (乘了 100) 如下表所示:

序号	1	2	3	4	5	6	7	8	9	10	11	12	13	14	15
LSAT	576	635	558	578	666	580	555	661	651	605	653	575	545	572	594
GPA	339	330	281	303	344	307	300	343	336	313	312	274	276	288	296

试估计 LSAT 和 GPA 之间的相关系数, 并求其 95% 的基本自助置信区间和自助 t 置信区间.

33. 对正态总体 $N(\theta, 1)$ 作三次观察, 获得样本的具体观察值为 2, 4, 3. 若 θ 的先验分布为正态分布 $N(3, 1)$, 求 θ 的可信系数为 0.95 的可信区间.
34. 设 $X_1, \cdots, X_n$ 是从正态分布 $N(0, \sigma^2)$ 中抽取的随机样本, 若 σ^2 的先验分布是逆 Gamma 分布 $\Gamma^{-1}(\alpha, \lambda)$, 求 σ^2 的 0.90 可信上限.
35. 设 $X_1, \cdots, X_n$ 是从均匀分布 $U(0, \theta)$ 中抽取的随机样本, 令 θ 的先验分布是 Pareto 分布 $\mathrm{Pa}(\theta_0, \alpha)$, 求 θ 的 $1-\alpha$ 的可信上限.
36. 接到船运来的一大批零件, 从中抽检 5 件, 看有多少次品, 假设零件中的次品数 X 服从二项分布 $B(5, \theta)$. 从以往各批的情况中已知 θ 的先验分布为贝塔分布 $\mathrm{Be}(1, 9)$, 若观测值 $X = 0$, 求 θ 的可信系数为 0.95 的 HPD 可信区间.
37. 求例 4.5.2 中彩电平均寿命 θ 的可信系数为 0.95 等尾的可信区间和 θ 的可信系数为 0.95 的 HPD 可信区间, 给出计算 HPD 可信区间的 R 代码并将二者进行比较.
38. 设 $X_1, \cdots, X_m$ 和 $Y_1, \cdots, Y_n$ 分别是从具有参数 λ_1 和 λ_2 的指数分布 (密度函数为 $f(x, \lambda_i) = \lambda_i e^{-\lambda_i x} I_{[x>0]}$, $i = 1, 2$) 中抽取的 i.i.d. 样本, 且合样本独立. 试确定 $\lambda_2 - \lambda_1$ 的一个信仰系数为 $1-\alpha$ 的信仰区间. (提示: 利用 $2\lambda_1 m\bar{X} \sim \chi_{2m}^2$, $2\lambda_2 n\bar{Y} \sim \chi_{2n}^2$, 不必算到底, 指出方法即可.)
39. 设 $X_1, \cdots, X_m$ i.i.d. $\sim F_1$, $Y_1, \cdots, Y_n$ i.i.d. $\sim F_2$, 且合样本独立, 仿上题的方法求:
    (1) 若 F_1 和 F_2 分别为 $N(a, \sigma_1^2)$ 和 $N(b, \sigma_2^2)$, $a, b, \sigma_1^2, \sigma_2^2$ 皆未知, 求 $\sigma_2^2 - \sigma_1^2$ 的信仰系数为 $1-\alpha$ 的信仰区间;

(2) 若 F_1 和 F_2 分别表示均匀分布 $U(0,\theta_1)$ 和 $U(0,\theta_2)$, $\theta_1>0$, $\theta_2>0$ 皆未知, 求 $\theta_2-\theta_1$ 的信仰系数为 $1-\alpha$ 的信仰区间.

40. 设 $X_1,\cdots,X_n$ 为自指数分布 (密度函数为 $f(x,\lambda)=\lambda e^{-\lambda x}I_{(0,\infty)}(x)$) 中抽取的简单样本, 定出 λ 的信仰分布, 由之求出信仰系数为 $1-\alpha$ 的最短信仰区间. (提示: 利用充分统计量 $\bar{X}$.)

41. 设样本与总体同上题, 试求出形如 $c\bar{X}$ 的水平 $(1-\beta,1-\gamma)$ 的容忍上、下限, 并利用引理 4.7.1 求出水平 $(1-\beta,1-\gamma)$ 的容忍区间.

42. 经验表明, 某种型号玻璃纸的横向延伸率 (单位: %) 服从正态分布, 现从一批玻璃纸中随机抽取 8 个样品, 测得其横向延伸率为

$$35.5,\ 39.5,\ 43.5,\ 41.5,\ 47.5,\ 37.5,\ 49.5,\ 45.5.$$

试求玻璃纸的横向延伸率的水平为 $(0.95,0.95)$ 的容忍区间.

43. 某种型号的圆钢的硬度 (单位: $\mathrm{kg/mm^2}$) 服从正态分布. 现从一批圆钢中随机抽取 12 个样品, 测量其硬度, 由此算得 $\bar{X}=207$, $S=65$. 试求圆钢的水平为 $(0.90,0.95)$ 的容忍下限.

44. (1) 为使 $X_{(1)}$ 成为 $F(x)$ 的水平 $(0.95,0.99)$ 容忍下限, 样本容量 n 至少应为多少?

(2) 为使 $X_{(n)}$ 成为 $F(x)$ 的水平 $(0.90,0.95)$ 容忍上限, 样本容量 n 至少应为多少?

45. 设 $X_1,\cdots,X_n$ i.i.d. $\sim$ 均匀分布 $U(0,\theta)$, $\theta>0$ 未知, 试利用统计量 $\max\limits_{1\leqslant i\leqslant n}X_i$ 定出水平为 $(1-\beta,1-\gamma)$ 的容忍上、下限.

第 5 章　参数假设检验

参数估计和假设检验是统计推断的两个主要形式. 关于参数的点估计和区间估计的问题已在前两章中讨论, 本章讨论假设检验问题. 对总体分布的某些特征所作的假设称为统计假设. 使用样本对所作出的统计假设进行推断的方法和过程称为假设检验. 根据总体分布形式是否已知, 假设检验问题大致分为两大类.

(1) 参数型假设检验: 即总体的分布形式已知 (如正态、指数、二项分布等), 总体分布依赖于未知参数 (或参数向量) θ, 要检验的是有关未知参数的假设. 例如, 总体 $X \sim N(a, \sigma^2)$, a 未知, 检验

$$H_0\text{: } a = a_0 \leftrightarrow H_1\text{: } a \neq a_0 \quad \text{或} \quad H_0\text{: } a \leqslant a_0 \leftrightarrow H_1\text{: } a > a_0.$$

(2) 非参数型假设检验: 如果总体分布形式未知, 此时就需要有一种与总体分布族的具体数学形式无关的统计方法, 称为非参数方法. 例如, 检验一批数据是否来自某个已知的总体, 就属于这类问题.

本章讨论参数型假设检验问题. 非参数型假设检验问题将在第 6 章讨论.

同一个检验问题, 可以有几种不同的检验方法, 如何比较它们的优劣? 如何寻找在一定准则下的最优检验? 因此, 本章除了研究制定假设检验的种种方法, 还要讨论检验的优良性问题.

5.1　假设检验的若干基本概念

5.1.1　原假设和备择假设

为了说明假设检验问题的提法, 考察下面的例子.

例 5.1.1　某工厂生产的一批产品要出厂上市销售. 按规定次品率 p 不得超过 0.01, 今在其中随机不放回抽取 100 件, 经检验有 3 件次品, 问这批产品可否出厂?

关于这个问题, 在面前存在两种可能性:

$$\text{甲: } 0 < p \leqslant 0.01; \qquad \text{乙: } 0.01 < p < 1.$$

要通过从这批产品中抽样来决定甲、乙两种可能性中哪个成立.

这个问题常以下述方式提出, 引进一个 “假设”

$$H_0\text{: } 0 < p \leqslant 0.01,$$

称为原假设或零假设 (null hypothesis). 另一个可能是

$$H_1:\ 0.01 < p < 1,$$

称为对立假设或备择假设 (alternative hypothesis).

目的是通过样本决定是否拒绝 H_0. 可以形象地把问题写成

$$H_0:\ 0 < p \leqslant 0.01 \leftrightarrow H_1:\ 0.01 < p < 1.$$

这里需要注意的是这个提法中将 H_0 放在中心位置, 它是检验的对象. H_0 和 H_1 的位置不可颠倒. 一般我们把有把握、不会轻易否定的命题放在 "原假设" 的位置, 这样做的理由会在后面 5.1.4 小节给出进一步的解释.

基于上述讨论, 可将关于总体参数的假设检验问题一般化, 提法如下: 设有参数分布族 $\{f(x,\theta):\ \theta\in\Theta\}$, 此处 Θ 为参数空间. $X_1,\cdots,X_n$ 是从上述分布族中抽取的简单样本. 在参数假设检验问题中, 感兴趣的是 θ 是否属于参数空间 Θ 的某个非空真子集 Θ_0, 则命题 H_0: $\theta\in\Theta_0$ 称为零假设或原假设, 其确切含义是: 存在一个 $\theta_0\in\Theta_0$ 使得 X 的分布为 $f(x,\theta_0)$. 记 $\Theta_1\subseteq\Theta-\Theta_0$, 则命题 H_1: $\theta\in\Theta_1$ 称为 H_0 的对立假设或备择假设 (在例 5.1.1 中, $\Theta=(0,1)$, $\Theta_0=(0,0.01]$, $\Theta_1=(0.01,1)$), 则假设检验问题表示为

$$H_0:\ \theta\in\Theta_0 \leftrightarrow H_1:\ \theta\in\Theta_1, \tag{5.1.1}$$

但要注意一点, 零假设总写在左边, 作为中心位置; 对立假设写在右边, 作为陪衬地位. 若没有对立假设, 检验问题就无完整的意义.

在式 (5.1.1) 中, 若 Θ_0 或 Θ_1 只包含参数空间 Θ 中的一个点, 则称为简单假设 (simple hypothesis); 否则, 称为复合假设 (composite hypothesis). 例如, 样本抽自 $N(a,\sigma^2)$, σ^2 已知, 则参数空间为 $\Theta=\{a:\ -\infty<a<\infty\}$. 令 H_0: $a=a_0 \leftrightarrow H_1$: $a\neq a_0$, 则 H_0 为简单假设, H_1 为复合假设. 再如, 对假设 H_0': $a\leqslant a_0 \leftrightarrow H_1'$: $a>a_0$, 则零假设 H_0' 和对立假设 H_1' 皆为复合假设.

5.1.2 拒绝域、检验函数和检验统计量

仍通过例子来说明这些概念.

例 5.1.2 设 $\boldsymbol{X}=(X_1,\cdots,X_n)$ 为从正态总体 $N(a,\sigma^2)$ 中抽取的随机样本, 其中 σ^2 已知. 考虑检验问题

$$H_0:\ a=a_0 \leftrightarrow H_1:\ a\neq a_0, \tag{5.1.2}$$

此处 a_0 为给定的常数.

这种检验问题的一种直观解决方法是: 先求 a 的一个估计量, 我们知道 $\bar{X}=\sum\limits_{i=1}^{n}X_i/n$ 是 a 的一个优良估计. 若 $|\bar{X}-a_0|$ 较大, 就倾向于拒绝 H_0; 反之, 如果 $|\bar{X}-a_0|$ 较小, 就认为抽样结果与 H_0 相接近, 因而倾向于接受 H_0. 具体地说, 要

确定一个数 A, 由 $X_1,\cdots,X_n$ 算出样本均值 $\bar{X}$, 当 $|\bar{X}-a_0|>A$ 时就拒绝 H_0; 当 $|\bar{X}-a_0|\leqslant A$ 时就接受 H_0. 称

$$D=\left\{\boldsymbol{X}=(X_1,\cdots,X_n):\ |\bar{X}-a_0|>A\right\} \tag{5.1.3}$$

为拒绝域, 或否定域 (reject region), 即拒绝域由样本空间 $\mathscr{X}$ 中一切使 $|\bar{X}-a_0|>A$ 的那些样本 $\boldsymbol{X}=(X_1,\cdots,X_n)$ 构成. 有了拒绝域, 等价于将样本空间 $\mathscr{X}$ 分成不相交的两部分 D 和 $\bar{D}=\mathscr{X}-D$. 一旦有了样本 $\boldsymbol{X}$, 当 $\boldsymbol{X}\in D$ 时, 就拒绝 H_0; 当 $\boldsymbol{X}\in\bar{D}$ 时, 就接受 H_0. 称 $\bar{D}$ 为接受域 (acceptance region). 只要 A 定下来了, 则拒绝域 (或接受域) 也就确定了. 因此, 此问题中的检验可视为如下一种法则:

$$T:\ \begin{cases}\text{当 } |\bar{X}-a_0|>A \text{ 时,} & \text{拒绝 } H_0,\\ \text{当 } |\bar{X}-a_0|\leqslant A \text{ 时,} & \text{接受 } H_0.\end{cases}$$

上式中的 T 给出了一种法则, 一旦有了样本, 就可以在是否拒绝 H_0 这两个结论中选择一个. 称这样一种法则 T 为检验问题 (5.1.2) 的一个检验.

为了便于数学上处理, 引入检验函数 $\varphi(\boldsymbol{x})$ 的概念, $\varphi(\boldsymbol{x})$ 与检验 T 是一一对应的. 在例 5.1.2 中,

$$\varphi(\boldsymbol{x})=\begin{cases}1, & |\bar{x}-a_0|>A\ ,\\ 0, & |\bar{x}-a_0|\leqslant A\ .\end{cases} \tag{5.1.4}$$

有如下定义.

定义 5.1.1 (检验函数)

由式 (5.1.4) 给出的检验函数 $\varphi(\boldsymbol{x})$ 是定义在样本空间 $\mathscr{X}$ 上, 取值于 [0,1] 上的函数. 它表示当有了样本 $\boldsymbol{X}$ 后, 拒绝 H_0 的概率.

♧

由定义可见, 若 $\varphi(\boldsymbol{x})=1$, 则以概率为 1 拒绝 H_0, 若 $\varphi(\boldsymbol{x})=0$, 则以概率为 0 拒绝 H_0 (即以概率为 1 接受 H_0). 若 $\varphi(\boldsymbol{x})$ 只取 0, 1 这两个值, 则称这种检验为非随机化检验 (non-randomized test). 此时, 拒绝域也可用检验函数表示如下: $D=\{\boldsymbol{X}=(X_1,\cdots,X_n):\ \varphi(\boldsymbol{X})=1\}$.

若对某些样本 $\boldsymbol{X}$, 有 $0<\varphi(\boldsymbol{x})<1$, 则称 $\varphi(\boldsymbol{x})$ 为随机化检验 (randomized test). 如在例 5.1.1 中, 令 $X_i=1$, 若第 i 个产品为次品; 否则为 0; $i=1,\cdots,n$. 设 $\boldsymbol{X}=(X_1,\cdots,X_n)$ 为样本, 令 $T(\boldsymbol{X})=\sum\limits_{i=1}^{100}X_i$, 当 $T(\boldsymbol{X})<c$ 时, 认为这批产品合格, 接受 H_0; 当 $T(\boldsymbol{X})>c$ 时, 认为不合格, 拒绝 H_0. 当 $T(\boldsymbol{X})=c$ 时, 若规定拒绝 H_0, 厂方觉得被拒绝的可能性大了, 吃亏了. 反之, 若接受 H_0, 买方 (商店) 接受不合格产品的可能性大了, 也觉得吃亏. 在双方僵持不下的情况下, 下列折中方案是双方都可以接受的: 定下一个数 $0<r<1$, 规定当 $T(\boldsymbol{X})=c$ 时, 作一次成功概率为 r 的随机试验, 根据试验结果来决定拒绝还是接受这批产品, 如

取 $r=1/2$, 则可通过掷一枚均匀硬币来决定. 规定若出现正面则拒绝 H_0, 否则接受 H_0. 这样, 当出现 $T(\boldsymbol{X})=c$, 双方都有 1/2 的可能, 作出对自己不利的决定, 双方都觉得合理, 可以接受. 如果取 $r=1/3$, 试验可以通过在装有 2 个白球和 1 个黑球的盒子中随机摸球来决定. 规定若摸到黑球 (发生的概率为 1/3) 则拒绝 H_0, 若摸到白球 (发生的概率为 2/3) 则接受 H_0. 这种随机化检验函数可表示为

$$\varphi(\boldsymbol{x})=\begin{cases}1, & T(\boldsymbol{x})>c,\\ r, & T(\boldsymbol{x})=c,\\ 0, & T(\boldsymbol{x})<c.\end{cases} \tag{5.1.5}$$

在例 5.1.2 中要确定检验, 必须定出式 (5.1.3) 或式 (5.1.4) 中的 A, 此处 A 称为**临界值** (critical value). 要定下 A 的值需要确定检验统计量的分布. 此例中检验统计量是样本均值 $\bar{X}$. 同样, 在例 5.1.1 中, 检验函数 (5.1.5) 中的 c 称为临界值, 检验统计量是 $T(\boldsymbol{X})=\sum\limits_{i=1}^{100}X_i$. 确定检验统计量的分布是解决假设检验问题的关键. 当检验统计量的精确分布很难找到时, 若其极限分布比较简单, 可用极限分布代替精确分布, 获得假设检验问题的近似解.

5.1.3 两类错误与功效函数

统计推断是以样本为依据的, 由于样本的随机性, 不能保证统计推断方法的绝对正确性, 而只能以一定的概率去保证这种推断的可靠性. 在假设检验问题中可能出现下列两种情形会犯错误:

(1) 零假设 H_0 本来是对的, 由于样本的随机性, 观察值落入拒绝域 D, 错误地将 H_0 拒绝了, 称为弃真. 这时犯的错误称为**第一类错误** (type I error).

(2) 零假设 H_0 本来不对, 由于样本的随机性, 观察值落入接受域 $\bar{D}$, 错误地将 H_0 接受了, 称为取伪. 这时犯的错误称为**第二类错误** (type II error).

如在例 5.1.1 中确定了非随机化检验如下:

$$\varphi(\boldsymbol{x})=\begin{cases}1, & T(\boldsymbol{x})>3,\\ 0, & T(\boldsymbol{x})\leqslant 3.\end{cases}$$

如果总体的真实次品率为 $p=0.005<0.01$, 由于样本的随机性, 抽样结果显示 $T(\boldsymbol{x})=5$, 即样本落入拒绝域, 这时犯第一类错误. 但也有可能总体的真实次品率 $p=0.03>0.01$, 由于样本的随机性, 抽样结果显示 $T(\boldsymbol{x})=1$, 即样本落入了接受域. 这时犯第二类错误.

应当注意, 在每一具体场合, 只会犯两类错误中的一个. 当检验确定后, 犯两类错误的概率也就确定了. 我们希望犯两类错误的概率越小越好, 但这一点很难做到. 在样本大小 n 固定的前提下, 二者不可兼得. 这就如同区间估计问题中可靠度和精度二者不可兼得一样. 那么, 怎样去计算犯两类错误的概率呢? 为此, 需

要引进功效函数的概念.

定义 5.1.2 (功效函数)

设 $\varphi(\boldsymbol{x})$ 是 H_0: $\theta \in \Theta_0 \leftrightarrow H_1$: $\theta \in \Theta_1$ 的一个检验函数, 则

$$\beta_\varphi(\theta) = \mathbb{P}_\theta\left\{\text{用检验 } \varphi \text{ 拒绝了 } H_0\right\} = \mathbb{E}_\theta[\varphi(\boldsymbol{X})], \quad \theta \in \Theta$$

称为 φ 的功效函数 (power function), 也称为效函数或势函数. ♧

若 $\varphi(\boldsymbol{x})$ 为非随机化检验, 拒绝域为 D, 则

$$\beta_\varphi(\theta) = \mathbb{P}_\theta\left\{\boldsymbol{X} = (X_1, \cdots, X_n) \in D\right\}, \quad \theta \in \Theta.$$

因此功效函数表示当参数为 θ 时, 拒绝 H_0 的概率. 对例 5.1.1, 当检验函数为式 (5.1.5) 时, 利用 $T(\boldsymbol{X}) = \sum_{i=1}^{n} X_i \sim B(n, \theta)$, $0 < \theta < 1$ 可知检验的功效函数为

$$\begin{aligned}\beta_\varphi(\theta) = \mathbb{E}_\theta[\varphi(\boldsymbol{X})] &= \mathbb{P}\left(\sum_{i=1}^{100} X_i > c\right) + r\mathbb{P}\left(\sum_{i=1}^{100} X_i = c\right) \\ &= \sum_{k=c+1}^{100} \binom{100}{k} \theta^k (1-\theta)^{100-k} + r\binom{100}{c}\theta^c(1-\theta)^{100-c}.\end{aligned}$$

以下讨论中假定 $\varphi(\boldsymbol{x})$ 皆为非随机化的检验函数, 除非特别说明, 不认为 $\varphi(\boldsymbol{x})$ 为随机化检验函数.

知道了检验 $\varphi(\boldsymbol{x})$ 的功效函数 $\beta_\varphi(\theta)$ 后, 就可以计算犯两类错误的概率. 若以 $\alpha_\varphi^*(\theta)$ 和 $\gamma_\varphi^*(\theta)$ 分别记犯第一、二类错误的概率, 则犯第一类错误的概率可表示为

$$\alpha_\varphi^*(\theta) = \begin{cases} \beta_\varphi(\theta), & \theta \in \Theta_0, \\ 0, & \theta \in \Theta_1, \end{cases}$$

犯第二类错误的概率可表示为

$$\gamma_\varphi^*(\theta) = \begin{cases} 0, & \theta \in \Theta_0, \\ 1 - \beta_\varphi(\theta), & \theta \in \Theta_1. \end{cases}$$

如在例 5.1.1 中, $\Theta = (0, 1)$, 则检验问题 H_0: $0 < \theta \leqslant 0.01 \leftrightarrow H_1$: $0.01 < \theta < 1$ 的一个较好的功效函数之形状如图 5.1.1 所示.

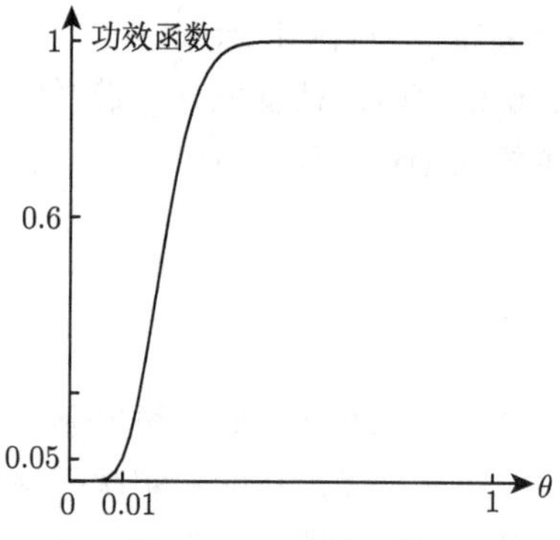

图 5.1.1 功效函数

一个好的检验 $\varphi(\boldsymbol{x})$, 犯两类错误的概率都应较小, 也就是功效函数 $\beta_\varphi(\theta)$ 在 Θ_0 中应尽可能地小, 在 Θ_1 中应尽可能地大.

还需要说明的一点是: 如前所述, 犯两类错误的概率完全由功效函数决定, 从这一点上看, 如果两个检验有同一功效函数, 则此两个检验在性质上也完全相同.

实验 扫描实验 15 的二维码进行正态均值检验的功效函数模拟实验, 观察不同参数和显著性水平下功效函数曲线、样本均值的分布曲线以及两者之间的关系.

实验 15 正态均值检验的功效函数

5.1.4 检验水平和控制犯第一类错误概率的原则

前面说过, 希望一个检验犯两类错误的概率都很小, 但除了极例外情形, 一般说来在固定样本大小时, 对任何检验都办不到. 例如, 要使犯第一类错误的概率减小, 就要缩小拒绝域, 使接受域增大, 这必然导致犯第二类错误概率增大, 反之亦然. 因此, Neyman 和 Pearson 提出了一条原则, 就是限制犯第一类错误概率的原则, 即在保证犯第一类错误的概率不超过指定数值 α ($0<\alpha<1$, 通常取较小的数) 的检验中, 寻找犯第二类错误概率尽可能小的检验. 若记

$$S_\alpha=\{\varphi\colon\ \beta_\varphi(\theta)\leqslant\alpha,\ \theta\in\Theta_0\},$$

S_α 表示由所有犯第一类错误的概率都不超过 α 的检验函数构成的类. 只考虑 S_α 中的检验, 在 S_α 中挑选 "犯第二类错误的概率尽可能小的检验", 这种法则称为控制犯第一类错误概率的法则.

根据 Neyman-Pearson 原则, 在原假设 H_0 为真时, 作出错误决定 (即拒绝 H_0) 的概率受到了控制. 这表明, 原假设 H_0 受到保护, 不至于轻易被拒绝. 所以在具体问题中, 往往将有把握、不能轻易拒绝的命题作为原假设 H_0, 而把没有把握的、不能轻易肯定的命题作为对立假设. 因此原假设 H_0 和对立假设 H_1 的地位是不平等的, 不能相互调换. 这就是在 5.1.1 小节中提出将零假设放在中心位置的理由.

与犯第一类错误概率相联系的另一个概念是检验水平, 其定义如下.

定义 5.1.3 (检验水平)

设 φ 是式 (5.1.1) 的一个检验, 而 $0\leqslant\alpha\leqslant1$. 如果 φ 犯第一类错误的概率总不超过 α (或等价地说, φ 满足 $\beta_\varphi(\theta)\leqslant\alpha$, 一切 $\theta\in\Theta_0$), 则称 α 是检验 φ 的一个水平, 而 φ 称为显著性水平为 α 的检验, 简称水平为 α 的检验. ♧

注 5.1.1 按 Neyman-Pearson 原则, 如果仅考虑这样一个假设, 使其犯第一类错误概率不超过某个给定的很小的数 α, 讨论此假设是否成立, 而不涉及与犯第二类错误概率有关的其他假设, 我们称这样一个假设的检验问题为显著性检验 (significance test), 其检验水平称为显著性水平.

按这一定义, 检验的水平不唯一. 若 α 为检验 φ 的水平, 而 $\alpha<\alpha'<1$, 则 α' 也是检验 φ 的水平. 为避免这一问题, 有时称一个检验的最小水平为其真实水平, 也就是

$$\text{检验 } \varphi \text{ 的真实水平} = \sup_{\theta\in\Theta_0}\{\beta_\varphi(\theta)\}. \tag{5.1.6}$$

至于水平的选择, 习惯上把 α 取得比较小且标准化, 如 $\alpha = 0.01$, 0.05 或 0.10 等. 标准化是为了造表.

水平的选取, 对检验的性质有很大影响. 不难理解, 如果水平选得很低, 那么容许犯第一类错误的概率很小, 而为了达到这一点势必大大缩小拒绝域, 使接受域扩大, 从而增加了犯第二类错误的可能性. 反之, 若水平选得高, 则拒绝域扩大, 使接受域缩小, 从而犯第二类错误的概率将相应地降低. 这样看来, 水平的选择不是一个数学问题, 而是一个必须从实际角度来考虑的问题. 一般说来, 有以下几个因素影响水平的选定.

(1) 当一个检验涉及双方利益时, 水平的选定常是双方协议的结果. 以例 5.1.1 为例, 商店向工厂进货, 检验其次品率是否超过 0.01, 若水平选得低, 则可能有较多的次品被商店接受; 反之, 若水平定得高, 则将有较多的合格品被商店拒收. 因此水平定的大小涉及商店和工厂双方利益, 应由双方商定. 如前所述, 有时还要采取随机化的方法, 使双方利益达到平衡.

(2) 犯两种错误的后果一般在性质上有很大的不同. 如果犯第一类错误的后果在性质上很严重, 就力求在合理的范围内尽量减少犯这种错误的可能性, 这时相应的水平就取得更低一些. 例如, 制药厂要生产一种新药代替旧药治疗某种疾病, 安排了一些试验, 要对新旧药物疗效作出检验. 由于旧药已经长期临床使用, 有一定的疗效. 新药尚未经长期临床使用, 一旦效果不好时, 将危及患者的生命安全, 造成严重的后果. 所以在进行检验时, 将原假设 H_0 设为 “旧药不比新药差”, 且使检验水平 α 定得更小一些, 这样使 H_0 被拒绝的可能性大大减小了. 这样就保证了 “原假设被拒绝、新药被接受的检验” 将是非常严格的.

(3) 一般说来, 试验者在试验前对问题的情况总不是一无所知的. 他对问题的了解使他对零假设是否能成立就有了一定的看法, 这种看法可能影响到他对水平的选择. 比方说, 一个物理学家根据某种理论推定随机变量 X 应有分布 F, 而他打算将这一理论付诸检验. 很明显, 如果他对这一理论很有信心, 他将非常倾向于认为假设能成立, 这时只有很有力的证据才可能使他认为这一假设不对. 相应地, 他将把检验水平取得低一些.

在实际问题中, 零假设被拒绝, 常常意味着推翻一种理论或用新方法来代替一直使用的标准方法. 在大多数情况下, 人们希望这样做时有相当大的根据. 从这里可以看到, Neyman-Pearson 控制犯第一类错误的原则, 在零假设的选择中有很大的实际意义, 而决不单纯是一个数学问题. 同时, 也进一步解释了在假设检验问题中, 零假设处在突出地位的原因.

最后要说明的一点是: 若水平 α 很小, 原假设 H_0 不会轻易被拒绝. 如果样本落入了拒绝域, 作出 "拒绝原假设 H_0 (即接受 H_1)" 的结论就比较可靠. 因为, 此时只会犯第一类错误, 且其概率很小. 反之, 当 α 很小时, 如果样本落入接受域, 作出 "接受原假设 H_0" 的结论未必可靠. 这只能表明: 在所选定的水平下没有充分根据拒绝 H_0, 但绝不意味着有充分根据说明它正确. 因为此时会犯第二类错误, 其概率可能很大. 所以更恰当的结论应该是 "不足以拒绝原假设 H_0". 在具体问题中, 可以通过计算检验的 p 值 (其定义见 5.5.5 小节), 进一步了解接受原假设 H_0 这一结论的可靠程度.

5.1.5 求解假设检验问题的一般步骤

(1) 根据问题的要求提出零假设 H_0 和备择假设 H_1.

(2) 导出拒绝域的形式, 确定检验统计 $T(\boldsymbol{X})$, 其中临界值 A 待定.

(3) 选取适当水平, 利用检验统计量的分布求出临界值 A.

(4) 由样本 $\boldsymbol{X}$ 算出检验统计量 $T(\boldsymbol{X})$ 的具体值, 代入拒绝域中, 与临界值相比较, 作出接受或者拒绝原假设 H_0 的结论.

5.1.6 假设检验发展简史

假设检验是一种有重要应用价值的统计推断形式. 从理论上看, 它是数理统计学的一个重要分支. 除去早期的片段情况, 假设检验方法和理论的系统发展, 始于 20 世纪初. 大致上按照时间顺序, 其过程经历了以下一些重大事件: K. Pearson 在 1900 年提出 χ^2 检验 (也称为拟合优度检验) , 这个检验方法首先是在分类数据的检验问题中提出来的. R. A. Fisher 在 20 世纪 20 年代发表了几篇论文, 创立了显著性检验方法. 他建立了实用中常用的基于 t 分布和 F 分布的检验. Pearson 和 Fisher 工作的不足之处, 是没有提出如何制定一些原则和标准, 对不同的检验方法进行比较和选择. 而 J. Neyman 和 E. S. Pearson 正是从这一点入手, 从 1928 年开始, 花了大约 10 年时间, 合作发表了一系列论文, 建立了假设检验的一种数学理论, 通称为 Neyman-Pearson (NP) 理论. 这是假设检验乃至数理统计学中的一个重大事件. NP 理论重要性在于给出了一个样板, 将统计问题的解转化为数学最优化问题. 十余年后, A. Wald 把这一想法扩展到整个的数理统计学领域, 在 1950 年建立了统计决策理论, 对第二次世界大战后数理统计的发展产生了较大的影响. 假设检验发展史上另一个重要事件是 Bayes 学派的兴起. Bayes 方法的研究大约始于 20 世纪二三十年代, 到五六十年代引起人们广泛的关注, 迅速崛起, 达到可以与频率学派分庭抗礼的程度. 时至今日, 其影响日益扩大, 它的研究已渗透到数理统计的几乎所有领域.

作为刚刚接触假设检验这个统计推断形式的读者, 很有必要了解一下 Pearson 和 Fisher 这些大师的思想, 通过对他们的研究工作的了解, 可以加深对假设检验中一些基本概念的理解. 有兴趣的读者可参看文献 [2] 第 96 页和文献 [5] 第 9 章.

5.2 正态总体参数的假设检验

正态分布是最常见的分布, 关于它的参数的假设检验是实际中常遇到的问题, 因此也是最重要的一类检验问题. 本节将分下列几种情况来讨论正态总体参数的直观检验方法: 单个正态总体均值和方差的检验; 两个正态总体均值差和方差比的检验; 极限分布为正态分布的有关大样本检验.

在讨论正态分布总体参数的假设检验问题时, 定理 2.2.3 和推论 2.3.3—推论 2.3.5 在求检验统计量的分布中起到十分重要的作用.

5.2.1 单个正态总体均值的检验

设 $\boldsymbol{X}=(X_1,\cdots,X_n)$ 为从正态总体 $N(\mu,\sigma^2)$ 中抽取的简单样本, 求下列三类检验问题:

(1) H_0: $\mu=\mu_0 \leftrightarrow H_1$: $\mu\neq\mu_0$,

(2) H_0': $\mu\leqslant\mu_0 \leftrightarrow H_1'$: $\mu>\mu_0$,

(3) H_0'': $\mu\geqslant\mu_0 \leftrightarrow H_1''$: $\mu<\mu_0$,

其中 μ_0 和检验水平 α 给定.

检验问题 (1) 称为*双边检验* (two-side test), 检验问题 (2) 和 (3) 称为*单边检验* (one-side test).

1. *方差 σ^2 已知时的检验方法*

(i) 首先考虑检验问题 (1), 即

$$H_0\colon\ \mu=\mu_0 \leftrightarrow H_1\colon\ \mu\neq\mu_0.$$

用直观方法构造检验的拒绝域. 由于 $\bar{X}=\sum\limits_{i=1}^{n}X_i/n$ 是 μ 的无偏估计且具有良好性质. 直观上看 $|\bar{X}-\mu_0|$ 越大, H_0 越不像成立. 因此检验的拒绝域可取如下形式: $\left\{\boldsymbol{X}=(X_1,\cdots,X_n)\colon\ |\bar{X}-\mu_0|>A\right\}$, A 待定. 当 σ^2 已知时, 由定理 2.2.3(1) 可知, 在 H_0 成立的条件下 $\bar{X}\sim N(\mu_0,\sigma^2/n)$, 将 $\bar{X}$ 标准化得到

$$U=\frac{\sqrt{n}(\bar{X}-\mu_0)}{\sigma}\sim N(0,1). \tag{5.2.1}$$

因此取 $U=\sqrt{n}(\bar{X}-\mu_0)/\sigma$ 作为检验统计量, 则拒绝域的等价形式可取为

$$\left\{(X_1,\cdots,X_n)\colon\ |U|>c\right\},\ c \text{ 待定}.$$

由检验水平为 α, 可知

$$\mathbb{P}\big(|U|>c\,|\,H_0\big)=\mathbb{P}\left(\left|\frac{\sqrt{n}(\bar{X}-\mu_0)}{\sigma}\right|>c\,\Big|\,H_0\right)=\alpha.$$

由于 $U\big|\mu=\mu_0\sim N(0,1)$, 故得 $c=u_{\alpha/2}$. 因此由拒绝域

$$D_1=\left\{(X_1,\cdots,X_n):\ \big|U\big|>u_{\alpha/2}\right\} \tag{5.2.2}$$

确定的检验为检验问题 (1) 的水平为 α 的检验.

(ii) 为了获得检验问题 (2) 的水平为 α 的检验, 先考虑如下的过渡性检验:

$$(2')\qquad H_0^*:\ \mu=\mu_0\leftrightarrow H_1':\ \mu>\mu_0.$$

由于检验问题 (2) 和 (2′) 的对立假设相同, 因此它们也应具有相同的拒绝域. 仍取 $T=\sqrt{n}(\bar{X}-\mu_0)/S$ 作为检验统计量, 因此拒绝域的形式为

$$\big\{(X_1,\cdots,X_n):\ T>c\big\},\ c\text{ 待定}.$$

为使检验 (2′) 具有水平 α, 令

$$\mathbb{P}\Big(U>c\,|\,H_0^*\Big)=\mathbb{P}\left(\frac{\sqrt{n}(\bar{X}-\mu_0)}{\sigma}>c\,\Big|\,\mu=\mu_0\right)=\alpha, \tag{5.2.3}$$

由于 $U\big|\mu=\mu_0\sim N(0,1)$, 故取 $c=u_\alpha$. 得到拒绝域

$$D_2^*=\left\{(X_1,\cdots,X_n):\ U=\frac{\sqrt{n}(\bar{X}-\mu_0)}{\sigma}>u_\alpha\right\}. \tag{5.2.4}$$

由上式给出的拒绝域是否为检验问题 (2) 的检验水平为 α 的拒绝域呢？显然由 (5.2.3) 可知, 当 $\mu=\mu_0$ 时由拒绝域 D_2^* 确定的检验的水平是 α. 问题是当 $\mu<\mu_0$ 时, 由拒绝域 D_2^* 确定的检验的水平是否仍然是 α？如果能证明: 以式 (5.2.4) 为拒绝域的检验的功效函数 $\beta_{D_2^*}(\mu)$ 为 μ 的非降函数, 则它必为检验问题 (2) 的检验水平为 α 的检验. 其理由如下: 因为由式 (5.2.3) 可知 $\beta_{D_2^*}(\mu_0)=\alpha$, 又由功效函数 $\beta_{D_2^*}(\mu)$ 关于 μ 的非降性可知 $\beta_{D_2^*}(\mu)\leqslant\beta_{D_2^*}(\mu_0)=\alpha$, 对一切 $\mu\leqslant\mu_0$. 这就保证了由式 (5.2.4) 给出的拒绝域也是检验问题 (2) 的水平为 α 的拒绝域.

下面证明功效函数 $\beta_{D_2^*}(\mu)$ 关于 μ 的非降性. 记 $\varPhi(\cdot)$ 为 $N(0,1)$ 的分布函数, 则

$$\begin{aligned}\beta_{D_2^*}(\mu)&=\mathbb{P}_\mu\left(\frac{\sqrt{n}(\bar{X}-\mu_0)}{\sigma}>u_\alpha\right)=\mathbb{P}_\mu\left(\frac{\sqrt{n}(\bar{X}-\mu)}{\sigma}>u_\alpha+\frac{\sqrt{n}(\mu_0-\mu)}{\sigma}\right)\\&=1-\varPhi\left(u_\alpha+\frac{\sqrt{n}(\mu_0-\mu)}{\sigma}\right).\end{aligned} \tag{5.2.5}$$

显然由 (5.2.5) 确定的功效函数 $\beta_{D_2^*}(\mu)$ 是 μ 的非降函数, 这就证明了所要的结论. 因此由

$$D_2 = D_2^* = \Big\{\big(X_1, \cdots, X_n\big):\ U > u_\alpha\Big\} \tag{5.2.6}$$

确定的检验是检验问题 (2) 的水平为 α 的检验. 此处 U 由式 (5.2.1) 给出.

(iii) 类似方法可得检验问题 (3) 的检验水平为 α 的检验的拒绝域

$$D_3 = \Big\{\big(X_1, \cdots, X_n\big):\ U < -u_\alpha\Big\}.$$

这种基于检验统计量 U 服从 $N(0,1)$ 分布的检验方法称为一样本 u 检验，而 U 称为一样本 u 检验统计量.

实验　扫描实验 16 的二维码进行一样本 u 检验 (即一样本正态均值检验, 方差已知) 的模拟实验, 观察不同样本值和显著性水平下的拒绝域情况.

实验 16 一样本u检验

2. 方差未知时正态总体均值的检验方法

在样本分布为 $N(\mu, \sigma^2)$, 当 σ^2 未知且假定 $\mu = \mu_0$ 时, 由推论 2.3.3 可知

$$T = \frac{\sqrt{n}(\bar{X} - \mu_0)}{S} \sim t_{n-1}. \tag{5.2.7}$$

因此取 $T = \sqrt{n}(\bar{X} - \mu_0)/S$ 作为检验统计量, 用完全与方差 σ^2 已知情形相同的方法 (所不同的就是用检验统计量 T 代替那儿的检验统计量 U) 可得检验问题 (1)—(3) 的检验水平为 α 的检验的拒绝域. 拒绝域中的临界值将 $N(0,1)$ 的分位数改成相应的 t 分布的分位数. 详细结果见表 5.2.1.

表 5.2.1　单个正态总体均值的假设检验

	H_0	H_1	检验统计量及其分布	拒绝域
σ^2 已知	$\mu = \mu_0$	$\mu \neq \mu_0$	$U = \sqrt{n}(\bar{X} - \mu_0)/\sigma$ $U\|\mu = \mu_0 \sim N(0,1)$	$\|U\| > u_{\alpha/2}$
	$\mu \leqslant \mu_0$	$\mu > \mu_0$		$U > u_\alpha$
	$\mu \geqslant \mu_0$	$\mu < \mu_0$		$U < -u_\alpha$
σ^2 未知	$\mu = \mu_0$	$\mu \neq \mu_0$	$T = \sqrt{n}(\bar{X} - \mu_0)/S$ $T\|\mu = \mu_0 \sim t_{n-1}$	$\|T\| > t_{n-1}(\alpha/2)$
	$\mu \leqslant \mu_0$	$\mu > \mu_0$		$T > t_{n-1}(\alpha)$
	$\mu \geqslant \mu_0$	$\mu < \mu_0$		$T < -t_{n-1}(\alpha)$

这种基于检验统计量 T 服从 t 分布的检验方法称为一样本 t 检验，T 称为一样本 t 检验统计量. 它是英国统计学家 W. S. Gosset 首先发现, 并于 1908 年用 "Student" 笔名在 *Biometrika* 杂志上发表的. 故 t 分布也常称为 Student 分布. 这个结果的发现在数理统计发展史上是一件大事, 因为它开了小样本理论发展的先声.

例 5.2.1　食品厂用自动装罐机装罐头食品, 每罐标准重量为 500g, 每天开工需检查机器的工作状况. 今抽得 10 罐, 测得其重量 (单位: g) 为

495, 510, 505, 498, 503, 492, 502, 512, 497, 506.

假定罐头重量 X 服从正态分布 $N(\mu,\sigma^2)$, 已知 $\sigma=6.5$, 问机器是否工作正常 (取检验水平 $\alpha=0.05$)?

解 检验问题为

$$H_0\colon\ \mu=500 \leftrightarrow H_1\colon\ \mu\neq 500.$$

本题中 σ^2 已知, 故拒绝域由表 5.2.1 中第一行最后一列给出, 即

$$D=\left\{(X_1,\cdots,X_n)\colon\ \left|\frac{\sqrt{n}(\bar{X}-\mu_0)}{\sigma}\right|>u_{\alpha/2}\right\},$$

其中 $n=10$, $\alpha=0.05$, $\sigma=6.5$, $\mu_0=500$, 查表得 $u_{0.025}=1.96$, 由样本算得 $\bar{X}=502$, 因此

$$|U|=\left|\frac{\sqrt{n}(\bar{X}-\mu_0)}{\sigma}\right|=\left|\frac{\sqrt{10}(502-500)}{6.5}\right|=0.973<1.96,$$

所以在显著性水平 $\alpha=0.05$ 下没有足够理由拒绝 H_0, 即认为机器工作正常. □

例 5.2.2 某砖厂所生产的地砖的抗断强度 X 服从正态分布 $N(\mu,\sigma^2)$, 今从该厂生产的地砖中随机抽取 6 块测得抗断强度 (单位: kg/cm^2) 如下:

$$32.56,\ 29.66,\ 31.64,\ 30.00,\ 31.87,\ 31.03.$$

问这一批地砖的平均抗断强度可否认为不低于 32.50 kg/cm^2 (取检验水平 $\alpha=0.05$)?

解 检验问题为

$$H_0\colon\ \mu\geqslant 32.50 \leftrightarrow H_1\colon\ \mu<32.50\,.$$

本题中 σ^2 未知, 故采用 t 检验法, 拒绝域由表 5.2.1 中最后一行最后一列给出, 即

$$D=\left\{(X_1,\cdots,X_n)\colon\ \frac{\sqrt{n}(\bar{X}-\mu_0)}{S}<-t_{n-1}(\alpha)\right\},$$

其中 $n=6$, $\alpha=0.05$, $\mu_0=32.50$, 查表得 $t_5(0.05)=2.015$, 由数据算得 $\bar{X}=31.13$, $S=1.123$, 因此有

$$T=\frac{\sqrt{6}(31.13-32.50)}{1.123}=-2.99<-2.015,$$

故拒绝 H_0, 即认为地砖强度达不到 32.50 kg/cm^2. □

实验 扫描实验 17 的二维码进行一样本 t 检验 (即一样本正态均值检验, 方差未知) 的模拟实验, 观察不同样本值和显著性水平下的拒绝域情况.

实验 17 一样本t检验

5.2.2 单个正态总体方差的检验

设 $\boldsymbol{X}=(X_1,\cdots,X_n)$ 为自正态总体 $N(\mu,\sigma^2)$ 中抽取的简单样本, 本段要讨论下列三类检验问题:

(4) $H_0\colon\ \sigma^2=\sigma_0^2 \leftrightarrow H_1\colon\ \sigma^2\neq\sigma_0^2$,

(5) H_0': $\sigma^2 \leqslant \sigma_0^2 \leftrightarrow H_1'$: $\sigma^2 > \sigma_0^2$,

(6) H_0'': $\sigma^2 \geqslant \sigma_0^2 \leftrightarrow H_1''$: $\sigma^2 < \sigma_0^2$,

其中 σ_0^2 和检验水平 α 给定.

1. 均值未知时单个正态总体方差的检验方法

首先考虑检验问题 (4), 即

$$H_0\text{: } \sigma^2 = \sigma_0^2 \leftrightarrow H_1\text{: } \sigma^2 \neq \sigma_0^2.$$

由于均值 μ 未知时 $S^2 = \sum\limits_{i=1}^{n}(X_i - \bar{X})^2/(n-1)$ 是 σ^2 的一个无偏估计, 且具有良好性质. 直观上看 S^2/σ_0^2 太小或者 S^2/σ_0^2 太大时, H_0 不像成立. 因此检验的拒绝域可取如下形式: $\{(X_1, \cdots, X_n) : S^2/\sigma_0^2 < A_1$ 或 $S^2/\sigma_0^2 > A_2\}$, A_1, A_2 待定. 在给定 $\sigma^2 = \sigma_0^2$ 的条件下, 由定理 2.2.3 可知

$$\frac{(n-1)S^2}{\sigma_0^2} \sim \chi^2_{n-1}. \tag{5.2.8}$$

故取检验统计量为 $\chi^2 = (n-1)S^2/\sigma_0^2$. 因此, 拒绝域的等价形式可取为

$$D = \left\{(X_1, \cdots, X_n)\text{: } \frac{(n-1)S^2}{\sigma_0^2} < c_1 \text{ 或 } \frac{(n-1)S^2}{\sigma_0^2} > c_2\right\}.$$

记 $\theta = (\mu, \sigma^2)$, 为了确定 c_1, c_2, 令

$$\alpha = \mathbb{P}_\theta\left(\frac{(n-1)S^2}{\sigma_0^2} < c_1 \text{ 或 } \frac{(n-1)S^2}{\sigma_0^2} > c_2 \middle| H_0\right),$$

满足上式的 c_1, c_2 的对子有很多, 存在一对 c_1, c_2 是最优的, 但计算较复杂且使用不方便. 确定 c_1, c_2 的一个简单实用的方法是令

$$\mathbb{P}_\theta\left(\frac{(n-1)S^2}{\sigma_0^2} < c_1 \middle| H_0\right) = \alpha/2, \quad \mathbb{P}_\theta\left(\frac{(n-1)S^2}{\sigma_0^2} > c_2 \middle| H_0\right) = \alpha/2.$$

由上述两式和式 (5.2.8) 易知临界值 $c_1 = \chi^2_{n-1}(1-\alpha/2)$, $c_2 = \chi^2_{n-1}(\alpha/2)$. 所以检验问题 (4) 的水平为 α 的接受域为

$$\bar{D}_4 = \left\{(X_1, \cdots, X_n)\text{: } \chi^2_{n-1}\left(1 - \frac{\alpha}{2}\right) \leqslant \frac{(n-1)S^2}{\sigma_0^2} \leqslant \chi^2_{n-1}\left(\frac{\alpha}{2}\right)\right\}.$$

此接受域的表达式比拒绝域简单, 使用上也方便, 故此处采用接受域代替拒绝域.

用完全类似于 5.2.1 节中求检验问题 (2) 和 (3) 的方法可分别求得检验问题 (5) 和 (6) 的水平为 α 的拒绝域如下:

$$D_5 = \left\{(X_1, \cdots, X_n)\text{: } \frac{(n-1)S^2}{\sigma_0^2} > \chi^2_{n-1}(\alpha)\right\},$$

$$D_6 = \left\{(X_1, \cdots, X_n)\text{: } \frac{(n-1)S^2}{\sigma_0^2} < \chi^2_{n-1}(1-\alpha)\right\}.$$

2. 当均值 μ 已知时方差 σ^2 的检验方法

简述如下: 当 μ 已知时, σ^2 的一个具有良好性质的无偏估计是 $S_\mu^2=\sum\limits_{i=1}^n(X_i-\mu)^2/n$. 当 $\sigma^2=\sigma_0^2$ 时, 由于 $(X_i-\mu)/\sigma_0\sim N(0,1),\ i=1,\cdots,n$, 故按定义有

$$\frac{nS_\mu^2}{\sigma_0^2}=\sum_{i=1}^n\left(\frac{X_i-\mu}{\sigma_0}\right)^2\sim\chi_n^2. \tag{5.2.9}$$

因此取检验统计量为 $\chi_\mu^2=nS_\mu^2/\sigma_0^2$, 用它代替 $\chi^2=(n-1)S^2/\sigma_0^2$. 采用完全类似于前面 μ 未知情形的讨论方法, 可得检验问题 (4)—(6) 的水平为 α 的拒绝域, 仅注意在拒绝域中将确定临界值的 χ^2 分布的自由度由 $n-1$ 改成 n 即可. 详细结果见表 5.2.2.

表 5.2.2　单个正态总体方差的假设检验

	H_0	H_1	检验统计量及其分布	拒绝域
μ 已知	$\sigma^2=\sigma_0^2$	$\sigma^2\neq\sigma_0^2$	$\chi_\mu^2=nS_\mu^2/\sigma_0^2$ $\chi_\mu^2\|\sigma_0^2\sim\chi_n^2$	$nS_\mu^2/\sigma_0^2<\chi_n^2(1-\alpha/2)$ 或 $nS_\mu^2/\sigma_0^2>\chi_n^2(\alpha/2)$
	$\sigma^2\leqslant\sigma_0^2$	$\sigma^2>\sigma_0^2$		$nS_\mu^2/\sigma_0^2>\chi_n^2(\alpha)$
	$\sigma^2\geqslant\sigma_0^2$	$\sigma^2<\sigma_0^2$		$nS_\mu^2/\sigma_0^2<\chi_n^2(1-\alpha)$
μ 未知	$\sigma^2=\sigma_0^2$	$\sigma^2\neq\sigma_0^2$	$\chi^2=\dfrac{(n-1)S^2}{\sigma_0^2}$ $\chi^2\|\sigma_0^2\sim\chi_{n-1}^2$	$(n-1)S^2/\sigma_0^2<\chi_{n-1}^2(1-\alpha/2)$ 或 $(n-1)S^2/\sigma_0^2>\chi_{n-1}^2(\alpha/2)$
	$\sigma^2\leqslant\sigma_0^2$	$\sigma^2>\sigma_0^2$		$(n-1)S^2/\sigma_0^2>\chi_{n-1}^2(\alpha)$
	$\sigma^2\geqslant\sigma_0^2$	$\sigma^2<\sigma_0^2$		$(n-1)S^2/\sigma_0^2<\chi_{n-1}^2(1-\alpha)$

这种基于检验统计量服从一定自由度的 χ^2 分布的检验方法称为 χ^2 检验.

例 5.2.3　某工厂生产的一种棉纱支数服从正态分布, 其总体标准差为 1.2. 现从某日生产的一批产品中抽取 16 缕进行支数测量, 测得样本标准差为 2.1, 问纱的均匀度是否改变 $(\alpha=0.05)$?

解　检验问题为

$$H_0:\ \sigma^2=1.44\leftrightarrow H_1:\ \sigma^2\neq1.44.$$

检验的接受域为

$$\bar D=\left\{(X_1,\cdots,X_n):\ \chi_{n-1}^2(1-\alpha/2)<\frac{(n-1)S^2}{\sigma_0^2}<\chi_{n-1}^2(\alpha/2)\right\},$$

其中 $n=16,\ \alpha=0.05$. 查表得到 $\chi_{15}^2(0.975)=6.262,\ \chi_{15}^2(0.025)=27.488$. 由已知数据算得 $S^2=2.1^2=4.41,\ \sigma_0^2=1.2^2=1.44$. 因此有

$$\chi^2=\frac{(n-1)S^2}{\sigma_0^2}=\frac{15\times4.41}{1.44}=45.94>27.488.$$

故拒绝 H_0, 即认为棉纱的均匀度发生改变. □

实验　扫描实验 18 的二维码进行一样本正态方差检验的模拟实验, 观察不同样本值和显著性水平下的拒绝域情况.

实验 18 一样本正态方差检验

5.2.3　两个正态总体均值差的检验

设 $\boldsymbol{X} = (X_1, \cdots, X_m)$ 为自正态总体 $N(\mu_1, \sigma_1^2)$ 中抽取的简单样本, $\boldsymbol{Y} = (Y_1, \cdots, Y_n)$ 为自正态总体 $N(\mu_2, \sigma_2^2)$ 中抽取的简单样本, 且样本 $X_1, \cdots, X_m$ 和 $Y_1, \cdots, Y_n$ 独立. 本段要讨论下列三类检验问题:

(7) H_0: $\mu_2 - \mu_1 = \mu_0 \leftrightarrow H_1$: $\mu_2 - \mu_1 \neq \mu_0$,

(8) H_0': $\mu_2 - \mu_1 \leqslant \mu_0 \leftrightarrow H_1'$: $\mu_2 - \mu_1 > \mu_0$,

(9) H_0'': $\mu_2 - \mu_1 \geqslant \mu_0 \leftrightarrow H_1''$: $\mu_2 - \mu_1 < \mu_0$,

其中 μ_0 和检验水平 α 给定.

以上假设检验问题与求均值差的置信区间的 Behrens-Fisher 问题 (见 4.2.3 节) 一样, 除了它的几种特殊情形已获得圆满解决, 一般情况至今尚没有得到简单精确的解法. 下面分几种情况分别讨论.

1. 当 σ_1^2 和 σ_2^2 已知时均值差的检验

首先考虑双边检验问题 (7), 即

$$H_0\colon\ \mu_2 - \mu_1 = \mu_0 \leftrightarrow H_1\colon\ \mu_2 - \mu_1 \neq \mu_0.$$

由于 $\bar{Y} - \bar{X}$ 是 $\mu_2 - \mu_1$ 的一个良好估计, 直观上看 $|\bar{Y} - \bar{X} - \mu_0|$ 越大, H_0 越不像成立, 故拒绝域可取如下形式 $\{(\boldsymbol{X}, \boldsymbol{Y})\colon\ |\bar{Y} - \bar{X} - \mu_0| > A\}$, A 待定. 由于 $\bar{Y} - \bar{X} \sim N(\mu_2 - \mu_1, \sigma_1^2/m + \sigma_2^2/n)$, 故当 $\mu_2 - \mu_1 = \mu_0$ 时有

$$U = \frac{\bar{Y} - \bar{X} - \mu_0}{\sqrt{\sigma_1^2/m + \sigma_2^2/n}} \sim N(0, 1). \tag{5.2.10}$$

因此, 取检验统计量为 $U = (\bar{Y} - \bar{X} - \mu_0)\big/\sqrt{\sigma_1^2/m + \sigma_2^2/n}$, 则拒绝域等价形式为

$$\left\{(X_1, \cdots, X_m; Y_1, \cdots, Y_n)\colon\ |U| > c\right\},\quad c \text{ 待定}.$$

记 $\theta = \mu_2 - \mu_1$, 为确定 c, 令

$$\alpha = \mathbb{P}_\theta\left(|U| > c|H_0\right) = \mathbb{P}_\theta\left(\left|\frac{\bar{Y} - \bar{X} - \mu_0}{\sqrt{\sigma_1^2/m + \sigma_2^2/n}}\right| > c\middle|H_0\right) = 2 - 2\varPhi(c),$$

由此可确定临界值 $c = u_{\alpha/2}$. 因此检验问题 (7) 的水平为 α 的检验拒绝域为

$$D_7 = \left\{(X_1, \cdots, X_m; Y_1, \cdots, Y_n)\colon\ |U| > u_{\alpha/2}\right\},$$

完全类似 5.2.1 节中的求检验问题 (2), (3) 方法, 可得检验问题 (8), (9) 的水平为 α 的检验的拒绝域为

$$D_8 = \left\{(X_1, \cdots, X_m; Y_1, \cdots, Y_n)\colon\ U > u_\alpha\right\},$$

$$D_9=\left\{(X_1,\cdots,X_m;Y_1,\cdots,Y_n):\ U<-u_\alpha\right\}.$$

这种基于由式 (5.2.10) 给出的检验统计量 U 的检验方法, 称为两样本 U 检验.

2. 当 $\sigma_1^2=\sigma_2^2=\sigma^2$ 未知时均值差的检验

若 $\sigma_1^2=\sigma_2^2=\sigma^2$ 已知, 则由前面刚刚讨论的两样本 U 检验可知, 此时检验统计量 U 变为

$$U=\frac{\bar{Y}-\bar{X}-\mu_0}{\sqrt{\sigma^2/m+\sigma^2/n}}=\frac{\bar{Y}-\bar{X}-\mu_0}{\sigma}\sqrt{\frac{mn}{m+n}}. \tag{5.2.11}$$

而在 $\sigma_1^2=\sigma_2^2=\sigma^2$ 未知时, 上述表达式中的 σ^2 常用

$$\begin{aligned}S_w^2&=\frac{1}{n+m-2}\left[(m-1)S_1^2+(n-1)S_2^2\right]\\&=\frac{1}{n+m-2}\left[\sum_{i=1}^m(X_i-\bar{X})^2+\sum_{j=1}^n(Y_j-\bar{Y})^2\right]\end{aligned} \tag{5.2.12}$$

来估计, 其中

$$S_1^2=\frac{1}{m-1}\sum_{i=1}^m(X_i-\bar{X})^2,\quad S_2^2=\frac{1}{n-1}\sum_{j=1}^n(Y_j-\bar{Y})^2 \tag{5.2.13}$$

分别为样本 $X_1,\cdots,X_m$ 和 $Y_1,\cdots,Y_n$ 的样本方差. 当 $\mu_2-\mu_1=\mu_0$ 时, 将式 (5.2.11) 中的 σ 用式 (5.2.12) 中的 S_w 代替, 得到下列的统计量 T_w, 由推论 2.3.4 可知

$$T_w=\frac{\bar{Y}-\bar{X}-\mu_0}{S_w}\sqrt{\frac{mn}{m+n}}\sim t_{n+m-2}. \tag{5.2.14}$$

因此取 T_w 作为检验统计量.

与 5.2.1 节中一样本 t 检验方法类似, 在两样本均值差的检验问题中, 用检验统计量 T_w 代替那里的一样本 t 检验统计量 T, 用完全相同的讨论方式, 可得检验问题 (7)—(9) 的水平为 α 的拒绝域, 只要注意在拒绝域中将确定临界值的 t 分布的自由度由 $n-1$ 改为 $n+m-2$ 即可. 详细结果见表 5.2.3.

这种基于检验统计量服从 t_{n+m-2} 分布的检验方法, 称为两样本 t 检验.

例 5.2.4 为研究正常成年男女血液红细胞平均数的差别, 检验某地正常成年男子 156 人, 女子 74 人, 计算男女红细胞的平均数和样本标准差分别为

$$男:\ \bar{X}=465.13万/\text{mm}^3,\quad S_1=54.80万/\text{mm}^3;$$

$$女:\ \bar{Y}=422.16万/\text{mm}^3,\quad S_2=49.20万/\text{mm}^3.$$

假定正常成年男女红细胞数分别服从正态分布, 且方差相同. 检验正常成年人红细胞数是否与性别有关 ($\alpha=0.01$).

表 5.2.3　两个正态总体均值差的假设检验

	H_0	H_1	检验统计量及其分布	拒绝域
σ_1^2, σ_2^2 已知	$\mu_2-\mu_1=\mu_0$	$\mu_2-\mu_1\neq\mu_0$	$U=\dfrac{\bar{Y}-\bar{X}-\mu_0}{\sqrt{\sigma_1^2/m+\sigma_2^2/n}}$ $U\vert\mu_0\sim N(0,1)$	$\vert U\vert>u_{\alpha/2}$
	$\mu_2-\mu_1\leqslant\mu_0$	$\mu_2-\mu_1>\mu_0$		$U>u_\alpha$
	$\mu_2-\mu_1\geqslant\mu_0$	$\mu_2-\mu_1<\mu_0$		$U<-u_\alpha$
σ_1^2, σ_2^2 已知	$\mu_2-\mu_1=\mu_0$	$\mu_2-\mu_1\neq\mu_0$	$T_w=\dfrac{\bar{Y}-\bar{X}-\mu_0}{S_w}\sqrt{\dfrac{mn}{m+n}}$ $T_w\vert\mu_0\sim t_{n+m-2}$ $S_w^2=\dfrac{(m-1)S_1^2+(n-1)S_2^2}{n+m-2}$	$\vert T_w\vert>t_{n+m-2}\left(\dfrac{\alpha}{2}\right)$
	$\mu_2-\mu_1\leqslant\mu_0$	$\mu_2-\mu_1>\mu_0$		$T_w>t_{n+m-2}(\alpha)$
	$\mu_2-\mu_1\geqslant\mu_0$	$\mu_2-\mu_1<\mu_0$		$T_w<-t_{n+m-2}(\alpha)$

解　设 $X_1,\cdots,X_m$ i.i.d. $\sim N(\mu_1,\sigma^2)$; $Y_1,\cdots,Y_n$ i.i.d. $\sim N(\mu_2,\sigma^2)$, 且假定这两组样本独立. 检验问题为

$$H_0:\ \mu_2-\mu_1=0 \leftrightarrow H_1:\ \mu_2-\mu_1\neq 0.$$

检验的拒绝域为

$$D=\left\{(X_1,\cdots,X_m;Y_1,\cdots,Y_n):\left|\frac{\bar{Y}-\bar{X}}{S_w}\sqrt{\frac{mn}{m+n}}\right|>t_{n+m-2}\left(\frac{\alpha}{2}\right)\right\},$$

其中

$$m=156,\ n=74,\quad \bar{X}=465.13,\ \bar{Y}=422.16,\quad S_1=54.80,\ S_2=49.20,$$
$$S_w^2=\frac{1}{n+m-2}\left[(m-1)S_1^2+(n-1)S_2^2\right]=2816.6,\quad S_w=53.07,$$

查表得 $t_{228}(0.005)=2.576$. 由

$$|T_w|=\left|\frac{\bar{Y}-\bar{X}}{S_w}\sqrt{\frac{mn}{m+n}}\right|=\left|\frac{422.16-465.13}{53.07}\sqrt{\frac{156\times 74}{156+74}}\right|=5.74>2.576,$$

故拒绝 H_0, 即认为正常成年人的红细胞数与性别有关. □

实验　扫描实验 19 的二维码进行两样本正态均值差检验的模拟实验, 观察不同样本值和显著性水平下的拒绝域情况.

实验 19 两样本正态均值差检验

3. 成对比较问题

前面讨论的用于两个正态总体均值差的检验中, 假定了来自两个正态总体的样本是相互独立的. 但在实际问题中, 有时候情况不总是这样. 可能这两个正态总体的样本是来自同一个总体上的重复观察, 它们是成对出现的, 而且是相关的. 例如, 为了考察一种安眠药的效果, 记录了 n 个失眠患者服药前的每晚睡眠时间 $X_1,X_2,\cdots,X_n$ 和服用此安眠药后每晚睡眠时间 $Y_1,Y_2,\cdots,Y_n$, 其中 (X_i,Y_i) 是第 i 个患者不服用安眠药和服用安眠药每晚的睡眠时间. 它们是相关的, 不会相互独立. 另一方面, $X_1,X_2,\cdots,X_n$ 是 n 个不同失眠患者的睡眠时间, 由于个人体质诸方面的条件不同, 这 n 个观察值不能认为是来自同一个正态总体

的样本. $Y_1, Y_2, \cdots, Y_n$ 也是一样. 这样的数据称为成对数据, 这样的数据模型用两样本 t 检验就不合适. 因为 X_i 和 Y_i 是同在第 i 个患者身上观察到的夜晚睡眠时间, 所以 $Z_i = Y_i - X_i$ 就消除了人的体质诸方面的差异, 仅剩下安眠药的效果. 若安眠药无效, Z_i 的差异仅由随机误差引起, 随机误差可认为服从正态分布 $N(0, \sigma^2)$. 故可假定 $Z_1, \cdots, Z_n$ 为自 $N(\mu, \sigma^2)$ 中抽取的简单样本, μ 就是安眠药的平均效果. 安眠药是否有效, 就归结为检验如下假设:

$$H_0\colon\ \mu = 0 \leftrightarrow H_1\colon\ \mu \neq 0.$$

因为 $Z_1, \cdots, Z_n$ 被认为是来自正态总体 $N(\mu, \sigma^2)$ 的简单样本, 故可用关于单个正态总体均值的 t 检验方法. 检验的拒绝域为

$$D = \{(Z_1, \cdots, Z_n)\colon\ |T_Z| > t_{n-1}(\alpha/2)\},$$

此处 α 为检验水平, $T_Z = \sqrt{n}\,\overline{Z}/S_Z$ 为检验统计量, 其中 $\overline{Z}$ 和 S_Z^2 分别为 $Z_1, \cdots, Z_n$ 的样本均值和样本方差.

例 5.2.5 今有两台测量材料中某种金属含量的光谱仪 A 和 B, 为鉴定它们的质量有无显著差异, 对金属含量不同的 9 件材料样品进行测量, 得到 9 对观察值分别为

u (单位: %) : 0.20, 0.30, 0.40, 0.50, 0.60, 0.70, 0.80, 0.90, 1.00;

v (单位: %) : 0.10, 0.21, 0.52, 0.32, 0.78, 0.59, 0.68, 0.77, 0.89.

问根据实验结果, 在 $\alpha = 0.01$ 下, 能否判断这两台光谱仪的质量有无显著差异?

解 将光谱仪 A 和 B 对 9 件样品的测定值记为 $X_1, X_2, \cdots, X_9$ 和 $Y_1, Y_2, \cdots, Y_9$. 由于这 9 件样品金属含量不同, 所以 $X_1, X_2, \cdots, X_9$ 不能看成来自同一总体. $Y_1, Y_2, \cdots, Y_9$ 也一样; 每个对子 (X_i, Y_i) 中 X_i 与 Y_i 不独立. 故需用成对比较. 记

$$Z_i = Y_i - X_i, \quad i = 1, 2, \cdots, 9.$$

若这两台光谱仪质量一样, 测量得到的每对数据的差异仅由随机误差引起. 随机误差可认为服从正态分布 $N(0, \sigma^2)$ 故可假定 $Z_1, \cdots, Z_n$ 为自 $N(\mu, \sigma^2)$ 中抽取的随机样本, 要检验

$$H_0\colon\ \mu = 0 \leftrightarrow H_1\colon\ \mu \neq 0, \quad \alpha = 0.01.$$

由表 5.2.1 可知此检验的拒绝域为

$$\{(Z_1, \cdots, Z_n)\colon\ |T_Z| > t_{n-1}(\alpha/2)\},$$

其中 $n = 9$. 由题中数据算得

$$\overline{Z} = \frac{1}{9}\sum_{i=1}^{9} Z_i = 0.06, \quad S_Z^2 = \frac{1}{8}\sum_{i=1}^{9}(Z_i - \overline{Z})^2 = 0.01505, \quad S_Z = 0.12268,$$

查表得 $t_{n-1}(\alpha/2)=t_8(0.005)=3.3554$. 由于

$$|T_Z|=\left|\frac{\sqrt{n}\bar{Z}}{S_Z}\right|=\frac{3\times 0.06}{0.12268}=1.47<3.3554,$$

故无足够证据显示两台仪器有显著差异, 因此不能拒绝 H_0. □

实验 扫描实验 20 的二维码进行成对数据均值差检验的模拟实验, 观察不同样本值和显著性水平下的拒绝域情况.

实验 20 成对数据均值差检验

5.2.4 两个正态总体方差比的检验

设 $\boldsymbol{X}=(X_1,\cdots,X_m)$ 是从正态总体 $N(\mu_1,\sigma_1^2)$ 中抽取的简单样本, $\boldsymbol{Y}=(Y_1,\cdots,Y_n)$ 是从正态总体 $N(\mu_2,\sigma_2^2)$ 中抽取的简单样本, 且样本 $X_1,\cdots,X_m$ 和 $Y_1,\cdots,Y_n$ 独立. 讨论下列三类假设检验问题:

$$(10)\ H_0:\ \frac{\sigma_2^2}{\sigma_1^2}=1\leftrightarrow H_1:\ \frac{\sigma_2^2}{\sigma_1^2}\neq 1,$$

$$(11)\ H_0':\ \frac{\sigma_2^2}{\sigma_1^2}\leqslant 1\leftrightarrow H_1':\ \frac{\sigma_2^2}{\sigma_1^2}>1,$$

$$(12)\ H_0'':\ \frac{\sigma_2^2}{\sigma_1^2}\geqslant 1\leftrightarrow H_1'':\ \frac{\sigma_2^2}{\sigma_1^2}<1,$$

检验水平 α 给定.

记 $\bar{X}$ 和 S_1^2 分别为 $X_1,\cdots,X_m$ 的样本均值和样本方差; $\bar{Y}$ 和 S_2^2 分别为 $Y_1,\cdots,Y_n$ 的样本均值和样本方差, 其中 S_1^2 和 S_2^2 如式 (5.2.13) 所示.

1. 当 μ_1 和 μ_2 未知时方差比的检验方法

首先讨论检验问题 (10), 即

$$H_0:\ \frac{\sigma_2^2}{\sigma_1^2}=1\leftrightarrow H_1:\ \frac{\sigma_2^2}{\sigma_1^2}\neq 1.$$

由于 S_1^2 和 S_2^2 分别是 σ_1^2 和 σ_2^2 的无偏估计, 并具有良好性质. 直观上看, S_2^2/S_1^2 太小或者太大时, H_0 不像成立. 可设想拒绝域的形式为

$$\left\{(X_1,\cdots,X_m;Y_1,\cdots,Y_n):\ \frac{S_2^2}{S_1^2}<c_1\ \text{或}\ \frac{S_2^2}{S_1^2}>c_2\right\},\quad c_1,\ c_2\ \text{待定}.$$

在 $\sigma_2^2/\sigma_1^2=1$ 的条件下, 由推论 2.3.5 可知

$$F=\frac{S_2^2}{S_1^2}\sim F_{n-1,m-1}. \tag{5.2.15}$$

因此取检验统计量为 $F=S_2^2/S_1^2$. 记 $\boldsymbol{\theta}=(\mu_1,\mu_2,\sigma_1^2,\sigma_2^2)$, 为了确定拒绝域中的临

界值 c_1, c_2, 令

$$\mathbb{P}_\theta\left(\frac{S_2^2}{S_1^2}<c_1 \text{ 或 } \frac{S_2^2}{S_1^2}>c_2\,\middle|\, H_0\right)=\alpha.$$

满足上式要求的 c_1 和 c_2 有很多, 其中存在一对 c_1, c_2 最优, 但计算复杂, 使用不方便. 确定 c_1, c_2 的一个简单实用的方法是令

$$\mathbb{P}_\theta\left(\frac{S_2^2}{S_1^2}<c_1\,\middle|\, H_0\right)=\frac{\alpha}{2},\quad \mathbb{P}_\theta\left(\frac{S_2^2}{S_1^2}>c_2\,\middle|\, H_0\right)=\frac{\alpha}{2}.$$

由上述两式和式 (5.2.15) 易知临界值 $c_1=F_{n-1,m-1}(1-\alpha/2)$, $c_2=F_{n-1,m-1}(\alpha/2)$, 所以检验问题 (10) 的水平为 α 的接受域为

$$\bar{D}_{10}=\left\{(\boldsymbol{X},\boldsymbol{Y}):\ F_{n-1,m-1}(1-\alpha/2)\leqslant\frac{S_2^2}{S_1^2}\leqslant F_{n-1,m-1}(\alpha/2)\right\}.$$

此接受域的表达式比拒绝域简单, 使用方便, 故此处采用接受域代替拒绝域.

用完全类似于 5.2.1 节中求检验问题 (2), (3) 的方法可分别求得检验问题 (11) 和 (12) 的水平为 α 的拒绝域如下:

$$D_{11}=\left\{(X_1,\cdots,X_m;Y_1,\cdots,Y_n):\ \frac{S_2^2}{S_1^2}>F_{n-1,m-1}(\alpha)\right\},$$

$$D_{12}=\left\{(X_1,\cdots,X_m;Y_1,\cdots,Y_n):\ \frac{S_2^2}{S_1^2}<F_{n-1,m-1}(1-\alpha)\right\}.$$

这里要注意一点的是: 当 α 是较小的数, 如 $\alpha=0.01$, 0.05 时, 从 F 分布的分位数表上查不到 $F_{n-1,m-1}(1-\alpha)$ 的数值, 但利用第 2 章习题 24 已证明的事实

$$F_{n,m}(1-\alpha)=\frac{1}{F_{m,n}(\alpha)}, \tag{5.2.16}$$

使问题获得解决. 例如, 从表上查不到 $F_{5,10}(1-0.01)$ 的值, 但可查到 $F_{10,5}(0.01)$ 的值, 利用式 (5.2.16) 可知 $F_{5,10}(1-0.01)=1/F_{10,5}(0.01)$, 从而可求得所要的数值.

2. 当 μ_1 和 μ_2 已知时, 方差比的检验方法

简述如下: 当 μ_1 和 μ_2 已知时, σ_1^2 和 σ_2^2 具有良好性质的无偏估计分别是

$$S_{1*}^2=\frac{1}{m}\sum_{i=1}^m(X_i-\mu_1)^2,\quad S_{2*}^2=\frac{1}{n}\sum_{i=1}^n(Y_i-\mu_2)^2,$$

类似于式 (5.2.9) 可知 $mS_{1*}^2/\sigma_1^2\sim\chi_m^2$, $nS_{2*}^2/\sigma_2^2\sim\chi_n^2$, 且二者独立. 由 F 分布的定义, 容易证明在 H_0 成立 (即 $\sigma_1^2/\sigma_2^2=1$) 的条件下, 有

$$F_*=\frac{S_{2*}^2}{S_{1*}^2}\sim F_{n,m}. \tag{5.2.17}$$

因此, 取检验统计量 F_* 代替 $F = S_2^2/S_1^2$, 完全类似于 μ_1 和 μ_2 未知情形的讨论, 可得到检验问题 (10)—(12) 的水平为 α 的拒绝域, 只要注意在拒绝域中, 将确定临界值的 F 分布的自由度由 $n-1, m-1$ 分别改为 n, m 即可. 详细结果见表 5.2.4.

这种基于检验统计量服从 F 分布的检验方法, 称为 F 检验 .

例 5.2.6　测得两批样本大小皆为 6 的电子器材电阻的均值 $\bar{X} = 0.14, \bar{Y} = 0.139$, 样本标准差分别为 $S_1 = 0.0026$, $S_2 = 0.0024$, 假设这两批器材的电阻分别服从 $N(\mu_1, \sigma_1^2)$, $N(\mu_2, \sigma_2^2)$, 均值方差皆未知且两组样本独立, 问这两批电子器件的电阻是否相同? ($\alpha = 0.05$)

解　这个问题表面看是对两个正态总体均值差的检验, 但不知道是否有 $\sigma_1^2 = \sigma_2^2$, 因此首先求两个正态总体方差是否相同的检验. 如果检验认为 $\sigma_1^2 = \sigma_2^2$, 然后再作两样本 t 检验. 如果经检验否定了 $\sigma_1^2 = \sigma_2^2$, 则不能用两样本的 t 检验方法去检验均值差, 这就变成 Behrens-Fisher 问题, 将留在本节最后解决.

首先考虑下列检验问题.

(1) H_0: $\sigma_1^2 = \sigma_2^2 \leftrightarrow H_1$: $\sigma_1^2 \neq \sigma_2^2$, $\alpha = 0.05$.

由表 5.2.4 可知, 此检验的接受域是

$$\left\{(\boldsymbol{X}, \boldsymbol{Y}):\ F_{m-1,n-1}(1-\alpha/2) \leqslant \frac{S_1^2}{S_2^2} \leqslant F_{m-1,n-1}(\alpha/2)\right\},$$

此处 $m = n = 6$, $S_1^2/S_2^2 = 0.0026^2/0.0024^2 = 1.17$. 由 $\alpha = 0.05$, 查 F 分布表得 $F_{5,5}(0.025) = 7.15$. 由于

$$\frac{1}{7.15} = F_{5,5}(1-0.025) < F = \frac{S_1^2}{S_2^2} = 1.17 < F_{5,5}(0.025) = 7.15,$$

故认为没有足够的证据否定 H_0, 因此不能拒绝 H_0.

表 5.2.4　两个正态总体方差比的假设检验

	H_0	H_1	检验统计量及其分布	拒绝域
μ_1, μ_2 已知	$\sigma_2^2 = \sigma_1^2$	$\sigma_2^2 \neq \sigma_1^2$	$F_* = S_{2*}^2/S_{1*}^2$ $F_*\|_{\sigma_2^2=\sigma_1^2} \sim F_{n,m}$ $S_{1*}^2 = \frac{1}{m}\sum_{i=1}^{m}(X_i-\mu_1)^2$ $S_{2*}^2 = \frac{1}{n}\sum_{i=1}^{n}(Y_i-\mu_2)^2$	$F_* < F_{n,m}(1-\alpha/2)$ 或 $F_* > F_{n,m}(\alpha/2)$
	$\sigma_2^2 \leqslant \sigma_1^2$	$\sigma_2^2 > \sigma_1^2$		$F_* > F_{n,m}(\alpha)$
	$\sigma_2^2 \geqslant \sigma_1^2$	$\sigma_2^2 < \sigma_1^2$		$F_* < F_{n,m}(1-\alpha)$
μ_1, μ_2 已知	$\sigma_2^2 = \sigma_1^2$	$\sigma_2^2 \neq \sigma_1^2$	$F = S_2^2/S_1^2$ $F\|_{\sigma_2^2=\sigma_1^2} \sim F_{n-1,m-1}$ $S_1^2 = \frac{1}{m-1}\sum_{i=1}^{m}(X_i-\bar{X})^2$ $S_2^2 = \frac{1}{n-1}\sum_{j=1}^{n}(Y_j-\bar{Y})^2$	$F<F_{n-1,m-1}(1-\alpha/2)$ 或 $F>F_{n-1,m-1}(\alpha/2)$
	$\sigma_2^2 \leqslant \sigma_1^2$	$\sigma_2^2 > \sigma_1^2$		$F > F_{n-1,m-1}(\alpha)$
	$\sigma_2^2 \geqslant \sigma_1^2$	$\sigma_2^2 < \sigma_1^2$		$F<F_{n-1,m-1}(1-\alpha)$

在完成上述检验后, 可以假定 $\sigma_1^2=\sigma_2^2$, 进一步考虑下列检验问题.

(2) $H_0':\mu_1=\mu_2 \leftrightarrow H_1':\mu_1\neq\mu_2,\quad \alpha=0.05.$

由表 5.2.3 可知此检验的拒绝域为

$$\{(\boldsymbol{X},\boldsymbol{Y}):\ |T_w|>t_{n+m-2}(\alpha/2)\},$$

此处 $m=n=6,\ \bar{X}=0.14,\ \bar{Y}=0.139,\ S_1=0.0026,\ S_2=0.0024$, 因此有

$$S_w^2=\frac{1}{10}(5\times0.0026^2+5\times0.0024^2)=6.26\times10^{-6},\quad S_w=0.0025.$$

由 $\alpha=0.05$, 查 t 分布表得 $t_{10}(0.025)=2.228$. 由于

$$|T_w|=\sqrt{\frac{nm}{n+m}}\left|\frac{\bar{Y}-\bar{X}}{S_w}\right|=\sqrt{3}\times\left|\frac{0.139-0.14}{0.0025}\right|=0.6928<2.228,$$

故没有充足的理由否定两批电子器件的电阻值相同, 因此不能拒绝 H_0'. □

5.2.5 极限分布为正态分布的检验

本段讨论 Behrens-Fisher 问题的大样本检验, 附带也给出这一问题的一个小样本检验的近似方法. 同时也讨论比率 p 和 Poisson 分布参数的大样本检验问题.

1. Behrens-Fisher 检验问题的近似方法

设 $\boldsymbol{X}=(X_1,\cdots,X_m)$ 是从正态总体 $N(\mu_1,\sigma_1^2)$ 中抽取的简单样本, $\boldsymbol{Y}=(Y_1,\cdots,Y_n)$ 是从正态总体 $N(\mu_2,\sigma_2^2)$ 中抽取的简单样本, 且样本 $X_1,\cdots,X_m$ 和 $Y_1,\cdots,Y_n$ 独立. 考虑 $\mu_2-\mu_1$ 的下列三类检验问题:

(a) $H_0:\ \mu_2-\mu_1=\mu_0\leftrightarrow H_1:\ \mu_2-\mu_1\neq\mu_0$,

(b) $H_0':\ \mu_2-\mu_1\leqslant\mu_0\leftrightarrow H_1':\ \mu_2-\mu_1>\mu_0$,

(c) $H_0'':\ \mu_2-\mu_1\geqslant\mu_0\leftrightarrow H_1'':\ \mu_2-\mu_1<\mu_0$,

其中 μ_0 和检验水平 α 给定.

上述检验问题的几个特例情形: (1) σ_1^2 和 σ_2^2 已知; (2) $\sigma_1^2=\sigma_2^2=\sigma^2$ 未知; (3) 成对比较问题 $(m=n)$. 这三种情形的检验问题已经在 5.2.3 节中解决. 当 σ_1^2 和 σ_2^2 未知且不相等时的检验问题称为 Behrens-Fisher 问题, 是尚未解决的问题, 下面将介绍处理这类检验问题的两个近似方法.

记 S_1^2 和 S_2^2 分别为两组样本的样本方差, 如式 (5.2.13) 所示. 将分下列两种情形来讨论:

(1) 当 σ_1^2 和 σ_2^2 未知, 但 $m,\ n$ 充分大时, 可利用基于中心极限定理的近似解法. 由于 $\bar{Y}-\bar{X}\sim N\big(\mu_2-\mu_1,\sigma_1^2/m+\sigma_2^2/n\big)$, 将其标准化有

$$\frac{\bar{Y}-\bar{X}-(\mu_2-\mu_1)}{\sqrt{\sigma_1^2/m+\sigma_2^2/n}}\sim N(0,1).$$

由于 S_1^2 和 S_2^2 分别为 σ_1^2 和 σ_2^2 的相合估计, 用 S_1^2 和 S_2^2 分别代替 σ_1^2 和 σ_2^2, 由 Slutsky 定理 (第 2 章附录 A.9) 可知, 当 $m,n\to\infty$ 时有

$$\frac{\bar{Y}-\bar{X}-(\mu_2-\mu_1)}{\sqrt{S_1^2/m+S_2^2/n}}=\frac{\bar{Y}-\bar{X}-(\mu_2-\mu_1)}{\sqrt{\sigma_1^2/m+\sigma_2^2/n}}\cdot\frac{\sqrt{\sigma_1^2/m+\sigma_2^2/n}}{\sqrt{S_1^2/m+S_2^2/n}}\xrightarrow{\mathscr{L}}N(0,1).$$

特别当 $\mu_2-\mu_1=\mu_0$ 且 $m,n\to\infty$ 时, 有

$$U^*=\frac{\bar{Y}-\bar{X}-\mu_0}{\sqrt{S_1^2/m+S_2^2/n}}\xrightarrow{\mathscr{L}}N(0,1). \tag{5.2.18}$$

取 U^* 作为检验统计量, 用与 5.2.1 小节中完全类似的方法得到检验问题 (a)—(c) 的下列的拒绝域, 但要注意到此处的检验水平不是精确为 α, 而是近似为 α.

$$\begin{aligned} D_a&=\{(\boldsymbol{X},\boldsymbol{Y}):\ |U^*|>u_{\alpha/2}\};\\ D_b&=\{(\boldsymbol{X},\boldsymbol{Y}):\ U^*>u_\alpha\};\\ D_c&=\{(\boldsymbol{X},\boldsymbol{Y}):\ U^*<-u_\alpha\}.\end{aligned} \tag{5.2.19}$$

*(2) 当 σ_1^2 和 σ_2^2 未知, 但 m, n 不都是充分大时, 可用基于 t 分布的近似解法. 在 4.2 节 Behrens-Fisher 区间估计问题中, 已说明了

$$\frac{\bar{Y}-\bar{X}-(\mu_2-\mu_1)}{\sqrt{S_1^2/m+S_2^2/n}}$$

近似服从自由度为 r 的 t 分布, 其中

$$r=S_*^4\bigg/\left[\frac{S_1^4}{m^2(m-1)}+\frac{S_2^4}{n^2(n-1)}\right],\qquad S_*^2=\frac{S_1^2}{m}+\frac{S_2^2}{n}.$$

当 $\mu_2-\mu_1=\mu_0$ 时, 近似地有

$$T_*=\frac{\bar{Y}-\bar{X}-\mu_0}{\sqrt{S_1^2/m+S_2^2/n}}\ \sim\ t_r, \tag{5.2.20}$$

即 T_* 近似服从自由度为 r 的 t 分布. 取 T_* 作为检验统计量, 类似于 5.2.1 小节中一样本 t 检验法得到检验问题 (a)—(c) 检验水平近似为 α 的检验的拒绝域

$$\begin{aligned} D_a&=\{(\boldsymbol{X},\boldsymbol{Y}):\ |T_*|>t_r(\alpha/2)\};\\ D_b&=\{(\boldsymbol{X},\boldsymbol{Y}):\ T_*>t_r(\alpha)\};\\ D_c&=\{(\boldsymbol{X},\boldsymbol{Y}):\ T_*<-t_r(\alpha)\},\end{aligned} \tag{5.2.21}$$

例 5.2.7　在例 5.2.4 中假定正常成年男女红细胞数皆服从正态分布, 数据作如下修改: 不假定两组样本方差相等, 正常男女红细胞的样本平均数不变, 样本标准差改为 $S_1=54.80万/\mathrm{mm}^3, S_2=39.20万/\mathrm{mm}^3$, 要求检验正常成年人红细胞数

是否与性别有关. 取 $\alpha=0.02$.

解 由于两组样本方差的相等性取消了, 用 F 检验来检验两组样本方差是否相等的结果是: 拒绝 H_0, 即有足够的把握认为两总体方差不相等. 这是一个 Behrens-Fisher 问题. 由于样本容量较大, 故可用大样本方法来求下列检验问题:

$$H_0:\mu_2-\mu_1=0 \leftrightarrow H_1:\mu_2-\mu_1\neq 0.$$

由式 (5.2.19) 可知检验的拒绝域为

$$\{(\boldsymbol{X},\boldsymbol{Y}):\ |U^*|>u_{\alpha/2}\},$$

其中检验统计量 $U^*=(\bar{Y}-\bar{X})/\sqrt{S_1^2/m+S_2^2/n}$, $m=176$, $n=74$, $\bar{X}=465.13$, $\bar{Y}=422.16$, $S_1=54.80$, $S_2=39.20$, 查表得 $u_{0.01}=2.30$. 由于

$$|U^*|=\frac{|465.13-422.16|}{\sqrt{54.80^2/176+39.20^2/74}}=\frac{42.97}{6.15}=6.99>2.30,$$

故拒绝 H_0, 即认为正常成年人红细胞数与性别有关. □

***例 5.2.8** 分别抽取甲种矿石的 10 个样品和乙种矿石的 5 个样品, 测其含铁量 (单位: %), 由数据算得

$$\text{甲矿石: } \bar{X}=\frac{1}{10}\sum_{i=1}^{10}X_i=16.01,\quad S_1^2=\frac{1}{9}\sum_{i=1}^{10}(X_i-\bar{X})^2=10.80,$$

$$\text{乙矿石: } \bar{Y}=\frac{1}{5}\sum_{j=1}^{5}Y_j=18.98,\quad S_2^2=\frac{1}{4}\sum_{i=1}^{5}(Y_i-\bar{Y})^2=0.27.$$

在显著性水平 $\alpha=0.01$ 下, 求检验问题: 甲矿石含铁量不低于乙矿石的含铁量.

解 设 $X_1,\cdots,X_m$ i.i.d. $\sim N(\mu_1,\sigma_1^2)$, $Y_1,\cdots,Y_n$ i.i.d. $\sim N(\mu_2,\sigma_2^2)$, 此处 $m=10$, $n=5$. 因 S_1^2 和 S_2^2 相差甚大, 假定 $\sigma_1^2=\sigma_2^2$ 是不合理的. 由于 m 和 n 都较小, 不宜用大样本方法, 故此问题属于 Behrens-Fisher 问题, 用基于 t 分布的检验方法. 只能在方差未知的一般情形下, 检验假设

$$H_0:\mu_1\geqslant\mu_2 \leftrightarrow H_1:\mu_1<\mu_2.$$

检验的拒绝域

$$D=\left\{(\boldsymbol{X},\boldsymbol{Y}):\ T_*=\frac{\bar{X}-\bar{Y}}{\sqrt{S_1^2/m+S_2^2/n}}<-t_r(\alpha)\right\}.$$

首先计算 t 分布的自由度

$$r=\frac{\left(S_1^2/m+S_2^2/n\right)^2}{S_1^4/[m^2(m-1)]+S_2^4/[n^2(n-1)]}=9.88\approx 10,$$

查表得 $t_{10}(0.01)=2.764$, 由数据得

$$T_* = \frac{\bar{X}-\bar{Y}}{\sqrt{S_1^2/m+S_2^2/n}} = \frac{-2.97}{1.065} = -2.79 < -2.764,$$

拒绝 H_0, 即认为甲矿石含铁量低于乙矿石. □

2. 比率 p 的大样本检验方法

比率 p 的概念在 4.3.2 小节第 3 部分中已作了介绍. 比率 p 可以看作两点分布 $B(1,p)$ 中的一个参数, 若 $X \sim B(1,p)$, 则 X 仅可取 0 或 1 两个值, 且 $\mathbb{E}(X)=p$, $\mathrm{Var}(X)=p(1-p)$. 下面我们将讨论比率 p 的大样本检验问题.

设 $X_1,\cdots,X_n$ i.i.d. $\sim B(1,p)$, 考虑检验水平为 α 的检验问题:

$$H_0\colon\ p=p_0 \leftrightarrow H_1\colon\ p\neq p_0, \tag{5.2.22}$$

其中 p_0 和检验水平 α 给定.

令 $T=\sum\limits_{i=1}^{n}X_i$, 则 $T\sim B(n,p)$, 由独立同分布场合的中心极限定理可知 $(T-np)/\sqrt{np(1-p)} \xrightarrow{\mathscr{L}} N(0,1)$, 当 $n\to\infty$ 时. 故当 H_0 成立, 即 $p=p_0$ 时有

$$U=\frac{T-np_0}{\sqrt{np_0(1-p_0)}} \xrightarrow{\mathscr{L}} N(0,1), \quad 当 n\to\infty 时.$$

因此取 U 作为检验统计量. 当 n 较大时, U 近似服从 $N(0,1)$ 分布. 由 U 检验法可知检验问题 (5.2.22) 水平近似为 α 的拒绝域为

$$D_1=\left\{(X_1,\cdots,X_n)\colon\ |U|>u_{\alpha/2}\right\}.$$

类似可知 p 的两个单边检验问题及水平近似为 α 的拒绝域如下:

$$H_0'\colon\ p\leqslant p_0 \leftrightarrow H_1'\colon\ p>p_0, \qquad D_2=\left\{(X_1,\cdots,X_n)\colon\ U>u_\alpha\right\};$$
$$H_0''\colon\ p\geqslant p_0 \leftrightarrow H_1''\colon\ p<p_0, \qquad D_3=\left\{(X_1,\cdots,X_n)\colon\ U<-u_\alpha\right\}.$$

实验　扫描实验 21 的二维码进行一样本比率检验的模拟实验, 观察不同样本值和显著性水平下的拒绝域情况.

实验 21 一样本比率的检验

3. Poisson 分布参数的大样本检验

设 $X_1,\cdots,X_n$ 为自 Poisson 总体 $P(\lambda)$ 中抽取的随机样本, 考虑检验问题

$$H_0\colon\ \lambda=\lambda_0 \leftrightarrow H_1\colon\ \lambda\neq\lambda_0, \tag{5.2.23}$$

其中 λ_0 和检验水平 α 给定.

由于 $T=\sum_{i=1}^{n}X_i$ 服从参数为 $n\lambda$ 的 Poisson 分布 $P(n\lambda)$. 由中心极限定理可知 $(T-n\lambda)/\sqrt{n\lambda}\xrightarrow{\mathscr{L}}N(0,1)$, 当 $n\to\infty$ 时. 因此当 H_0 成立, 即 $\lambda=\lambda_0$ 时有

$$U_0=\frac{T-n\lambda_0}{\sqrt{n\lambda_0}}\xrightarrow{\mathscr{L}}N(0,1),\quad 当\ n\to\infty\ 时.$$

因此取 U_0 作为检验统计量. 当 n 较大时, U_0 近似服从 $N(0,1)$ 分布. 由 U 检验法可知双边检验问题 (5.2.23) 的水平近似为 α 的拒绝域为

$$D_1=\{(X_1,\cdots,X_n):|U_0|>u_{\alpha/2}\}.$$

类似可知 λ 的两个单边检验问题及水平近似为 α 的拒绝域如下:

$$H_0':\ \lambda\leqslant\lambda_0\leftrightarrow H_1':\ \lambda>\lambda_0,\qquad D_2=\{(X_1,\cdots,X_n):U_0>u_\alpha\};$$

$$H_0'':\ \lambda\geqslant\lambda_0\leftrightarrow H_1'':\ \lambda<\lambda_0,\qquad D_2=\{(X_1,\cdots,X_n):U_0<-u_\alpha\}.$$

4. 两个比率差的大样本检验问题

设 $X_1,\cdots,X_m$ i.i.d. $\sim B(1,p_1)$, $Y_1,\cdots,Y_n$ i.i.d. $\sim B(1,p_2)$, 且样本 $X_1,\cdots,X_m$ 和 $Y_1,\cdots,Y_n$ 独立. 求检验问题

$$H_0:\ p_2-p_1=0\leftrightarrow H_1:\ p_2-p_1\neq 0,\tag{5.2.24}$$

检验水平 α 给定.

记 $\bar{X}$ 和 $\bar{Y}$ 分别为两组样本的均值. 由中心极限定理可知

$$\tilde{U}_1=\frac{\bar{Y}-\bar{X}-(p_2-p_1)}{\sqrt{p_1(1-p_1)/m+p_2(1-p_2)/n}}\xrightarrow{\mathscr{L}}N(0,1),\qquad 当\ n,\ m\to\infty\ 时.$$

注意到当 H_0 成立, 即 $p_1=p_2=p$ 时, 将 p 用合样本估计, 即取

$$\widehat{p}=\frac{1}{m+n}\left(\sum_{i=1}^{m}X_i+\sum_{j=1}^{n}Y_j\right),$$

显然 $\widehat{p}$ 为 p 的相合估计, 故由 Slutsky 定理 (第 2 章附录 A.9) 可知, 当 $m,\ n\to\infty$ 时, 有

$$\widetilde{U}=\frac{\bar{Y}-\bar{X}}{\sqrt{\widehat{p}(1-\widehat{p})}}\sqrt{\frac{mn}{m+n}}=\frac{\bar{Y}-\bar{X}}{\sqrt{p(1-p)}}\sqrt{\frac{mn}{m+n}}\cdot\frac{\sqrt{p(1-p)}}{\sqrt{\widehat{p}(1-\widehat{p})}}\xrightarrow{\mathscr{L}}N(0,1).$$

因此取 $\widetilde{U}$ 为检验统计量, 当 $m,\ n$ 都较大时, $\widetilde{U}$ 近似服从 $N(0,1)$ 分布. 由 U 检验法得到双边检验问题 (5.2.24) 的检验水平近似为 α 的拒绝域为

$$D_1=\{(X_1,\cdots,X_m;Y_1,\cdots,Y_n):\ |\widetilde{U}|>u_{\alpha/2}\}.$$

还可以用类似方法获得下列两个检验水平为 α 的单边检验问题的拒绝域 (详

见 [6] 第二版 §3.6 第 140—141 页):

$$H_0'\colon\ p_2 \leqslant p_1 \leftrightarrow H_1'\colon\ p_2 > p_1, \qquad D_2 = \left\{(\boldsymbol{X},\boldsymbol{Y})\colon\ \widetilde{U}_* > u_\alpha\right\};$$
$$H_0''\colon\ p_2 \geqslant p_1 \leftrightarrow H_1''\colon\ p_2 < p_1. \qquad D_3 = \left\{(\boldsymbol{X},\boldsymbol{Y})\colon\ \widetilde{U}_* < -u_\alpha\right\}.$$

Poisson 分布的两样本检验问题可用类似方法讨论, 其检验统计量的选取和检验拒绝域的形式留给读者作为练习.

例 5.2.9　1954 年, 美国进行了一次大规模的群众性实验以确定脊髓灰质炎疫苗的效果. 该研究的试验设计是让 20 万儿童接种脊髓灰质炎疫苗, 另外 20 万儿童接种一种对照液 (一种在外表上很像脊髓灰质炎疫苗的 "糖水"). 两组儿童的小儿麻痹症的感染率如下: 接种疫苗的有 82 人感染了小儿麻痹症, 接种对照液的有 162 人感染此症. 在显著性水平为 0.01 和 0.0005 下, 接种疫苗对小儿麻痹症的感染率是否有显著变化?

解　这是两个比率差的大样本检验问题, 符号同前. 设接种对照液后感染了小儿麻痹症的感染率为 p_1, 接种脊髓灰质炎疫苗后的感染率为 p_2, 我们可以进行如下的假设:

$$H_0 : p_1 = p_2 \leftrightarrow H_1 : p_1 \neq p_2,$$

由于样本量非常大, 可以用大样本检验方法. 检验统计量为

$$\widetilde{U} = \frac{\bar{Y} - \bar{X}}{\sqrt{\widehat{p}(1-\widehat{p})}}\sqrt{\frac{mn}{m+n}},$$

代入数据, $n = m = 2\times 10^5, \widehat{p} = 6.1\times 10^{-4}, \bar{Y} = 8.1\times 10^{-4}, \bar{X} = 4.1\times 10^{-4}$, 查表得 $u_{0.005} = 2.5758$, 拒绝域为 D_1, 故

$$|\tilde{U}| = \left|\frac{\overline{Y} - \overline{X}}{\sqrt{\widehat{p}(1-\widehat{p})}}\sqrt{\frac{mn}{m+n}}\right| = 6.56 > 2.5758.$$

因此拒绝 H_0. 即我们有 99% 的把握说儿童接种脊髓灰质炎疫苗对小儿麻痹症的感染率有显著变化. 事实上, 取 $\alpha = 0.0005$, 由 $u_{0.00025} = 3.045$, 我们仍然拒绝 H_0, 即我们有 99.95% 的把握说儿童接种疫苗对小儿麻痹症的感染率有显著变化. □

实验　扫描实验 22 的二维码进行两样本比率差检验的模拟实验, 观察不同样本值和显著性水平下的拒绝域情况.

实验 22
两样本比率差的检验

5.3　似然比检验

似然比检验是 Neyman 和 Pearson 在 1928 年提出的构造假设检验的一般方法. 它在假设检验中的地位, 相当于最大似然估计在点估计中的地位. 它可视为 Fisher 的最大似然原理在假设检验问题中的体现. 由这种方法构造出来的检验, 一般说有比较良好的性质. 这个方法的一个重要优点就是适用面广. 就是说, 它对

分布族的形式没有什么特殊的要求.

5.3.1 似然比检验的定义

设有分布族 $\{f(x,\theta):\ \theta\in\Theta\}$, Θ 为参数空间. 令 $\boldsymbol{X}=(X_1,\cdots,X_n)$ 为自上述分布族中抽取的简单样本, $f(\boldsymbol{x},\theta)$ 为样本的概率函数. 要考虑检验问题

$$H_0:\ \theta\in\Theta_0\leftrightarrow H_1:\ \theta\in\Theta_1, \tag{5.3.1}$$

在有了样本 $\boldsymbol{x}$ 后, 将 $f(\boldsymbol{x},\theta)$ 视为 θ 的函数, 称为似然函数. 如第 3 章介绍最大似然估计时所述. 若 $f(\boldsymbol{x},\theta_1)<f(\boldsymbol{x},\theta_2)$, 则认为真参数为 θ_2 的"似然性"较其为 θ_1 的"似然性"大. 由于假设检验在"$\theta\in\Theta_0$ 与 $\theta\in\Theta_1$"这二者中选其一, 自然考虑以下两个量:

$$L_{\Theta_0}(\boldsymbol{x})=\sup_{\theta\in\Theta_0}f(\boldsymbol{x},\theta),$$
$$L_{\Theta_1}(\boldsymbol{x})=\sup_{\theta\in\Theta_1}f(\boldsymbol{x},\theta).$$

考虑其比值 $L_{\Theta_1}(\boldsymbol{x})/L_{\Theta_0}(\boldsymbol{x})$, 若此比值较大, 则说明真参数在 Θ_1 内的"似然性"较大, 因而倾向于拒绝假设"$\theta\in\Theta_0$". 反之, 若此比值较小, 倾向于接受假设"$\theta\in\Theta_0$".

若记 $\lambda(\boldsymbol{x})=L_{\Theta}(\boldsymbol{x})/L_{\Theta_0}(\boldsymbol{x})$, 其中 $L_{\Theta}(\boldsymbol{x})=\sup\limits_{\theta\in\Theta}f(\boldsymbol{x},\theta)$. 由于

$$\lambda(\boldsymbol{x})=\frac{L_{\Theta}(\boldsymbol{x})}{L_{\Theta_0}(\boldsymbol{x})}=\max\left\{\frac{L_{\Theta_1}(\boldsymbol{x})}{L_{\Theta_0}(\boldsymbol{x})},1\right\}$$

与 $L_{\Theta_1}(\boldsymbol{x})/L_{\Theta_0(\boldsymbol{x})}$ 同增或同减, 可用 $\lambda(\boldsymbol{x})$ 代替比值 $L_{\Theta_1}(\boldsymbol{x})/L_{\Theta_0(\boldsymbol{x})}$, 这样做的好处是 $L_{\Theta}(\boldsymbol{x})=\sup\limits_{\theta\in\Theta}f(\boldsymbol{x},\theta)$ 的计算比 $L_{\Theta_1}(\boldsymbol{x})$ 要容易. 因此得到如下定义.

定义 5.3.1 (似然比检验)

设样本 $\boldsymbol{X}$ 有概率函数 $f(\boldsymbol{x},\theta)$, $\theta\in\Theta$, 而 Θ_0 为参数空间 Θ 的真子集, 考虑检验问题 (5.3.1), 则统计量

$$\lambda(\boldsymbol{x})=\frac{\sup\limits_{\theta\in\Theta}f(\boldsymbol{x},\theta)}{\sup\limits_{\theta\in\Theta_0}f(\boldsymbol{x},\theta)} \tag{5.3.2}$$

称为关于该检验问题的似然比. 而由下述定义的检验函数

$$\varphi(\boldsymbol{x})=\begin{cases}1, & \lambda(\boldsymbol{x})>c,\\ r, & \lambda(\boldsymbol{x})=c,\\ 0, & \lambda(\boldsymbol{x})<c,\end{cases} \tag{5.3.3}$$

其中 c, r $(0\leqslant r\leqslant 1)$ 为待定常数, 称为检验问题 (5.1.1) 的一个似然比检验 (likelihood ratio test, LRT), 有些文献中也称其为广义似然比检验.

若样本分布为连续分布时, 在式 (5.3.3) 中令 $r=0$, 即

$$\varphi(\boldsymbol{x})=\begin{cases}1, & \lambda(\boldsymbol{x})>c,\\ 0, & \lambda(\boldsymbol{x})\leqslant c.\end{cases}$$

在式 (5.3.3) 中常数 c 和 r 的选择是要使检验具有给定的水平 α. ♧

根据上面所说, 找似然比检验有以下步骤:

(1) 求似然函数 $f(\boldsymbol{x},\theta)$, 并明确参数空间 Θ 和 Θ_0 是什么;

(2) 算出 $L_{\Theta}(\boldsymbol{x})=\sup\limits_{\theta\in\Theta}f(\boldsymbol{x},\theta)$ 和 $L_{\Theta_0}(\boldsymbol{x})=\sup\limits_{\theta\in\Theta_0}f(\boldsymbol{x},\theta)$;

(3) 求出 $\lambda(\boldsymbol{x})$ 或与其等价的统计量的分布;

(4) 确定 c 和 r 使式 (5.3.3) 具有给定的检验水平 α.

其中最关键的是第 (3) 步. 一般 $\lambda(\boldsymbol{x})$ 的表达式复杂, 求其分布不易. 但若 $\lambda(\boldsymbol{x})=g(T(\boldsymbol{x}))$ 为 $T(\boldsymbol{x})$ 的严格增 (或严格降) 函数, 则检验式 (5.3.3) 显然等价于

$$\varphi(\boldsymbol{x})=\begin{cases}1, & T(\boldsymbol{x})>c',\\ r, & T(\boldsymbol{x})=c',\\ 0, & T(\boldsymbol{x})<c'.\end{cases}$$

因此代替求 $\lambda(\boldsymbol{X})$ 的分布, 只要求出 $T(\boldsymbol{X})$ 的分布即可 (若 $\lambda(\boldsymbol{x})$ 为 $T(\boldsymbol{x})$ 的严格降函数, 则将 $\varphi(\boldsymbol{x})$ 中的不等式反向).

如果 $\lambda(\boldsymbol{X})$ 分布无法求得, 可用其极限分布近似代替, 这一情形将在本节最后一小节介绍.

5.3.2 若干例子

例 5.3.1 设 $\boldsymbol{X}=(X_1,\cdots,X_n)$ 是从正态分布族 $\{N(\mu,\sigma^2):-\infty<\mu<\infty,\sigma^2>0\}$ 中抽取的随机样本, 求下列检验问题的水平为 α 的似然比检验:

$$H_0:\mu=\mu_0\leftrightarrow H_1:\mu\neq\mu_0. \tag{5.3.4}$$

解 记 $\boldsymbol{\theta}=(\mu,\sigma^2)$, 则 $\boldsymbol{\theta}$ 的似然函数为

$$f(\boldsymbol{x},\boldsymbol{\theta})=(2\pi\sigma^2)^{-\frac{n}{2}}\exp\left\{-\frac{1}{2\sigma^2}\sum_{i=1}^{n}(x_i-\mu)^2\right\}, \tag{5.3.5}$$

在这里, 参数空间为

$$\Theta=\left\{\boldsymbol{\theta}=(\mu,\sigma^2):\ -\infty<\mu<\infty,\ \sigma^2>0\right\}.$$

零假设 H_0 对应的 Θ 的子集为

$$\Theta_0=\left\{\boldsymbol{\theta}=(\mu,\sigma^2):\ \mu=\mu_0,\ \sigma^2>0\right\}.$$

在 Θ 上, μ 和 σ^2 的最大似然估计 (MLE) 分别为

$$\hat{\mu}=\bar{X}, \quad \hat{\sigma}^2=\frac{1}{n}\sum_{i=1}^{n}(X_i-\bar{X})^2;$$

在 Θ_0 上, σ^2 的 MLE 为

$$\tilde{\sigma}^2=\frac{1}{n}\sum_{i=1}^{n}(X_i-\mu_0)^2.$$

故有

$$\begin{aligned}\sup_{\boldsymbol{\theta}\in\Theta} f(\boldsymbol{x},\boldsymbol{\theta})&=f(\boldsymbol{x},\hat{\mu},\hat{\sigma}^2)=\left(\frac{2\pi e}{n}\right)^{-n/2}\left(\sum_{i=1}^{n}(x_i-\bar{x})^2\right)^{-n/2},\\ \sup_{\boldsymbol{\theta}\in\Theta_0} f(\boldsymbol{x},\boldsymbol{\theta})&=f(\boldsymbol{x},\mu_0,\tilde{\sigma}^2)=\left(\frac{2\pi e}{n}\right)^{-n/2}\left(\sum_{i=1}^{n}(x_i-\mu_0)^2\right)^{-n/2}.\end{aligned} \tag{5.3.6}$$

从而有

$$\begin{aligned}\lambda(\boldsymbol{x})&=\left[\sum_{i=1}^{n}(x_i-\bar{x})^2\Big/\sum_{i=1}^{n}(x_i-\mu_0)^2\right]^{-n/2}\\ &=\left[1+n(\bar{x}-\mu_0)^2\Big/\sum_{i=1}^{n}(x_i-\bar{x})^2\right]^{n/2}\\ &=\left(1+\frac{1}{n-1}[T(\boldsymbol{x})]^2\right)^{\frac{n}{2}}.\end{aligned}$$

由于 $\lambda(\boldsymbol{x})$ 为 $|T(\boldsymbol{x})|$ 的严格增函数, 故检验的拒绝域 $D=\left\{\boldsymbol{X}=(X_1,\cdots,X_n):\lambda(\boldsymbol{X})>c'\right\}=\{\boldsymbol{X}: |T|>c\}$, 其中 $T=T(\boldsymbol{X})=\sqrt{n}(\bar{X}-\mu_0)/S$, 而 $S^2=\sum\limits_{i=1}^{n}(X_i-\bar{X})^2\Big/(n-1)$, 令

$$\mathbb{P}(|T|>c|H_0)=\alpha.$$

利用下列事实: 当 H_0 成立时 $T\sim t_{n-1}$, 则可知 $c=t_{n-1}(\alpha/2)$. 因此

$$\varphi(\boldsymbol{x})=\begin{cases}1, & |T(\boldsymbol{x})|>t_{n-1}(\alpha/2),\\ 0, & |T(\boldsymbol{x})|\leqslant t_{n-1}(\alpha/2)\end{cases}$$

是检验问题 (5.3.4) 的一个水平为 α 的似然比检验. 这与在 5.2 节中用直观方法求得的检验结果是一致的. □

例 5.3.2 问题与例 5.3.1 相同, 求下列检验:

$$H_0:\mu\leqslant\mu_0 \leftrightarrow H_1:\mu>\mu_0 \tag{5.3.7}$$

的水平为 α 的似然比检验.

解 此时似然函数 $f(\boldsymbol{x},\theta)$ 和 Θ 与例 5.3.1 中相同, 但

$$\Theta_0=\left\{\theta=(\mu,\sigma^2):\mu\leqslant\mu_0,\ \sigma^2>0\right\}.$$

因此, $L_{\Theta}(\boldsymbol{x})=\sup\limits_{\theta\in\Theta}f(\boldsymbol{x},\mu,\sigma^2)$ 与例 5.3.1 中完全相同. 但要注意到

$$\begin{aligned}L_{\Theta_0}(\boldsymbol{x})&=\sup_{\theta\in\Theta_0}(2\pi\sigma^2)^{-n/2}\exp\left\{-\frac{1}{2\sigma^2}\sum_{i=1}^n(x_i-\mu)^2\right\}\\&=\sup_{\theta\in\Theta_0}(2\pi\sigma^2)^{-n/2}\exp\left\{-\frac{1}{2\sigma^2}\sum_{i=1}^n(x_i-\bar{x})^2-\frac{n(\bar{x}-\mu)^2}{2\sigma^2}\right\}.\end{aligned}$$

记 $g(\mu)=\exp\{-n(\bar{x}-\mu)^2/(2\sigma^2)\}$. 当 σ^2 固定, $\mu\leqslant\bar{x}$ 时, $g'(\mu)\geqslant 0$, 故 $g(\mu)$ 关于 μ 单调增; 当 $\mu\geqslant\bar{x}$ 时, $g'(\mu)\leqslant 0$, 故 $g(\mu)$ 关于 μ 单调降. 因此,

(1) 当 $\bar{x}>\mu_0$ 时, 若 H_0 成立, $g(\mu)$ 在 $\mu=\mu_0$ 处达到最大, 故有

$$\min_{\mu\leqslant\mu_0}\sum_{i=1}^n(x_i-\mu)^2=\sum_{i=1}^n(x_i-\mu_0)^2.$$

(2) 当 $\bar{x}\leqslant\mu_0$ 时, 若 H_0 成立, $g(\mu)$ 在 $\mu=\bar{x}$ 处达到最大, 故有

$$\min_{\mu\leqslant\mu_0}\sum_{i=1}^n(x_i-\mu)^2=\sum_{i=1}^n(x_i-\bar{x})^2.$$

因此有

$$L_{\Theta_0}(\boldsymbol{x})=\begin{cases}L_{\Theta}(\boldsymbol{x}), & \bar{x}\leqslant\mu_0,\\ \left(\dfrac{2\pi e}{n}\right)^{-n/2}\left(\displaystyle\sum_{i=1}^n(x_i-\mu_0)^2\right)^{-n/2}, & \bar{x}>\mu_0.\end{cases}$$

故

$$\lambda(\boldsymbol{x})=\begin{cases}1, & \bar{x}\leqslant\mu_0,\\ \left[\displaystyle\sum_{i=1}^n(x_i-\mu_0)^2\Big/\sum_{i=1}^n(x_i-\bar{x})^2.\right]^{\frac{n}{2}}=\left(1+\dfrac{1}{n-1}[T(\boldsymbol{x})]^2\right)^{\frac{n}{2}}, & \bar{x}>\mu_0.\end{cases}$$

似然比检验的拒绝域为 $D=\{\boldsymbol{X}=(X_1,\cdots,X_n):\ \lambda(\boldsymbol{X})>c'\}$, 当检验水平 α 较小 $(0<\alpha<1/2)$ 时, 检验的拒绝域由 $\lambda(\boldsymbol{x})$ 表达式的后一部分确定 (此时 $\lambda(\boldsymbol{x})$ 为 $T(\boldsymbol{x})$ 的严格增函数), 因此似然比检验的拒绝域为

$$D=\{\boldsymbol{X}=(X_1,\cdots,X_n):\ \lambda(\boldsymbol{X})>c'\}=\{\boldsymbol{X}:\ T>c\}.$$

此处 $T=\sqrt{n}(\bar{X}-\mu_0)/S,\ S^2=\sum\limits_{i=1}^n(X_i-\bar{X})^2/(n-1)$, c 由下式确定:

$$\mathbb{P}(T>c\mid\mu=\mu_0)=\alpha.$$

当 $\mu=\mu_0$ 时, $T\sim t_{n-1}$, 故知 $c=t_{n-1}(\alpha)$.

类似在 5.2 节中所述, 上述检验的功效函数 $\beta_\varphi(\mu)$ 是 μ 的单调增函数, 故有

$$\beta_\varphi(\mu)\leqslant\beta_\varphi(\mu_0)=\alpha,\quad \mu\leqslant\mu_0.$$

因此, 当 $0<\alpha<1/2$ 时,

$$\varphi(\boldsymbol{x})=\begin{cases}1, & T(\boldsymbol{x})>t_{n-1}(\alpha),\\ 0, & T(\boldsymbol{x})\leqslant t_{n-1}(\alpha)\end{cases}$$

为检验问题 (5.3.7) 的水平为 α 的似然比检验. 这与在 5.2 节中用直观方法求得的检验结果是一致的. □

类似方法可求得检验问题

$$H_0:\mu\geqslant\mu_0\leftrightarrow H_1:\mu<\mu_0 \tag{5.3.8}$$

的水平为 α 的似然比检验, 这留给读者作为练习.

例 5.3.3 设 $\boldsymbol{X}=(X_1,\cdots,X_n)$ 为自正态分布总体 $N(\mu,\sigma^2)$ 中抽取的随机样本, 考虑如下检验问题的水平为 α 的似然比检验:

$$H_0:\sigma^2=\sigma_0^2\leftrightarrow H_1:\sigma^2\neq\sigma_0^2, \tag{5.3.9}$$

其中 σ_0^2 和 α 给定.

解 此时似然函数仍为式 (5.3.5), 参数空间 Θ 如例 5.3.1, 而

$$\Theta_0=\left\{\boldsymbol{\theta}=(\mu,\sigma^2):-\infty<\mu<\infty,\ \sigma^2=\sigma_0^2\right\}, \tag{5.3.10}$$

$L_\Theta(\boldsymbol{x})$ 也与例 5.3.1 相同, 但

$$\begin{aligned}&L_{\Theta_0}(\boldsymbol{x})\\&=\sup_\mu\left\{(2\pi\sigma_0^2)^{-n/2}\exp\left\{-\frac{1}{2\sigma_0^2}\sum_{i=1}^n(x_i-\mu)^2\right\}\right\}\\&=(2\pi\sigma_0^2)^{-n/2}\exp\left\{-\frac{1}{2\sigma_0^2}\sum_{i=1}^n(x_i-\bar{x})^2\right\},\end{aligned}$$

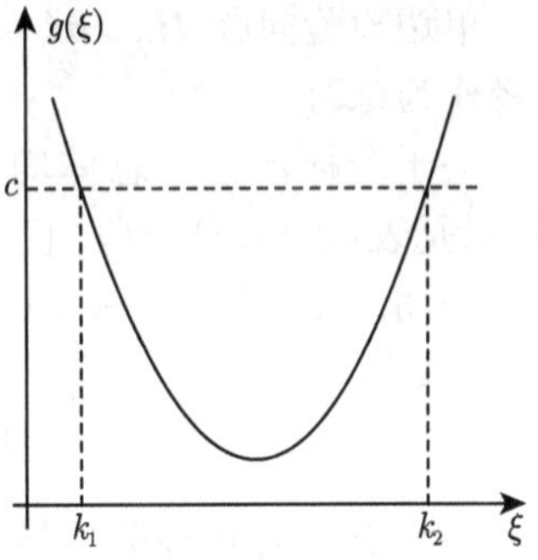

图 5.3.1 $g(\xi)$ 的形状图

因此有

$$\lambda(\boldsymbol{x})=\left(\frac{e}{n}\right)^{-n/2}\left[\frac{1}{\sigma_0^2}\sum_{i=1}^n(x_i-\bar{x})^2\right]^{-n/2}\exp\left\{\frac{1}{2\sigma_0^2}\sum_{i=1}^n(x_i-\bar{x})^2\right\}.$$

令 $\xi=\xi(\boldsymbol{x})=\dfrac{1}{\sigma_0^2}\sum\limits_{i=1}^n(x_i-\bar{x})^2$, $g(\xi)=\xi^{-\frac{n}{2}}e^{\xi/2}$, 则在 $\xi>0$ 时 $g(\xi)$ 关于 ξ 先降后升, 且当 $\xi\to0$ 和 $\xi\to\infty$ 时, $g(\xi)$ 的极限皆为 ∞, 其形状如图 5.3.1 所示. 故似然比检验的接受域为 $\bar{D}=\{\boldsymbol{X}:g(\xi(\boldsymbol{X}))\leqslant c\}=\left\{\boldsymbol{X}:k_1\leqslant\sum\limits_{i=1}^n(X_i-\bar{X})^2\Big/\sigma_0^2\leqslant k_2\right\}$.

由于在 H_0 成立时, $\xi(\boldsymbol{X})=\sum\limits_{i=1}^n(X_i-\bar{X})^2\Big/\sigma_0^2\sim\chi_{n-1}^2$, 因而 k_1 和 k_2 为下列

方程组的解:

$$\begin{cases} g(k_1)=g(k_2), \\ \mathbb{P}(k_1\leqslant\xi(\boldsymbol{X})\leqslant k_2 \mid H_0)=1-\alpha \end{cases} \Longleftrightarrow \begin{cases} k_1^{n/2}e^{-k_1/2} = k_2^{n/2}e^{-k_2/2}, \\ \mathbb{P}(\xi(\boldsymbol{X}) < k_1|H_0)+\mathbb{P}(\xi(\boldsymbol{X}) > k_2|H_0)=\alpha. \end{cases} \tag{5.3.11}$$

方程 (5.3.11) 的解不易得到, 一般取

$$\mathbb{P}(\xi(\boldsymbol{X}) < k_1|H_0) = \frac{\alpha}{2}, \quad \mathbb{P}(\xi(\boldsymbol{X}) > k_2|H_0) = \frac{\alpha}{2},$$

得到

$$k_1 = \chi^2_{n-1}(1-\alpha/2), \quad k_2 = \chi^2_{n-1}(\alpha/2).$$

因此检验问题 (5.3.9) 的水平为 α 的似然比检验是

$$\varphi(\boldsymbol{x}) = \begin{cases} 0, & \chi^2_{n-1}(1-\alpha/2) \leqslant \dfrac{1}{\sigma_0^2}\displaystyle\sum_{i=1}^n (x_i-\bar{x})^2 \leqslant \chi^2_{n-1}(\alpha/2), \\ 1, & 其他. \end{cases}$$

这与在 5.2 节中用直观方法求得的单个正态总体方差的检验结果是一致的. □

单边检验问题 $H_0:\sigma^2\leqslant\sigma_0^2 \leftrightarrow H_1:\sigma^2>\sigma_0^2$ 的水平为 α 的似然比检验留给读者作为练习.

关于两样本正态总体均值差和方差比的似然比检验的方法与前面的例子相同, 只是表达要复杂一些, 已将其放到习题中, 供读者练习.

例 5.3.4 设 $\boldsymbol{X}=(X_1,\cdots,X_n)$ 为自均匀分布总体 $U(0,\theta)$ 中抽取的随机样本, 求

$$H_0\colon\ \theta\leqslant\theta_0 \leftrightarrow H_1:\ \theta>\theta_0 \tag{5.3.12}$$

水平为 α 的似然比检验, 其中 α 和 θ_0 给定.

解 此时似然函数为

$$f(\boldsymbol{x},\theta) = \begin{cases} \theta^{-n}, & 0<x_{(n)}<\theta, \\ 0, & 其他. \end{cases}$$

参数空间 $\Theta=(0,\infty), \Theta_0=(0,\theta_0]$. 由于 $X_{(n)}=\max\{X_1,\cdots,X_n\}$ 为 θ 的 MLE, 故有

$$L_\Theta(\boldsymbol{x}) = \sup_{\theta\in\Theta} f(\boldsymbol{x},\theta) = (x_{(n)})^{-n}$$

和

$$L_{\Theta_0}(\boldsymbol{x}) = \sup_{\theta\in\Theta_0} f(\boldsymbol{x},\theta) = \begin{cases} L_\Theta(\boldsymbol{x}), & 0<x_{(n)}\leqslant\theta_0, \\ 0, & x_{(n)}>\theta_0. \end{cases}$$

因此有

$$\lambda(\boldsymbol{x}) = \begin{cases} 1, & 0<x_{(n)}\leqslant\theta_0, \\ \infty, & x_{(n)}>\theta_0. \end{cases}$$

由于 $\lambda(\boldsymbol{x})$ 为 $T(\boldsymbol{x})=x_{(n)}$ 的非降函数, 故检验的拒绝域为

$$D=\left\{\boldsymbol{X}=(X_1,\cdots,X_n):\ X_{(n)}>c\right\}. \qquad \square$$

注 5.3.1 为使检验水平等于 α, 将集合 $G=\{\boldsymbol{x}=(x_1,\cdots,x_n):\lambda(\boldsymbol{x})=1\}$ 分为两部分 $G_1=\{\boldsymbol{x}:c<x_{(n)}\leqslant\theta_0\},G_2=G-G_1$, 则 $G_1\cup\{\boldsymbol{x}:\lambda(\boldsymbol{x})=\infty\}=\{\boldsymbol{x}:x_{(n)}>c\}$ 为检验问题 (5.3.12) 的拒绝域是合理的.

由于 $T=X_{(n)}$ 的密度函数为 $g(t)=nt^{n-1}/\theta^n\cdot I_{(0,\theta)}(t)$, 故由

$$\alpha=\mathbb{P}\left(X_{(n)}>c|\theta=\theta_0\right)=\int_c^{\theta_0}\frac{nt^{n-1}}{\theta_0^n}dt=1-\left(\frac{c}{\theta_0}\right)^n,$$

解出 $c=\theta_0\sqrt[n]{1-\alpha}$, 故拒绝域为

$$D=\left\{\boldsymbol{X}:\ X_{(n)}>\theta_0\sqrt[n]{1-\alpha}\right\}.$$

检验的功效函数为

$$\begin{aligned}\beta_\varphi(\theta)=&\mathbb{P}_\theta\left(X_{(n)}>\theta_0\sqrt[n]{1-\alpha}\right)=\int_{\theta_0\sqrt[n]{1-\alpha}}^{\theta}\frac{nt^{n-1}}{\theta^n}dt\\=&\frac{1}{\theta^n}[\theta^n-\theta_0^n(1-\alpha)]=1-(1-\alpha)\left(\frac{\theta_0}{\theta}\right)^n.\end{aligned}$$

它是 θ 的单调增函数, 故有

$$\beta_\varphi(\theta)\leqslant\beta_\varphi(\theta_0),\quad \theta\leqslant\theta_0,$$

因此以 D 为拒绝域的检验水平为 α. 因此

$$\varphi(\boldsymbol{x})=\begin{cases}1, & x_{(n)}>\theta_0\sqrt[n]{1-\alpha},\\ 0, & x_{(n)}\leqslant\theta_0\sqrt[n]{1-\alpha}\end{cases}$$

为检验问题 (5.3.12) 的水平为 α 的似然比检验.

例 5.3.5 设简单样本 $\boldsymbol{X}=(X_1,\cdots,X_n)$ 取自指数分布, 其密度函数为

$$f(x,\lambda)=\frac{1}{\lambda}\exp\left\{-\frac{x}{\lambda}\right\}I_{(0,\infty)}(x).$$

求检验问题

$$H_0:\ \lambda=\lambda_0\leftrightarrow H_1:\ \lambda\neq\lambda_0 \tag{5.3.13}$$

的检验水平为 α 的似然比检验, 此处 λ_0 和 α 给定.

解 参数 λ 的似然函数为

$$L(\lambda,\boldsymbol{x})=\begin{cases}\lambda^{-n}\exp\left\{-n\bar{x}/\lambda\right\}, & x_1,\cdots,x_n>0,\\ 0, & \text{其他},\end{cases}$$

参数空间和 H_0 对应的参数空间的子集分别为 $\Theta=(0,\infty)$ 和 $\Theta_0=\{\lambda:\ \lambda=\lambda_0\}$. 由于 λ 的最大似然估计为 $\hat{\lambda}=\bar{X}$, 故在 Θ 和 Θ_0 上似然函数的最大值分别为

$$L_\Theta(\boldsymbol{x})=\sup_{\lambda\in\Theta}L(\lambda,\boldsymbol{x})=e^{-n}/\bar{x}^n,$$

$$L_{\Theta_0}(\boldsymbol{x}) = L(\lambda_0, \boldsymbol{x}) = \lambda_0^{-n} \exp\{-n\bar{x}/\lambda_0\}.$$

记 $t = T(\boldsymbol{x}) = \sum_{i=1}^{n} x_i = n\bar{x}$, 则似然比为

$$\lambda(\boldsymbol{x}) = \frac{L_{\Theta}(\boldsymbol{x})}{L_{\Theta_0}(\boldsymbol{x})} = \frac{n^n \lambda_0^n}{e^n t^n} \exp\{t/\lambda_0\} = c \cdot g(t).$$

此处 $c = (n\lambda_0/e)^n$, $g(t) = t^{-n}e^{t/\lambda_0}$. 显见当 $t \to \infty$ 和 $t \to 0$ 时 $g(t) \to \infty$, $g(t)$ 的形状与图 5.3.1 类似. 因此有

$$\varphi(\boldsymbol{x}) = \begin{cases} 1, & \lambda(\boldsymbol{x}) > c, \\ 0, & \lambda(\boldsymbol{x}) \leqslant c \end{cases} = \begin{cases} 1, & t < k_1 \text{ 或 } t > k_2, \\ 0, & \text{其他}. \end{cases}$$

由推论 2.3.1 可知, 当 H_0 成立时, $2T(\boldsymbol{X})/\lambda_0 \sim \chi^2_{2n}$. 此处 $T = T(\boldsymbol{X}) = \sum_{i=1}^{n} X_i$. 为确定临界值 k_1 和 k_2, 令

$$\mathbb{P}(T < k_1|H_0) = \mathbb{P}\left(\frac{2T}{\lambda_0} < \frac{2k_1}{\lambda_0}\right) = \frac{\alpha}{2},$$

$$\mathbb{P}(T > k_2|H_0) = \mathbb{P}\left(\frac{2T}{\lambda_0} > \frac{2k_2}{\lambda_0}\right) = \frac{\alpha}{2},$$

得到

$$k_1 = \frac{\lambda_0}{2}\chi^2_{2n}\left(1 - \frac{\alpha}{2}\right), \quad k_2 = \frac{\lambda_0}{2}\chi^2_{2n}\left(\frac{\alpha}{2}\right).$$

因此检验问题 (5.3.13) 的检验水平为 α 的似然比检验为

$$\varphi(\boldsymbol{x}) = \begin{cases} 1, & t < \frac{\lambda_0}{2}\chi^2_{2n}\left(1 - \frac{\alpha}{2}\right) \text{ 或 } t > \frac{\lambda_0}{2}\chi^2_{2n}\left(\frac{\alpha}{2}\right), \\ 0, & \text{其他}. \end{cases}$$ □

*5.3.3 似然比的渐近分布

在似然比检验的定义 5.3.1 中, 为了确定式 (5.3.3) 中的 c 和 r, 就需要知道似然比 $\lambda(\boldsymbol{X})$ 在零假设成立时的分布. 在简单的例子中, 如 5.3.2 小节的几个例子中, 似然比的精确分布可以求得. 但在许多情况下, 似然比有很多复杂的形状, 其精确分布无法求得. 1938 年, 威尔克斯 (S. S. Wilks) 证明了: 若 $X_1, \cdots, X_n$ 是简单样本, 则当 $n \to \infty$ 时, 在零假设成立之下, 似然比有一个简单的极限分布. 利用它的极限分布可近似决定式 (5.3.3) 中的 c 和 r.

Wilks 定理的确切陈述需要列出一大堆关于总体概率分布的假定, 其证明也很复杂. 略去这些陈述, 只强调其中一个至关重要之点, 即要求参数空间 Θ 的维数要高于零假设成立时 Θ_0 的维数, 如样本 $X_1, \cdots, X_n$ i.i.d. $\sim N(\mu, \sigma^2)$, $H_0: \mu = \mu_0 \leftrightarrow H_1: \mu \neq \mu_0$, 则 $\Theta = \{\theta = (\mu, \sigma^2): -\infty < \mu < \infty,\ \sigma^2 > 0\}$ 是 R_2 中的上半平面, Θ 的维数是 2; 而 $\Theta_0 = \{\theta = (\mu, \sigma^2): \mu = \mu_0,\ \sigma^2 > 0\}$, 它是 Θ 中的一条直

线, 其维数为 1. 因此, 此例中 Θ 维数高于 Θ_0 的维数. 又如球体是三维集, 空间的一个点是零维集. 明确了这一点, Wilks 的定理大致可表达为

定理 5.3.1

设 $X_1,\cdots,X_n$ 来自密度为 $f(x,\boldsymbol{\theta})$ 的总体的简单样本, 其中 $\boldsymbol{\theta}$ 为参数, 总体密度函数 f 满足一定的正则条件. 对检验问题 (5.3.1), 记参数空间 Θ 的维数为 k, Θ_0 的维数为 s, 若 $k-s=d>0$, 则在零假设 H_0 成立之下, 当样本大小 $n\to\infty$ 时有

$$2\ln\lambda(\boldsymbol{X})\xrightarrow{\mathscr{L}}\chi_d^2.$$

♡

定理的证明见文献 [1] 第 326 页. 还有一点需要明确: 零假设 Θ_0 中可以包含不止一个点, 定理 5.3.1 的含义是: 不论真参数落在 Θ_0 中何处, $2\ln\lambda(\boldsymbol{X})$ 的极限分布总是自由度为 d 的 χ^2 分布.

由定理 5.3.1 可知检验水平近似为 α 的拒绝域为: $D=\{\boldsymbol{X}: 2\ln\lambda(\boldsymbol{X})\geqslant\chi_d^2(\alpha)\}$.

例 5.3.6 设样本 $\boldsymbol{X}_i=(X_{i1},\cdots,X_{in_i})$ 为从正态总体 $N(\mu_i,\sigma_i^2)$, $i=1,\cdots,m$ 中抽取的简单样本, 且全部样本独立. 要检验假设

$$H_0:\ \sigma_1^2=\cdots=\sigma_m^2\leftrightarrow H_1:\ \sigma_1^2,\cdots,\sigma_m^2\text{不完全相同}.$$

解 记 $\boldsymbol{\theta}=(\mu_1,\cdots,\mu_m;\sigma_1^2,\cdots,\sigma_m^2)$, 易见 $\boldsymbol{\theta}$ 的似然函数为

$$L(\boldsymbol{\theta};\boldsymbol{x}_1,\cdots,\boldsymbol{x}_m)=\prod_{i=1}^m\left[(2\pi\sigma_i^2)^{-\frac{n_i}{2}}\exp\left\{-\frac{1}{2\sigma_i^2}\sum_{j=1}^{n_i}(x_{ij}-\mu_i)^2\right\}\right]$$

$$=\prod_{i=1}^m\left[(2\pi\sigma_i^2)^{-\frac{n_i}{2}}\exp\left\{-\frac{1}{2\sigma_i^2}\sum_{j=1}^{n_i}\left[(x_{ij}-\bar{x}_i)^2+(\bar{x}_i-\mu)^2\right]\right\}\right],$$

参数空间为 $\Theta=\{\boldsymbol{\theta}=(\mu_1,\cdots,\mu_m;\sigma_1^2,\cdots,\sigma_m^2):\ \mu_i\in\mathbb{R},\ \sigma_i^2>0\}$, 其维数为 $k=2m$. 零假设对应的 Θ 的子空间为 $\Theta_0=\{\boldsymbol{\theta}=(\mu_1,\cdots,\mu_m;\sigma_1^2,\cdots,\sigma_m^2):\ \mu_i\in\mathbb{R},\ \sigma_1^2=\cdots=\sigma_m^2>0\}$, 其维数为 $s=m+1$. 记

$$\bar{X}_i=\frac{1}{n_i}\sum_{j=1}^{n_i}X_{ij},\quad S_i^2=\frac{1}{n_i}\sum_{j=1}^{n_i}(X_{ij}-\bar{X}_i)^2,\quad S^2=\frac{1}{n}\sum_{i=1}^m n_iS_i^2,\tag{5.3.14}$$

此处 $n=\sum\limits_{i=1}^m n_i$. 易见, μ_i 和 σ_i^2 的 MLE 分别为 $\hat{\mu}_i=\bar{X}_i$, $\hat{\sigma}_i^2=S_i^2$, $i=1,\cdots,m$. 故

$$L_\Theta(\boldsymbol{x}_1,\cdots,\boldsymbol{x}_m)=\sup_{\boldsymbol{\theta}\in\Theta}L(\boldsymbol{\theta};\boldsymbol{x}_1,\cdots,\boldsymbol{x}_m)=(2\pi e)^{-\frac{n}{2}}\prod_{i=1}^m s_i^{-n_i}.$$

当 $\sigma_1^2=\cdots=\sigma_m^2=\sigma^2$ 时, σ^2 的 MLE 为 $\hat{\sigma}^2=S^2$, 故

$$L_{\Theta_0}(\boldsymbol{x}_1,\cdots,\boldsymbol{x}_m)=\sup_{\boldsymbol{\theta}\in\Theta_0}L(\boldsymbol{\theta};\boldsymbol{x}_1,\cdots,\boldsymbol{x}_m)=(2\pi e)^{-\frac{n}{2}}s^{-n}.$$

因此不难算出

$$\lambda(\boldsymbol{x}_1,\cdots,\boldsymbol{x}_m)=\frac{L_{\Theta}(\boldsymbol{x}_1,\cdots,\boldsymbol{x}_m)}{L_{\Theta_0}(\boldsymbol{x}_1,\cdots,\boldsymbol{x}_m)}=s^n\Bigg/\prod_{i=1}^{m}s_i^{n_i}.$$

令

$$Y_n(\boldsymbol{x}_1,\cdots,\boldsymbol{x}_m)\equiv 2\ln\lambda(\boldsymbol{x}_1,\cdots,\boldsymbol{x}_m)=n\ln s^2-\sum_{i=1}^{m}n_i\ln s_i^2.$$

由定理 5.3.1 可知, 当 H_0 成立且当 $\min\{n_1,n_2,\cdots,n_m\}\to\infty$ 时, 有

$$Y_n(\boldsymbol{X}_1,\cdots,\boldsymbol{X}_m)\xrightarrow{\mathscr{L}}\chi_d^2=\chi_{m-1}^2,$$

其中 $d=k-s=2m-(m+1)=m-1$. 由此得到大样本检验有水平近似为 α 的拒绝域

$$D=\left\{(\boldsymbol{X}_1,\cdots,\boldsymbol{X}_m):Y_n(\boldsymbol{X}_1,\cdots,\boldsymbol{X}_m)>\chi_{m-1}^2(\alpha)\right\}.\qquad\square$$

*5.3.4 Wald 检验和得分检验

和似然比检验相关的另外两个常用检验是 Wald 检验 (A. Wald, 1943) 和得分检验 (C. R. Rao, 1948) (也称为拉格朗日乘子检验). 许多与似然方法有关的检验问题可以视为是似然比检验、Wald 检验或拉格朗日乘子检验.

设 $\boldsymbol{X}=(X_1,\cdots,X_n)$ 为来自总体密度 $f(x,\boldsymbol{\theta})$ 的简单样本, 其中 $\boldsymbol{\theta}$ 为 k 维未知参数, 总体密度函数 f 满足一定的正则条件. 考虑假设检验问题

$$H_0:\boldsymbol{h}(\boldsymbol{\theta})=\boldsymbol{0}\leftrightarrow H_1:\boldsymbol{h}(\boldsymbol{\theta})\neq\boldsymbol{0},\tag{5.3.15}$$

其中 $\boldsymbol{h}:\mathbb{R}^k\mapsto\mathbb{R}^d$ 为向量实值函数 $(d<k)$, 其每个分量均连续可导且 $d\times k$ 矩阵 $\boldsymbol{B}(\boldsymbol{\theta})=\partial\boldsymbol{h}(\boldsymbol{\theta})/\partial\boldsymbol{\theta}\triangleq\nabla\boldsymbol{h}(\boldsymbol{\theta})$ 的秩为 d.

例 5.3.7 设参数向量 $\boldsymbol{\theta}=(\theta_1,\theta_2,\theta_3)$, $\Theta=\mathbb{R}^3$. 考虑假设

$$H_0:\theta_1=0,\quad \theta_2+\theta_3=1,$$

其中 θ_j 表示参数向量 $\boldsymbol{\theta}$ 的第 j 个分量. 将检验问题表示为式 (5.3.15) 的形式, 并求出矩阵 $\boldsymbol{B}(\boldsymbol{\theta})$ 的表达式.

解 函数 $\boldsymbol{h}(\boldsymbol{\theta})=(h_1(\boldsymbol{\theta}),h_2(\boldsymbol{\theta}))^{\mathrm{T}}$ 是 $\mathbb{R}^3\to\mathbb{R}^2$ 的变换, 其中

$$\begin{aligned}h_1(\boldsymbol{\theta})&=h_1(\theta_1,\theta_2,\theta_3)=\theta_1,\\h_2(\boldsymbol{\theta})&=h_2(\theta_1,\theta_2,\theta_3)=\theta_2+\theta_3-1.\end{aligned}$$

此时, $k=3$, $d=2$ 以及

$$\boldsymbol{B}(\boldsymbol{\theta})=\begin{bmatrix}\dfrac{\partial h_1}{\partial\theta_1}&\dfrac{\partial h_1}{\partial\theta_2}&\dfrac{\partial h_1}{\partial\theta_3}\\\dfrac{\partial h_2}{\partial\theta_1}&\dfrac{\partial h_2}{\partial\theta_2}&\dfrac{\partial h_2}{\partial\theta_3}\end{bmatrix}=\begin{bmatrix}1&0&0\\0&1&1\end{bmatrix}$$

的秩为 2.

1. Wald 检验

记 $\ell_n(\boldsymbol{\theta}) = \ln L_n(\boldsymbol{\theta})$ 为对数似然函数, $\widehat{\boldsymbol{\theta}}_n$ 为 $\boldsymbol{\theta}$ 的 MLE. 对检验问题 (5.3.15), 由于 MLE $\widehat{\boldsymbol{\theta}}_n$ 为 $\boldsymbol{\theta}$ 的相合估计, 因此当零假设 $H_0 : \boldsymbol{h}(\boldsymbol{\theta}) = \boldsymbol{0}$ 成立时, $\boldsymbol{h}(\widehat{\boldsymbol{\theta}}_n) \approx \boldsymbol{0}$. 因此 Wald 检验通过检查其偏离 $\boldsymbol{0}$ 的程度对零假设进行检验.

定理 5.3.2

对检验问题 (5.3.15), 若总体密度函数 f 满足一定的正则条件, 则在零假设 H_0 下, 当 $n \to \infty$ 时 Wald 检验统计量

$$W_n = n\boldsymbol{h}^{\mathrm{T}}(\widehat{\boldsymbol{\theta}}_n)[\boldsymbol{B}(\widehat{\boldsymbol{\theta}}_n)\boldsymbol{I}^{-1}(\widehat{\boldsymbol{\theta}}_n)\boldsymbol{B}^{\mathrm{T}}(\widehat{\boldsymbol{\theta}}_n)]^{-1}\boldsymbol{h}(\widehat{\boldsymbol{\theta}}_n) \xrightarrow{\mathscr{L}} \chi_d^2. \tag{5.3.16}$$

♡

证 由 $\boldsymbol{\theta}$ 的 MLE 的大样本性质 (见注 3.3.6) 可知, 在正则条件下, $\sqrt{n}(\widehat{\boldsymbol{\theta}}_n - \boldsymbol{\theta}) \xrightarrow{\mathscr{L}} N(0, I^{-1}(\boldsymbol{\theta}))$.

根据 Delta 方法 (见第 2 章附录 A.14), 有

$$\sqrt{n}(\boldsymbol{h}(\widehat{\boldsymbol{\theta}}_n) - \boldsymbol{h}(\boldsymbol{\theta})) \xrightarrow{\mathscr{L}} N(0, \boldsymbol{B}(\boldsymbol{\theta})\boldsymbol{I}^{-1}(\boldsymbol{\theta})\boldsymbol{B}^{\mathrm{T}}(\boldsymbol{\theta})).$$

由推论 2.3.2 可知, 在 H_0 成立的条件下

$$\widetilde{W}_n = n\boldsymbol{h}^{\mathrm{T}}(\widehat{\boldsymbol{\theta}}_n)\left[\boldsymbol{B}(\boldsymbol{\theta})\boldsymbol{I}^{-1}(\boldsymbol{\theta})\boldsymbol{B}^{\mathrm{T}}(\boldsymbol{\theta})\right]^{-1}\boldsymbol{h}(\widehat{\boldsymbol{\theta}}_n) \xrightarrow{\mathscr{L}} \chi_d^2. \tag{5.3.17}$$

由连续映射定理知 $\boldsymbol{I}(\widehat{\boldsymbol{\theta}}_n) \xrightarrow{P} \boldsymbol{I}(\boldsymbol{\theta})$ 和 $\boldsymbol{B}(\widehat{\boldsymbol{\theta}}_n) \xrightarrow{P} \boldsymbol{B}(\boldsymbol{\theta})$, 因此在 H_0 下, 当真值 $\boldsymbol{\theta}$ 未知时使用 $\widehat{\boldsymbol{\theta}}_n$ 代替它, 有

$$W_n = n\boldsymbol{h}^{\mathrm{T}}(\widehat{\boldsymbol{\theta}}_n)[\boldsymbol{B}(\widehat{\boldsymbol{\theta}}_n)\boldsymbol{I}^{-1}(\widehat{\boldsymbol{\theta}}_n)\boldsymbol{B}^{\mathrm{T}}(\widehat{\boldsymbol{\theta}}_n)]^{-1}\boldsymbol{h}(\widehat{\boldsymbol{\theta}}_n) \xrightarrow{\mathscr{L}} \chi_d^2.$$

即式 (5.3.16) 成立. □

由定理 5.3.2 可知, 检验问题 (5.3.15) 的渐近水平 α 的 Wald 检验函数为

$$\varphi(\boldsymbol{x}) = \begin{cases} 1, & W_n > \chi_d^2(\alpha), \\ 0, & \text{其他}. \end{cases}$$

2. 得分检验

得分检验也称为拉格朗日乘子检验. 考虑检验问题 (5.3.15) 在零假设 H_0 成立下参数 $\boldsymbol{\theta}$ 的最大似然估计. 因此, 我们首先引入拉格朗日函数:

$$H(\boldsymbol{\theta}) = \ell_n(\boldsymbol{\theta}) - \boldsymbol{\lambda}^{\mathrm{T}}\boldsymbol{h}(\boldsymbol{\theta}),$$

其中零假设 $\boldsymbol{h}(\boldsymbol{\theta}) = \boldsymbol{0}$ 视为约束条件, $\ell_n(\boldsymbol{\theta}) = \ln L_n(\boldsymbol{\theta})$ 为 $\boldsymbol{\theta}$ 的对数似然函数. 由拉格朗日乘子法, 对拉格朗日函数 $H(\boldsymbol{\theta})$ 关于 $\boldsymbol{\theta}$ 和 $\boldsymbol{\lambda}$ 分别求偏导数得下列方程组:

$$\begin{cases} \nabla\ell_n(\boldsymbol{\theta}) + \nabla\boldsymbol{h}(\boldsymbol{\theta})\boldsymbol{\lambda} = 0, \\ \boldsymbol{h}(\boldsymbol{\theta}) = \boldsymbol{0}, \end{cases}$$

其中 $\nabla_{\boldsymbol{\theta}} = \nabla$ 表示对 $\boldsymbol{\theta}$ 求偏导数. 上述方程组的解就是 $\boldsymbol{\theta}$ 的带约束条件的 MLE, 记为 $\widehat{\boldsymbol{\theta}}_n^R$. 将 $\boldsymbol{\theta}$ 用 $\widehat{\boldsymbol{\theta}}_n^R$ 代入, 显然方程组仍成立,

定理 5.3.3

设 $X_1, \cdots, X_n$ 来自密度为 $f(x, \boldsymbol{\theta})$ 的总体的简单样本, 其中 $\boldsymbol{\theta}$ 为 k 维未知参数, 总体密度函数 f 满足 C-R 正则条件. 考虑假设检验问题 (5.3.15), 则在零假设 H_0 下, 当 $n \to \infty$ 时有得分检验统计量

$$\mathrm{LM}_n = \boldsymbol{U}_n^{\mathrm{T}}\big(\widehat{\boldsymbol{\theta}}_n^R\big)\boldsymbol{I}^{-1}\big(\widehat{\boldsymbol{\theta}}_n^R\big)\boldsymbol{U}_n\big(\widehat{\boldsymbol{\theta}}_n^R\big) \xrightarrow{\mathscr{L}} \chi_d^2,$$

其中 n 是样本大小, $\boldsymbol{U}_n(\boldsymbol{\theta}) = n^{-1/2}\nabla\ell_n(\boldsymbol{\theta})$, 而 $\nabla\ell_n(\boldsymbol{\theta})$ 为得分函数, $\boldsymbol{I}(\boldsymbol{\theta})$ 是 Fisher 信息阵.

♡

定理的证明见本章附录或参看文献 [20] 6.4.2 小节.

由定理可知, 检验问题 (5.3.15) 的检验水平近似为 α 的得分检验函数为

$$\varphi(\boldsymbol{x}) = \begin{cases} 1, & \mathrm{LM}_n > \chi_d^2(\alpha), \\ 0, & \text{其他}. \end{cases}$$

例 5.3.8 西班牙足球甲级联赛是世界上最高水平的足球联赛之一, 吸引了世界球迷的目光, 巴萨与皇马的德比之战更是令世界瞩目. 截至 2022 年 1 月, 巴萨和皇马交手共 248 次, 巴萨获胜 96 场, 皇马获胜 100 场, 双方打平 52 场. 试问巴萨和皇马的水平是否相当?

解 假设两支球队水平稳定, 各次比赛之间独立. 记每次比赛的结果为 (X_1, X_2), 其取值 $(1,0)$ 表示巴萨获胜, $(0,1)$ 表示皇马获胜, $(0,0)$ 表示平局, 取三组值的概率分别为 $(p_1,\ p_2,\ p_3 = 1 - p_1 - p_2)$, 则每次比赛的结果 X 服从下列三项分布 (忽略常数因子):

$$f(x_1, x_2; p_1, p_2) = p_1^{x_1} p_2^{x_2}(1 - p_1 - p_2)^{1 - x_1 - x_2}.$$

则考虑检验问题

$$H_0 : p_1 = p_2 \leftrightarrow H_1 : p_1 \neq p_2.$$

(1) 用似然比检验方法. 由于似然函数为 (记 $x_1 = n_1, x_2 = n_2$)

$$L_n(p_1, p_2) = p_1^{n_1} p_2^{n_2}(1 - p_1 - p_2)^{n - n_1 - n_2}, \tag{5.3.18}$$

其中 $n = 248, n_1 = 96, n_2 = 100$. 易知 p_1, p_2 的 MLE 分别为 $\hat{p}_1 = n_1/n, \hat{p}_2 = n_2/n$, 故

$$L_n(\hat{p}_1, \hat{p}_2) = \hat{p}_1^{n_1} \hat{p}_2^{n_2}(1 - \hat{p}_1 - \hat{p}_2)^{n - n_1 - n_2}.$$

在零假设 H_0 下, 总体分布为 $f(x_1,x_2;p)=p^{x_1+x_2}(1-2p)^{1-x_1-x_2}$. 似然函数为

$$L_0(p)=p^{n_1+n_2}(1-2p)^{n-n_1-n_2},$$

其中 p 的 MLE 为 $\widehat{p}=(n_1+n_2)/(2n)=(\widehat{p}_1+\widehat{p}_2)/2$ 故有

$$L_0(\widehat{p})=\widehat{p}^{n_1+n_2}(1-2\widehat{p})^{n-n_1-n_2},$$

从而似然比检验统计量为

$$\lambda=\frac{L_n(\widehat{p}_1,\widehat{p}_2)}{L_0(\widehat{p})}=\left(\frac{2\widehat{p}_1}{\widehat{p}_1+\widehat{p}_2}\right)^{n\widehat{p}_1}\left(\frac{2\widehat{p}_2}{\widehat{p}_1+\widehat{p}_2}\right)^{n\widehat{p}_2}.$$

由定理 5.3.1 可知检验水平近似为 α 的似然比检验拒绝域为 $2\ln\lambda>\chi_1^2(\alpha)$.

将数据 $n_1=96$, $n_2=100$ 代入上式有

$$\begin{aligned}2\ln\lambda&=2\left[n_1\ln\left(\frac{2n_1}{n_1+n_2}\right)+n_2\ln\left(\frac{2n_2}{n_1+n_2}\right)\right]\\&=2(-1.9795+2.0203)=0.0816.\end{aligned}$$

由定理 5.3.1 可知此处 $k=2$, $s=1$, $\alpha=0.05$ 查表得 $\chi_{k-s}^2(\alpha)=\chi_1^2(0.05)=3.841>2\ln\lambda=0.0816$, 不足以拒绝 H_0, 即在检验水平 $\alpha=0.05$ 下没有充分证据表明两支足球队水平有显著差异.

(2) 用 Wald 检验方法. 记 $\boldsymbol{\theta}=(p_1,p_2)^{\mathrm{T}}$, 零假设 H_0 可以表示为 $H_0:h(\boldsymbol{\theta})=p_1-p_2=0$. $\boldsymbol{\theta}$ 的最大似然估计为 $\widehat{\boldsymbol{\theta}}=(\widehat{p}_1,\widehat{p}_2)^{\mathrm{T}}$, 且满足

$$\sqrt{n}(\widehat{\boldsymbol{\theta}}-\boldsymbol{\theta})\xrightarrow{\mathscr{L}}N(0,\boldsymbol{I}^{-1}(\boldsymbol{\theta})),$$

其中 Fisher 信息阵为

$$\boldsymbol{I}(\boldsymbol{\theta})=\begin{pmatrix}p_1^{-1}+p_3^{-1} & p_3^{-1}\\ p_3^{-1} & p_2^{-1}+p_3^{-1}\end{pmatrix}.$$

因此, $\boldsymbol{I}(\boldsymbol{\theta})$ 的逆矩阵为

$$\boldsymbol{I}^{-1}(\boldsymbol{\theta})=\begin{pmatrix}p_1(1-p_1) & -p_1p_2\\ -p_1p_2 & p_2(1-p_2)\end{pmatrix}. \tag{5.3.19}$$

注意 $h(\boldsymbol{\theta})=p_1-p_2$ 以及 $\boldsymbol{B}=\partial h/\partial\boldsymbol{\theta}=(1,-1)$, 因此 Wald 检验统计量为

$$\begin{aligned}W_n&=n\boldsymbol{h}^{\mathrm{T}}(\widehat{\boldsymbol{\theta}}_n)[\boldsymbol{B}(\widehat{\boldsymbol{\theta}}_n)\boldsymbol{I}^{-1}(\widehat{\boldsymbol{\theta}}_n)\boldsymbol{B}^{\mathrm{T}}(\widehat{\boldsymbol{\theta}}_n)]^{-1}\boldsymbol{h}(\widehat{\boldsymbol{\theta}}_n)\\&=\frac{n(\widehat{p}_1-\widehat{p}_2)^2}{\boldsymbol{B}\boldsymbol{I}^{-1}(\widehat{\boldsymbol{\theta}})\boldsymbol{B}^{\mathrm{T}}}=\frac{n\left(\widehat{p}_1-\widehat{p}_2\right)^2}{\widehat{p}_1+\widehat{p}_2-\left(\widehat{p}_1-\widehat{p}_2\right)^2}.\end{aligned}$$

由定理 5.3.2 可知检验水平近似为 α 的拒绝域为 $W_n>\chi_1^2(\alpha)$. 将数据代入上式算得 $W_n=0.082<\chi_1^2(0.05)=3.841$, 因此不能拒绝 H_0, 即在 0.05 水平下没有充

分证据表明两支队伍水平有差异.

(3) 用得分检验方法. 记 $\boldsymbol{\theta}=(p_1,p_2)^{\mathrm{T}}$, 由式 (5.3.18) 可知, $\boldsymbol{\theta}$ 的对数似然函数为

$$\ell_n(\boldsymbol{\theta})=\ln L_n(\boldsymbol{\theta})=n_1\ln p_1+n_2\ln p_2+(n-n_1-n_2)\ln(1-p_1-p_2),$$

因此, 得分函数

$$\boldsymbol{U}_n(\boldsymbol{\theta})=\frac{1}{\sqrt{n}}\nabla\ell_n(\boldsymbol{\theta})=\frac{1}{\sqrt{n}}\begin{pmatrix}\dfrac{n_1}{p_1}-\dfrac{n-n_1-n_2}{1-p_1-p_2}\\[2mm]\dfrac{n_2}{p_2}-\dfrac{n-n_1-n_2}{1-p_1-p_2}\end{pmatrix}$$

是 2 维向量, $\boldsymbol{I}^{-1}(\boldsymbol{\theta})$ 由式 (5.3.19) 给出.

在零假设 H_0 下参数 θ 的最大似然估计 (MLE) 为 $\widehat{\boldsymbol{\theta}}_n^R=((n_1+n_2)/(2n),(n_1+n_2)/(2n))^{\mathrm{T}}$, 将 $\boldsymbol{U}_n(\boldsymbol{\theta})$ 和 $\boldsymbol{I}^{-1}(\boldsymbol{\theta})$ 中的 $\boldsymbol{\theta}$ 分别用其 MLE $\widehat{\boldsymbol{\theta}}_n^R$ 代替, 得到

$$\boldsymbol{U}_n^{\mathrm{T}}(\widehat{\boldsymbol{\theta}}_n^R)=\frac{1}{\sqrt{n}}\left(\frac{n(n_1-n_2)}{n_1+n_2},-\frac{n(n_1-n_2)}{n_1+n_2}\right),$$

$$I^{-1}(\widehat{\boldsymbol{\theta}}_n^R)=\begin{pmatrix}\dfrac{(n_1+n_2)(2n-n_1-n_2)}{4n^2} & -\dfrac{(n_1+n_2)^2}{4n^2}\\[2mm] -\dfrac{(n_1+n_2)^2}{4n^2} & \dfrac{(n_1+n_2)(2n-n_1-n_2)}{4n^2}\end{pmatrix}.$$

因此, 得分检验的检验统计量经计算为

$$LM_n=U_n^{\top}(\widehat{\theta}_n^R)I^{-1}(\widehat{\theta}_n^R)U_n(\widehat{\theta}_n^R)=\frac{(n_1-n_2)^2}{n_1+n_2}.$$

检验的拒绝域为 $LM_n>\chi_1^2(\alpha)$. 代入数据得到 $\mathrm{LM}_n=0.082<\chi_1^2(0.05)=3.841$, 因此不能拒绝零假设, 即在 0.05 水平下没有充分证据表明两支队伍水平有差异.

□

注 5.3.2 在似然框架下, Wald 检验、得分检验和似然比检验都是渐近等价的. 在小或中等规模样本容量下, 似然比检验的功效一般比前两者的功效更大.

似然比检验需要计算全参数空间下的最大似然估计 $\widehat{\boldsymbol{\theta}}_n$ 和零假设参数空间下的最大似然估计 $\widehat{\boldsymbol{\theta}}_n^R$. 似然比检验中, 似然比的对数度量了对数似然函数 $\ell_n(\widehat{\boldsymbol{\theta}}_n)$ 与 $\ell_n(\widehat{\boldsymbol{\theta}}_n^R)$ 之间的距离.

对零假设 $H_0:\boldsymbol{h}(\boldsymbol{\theta}_0)=\boldsymbol{0}$ (θ_0 是参数 θ 的真值), Wald 检验只需要计算全参数空间下的最大似然估计 $\widehat{\boldsymbol{\theta}}_n$, 它度量了 $\boldsymbol{h}(\widehat{\boldsymbol{\theta}}_n)$ 和 $\boldsymbol{h}(\boldsymbol{\theta}_0)=\boldsymbol{0}$ 之间的距离.

得分检验需要计算零假设参数空间下的最大似然估计 $\widehat{\boldsymbol{\theta}}_n^R$. 其度量了拉格朗日乘子与 0 之间的距离.

因此, 在实际应用中, 我们可以选择这些检验中计算比较简单的一种.

图 5.3.2 展示了三种检验方法的思想与区别.

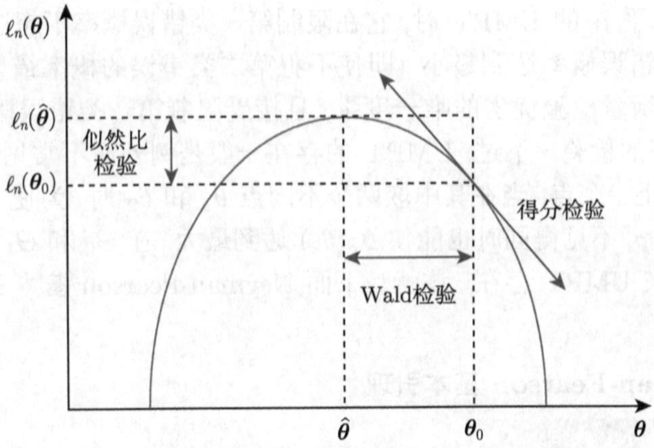

图 5.3.2　似然比检验、Wald 检验和得分检验的对比

*5.4　一致最优检验与无偏检验

5.4.1　引言及定义

设有分布族 $\{f(x,\theta),\ \theta\in\Theta\}$, 其中 Θ 为参数空间. 样本 $\boldsymbol{X}=(X_1,\cdots,X_n)$ 为从上述分布族抽取的简单样本, 如 5.1 节所述, 参数 θ 的假设检验问题可以表示成如下的一般形式:

$$H_0:\theta\in\Theta_0\leftrightarrow H_1:\theta\in\Theta_1, \tag{5.4.1}$$

其中 Θ_0 为参数空间 Θ 的非空真子集, $\Theta_1=\Theta-\Theta_0$.

对检验问题 (5.4.1) 可用几种不同方法去检验, 这就产生不同检验的比较问题, 以及在一定准则下寻求 "最优" 检验的问题. 这与在第 3 章参数估计问题中, 在无偏估计中找一致最小方差估计的问题完全相似. 下面先给出一致最优检验的定义.

定义 5.4.1 (一致最优检验)

设有检验问题 (5.4.1), 令 $0<\alpha<1$, 记 Φ_α 为式 (5.4.1) 的一切水平为 α 的检验的集合. 若 $\varphi\in\Phi_\alpha$, 且对任何检验 $\varphi_1\in\Phi_\alpha$, 有

$$\beta_\varphi(\theta)\geqslant\beta_{\varphi_1}(\theta),\quad \theta\in\Theta_1, \tag{5.4.2}$$

则称 φ 为式 (5.4.1) 的一个水平为 α 的一致最优检验 (uniformly most powerful test, UMPT). ♧

当 φ 为水平 α 的 UMPT 时, 它在限制第一类错误概率不超过 α 的条件下, 总使犯第二类错误概率达到最小 (即使不犯第二类错误的概率最大). 因此若以错误概率作为衡量检验优劣的唯一度量, 且接受限制第一类错误概率的原则, 则 UMPT 是最好的检验. 不过, UMPT 的存在一般是例外而不常见的. 理由如下: 若 Θ_1 包含不止一个点, 当在其中取两个不同点 θ_1 和 θ_2 时, 为使 $\beta_\varphi(\theta_1)$ 达到最大的那种检验 φ, 不见得同时也能使 $\beta_\varphi(\theta_2)$ 达到最大. 在 Θ_0 和 Θ_1 都只包含一个点时, 一般说来 UMPT 存在. 这就是下面 Neyman-Pearson 基本引理 (简称 NP 引理) 的内容.

5.4.2 Neyman-Pearson 基本引理

定理 5.4.1 (NP 引理)

设样本 $\boldsymbol{X}$ 的概率函数为 $f(\boldsymbol{x},\theta)$, 参数 θ 只有两个可能的值 θ_0 和 θ_1, 考虑下列检验问题:

$$H_0\colon \theta=\theta_0 \leftrightarrow H_1\colon \theta=\theta_1, \tag{5.4.3}$$

则对任给的 $0<\alpha<1$ 有

(1) 存在性. 对检验问题 (5.4.3) 必存在一个检验函数 $\varphi(\boldsymbol{x})$ 及非负常数 c 和 $0\leqslant r\leqslant 1$, 满足条件

(i)

$$\varphi(\boldsymbol{x})=\begin{cases}1, & f(\boldsymbol{x},\theta_1)/f(\boldsymbol{x},\theta_0)>c,\\ r, & f(\boldsymbol{x},\theta_1)/f(\boldsymbol{x},\theta_0)=c,\\ 0, & f(\boldsymbol{x},\theta_1)/f(\boldsymbol{x},\theta_0)<c;\end{cases} \tag{5.4.4}$$

(ii)

$$\mathbb{E}_{\theta_0}[\varphi(\boldsymbol{X})]=\alpha. \tag{5.4.5}$$

(2) 一致最优性 (或充分性). 任何满足式 (5.4.4) 和式 (5.4.5) 的检验 $\varphi(\boldsymbol{x})$ 是检验问题 (5.4.3) 的 UMPT.

(3) 唯一性 (或必要性). 若 $\varphi^*(\boldsymbol{x})$ 也是检验问题 (5.4.3) 的 UMPT 则必有 $\varphi^*(\boldsymbol{x})=\varphi(\boldsymbol{x})$ (a.e.), $\boldsymbol{x}\in S^+\cup S^-$(其定义见式 (5.4.6)). 又若 $\mathbb{E}_{\theta_1}\big[\varphi^*(\boldsymbol{x})\big]<1$, 则有 $\mathbb{E}_{\theta_0}\big[\varphi^*(\boldsymbol{x})\big]=\alpha$. ♡

注 5.4.1 (1) 在定理 5.4.1 中, 当样本分布为连续分布时, 式 (5.4.4) 中的随机化是不必要的. 这时取 $r=0$, 即式 (5.4.4) 变为

$$\varphi(\boldsymbol{x})=\begin{cases}1, & f(\boldsymbol{x},\theta_1)/f(\boldsymbol{x},\theta_0)>c,\\ 0, & f(\boldsymbol{x},\theta_1)/f(\boldsymbol{x},\theta_0)\leqslant c,\end{cases}$$

其中 c 由 $\mathbb{E}_{\theta_0}[\varphi(\boldsymbol{X})]=\mathbb{P}\big(f(\boldsymbol{X},\theta_1)/f(\boldsymbol{X},\theta_0)>c\,|H_0\big)=\alpha$ 来确定.

(2) 从 “似然性” 的观点去看 NP 引理是很清楚的: 对每个样本 $\boldsymbol{X}$, θ_1 和 θ_0 的 “似然度” 分别为 $f(\boldsymbol{x},\theta_1)$ 和 $f(\boldsymbol{x},\theta_0)$. 比值 $f(\boldsymbol{x},\theta_1)/f(\boldsymbol{x},\theta_0)$ 越大, 就反映在得到样本 $\boldsymbol{X}$ 时, θ 越像 θ_1 而非 θ_0, 这样的样本 $\boldsymbol{X}$ 就越倾向于否定 “$H_0:\theta=\theta_0$” 的假设.

证 (1) 先证明存在性. 记随机变量 $f(\boldsymbol{X},\theta_1)/f(\boldsymbol{X},\theta_0)$ 的分布函数为

$$G(y)=\mathbb{P}_{\theta_0}\left(\frac{f(\boldsymbol{X},\theta_1)}{f(\boldsymbol{X},\theta_0)}\leqslant y\right),\quad 0\leqslant y<\infty,$$

则 $G(y)$ 具有性质：单调非降、右连续且 $\lim\limits_{y\to\infty}G(y)=1$, $G(0)=0$, 则存在 c, $0<c<\infty$ 使得 $G(c-0)\leqslant 1-\alpha\leqslant G(c)$.

(i) 若 $G(c)=1-\alpha$, 则取 $r=0$, 这时由式 (5.4.4) 确定的 $\varphi(\boldsymbol{x})$ 满足

$$\begin{aligned}\mathbb{E}_{\theta_0}[\varphi(\boldsymbol{X})]&=\mathbb{P}_{\theta_0}\left(\frac{f(\boldsymbol{X},\theta_1)}{f(\boldsymbol{X},\theta_0)}>c\right)\\&=1-\mathbb{P}_{\theta_0}\left(\frac{f(\boldsymbol{X},\theta_1)}{f(\boldsymbol{X},\theta_0)}\leqslant c\right)=1-G(c)=\alpha.\end{aligned}$$

(ii) 若 $G(c-0)=1-\alpha$, 则取 $r=1$, 此时由式 (5.4.4) 定义的 $\varphi(\boldsymbol{x})$ 满足

$$\begin{aligned}\mathbb{E}_{\theta_0}[\varphi(\boldsymbol{X})]&=\mathbb{P}\left(f(\boldsymbol{X},\theta_1)/f(\boldsymbol{X},\theta_0)>c\right)+\mathbb{P}\left(f(\boldsymbol{X},\theta_1)/f(\boldsymbol{X},\theta_0)=c\right)\\&=1-\mathbb{P}\left(f(\boldsymbol{X},\theta_1)/f(\boldsymbol{X},\theta_0)\leqslant c\right)+\mathbb{P}\left(f(\boldsymbol{X},\theta_1)/f(\boldsymbol{X},\theta_0)=c\right)\\&=1-G(c)+[G(c)-G(c-0)]=1-G(c-0)=\alpha.\end{aligned}$$

(iii) 若 $G(c-0)<1-\alpha<G(c)$, 则取 $r=[G(c)-(1-\alpha)]/[G(c)-G(c-0)]$, 显然, 此时对由式 (5.4.4) 定义的 $\varphi(\boldsymbol{x})$, 有

$$\begin{aligned}\mathbb{E}_{\theta_0}[\varphi(\boldsymbol{X})]&=\mathbb{P}\left(f(\boldsymbol{X},\theta_1)/f(\boldsymbol{X},\theta_0)>c\right)+r\cdot\mathbb{P}\left(f(\boldsymbol{X},\theta_1)/f(\boldsymbol{X},\theta_0)=c\right)\\&=1-G(c)+\frac{G(c)-(1-\alpha)}{G(c)-G(c-0)}\cdot(G(c)-G(c-0))\\&=1-(1-\alpha)=\alpha.\end{aligned}$$

(2) 再证由式 (5.4.4) 和式 (5.4.5) 定义的 $\varphi(\boldsymbol{x})$ 具有 UMP 性质. 设 $\varphi_1(\boldsymbol{x})$ 为检验问题 (5.4.3) 的任一水平为 α 的检验, 要证明 $\mathbb{E}_{\theta_1}[\varphi(\boldsymbol{X})]\geqslant\mathbb{E}_{\theta_1}[\varphi_1(\boldsymbol{X})]$. 为此定义样本空间 $\mathscr{X}$ 上的子集

$$\begin{aligned}S^+&=\left\{\boldsymbol{x}:\lambda(\boldsymbol{x})=\frac{f(\boldsymbol{x},\theta_1)}{f(\boldsymbol{x},\theta_0)}>c\right\}=\left\{\boldsymbol{x}:f(x,\theta_1)-cf(x,\theta_0)>0\right\},\\S^-&=\left\{\boldsymbol{x}:\lambda(\boldsymbol{x})=\frac{f(\boldsymbol{x},\theta_1)}{f(\boldsymbol{x},\theta_0)}<c\right\}=\left\{\boldsymbol{x}:f(x,\theta_1)-cf(x,\theta_0)<0\right\},\end{aligned}\tag{5.4.6}$$

则在 S^+ 上 $f(\boldsymbol{x},\theta_1)-cf(\boldsymbol{x},\theta_0)>0$, 又由式 (5.4.4) 可知此时 $\varphi(\boldsymbol{x})=1$, 因而有 $\varphi(\boldsymbol{x})-\varphi_1(\boldsymbol{x})\geqslant 0$, 故有

$$A(\boldsymbol{x})=(\varphi(\boldsymbol{x})-\varphi_1(\boldsymbol{x}))(f(\boldsymbol{x},\theta_1)-cf(\boldsymbol{x},\theta_0))\geqslant 0.$$

类似地, 当 $\boldsymbol{x}\in S^-$ 时, 有 $f(x,\theta_1)-cf(x,\theta_0)<0$, $\varphi(\boldsymbol{x})=0$, $\varphi(\boldsymbol{x})-\varphi_1(\boldsymbol{x})\leqslant 0$, 故仍有 $A(\boldsymbol{x})\geqslant 0$

因而在 $S=S^+\cup S^-$ 上必有 $A(\boldsymbol{x})\geqslant 0$. (因为在 S^+ 上两因子皆非负, 在 S^- 上两因子皆非正). 因此

$$\begin{aligned}&\int_{\mathscr{X}}\big(\varphi(\boldsymbol{x})-\varphi_1(\boldsymbol{x})\big)\big(f(\boldsymbol{x},\theta_1)-cf(\boldsymbol{x},\theta_0)\big)d\boldsymbol{x}\\=&\int_{S^+\cup S^-}\big[\varphi(\boldsymbol{x})-\varphi_1(\boldsymbol{x})\big]\big(f(\boldsymbol{x},\theta_1)-cf(\boldsymbol{x},\theta_0)\big)d\boldsymbol{x}\geqslant 0,\end{aligned}\tag{5.4.7}$$

即

$$\begin{aligned}&\int_{\mathscr{X}}\varphi(\boldsymbol{x})f(\boldsymbol{x},\theta_1)\,d\boldsymbol{x}-\int_{\mathscr{X}}\varphi_1(\boldsymbol{x})f(\boldsymbol{x},\theta_1)d\boldsymbol{x}\\\geqslant&\, c\left[\int_{\mathscr{X}}\varphi(\boldsymbol{x})f(\boldsymbol{x},\theta_0)d\boldsymbol{x}-\int_{\mathscr{X}}\varphi_1(\boldsymbol{x})f(\boldsymbol{x},\theta_0)d\boldsymbol{x}\right].\\=&\,c\big\{\mathbb{E}_{\theta_0}[\varphi(\boldsymbol{x})]-\mathbb{E}_{\theta_0}[\varphi_1(\boldsymbol{x})]\big\}=c\big\{\alpha-\mathbb{E}_{\theta_0}[\varphi_1(\boldsymbol{x})]\big\}\geqslant 0.\end{aligned}\tag{5.4.8}$$

由式 (5.4.5) 知 $\mathbb{E}_{\theta_0}[\varphi(\boldsymbol{X})]=\int_{\mathscr{X}}\varphi(\boldsymbol{x})f(\boldsymbol{x},\theta_0)d\boldsymbol{x}=\alpha$, 而 $\varphi_1(\boldsymbol{x})$ 是检验问题 (5.4.3) 的水平为 α 的任一检验, 即 $\mathbb{E}_{\theta_0}[\varphi_1(\boldsymbol{X})]\leqslant\alpha$, 故知式 (5.4.8) 右边非负, 从而左边也非负. 因此有

$$\beta_\varphi(\theta_1)=\int_{\mathscr{X}}\varphi(\boldsymbol{x})f(\boldsymbol{x},\theta_1)d\boldsymbol{x}\geqslant\int_{\mathscr{X}}\varphi_1(\boldsymbol{x})f(\boldsymbol{x},\theta_1)d\boldsymbol{x}=\beta_{\varphi_1}(\theta_1).$$

这就证明了 $\varphi(\boldsymbol{x})$ 为式 (5.4.3) 的水平为 α 的 UMPT.

(3)　唯一性, 即要证：若 $\varphi^*(\boldsymbol{x})$ 也是检验问题 (5.4.3) 的 UMPT, 则必有 $\varphi^*(\boldsymbol{x})=\varphi(\boldsymbol{x})$ (a.s.), $\boldsymbol{x}\in S^+\cup S^-$, 其中 S^+ 和 S^- 由式 (5.4.6) 给出.

下面我们来证明唯一性. 首先, 若 $\varphi^*(\boldsymbol{x})$ 亦为一致最优检验, 必有 $\mathbb{E}_{\theta_1}\big[\varphi^*(\boldsymbol{x})\big]\geqslant\mathbb{E}_{\theta_1}\big[\varphi(\boldsymbol{x})\big]$, 反之亦有 $\mathbb{E}_{\theta_1}\big[\varphi(\boldsymbol{x})\big]\geqslant\mathbb{E}_{\theta_1}\big[\varphi^*(\boldsymbol{x})\big]$, 因而有 $\mathbb{E}_{\theta_1}\big[\varphi^*(\boldsymbol{x})\big]=\mathbb{E}_{\theta_1}\big[\varphi(\boldsymbol{x})\big]$. 而在第 (2) 部分的证明中, 取 $\varphi_1(\boldsymbol{x})=\varphi^*(\boldsymbol{x})$, 则上面所有的推导都成立. 因而由式 (5.4.7) 有

$$\begin{aligned}&\int_{\mathscr{X}}\big[\varphi(\boldsymbol{x})-\varphi^*(\boldsymbol{x})\big]\big[f(\boldsymbol{x},\theta_1)-cf(\boldsymbol{x},\theta_0)\big]d\boldsymbol{x}\\=&\int_{S^+\cup S^-}\big[\varphi(\boldsymbol{x})-\varphi^*(\boldsymbol{x})\big]\big[f(\boldsymbol{x},\theta_1)-cf(\boldsymbol{x},\theta_0)\big]d\boldsymbol{x}\geqslant 0,\end{aligned}\tag{5.4.9}$$

该式的不等式不能成立, 因为若不等式成立, 则在式 (5.4.8) 中取 $\varphi_1(\boldsymbol{x})=\varphi^*(\boldsymbol{x})$ 有 $\mathbb{E}_{\theta_1}[\varphi(\boldsymbol{X})]\geqslant\mathbb{E}_{\theta_1}[\varphi^*(\boldsymbol{X})]$, 这与 $\mathbb{E}_{\theta_1}[\varphi(\boldsymbol{X})]=\mathbb{E}_{\theta_1}[\varphi^*(\boldsymbol{X})]$ 矛盾. 因此只能有式

(5.4.9) 的等式成立, 即

$$\int_{S^+\cup S^-}[\varphi(\boldsymbol{x})-\varphi^*(\boldsymbol{x})]\big[f(\boldsymbol{x},\theta_1)-cf(\boldsymbol{x},\theta_0)\big]d\boldsymbol{x}=0,$$

因而有

$$\big[\varphi(\boldsymbol{x})-\varphi^*(\boldsymbol{x})\big]\big[f(\boldsymbol{x},\theta_1)-cf(\boldsymbol{x},\theta_0)\big]=0\ (\text{a.s.}),\quad \boldsymbol{x}\in S^+\cup S^-.$$

而在 $S^+\cup S^-$ 上, $f(\boldsymbol{x},\theta_1)-cf(\boldsymbol{x},\theta_0)\neq 0$, 因而必有

$$\varphi(\boldsymbol{x})-\varphi^*(\boldsymbol{x})=0\ (\text{a.s.}),\quad \boldsymbol{x}\in S^+\cup S^-,$$

即 $\varphi^*(\boldsymbol{x})=\varphi(\boldsymbol{x})$ (a.s.), $\boldsymbol{x}\in S^+\cup S^-$.

最后再证, 若 $\mathbb{E}_{\theta_1}[\varphi^*(\boldsymbol{x})]<1$, 则有 $\mathbb{E}_{\theta_0}[\varphi^*(\boldsymbol{x})]=\alpha$. 因为式 (5.4.9) 的等式成立, 因此有

$$\mathbb{E}_{\theta_1}[\varphi(\boldsymbol{x})]-\mathbb{E}_{\theta_1}[\varphi^*(\boldsymbol{x})]=c\big\{\mathbb{E}_{\theta_0}[\varphi(\boldsymbol{x})]-\mathbb{E}_{\theta_0}[\varphi^*(\boldsymbol{x})]\big\}.$$

由 $\mathbb{E}_{\theta_1}[\varphi(\boldsymbol{x})]-\mathbb{E}_{\theta_1}[\varphi^*(\boldsymbol{x})]=0$ 可知上式左端为 0, 右端也应为 0, 即

$$c\big\{\mathbb{E}_{\theta_0}[\varphi(\boldsymbol{x})]-\mathbb{E}_{\theta_0}[\varphi^*(\boldsymbol{x})]\big\}=c\big\{\alpha-\mathbb{E}_{\theta_0}[\varphi^*(\boldsymbol{x})]\big\}=0,\tag{5.4.10}$$

其中 c 不可能为 0, 因为若 $c=0$, 则 $S^+=\{\boldsymbol{x}:\lambda(\boldsymbol{x})>c=0\}=\{\boldsymbol{x}:\ f(\boldsymbol{x},\theta_1)>0\}=\mathscr{X}$, 由此可得

$$\begin{aligned}\mathbb{E}_{\theta_1}[\varphi^*(\boldsymbol{x})]&=\int_{\mathscr{X}}\varphi^*(\boldsymbol{x})f(\boldsymbol{x},\theta_1)d\boldsymbol{x}=\int_{S^+}\varphi^*(\boldsymbol{x})f(\boldsymbol{x},\theta_1)d\boldsymbol{x}\\&=\int_{S^+}1\cdot f(\boldsymbol{x},\theta_1)d\boldsymbol{x}=1.\end{aligned}$$

这与假设 $\mathbb{E}_{\theta_1}[\varphi^*(\boldsymbol{x})]<1$ 矛盾, 因此 $c\neq 0$, 故由式 (5.4.10) 可知 $\mathbb{E}_{\theta_0}[\varphi^*(\boldsymbol{x})]=\alpha$.

□

注 5.4.2 唯一性是指在 $\boldsymbol{x}\in S^+\cup S^-$ 上, 恒有 $\varphi^*(\boldsymbol{x})=\varphi(\boldsymbol{x})$, 但在 $S^0=\{\boldsymbol{x}:\ f(\boldsymbol{x},\theta_1)\ /f(\boldsymbol{x},\theta_0)=c\}$ 上不具有唯一性, 即对检验问题 (5.4.3), 由 NP 引理给出的 UMPT, 它们在 S^0 上可以不相同, 但在 $S^+\cup S^-$ 上, 必须相同.

例 5.4.1 设 $\boldsymbol{X}=(X_1,\cdots,X_n)$ 为自正态总体 $N(\theta,1)$ 中抽取的随机样本, 其中 θ 为未知参数, 求假设检验问题

$$H_0:\theta=0\leftrightarrow H_1:\theta=\theta_1\ (\theta_1>0)$$

的水平为 α 的 UMPT, 其中 θ_1 和 α 给定.

解 由 NP 引理, 先求 $f_0(\boldsymbol{x})$ 和 $f_1(\boldsymbol{x})$ 的表达式

$$f_0(\boldsymbol{x})=(2\pi)^{-\frac{n}{2}}\exp\bigg\{-\frac{1}{2}\sum_{i=1}^n x_i^2\bigg\},$$

$$f_1(\boldsymbol{x})=(2\pi)^{-\frac{n}{2}}\exp\bigg\{-\frac{1}{2}\sum_{i=1}^n (x_i-\theta_1)^2\bigg\}.$$

似然比可表示为

$$\lambda(\boldsymbol{x})=\frac{f_1(\boldsymbol{x})}{f_0(\boldsymbol{x})}=\exp\left\{-\frac{1}{2}n\theta_1^2+n\theta_1\bar{x}\right\}.$$

显然当 $\theta_1>0$ 时, $\lambda(\boldsymbol{x})$ 为 $\bar{x}$ 的严格增函数, 故 UMPT 的拒绝域为

$$D=\left\{\boldsymbol{X}:\lambda(\boldsymbol{X})>c'\right\}=\left\{\boldsymbol{X}:\sqrt{n}\bar{X}>c\right\},$$

当 H_0 成立时, $U=\sqrt{n}\bar{X}\sim N(0,1)$, 故由 NP 引理可知

$$\mathbb{E}_0[\varphi(\boldsymbol{X})]=\mathbb{P}(\sqrt{n}\bar{X}>c|H_0)=\alpha,$$

显然 $c=u_\alpha$. 因此检验水平为 α 的 UMPT 的检验函数为

$$\varphi(\boldsymbol{x})=\begin{cases}1, & \bar{x}>u_\alpha/\sqrt{n},\\ 0, & \bar{x}\leqslant u_\alpha/\sqrt{n},\end{cases}$$

可见 $\varphi(\boldsymbol{x})$ 与 θ_1 无关, 因此上述检验函数 $\varphi(\boldsymbol{x})$ 也是检验问题

$$H_0:\theta=0\leftrightarrow H_1':\theta>0$$

的水平为 α 的 UMPT. □

注 5.4.3 此例告诉我们: 在某些情况下, 如果由 NP 引理得到的 UMPT 不依赖于对立假设的具体值, 则可由此得到一个对立假设是复合假设, 即 $H_0:\theta=0\leftrightarrow H_1':\theta>0$ 的水平为 α 的 UMPT.

类似本例可以求得检验问题 $H_0:\theta=0\leftrightarrow H_1'':\theta<0$ 的检验水平为 α 的 UMPT, 具体的推导留给读者作为练习.

例 5.4.2 设 $\boldsymbol{X}=(X_1,\cdots,X_n)$ 为从两点分布 $B(1,p)$ 中抽取的随机样本, 其中 p 为未知参数. 求检验问题

$$H_0:p=p_0\leftrightarrow H_1:p=p_1\ (p_1>p_0)$$

的水平为 α 的 UMPT, 其中 p_0, p_1 和 α 给定.

解 记 $T(\boldsymbol{x})=\sum\limits_{i=1}^{n}x_i$. 由 NP 引理, 先求 f_0 和 f_1 的表达式

$$f_0(\boldsymbol{x})=p(\boldsymbol{x},p_0)=p_0^{T(\boldsymbol{x})}\left(1-p_0\right)^{n-T(\boldsymbol{x})},$$
$$f_1(\boldsymbol{x})=p(\boldsymbol{x},p_1)=p_1^{T(\boldsymbol{x})}\left(1-p_1\right)^{n-T(\boldsymbol{x})}.$$

似然比为

$$\lambda(\boldsymbol{x})=\frac{p(\boldsymbol{x},p_1)}{p(\boldsymbol{x},p_0)}=\left(\frac{1-p_1}{1-p_0}\right)^n\left[\frac{p_1(1-p_0)}{p_0(1-p_1)}\right]^{T(\boldsymbol{x})}.$$

由于 $p_1>p_0$, $1-p_0>1-p_1$, 所以 $p_1(1-p_0)/p_0(1-p_1)>1$, 故 $\lambda(\boldsymbol{x})$ 关于 $T(\boldsymbol{x})$ 严格单调增. 由于 r.v. $T(\boldsymbol{X})$ 服从离散型分布, 故需要随机化. 由 NP 引理可知检

验函数为

$$\varphi(\boldsymbol{x})=\begin{cases}1, & T(\boldsymbol{x})>c,\\ r, & T(\boldsymbol{x})=c,\\ 0, & T(\boldsymbol{x})<c.\end{cases}$$

当 H_0 成立时 $T(\boldsymbol{X})=\sum\limits_{i=1}^{n}X_i$ 服从二项分布 $B(n,p_0)$, 当 α 给定时, c 由下列不等式确定:

$$\alpha_1=\sum_{k=c+1}^{n}\binom{n}{k}p_0^k(1-p_0)^{n-k}\leqslant\alpha\leqslant\sum_{k=c}^{n}\binom{n}{k}p_0^k(1-p_0)^{n-k}.$$

取

$$r=\frac{\alpha-\alpha_1}{\binom{n}{c}p_0^c(1-p_0)^{n-c}},$$

则必有

$$E_{p_0}[\varphi(\boldsymbol{X})]=\mathbb{P}_{p_0}(T(\boldsymbol{X})>c)+r\cdot\mathbb{P}_{p_0}(T(\boldsymbol{X})=c)=\alpha.$$

因此 $\varphi(\boldsymbol{x})$ 为水平为 α 的 UMPT.

由于上述检验函数 $\varphi(\boldsymbol{x})$ 与 p_1 无关, 故它也是检验问题

$$H_0:p=p_0\leftrightarrow H_1':p>p_0$$

的水平为 α 的 UMPT. □

注 5.4.4 关于随机化检验问题. 本例中当出现 $T(\boldsymbol{x})=\sum\limits_{i=1}^{n}x_i=c$ 时, 先做一个具有成功率为 r 的 Bernoulli 试验. 若该试验成功, 则拒绝 H_0; 若不然, 则接受 H_0. 例如, $r=1/2$, 则可通过掷一均匀硬币, 规定出现正面为成功. 若掷出正面, 则拒绝 H_0; 不然, 则接受 H_0.

如在 5.1 节中所述, 对随机化检验分两步走: 首先通过试验获得样本观察值; 有了样本后, 当样本出现特殊值 (如本例中 $T(\boldsymbol{x})=c$) 需随机化时再做一次试验. 试验结果为 A 或 $\bar{A}$, 成功概率为 $\mathbb{P}(A)=r$. 若 A 发生, 则拒绝 H_0; 否则接受 H_0.

例 5.4.3 设 $\boldsymbol{X}=(X_1,\cdots,X_n)$ 是来自均匀分布 $U(0,\theta)$ 的简单样本, 其中 $\theta>0$ 为未知参数. 求下列检验问题

$$H_0:\theta=\theta_0\leftrightarrow H_1:\theta=\theta_1\ (\theta_1>\theta_0>0)$$

的水平为 α 的 UMPT.

解 服从均匀分布的样本 $\boldsymbol{X}$ 的密度函数和似然比分别为

$$f(\boldsymbol{x},\theta)=\frac{1}{\theta^n}I_{(0,\theta)}(x_{(n)}),$$

$$\lambda(\boldsymbol{x})=\frac{f(\boldsymbol{x},\theta_1)}{f(\boldsymbol{x},\theta_0)}=\begin{cases}\left(\dfrac{\theta_0}{\theta_1}\right)^n, & 0<x_{(n)}<\theta_0,\\ \infty, & \theta_0<x_{(n)}<\infty.\end{cases}$$

此处定义了 $0/0=\infty$. 在 H_0 成立时, $\lambda(\boldsymbol{x})$ 的分布是一个退化分布. 由 NP 引理, 可取随机化检验 $\varphi(\boldsymbol{x})=\alpha\cdot I_{(0<x_{(n)}<\theta_0)}$, 其中 $0<\alpha<1$.

也可以取非随机化检验

$$\varphi(\boldsymbol{x})=\begin{cases}1, & x_{(n)}>c,\\ 0, & x_{(n)}\leqslant c.\end{cases}$$

c 的确定方法如下: $T=X_{(n)}$ 的密度函数为

$$g_\theta(t)=\frac{nt^{n-1}}{\theta^n}I_{(0,\theta)}(t).$$

故当 H_0 成立时, $T(\boldsymbol{X})$ 的密度函数为 $g_{\theta_0}(t)=\left[nt^{n-1}/\theta_0^n\right]\cdot I_{(0,\theta_0)}(t)$, 因此有

$$\mathbb{E}_{\theta_0}[\varphi(\boldsymbol{X})]=\int_0^\infty\varphi(t)g_{\theta_0}(t)dt=\int_c^{\theta_0}\frac{nt^{n-1}}{\theta_0^n}dt=1-\frac{c^n}{\theta_0^n}=\alpha,$$

故得 $c=\theta_0\sqrt[n]{1-\alpha}$, 因此

$$\varphi(\boldsymbol{x})=\begin{cases}1, & x_{(n)}>\theta_0\sqrt[n]{1-\alpha},\\ 0, & x_{(n)}\leqslant\theta_0\sqrt[n]{1-\alpha}\end{cases}$$

为一个水平为 α 的 UMPT.

由于此检验 $\varphi(\boldsymbol{x})$ 与 θ_1 无关, 故它也是

$$H_0:\theta=\theta_0\leftrightarrow H_1':\theta>\theta_0$$

的水平为 α 的 UMPT. □

注 5.4.5 由上面三个例子可见 UMPT 检验函数 $\varphi(\boldsymbol{x})$ 皆为充分统计量的函数, 这是否具有普遍意义呢? 有下列结论.

设 r.v.X 的密度函数为 $f(x,\theta)$, $\theta\in\Theta$ 为未知参数, $\boldsymbol{X}=(X_1,\cdots,X_n)$ 为自总体 X 中抽取的随机样本, $T=T(\boldsymbol{X})$ 为 θ 的充分统计量, 则由式 (5.4.4) 和式 (5.4.5) 定义的检验函数 $\varphi(\boldsymbol{x})$ 是充分统计量 T 的函数.

这一结果的证明并不难, 只要利用充分统计量的因子分解定理即可证得. 详细证明留给读者作为练习.

推论 5.4.1

设 φ 为 (5.4.3) 的水平为 α 的 UMPT, 则必有 $\beta_\varphi(\theta_1)\geqslant\alpha$. 若 $0<\alpha<1$ 而 $f(x,\theta_0)\neq f(x,\theta_1)$, 则必有 $\beta_\varphi(\theta_1)>\alpha$.

证 令 $\varphi_1(\boldsymbol{x})\equiv\alpha$, 显然 $\beta_{\varphi_1}(\theta_0)=\beta_{\varphi_1}(\theta_1)=\alpha$. 令 $\varPhi_\alpha$ 为检验问题 (5.4.1) 所有水平为 α 的检验的集合, 故 $\varphi_1(\boldsymbol{x})\in\varPhi_\alpha$. 又 $\varphi(\boldsymbol{x})$ 是 $\varPhi_\alpha$ 中的 UMPT, 故有 $\beta_\varphi(\theta_1)\geqslant\beta_{\varphi_1}(\theta_1)=\alpha$. 倘若 $\beta_\varphi(\theta_1)=\alpha$, 则 $\beta_\varphi(\theta_1)=\beta_{\varphi_1}(\theta_1)=\alpha$, 表明 $\varphi_1(\boldsymbol{x})$ 也是同一问题水平为 α 的 UMPT, 由定理 5.4.1 知道, 一定存在常数 $c>0$, 使得 $\varphi_1(\boldsymbol{x})$ 满足式 (5.4.4) (a.s.P), 因 $\varphi_1(\boldsymbol{x})\equiv\alpha$ $(0<\alpha<1)$, 故有 $f(x,\theta_1)=$

$cf(x,\theta_0)$, 由于等号两边都是概率密度, 故 $c=1$, 因此有 $f(x,\theta_1)=f(x,\theta_0)$, 这与 $f(x,\theta_1)\neq f(x,\theta_0)$ 矛盾, 因而必有 $\mathbb{E}_{\theta_1}[\varphi(\boldsymbol{X})]>\alpha$. □

5.4.3 利用 NP 引理求一致最优检验

NP 引理的作用主要不在于求像检验问题 (5.4.3) 那样的 UMPT, 因为实际应用中像式 (5.4.3) 那样的检验问题是不常见的. 一般情形是零假设和对立假设都是复合的情形. NP 引理的主要作用是在于它是求更复杂情形下 UMPT 的工具. 在前面的例 5.4.1—例 5.4.3 这 3 个例子中已经将检验问题推广到对立假设是复合的情形. 更一般的假设检验问题如式 (5.4.1) 所示, 即 $H_0:\theta\in\Theta_0\leftrightarrow H_1:\theta\in\Theta_1$, 其中 Θ_0 和 Θ_1 皆为复合情形 (即其中包含参数空间 Θ 中的点不止一个). 寻找这类检验问题的 UMPT 的一般想法是: 在 Θ_0 中挑一个 θ_0 尽可能与 Θ_1 接近, 再在 Θ_1 中挑一个 θ_1, 用 NP 引理作出如式 (5.4.4) 和式 (5.4.5) 的 UMPT φ_{θ_1}. 一般当 θ_1 在 Θ_1 中变动时, φ_{θ_1} 不随 θ_1 的变化而变化, 即不论 θ_1 在 Θ_1 中如何变化, $\varphi_{\theta_1}=\varphi$ 与 θ_1 无关, 则 φ 也是 $H_0:\theta=\theta_0\leftrightarrow H_1:\theta\in\Theta_1$ 的 UMPT. 因此, 更进一步若能证明: 此检验对任何 $\theta\in\Theta_0$ 皆有检验水平 α, 则 φ 也是 $H_0:\theta\in\Theta_0\leftrightarrow H_1:\theta\in\Theta_1$ 的水平为 α 的 UMPT.

此法要行得通也不容易. 只有在参数空间为一维欧氏空间 $\mathbb{R}$ 或其一子区间, 而检验的假设是单边的, 即为 $H_0:\theta\leqslant\theta_0\leftrightarrow H_1:\theta>\theta_0$ 或者 $H_0:\theta\geqslant\theta_0\leftrightarrow H_1:\theta<\theta_0$ 且对样本分布有一定要求时, 上述方法才可行. 特别当样本分布属于单调似然比分布族时, 上述两类单边检验的 UMPT 是存在的. 下面就来讨论之.

定义 5.4.2

设 X 服从单参数分布族 $\{f(\boldsymbol{x},\theta),\theta\in\Theta\}$, 参数空间 Θ 为 $\mathbb{R}$ 上的一个子集. 若对参数空间 Θ 中任意两个参数 θ_1 和 θ_2 有

(1) 当 $\theta_1\neq\theta_2$ 时, 事件 $\{f(X,\theta_1)\neq f(X,\theta_2)\}$ 的概率大于 0;

(2) 当 $\theta_2>\theta_1$ 时, 存在统计量 $T(\boldsymbol{x})$ 使得似然比 $f(\boldsymbol{x},\theta_2)/f(\boldsymbol{x},\theta_1)$ 作为 $\boldsymbol{x}$ 的函数只依赖于 $T(\boldsymbol{x})$, 且是 $T(\boldsymbol{x})$ 的非降 (或非增) 函数;

则称该分布族关于统计量 $T=T(\boldsymbol{x})$ 为单调非降 (或非增) 似然比分布族, 简称单调似然比分布族 (monotone likelihood ratio family, MLR). ♧

单调似然比分布族包括了一大类常见分布, 特别是常见单参数指数族分布、均匀分布 $U(0,\theta)$ 等.

下面针对单调似然比分布族, 考虑单边检验问题:

$$H_0:\theta\leqslant\theta_0\leftrightarrow H_1:\theta>\theta_0, \tag{5.4.11}$$

有下列重要结论.

定理 5.4.2

设样本 $\boldsymbol{X}=(X_1,\cdots,X_n)$ 的分布族 $\{f(\boldsymbol{x},\theta),\theta\in\Theta\subseteq\mathbb{R}\}$ 关于统计量 $T(\boldsymbol{X})$ 具有单调非降似然比, 则对 $\alpha\in(0,1)$ 和检验问题 (5.4.11) 有

(1) 存在检验函数

$$\varphi^*(\boldsymbol{x})=\begin{cases}1, & T(\boldsymbol{x})>k,\\ r, & T(\boldsymbol{x})=k,\\ 0, & T(\boldsymbol{x})<k,\end{cases}\tag{5.4.12}$$

其中 k 和 r $(0\leqslant r\leqslant 1)$ 满足条件

$$\mathbb{E}_{\theta_0}[\varphi^*(\boldsymbol{X})]=\mathbb{P}_{\theta_0}(T(\boldsymbol{X})>k)+r\cdot\mathbb{P}_{\theta_0}(T(\boldsymbol{X})=k)=\alpha.\tag{5.4.13}$$

(2) 对任何满足 (5.4.12) 的检验 $\varphi^*(\boldsymbol{x})$ 的功效函数 $\beta_{\varphi^*}(\theta)$, $\theta\in\Theta$ 是非降的.

(3) 满足 (5.4.12) 和 (5.4.13) 的检验 $\varphi^*(\boldsymbol{x})$ 是检验问题 (5.4.11) 的水平为 α 的 UMPT. ♡

证 (1) 类似于定理 5.4.1 (NP 引理) 的证明, 对 $\alpha\in(0,1)$, 存在 $k\in(-\infty,\infty)$, 使

$$\mathbb{P}_{\theta_0}\big(T(\boldsymbol{X})<k\big)\leqslant 1-\alpha\leqslant\mathbb{P}_{\theta_0}\big(T(\boldsymbol{X})\leqslant k\big),$$

若 $\mathbb{P}_{\theta_0}\big(T(\boldsymbol{X})=k\big)=0$, 则取 $r=1$; 若 $\mathbb{P}_{\theta_0}\big(T(\boldsymbol{X})=k\big)>0$, 则取 $r=[\alpha-\mathbb{P}_{\theta_0}(T(\boldsymbol{X})>k)]\,/\,\mathbb{P}_{\theta_0}\big(T(\boldsymbol{X})=k\big)$. 对如此选择的 k 和 r, 易知形如 (5.4.12) 的检验 $\varphi^*(\boldsymbol{x})$ 必满足 (5.4.13).

(2) 任取 $\theta_1>\theta_0$. 考虑检验问题

$$H_0':\theta=\theta_0\leftrightarrow H_1':\theta=\theta_1.\tag{5.4.14}$$

由 NP 引理, 检验问题 $H_0'\leftrightarrow H_1'$ 的检验函数与式 (5.4.4) 相同, 即有下列形式

$$\varphi(\boldsymbol{x})=\begin{cases}1, & f(\boldsymbol{x},\theta_1)/f(\boldsymbol{x},\theta_0)>c,\\ r, & f(\boldsymbol{x},\theta_1)/f(\boldsymbol{x},\theta_0)=c,\\ 0, & f(\boldsymbol{x},\theta_1)/f(\boldsymbol{x},\theta_0)<c,\end{cases}\tag{5.4.15}$$

其中 c 满足 $\mathbb{E}_{\theta_0}[\varphi(\boldsymbol{X})]=\alpha$. 由于样本分布族关于统计量 T 具有单调非降似然比, 故似然比

$$\lambda(\boldsymbol{x})=\frac{f(\boldsymbol{x},\theta_1)}{f(\boldsymbol{x},\theta_0)}=h[T(\boldsymbol{x})].$$

若 $h[T(\boldsymbol{x})]$ 对 $T(\boldsymbol{x})$ 严格单调, 则检验函数 (5.4.12) 和 (5.4.15) 为等价的形式. 若 $h[T(\boldsymbol{x})]$ 对 $T(\boldsymbol{x})$ 单调非降, 记 $c=\lambda(\boldsymbol{x})\big|_{T(\boldsymbol{x})=k}$, 则 $c>0$. 此时由 (5.4.12)

确定的检验函数 $\varphi^*(\boldsymbol{x})$ 与由 (5.4.4) 确定的检验函数 $\varphi(\boldsymbol{x})$ 有以下关系：

$$\{\boldsymbol{x}:\ T(\boldsymbol{x})>k\}\supseteq\{\boldsymbol{x}:\ \lambda(\boldsymbol{x})>h(k)=c\}\triangleq S^+.$$

同理有

$$\{\boldsymbol{x}:\ T(\boldsymbol{x})<k\}\supseteq\{\boldsymbol{x}:\ \lambda(\boldsymbol{x})<h(k)=c\}\triangleq S^-.$$

因此, 将由式 (5.4.12) 确定的检验函数 $\varphi^*(\boldsymbol{x})$ 与由 NP 引理中由式 (5.4.4) 确定的 UMPT 函数 $\varphi(\boldsymbol{x})$ 相比, 它们可在 $S^+\cup S^-$ 上取相同的值 (详见文献 [10] 中 244—245 页). 因此, 由定理 5.4.1 (NP 引理) 中的唯一性可知 $\varphi^*(\boldsymbol{x})$ 也是检验问题 (5.4.14) 的水平为 α 的 UMPT. 由于此检验与 θ_1 无关, 故由式 (5.4.12) 给出的检验函数 $\varphi^*(\boldsymbol{x})$ 也是检验问题

$$H_0':\ \theta=\theta_0\leftrightarrow H_1:\ \theta>\theta_0 \tag{5.4.16}$$

的水平为 α 的 UMPT.

下面证明功效函数 $\beta_{\varphi^*}(\theta),\ \theta\in\Theta$ 的非降性. 即要证明对 $\forall\ \theta_1>\theta_0$, 有 $\beta_{\varphi^*}(\theta_1)\geqslant\beta_{\varphi^*}(\theta_0)$. 因 $\varphi^*(\boldsymbol{x})$ 是检验问题 (5.4.14) 的水平为 α 的 UMPT, 故由推论 5.4.1 可知

$$\beta_{\varphi^*}(\theta_1)\geqslant\alpha=\beta_{\varphi^*}(\theta_0),\quad \forall\ \theta_1>\theta_0.$$

这就证明了功效函数 $\beta_{\varphi^*}(\theta)$ 的非降性.

(3) 最后证明满足 (5.4.12) 和 (5.4.13) 的检验 $\varphi^*(\boldsymbol{x})$ 是检验问题 (5.4.11) 的水平为 α 的 UMPT. 由于我们已经证明了 $\varphi^*(\boldsymbol{x})$ 是检验问题 (5.4.16) 的水平为 α 的 UMP 检验, 只要证明 $\varphi^*(\boldsymbol{x})$ 作为检验问题 (5.4.11) 的检验, 具有水平 α 即可完成证明. 由于功效函数 $\beta_{\varphi^*}(\theta)$ 为 θ 的非降函数, 故有

$$\beta_{\varphi^*}(\theta)\leqslant\beta_{\varphi^*}(\theta_0)=\alpha,\quad \forall\ \theta\leqslant\theta_0.$$

因此, $\varphi^*(\boldsymbol{x})$ 是检验问题 (5.4.11) 的水平为 α 的 UMPT. □

注 5.4.6 (1) 在定理 5.4.2 中若样本分布是连续分布, 则 UMPT 不需要随机化. 故检验问题 (5.4.11) 的水平为 α 的 UMPT, 通过在式 (5.4.12) 和式 (5.4.13) 中令 $r=0$ 获得.

(2) 若在定理 5.4.2 条件中改 “样本分布族对 T 具有单调非降似然比” 为 “样本分布族对 T 具有非增单调似然比”, 其余不变, 则检验问题 (5.4.11) 的水平为 α 的 UMPT, 需要通过将式 (5.4.12) 和式 (5.4.13) 中的不等号反向 (等号不变) 即可得到.

考虑与式 (5.4.11) 相反的单边检验问题

$$H_0:\theta\geqslant\theta_0\leftrightarrow H_1:\theta<\theta_0, \tag{5.4.17}$$

关于这一检验问题的水平为 α 的 UMPT 有下列定理.

定理 5.4.3

(1) 若定理 5.4.2 的条件成立, 则检验问题 (5.4.17) 的水平为 α 的 UMPT 存在, 且有形式

$$\varphi(\boldsymbol{x})=\begin{cases}1, & T(\boldsymbol{x})<k,\\ r, & T(\boldsymbol{x})=k,\\ 0, & T(\boldsymbol{x})>k,\end{cases} \tag{5.4.18}$$

其中 k 和 r $(0\leqslant r\leqslant 1)$ 满足条件

$$\mathbb{E}_{\theta_0}[\varphi(\boldsymbol{X})]=\mathbb{P}_{\theta_0}(T(\boldsymbol{X})<k)+r\cdot\mathbb{P}_{\theta_0}(T(\boldsymbol{X})=k)=\alpha. \tag{5.4.19}$$

(2) 对任何满足 (5.4.18) 的检验 $\varphi(\boldsymbol{x})$ 的功效函数 $\beta_\varphi(\theta)$, $\theta\in\Theta$ 是非增的.

(3) 满足 (5.4.18) 和 (5.4.19) 的检验 $\varphi(\boldsymbol{x})$ 是检验问题 (5.4.17) 的水平为 α 的 UMPT.

此定理的证明方法与定理 5.4.2 类似, 从略.

注 5.4.7　(1) 在定理 5.4.3 中若样本分布为连续分布, 则 UMPT 不需要随机化, 故检验问题 (5.4.17) 的水平为 α 的 UMPT, 可通过在式 (5.4.18) 和式 (5.4.19) 中令 $r=0$ 获得.

(2) 在定理 5.4.3 中, 若改 "样本分布族对 T 具有非降单调似然比" 为 "样本分布族对 T 具有非增单调似然比", 其余条件不变, 则检验问题 (5.4.17) 的水平为 α 的 UMPT, 需要通过将式 (5.4.18) 和式 (5.4.19) 中的不等号反向 (等号不变), 即可以得到.

推论 5.4.2

设样本 $\boldsymbol{X}=(X_1,\cdots,X_n)$ 的分布族为下列单参数指数族:

$$f(\boldsymbol{x},\theta)=C(\theta)\exp\left\{Q(\theta)T(\boldsymbol{x})\right\}h(\boldsymbol{x}),\quad \theta\in\Theta, \tag{5.4.20}$$

其中 $C(\theta)>0$, $h(\boldsymbol{x})>0$, 而 $\Theta\subset\mathbb{R}$ 为参数空间. 若 $Q(\theta)$ 在 Θ 上严格单调, 则对 Θ 的任何内点 θ_0, 关于 θ 的单边检验问题有如下结论.

(1) 对检验问题 (5.4.11):

(i) 若 $Q(\theta)$ 为 θ 的严格单调增函数, 则检验问题 (5.4.11) 的水平为 α 的 UMPT, 由 (5.4.12) 和 (5.4.13) 确定.

(ii) 若 $Q(\theta)$ 为 θ 的严格单调降函数, 则检验问题 (5.4.11) 的水平为 α 的 UMPT, 通过将式 (5.4.12) 和式 (5.4.13) 中的不等号反向 (等号不变) 即可得到.

(2) 对检验问题 (5.4.17):

(iii) 若 $Q(\theta)$ 为 θ 的严格单调增函数, 则检验问题 (5.4.17) 的水平为 α 的 UMPT, 由 (5.4.18) 和 (5.4.19) 确定.

(iv) 若 $Q(\theta)$ 为 θ 的严格单调降函数, 则检验问题 (5.4.17) 的水平为 α 的 UMPT, 通过将式 (5.4.18) 和式 (5.4.19) 中的不等号反向 (等号不变) 即可得到. ♡

证 (1) 显然, 单参数指数族中不同的 θ 对应不同的分布. 设 $\theta_0 < \theta_1$, 似然比

$$\lambda(\boldsymbol{x}) = \frac{f(\boldsymbol{x}, \theta_1)}{f(\boldsymbol{x}, \theta_0)} = \frac{C(\theta_1)}{C(\theta_0)} \exp\{(Q(\theta_1) - Q(\theta_0))T(\boldsymbol{x})\}. \tag{5.4.21}$$

当 $Q(\theta)$ 为 θ 的严格单调增函数时, $Q(\theta_1) - Q(\theta_0) > 0$, 式 (5.4.21) 的右边为 $T(x)$ 的严格增函数. 分布族 (5.4.20) 关于 $T(\boldsymbol{x})$ 为单调 (增) 似然比分布族. 当 $Q(\theta)$ 为 θ 的严格单调降函数时, $Q(\theta_1) - Q(\theta_0) < 0$, 式 (5.4.21) 的右边为 $T(x)$ 的严格降函数. 分布族 (5.4.20) 关于 $T(\boldsymbol{x})$ 为单调 (降) 似然比分布族. 因此, 由定理 5.4.2 和注 5.4.6 获得结论 (i) 和 (ii).

(2) 的证明与 (1) 完全类似. 基于定理 5.4.3 和注 5.4.7 获得结论 (iii) 和 (iv). □

例 5.4.4 问题与例 5.4.1 相同, 即设 $\boldsymbol{X} = (X_1, \cdots, X_n)$ 为从正态总体 $N(\theta, 1)$ 中抽取的简单样本, 求检验问题 $H_0: \theta \leqslant \theta_0 \leftrightarrow H_1: \theta > \theta_0$ 的 UMPT, 此处 θ_0 和检验水平 α 给定.

解 正态分布为指数族分布, 样本密度为

$$\begin{aligned} f(x_1, \cdots, x_n, \theta) &= (2\pi)^{-\frac{n}{2}} \exp\{-n\theta^2/2\} \exp\{n\theta\bar{x}\} \exp\left\{-\sum_{i=1}^n x_i^2/2\right\} \\ &= c(\theta) \exp\{Q(\theta)T(\boldsymbol{x})\}h(\boldsymbol{x}), \end{aligned}$$

其中 $c(\theta) = (2\pi)^{-n/2}\exp\{-n\theta^2/2\}$, $h(\boldsymbol{x}) = \exp\left\{-\sum\limits_{i=1}^n x_i^2/2\right\}$, $T(\boldsymbol{x}) = \bar{x}$, $Q(\theta) = n\theta$ 为 θ 的严格增函数, 由推论 5.4.2 (i) (由于正态分布为连续分布, 检验函数不需要随机化) 可知水平为 α 的 UMPT 由下式给出:

$$\varphi(\boldsymbol{x}) = \begin{cases} 1, & T(\boldsymbol{x}) > c, \\ 0, & T(\boldsymbol{x}) \leqslant c. \end{cases}$$

由于 $T(\boldsymbol{X}) = \bar{X} \sim N(\theta, 1/n)$, 故 $\sqrt{n}(\bar{X} - \theta) \sim N(0, 1)$, 令

$$\alpha = \mathbb{E}_{\theta_0}[\varphi(\boldsymbol{X})] = \mathbb{P}_{\theta_0}(T(\boldsymbol{X}) > c) = \mathbb{P}_{\theta_0}(\sqrt{n}(\bar{X} - \theta_0) > \sqrt{n}(c - \theta_0)),$$

可知 $\sqrt{n}(c-\theta_0)=u_\alpha$, 即 $c=\theta_0+u_\alpha/\sqrt{n}$. 因 $T(\boldsymbol{x})=\bar{x}$, 故水平为 α 的 UMPT 为

$$\varphi(\boldsymbol{x})=\begin{cases}1, & \bar{x}>\theta_0+u_\alpha/\sqrt{n},\\ 0, & \bar{x}\leqslant\theta_0+u_\alpha/\sqrt{n}.\end{cases}$$

特别取 $\theta_0=0$ 就与例 5.4.1 中的检验问题相同, 这是对例 5.4.1 的补充. □

例 5.4.5 从一大批产品中抽取 n 个检查其结果, 得简单样本 $\boldsymbol{X}=(X_1,\cdots,X_n)$, 其中 $X_i=1$, 若第 i 个产品为废品; 否则为 0, $i=1,\cdots,n$. 求

$$H_0:p\leqslant p_0\leftrightarrow H_1:p>p_0$$

的水平为 α 的 UMPT, 其中 p_0 和 α 给定.

解 令 $T=T(\boldsymbol{X})=\sum\limits_{i=1}^n X_i$ 为 n 个产品中的废品数, 则充分统计量 T 服从二项分布 $B(n,p)$. 二项分布族为指数族, 其概率分布为

$$f(t,p)=\binom{n}{t}p^t(1-p)^{n-t}=c(p)\exp\left\{Q(p)\cdot t\right\}h(t),$$

其中 $c(p)=(1-p)^n$, $t=\sum\limits_{i=1}^n x_i$ 为 T 的观察值, $h(t)=\binom{n}{t}$, $Q(p)=\ln(p/(1-p))$ 为 p 的严格单调增函数, 故由推论 5.4.2 (i) 可知

$$\varphi(\boldsymbol{x})=\begin{cases}1, & T(\boldsymbol{x})>c,\\ r, & T(\boldsymbol{x})=c,\\ 0, & T(\boldsymbol{x})<c,\end{cases}$$

其中 c 由下列不等式决定:

$$\alpha_1=\sum_{i=c+1}^n\binom{n}{i}p_0^i(1-p_0)^{n-i}\leqslant\alpha\leqslant\sum_{i=c}^n\binom{n}{i}p_0^i(1-p_0)^{n-i}.$$

取

$$r=\frac{\alpha-\alpha_1}{\binom{n}{t}p_0^c(1-p_0)^{n-c}},$$

则必有

$$\mathbb{E}_{p_0}[\varphi(\boldsymbol{X})]=\mathbb{P}_{p_0}(T(\boldsymbol{X})>c)+r\cdot\mathbb{P}_{p_0}(T(\boldsymbol{X})=c)=\alpha,$$

因此上述检验 $\varphi(\boldsymbol{x})$ 为水平为 α 的 UMPT. 这是对例 5.4.2 的补充. □

例 5.4.6 设 $\boldsymbol{X}=(X_1,\cdots,X_n)$ 为自 Poisson 总体 $\mathbb{P}(\lambda)$ 中抽取的随机样本, $\lambda>0$ 为未知参数. 求

$$H_0:\lambda\leqslant\lambda_0\leftrightarrow H_1:\lambda>\lambda_0$$

的水平为 α 的 UMPT, 其中 λ_0 和 α 给定.

解 Poisson 分布为指数族分布. 样本 $\boldsymbol{X}$ 的密度函数为

$$f(\boldsymbol{x},\lambda)=\frac{\lambda^{T(\boldsymbol{x})}e^{-n\lambda}}{x_1!\cdots x_n!}=c(\lambda)\exp\{Q(\lambda)T(\boldsymbol{x})\}h(\boldsymbol{x}),$$

其中 $c(\lambda)=e^{-n\lambda}$, $T(\boldsymbol{x})=\sum\limits_{i=1}^n x_i$, $h(\boldsymbol{x})=1/(x_1!\cdots x_n!)$, $Q(\lambda)=\ln\lambda$ 为 λ 的严格增函数, 由推论 5.4.2 (i) 可知

$$\varphi(\boldsymbol{x})=\begin{cases}1, & T(\boldsymbol{x})>c,\\ r, & T(\boldsymbol{x})=c,\\ 0, & T(\boldsymbol{x})<c,\end{cases}$$

其中 c 由下列不等式确定 $\left(\text{注意检验统计量 } T(\boldsymbol{X})=\sum\limits_{i=1}^n X_i\sim P(n\lambda)\right)$:

$$\alpha_1=\sum_{k=c+1}^{\infty}\frac{(n\lambda_0)^k e^{-n\lambda_0}}{k!}\leqslant\alpha\leqslant\sum_{k=c}^{\infty}\frac{(n\lambda_0)^k e^{-n\lambda_0}}{k!}.$$

取

$$r=\frac{(\alpha-\alpha_1)c!}{(n\lambda_0)^c e^{-n\lambda_0}},$$

则必有

$$\mathbb{E}_{\lambda_0}[\varphi(\boldsymbol{X})]=\mathbb{P}_{\lambda_0}(T(\boldsymbol{X})>c)+r\cdot\mathbb{P}_{\lambda_0}(T(\boldsymbol{X})=c)=\alpha,$$

故上述检验 $\varphi(\boldsymbol{x})$ 为水平为 α 的 UMPT. □

例 5.4.7 设 $\boldsymbol{X}=(X_1,\cdots,X_n)$ 为自指数分布总体 $\mathrm{Exp}(\lambda)$ 中抽取的随机样本, $\lambda>0$ 为未知参数. 求

$$H_0:\lambda\leqslant\lambda_0\leftrightarrow H_1:\lambda>\lambda_0$$

的水平为 α 的 UMPT, 其中 λ_0 和 α 给定.

解 指数分布属于指数族. 样本 $\boldsymbol{X}$ 的密度函数为

$$f(\boldsymbol{x},\lambda)=\lambda^n\exp\left\{-\lambda\sum_{i=1}^n x_i\right\}I_{[x_i>0,i=1,2,\cdots,n]},$$

其中 $c(\lambda)=\lambda^n$, $h(\boldsymbol{x})=I_{[x_i>0,i=1,2,\cdots,n]}$, $T(\boldsymbol{x})=\sum\limits_{i=1}^n x_i$, $Q(\lambda)=-\lambda$ 为 λ 的单调降函数, 故由推论 5.4.2 (ii) 可知

$$\varphi(\boldsymbol{x})=\begin{cases}1, & T(\boldsymbol{x})<c,\\ 0, & T(\boldsymbol{x})\geqslant c.\end{cases}$$

由推理 2.3.1 可知 $2\lambda T(\boldsymbol{X})\sim\chi^2_{2n}$, 故有

$$\alpha=\mathbb{P}_{\lambda_0}(T(\boldsymbol{X})<c)=\mathbb{P}_{\lambda_0}(2\lambda_0 T(\boldsymbol{X})<2\lambda_0 c),$$

因此 $2\lambda_0 c = \chi^2_{2n}(1-\alpha)$, 即 $c = \chi^2_{2n}(1-\alpha)/(2\lambda_0)$. 因此

$$\varphi(\boldsymbol{x}) = \begin{cases} 1, & T(\boldsymbol{x}) < \dfrac{1}{2\lambda_0}\chi^2_{2n}(1-\alpha), \\ 0, & T(\boldsymbol{x}) \geqslant \dfrac{1}{2\lambda_0}\chi^2_{2n}(1-\alpha) \end{cases}$$

为水平为 α 的 UMPT. □

例 5.4.8 设 $\boldsymbol{X} = (X_1, \cdots, X_n)$ 为自正态总体 $N(0,\sigma^2)$ 中抽取的随机样本, σ^2 为未知参数. 求

$$H_0: \sigma^2 \geqslant \sigma_0^2 \leftrightarrow H_1: \sigma^2 < \sigma_0^2$$

的水平为 α 的 UMPT, 其中 σ_0^2 和 α 给定.

解 正态分布 $N(0,\sigma^2)$ 为指数族, 样本 $\boldsymbol{X}$ 密度函数为

$$f(\boldsymbol{x},\sigma^2) = \prod_{i=1}^n f(x_i,\sigma^2) = \left(\frac{1}{\sqrt{2\pi}\sigma}\right)^n \exp\left\{-\frac{1}{2\sigma^2}\sum_{i=1}^n x_i^2\right\},$$

其中 $c(\sigma) = \left(2\pi\sigma^2\right)^{-n/2}$, $h(\boldsymbol{x}) \equiv 1$, $T(\boldsymbol{x}) = \sum\limits_{i=1}^n x_i^2$, $Q(\sigma^2) = -1/(2\sigma^2)$ 为 σ^2 的严格单调增函数, 由推论 5.4.2(2) (iii) 可知

$$\varphi(\boldsymbol{x}) = \begin{cases} 1, & T(\boldsymbol{x}) < c, \\ 0, & T(\boldsymbol{x}) \geqslant c. \end{cases}$$

由于 $\sum\limits_{i=1}^n X_i^2\Big/\sigma^2 \sim \chi^2_n$, 令

$$\alpha = \mathbb{E}_{\sigma_0^2}[\varphi(\boldsymbol{X})] = \mathbb{P}_{\sigma_0^2}\left(\sum_{i=1}^n X_i^2 < c\right) = \mathbb{P}_{\sigma_0^2}\left(\sum_{i=1}^n X_i^2\Big/\sigma_0^2 < \frac{c}{\sigma_0^2}\right),$$

故有 $c/\sigma_0^2 = \chi^2_n(1-\alpha)$, 即 $c = \sigma_0^2\chi^2_n(1-\alpha)$. 因此

$$\varphi(\boldsymbol{x}) = \begin{cases} 1, & T(\boldsymbol{x}) < \sigma_0^2\chi^2_n(1-\alpha), \\ 0, & T(\boldsymbol{x}) \geqslant \sigma_0^2\chi^2_n(1-\alpha) \end{cases}$$

为水平为 α 的 UMPT. □

例 5.4.9 设 $\boldsymbol{X} = (X_1, \cdots, X_n)$ 是来自均匀分布族 $\{U(0,\theta):\ \theta > 0\}$ 的简单样本.

(1) 证明上述分布族是关于 $T(\boldsymbol{x}) = x_{(n)}$ 的单调似然比分布族.

(2) 试求检验问题 $H_0: \theta \leqslant \theta_0 \leftrightarrow H_1: \theta > \theta_0$ 的 UMPT 及其功效函数.

解 (1) 显然, 均匀分布族 $\{U(0,\theta):\ \theta > 0\}$ 中不同 θ 对应不同分布; 样本密度为

$$f(\boldsymbol{x},\theta) = \frac{1}{\theta^n} I_{(0<x_{(n)}<\theta)}.$$

当 $\theta_0<\theta_1$ 时, 似然比为

$$\lambda(\boldsymbol{x})=\frac{f(\boldsymbol{x},\theta_1)}{f(\boldsymbol{x},\theta_0)}=\left(\frac{\theta_0}{\theta_1}\right)^n\cdot\frac{I_{(0<x_{(n)}<\theta_1)}}{I_{(0<x_{(n)}<\theta_0)}}=\left(\frac{\theta_0}{\theta_1}\right)^n U(x_{(n)}),$$

其中

$$U(x_{(n)})=\frac{I_{(0<x_{(n)}<\theta_1)}}{I_{(0<x_{(n)}<\theta_0)}}=\begin{cases}1, & 0<x_{(n)}<\theta_0,\\ \infty, & \theta_0<x_{(n)}<\theta_1,\end{cases}$$

而 $\lambda(\boldsymbol{x})$ 为 $U(x_{(n)})$ 的严格增函数, 且 $U(x_{(n)})$ 为 $x_{(n)}$ 的非降函数, 故 $\lambda(\boldsymbol{x})$ 为 $x_{(n)}$ 的非降函数, 按定义上述均匀分布族关于 $T(\boldsymbol{x})=x_{(n)}$ 为单调似然比 (MLR) 分布族.

(2) 求检验问题 $H_0\leftrightarrow H_1$ 水平为 α 的 UMPT 及其功效函数.

由于样本分布族关于 $T(\boldsymbol{x})=x_{(n)}$ 为单调似然比分布族, 故由定理 5.4.2 可知上述检验问题的 UMPT 函数为

$$\varphi(\boldsymbol{x})=\begin{cases}1, & x_{(n)}>k,\\ 0, & x_{(n)}\leqslant k,\end{cases}$$

其中 k 满足 $\mathbb{E}_{\theta_0}[\varphi(\boldsymbol{X})]=\alpha$.

由于 $T=X_{(n)}$ 的密度函数为 $g(y)=ny^{n-1}/\theta^n\cdot I_{(0,\theta)}(y)$, 故由

$$\mathbb{E}_{\theta_0}[\varphi(\boldsymbol{X})]=\mathbb{P}\left(X_{(n)}>k|\theta=\theta_0\right)=\int_k^{\theta_0}\frac{ny^{n-1}}{\theta_0^n}dy=1-\left(\frac{k}{\theta_0}\right)^n=\alpha,$$

解出 $k=\theta_0\sqrt[n]{1-\alpha}\triangleq k_0$. 故检验问题的水平为 α 的 UMPT 为

$$\varphi(\boldsymbol{x})=\begin{cases}1, & x_{(n)}>\theta_0\sqrt[n]{1-\alpha},\\ 0, & x_{(n)}\leqslant\theta_0\sqrt[n]{1-\alpha},\end{cases}$$

其功效函数为

$$\beta_\varphi(\theta)=\mathbb{P}_\theta\left(X_{(n)}>k_0\right)=\int_{k_0}^{\theta}\frac{ny^{n-1}}{\theta^n}dy=1-(1-\alpha)\left(\frac{\theta_0}{\theta}\right)^n.$$

$\beta_\varphi(\theta)$ 是 θ 的单调增函数.

将此检验与例 5.3.4 中的水平为 α 似然比检验相比, 可见例 5.3.4 中的似然比检验是 UMPT. 似然比检验方法求出的许多检验具有 UMPT 性质, 正因为如此, 似然比检验方法是最常选用的检验方法. □

*5.4.4 无偏检验

前面已经说过, UMPT 存在是很少的例外. 因此作为一致最优检验的准则, 它的作用是有限的. 为了得到适用范围更广的检验准则, 可采取下列办法: 先对所考虑的检验施加某种合理的一般性限制, 这样就缩小了所考虑的检验的范围, 然后在这缩小了的范围中找一致最优检验. 正如在点估计问题中, 先限制估计量是

无偏的, 然后在无偏估计类中, 去寻找方差一致最小的无偏估计. 基于这种想法引进无偏检验的概念.

定义 5.4.3 (无偏检验)

设 φ 为检验问题 (5.4.1) 的一个检验, 若其功效函数 $\beta_\varphi(\theta)$ 满足条件: 对 $\forall\, \theta_0 \in \Theta_0$ 有 $\beta_\varphi(\theta_0) \leqslant \alpha$, 对 $\forall\, \theta_1 \in \Theta_1$ 有 $\beta_\varphi(\theta_1) \geqslant \alpha$, 则称 φ 为水平为 α 的无偏检验 (unbiased test), 或简称为无偏检验.

无偏检验的直观意义很清楚: 若 φ 为 $H_0 \leftrightarrow H_1$ 的无偏检验, 则其犯第一类错误的概率不应超过不犯第二类错误的概率.

下面给出一致最优无偏检验的定义. 记

$$\mathscr{U}_\alpha = \{\varphi:\ \varphi \text{ 为检验问题 (5.4.1) 的水平为 } \alpha \text{ 的无偏检验}\},$$

即 $\mathscr{U}_\alpha$ 为一切水平为 α 的无偏检验的类.

定义 5.4.4 (一致最优无偏检验)

若 $\varphi \in \mathscr{U}_\alpha$ 且对任何 $\varphi_1 \in \mathscr{U}_\alpha$, 有

$$\beta_\varphi(\theta) \geqslant \beta_{\varphi_1}(\theta), \quad \forall\, \theta \in \Theta_1,$$

则称 φ 是式 (5.4.1) 的一个水平为 α 的一致最优无偏检验 (uniformly most powerful unbiased test, UMPUT).

注 5.4.8　由上述定义可知任一 UMPT 必为 UMPUT. 说明如下: 记 UMPT φ 的功效函数为 $\beta_\varphi(\theta)$, 由 UMPT 的定义可知 $\beta_\varphi(\theta) \leqslant \alpha$, 对一切 $\theta \in \Theta_0$, 又显见 $\varphi^* \equiv \alpha$ 是水平为 α 的检验, 由 UMPT 定义可知 $\beta_\varphi(\theta) \geqslant \beta_{\varphi^*}(\theta) \equiv \alpha$, 对一切 $\theta \in \Theta_1$. 可见有

$$\beta_\varphi(\theta_1) \geqslant \alpha \geqslant \beta_\varphi(\theta_0), \quad \forall\, \theta_0 \in \Theta_0,\ \theta_1 \in \Theta_1,$$

故检验 φ 是无偏的, 又是 UMPT, 因此必为 UMPUT.

UMPUT 存在的情况比 UMPT 要广一些. 对下列单参数指数族:

$$f(x,\theta) = C(\theta)\exp\left\{Q(\theta)T(x)\right\}h(x),$$

在前面的定理 5.4.2 和定理 5.4.3 中已证明了下列检验问题的水平为 α 的 UMPT 存在, 因而也是 UMPUT 的:

(1) $H_0: \theta \leqslant \theta_0 \leftrightarrow H_1: \theta > \theta_0$,

(2) $H_0: \theta \geqslant \theta_0 \leftrightarrow H_1: \theta < \theta_0$.

还可进一步证明下列两类单参数指数族的水平为 α 的 UMPUT 是存在的:

(3) $H_0: \theta = \theta_0 \leftrightarrow H_1: \theta \neq \theta_0$,

(4) $H_0: \theta_1 \leqslant \theta \leqslant \theta_2 \leftrightarrow H_1: \theta < \theta_1$ 或 $\theta > \theta_2$,
其中 (3) 和 (4) 两类检验问题的 UMPUT 的存在性已超出本书的范围, 有兴趣的同学可参看文献 [1] 第 359 页.

5.5 假设检验与区间估计

假设检验与区间估计这两个统计推断的形式表面上看好像完全不同, 而实际上两者之间有着非常密切的关系. 由单参数假设检验问题的水平为 α 的双边检验和单边检验, 可以分别得到该参数的置信系数为 $1-\alpha$ 的置信区间和置信限, 反之亦然. 具体说明如下.

5.5.1 如何由假设检验得到置信区间

设 $\boldsymbol{X}=(X_1,\cdots,X_n)$ 是从总体 $\{f(x,\theta):\ \theta\in\Theta\}$ 中抽取的简单样本, 目的是求参数 θ 的置信系数为 $1-\alpha$ 的置信区间. 考虑双边检验问题

$$H_0:\ \theta=\theta_0 \leftrightarrow H_1:\ \theta\neq\theta_0 .$$

求出此检验的水平为 α 的接受域 $\bar{D}$, 则有

$$\mathbb{P}(\bar{D}|H_0)=1-\alpha, \tag{5.5.1}$$

解由 $\bar{D}$ 确定的不等式, 得到如下不等式: $\widehat{\theta}_1(\boldsymbol{X})\leqslant\theta_0\leqslant\widehat{\theta}_2(\boldsymbol{X})$. 由于式 (5.5.1) 是在条件 "$H_0:\theta=\theta_0$" 下成立, 改 θ_0 为 θ 得 $\widehat{\theta}_1(\boldsymbol{X})\leqslant\theta\leqslant\widehat{\theta}_2(\boldsymbol{X})$, 则 $[\widehat{\theta}_1(\boldsymbol{X}),\widehat{\theta}_2(\boldsymbol{X})]$ 即为所求的置信系数为 $1-\alpha$ 的置信区间.

若要求 θ 的置信上、下限, 就需要考虑单边检验 $H_0'':\theta\geqslant\theta_0\leftrightarrow H_1'':\theta<\theta_0$ 或 $H_0':\theta\leqslant\theta_0\leftrightarrow H_1':\theta>\theta_0$ 的检验问题. 下面通过例子来说明.

例 5.5.1 设 $X_1,\cdots,X_n$ 为自正态总体 $N(\mu,\sigma^2)$ 抽取的随机样本. μ, σ^2 皆未知, 要分别求 μ 和 σ^2 的置信系数为 $1-\alpha$ 的置信区间和置信上、下限.

解 先考虑 μ 的置信区间和置信上、下限问题. 5.2 节已给出检验问题

$$H_0:\mu=\mu_0\leftrightarrow H_1:\mu\neq\mu_0$$

的水平为 α 的检验的接受域 $\bar{D}=\{(X_1,\cdots,X_n):|T|\leqslant t_{n-1}(\alpha/2)\}$, 其中 $T=\sqrt{n}(\bar{X}-\mu_0)/S$. 记 $\boldsymbol{\theta}=(\mu,\sigma^2)$, 故有

$$\mathbb{P}_{\boldsymbol{\theta}}\left(\left|\frac{\sqrt{n}(\bar{X}-\mu_0)}{S}\right|\leqslant t_{n-1}(\alpha/2)\,\middle|\,H_0\right)=1-\alpha. \tag{5.5.2}$$

由于上述等式是在条件 H_0 成立, 即 $\mu=\mu_0$ 时获得的, 所以将下面出现的所有 μ_0 用 μ 代替是等价的. 解式 (5.5.2) 括号中的不等式得

$$\bar{X}-\frac{S}{\sqrt{n}}t_{n-1}(\alpha/2)\leqslant\mu\leqslant\bar{X}+\frac{S}{\sqrt{n}}t_{n-1}(\alpha/2),$$

因此

$$\left[\bar{X}-\frac{S}{\sqrt{n}}t_{n-1}(\alpha/2),\ \bar{X}+\frac{S}{\sqrt{n}}t_{n-1}(\alpha/2)\right]$$

即为 μ 的置信系数为 $1-\alpha$ 的置信区间.

若要求 μ 的置信下限, 则考虑检验问题

$$H_0':\mu\leqslant\mu_0\leftrightarrow H_1':\mu>\mu_0.$$

在 5.2 节中已给出水平为 α 的接受域 $\bar{D}=\{(X_1,\cdots,X_n):\ T\leqslant t_{n-1}(\alpha)\}$, 故有

$$\mathbb{P}_{\boldsymbol{\theta}}\left(\frac{\sqrt{n}(\bar{X}-\mu_0)}{S}\leqslant t_{n-1}(\alpha)\,\middle|\,\mu=\mu_0\right)=1-\alpha.$$

解括号中的不等式得

$$\bar{X}-\frac{S}{\sqrt{n}}t_{n-1}(\alpha)\leqslant\mu_0,$$

再改 μ_0 为 μ 得到 $\bar{X}-S\,t_{n-1}(\alpha)/\sqrt{n}\leqslant\mu<\infty$. 因此 μ 的置信系数为 $1-\alpha$ 的置信下限为 $\bar{X}-S\,t_{n-1}(\alpha)/\sqrt{n}$. 同理, 可求 μ 的置信系数为 $1-\alpha$ 的置信上限为 $\bar{X}+St_{n-1}(\alpha)/\sqrt{n}$. □

关于正态总体方差 σ^2 的置信区间和置信上、下限留给读者作为练习.

例 5.5.2　设 $X_1,\cdots,X_m$ 和 $Y_1,\cdots,Y_n$ 分别自正态总体 $N(\mu_1,\sigma^2)$ 和 $N(\mu_2,\sigma^2)$ 中抽取的简单样本, 且样本 $X_1,\cdots,X_m$ 和 $Y_1,\cdots,Y_n$ 独立. 令 $\mu=\mu_2-\mu_1$, 求 μ 的置信系数为 $1-\alpha$ 的置信区间和置信上、下限.

解　5.2 节已求出了检验问题

$$H_0:\ \mu=\mu_0\leftrightarrow H_1:\ \mu\neq\mu_0$$

的两样本 t 检验的接受域 $\bar{D}=\big\{(\boldsymbol{X},\boldsymbol{Y}):\ |T_w|\leqslant t_{n+m-2}(\alpha/2)\big\}$. 检验统计量为

$$T_w=\frac{\bar{Y}-\bar{X}-\mu_0}{S_w}\sqrt{\frac{mn}{m+n}},$$

此处 $S_w^2=[(m-1)S_1^2+(n-1)S_2^2]/(n+m-2)$, 而 S_1^2 和 S_2^2 分别为两组样本的样本方差. 若记 $\boldsymbol{\theta}=(\mu_1,\mu_2,\sigma^2)$, 则有

$$\mathbb{P}_{\boldsymbol{\theta}}\Big(|T_w|\leqslant t_{m+n-2}(\alpha/2)|H_0\Big)=1-\alpha,\tag{5.5.3}$$

改 μ_0 为 μ, 解式 (5.5.3) 括号中的不等式得到

$$\bar{Y}-\bar{X}-S_w\,t_{n+m-2}\Big(\frac{\alpha}{2}\Big)\sqrt{\frac{1}{m}+\frac{1}{n}}\leqslant\mu\leqslant\bar{Y}-\bar{X}+S_w\,t_{n+m-2}\Big(\frac{\alpha}{2}\Big)\sqrt{\frac{1}{m}+\frac{1}{n}}.$$

因此 $\mu=\mu_2-\mu_1$ 的置信系数为 $1-\alpha$ 的置信区间为

$$\left[\bar{Y}-\bar{X}-S_w\, t_{n+m-2}\Big(\frac{\alpha}{2}\Big)\sqrt{\frac{1}{m}+\frac{1}{n}},\ \bar{Y}-\bar{X}+S_w\, t_{n+m-2}\Big(\frac{\alpha}{2}\Big)\sqrt{\frac{1}{m}+\frac{1}{n}}\right].$$

类似方法求得 $\mu=\mu_2-\mu_1$ 的置信系数为 $1-\alpha$ 的置信下、上限分别为 $\bar{Y}-\bar{X}-S_w\, t_{n+m-2}(\alpha)\sqrt{1/m+1/n}$ 和 $\bar{Y}-\bar{X}+S_w\, t_{n+m-2}(\alpha)\sqrt{1/m+1/n}$. □

这里假定了两总体有相同的方差 σ^2. 若去掉这一假设, 假定两总体的方差分别为 σ_1^2 和 σ_2^2, 则就得到著名的 Behrens-Fisher 问题, 由 5.2 节中给出的 Behrens-Fisher 问题的大样本检验方法和一个小样本的近似方法, 用类似的方法也同样可以得到一个近似的 Behrens-Fisher 问题的区间估计形式 (这已在 4.2 节中讨论过, 此处从略).

两正态总体方差比的置信区间和置信上、下限如何通过假设检验方法得到, 留给读者作练习.

5.5.2 如何由置信区间得到假设检验

若用某种方法建立了 θ 的置信水平为 $1-\alpha$ 的区间估计 $[\widehat{\theta}_1,\widehat{\theta}_2]$, 对给定的 θ_0 不难求出检验问题 $H_0:\theta=\theta_0 \leftrightarrow H_1:\theta\neq\theta_0$ 的一个水平为 α 的检验. 事实上, 一个简单方法就是若 $\theta_0\in[\widehat{\theta}_1,\widehat{\theta}_2]$ 则接受 H_0, 否则就拒绝 H_0.

用类似方法可由置信系数为 $1-\alpha$ 的置信上、下限求出检验问题 $H_0':\theta\geqslant\theta_0\leftrightarrow H_1':\theta<\theta_0$ 和 $H_0'':\theta\leqslant\theta_0\leftrightarrow H_1'':\theta>\theta_0$ 的水平为 α 的检验.

*5.5.3 一致最精确置信集与一致最优检验

1. 引言和定义

由 4.1 节可知, 评价一个区间估计的优劣有两个要素: 一是其可靠度, 即区间估计包含未知参数的概率有多大, 可靠度越大越好; 二是其精度, 衡量精度的明显指标是区间估计的长度. 长度越短越好. 如 4.1 节所述, 在固定样本大小的前提下, 这两个要素是彼此矛盾的.

长度作为精度的标准不适用于置信上、下限. 在满足一定可靠度的前提下, 置信上限越小精度越高; 置信下限越大精度越高.

如 4.1 节所述, Neyman 的置信区间理论是在保证可靠度达到指定要求下, 尽量选择精度更高的置信集. 固定可靠度, 使精度达到最高的区间估计称为一致最精确区间估计 (uniformly most accurate confidence interval), 其定义如下.

定义 5.5.1

称 $\widehat{\theta}_U^*(\boldsymbol{X}),\widehat{\theta}_L^*(\boldsymbol{X})$ 和 $[\widehat{\theta}_1^*(\boldsymbol{X}),\widehat{\theta}_2^*(\boldsymbol{X})]$ 分别是 θ 的置信水平为 $1-\alpha$ 的一致最精确 (uniformly most accurate, UMA) 置信上、下限和置信区间, 如果它们有置信水平 $1-\alpha$, 而且

(1) 对任何置信水平为 $1-\alpha$ 的置信上限 $\widehat{\theta}_U(\boldsymbol{X})$, 以及任何 $\theta<\theta'$, 有

$$\mathbb{P}_\theta\big(\widehat{\theta}_U^*(\boldsymbol{X})\geqslant\theta'\big)\leqslant\mathbb{P}_\theta\big(\widehat{\theta}_U(\boldsymbol{X})\geqslant\theta'\big);$$

(2) 对任何置信水平为 $1-\alpha$ 的置信下限 $\widehat{\theta}_L(\boldsymbol{X})$, 以及任何 $\theta>\theta'$, 有

$$\mathbb{P}_\theta\big(\widehat{\theta}_L^*(\boldsymbol{X})\leqslant\theta'\big)\leqslant\mathbb{P}_\theta\big(\widehat{\theta}_U(\boldsymbol{X})\leqslant\theta'\big);$$

(3) 对任何置信水平为 $1-\alpha$ 的置信区间 $[\widehat{\theta}_1(\boldsymbol{X}),\widehat{\theta}_2(\boldsymbol{X})]$, 以及任何 $\theta\neq\theta'$, 有

$$\mathbb{P}_\theta\big(\widehat{\theta}_1^*(\boldsymbol{X})\leqslant\theta'\leqslant\widehat{\theta}_2^*(\boldsymbol{X})\big)\leqslant\mathbb{P}_\theta\big(\widehat{\theta}_1(\boldsymbol{X})\leqslant\theta'\leqslant\widehat{\theta}_2(\boldsymbol{X})\big).$$

♧

注 5.5.1 在上述定义中 θ 为真参数, θ' 是非真参数. 由定义可知 UMA 置信集 (包括置信区间和置信上、下限) 的意义是: 它们包含非真参数 θ' 的概率是最小的.

2. 如何求 UMA 置信集

如 5.5.1 小节所述, 置信区间和置信上、下限与假设检验的接受域之间存在对应关系, 故可以通过一致最优检验 (UMPT) 的接受域来确定 UMA 置信区间和置信上、下限.

定理 5.5.1

(1) 由假设检验 $H_0:\theta\leqslant\theta_0\leftrightarrow H_1:\theta>\theta_0$ 和 $H_0':\theta\geqslant\theta_0\leftrightarrow H_1':\theta<\theta_0$ 分别构造的置信水平为 $1-\alpha$ 置信下限和置信上限的方法 (见例 5.5.1) 中, 若所用的检验是水平为 α 的 UMPT, 则所得到的置信下限和置信上限分别是置信水平为 $1-\alpha$ 的 UMA 置信下限和置信上限.

(2) 由假设检验 $H_0:\ \theta=\theta_0\leftrightarrow H_1:\ \theta\neq\theta_0$ 构造的置信水平为 $1-\alpha$ 置信区间的方法 (见例 5.5.1) 中, 若所用的检验是水平为 α 的 UMPT, 则所得到的置信区间必是置信水平为 $1-\alpha$ 的 UMA 置信区间.

♡

证 以置信下限为例证明, 其余两种情形的证明类似. 设 $\{X\in A^*(\theta_0)\}$ 为 $H_0:\theta\leqslant\theta_0\leftrightarrow H_1:\theta>\theta_0$ 的检验水平为 α 的 UMPT 的接受域, 产生置信水平为 $1-\alpha$ 的置信下限 $\widehat{\theta}_L^*(\boldsymbol{X})$. 引进上述 $H_0\leftrightarrow H_1$ 水平为 α 的任一检验, 它有接受域 $\{\boldsymbol{X}:\ \widehat{\theta}_L(\boldsymbol{X})\leqslant\theta_0\}=A(\theta_0)$. 事实上, 若原假设 $H:\ \theta\leqslant\theta_0$ 成立, 则有

$$\mathbb{P}_\theta(\text{原假设被接受})=\mathbb{P}_\theta\big(\widehat{\theta}_L(\boldsymbol{X})\leqslant\theta_0|H\big)\geqslant\mathbb{P}_\theta\big(\widehat{\theta}_L(\boldsymbol{X})\leqslant\theta|H\big)\geqslant1-\alpha,$$

这证明它有水平 α.

但以 $A^*(\theta_0)$ 为接受域的检验是水平 α 的 UMPT, 按定义对 $\forall\,\theta_1>\theta_0$, 有

$$\mathbb{P}_{\theta_1}\big(\boldsymbol{X}\notin A^*(\theta_0)\big)\geqslant\mathbb{P}_{\theta_1}\big(\boldsymbol{X}\notin A(\theta_0)\big),\quad\text{即不犯 II 型错误的概率最大}$$

$$\Leftrightarrow\mathbb{P}_{\theta_1}\big(\boldsymbol{X}\in A^*(\theta_0)\big)\leqslant\mathbb{P}_{\theta_1}\big(\boldsymbol{X}\in A(\theta_0)\big),\quad\text{即犯 II 型错误的概率最小}$$

$$\Leftrightarrow \mathbb{P}_{\theta_1}\big(\widehat{\theta}_L^*(\boldsymbol{X}) \leqslant \theta_0\big) \leqslant \mathbb{P}_{\theta_1}\big(\widehat{\theta}_L(\boldsymbol{X}) \leqslant \theta_0\big).$$

由于上式对满足 $\theta_1 > \theta_0$ 的任何 θ_1 成立, 故改 θ_1 为 θ, 改 θ_0 为 θ' 上式也成立. 即对 $\forall\, \theta > \theta'$, 有

$$\mathbb{P}_{\theta}\big(\widehat{\theta}_L^*(\boldsymbol{X}) \leqslant \theta'\big) \leqslant \mathbb{P}_{\theta}\big(\widehat{\theta}_L(\boldsymbol{X}) \leqslant \theta'\big).$$

按一致最精确置信集的定义, 可知 $\widehat{\theta}_L^*(\boldsymbol{X})$ 是置信水平为 $1-\alpha$ 的 UMA 置信下限. □

例 5.5.3 设 $X_1, \cdots, X_n$ i.i.d.$\sim N(\theta, 1)$, 求 θ 的置信水平 $1-\alpha$ 的 UMA 置信上、下限.

解 显然检验问题 $H_0: \theta \leqslant \theta_0 \leftrightarrow H_1: \theta > \theta_0$ 的水平为 α 的 UMPT 的接受域为 $\big\{\sqrt{n}(\bar{X}-\theta_0) \leqslant u_\alpha\big\} \Longleftrightarrow \big\{\bar{X} - u_\alpha/\sqrt{n} \leqslant \theta_0\big\}$. 由定理 5.5.1 可知 $\bar{X} - u_\alpha/\sqrt{n}$ 就是 θ 的置信水平 $1-\alpha$ 的 UMA 置信下限, 同理可知 $\bar{X} + u_\alpha/\sqrt{n}$ 是 θ 的置信水平 $1-\alpha$ 的 UMA 置信上限. □

5.5.4 假设检验和区间估计的比较

与点估计和假设检验比较, 区间估计这一推断形式有一个显著的特点, 即它的精度 (一般可用区间的长度刻画) 和可靠度 (用其置信系数刻画) 一目了然. 点估计不具备这个特点, 才促使人们考虑区间估计. 而且区间估计可以在精度、可靠度和样本大小 n 之间进行调整, 以达到预先指定的要求. 而假设检验提供的信息不如区间估计确切, 请看下例.

设从正态总体 $N(\mu, \sigma^2)$ 中抽取一定大小的样本去检验假设 $H_0: \mu = 0 \leftrightarrow H_1: \mu \neq 0$. 结果假设被接受了. 如在 5.1 节中所述, 这并不意味着 "证明" 了 $\mu = 0$. 假如只知道 $\mu = 0$ 被接受了, 甚至无法估量真正的 μ 值与 0 相差有多大. 但如果被告知 μ 的置信系数 95% 的区间估计为 $[-0.05, 0.07]$ 或者是 $[-15, 20]$, 则在前一个场合, μ 与 0 相距最大不超过 0.07, 这么小一个值在实用上可能无关紧要. 这时就有一定的把握 (概率 0.95) 说 μ "事实上" 可以认为是 0, 而不只是接受 "$\mu = 0$" 了. 若在后一场合, 虽然 $\mu = 0$ 这个假设也被接受 (因为 0 这个点在区间 $[-15, 20]$ 内), 但因 μ 的可能范围很大, 实际上只能说对 μ "知之甚少".

反之, 若得到 " $\mu = 0$ 被拒绝". 从这句话也只知道有比较显著的证据认为 $\mu \neq 0$, 但还无法知道其实际意义如何. 但如果被告知: μ 的区间估计为 $[0.01, 0.02]$ 或 $[-40, -30]$. 在前一场合, 虽然 $\mu = 0$ 被拒绝 (因为 0 不在区间 $[0.01, 0.02]$ 内), 但 μ 与 0 的最大差距不过 0.02, 这么小一个值可能实际上与 0 无异. 因此, 虽然在统计上拒绝了 $\mu = 0$, 但事实上可以认为 $\mu = 0$. 在后一个场合 μ 的值与 0 相距至少是 30, 不仅要拒绝 $\mu = 0$, 从实际上看 μ 也显著异于 0.

这些分析说明，区间估计所提供的信息比假设检验更为确切．这也提醒：①对假设检验结果的实际含义的解释要十分小心；②在得到假设检验结果时，最好也将被检验参数的区间估计求出来作为参考．

5.5.5 检验的 p 值

假设检验的可能结论只有两个：接受或是拒绝原假设．作出这一结论的根据有多大，则往往不易清楚地显示出来．例如，甲、乙两厂生产同一产品，希望检验假设 H_0 :“甲不优于乙”．当被告知这一假设应被接受时，只知道作出的结论是“甲不优于乙”，但作出这一结论的根据有多大？不可能有一个数量的概念．这是假设检验这种推断形式的一个缺点．上一段曾将假设检验和区间估计作了一个比较，并指出：一般说来假设检验作出的结论，不如区间估计那么精细，其理由就在于检验这种形式固有的粗糙性．

但是，对这一缺点可以作一些补救，方法是引进“检验的 p 值”的概念．这是基于下面直观上的想法．

例如，设 $X_1, \cdots, X_{16}$ 为自正态总体 $N(\mu,1)$ 中抽取的简单样本，要检验假设 $H_0: \mu=0 \leftrightarrow H_1: \mu \neq 0$，取水平 $\alpha=0.05$．此检验的拒绝域为

$$\left\{(X_1,\cdots,X_{16}):\ \left|\sqrt{16}\,\bar{X}\right|>1.96\right\}=\left\{(X_1,\cdots,X_n):\ \left|\bar{X}\right|>0.49\right\}.$$

设对一组样本 $X_1,\cdots,X_{16}$，有 $\bar{X}=0.48$，则根据拒绝域，应接受 $H_0:\mu=0$；又设有另一组样本 $X_1,\cdots,X_{16}$ 算得 $\bar{X}=0.12$，当然也应接受 $H_0:\mu=0$．对这两组样本而言，结论一致，都是接受 $H_0:\mu=0$．然而，会觉得后一场合，作出 $H_0:\mu=0$ 的结论根据大一些，而在前一场合，根据就小一些．为了反映这一点，引进检验的 p 值进行定量的刻画．其定义如下．

设对某一组如上所述的具体样本 $X_1,\cdots,X_n$，算出 $\bar{X}$ 的具体值记为 $\bar{x}_0$，则这组样本的 p 值定义为

$$p=\mathbb{P}\big(|\bar{X}|>|\bar{x}_0|\,\big|H_0\big)=\mathbb{P}\big(\sqrt{n}\,|\bar{X}|>\sqrt{n}\,|\bar{x}_0|\,\big|H_0\big)=\mathbb{P}\big(|U|>\sqrt{n}\,|\bar{x}_0|\big|H_0\big),$$

此处 $U=\sqrt{n}|\bar{X}|$，且 $U|H_0\sim N(0,1)$．

p 值的意义解释如下：当获得一组具体样本，算得样本均值 $\bar{X}$ 的具体值为 $\bar{x}_0$ 时，它与假设 $\mu=0$ 的偏差为 $|\bar{x}_0|$，问：达到 $|\bar{x}_0|$ 这么大或更大的偏离的机会有多大？这就是上式定义的 p 值．若概率 p 很大，就证明在 $\mu=0$ 之下，得到这么大一个偏差很正常，不值得奇怪，因而认为 $\mu=0$ 成立的根据很充分．反之，若 p 很小，则在 $\mu=0$ 之下得到这么大一个偏差很难得，这很有可能意味着 μ 不为 0．因此若 p 很小时，认为 $\mu=0$ 的根据很不足．总之，p 越大 (小)，认为 $\mu=0$ 的根据越充分 (不足)．当 $p<\alpha$ 时，就要拒绝 $\mu=0$ 了．若 $p\geqslant\alpha$，但离 α 很近，虽然不

能拒绝 H_0, 但对它抱着很怀疑的态度. 拿上文的例子来说, 通过标准正态分布表, 查得对应于 $\bar{x}_0 = 0.48$ 和 $\bar{x}_0 = 0.12$ 两种情形的 p 值分别为

$$p = \mathbb{P}(|\bar{X}| \geqslant 0.48 \,|H_0) = \mathbb{P}(|U| \geqslant 1.92 \big| H_0) = 0.0548,$$
$$p = \mathbb{P}(|\bar{X}| \geqslant 0.12 \,|H_0) = \mathbb{P}(|U| \geqslant 0.48 \big| H_0) = 0.6312.$$

前一情况离水平 α 很近, 虽然仍不能拒绝 $\mu = 0$, 但很值得怀疑. 后一场合表明: 出现像 0.12 或更大偏差的可能性在 $\mu = 0$ 之下为 0.6312, 这一可能性很大, 不足为奇. 故认为 $\mu = 0$ 的根据很充分.

上述分析可以推广到一般的情形, 对双边检验问题, 若原假设为 $H_0 : \theta = \theta_0$, 其拒绝域为 $|T| > c$, 设由样本算出检验统计量 T 之值为 t_0, 则这组样本的 p 值为

$$p = \mathbb{P}(|T| > |t_0| \,|H_0); \tag{5.5.4}$$

对单边检验问题, 若原假设为 $H_0 : \theta \leqslant \theta_0$, 其拒绝域为 $T > c$, 则 p 值为

$$p = \sup_{\theta \leqslant \theta_0} \mathbb{P}(T > t_0) = \mathbb{P}(T > t_0 | \theta = \theta_0); \tag{5.5.5}$$

对单边检验问题, 若原假设为 $H_0 : \theta \geqslant \theta_0$, 其拒绝域为 $T < c$, 则 p 值为

$$p = \sup_{\theta \geqslant \theta_0} \mathbb{P}(T < t_0) = \mathbb{P}(T < t_0 | \theta = \theta_0). \tag{5.5.6}$$

将一样本问题中的 U 检验、t 检验和 χ^2 检验的 p 值公式及两样本问题中 t 检验、F 检验的部分 p 值列成表 5.5.1. 双边检验的 p 值公式可按式 (5.5.4) 推导, 单边检验的 p 值公式可按式 (5.5.5) 和式 (5.5.6) 推得.

表 5.5.1 一样本问题中 $\bar{x}_0$, s_0^2 分别是由 $\bar{X}$, S^2 的具体样本算得的值; 两样本问题中 $\bar{y}_0$, $\bar{x}_0$, s_{10}^2, s_{20}^2 和 s_{w_0} 分别是由 $\bar{Y}$, $\bar{X}$, S_1^2, S_2^2 及 S_{w_0} 的具体样本算得的值. 一样本问题中的 $\bar{X}$, S^2 及两样本问题中的 $\bar{Y}$, $\bar{X}$, S_1^2, S_2^2 和 S_w^2 的表达式与 5.2 节中相同.

例 5.5.4 从电信公司每月长途电话的账单中随机抽取 25 张, 算得月平均费用 $\bar{X} = 32.80$ 元, $S = 20.80$ 元. 假定每月长途电话费用服从正态分布 $N(\mu, \sigma^2)$, σ^2 未知, 要检验假设

$$H_0 : \mu = 30 \leftrightarrow H_1 : \mu \neq 30,$$

计算检验的 p 值.

解 按表 5.5.1 计算公式的第三行最后一列计算 p 值, 此处 $n = 25$, $\mu_0 = 30$, $\bar{x}_0 = 32.80$, $s_0 = 20.80$, 故有

$$p = \mathbb{P}\left(|T| > \left|\frac{\sqrt{25}(32.80 - 30)}{20.80}\right| \middle| H_0\right) = \mathbb{P}(|T| > 0.67 | H_0) \approx 0.53.$$

此 p 值较大, 表明数据与 $\mu = 30$ 相当符合, 即有足够根据认为 $H_0 : \mu = 30$ 成立. □

当检验统计量 T 在原假设下的分布难以得到时候, 应用中常用自助法计算 p 值, 即**在原假设下使用自助法**得到统计量 T 的 B 个自助版本 $T_1^*,\cdots,T_B^*$ 值, 则 p 值 $=\mathbb{P}(T\geqslant t_0|H_0)$ 可以近似为

$$p\text{ 值}\approx\frac{1}{B}\sum_{b=1}^{B}I_{(T_b^*\geqslant t_0)}.$$

此处 t_0 是 T 的具体观察值.

表 5.5.1　p 值计算公式表

	参数	H_0	H_1	检验统计量及其分布	p 值公式
一样本	σ^2 已知	$\mu=\mu_0$	$\mu\neq\mu_0$	$U=\dfrac{\sqrt{n}(\bar{X}-\mu_0)}{\sigma}\sim N(0,1)$	$p=\mathbb{P}\left(\lvert U\rvert>\dfrac{\sqrt{n}\lvert\bar{x}_0-\mu_0\rvert}{\sigma}\middle\vert H_0\right)$
	同上	$\mu\leqslant\mu_0$	$\mu>\mu_0$	同上	$p=\mathbb{P}\left(U>\dfrac{\sqrt{n}(\bar{x}_0-\mu_0)}{\sigma}\middle\vert H_0\right)$
	σ^2 未知	$\mu=\mu_0$	$\mu\neq\mu_0$	$T=\dfrac{\sqrt{n}(\bar{X}-\mu_0)}{S}\sim t_{n-1}$	$p=\mathbb{P}\left(\lvert T\rvert>\dfrac{\sqrt{n}\lvert\bar{x}_0-\mu_0\rvert}{s_0}\middle\vert H_0\right)$
	同上	$\mu\leqslant\mu_0$	$\mu>\mu_0$	同上	$p=\mathbb{P}\left(T>\dfrac{\sqrt{n}(\bar{x}_0-\mu_0)}{s_0}\middle\vert H_0\right)$
	μ 未知	$\sigma^2\leqslant\sigma_0^2$	$\sigma^2>\sigma_0^2$	$\chi^2=\dfrac{(n-1)S^2}{\sigma_0^2}\sim\chi_{n-1}^2$	$p=\mathbb{P}\left(\chi^2>\dfrac{(n-1)s_0^2}{\sigma_0^2}\middle\vert H_0\right)$
两样本	$\sigma_1^2=\sigma_2^2$ 未知	$\mu_1=\mu_2$	$\mu_1\neq\mu_2$	$T=\dfrac{\bar{Y}-\bar{X}}{S_w\sqrt{\frac{m+n}{mn}}}\sim t_{n+m-2}$	$p=\mathbb{P}\left(\lvert T\rvert>\dfrac{\lvert\bar{y}_0-\bar{x}_0\rvert}{S_{w0}\sqrt{\frac{m+n}{mn}}}\middle\vert H_0\right)$
	同上	$\mu_1\leqslant\mu_2$	$\mu_1>\mu_2$	同上	$p=\mathbb{P}\left(T>\dfrac{\bar{y}_0-\bar{x}_0}{S_{w0}\sqrt{\frac{m+n}{mn}}}\middle\vert H_0\right)$
	μ_1,μ_2 未知	$\sigma_1^2\leqslant\sigma_2^2$	$\sigma_1^2>\sigma_2^2$	$F=S_1^2/S_2^2\sim F_{m-1,n-1}$	$p=\mathbb{P}\left(F>s_{10}^2/s_{20}^2\middle\vert H_0\right)$

例 5.5.5　废弃电池破损后会释放出金属成分, 进而随着雨水对周围环境造成重金属污染. 一项研究随机调查了具有丢弃破损 AAA 电池的 $n=51$ 个地点, 测得土壤中锌含量 (单位: g) 分别为

1.94　2.06　1.88　1.96　2.25　2.26　2.34　1.96　2.22　2.15　2.03　2.00　1.91　1.82
1.96　2.13　2.20　2.01　2.12　1.98　2.31　1.97　1.95　2.09　1.97　2.02　2.11　1.91
1.97　1.91　2.29　2.22　2.01　2.23　2.18　1.95　2.01　2.04　2.22　2.27　2.14　2.18
1.98　1.89　1.84　2.19　2.07　2.09　2.07　2.14　1.70

试问可否得出总体平均锌含量超过 2.0g 的结论?

解 考虑的假设为 $H_0:\mu=2\leftrightarrow H_1:\mu>2$. 计算得到样本平均锌含量为 $\bar{x}=2.06\text{g}$, 样本标准差为 $s=0.142\text{g}$. 如果正态分布假设成立, 则使用一样本 t 检验方法知检验统计量 $t=\sqrt{n}(\bar{x}-2)/s=\sqrt{51}(2.06-2)/0.142=3.02$, 自由度为 $n-1=50$ 的 t 分布的上 5% 分位数为 1.68, 因此拒绝原假设. 此时

$$p\text{ 值}=\mathbb{P}_{\mu=2}\left(\sqrt{n}(\bar{X}-2)/S\geqslant 3.02\right)=0.0020.$$

如果不假设正态分布, 我们使用自助法来近似 p 值. 在原假设 $\mu=2$ 下, 我们对样本做变换 $\tilde{x}=x-\bar{x}+2$, 即使得均值恰好为 2. 然后对变换后的样本 $\tilde{x}$, 计算检验统计量的自助版本值 $T^*=\sqrt{n}(\bar{x}^*-2)/s^*$(这里 $\bar{x}^*$ 和 s^* 分别为自助样本下的样本均值和样本标准差), 取 $B=1000$ 得到

$$p\text{ 值}\approx\frac{1}{1000}\sum_{b=1}^{1000}I(T_b^*\geqslant 3.02)\approx 0.0025.$$

其与一样本 t 检验的 p 值比较接近. 事实上, 通过直方图等方式可以看出样本近似服从于正态分布. □

注 5.5.2 需要指出的是, 一个检验具有统计显著性并不意味着也具有实际应用显著性. 一个很小的 p 值有可能是零假设不成立和较大样本容量共同作用的结果, 其表示零假设不成立具有统计显著性, 但是从应用角度来说, 可能意义不大. 例如考虑假设

$$H_0:\mu=100\leftrightarrow H_a:\mu>100,\quad X\sim N(\mu,100).$$

如果真实的 $\mu=101$ 轻微偏离零假设所带来的代价不高, 则当观测到 $\bar{x}=101$ 时我们并不希望强烈拒绝零假设, 但是当样本容量 n 增加时候, 我们可以看到检验的 p 值 $1-\Phi(\sqrt{n}(\bar{x}-100)/10)$ 和水平 0.01 检验的第二类错误概率 $\beta(101)=\Phi\left(-\sqrt{n}/10+2.326\right)$ 随样本容量而变化 (表5.5.2). 因此当样本容量比较大时, 对检验的显著性进行解释时需要慎重, 因为检验能够检测出任何轻微的偏离零假设, 而这种偏离在应用中可能是可以被接受的.

表 5.5.2 检验 p 值和 0.01 水平检验的第二类错误概率 $\beta(101)$ 随样本量变化情况

样本容量 n	p 值	第二类错误概率 $\beta(101)$
25	0.3085	0.9661
100	0.1587	0.9076
400	0.0228	0.6278
900	0.0013	0.2502
1600	3.17×10^{-5}	0.0471
2500	2.87×10^{-7}	0.0037
10000	7.69×10^{-24}	8.34×10^{-15}

如上所述, 由 Neyman-Pearson 原则给出的显著性检验在某些情形下存在明显的缺点, 下面是一个典型例子 (不使用检验的 p 值), 用来进一步说明上述观点.

设 $X_1,\cdots,X_n$ 为从总体 $\sim N(\theta,1)$ 中抽取的简单样本, 要检验假设 H_0: $\theta=0\leftrightarrow H_1$: $\theta\neq 0$, 取检验水平为 $\alpha=0.05$. 由 N-P 检验方法可知: 当 $|\sqrt{n}\bar{X}|>1.96$ 时, 拒绝 H_0. 然而当 θ 的真值 $\theta=10^{-10}$, 此时应当认为 $\theta=0$. 如果认为 $\theta=10^{-10}$ 与 0 有差异在绝大多数情形没有意义. 但只要样本容量很大, 如 $n=10^{24}$, $\bar{X}$ 将以很高的概率距离真值 $\theta=10^{-10}$ 不超过 10^{-11}, 但这个范围内的 $\bar{X}$, 显然有 $|\sqrt{n}\bar{X}|=10^{12}|\bar{X}|>1.96$, 故拒绝零假设. 因此即使真参数 θ 与 0 的差异微乎其微, N-P 检验方法也拒绝 H_0, 这是不合理的.

这说明在样本容量足够大时, 即使很微小的差异, 也能检测出来, 在这种极端情形下, 对显著性检验作结论, 要谨慎, 不要轻易下结论.

5.6 Bayes 假设检验和预测

5.6.1 一般方法

假设检验是统计推断中一类重要问题, 设检验问题如下:

$$H_0:\ \theta\in\Theta_0\leftrightarrow H_1:\ \theta\in\Theta_1, \tag{5.6.1}$$

其中 Θ_0 和 Θ_1 为参数空间 Θ 的非空真子集, 且 $\Theta_0\bigcup\Theta_1=\Theta$.

经典统计方法处理假设检验问题是通过选择检验统计量、确定抽样分布、给定检验水平、寻出拒绝域和作出结论等步骤来完成的.

在 Bayes 统计方法中, 处理假设检验问题是直截了当的, 在获得后验分布 $\pi(\theta\,|\,\boldsymbol{x})$ 后, 计算两个假设 H_0 和 H_1 的后验概率

$$\alpha_0=\mathbb{P}(\Theta_0|\boldsymbol{x}),\qquad \alpha_1=\mathbb{P}(\Theta_1|\boldsymbol{x}). \tag{5.6.2}$$

α_0 和 α_1 分别是综合抽样信息和先验信息得出的两个假设实际发生的后验概率. 检验的结论是: 当后验机会比 (或称为后验概率比) $\alpha_0/\alpha_1<1$ 时接受 H_1, 否则接受 H_0; 当 $\alpha_0/\alpha_1\approx 1$ 时, 不宜做决定, 需进一步抽样或进一步收集先验信息.

将上述两种方法进行比较, 可见 Bayes 假设检验是简单的. 与经典统计方法相比, 它无须选择检验统计量、确定抽样分布; 无须给出检验水平, 无需确定拒绝域, H_0 和 H_1 地位平等; 而且容易推广到多重假设检验情形.

例 5.6.1 设随机变量 X 服从二项分布 $B(n,\theta)$, 令 θ 的先验分布为 $(0,1)$ 上的均匀分布, 求下列假设检验问题:

$$H_0:\theta\in\Theta_0=\big\{\theta:0<\theta\leqslant 1/2\big\}\leftrightarrow H_1:\theta\in\Theta_1=\big\{\theta:1/2<\theta<1\big\}.$$

解 由例 1.6.7 (1) 可知 θ 的后验分布为 $Be(x+1,n-x+1)$, 故有

$$\alpha_0=\mathbb{P}(\Theta_0|x)=\frac{\Gamma(n+2)}{\Gamma(x+1)\Gamma(n-x+1)}\int_0^{1/2}\theta^x(1-\theta)^{n-x}d\theta.$$

当取 $n=5$ 时可算得各种 x 下的后验概率及后验机会比如表 5.6.1 所示.

表 5.6.1 θ 的后验概率及后验机会比

x	0	1	2	3	4	5
α_0	63/64	57/64	42/64	22/64	7/64	1/64
α_1	1/64	7/64	22/64	42/64	57/64	63/64
α_0/α_1	63.0	8.41	1.91	0.52	0.12	0.016

可见当 $x=0,1,2$ 时, 应接受 H_0, 而在 $x=3,4,5$ 时, 应拒绝 H_0. □

5.6.2 Bayes 因子

在假设检验问题 (5.6.1) 的 Bayes 检验方法中, 虽然两个假设的后验机会比是主要的方法, 但下列的相关概念也是重要的.

定义 5.6.1

设两个假设 Θ_0 和 Θ_1 的先验概率分别为 π_0 和 π_1, 后验概率分别为 α_0 和 α_1, 比例 α_0/α_1 称为 H_0 对 H_1 的后验机会比 (posterior odds ratio), π_0/π_1 被称为先验机会比 (prior odds ratio), 则 Bayes 因子 (Bayesian factor) 定义为

$$B_{01}^{\pi}(\boldsymbol{x})=\frac{\text{后验机会比}}{\text{先验机会比}}=\frac{\alpha_0/\alpha_1}{\pi_0/\pi_1}=\frac{\alpha_0\pi_1}{\alpha_1\pi_0}. \tag{5.6.3}$$

$B_{01}^{\pi}(\boldsymbol{x})$ 可以取任意正数, 其值越大, 对 H_0 的支持程度越高. ♧

注 5.6.1 从 Bayes 因子定义看, 它既依赖于数据 $\boldsymbol{x}$, 又依赖于先验分布 π, 对两种机会比相除, 很多人认为, 这会减弱先验分布的影响, 突出数据的影响. 从该定义上看 Bayes 因子 $B_{01}^{\pi}(\boldsymbol{x})$ 是反映数据 $\boldsymbol{x}$ 支持 H_0 的程度.

下面讨论几种不同假设检验情形下的 Bayes 因子.

1. 简单假设对简单假设情形

要解释 $B_{01}^{\pi}(\boldsymbol{x})$ 是合理的, 首先看 Θ_0 和 Θ_1 皆为简单假设的情形, 即

$$H_0:\Theta_0=\{\theta_0\}\leftrightarrow H_1:\Theta_1=\{\theta_1\}.$$

此时

$$\alpha_0=\mathbb{P}(\Theta_0|\boldsymbol{x})=\frac{f(\boldsymbol{x}|\theta_0)\pi_0}{f(\boldsymbol{x}|\theta_0)\pi_0+f(\boldsymbol{x}|\theta_1)\pi_1},$$

$$\alpha_1=\mathbb{P}(\Theta_1|\boldsymbol{x})=\frac{f(\boldsymbol{x}|\theta_1)\pi_1}{f(\boldsymbol{x}|\theta_0)\pi_0+f(\boldsymbol{x}|\theta_1)\pi_1},$$

其中 $f(\boldsymbol{x}|\theta)$ 为样本的分布, 这时后验机会比为

$$\frac{\alpha_0}{\alpha_1}=\frac{\pi_0 f(\boldsymbol{x}|\theta_0)}{\pi_1 f(\boldsymbol{x}|\theta_1)}. \tag{5.6.4}$$

从而

$$B_{01}^{\pi}(\boldsymbol{x})=\frac{\alpha_0/\alpha_1}{\pi_0/\pi_1}=\frac{f(\boldsymbol{x}|\theta_0)}{f(\boldsymbol{x}|\theta_1)}.$$

如果要拒绝零假设 H_0, 则要求 $\alpha_0/\alpha_1<1$, 由 (5.6.4) 可见其等价于

$$\frac{f(\boldsymbol{x}|\theta_1)}{f(\boldsymbol{x}|\theta_0)}>\frac{\pi_0}{\pi_1}.$$

即要求两个密度函数值之比要大于临界值, 这与著名的 Neyman-Pearson 基本引理的基本结果类似, 从 Bayes 观点看, 这个临界值就是两个先验概率比.

因此可见 $B_{01}^{\pi}(\boldsymbol{x})$ 正是 $\Theta_0\leftrightarrow\Theta_1$ 的似然比, 它通常被认为是由数据给出的 $\Theta_0\leftrightarrow\Theta_1$ 的机会比. 由于此种情形的 Bayes 因子不依赖于先验分布, 仅依赖于样本的似然比, 故 Bayes 因子 $B_{01}^{\pi}(\boldsymbol{x})$ 可视为是数据 $\boldsymbol{x}$ 支持 Θ_0 的程度.

例 5.6.2　设 $X\sim N(\theta,1)$, 其中 θ 的取值有两种可能, 非 0 即 1, 令 $\boldsymbol{X}=(X_1,\cdots,X_n)$ 为从总体 X 中抽取的随机样本. 要检验假设

$$H_0:\theta=0\leftrightarrow H_1:\theta=1.$$

解　样本均值为 $\bar{X}$ 是充分统计量, 其分布为 $\bar{X}\sim N(\theta,1/n)$, 设 θ 取 0 和 1 的先验概率分别为 π_0 和 π_1, 于是在 $\theta=0$ 和 $\theta=1$ 下的似然函数分别为

$$f(\bar{x}|0)=\sqrt{\frac{n}{2\pi}}\exp\left\{-\frac{n}{2}\bar{x}^2\right\},$$

$$f(\bar{x}|1)=\sqrt{\frac{n}{2\pi}}\exp\left\{-\frac{n}{2}(\bar{x}-1)^2\right\}.$$

而 Bayes 因子为

$$B_{01}^{\pi}(\bar{x})=\frac{\alpha_0\pi_1}{\alpha_1\pi_0}=\frac{f(\bar{x}|0)}{f(\bar{x}|1)}=\exp\left\{-\frac{n}{2}(2\bar{x}-1)\right\}.$$

若设 $n=10$, $\bar{x}=2$, 那么 Bayes 因子为

$$B_{01}^{\pi}(\bar{x})=e^{-5\times 3}=3.06\times 10^{-7}.$$

这个数很小, 数据几乎没有可能支持 H_0 成立. 若要接受 H_0, 须要求

$$\frac{\alpha_0}{\alpha_1}=B_{01}^{\pi}(\bar{x})\cdot\frac{\pi_0}{\pi_1}=3.06\times 10^{-7}\times\frac{\pi_0}{\pi_1}>1,$$

即使 $\pi_0/\pi_1=10000$ 也不可能有 $\alpha_0/\alpha_1>1$, 故必须拒绝 H_0, 而接受 H_1. □

2. 复杂假设对复杂假设情形

考虑假设检验问题 (5.6.1), 其中 Θ_0 和 Θ_1 为参数空间 Θ 的非空复合集. 此时, 将先验分布 $\pi(\theta)$ 写成如下形式:

$$\pi(\theta)=\begin{cases}\pi_0 g_0(\theta), & \theta\in\Theta_0,\\ \pi_1 g_1(\theta), & \theta\in\Theta_1,\end{cases}$$

其中 π_0 和 π_1 分别为 Θ_0 和 Θ_1 上的先验概率, $g_0(\theta)$ 和 $g_1(\theta)$ 分别是 Θ_0 和 Θ_1 上的概率密度函数. 易见

$$\int_{\Theta}\pi(\theta)d\theta=\int_{\Theta_0}\pi_0 g_0(\theta)d\theta+\int_{\Theta_1}\pi_1 g_1(\theta)d\theta=\pi_0+\pi_1=1,$$

即 $\pi(\theta)$ 是先验密度.

在上述记号下, 后验概率比为

$$\frac{\alpha_0}{\alpha_1}=\frac{\displaystyle\int_{\Theta_0}f(\boldsymbol{x}|\theta)\pi_0 g_0(\theta)d\theta}{\displaystyle\int_{\Theta_1}f(\boldsymbol{x}|\theta)\pi_1 g_1(\theta)d\theta},$$

故 Bayes 因子可表示为

$$B_{01}^{\pi}(\boldsymbol{x})=\frac{\alpha_0/\alpha_1}{\pi_0/\pi_1}=\frac{\displaystyle\int_{\Theta_0}f(\boldsymbol{x}|\theta)g_0(\theta)d\theta}{\displaystyle\int_{\Theta_1}f(\boldsymbol{x}|\theta)g_1(\theta)d\theta}=\frac{m_0(\boldsymbol{x})}{m_1(\boldsymbol{x})}. \tag{5.6.5}$$

可见 $B^{\pi}(\boldsymbol{x})$ 还依赖于 Θ_0 和 Θ_1 上的先验密度 g_0 和 g_1, 这时 Bayes 因子虽然已不是似然比, 但仍可看作 Θ_0 和 Θ_1 上的加权似然比 (权重分别为 g_0 和 g_1). 此时还不能认为对两个假设支持的度量完全由数据 $\boldsymbol{x}$ 决定, 它还和 g_0 和 g_1 有关, 只能说它部分地消除了先验分布的影响. 当 $B^{\pi}(\boldsymbol{x})$ 对 g_0 和 g_1 的选择相对不敏感时, 那么在这一情形下说仅仅由数据来决定上述比值就是合理的了.

例 5.6.3 设从正态总体 $N(\theta,1)$ 中随机抽取一个样本容量为 10 的样本 $\boldsymbol{X}$, 算得样本均值 $\bar{X}=1.5$, 令 θ 的先验分布为共轭先验分布 $N(0.5, 2)$, 求下列检验问题:

$$H_0:\theta\leqslant 1\leftrightarrow H_1:\theta>1.$$

解 由例 1.6.9, 可知 θ 的后验分布为 $N(\mu_n,\eta_n^2)$, 其中

$$\mu_n=\frac{2}{1/10+2}\times 1.5+\frac{1/10}{1/10+2}\times 0.5=1.4524,$$

$$\eta_n^2=\frac{2}{1+20}=0.09524=(0.3086)^2.$$

由此可算得 H_0 和 H_1 成立时的后验概率

$$\alpha_0=\mathbb{P}(\theta\leqslant 1|\boldsymbol{x})=\varPhi\Big(\frac{1-1.4524}{0.3086}\Big)=\varPhi(-1.4660)=0.0708,$$

$$\alpha_1=\mathbb{P}(\theta>1|\boldsymbol{x})=1-\alpha_0=0.9292.$$

故后验机会比为

$$\frac{\alpha_0}{\alpha_1}=\frac{0.0708}{0.9292}=0.0762.$$

可见, H_0 为真的可能性很小, 应拒绝 H_0, 即认为正态总体的均值 θ 应大于 1.

下面看看用 Bayes 因子进行推断的结果. 由先验分布 $N(0.5,2)$ 可算得 H_0 与 H_1 成立时的先验概率

$$\pi_0=\varPhi\Big(\frac{1-0.5}{\sqrt{2}}\Big)=\varPhi(0.3536)=0.6368,$$

$$\pi_1=1-0.6368=0.3632.$$

其先验机会比 $\pi_0/\pi_1=0.6368/0.3632=1.7533$, 可见先验信息是支持零假设 H_0 的. 再看两个机会之比, 即 Bayes 因子

$$B_{01}^{\pi}(\boldsymbol{x})=\frac{\alpha_0/\alpha_1}{\pi_0/\pi_1}=\frac{0.0762}{1.7533}=0.0435.$$

可见, 支持 H_0 的 Bayes 因子也很小, 应拒绝 H_0. □

注 5.6.2　在此例中, 后验机会比是应拒绝 H_0 的, 先验机会比是支持 H_0 的, 二者相除得到 Bayes 因子, Bayes 因子 $B_{01}^{\pi}(\boldsymbol{x})$ 很小, 它是拒绝 H_0 的. 由此可见: Bayes 因子对样本信息 (数据) 的反映是灵敏的, 而对先验信息的反映是比较迟钝的. 由此可见 Bayes 因子 $B_{01}^{\pi}(\boldsymbol{x})$ 的作用, 是突出反映数据 $\boldsymbol{x}$ 支持零假设 H_0 的程度.

3. 简单假设对复杂假设情形

考虑下列假设检验问题:

$$H_0:\theta=\theta_0\leftrightarrow H_1:\theta\neq\theta_0.$$

这是经典统计中常见的一类检验问题. 对上述检验问题不能采用连续密度作为先验密度, 因为这种密度使 $\theta=\theta_0$ 的先验概率 $\pi(\theta_0)=\pi_0=0$, 从而使相应的后验概率也为 0. 一个有效的办法是给 θ_0 一个正概率 π_0, 而对 $\theta\neq\theta_0$, 给一个加权密度 $\pi_1 g_1(\theta)$, 即 θ 的先验密度为

$$\pi(\theta)=\begin{cases}\pi_0, & \theta=\theta_0,\\ \pi_1 g_1(\theta), & \theta\neq\theta_0,\end{cases}$$

其中 $\pi_0>0$, $\pi_0+\pi_1=1$. 事实上, 可以把 π_0 设想为 $\theta\in[\theta_0-\varepsilon,\theta_0+\varepsilon]$ 上的质量 (ε 为任意小的正数), 因此上述先验密度有离散和连续两部分.

设样本分布为 $f(\boldsymbol{x}|\theta)$, 则易求边缘分布为

$$m(\boldsymbol{x})=\int_{\varTheta}f(\boldsymbol{x}|\theta)\pi(\theta)d\theta=\pi_0 f(\boldsymbol{x}|\theta_0)+\pi_1 m_1(\boldsymbol{x}),$$

其中 $m_1(\boldsymbol{x})=\displaystyle\int_{\{\theta\neq\theta_0\}}f(\boldsymbol{x}|\theta)g_1(\theta)d\theta$. 故 $\{\theta=\theta_0\}$ 的后验概率和 $\{\theta\neq\theta_0\}$ 的后验概率分别为

$$\alpha_0=\mathbb{P}(\varTheta_0|\boldsymbol{x})=\frac{\pi_0 f(\boldsymbol{x}|\theta_0)}{m(\boldsymbol{x})},\qquad \alpha_1=\mathbb{P}(\varTheta_1|\boldsymbol{x})=\frac{\pi_1 m_1(\boldsymbol{x})}{m(\boldsymbol{x})}.$$

后验机会比为

$$\frac{\alpha_0}{\alpha_1}=\frac{\pi_0 f(\boldsymbol{x}|\theta_0)}{\pi_1 m_1(\boldsymbol{x})}.$$

于是 Bayes 因子为

$$B_{01}^{\pi}(\boldsymbol{x})=\frac{\alpha_0/\alpha_1}{\pi_0/\pi_1}=\frac{f(\boldsymbol{x}|\theta_0)}{m_1(\boldsymbol{x})}. \tag{5.6.6}$$

可见 Bayes 因子更简单. 故实际中常是先计算 $B_{01}^{\pi}(\boldsymbol{x})$, 后计算 α_0 和 α_1. 因为由 Bayes 因子定义和 $\alpha_0+\alpha_1=1$ 可推出

$$\alpha_0=\mathbb{P}(\Theta_0|\boldsymbol{x})=\left[1+\frac{1-\pi_0}{\pi_0}\cdot\frac{1}{B_{01}^{\pi}(\boldsymbol{x})}\right]^{-1}. \tag{5.6.7}$$

例 5.6.4 设 $X\sim B(n,\theta)$, 考虑下列检验问题

$$H_0:\ \theta=\frac{1}{2}\leftrightarrow H_1:\ \theta\neq\frac{1}{2}.$$

设在 $\theta\neq 1/2$ 上的密度 $g_1(\theta)$ 为 (0,1) 上的均匀分布 $U(0,1)$.

解 X 对 $g_1(\theta)$ 的边缘密度为

$$\begin{aligned}m_1(x)&=\int_0^1\binom{n}{x}\theta^x(1-\theta)^{n-x}d\theta\\&=\binom{n}{x}\frac{\Gamma(x+1)\Gamma(n-x+1)}{\Gamma(n+2)}=\frac{1}{n+1}.\end{aligned}$$

于是 Bayes 因子为

$$B_{01}^{\pi}(x)=\frac{p\big(x\,|\,\theta=1/2\big)}{m_1(x)}=\frac{\binom{n}{x}\big(1/2\big)^n}{m_1(x)}=\frac{(n+1)!}{2^n x!(n-x)!}.$$

H_0 成立时的后验概率 (按式 (5.6.7) 计算) 为

$$\alpha_0=\left[1+\frac{\pi_1}{\pi_0}\cdot\frac{2^n x!(n-x)!}{(n+1)!}\right]^{-1}.$$

若取 $\pi_0=1/2,\ n=5,\ x=3$, 则其 Bayes 因子为

$$B_{01}^{\pi}(3)=\frac{6!}{2^5 3!2!}=\frac{15}{8}\approx 2.$$

由于先验概率比为 1, 故 Bayes 因子就是后验机会比, 即 $B_{01}^{\pi}(3)=\alpha_0/\alpha_1\approx 2>1$, 故以比较弱的证据接受 H_0. □

5.6.3 多重假设检验

按 Bayes 分析的观点, 多重假设检验并不比两个假设检验更困难, 即直接计算每一个假设的后验概率, 并比较其大小.

设有如下的多重假设检验 (multiple hypothesis testing) 问题:

$$H_i:\ \theta\in\Theta_i,\quad i=1,\cdots,k,$$

其中 $\Theta_1\cup\Theta_2\cup\cdots\cup\Theta_k=\Theta$, 每个 Θ_i 为 Θ 的真子集.

为导出多重假设检验的方法, 首先计算后验概率

$$\alpha_i = \mathbb{P}(\Theta_i|\boldsymbol{x}), \quad i = 1, \cdots, k,$$

若 α_{i_0} 最大, 则接受假设 H_{i_0}.

例 5.6.5　在儿童智力测验的问题中, 设测验结果 $X \sim N(\theta, 100)$, θ 为这个孩子测验中的智商 IQ 真值, 若这个儿童测试的得分为 $x = 115$, 在例 3.6.1 中已求出 θ 的后验分布为 $N(110.38, 8.32^2)$, 求下列多重检验问题:

$$H_1: \theta \leqslant 90 \leftrightarrow H_2: 90 < \theta \leqslant 110 \leftrightarrow H_3: \theta > 110.$$

解　记 $\Theta_1 = \{\theta: 0 < \theta \leqslant 90\}$, $\Theta_2 = \{\theta: 90 < \theta \leqslant 110\}$, $\Theta_3 = \{\theta: \theta > 110\}$. 由于 θ 的后验分布 $\pi(\theta|x) \sim N(110.38, 8.32^2)$, 查标准正态分布表求得

$$\alpha_1 = \mathbb{P}(\Theta_1|x = 115) = \mathbb{P}\left(-\infty < \frac{\theta - 110.38}{8.32} \leqslant -2.45 \;\middle|\; x = 115\right) = 0.007,$$

$$\alpha_2 = \mathbb{P}(\Theta_2|x = 115) = \mathbb{P}\left(-2.45 < \frac{\theta - 110.38}{8.32} < -0.046 \middle| x = 115\right) = 0.473,$$

$$\alpha_3 = \mathbb{P}(\Theta_3|x = 115) = \mathbb{P}\left(-0.046 < \frac{\theta - 110.38}{8.32} < \infty \;\middle|\; x = 115\right) = 0.520.$$

由于后验概率 α_3 最大, 故倾向于接受假设 H_3. □

*5.6.4　预测问题

对随机变量的未来观测值作出统计推断称为预测. 大致有下列两种情形:

(1)　设 $X \sim f(x|\theta)$, 令 $\mathbf{X} = (X_1, \cdots, X_n)$ 为从总体 X 中获得的历史数据, 要对随机变量 X 的未来观测值 X_0 作出推断.

(2)　设 $X \sim f(x|\theta)$, $\mathbf{X} = (X_1, \cdots, X_n)$ 为从总体 X 中获得的历史数据, 要对具有密度函数为 $g(z|\theta)$ 的随机变量 Z 的未来观测值 Z_0 作出推断, 这里两个密度函数 f 和 g 具有相同的未知参数 θ, 通常假定 Z 和 X 不相关.

显见, 上述情形 (1) 是情形 (2) 的特例, 在情形 (2) 中若取 $g \equiv f$, 则就变为情形 (1).

Bayes 预测的想法是: 令 $\pi(\theta|\boldsymbol{x})$ 为 θ 的后验密度, 于是 $g(z|\theta)\pi(\theta|\boldsymbol{x})$ 为给定 $\boldsymbol{X} = \boldsymbol{x}$ 的条件下 (Z, θ) 的联合分布, 把它对 θ 积分得到给定 $\boldsymbol{X} = \boldsymbol{x}$ 时 Z 的条件边缘密度作为预测密度.

定义 5.6.2 (后验预测密度)

设 θ 的后验密度是 $\pi(\theta|\boldsymbol{x})$. 给定 $\boldsymbol{x}$ 后, 随机变量 Z 的后验预测密度 (posterior predictive density) 定义为

$$p(z|\boldsymbol{x}) = \int_\Theta g(z|\theta)\pi(\theta|\boldsymbol{x})d\theta. \tag{5.6.8}$$

♧

例 5.6.6 一赌徒在过去 10 次赌博中赢了 3 次, 现要对未来 5 次赌博中他赢的次数 Z 作出预测.

解 这个问题的一般提法是: 在 n 次独立的 Bernoulli 试验中成功了 X 次, 现要对未来的 k 次相互独立的 Bernoulli 试验中成功次数作预测.

现设成功概率为 θ, 则 n 次独立的 Bernoulli 试验中成功次数 X 的概率函数 (亦称为似然函数) 为

$$f(x|\theta)=\binom{n}{x}\theta^x(1-\theta)^{n-x},\quad x=0,1,\cdots,n.$$

若取 θ 的先验分布为共轭先验 $\mathrm{Be}(a,b)$, 则由例 1.6.7(2) 可知, 后验密度为

$$\pi(\theta|x)=\frac{\Gamma(n+a+b)}{\Gamma(x+a)\Gamma(n-x+b)}\theta^{x+a-1}(1-\theta)^{n-x+b-1}.$$

设 Z 表示"未来的 k 次相互独立的 Bernoulli 试验中成功的次数", 其概率函数为

$$g(z|\theta)=\binom{k}{z}\theta^z(1-\theta)^{k-z},\quad z=0,1,\cdots,k.$$

于是在给定 $X=x$ 时, 随机变量 Z 的后验预测密度为

$$\begin{aligned}p(z|x)&=\int_0^1\binom{k}{z}\theta^z(1-\theta)^{k-z}\pi(\theta|x)d\theta.\\&=c\int_0^1\theta^{z+x+a-1}(1-\theta)^{k-z+n-x+b-1}d\theta\\&=c\,\frac{\Gamma(z+x+a)\Gamma(k-z+n-x+b)}{\Gamma(k+n+a+b)},\end{aligned}$$

其中

$$c=\binom{k}{z}\frac{\Gamma(a+b+n)}{\Gamma(x+a)\Gamma(n-x+b)}.$$

在此问题中, $n=10$, $x=3$, $k=5$. 取 $a=b=1$, 即先验分布为 $\mathrm{Be}(1,1)=U(0,1)$, 则

$$p(z|x=3)=\binom{5}{z}\frac{\Gamma(12)\Gamma(4+z)\Gamma(13-z)}{\Gamma(4)\Gamma(8)\Gamma(17)},\quad z=0,1,2,3,4,5.$$

经计算可得 $z=0,1,2,3,4,5$ 时后验预测概率

$$\begin{aligned}&p(0|3)=0.1813,\quad p(1|3)=0.3022,\quad p(2|3)=0.2747,\\&p(3|3)=0.1649,\quad p(4|3)=0.0641,\quad p(5|3)=0.01282.\end{aligned}$$

由此后验预测分布可见, 它的概率集中在 $Z=0,1,2,3$ 之间, 即

$$\mathbb{P}_{Z|x}(0\leqslant Z\leqslant 3)=0.9231.$$

这表明 $[0,3]$ 是 Z 的 92% 预测区间. 另外分布的众数在 $z=1$ 处, 第二大的概率在 $z=2$ 处出现, 可见未来 5 次赌博中胜 1 次或 2 次的可能性最大. □

附录: 定理 5.3.3 的证明

A.21(定理 5.3.3 的证明)　在定理 5.3.3 的条件下, 考虑假设检验问题(5.3.15), 在零假设 H_0 下, 我们希望证明: 当 $n\to\infty$ 时有得分检验统计量

$$\mathrm{LM}_n=\boldsymbol{U}_n^{\mathrm{T}}(\widehat{\boldsymbol{\theta}}_n^R)\boldsymbol{I}^{-1}(\widehat{\boldsymbol{\theta}}_n^R)\boldsymbol{U}_n(\widehat{\boldsymbol{\theta}}_n^R)\xrightarrow{\mathscr{L}}\chi_d^2.$$

证　由拉格朗日函数

$$H(\boldsymbol{\theta})=\ell_n(\boldsymbol{\theta})-\boldsymbol{\lambda}^{\mathrm{T}}h(\boldsymbol{\theta}),$$

这里注意 $\ell_n(\boldsymbol{\theta})$ 为给定样本时的对数似然函数, 因此 $\boldsymbol{\lambda}$ 为样本的函数, 即为统计量. 为求条件极值, 由拉格朗日乘子法得下列方程组:

$$\begin{cases}\nabla\ell_n(\widehat{\boldsymbol{\theta}}_n^R)+\nabla h(\widehat{\boldsymbol{\theta}}_n^R)\boldsymbol{\lambda}=0,\\ h(\widehat{\boldsymbol{\theta}}_n^R)=0.\end{cases}\tag{A.1}$$

令 $\widehat{\boldsymbol{\theta}}_n$ 为 θ 的无约束的 MLE, 对 $h(\widehat{\boldsymbol{\theta}}_n)$ 和 $h(\widehat{\boldsymbol{\theta}}_n^R)$ 在 $\boldsymbol{\theta}_0$ 处进行一阶 Taylor 展开并忽略 $o_p(1)$ 项有

$$\sqrt{n}h(\widehat{\boldsymbol{\theta}}_n)\approx\sqrt{n}h(\boldsymbol{\theta}_0)+[\nabla h(\boldsymbol{\theta}_0)]^{\mathrm{T}}\sqrt{n}(\widehat{\boldsymbol{\theta}}_n-\boldsymbol{\theta}_0),$$

$$\sqrt{n}h(\widehat{\boldsymbol{\theta}}_n^R)\approx\sqrt{n}h(\boldsymbol{\theta}_0)+[\nabla h(\boldsymbol{\theta}_0)]^{\mathrm{T}}\sqrt{n}(\widehat{\boldsymbol{\theta}}_n^R-\boldsymbol{\theta}_0).$$

注意到 $h(\widehat{\boldsymbol{\theta}}_n^R)=0$, 将上述两式相减, 得到

$$\sqrt{n}h(\widehat{\boldsymbol{\theta}}_n)\approx[\nabla h(\boldsymbol{\theta}_0)]^{\mathrm{T}}\sqrt{n}(\widehat{\boldsymbol{\theta}}_n-\widehat{\boldsymbol{\theta}}_n^R).$$

另一方面, 对 $\nabla\ell_n(\widehat{\boldsymbol{\theta}}_n)$ 在 $\boldsymbol{\theta}_0$ 处进行一阶 Taylor 展开并忽略 $o_p(1)$ 项有

$$0=\nabla\ell_n(\widehat{\boldsymbol{\theta}}_n)\approx\nabla\ell_n(\boldsymbol{\theta}_0)+\nabla^2\ell_n(\boldsymbol{\theta}_0)(\widehat{\boldsymbol{\theta}}_n-\boldsymbol{\theta}_0).$$

将上式两边乘以 $1/\sqrt{n}$, 且由大数定律可知 $-\nabla^2\ell_n(\boldsymbol{\theta}_0)/n\xrightarrow{P}\boldsymbol{I}(\boldsymbol{\theta}_0)$, 故由上式可推得

$$\boldsymbol{0}=\boldsymbol{U}_n(\widehat{\boldsymbol{\theta}}_n)\approx\boldsymbol{U}_n(\boldsymbol{\theta}_0)-\boldsymbol{I}(\boldsymbol{\theta}_0)\sqrt{n}(\widehat{\boldsymbol{\theta}}_n-\boldsymbol{\theta}_0),\tag{A.2}$$

类似地, 对 $\nabla\ell_n(\widehat{\boldsymbol{\theta}}_n^R)$ 进行与 $\nabla\ell_n(\widehat{\boldsymbol{\theta}}_n)$ 同样方式的处理, 可得

$$\boldsymbol{U}_n(\widehat{\boldsymbol{\theta}}_n^R)\approx\boldsymbol{U}_n(\boldsymbol{\theta}_0)-\boldsymbol{I}(\boldsymbol{\theta}_0)\sqrt{n}(\widehat{\boldsymbol{\theta}}_n^R-\boldsymbol{\theta}_0).\tag{A.3}$$

将式 (A.3) 减 (A.2) 得

$$\boldsymbol{U}_n(\widehat{\boldsymbol{\theta}}_n^R)\approx\boldsymbol{I}(\boldsymbol{\theta}_0)\sqrt{n}(\widehat{\boldsymbol{\theta}}_n-\widehat{\boldsymbol{\theta}}_n^R).$$

因此,

$$\sqrt{n}(\widehat{\boldsymbol{\theta}}_n-\widehat{\boldsymbol{\theta}}_n^R)\approx\boldsymbol{I}^{-1}(\boldsymbol{\theta}_0)\boldsymbol{U}_n(\widehat{\boldsymbol{\theta}}_n^R).$$

从而,

$$\sqrt{n}h(\widehat{\boldsymbol{\theta}}_n)\approx[\nabla h(\boldsymbol{\theta}_0)]^{\mathrm{T}}\boldsymbol{I}^{-1}(\boldsymbol{\theta}_0)\boldsymbol{U}_n(\widehat{\boldsymbol{\theta}}_n^R).$$

我们得到

$$\sqrt{n}h(\widehat{\boldsymbol{\theta}}_n) \approx -[\nabla h(\boldsymbol{\theta}_0)]^{\mathrm{T}}\boldsymbol{I}^{-1}(\boldsymbol{\theta}_0)\nabla h(\widehat{\boldsymbol{\theta}}_n^R)\frac{\boldsymbol{\lambda}}{\sqrt{n}}$$
$$\approx -[\nabla h(\boldsymbol{\theta}_0)]^{\mathrm{T}}\boldsymbol{I}^{-1}(\boldsymbol{\theta}_0)\nabla h(\boldsymbol{\theta}_0)\frac{\boldsymbol{\lambda}}{\sqrt{n}},$$

其中因为 $\widehat{\boldsymbol{\theta}}_n^R \xrightarrow{P} \boldsymbol{\theta}_0$, 所以在零假设 H_0 下成立 $h(\widehat{\boldsymbol{\theta}}_n^R) \xrightarrow{P} h(\boldsymbol{\theta}_0)$.

由于 $\sqrt{n}(\widehat{\boldsymbol{\theta}}_n - \boldsymbol{\theta}_0) \xrightarrow{\mathscr{L}} N(0, \boldsymbol{I}^{-1}(\boldsymbol{\theta}_0))$, 根据 Delta 方法 (见第 2 章附录 A.14), 有

$$\sqrt{n}h(\widehat{\boldsymbol{\theta}}_n) \xrightarrow{\mathscr{L}} N(0, [\nabla h(\boldsymbol{\theta}_0)]^{\mathrm{T}}\boldsymbol{I}^{-1}(\boldsymbol{\theta}_0)\nabla h(\boldsymbol{\theta}_0)), \tag{A.4}$$

令 $\boldsymbol{\Sigma} = [\nabla h(\boldsymbol{\theta}_0)]^{\mathrm{T}}\boldsymbol{I}^{-1}(\boldsymbol{\theta}_0)\nabla h(\boldsymbol{\theta}_0)$, 由式 (A.4) 可知 $\boldsymbol{Y} = -[\nabla h(\boldsymbol{\theta}_0)]^{\mathrm{T}}\boldsymbol{I}^{-1}(\boldsymbol{\theta}_0)\cdot \nabla h(\boldsymbol{\theta}_0)\boldsymbol{\lambda}/\sqrt{n} = -\boldsymbol{\Sigma}\cdot\boldsymbol{\lambda}/\sqrt{n} \xrightarrow{\mathscr{L}} N(0, \boldsymbol{\Sigma})$, 由推论 2.3.2 可知在 H_0 下, 有

$$\nabla h(\boldsymbol{\theta}_0)\boldsymbol{\lambda}/\sqrt{n} = -\boldsymbol{\Sigma}\cdot\boldsymbol{\lambda}/\sqrt{n} \xrightarrow{\mathscr{L}} N(0, \boldsymbol{\Sigma}),$$

由连续映射定理知 $\boldsymbol{I}(\widehat{\boldsymbol{\theta}}_n^R) \xrightarrow{P} \boldsymbol{I}(\boldsymbol{\theta}_0)$ 和 $\nabla h(\widehat{\boldsymbol{\theta}}_n^R) \xrightarrow{P} \nabla h(\boldsymbol{\theta}_0)$. 因此在 H_0 下, 当真值 $\boldsymbol{\theta}_0$ 未知时, 在上式中使用 $\widehat{\boldsymbol{\theta}}_n^R$ 代替它, 有

$$\boldsymbol{U}^{\mathrm{T}}(\widehat{\boldsymbol{\theta}}_n^R)\boldsymbol{I}^{-1}(\widehat{\boldsymbol{\theta}}_n^R)\boldsymbol{U}_n(\widehat{\boldsymbol{\theta}}_n^R) \xrightarrow{\mathscr{L}} \chi_d^2.$$ □

本 章 总 结

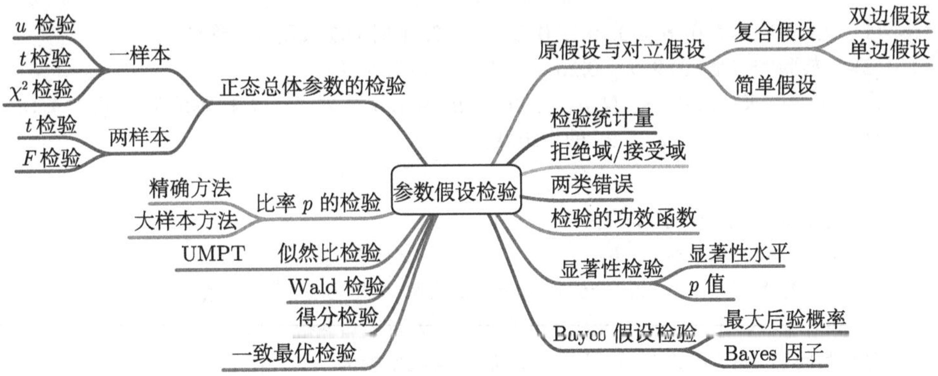

第 5 章知识点结构图

重点概念总结

- 检验的功效函数是评价一个检验优劣的依据, 因此检验的功效函数以及它与一类和二类错误概率的关系要搞清楚.
- 与区间估计问题类似, 正态总体参数和指数分布参数的假设检验是基于 2.3.4 小节给出的几个重要推论, 即推论 2.3.1 和推论 2.3.3—推论 2.3.5.
- 似然比检验 (LRT) 的重要性与最大似然估计在参数估计问题中的重要性类似; LRT 方法适用面广, 求出的检验大多具有良好性质, 如为一致最优检验或一致最优无偏检验.
- 假设检验与区间估计两种统计推断的方法有着密切的关系, 把它们之间的关系搞清楚, 可以加深理解这两种方法.

第 5 章习题

1. 设 $\boldsymbol{X}=(X_1,\cdots,X_{20})$ 为从两点分布总体 $B(1,p)$ 中抽取的简单样本, 对未知参数 p 的检验问题为 H_0: $p=0.2 \leftrightarrow H_1$: $p\neq 0.2$, 取检验函数为
$$\phi(\boldsymbol{x})=\begin{cases}1, & \sum_{i=1}^{20}x_i\geqslant 7 \text{ 或 } \sum_{i=1}^{20}x_i\leqslant 1,\\ 0, & \text{其他}.\end{cases}$$
(1) 求此检验函数在 $p=0,\ 0.1,\ 0.2,\cdots,0.9,\ 1$ 时的功效函数并作图;
(2) 求检验的水平 α 和 $p=0.10$ 时犯第二类错误的概率.

2. 设 $X_1,\cdots,X_n$ i.i.d. $\sim N(\mu,9)$, 其中 μ 为未知参数, $\bar{X}$ 为样本均值. 设检验问题 H_0: $\mu=\mu_0 \leftrightarrow H_1$: $\mu\neq\mu_0$ 的拒绝域为
$$\left\{(X_1,\cdots,X_n)\colon\ |\bar{X}-\mu_0|\geqslant c\right\}.$$
(1) 定出常数 c, 使检验水平为 $\alpha=0.05$;
(2) 求此检验的功效函数 $\beta(\mu)$;
(3) 固定样本容量 $n=25$, 分析犯两种错误概率 α 和 β 之间的关系.

3. 设 $X_1,\cdots,X_n$ i.i.d. 服从均匀分布 $U(0,\theta)$, θ 为未知参数. $X_{(n)}=\max\{X_1,\cdots,X_n\}$ 对检验问题 H_0: $\theta\leqslant\theta_0 \leftrightarrow H_1$: $\theta>\theta_0$ 取检验函数为
$$\varphi(\boldsymbol{x})=\begin{cases}1, & X_{(n)}\geqslant c,\\ 0, & \text{其他}.\end{cases}$$
(1) 求检验函数 $\varphi(\boldsymbol{x})$ 的功效函数, 并证明它是 θ 的单调递增函数.
(2) 在检验问题 H_0: $\theta\leqslant 1/2 \leftrightarrow H_1$: $\theta>1/2$ 中, 选择什么样的 c 使检验水平恰好为 0.05?
(3) 画出 $n=20$ 时 (2) 中指定的 $\varphi(\boldsymbol{x})$ 的功效函数的粗略图形.
(4) n 该多大, 能使 (2) 中指定的检验函数 $\varphi(\boldsymbol{x})$, 当 $\theta=3/4$ 时功效 (即功效函数在 Θ_1 中某一点的值) 为 0.98?

4. 设 $X_1, \cdots, X_n$ 取自均匀分布 $U(0, \theta)$ 的随机样本, 其中 $\theta > 0$ 为未知参数. 记 $X_{(n)} = \max\{X_1, \cdots, X_n\}$. 如对检验问题

$$H_0: \theta \geqslant 2 \leftrightarrow H_1: \theta < 2$$

取检验的拒绝域为

$$W = \left\{(X_1, \cdots, X_n): X_{(n)} \leqslant 1.5\right\},$$

试求此检验犯第一类错误的概率的最大值.

5. 设 $X_1, \cdots, X_{10}$ 为取自 Poisson 分布 $P(\lambda)$ 的随机样本.

(1) 试用直观方法求单边假设检验问题 $H_0: \lambda \leqslant 0.1 \leftrightarrow H_1: \lambda > 0.1$ 的水平 $\alpha = 0.05$ 的检验.

(2) 求此检验的功效函数 $\beta(\lambda)$ 在 $\lambda = 0.05, 0.2, 0.3, \cdots, 0.9$ 时的值, 并画出 $\beta(\lambda)$ 的图像.

6. 设 $X_1, \cdots, X_n$ 为取自两点分布 $B(1, p)$ 的随机样本.

(1) 试用直观方法求单边假设检验问题

$$H_0: p \leqslant 0.01 \leftrightarrow H_1: p > 0.01$$

的水平 $\alpha = 0.05$ 的检验.

(2) 若上述检验的拒绝域为 $\left\{(X_1, \cdots, X_n): \sum\limits_{i=1}^{n} X_i \geqslant 1\right\}$, 要求这个检验在 $p = 0.08$ 时犯第二类错误的概率不超过 0.10, 样本容量 n 应为多大?

7. 假定某切割机在正常工作时, 切割每段金属棒的长度 (单位: cm) 服从正态分布 $N(10.5, 0.15^2)$. 今从一批产品中随机抽取 15 段进行测量, 其结果如下:

10.4, 10.6, 10.1, 10.4, 10.5, 10.3, 10.3, 10.2,
10.9, 10.6, 10.8, 10.5, 10.7, 10.2, 10.7.

试问该机工作是否正常 ($\alpha = 0.05$)?

8. 设某产品的指标服从正态分布, 已知它的标准差 $\sigma = 150$, 今抽了一个样本容量为 26 的样本, 计算得样本均值为 1637, 问在 5% 的显著水平下, 能否认为这批产品指标的期望值 μ 不大于 1600.

9. 根据长期经验和资料分析, 某砖瓦厂生产的砖的抗断强度 X 服从方差为 σ^2 的正态分布, 今从该厂所生产的一批砖中随机抽取 6 块, 测得抗断强度 (单位: kg/cm^2) 如下:

32.56, 29.66, 31.64, 30.00, 31.87, 31.03.

问这一批砖的平均抗断强度可否认为是 32.50kg/cm^2? ($\alpha = 0.01$)

10. 测定某种溶液中的水分, 它的 10 个测定值给出 $\bar{X} = 0.452\%, S = 0.037\%$, 设测定值总体为正态分布 $N(a, \sigma^2)$. 试在水平 $\alpha = 0.05$ 下检验假设

(1) H_0: $a \leqslant 0.5\% \leftrightarrow H_1$: $a > 0.5\%$;

(2) H_0': $\sigma \geqslant 0.04\% \leftrightarrow H_1'$: $\sigma < 0.04\%$.

11. 设有甲、乙两个实验员, 对同样的试样进行分析, 各人试验分析结果如下 (分析结果服从正态分布):

实验员	1	2	3	4	5	6	7	8
甲	4.3	3.2	3.8	3.5	3.5	4.8	3.3	3.9
乙	3.7	4.1	3.8	3.8	4.6	3.9	2.8	4.4

试问甲、乙两个实验员试验分析结果之间有无显著差异 ($\alpha = 0.05$)?

12. 有一种新安眠药, 据说在一定剂量下, 能比某旧安眠药平均增加睡眠时间 3 小时. 根据以往资料, 用旧安眠药时平均睡眠时间为 20.8 小时. 为了检验新安眠药是否达到疗效, 收集到一组用新安眠药的睡眠时间, 分别为

$$26.7,\ 22.0,\ 24.1,\ 21.0,\ 27.2,\ 25.0,\ 23.4.$$

假定睡眠时间服从正态分布, 试在水平 $\alpha = 0.05$ 下, 检验假设: 新安眠药已达到疗效.

13. 某工厂生产的某种细纱支数服从正态分布, 其总体标准差为 1.2, 现从某日生产的一批产品中随机抽取 16 缕进行支数测量, 求得样本标准差为 2.1, 问纱的均匀度是否变劣 $(\alpha = 0.05)$?

14. 某厂的一批电子产品, 其寿命 T 服从指数分布, 其密度函数为

$$f(t,\theta) = \theta^{-1}\exp\{-t/\theta\}I_{(0,\infty)}(t).$$

从以往生产情况知平均寿命 $\theta = 2000$ 小时. 为检验当日生产是否稳定, 任取 10 个产品进行寿命试验, 到全部失效时试验停止. 试验得失效寿命数据之和为 30200. 试在显著性水平 $\alpha = 0.05$ 下检验假设

$$H_0 : \theta = 2000 \leftrightarrow H_1 : \theta \neq 2000.$$

15. 设 $X_1, \cdots, X_9$ i.i.d. $\sim N(a, 2.5^2)$; $Y_1, \cdots, Y_{16}$ i.i.d. $\sim N(b, 3.4^2)$, 算得 $\bar{x} = 49$, $\bar{y} = 44$, 在水平 $\alpha = 0.05$ 下检验

$$H_0 : a \geqslant b \leftrightarrow H_1 : a < b.$$

16. 用两种方法研究冰溶解时的潜热, 冷却到 $-0.72°\text{C}$ 的冰溶解为 $0°\text{C}$ 的水的热量改变数据 (单位: cal/g, lcal=4.1868J):

　方法 I: 79.98, 80.04, 80.02, 80.04, 80.03, 80.03, 80.04,
　　　　79.97, 80.05, 80.03, 80.02, 80.00, 80.02.

　方法 II: 80.02, 79.94, 79.98, 79.97, 80.03, 79.95, 79.97, 79.97.

试问对水平 $\alpha = 0.05$, 这两种处理方法的平均性能有无显著差异? 假设这两种方法测定值都是服从正态分布且方差相同.

17. 有甲、乙两台机床加工同样产品, 从这两台机床加工的产品中随机抽取若干产品, 测得产品直径 (单位: mm) 为

　机床甲: 20.5, 29.8, 19.7, 20.4, 20.1, 20.0, 19.0, 19.9.

　机床乙: 19.7, 20.8, 20.5, 19.8, 19.4, 20.6, 19.2.

假定产品直径服从正态分布, 且二者方差相同, 试比较甲、乙两台机床加工的质量有无显著差异 $(\alpha = 0.05)$?

18. 假设甲、乙两个煤矿的含灰率分别服从正态分布 $N(a, \sigma^2)$ 和 $N(b, \sigma^2)$. 为检验这两个煤矿的煤的含灰率有无显著差异, 从两矿中各取若干份, 分析结果 (单位: %) 为

　甲矿: 24.3, 18.8, 22.7, 19.3, 20.4.

　乙矿: 25.2, 28.9, 24.2, 26.7, 22.3, 20.4.

试在水平 $\alpha = 0.05$ 之下, 检验 "含灰量无差异" 这个假设.

19. 两台机床加工同一零件, 分别取 6 个和 9 个零件, 量其长度 X_i $(i = 1, \cdots, 6)$ 和 Y_j $(j = 1, \cdots, 9)$ 后算得 $Q_1^2 = \sum\limits_{i=1}^{6}(X_i - \bar{X})^2 = 1.725$, $Q_2^2 = \sum\limits_{j=1}^{9}(Y_j - \bar{Y})^2 = 2.856$. 假定零件长

度服从正态分布, 问是否可认为两台机床加工的零件的方差无显著差异 ($\alpha = 0.02$)?

20. 两位化验员 A, B 对一种矿砂的含铁量各自独立地用同一种方法作了 5 次分析, 得到样本方差分别为 0.4322 与 0.5006, 若假定 A, B 测定值的总体都是正态分布, 其方差分别为 σ_{A}^2, σ_{B}^2, 试在水平 $\alpha = 0.10$ 下检验 $H_0: \sigma_{\mathrm{A}}^2 = \sigma_{\mathrm{B}}^2$.

21. 为研究矽肺患者肺功能的变化情况, 某医院对 I, II 期矽肺患者各 33 名测定其肺活量, 得到 I 期患者的肺活量平均数为 2710mL, 标准差为 147 mL, II 期患者的肺活量平均数为 2830mL, 标准差为 118mL, 对水平 $\alpha = 0.10$, 试问第 I, II 期患者的肺活量有无显著差异 (假定肺活量服从正态分布)?

22. 为了比较两种枪弹的速度 (单位: m/s), 在相同条件下进行速度测定. 算得样本均值和样本标准差如下

    枪弹甲: $n_1 = 120,\quad \bar{x} = 2805,\quad s_1 = 120.41;$

    枪弹乙: $n_2 = 60,\quad \bar{y} = 2680,\quad s_2 = 90.00.$

    问在水平 $\alpha = 0.05$ 下, 两种枪弹的速度和均匀性方面是否有显著差异?

23. 在 10 块土地上同时试种甲、乙两个品种的农作物, 假定每种作物的产量服从正态分布, 并算得样本均值和样本标准差如下: $\bar{X} = 30.97$, $\bar{Y} = 21.79$, $S_x = 26.7$, $S_y = 10.1$, 问这两种作物的产量有无显著差异 ($\alpha = 0.02$)?(提示: 用 Behrens-Fisher 小样本方法的近似解.)

24. 为确定肥料的效果, 取 1000 株植物做试验, 在没有施肥的 100 株植物中有 53 株长势良好, 在已施肥的 900 株中, 则有 783 株长势良好, 问施肥的效果是否显著 ($\alpha = 0.01$)?

25. 设有两工厂生产的同一种产品, 要检验假设 H : 它们的废品率 p_1, p_2 相同, 在第一、二工厂的产品中各自独立抽取 $n_1 = 1500$ 个及 $n_2 = 1800$ 个, 分别有废品 300 个及 320 个, 问在 5% 水平上应接受还是拒绝 H.

26. 设 $X_1, \cdots, X_m$ i.i.d. $\sim P(\lambda_1)$, $Y_1, \cdots, Y_n$ i.i.d. $\sim P(\lambda_2)$, 且样本 $X_1, \cdots, X_m$ 和 $Y_1, \cdots, Y_n$ 独立. 用大样本方法求下列检验问题 $H_0: \lambda_2 - \lambda_1 = 0 \leftrightarrow H_1: \lambda_2 - \lambda_1 \neq 0$, 检验水平 α 给定.

27. $X_1, \cdots, X_m$ i.i.d. $\sim B(1, p_1), Y_1, \cdots, Y_n$ i.i.d. $\sim B(1, p_2)$, 两组样本独立, 用大样本方法求检验

$$H_0: p_2 - p_1 = p_0 \leftrightarrow H: p_2 - p_1 \neq p_0,$$

    检验水平 α 和 p_0 给定.

28. 设 $X_1, \cdots, X_n$ i.i.d. $\sim N(\mu, \sigma^2)$, 其中 σ^2 已知, 求检验问题: $H_0: \mu = 0 \leftrightarrow H_1: \mu \neq 0$ 的水平为 α 的似然比检验.

29. 设 $X_1, \cdots, X_n$ i.i.d. $\sim N(\mu, \sigma^2)$, $-\infty < \mu < +\infty$, $\sigma^2 > 0$ 都是未知参数, 试求检验问题 $H_0: \sigma^2 \leqslant \sigma_0^2 \leftrightarrow H_1: \sigma^2 > \sigma_0^2$ 的水平为 α 的似然比检验.

30. 设 $X_1, \cdots, X_m$ i.i.d. $\sim N(\mu_1, \sigma^2)$, $Y_1, \cdots, Y_n$ i.i.d. $\sim N(\mu_2, \sigma^2)$, 且样本 $X_1, \cdots, X_m$, 和 $Y_1, \cdots, Y_n$ 独立, 求下列检验问题水平为 α 的似然比检验、Wald 检验和得分检验:

$$H_0: \mu_2 - \mu_1 = 0 \leftrightarrow H_1: \mu_2 - \mu_1 \neq 0.$$

31. 设 $X_1, \cdots, X_m$ i.i.d. $\sim N(\mu_1, \sigma_1^2)$, $Y_1, \cdots, Y_n$ i.i.d. $\sim N(\mu_2, \sigma_2^2)$, 且 $X_1, \cdots, X_m$ 与 $Y_1, \cdots, Y_n$ 独立, 试求 $H: \sigma_1^2 = \sigma_2^2 \leftrightarrow K: \sigma_1^2 \neq \sigma_2^2$ 的似然比检验 (取检验水平为 α).

32. 从 k 个具有同方差的正态总体中各取一容量为 n 的样本, 导出检验假设 “所有平均数都

为 0” 水平为 α 的似然比检验, 证明此检验的似然比是 F 变量的严格单调增函数.

33. 在题 31 的正态两样本情况下, 给定 $c>0$, 找出 $H_0:\sigma_1^2=c\sigma_2^2\leftrightarrow H_1:\sigma_1^2\neq c\sigma_2^2$ 的水平为 α 的似然比检验.

34. 设 $X_1,\cdots,X_n$ i.i.d. $\sim$ 指数分布 $\operatorname{Exp}(\lambda)$, 求 (1) $H_0:\lambda=\lambda_0\leftrightarrow H_1:\lambda\neq\lambda_0$ 和 (2) $H_0:\lambda\leqslant\lambda_0\leftrightarrow H_1:\lambda>\lambda_0$ 的水平为 α 的似然比检验.

35. 设 $X_1,\cdots,X_n$ 为取自下列指数分布总体的样本:

$$f(x,\mu)=\exp\{-(x-\mu)\},\quad x\geqslant\mu,\ -\infty<\mu<\infty.$$

求检验问题 $H_0:\mu=\mu_0\leftrightarrow H_1:\mu\neq\mu_0$ 的水平为 α 的似然比检验.

36. 设 $X_1,\cdots,X_m$ 为从指数分布 $f(x,\theta_1)=\theta_1^{-1}\exp\{-x/\theta_1\}$ 抽取的简单样本, $Y_1,\cdots,Y_n$ 为从指数分布 $f(x,\theta_2)=\theta_2^{-1}\exp\{-x/\theta_2\}$ 抽取的简单样本, 且两组样本独立, θ_1 和 θ_2 为未知参数. 求检验问题 $H_0:\theta_1=\theta_2\leftrightarrow H_1:\theta_1\neq\theta_2$ 的似然比检验.

37. 设 $X_1,X_2,\cdots,X_n$ i.i.d. $\sim B(1,p)$, 用大样本方法求检验问题 $H:p=p_0\leftrightarrow K:p\neq p_0$ 的似然比检验 (取水平为 α).

38. 设 $X_1,X_2,\cdots,X_n$ i.i.d. 服从成功概率为 p 的几何分布, 用大样本方法求检验问题 $H_0:p=p_0\leftrightarrow H_1:p\neq p_0$ 的检验水平为 α 的似然比检验.

39. 设 $0<\alpha<1$, φ 是检验问题 $H:\theta=\theta_0\leftrightarrow K:\theta=\theta_1$ 的水平为 α 的 UMPT, 且假定 $\beta=\mathbb{E}_K[\varphi(X)]<1$, 则 $1-\varphi$ 是检验问题 K 对 H 的水平为 $1-\beta$ 的 UMPT.

40. 设 $\boldsymbol{X}=(X_1,\cdots,X_n)$ 为自总体分布族 $\{f(x,\theta):\theta\in\Theta\}$ 中抽取的随机样本, 且 $T=T(X_1,\cdots,X_n)$ 为 θ 的充分统计量, 则由 NP 引理确定的检验函数 $\varphi(\boldsymbol{x})$ 为充分统计量 T 的函数.

41. 设 $X_1,\cdots,X_n$ i.i.d. 服从均匀分布 $U(0,\theta)$, 试求

(1) 检验问题 $H_0:\theta=1\leftrightarrow H_1:\theta=2$ 检验水平为 α 的 UMPT;

(2) 检验问题 $H_0':\theta=1\leftrightarrow H_1':\theta=1/2$ 检验水平为 α 的 UMPT.

42. 设 $X_1,\cdots,X_n$ i.i.d. $\sim N(\mu,1)$, 对水平 α, 试求检验问题 $H_0:\mu\geqslant\mu_0\leftrightarrow H_1:\mu<\mu_0$ 的 UMPT, 其中 μ_0 和 α 给定.

43. 设 $X_1,\cdots,X_n$ i.i.d. $\sim$ Poisson 分布 $P(\lambda)$, 对水平 α, 试求检验问题 $H_0:\lambda\geqslant\lambda_0\leftrightarrow H_1:\lambda<\lambda_0$ 的 UMPT, 其中 λ_0 和 α 给定.

44. 设 $X_1,\cdots,X_n$ i.i.d. $\sim N(0,\sigma^2)$, 对水平 α, 试求检验问题 $H_0:\sigma^2\leqslant\sigma_0^2\leftrightarrow H_1:\sigma^2>\sigma_0^2$ 的 UMPT, 其中 σ_0^2 和 α 给定.

45. 设 k 为已知的自然数. 为检验一事件的概率 $p\leqslant p_0$ 是否成立, 将试验独立地重复下去, 直到该事件发生 k 次为止. 以 X 记到那时为止的试验次数.

(1) 证明 X 的分布为

$$\mathbb{P}(X=x)=\binom{x-1}{k-1}p^k(1-p)^{x-k},\quad x=k,k+1,\cdots;$$

(2) 求 $H_0:p\leqslant p_0\leftrightarrow H_1:p>p_0$ 的水平为 α 的 UMPT, 其中 p_0 和 α 给定.

46. 设 $X_1,\cdots,X_n$ 表示受试的 n 个元件寿命, 它们皆服从指数分布 $\operatorname{Exp}(\lambda)$. 而实际上只试验到有 r 个失效时即停止. 这 r 个寿命从小到大排列为 $X_{(1)}\leqslant\cdots\leqslant X_{(r)}$. 试求 $H_0:\lambda\leqslant\lambda_0\leftrightarrow H_1:\lambda>\lambda_0$ 的基于 $X_{(1)}\cdots X_{(r)}$ 水平为 α 的 UMPT. (提示: 由例 3.3.4 可证 $T=\sum\limits_{i=1}^{r}X_{(i)}+(n-r)X_{(r)}$ 为充分统计量, 且 $2\lambda T\sim\chi_{2r}^2$.)

47. 设 $\varphi(\boldsymbol{x})$ 为一检验函数, 而 $T = T(\boldsymbol{X})$ 为充分统计量. 证明 $\mathbb{E}_\theta(\varphi(\boldsymbol{X}) \mid T)$ 也是检验函数, 且其功效函数与 φ 同. 这个结果说明了什么问题? (提示: 由充分性知 $\mathbb{E}_\theta(\varphi(\boldsymbol{X}) \mid T)$ 与 θ 无关, 再由 φ 是检验函数, 证明 $\mathbb{E}_\theta(\varphi(\boldsymbol{X}) \mid T)$ 也是检验函数.)

48. 设 $X_1, \cdots, X_m$ i.i.d. $\sim N(a, 1)$, $Y_1, \cdots, Y_n$ i.i.d. $\sim N(b, 1)$, 且样本 $X_1, \cdots, X_m$ 和 $Y_1, \cdots, Y_n$ 独立, 证明 $H_0 : b \leqslant a \leftrightarrow H_1 : b > a$ 的水平为 α 的 UMPT 存在, 否定域为 $\bar{Y} - \bar{X} > c$.(提示: 利用上题结果.)

*49. 设 $X_1, \cdots, X_n$ i.i.d. $\sim$ 均匀分布 $U(\theta, 2\theta)$, $\theta > 0$. 指定 $\theta_0 > 0$, 问 $H_0 : \theta \leqslant \theta_0 \leftrightarrow H_1 : \theta > \theta_0$ 的水平为 α 的 UMPT 是否存在? 此处 θ_0 和 α 给定. (提示: 取 $\theta_1 > \theta_0$, 考虑检验问题 $H_0' : \theta = \theta_0 \leftrightarrow H_1' : \theta = \theta_1$, 证明所得水平 α 的 UMPT 与 θ_1 无关, 故它也是 $H_0' \leftrightarrow H_1$ 的 UMPT. 再证明功效函数 $\beta(\theta)$ 为单调增函数.)

50. 设 $X_1, \cdots, X_n$ i.i.d. $\sim N(\mu, \sigma^2)$, μ 和 σ^2 皆未知, 利用假设检验方法导出 σ^2 的置信系数为 $1 - \alpha$ 的置信区间和置信上、下限.

51. 设 $X_1, \cdots, X_m$ i.i.d. $\sim N(\mu_1, \sigma_1^2)$, $Y_1, \cdots, Y_n$ i.i.d. $\sim N(\mu_2, \sigma_2^2)$, 且样本 $X_1, \cdots, X_m$ 和 $Y_1, \cdots, Y_n$ 独立. 利用假设检验方法求出 σ_1^2/σ_2^2 的置信系数为 $1 - \alpha$ 的置信区间和置信上、下限.

52. 对第 7 题若仅已知该机正常工作时每段金属棒的长度均值为 10.5, 标准差为 0.15 (即不假定长度服从正态分布), 试使用自助法计算所提检验的 p 值.

53. 设 X 为从总体中抽取的样本, 总体密度 $f(x|\theta)$ 和 θ 的先验密度 $\pi(\theta)$ 分别为

$$f(x|\theta) = \begin{cases} e^{-(x-\theta)}, & x > \theta, \\ 0, & x \leqslant \theta, \end{cases} \qquad \pi(\theta) = \begin{cases} e^{-\theta}, & \theta > 0, \\ 0, & \theta \leqslant 0. \end{cases}$$

求 Bayes 检验问题 H_0: $\theta \leqslant 1 \leftrightarrow H_1$: $\theta > 1$.

54. 设 $X_1, \cdots, X_m$ i.i.d. $\sim N(a, 1)$, $Y_1, \cdots, Y_n$ i.i.d. $\sim N(b, 1)$, 其中 a, b 为参数, 又样本 $X_1, \cdots, X_m$ 和 $Y_1, \cdots, Y_n$ 独立. 令 $\theta = (a, b)$ 的先验分布为: a, b 独立, $a \sim N(\mu_1, \tau_1^2), b \sim N(\mu_2, \tau_2^2)$. 求检验问题 H_0: $a - b \leqslant 0 \leftrightarrow H_1$: $a - b > 0$ 的后验机会比和 Bayes 因子, 并作出检验的结论.

第 6 章　非参数假设检验

6.1　引　　言

在前几章讨论的统计问题大多属于这样一种情形：样本分布族的分布形式已知 (如正态、指数、Poisson 分布等)，但其中包含有限个未知的实参数. 最典型的情况是关于正态分布族的均值、方差的估计和检验问题，这种统计问题称为参数型的.

然而，在实际问题中也有这样的情况：对样本分布族并未给出其分布形式，而只作了某些一般的假定，如只假定总体分布的连续性或对称性，而对其分布的具体形式则一无所知. 类似这种情形的统计问题称为非参数型的.

如果关于总体分布族事先有比较多的信息，那么把统计推断问题放在参数型的范围内讨论是恰当的. 如果事先关于总体分布族只有很少信息，此时就需要一种与总体分布族的具体分布形式无关的统计推断方法. 这种方法称为非参数方法.

非参数方法具有以下几个特点：① 适用面广而针对性较差. 这是由于非参数方法对总体分布族没有提出太多的假设. 但是，如果对特定的统计推断问题，参数模型适合该问题，且存在一个具有优良性质的参数型统计方法，则二者相比，非参数统计方法一般效率较低. ② 大样本理论在非参数统计中起着极其重要的作用. 这是因为对总体分布族知之甚少，很难指望导出有关统计量的精确分布，迫使考虑用统计量的极限分布近似代替其精确分布. ③ 只能使用样本中的"一般"信息，如位置、次序关系等. 这也是由于对总体分布族所知甚少之故. ④ 非参数方法具有稳健性，即当真实模型与设定的理论模型有一定偏离时，能维持较好的性质. 这是由于非参数方法对模型限制小，故自然就具有**稳健性** (robustness).

参数型统计方法往往较易使用，针对性强，常常具有更好的性质. 所以参数和非参数方法是针对不同情况提出来的，它们各有优点，是互为补充的.

6.2 节和 6.3 节将讨论一样本和两样本问题中常用的几种非参数假设检验方法，如符号检验、符号秩和检验、Wilcoxon 秩和检验. 拟合优度检验问题也是非参数型的. 因为在此问题中理论分布是一个待检验的假设而并非假定. 6.4 节将讨论拟合优度检验 (也称为 Pearson χ^2 检验). 作为其应用，6.5 节讨论列联表中的独立性和齐一性检验. 6.6 节简要介绍有关分布检验的其他几种方法，如柯尔莫哥洛夫 (Kolmogorov) 检验、斯米尔诺夫 (Smirnov) 检验和正态性检验方法等.

6.2 符号检验及符号秩和检验

第 5 章讨论了当总体分布族是正态情形时, 关于总体均值的一样本 t 检验方法. 但是, 当无把握认为总体分布族为正态模型时, 则必须用其他方法来检验. 下面介绍两种常用的非参数检验方法, 即符号检验法、符号秩和检验法.

6.2.1 符号检验法

例 6.2.1 为比较甲、乙两种酒的优劣, 找了 N 个人去品尝. 同一个人品尝两种酒后, 请他们分别给两种酒评分. 这里, 每一个品酒人对甲、乙两种酒的评分结果构成一个对子, 正好是一个成对比较的模型.

以 X_i 记第 i 个品酒人对甲酒的评分, Y_i 记第 i 个品酒人对乙酒的评分. 记 $Z_i = X_i - Y_i$, $i = 1, \cdots, N$. 如果假定 $Z_i \sim N(\mu, \sigma^2)$, 则甲、乙两种酒是否有优劣的问题将转化为原假设 H_0: $\mu = 0 \leftrightarrow H_1: \mu \neq 0$ 的检验问题, 这就是在 5.2 节讨论过的一样本 t 检验问题. 可是在一些情况下, 不见得有根据假定 Z_i 服从正态分布. 这时上述方法就失效了. 下面是一个替代方法: 对每一个品酒人的评分给出一个符号

$$S_i = \begin{cases} +, & Z_i > 0, \\ -, & Z_i < 0, \\ 0, & Z_i = 0, \end{cases} \tag{6.2.1}$$

即品酒人给以 "+" 号表示他认为 "甲酒优于乙酒", 另两个符号的意义类推. 如此, 得到 N 个符号 $S_1, \cdots, S_N$. 检验问题

$$H_0\text{: 甲、乙两种酒一样好} \leftrightarrow H_1\text{: 甲、乙两种酒不一样} \tag{6.2.2}$$

的检验就建立在试验结果的这 N 个符号的基础上, 故称为**符号检验** (sign test). 下面将会看到: 从统计模型而言, 符号检验不过是二项分布参数检验的一个特例. 符号检验的具体方法如下.

1. *小样本方法*

记 N 个试验结果 $S_1, \cdots, S_N$ 中 "+" 号的个数有 n_+ 个, "−" 号的个数有 n_- 个, 其余为 0. 记 $n = n_+ + n_-$. 如果 H_0 成立, 即甲、乙两种酒一样好, 则在 n 个非 0 结果中出现 "+" 或 "−" 的机会相同, 即每个非 0 试验结果中出现 "+" 号的概率 $\theta = 1/2$; 故在这个情况下, n_+ 的分布服从 $B(n, 1/2)$. 若甲、乙两种酒确有优劣之分, 则每个结果出现 "+" 号的概率 $\theta \neq 1/2$. 若记 $X = n_+$, 则所提问题转化为检验问题 $X \sim B(n, \theta)$, $0 \leqslant \theta \leqslant 1$, 要检验

$$H_0\text{: } \theta = \frac{1}{2} \leftrightarrow H_1\text{: } \theta \neq \frac{1}{2}. \tag{6.2.3}$$

一个水平为 α 的检验的拒绝域为

$$\left\{X = n_+ \geqslant c \text{ 或 } X \leqslant d\right\},$$

其中 c 和 d 的值由下式确定:

$$\sum_{i=c}^{n}\binom{n}{i}\left(\frac{1}{2}\right)^n \leqslant \frac{\alpha}{2}, \quad d = n - c,$$

其中 c 的值已制定成表, 见附表 10. 可以通过查附表 10 直接获得 c 的值, 再按公式计算得到 d 的值.

一个更恰当的方法是计算检验的 p 值 (见 5.5.5 小节). 在此, 令由符号 $S_1, \cdots, S_N$ 算得的 $X = n_+$ 的具体值为 x_0, 记 $x_0' = \min\{x_0, n - x_0\}$, 则检验的 p 值为

$$p = \sum_{i=0}^{x_0'}\binom{n}{i}\left(\frac{1}{2}\right)^n + \sum_{i=n-x_0'}^{n}\binom{n}{i}\left(\frac{1}{2}\right)^n. \tag{6.2.4}$$

若 n 为偶数, 而 $x_0 = n/2$, 则取 p 值为 $p = 1$. p 值越接近 1, 则 H_0 越可信. 例如, 给定检验水平 α, 则当 $p < \alpha$ 时拒绝 H_0, 当 $p \geqslant \alpha$ 时接受 H_0.

在例 6.2.1 中, 令 $N = 13$, $S_1, \cdots, S_{13}$ 中 + 号和 − 号的个数分别是 $n_+ = 2$, $n_- = 10$, 因此 $n = n_+ + n_- = 12$. 取检验水平 $\alpha = 0.10$, 查附表 10"符号检验临界值表" 得 $c = 10$, 故 $d = n - c = 2$. 故检验的拒绝域 $D = \{X = n_+ \geqslant 10 \text{ 或 } X \leqslant 2\}$. 检验统计量 $X = n_+ = 2$, 因此拒绝原假设, 即认为甲、乙两种酒不一样.

对本例中的检验问题, 也可通过计算检验的 p 值来作出结论. 此处, $n = 12$, $x_0 = n_+ = 2$, 按式 (6.2.4), $x_0' = \min\{2, 12 - 2\} = 2$, 查二项分布表得

$$p = \sum_{i=0}^{2}\binom{12}{i}\left(\frac{1}{2}\right)^{12} + \sum_{i=10}^{12}\binom{12}{i}\left(\frac{1}{2}\right)^{12} = 0.0386 < 0.10,$$

故在 0.10 显著性水平下应拒绝 H_0.

例 6.2.2　工厂的两个化验室, 每天同时从工厂的冷却水中取样, 测量水中的含氯量一次. 表 6.2.1 是 $n = 11$ 天的记录.

表 6.2.1　水中含氯量的测量记录

i	1	2	3	4	5	6	7	8	9	10	11
x_i	1.15	1.86	0.76	1.82	1.14	1.65	1.92	1.01	1.12	0.90	1.40
y_i	1.00	1.90	0.90	1.80	1.20	1.70	1.95	1.02	1.23	0.97	1.52

其中 x_i 表示化验室 A 的测量记录, y_i 表示化验室 B 的测量记录. 问两个化验室测定的结果之间有无显著差异 (取 $\alpha = 0.10$)?

解　分别记化验室 A 和 B 的测量误差为 ξ 和 η. 设 ξ 和 η 为连续随机变量,

其分布函数分别为 F 和 G. 检验问题是

$$H_0: F=G \leftrightarrow H_1: F \neq G. \tag{6.2.5}$$

在 5.2 节中已提到过成对数据的特点. 处理成对数据检验问题, 很自然地想到如何把 μ_i 的影响消除掉. 由于对每个 i, X_i 与 Y_i 之间可比, 若将同一天的两个数据相减, 从而把 μ_i 的影响消除掉. 令

$$Z_i = X_i - Y_i = \xi_i - \eta_i, \quad i=1,2,\cdots,n. \tag{6.2.6}$$

显然 Z_i 仅与化验室 A, B 在第 i 日的测量误差之差有关. 记 $Z=\xi-\eta$, 则 $Z_1,\cdots,Z_n$ 可看成来自总体 Z 的随机样本, 即 $Z_1,\cdots,Z_n$ 是独立同分布的样本. 由于 Z 是两个测量误差之差, 所以 Z 的均值为 0, 且可证明它是关于原点对称的.

令 n_+ 为 $Z_1,\cdots,Z_n$ 中取正值的个数, n_- 为 $Z_1,\cdots,Z_n$ 中取负值的个数, 它们都是随机变量. 由于假定了 ξ 和 η 是连续随机变量, 故 $Z_1,\cdots,Z_n$ 这些变量以概率为 1 取非 0 值. 因此可记 $n=n_++n_-$. 当 H_0, 即式 (6.2.5) 成立时, 则在 n 个试验单元中 Z_i 取 "+" 和取 "−" 的可能性皆为 1/2. 因此检验问题转化为 $X=n_+\sim B(n,\theta)$, $0\leqslant\theta\leqslant 1$, 检验问题为

$$H_0': \theta=\frac{1}{2} \leftrightarrow H_1': \theta\neq\frac{1}{2},$$

拒绝域 $D=\{n_+\geqslant c \text{ 或 } n_+\leqslant d\}$.

因此, 在给定显著性水平 α 之后, c 和 d 的值由

$$\sum_{k=c}^{n}\binom{n}{k}\left(\frac{1}{2}\right)^n\leqslant\frac{\alpha}{2}, \quad d=n-c$$

所确定. 也可以通过查附表 10 直接获得 c 的值, 再按公式计算得到 d 的值.

在本例中 $n=11$, $\alpha=0.10$, 查附表 10 得 $c=9$, $d=n-c=2$. 故水平 $\alpha=0.10$ 的符号检验的拒绝域为

$$\{n_+\leqslant 2 \text{ 或 } n_+\geqslant 9\}.$$

作差值 $z_i=x_i-y_i$, 得

$$\begin{array}{cccccc} 0.15, & -0.04, & -0.14, & 0.02, & -0.06, & -0.05, \\ -0.03, & -0.01, & -0.11, & -0.07, & -0.12, & \end{array}$$

其中取正数的个数为 $n_+=2$, 因此在水平 $\alpha=0.10$ 下拒绝 H_0, 即认为化验室 A, B 测定结果之间有显著差异.

对这一检验问题, 也可以通过计算检验的 p 值来解决:

$$p=\sum_{i=0}^{2}\binom{11}{i}\left(\frac{1}{2}\right)^1+\sum_{i=9}^{11}\binom{11}{i}\left(\frac{1}{2}\right)^{11}=0.0654<\alpha=0.10,$$

故拒绝 H_0. □

符号检验不仅适用于成对比较模型 (以上两例就属于这一类型), 它也常用于中位数检验, 请看下例.

例 6.2.3　某市从事中小学教育的老师月工资收入的中位数是 6500 元, 现从该市的幼儿教师中随机抽取 20 名, 她 (他) 们的月工资收入数据如下:

6300, 5100, 6200, 4900, 7100, 5700, 4800, 5200, 6100, 7200,

6500, 6900, 5500, 5800, 6400, 7000, 3900, 5100, 7500, 6300.

问该市从事幼儿教师月工资收入的中位数是否也是 6500 元/月 (取检验水平 $\alpha=0.10$)?

解　设该市幼儿教师月工资收入总体为 X, 其总体中位数记为 m_e. 从该市幼儿教师中随机抽取的 20 名幼儿教师的月工资收入为从总体 X 中抽取的 i.i.d. 样本, 记为 X_i, $i=1,\cdots,20$, 检验问题为

$$H_0:\ m_e=6500 \leftrightarrow H_1:\ m_e\neq 6500.$$

令 $Y_i=X_i-6500$, 则 Y_i, $i=1,\cdots,20$ 中大于 0、小于 0 和等于 0 的个数分别为

$$n_+=\sum_{i=1}^{20} I_{(X_i>6500)}=5,\quad n_-=\sum_{i=1}^{20} I_{(X_i<6500)}=14,\quad n_0=\sum_{i=1}^{20} I_{(X_i=6500)}=1,$$

令 $n=n_++n_-$, 则 $n=19$. 如果 H_0 成立, 即幼儿教师月工资收入的中位数也是 6500, 则在 Y_i 的 n 个非 0 结果中出现 "+" 或 "−" 的机会应相同, 即每个非 0 结果中出现 "+" 号的概率 $\theta=1/2$; 故在这个情况下, 取 $Z=n_+$ 为检验统计量. 则所提问题转化为检验问题 $Z\sim B(n,\theta)$, $0\leqslant\theta\leqslant 1$, 要检验

$$H_0:\ \theta=\frac{1}{2} \leftrightarrow H_1:\ \theta\neq\frac{1}{2}.$$

检验水平为 α 的检验的拒绝域为

$$\Big\{Z=n_+\geqslant c \text{ 或 } Z\leqslant d\Big\},$$

其中 c 和 d 的值由下式确定:

$$\sum_{i=c}^{n}\binom{n}{i}\left(\frac{1}{2}\right)^n\leqslant\frac{\alpha}{2},\quad d=n-c,$$

此处 $n=19$, $\alpha=0.10$, 查附表 10 得到 $c=14$, $d=n-c=5$, 故检验的拒绝域 $D=\{Z=n_+\geqslant 14 \text{ 或 } Z\leqslant 5\}$, 检验统计量 $Z=n_+=5$, 在拒绝域中, 因此拒绝原假设, 即认为该市幼儿教师月工资收入的中位数不是 6500 元/月, 而是低于这个数.

也可通过计算检验的 p 值来对本例中的检验问题作出结论. 此处, $n=19$,

$x_0 = n_+ = 5$, 按式 (6.2.4), $x_0' = \min(5, 19-5) = 5$, 查二项分布表得

$$p = \sum_{i=0}^{5} \binom{19}{i} \left(\frac{1}{2}\right)^{19} + \sum_{i=14}^{19} \binom{19}{i} \left(\frac{1}{2}\right)^{19} = 0.0636 < 0.10 = \alpha.$$

故在 0.10 显著性水平下应拒绝 H_0. □

2. 大样本方法

对检验问题 (6.2.2) 或等价地对检验问题 (6.2.3), 若 n 很大, 则可用大样本方法: 由二项分布的中心极限定理可知当 H_0 成立且 $n \to \infty$ 时有

$$U = \frac{X - \mathbb{E}(X)}{\sqrt{\operatorname{Var}(X)}} = \frac{X - n/2}{\sqrt{n/4}} = \frac{2X - n}{\sqrt{n}} \xrightarrow{\mathscr{L}} N(0,1).$$

因此检验问题 (6.2.2) 水平近似为 α 的检验的拒绝域是

$$\left\{X:\ |U| > u_{\alpha/2}\right\}, \tag{6.2.7}$$

其中 $u_{\alpha/2}$ 为标准正态分布的上侧 $\alpha/2$ 分位数.

有时检验的目的是从"甲不优于乙"和"甲优于乙"中选择一个, 以前者为原假设, 则检验问题可表示为 $X \sim B(n, \theta)$, $0 \leqslant \theta \leqslant 1$, 而

$$H_0':\ \theta \leqslant \frac{1}{2} \leftrightarrow H_1':\ \theta > \frac{1}{2}.$$

这种问题在例 5.4.5 中已给出其 UMPT. 当 n 充分大时, 可用大样本方法, 其检验水平近似为 α 的检验的拒绝域是

$$\left\{X:\ U > u_\alpha\right\}.$$

例 6.2.4 一种饮料有传统配方 (甲) 及修改配方 (乙) 两个品种, 都在市场上出售. 制造商为了解公众的反映, 寄出大量征求意见函, 结果回收 10000 份, 其中认为传统配方优于修改配方的有 5150 人, 认为修改配方优于传统配方的有 4850 人. 根据这一调查结果, 可作出怎样的结论 ($\alpha = 0.01$)?

解 设检验问题为

$$H_0\text{: 甲、乙两种配方一样} \leftrightarrow H_1\text{: 甲、乙两种配方不一样},$$

此处 $N = n = 10000$, $X = n_+ = 5150$. 由于 n 很大, 适合用大样本方法. 由中心极限定理和拒绝域 (6.2.7) 算得

$$|U| = \left|\frac{2X - n}{\sqrt{n}}\right| = \left|\frac{10300 - 10000}{100}\right| = 3 > u_{0.005} = 2.58.$$

故拒绝 H_0. 也可以按 $p = \mathbb{P}(|U| \geqslant u_0 | H_0)$ 计算 p 值, 查标准正态分布表得

$$p = \mathbb{P}\left(|U| \geqslant 3 | H_0\right) = 2(1 - 0.9987) = 0.0026.$$

若取检验水平 $\alpha = 0.01$, 则 $p = 0.0026 < 0.01$, 故在 0.01 显著性水平下也要拒绝 H_0, 即认为调查结果充分显示两种配方有显著差异, 传统配方较优. □

由观察数据, 估计出传统配方的支持率为 $5150/10000 = 0.515$, 比 0.5 大得并不多, 可是由于样本容量 n 很大, 这个 0.015 的差异就有机会显示出来.

符号检验的另一个重要应用是分位数 (特别是中位数) 检验. 请看下例.

例 6.2.5　检验某种维尼纶的纤度, 测得 100 个数据见表 6.2.2.

表 6.2.2　维尼纶纤度的测量数据

编号	1	2	3	4	5	6	7	8	9	10
纤度	1.26	1.29	1.32	1.35	1.38	1.41	1.44	1.47	1.50	1.53
频数	1	4	7	22	23	25	10	6	1	1

试问该维尼纶纤度的中位数 m_e 是否为 1.40 ($\alpha = 0.05$)?

解　本题在显著性水平 $\alpha = 0.05$ 下, 检验假设

$$H_0 : m_e = 1.40 \leftrightarrow H_1 : m_e \neq 1.40.$$

若令表中所列 100 个数据的纤度值为 X_i, $i = 1, \cdots, 100$, 令 $Y_i = X_i - 1.40$, $i = 1, \cdots, 100$. 计算 Y_i 取正值的个数 n_+ 和取负值的个数 n_-, 取值为 0 的个数为 0, 因此 $n_+ + n_- = 100$. 在 H_0 成立的前提下, 则每个 Y_i 为正或负的可能性皆为 1/2, 故 100 个数据中 n_+ 和 n_- 应差别不大, 若记 $X = n_+$, 易见 $X \sim B(100, 1/2)$, 因此检验问题转化为 $X \sim B(100, \theta)$, $0 \leqslant \theta \leqslant 1$, 要检验

$$H_0\colon\ \theta = \frac{1}{2} \leftrightarrow H_1\colon\ \theta \neq \frac{1}{2}, \quad \alpha = 0.05.$$

由于样本容量 n 较大, 采用大样本方法. 由式 (6.2.7) 可知检验水平近似为 α 的拒绝域是

$$\left\{X:\ |U| = \left|\frac{2X - n}{\sqrt{n}}\right| > u_{\alpha/2}\right\}.$$

取 $n = 100$, $\alpha = 0.05$, $u_{0.025} = 1.96$, $X = n_+ = 43$, 可算得

$$\left|\frac{2X - n}{\sqrt{n}}\right| = 1.4 < 1.96.$$

故不足以拒绝 H_0, 即认为该维尼纶的纤维度的中位数是 1.40.

本例中也可以通过计算大样本检验的 p 值作出结论. 由样本算得 $|U|$ 的具体值 1.4, 查标准正态分布表得

$$\mathbb{P}(|U| > 1.4|H_0) = 0.1616 > \alpha,$$

不足以拒绝 H_0, 故接受 H_0.　□

6.2.2　符号秩和检验

再回顾一下符号检验, 仍就例 6.2.1 中品酒的问题来说明. 在计算 $Z_i = X_i - Y_i$ 后, 放弃 Z_i 的具体数值而取其符号 S_i 时, 丢失了一些信息. 这种信息的丢失, 使符号检验的效率有所降低. 为此提出了符号秩和检验, 它是符号检验的改进.

例 6.2.6 (续例 6.2.1) 仍看例 6.2.1, 设想请了 13 个人品尝甲、乙两种酒, 评分结果见表 6.2.3. 此处 $z_i = x_i - y_i$. 试问甲乙两种酒是否一样好?

表 6.2.3 甲、乙两种酒的评分数据及其符号

品酒人	1	2	3	4	5	6	7	8	9	10	11	12	13
甲 (x_i)	55	32	41	50.5	60	48	39	45	48	46	52.2	45	44
乙 (y_i)	35	37	43.1	55	34	50.3	43	46.1	51	47.3	55	46.5	44
符号 (z_i)	+	−	−	−	+	−	−	−	−	−	−	−	0

一共 12 个非 0 符号中, 有两个 "+" 号, 显示多数品酒人认为乙酒好. 在符号检验中就只能根据 "+" "−" 号的数目去下结论. 但细看一下结果, 发现, 在认为 "乙酒比甲酒优" 的 10 人中, 乙酒的得分比甲酒高得不多, 而在认为 "甲酒优于乙酒" 的 2 人中, 甲的得分远远高于乙. 这个事实给 2:10 这个表面结果打了一个折扣, 它启示: 除考虑符号外, 还应当把这一点考虑进来. 符号秩和的概念为此提供了一种有效的方法.

定义 6.2.1

设 $X_1, \cdots, X_n$ 为两两不相等的一组样本, 将其按大小排列为 $X_{(1)} < \cdots < X_{(n)}$, 若 $X_i = X_{(R_i)}$, 则称 X_i 在样本 $(X_1, \cdots, X_n)$ 中的秩为 R_i. ♧

显然, 若 $X_1, \cdots, X_n$ 为来自连续分布 $F(x)$ 的样本, 则以概率为 1 保证 $X_1, \cdots, X_n$ 中两两互不相等.

定义 6.2.2

设 $X_1, \cdots, X_n$ 为来自单个总体的样本, 或来自多个总体样本的合样本, 则 $\boldsymbol{R} = (R_1, R_2, \cdots, R_n)$ 称为 $(X_1, \cdots, X_n)$ 的秩统计量 (rank statistics), 其中 R_i 为 X_i 的秩. 由 $\boldsymbol{R}$ 导出的统计量也称为秩统计量. 基于秩统计量的检验方法称为秩检验 (rank test). ♧

1. 小样本方法

现在仍回到例 6.2.6, 把表 6.2.3 扩充成表 6.2.4, 把符号为 "+" 的那两个秩 (即 11 和 12) 括起来, 它们的和是 $W^+ = 11 + 12 = 23$, 称为 "符号秩和". 一般它可以用下列方式来定义: 记 $Z_i = X_i - Y_i$, 令

$$\bar{V}_i = \begin{cases} 1, & Z_i > 0, \\ 0, & \text{其他}. \end{cases}$$

R_i 为 $|Z_i|$ 在 $(|Z_1|, \cdots, |Z_n|)$ 中的秩, 其中 $|Z_i| > 0$, 则 Wilcoxon 符号秩和 (the sum of Wilcoxon signed rank) 检验统计量定义为

$$W^+ = \sum_{i=1}^{n} \bar{V}_i R_i. \tag{6.2.8}$$

容易理解: 在例 6.2.6 中, 若甲优于乙, 则不仅 “+” 号会多, 且 “+” 号观察值相应的秩, 一般也偏大, 故总的效果是 W^+ 应偏大. 反之, 若乙优于甲, 则 W^+ 将偏小. 因此检验问题 (6.2.2), 即

$$H_0: \text{甲、乙两种酒一样好} \leftrightarrow H_1: \text{甲、乙两种酒不一样}$$

成立时, W^+ 应当不大不小. 检验的拒绝域是

$$\{W^+ \leqslant d \text{ 或 } W^+ \geqslant c\}, \tag{6.2.9}$$

此处 d 和 c 取决于 n (本例中 $n = 12$) 及指定的检验水平 α, 即当给定 α 时, c, d 分别由下列两式决定:

$$\mathbb{P}(W^+ \leqslant d \,|H_0) \leqslant \alpha/2, \quad \mathbb{P}(W^+ \geqslant c \,|H_0) \leqslant \alpha/2.$$

H_0 为真时 W^+ 的分布见文献 [4] 第 246 页. 对某些特定的 α 及不大的 n, c 和 d 可以查附表 11 求得, 在附表 11 中仅可查到 c, 而 $d = n(n+1)/2 - c$.

表 6.2.4 甲、乙两种酒的评分数据及其符号和秩

品酒人 (i)	甲 (x_i)	乙 (y_i)	符号 (z_i)	$\|Z_i\| = \|x_i - y_i\|$	秩
1	55	35	+	20	[11]
2	32	37	−	5	10
3	41	43.1	−	2.1	4
4	50.5	55	−	4.5	9
5	60	34	+	26	[12]
6	48	50.3	−	2.3	5
7	39	43	−	4	8
8	45	46.1	−	1.1	1
9	48	51	−	3	7
10	46	47.3	−	1.3	2
11	52.2	55	−	2.8	6
12	45	46.5	−	1.5	3
13	44	44	0	0	不定秩

在例 6.2.6 中, 由表 6.2.4 可知本题中 $n = 12$, $W^+ = 23$. 取 $\alpha = 0.10$, 查附表 11 (用本题中的 $\alpha/2$ 的数值代替表中的 α), 在 $n = 12$ 那一行查到 $c = 61$, 算得 $d = 17$, 按式 (6.2.9) 得拒绝域为

$$\{W^+ \leqslant 17 \text{ 或 } W^+ \geqslant 61\}.$$

而 $17 < W^+ = 23 < 61$, 故应接受 H_0, 即所得观察结果不构成甲、乙有优劣之分的充分证据.

这个检验称为 Wilcoxon 双侧符号秩和检验 (以下简称双侧 W^+ 检验) , 之所以取 $\alpha/2$, 也是由于这个 “双侧” 而来.

注 6.2.1 例 6.2.1 和例 6.2.6 中的同一个检验问题用符号检验和符号秩和检验得到两种不同的结论. 按符号检验拒绝 H_0, 即认为甲、乙两酒有优劣之分且乙优于甲. 按符号秩和检验的方法, 接受 H_0, 即表明无充分证据拒绝"甲、乙两酒一样好". 这里看到: 同一个问题, 同一批数据, 用不同方法, 检验结果不同, 这不足为怪. 正如用同一批数据去估计正态总体的数学期望值, 用样本均值估计与用中位数估计, 两者结果不同. 这就产生了一个问题: 这两种检验法哪一种好? 这个问题不能一概而论. 要回答这个问题, 必须给出一种准则, 根据它去判定何者为优, 这属于数理统计理论问题. 可以指出的是: 符号检验全然不看数值而只看符号; 基于正态假定的 t 检验则要看数值, W^+ 检验介于二者之间: 它既不忽视数值, 也不全看数值 (数值只用于决定秩, 而不用其本身值), 应当注意这一点.

2. *大样本方法*

可以证明

$$\mathbb{E}(W^+) = \frac{n(n+1)}{4}, \quad \mathrm{Var}(W^+) = \frac{1}{24}n(n+1)(2n+1).$$

与 6.3 节的秩和统计量 W 类似, 当 H_0 成立且 $n \to \infty$ 时, W^+ 的标准化随机变量

$$W_*^+ = \frac{W^+ - n(n+1)/4}{\sqrt{n(n+1)(2n+1)/24}} \xrightarrow{\mathscr{L}} N(0,1), \tag{6.2.10}$$

故水平近似为 α 的双侧 W_*^+ 检验的拒绝域为

$$\left\{|W_*^+| > u_{\alpha/2}\right\}. \tag{6.2.11}$$

例 6.2.7 设某工厂甲、乙两种不同工艺生产的啤酒, 找了 100 名品酒师品尝, 将两种啤酒得分之差的绝对值按大小排序, 获得乙种啤酒的符号秩和 $W^+ = 2200$. 问这两种啤酒是否有显著差异 ($\alpha = 0.10$)?

解 由题意可知检验问题为

$$H_0\text{: 甲、乙两种啤酒一样好} \leftrightarrow H_1\text{: 甲、乙两种啤酒不一样好}.$$

由于 n 较大, 可采用大样本方法. 由符号秩和检验的大样本方法可知, 水平近似为 $\alpha = 0.10$ 的拒绝域由式 (6.2.11) 给出, 即

$$\left\{|W_*^+| = \left|\frac{W^+ - n(n+1)/4}{\sqrt{n(n+1)(2n+1)/24}}\right| \geqslant u_{\alpha/2}\right\}.$$

此处 $W^+ = 2200$, $n = 100$, $u_{0.05} = 1.65$, 因而有

$$|W_*^+| = \left|\frac{2200 - 100 \times 101/4}{\sqrt{100 \times 101 \times 201/24}}\right| = \frac{325}{290.84} = 1.12 < 1.65,$$

故不足以拒绝 H_0, 即认为两种啤酒无显著差异. □

6.3　Wilcoxon 两样本秩和检验

在两样本的比较问题中, 当样本的随机误差不服从正态分布时, 就需要更一般的提法, 并使用相应的非参数检验方法. 这方面的理论和方法较多, 但大都很专业, 这里只对 Wilcoxon 两样本秩和检验作一简略介绍.

6.3.1　引言及定义

首先来看一看这一检验的实际背景. 两样本检验问题的一般提法如下: 设 $X_1, \cdots, X_m$ 和 $Y_1, \cdots, Y_n$ 分别是从具有分布为 F_1 和 F_2 的一维总体中抽取的简单样本, 且假定样本 $X_1, \cdots, X_m$ 和 $Y_1, \cdots, Y_n$ 独立. 要检验下列假设:

$$H_0: F_1 = F_2 \leftrightarrow H_1: F_1 \neq F_2. \tag{6.3.1}$$

在数理统计学中, 习惯上称这个检验问题为 "两样本问题". 下面来分别考虑下列几种情况.

(1) 设根据问题的实际背景, 如果有理由假定 F_1 和 F_2 为具有相同方差的正态分布, 即假定

$$F_1 \sim N(a, \sigma^2), \quad F_2 \sim N(b, \sigma^2),$$

其中 a, b 和 σ^2 皆未知, $-\infty < a,\ b < \infty,\ \sigma^2 > 0$, 这时检验问题转化为

$$H_0': a = b \leftrightarrow H_1': a \neq b. \tag{6.3.2}$$

在这个假定下, 总体分布 F_1 和 F_2 只依赖于 3 个未知参数 a, b 和 σ^2, 检验问题 (6.3.1) 归结为检验这些未知参数是否满足式 (6.3.2). 按 5.1 节所述, 这属于 "参数型假设检验问题", 这就是在 5.2 节中讨论的两样本 t 检验.

(2) 如果对问题的实际背景所知甚少, 只好认为对 F_1 和 F_2 完全未知. 在这样宽广的假定下, 再不能使用通常的两样本 t 检验. 处理这个问题的一种方法是斯米尔诺夫检验, 这将在 6.6 节中讨论.

在这一情形, 总体分布 F_1 和 F_2 不能用有限个实参数去刻画, 因此称为非参数检验问题.

(3) 现在讨论一种中间情况. 设 X 是一种产品在某种生产工艺下的质量指标, 而 Y 是该产品在另一种生产工艺下的质量指标. 有理由认为, 改变生产工艺不影响产品质量指标的概率分布, 而只能使此分布发生一些平移. 也就是说, 若以 $F(x)$ 记 X 的分布, 则 Y 分布为 $F(x-\theta)$, 其中 θ 是一个未知的位置参数. 在这个假定下, "X, Y 同分布" 的假设相当 "$\theta = 0$", 而对立假设为 "$\theta \neq 0$". 因此检验式 (6.3.1) 归结为检验

$$H_0: \theta = 0 \leftrightarrow H_1: \theta \neq 0. \tag{6.3.3}$$

式 (6.3.3) 是一个很重要的假设检验问题. 在这一模型中, 假定 F 未知, 因而比正态模型要广. 另外这一模型又比“斯米尔诺夫检验”中的模型窄一些, 因为对后者而言, 两分布 F_1 和 F_2 毫无关系, 而在此 F_1 和 F_2 之间有 $F_2(x) = F_1(x-\theta)$.

虽然表面上看式 (6.3.3) 像一个参数检验问题: 假设中只涉及 θ, 而它是一个实参数. 其实不然, 因为总体的分布与 F 和 θ 都有关, 而 F 的分布未知, 所以按非参数统计问题的定义, 式 (6.3.3) 应视为非参数检验问题.

一般地, 两样本问题 (6.3.1) 还有一些具有实际背景的中间情况. 例如, $F_2(x) = F_1(x/\sigma)$, 此 $\sigma > 0$ 为未知的刻度参数, 分布 F_i, $i = 1, 2$ 也未知. 检验问题 (6.3.1) 在此情况下转化为

$$H_0^*: \sigma = 1 \leftrightarrow H_1^*: \sigma \neq 1. \tag{6.3.4}$$

Wilcoxon 两样本秩和检验就是考虑式 (6.3.3) 的假设检验问题. 这是 Wilcoxon 在 1945 年的一项工作中引进的, 下面首先给出 Wilcoxon 两样本秩和统计量的定义.

定义 6.3.1

设 $X_1, \cdots, X_m, Y_1, \cdots, Y_n$ 这 $n+m$ 个值两两不相同, 把它们按大小排列, 结果为

$$Z_1 < Z_2 < \cdots < Z_N, \quad N = m + n. \tag{6.3.5}$$

显然, 每个 Y_i 必为式 (6.3.5) 中的某一个. 若 $Y_i = Z_{R_i}$, 则 Y_i 在合样本 $X_1, \cdots, X_m, Y_1, \cdots, Y_n$ 中的秩为 R_i. 而 $Y_1, \cdots, Y_n$ 的秩和为

$$W = R_1 + \cdots + R_n, \tag{6.3.6}$$

它称为 Wilcoxon 两样本秩和统计量. ♧

6.3.2 Wilcoxon 两样本秩和检验——小样本方法

Wilcoxon 两样本秩和检验就是考虑式 (6.3.3) 的假设检验问题, 即设 $X_1, \cdots, X_m$ i.i.d. $\sim F(x)$, $Y_1, \cdots, Y_n$ i.i.d. $\sim F(x-\theta)$, 且合样本独立. 要检验式 (6.3.3), 即

$$H_0: \theta = 0 \leftrightarrow H_1: \theta \neq 0.$$

设样本 $Y_1, \cdots, Y_n$ 的秩和 W 由式 (6.3.6) 给出. 现在这样推理: 每个 R_i 都可取 $1, 2, \cdots, N$ 之一为值. 若原假设 H_0 成立, 则全部样本来自同一总体, 每个都不占特殊位置, 不会取较小或较大的值, W 所取之值应集中在平均数 $n(N+1)/2$ 附近. 故得到下列检验:

$$当\ W \leqslant d\ 或\ W \geqslant c\ 时, 拒绝\ H_0. \tag{6.3.7}$$

如何确定 c 和 d? 它们的确在原则上可以解决: 当 H_0 成立时, 合样本独立同分布, 由此根据对称性的考虑, 易知 $(R_1, \cdots, R_n)$ 的联合分布为

$$\mathbb{P}(R_1 = r_1, \cdots, R_n = r_n) = \begin{cases} \dfrac{1}{N(N-1)\cdots(N-n+1)}, & r_1, \cdots, r_n \leqslant N \text{ 为互不相同的自然数}, \\ 0, & \text{其他}. \end{cases}$$

由此不难形式地写出 W 的分布. 从而由

$$\alpha = \mathbb{P}(W \leqslant d \text{ 或 } W \geqslant c | H_0)$$

定出 c 和 d. 对较小的 m, n 已制成表, 见附表 12.

如果假设检验是单边的, 即要检验

$$H_0': \ \theta \leqslant 0 \leftrightarrow H_1': \theta > 0, \tag{6.3.8}$$

由于 $W = \sum\limits_{i=1}^{n} R_i$ 是 $Y_1, \cdots, Y_n$ 在合样本中的秩和. 若 $\theta > 0$ 则因每个 Y_i 的分布与 $X_i + \theta$ 的分布相同, Y_i 与 X_i 相比较倾向于取更大的值, 即 Y_i 取值大于 X_i 的 "机会" 更多, 而小于它的机会则少. 这样一来, $R_1, \cdots, R_n$ 当 $\theta > 0$ 时倾向于取集合 $\{1, 2, \cdots, N\}$ 中较大的值 (此处 $N = m + n$), 同样 $\theta < 0$, 则 $R_1, \cdots, R_n$ 倾向于取集合 $\{1, 2, \cdots, N\}$ 中较小的值. 因为 W 在 $\theta > 0$ 时倾向于取较大的值, 在 $\theta < 0$ 时倾向于取较小的值, 故检验问题 (6.3.8) 的检验为

$$\text{当 } W \geqslant c \text{ 时, 拒绝 } H_0';$$

同样, 检验问题

$$H_0'': \ \theta \geqslant 0 \leftrightarrow H_1'': \theta < 0 \tag{6.3.9}$$

的检验为

$$\text{当 } W \leqslant d \text{ 时, 拒绝 } H_0''.$$

将上述三类检验列成表 6.3.1.

表 6.3.1 Wilcoxon 两样本秩和检验 (小样本情形)

H_0	H_1	拒绝域
$\theta = 0$	$\theta \neq 0$	$W \leqslant d$ 或 $W \geqslant c$
$\theta \leqslant 0$	$\theta > 0$	$W \geqslant c$
$\theta \geqslant 0$	$\theta < 0$	$W \leqslant d$

如何确定临界值 c 和 d? 对较小的 m, n $(n \leqslant m)$ 已经制成表, 见附表 12. 关于此表, 作以下两点说明:

(1) 分别记 $X_1, \cdots, X_m$ 和 $Y_1, \cdots, Y_n$ 在合样本中的秩和为 W_1 和 W_2, 则

$$W_1 + W_2 = 1 + 2 + \cdots + (m+n) = \frac{(m+n)(m+n+1)}{2}$$

是一个常数. 因此, 在使用 Wilcoxon 秩和检验法比较两总体分布时, 用 W_1 作为检验统计量与用 W_2 作为检验统计量是一回事. 故不失一般性, 假设 $n \leqslant m$.

(2) 在附表 12 中只给出了秩和检验的临界值 $\mathbb{P}(W \geqslant c) \leqslant \alpha$ 中 c 的值, 对 $\mathbb{P}(W \leqslant d) \leqslant \alpha$ 的临界值 d 如何利用此表求出? 可以证明 $\mathbb{P}(W \leqslant d) = \mathbb{P}(W \geqslant n(m+n+1)-d)$, 即若记 $c = n(m+n+1)-d$, 先对给定的 α, m, n 求出 $\mathbb{P}(W \geqslant c) \leqslant \alpha$ 的临界值 c, 然后 d 由公式 $d = n(m+n+1)-c$ 算出.

例 6.3.1 某种羊毛在进行某种工艺处理之前和处理之后, 各随机抽取一个容量为 5 的样本, 测得其含脂率如下

处理前: 0.20, 0.24, 0.66, 0.42, 0.12;

处理后: 0.13, 0.07, 0.21, 0.08, 0.19.

问处理后含脂率是否下降 ($\alpha = 0.05$).

解 设 X 和 Y 分别表示处理前、后羊毛的含脂率, 它们的分布函数分别为 $F(x)$ 和 $F(x-\theta)$, 则检验问题

$$H_0\colon\ \theta \geqslant 0 \leftrightarrow H_1: \theta < 0,$$

即将"处理后羊毛含脂率没有下降"作为原假设.

由表 6.3.1 可知: 当 $W \leqslant d$ 时拒绝原假设. 由前面关于附表 12 的使用说明 (2), 先从附表中由 $\mathbb{P}(W \geqslant c) \leqslant \alpha$ 查出 c, 则 $d = n(m+n+1)-c$.

本题中 $m = n = 5$, $\alpha = 0.05$, 由附表 12, 查出 $c = 36$, 故有

$$d = n(m+n+1) - c = 5 \times 11 - 36 = 19.$$

这表明

$$\mathbb{P}(W \leqslant 19) = \mathbb{P}(W \geqslant 36) \leqslant 0.05.$$

因此上述检验问题的拒绝域

$$D = \{(X, Y):\ W \leqslant 19\}.$$

现将两组样本观察值按从小到大排成一列成表 6.3.2.

表 6.3.2 羊毛处理前后的含脂率及其秩

0.07	0.08	0.12	0.13	0.19	0.20	0.21	0.24	0.42	0.66
$\underline{1}$	$\underline{2}$	3	$\underline{4}$	$\underline{5}$	6	$\underline{7}$	8	9	10

下划线的数是处理后羊毛含脂率 (Y) 的观察值的秩. 故 Y 的观察值的秩和为

$$W = 1 + 2 + 4 + 5 + 7 = 19.$$

将其与拒绝域中临界值比较 $W = 19 \leqslant d$ ($d = 19$), 因此拒绝 H_0, 即认为处理后羊毛含脂率下降了. □

6.3.3 Wilcoxon 两样本秩和检验——大样本方法

前面讨论了当 m, n 较小时 Wilcoxon 两样本秩和检验的小样本方法. 当 m, n 较大时检验统计量 W 的分布的计算很复杂, 对给定的 α 没有现成的表可以查到拒绝域的临界值. 因此得依靠极限定理, 方法如下: 容易求得

$$\mathbb{E}(W)=\frac{n(m+n+1)}{2}=\frac{n(N+1)}{2},$$

$$\operatorname{Var}(W)=\frac{mn(n+m+1)}{12}=\frac{mn(N+1)}{12}.$$

此处 W 由式 (6.3.6) 给出, $N=m+n$. 记

$$W^*=\frac{W-\mathbb{E}(W)}{\sqrt{\operatorname{Var}(W)}}=\frac{W-n(N+1)/2}{\sqrt{mn(N+1)/12}}.$$

可以证明在原假设 $H_0:\theta=0$ 成立之下, 当 m, $n\to\infty$ 时有

$$W^*=\frac{W-n(N+1)/2}{\sqrt{mn(N+1)/12}}\xrightarrow{\mathscr{L}}N(0,1).$$

因此可得检验问题 (6.3.3) 的水平近似为 α 的拒绝域

$$D=\Big\{(X,Y):\ |W^*|>u_{\alpha/2}\Big\}.$$

类似可得检验问题 (6.3.8) 和问题 (6.3.9) 的水平近似为 α 的拒绝域, 详见表 6.3.3.

表 6.3.3 Wilcoxon 两样本秩和检验 (大样本情形)

H_0	H_1	拒绝域
$\theta=0$	$\theta\neq0$	$\|W^*\|\geqslant u_{\alpha/2}$
$\theta\leqslant0$	$\theta>0$	$W^*\geqslant u_\alpha$
$\theta\geqslant0$	$\theta<0$	$W^*\leqslant -u_\alpha$

例 6.3.2 设甲、乙两台机床精度相同, 用它们加工同样的产品. 从这两台机床加工的产品中分别随机地抽取 100 件和 80 件, 测得这些产品的直径 (单位: mm), 将合样本按大小排序, 获得机床乙加工的 80 件产品的秩和为 $W=6540$, 试问甲、乙两台机床加工产品的直径有无显著差异 ($\alpha=0.01$).

解 设 $X_1,\cdots,X_m$ 和 $Y_1,\cdots,Y_n$ 分别表示甲、乙两台车床加工产品的直径, 假定这两组样本的分布函数分别为 $F(x)$ 和 $F(x-\theta)$, 则检验问题为

$$H_0:\theta=0\leftrightarrow H_1:\theta\neq0.$$

此例中 $m=100$, $n=80$, $W=6540$. 由于 m,n 较大, 故可采用大样本方法. 由表 6.3.3 可知水平近似 $\alpha=0.01$ 的大样本拒绝域为

$$D=\Big\{(X,Y):\ |W^*|\geqslant u_{0.005}=2.58\Big\},$$

其中

$$|W^*| = \left|\frac{W - n(n+m+1)/2}{\sqrt{mn(m+n+1)/12}}\right| = \left|\frac{6540 - 7240}{347.37}\right| = 2.02 < 2.58,$$

不足以拒绝 H_0, 即认为这两台机床加工的直径无显著差异. □

有人可能会觉得, 这种秩和检验的效率不会高, 因为它只利用了样本中的大小关系而完全忽略了其具体数值, 其实不然. 近代关于秩检验的大样本理论证明了, 一般秩检验至少在样本容量较大时, 与传统的参数检验相比并不逊色. 拿 Wilcoxon 两样本秩和检验与两样本 t 检验相比较, 即使在随机误差分布 F 为正态时, Wilcoxon 检验的效率相对于 t 检验也达到 $3/\pi \approx 0.95$ (当样本容量较大时). 对别的分布, 这个相对效率可任意大, 且总不会低于 0.864.

以上假定了合样本 $X_1, \cdots, X_m, Y_1, \cdots, Y_n$ 彼此不同, 因而 Y_i 的秩 R_i 可以唯一确定. 若假定 F 处处连续, 这一事实将以概率为 1 成立, 这时不存在问题. 当 F 不连续时, 合样本中可能出现相同的, 即所谓 "结" 的问题. 例如,

$$x_2 < x_1 = x_4 < x_5 < x_3,$$

习惯上把取相同值的几个变量称为一个 "结". 结外的 x_i 的秩唯一确定. 如此处 x_2, x_5 和 x_3 的秩分别为 1, 4 和 5. 结内的 x_i 的秩就不清楚了. 此时取这些相继秩数的平均值作为结内各个 x_i 的秩, 如此处 x_1 和 x_4 占有秩 2 和 3, 取 2.5 分别作为 x_1 和 x_4 的秩. 对所有的 "结" 作处理之后, 按前面所述的方法讨论两样本秩和检验问题.

6.4 拟合优度检验

6.4.1 引言

拟合优度检验问题的提法如下: 设有一个一维或多维随机变量 X, 令 $X_1, \cdots, X_n$ 为从总体 X 中抽取的简单样本, F 是一已知的分布函数. 要利用样本 $X_1, \cdots, X_n$ 去检验假设

$$H_0: \text{总体 } X \text{ 的分布为 } F, \tag{6.4.1}$$

其中 F 常称为理论分布.

导出这种假设检验的想法大致如下: 设法提出一个反映实际数据 $X_1, \cdots, X_n$ 与理论分布 F 偏差的量 $D = D(X_1, \cdots, X_n; F)$. 如果 D 较大, 如 $D \geqslant c$, 则认为数据 $X_1, \cdots, X_n$ 与理论分布 F 不符, 因而拒绝 H_0. 然而这种 "非此即彼" 的提法常显得有些牵强. 因为一般来说, 实际数据和理论分布没有截然的符合或不符合. 更恰当的提法是实际数据与理论分布符合的程度如何? 因此通常对检验问题 (6.4.1) 不是以 "是" 或 "否" 来回答, 而是提供一个介于 0 和 1 之间的数字作为回

答, 即用此数作为符合程度的度量刻画. 就具体样本算出 D 之值, 记为 d_0. 称下列的条件概率:

$$p(d_0) = \mathbb{P}(D \geqslant d_0 \,|H_0)$$

为在选定的偏离指标 D 之下, 样本与理论分布的*拟合优度* (goodness of fit). $p(d_0)$ 越接近 1, 表示样本与理论分布拟合得越好, 因而原假设 (6.4.1) 越可信. 反之, 它越接近 0, 则原假设 H_0 越不可信. 如果它低到指定的水平 α 之下, 则就要拒绝 H_0 了. 这种思想其实很简单, 比如说, 某个学生考试及格了, 这给出了一定的信息. 但 100 分也及格, 60 分也及格, 如果给出他的具体分数是 90 分, 就知道他不但及格了, 而且学得很好. 因此, 这个信息就比 "及格" 更充分了.

所以, 在给定检验水平 $0 < \alpha < 1$ 后, 根据拟合优度可以给出检验问题 (6.4.1) 的一个检验如下:

$$\text{当 } p(d_0) < \alpha \text{ 时拒绝 } H_0, \quad \text{当 } p(d_0) \geqslant \alpha \text{ 时接受 } H_0. \tag{6.4.2}$$

拟合优度 $p(d_0)$ 越大, 则接受 H_0 的结论越可靠. 这种类型的检验称为*拟合优度检验* (goodness of fit test).

由于 D 可以用种种不同的方式定义, 可以有种种不同的拟合优度检验, 其中最著名的是 K. Pearson 在 1900 年提出的 χ^2 检验 (称为 Pearson χ^2 检验) 和柯尔莫哥洛夫在 1933 年提出的一种检验. 本节讨论前者, 后者将在 6.6 节介绍.

6.4.2 Pearson χ^2 检验: 理论分布完全已知的情况

1. 随机变量 X 为离散型, 且只取有限个不同值 $a_1, \cdots, a_r$ 的情形

设 $X_1, \cdots, X_n$ 为从总体 X 中抽取的简单样本, 理论分布为

$$F: \begin{pmatrix} a_1, & a_2, & \cdots, & a_r \\ p_1, & p_2, & \cdots, & p_r \end{pmatrix},$$

其中 $p_i = \mathbb{P}(X_i = a_i)$, $i = 1, \cdots, r$ 未知, 且 $\sum\limits_{i=1}^{r} p_i = 1$. 将检验问题 (6.4.1) 写成

$$H_0\colon\ \mathbb{P}(X = a_i) = p_i^0, \quad i = 1, 2, \cdots, r, \tag{6.4.3}$$

其中 p_i^0, $i = 1, \cdots, r$ 已知, 且 $\sum\limits_{i=1}^{r} p_i^0 = 1$.

设 $X_1, \cdots, X_n$ 为从总体 X 中抽取的简单样本, 此样本中取值等于 a_i 的个数记为 ν_i, $i = 1, 2, \cdots, r$, 则 ν_i 称为 a_i 的观察频数, 显然有 $\sum\limits_{i=1}^{r} \nu_i = n$. np_i 称为 a_i 的理论频数 (因为 ν_i/n 为 $X_1, \cdots, X_n$ 中取值为 a_i 的频率, 在原假设 H_0 下, 频率的极限为 p_i, 故当 n 充分大时有 $\nu_i/n \approx p_i$, 因此极限情形的频数为 np_i, 称之为理论频数). 基于上述解释, 可见 $\sum\limits_{i=1}^{r} c_i\big(\nu_i/n - p_i\big)^2$ 可作为样本与理论分布偏差

的一种度量, 取平方是防止正负抵消. c_i 取何值好呢? K. Pearson 在 1900 年证明了: 若取 $c_i = n/p_i$, 则在 H_0 成立的前提下,

$$K_n = K_n(X_1, \cdots, X_n; F) = \sum_{i=1}^{r} \frac{(\nu_i - np_i^0)^2}{np_i^0} \tag{6.4.4}$$

的极限分布 (当 $n \to \infty$ 时) 为 χ_{r-1}^2. 因此有如下定理.

定理 6.4.1

设 K_n 由式 (6.4.4) 给出, 则在 H_0 成立的条件下, 当样本容量 $n \to \infty$ 时有

$$K_n \xrightarrow{\mathscr{L}} \chi_{r-1}^2,$$

即 Pearson χ^2 检验统计量 K_n 的分布收敛于自由度为 $r-1$ 的 χ^2 分布. ♡

定理 6.4.1 的证明可从略. 有兴趣的读者可参看文献 [2] 定理 3.1 的证明, 或参看下列证明.

证 此处给出与传统证明方法 (见文献 [2] 第 113 页定理 3.1 的证明) 不同的证明方法, 采用在 5.3 节介绍的 "Wald 检验" 的方法给出一个简洁的证明.

记参数 $\boldsymbol{\theta} = (p_1, \cdots, p_{r-1})$, 则丢弃常数因子的似然函数为

$$L_n(\boldsymbol{\theta}) = L_n(p_1, \cdots, p_{r-1}) = p_1^{\nu_1} \cdots p_{r-1}^{\nu_{r-1}} (1 - p_1 - \cdots - p_{r-1})^{\nu_r},$$

以及最大似然估计为 $\widehat{p}_j = \nu_j/n$, 此处 $\nu_j = \sum\limits_{i=1}^{n} I_{(X_i = a_j)}$, $j = 1, \cdots, r-1$.

记 $\boldsymbol{\theta}_0 = (p_1^0, \cdots, p_{r-1}^0)$, 则检验问题 (6.4.3) 可表示为 $H_0: \boldsymbol{\theta} = \boldsymbol{\theta}_0$. 用 5.3 节中 Wald 检验的符号, $\boldsymbol{h}(\boldsymbol{\theta}) = \boldsymbol{\theta} - \boldsymbol{\theta}_0$ 是 $r-1$ 维向量, 检验问题等价表示为 H_0: $\boldsymbol{h}(\boldsymbol{\theta}) = \boldsymbol{0}$, 其中 $\boldsymbol{B}(\boldsymbol{\theta}) = \partial \boldsymbol{h}/\partial \boldsymbol{\theta}$ 是 $r-1$ 阶单位阵 $\boldsymbol{I}_{r-1}$.

因此由 Wald 检验 (定理 5.3.2) 知其检验统计量在 H_0 成立的条件下

$$\begin{aligned} W_n(\boldsymbol{\theta}_0) &= n\boldsymbol{h}^{\mathrm{T}}(\widehat{\boldsymbol{\theta}}_n)\left[\boldsymbol{B}(\widehat{\boldsymbol{\theta}}_n)\boldsymbol{I}^{-1}(\boldsymbol{\theta}_0)\boldsymbol{B}^{\mathrm{T}}(\widehat{\boldsymbol{\theta}}_n)\right]^{-1}\boldsymbol{h}(\widehat{\boldsymbol{\theta}}_n) \\ &= n\big(\widehat{\boldsymbol{\theta}}_n - \boldsymbol{\theta}_0\big)^{\mathrm{T}}\boldsymbol{I}(\boldsymbol{\theta}_0)\big(\widehat{\boldsymbol{\theta}}_n - \boldsymbol{\theta}_0\big) \xrightarrow{\mathscr{L}} \chi_{r-1}^2 \ (\text{当 } n \to \infty \text{时}). \end{aligned}$$

其检验水平为 α 拒绝域为

$$W_n(\boldsymbol{\theta}_0) = n\big(\widehat{\boldsymbol{\theta}}_n - \boldsymbol{\theta}_0\big)^{\mathrm{T}}\boldsymbol{I}(\boldsymbol{\theta}_0)\big(\widehat{\boldsymbol{\theta}}_n - \boldsymbol{\theta}_0\big) > \chi_{r-1}^2(\alpha),$$

其中 $\boldsymbol{I}(\boldsymbol{\theta})$ 是单个样本的 Fisher 信息阵, 而 $n\boldsymbol{I}(\boldsymbol{\theta})$ 是容量为 n 的样本的 Fisher 信息阵. 令 $\boldsymbol{I}(\boldsymbol{\theta}) = (I_{ij}(\boldsymbol{\theta}))$ 为 $r-1$ 阶方阵, 其中

$$\begin{aligned} I_{ij}(\boldsymbol{\theta}) &= \frac{1}{n}\mathbb{E}\left\{-\frac{\partial^2\left[\ln L_n(\boldsymbol{\theta})\right]}{\partial p_i \partial p_j}\right\} = \frac{1}{n}\mathbb{E}\left\{-\frac{\partial^2}{\partial p_i \partial p_j}\sum_{k=1}^{r}\nu_i \ln p_i\right\} \\ &= \begin{cases} \dfrac{1}{p_i} + \dfrac{1}{p_r}, & i = j, \\ \dfrac{1}{p_r}, & i \neq j. \end{cases} \end{aligned} \tag{6.4.5}$$

因此将 $\boldsymbol{I}(\boldsymbol{\theta})$ 中的 $\boldsymbol{\theta}$ 用 $\boldsymbol{\theta}_0$ 代替, 由检验统计量 $W_n(\boldsymbol{\theta}_0)$ 的表达式可得

$$W_n(\boldsymbol{\theta}_0) = n\sum_{j=1}^{r-1}\left(\widehat{p}_j - p_j^0\right)^2/p_j^0 + n\sum_{j=1}^{r-1}\sum_{i=1}^{r-1}\left(\widehat{p}_i - p_i^0\right)\left(\widehat{p}_j - p_j^0\right)/p_r^0.$$

利用 $\sum\limits_{i=1}^{r}\nu_i = n$ 和 $\sum\limits_{i=1}^{r}p_i^0 = 1$, 上式右边第二项可化简为

$$n\sum_{j=1}^{r-1}\sum_{i=1}^{r-1}\left(\widehat{p}_i - p_i^0\right)\left(\widehat{p}_j - p_j^0\right)/p_r^0 = n\left(\widehat{p}_r - p_r^0\right)^2/p_r^0,$$

因此有

$$W_n(\boldsymbol{\theta}_0) = n\sum_{j=1}^{r}\left(\widehat{p}_j - p_j^0\right)^2/p_j^0 = \sum_{j=1}^{r}\left(\nu_j - np_j^0\right)^2/np_j^0,$$

即检验统计量 (6.4.4) 等于 Wald 检验统计量. 从而由定理 5.3.2 知定理 6.4.1 结论成立. □

按照这一定理可以提出如下的检验方法: 当 n 充分大时, 可以近似地认为: 检验统计量 K_n 的分布就是 χ_{r-1}^2. 于是得到检验问题 (6.4.3) 的水平近似为 α 的检验

$$\text{当 } K_n > \chi_{r-1}^2(\alpha) \text{ 时拒绝 } H_0,\ \text{否则接受 } H_0. \tag{6.4.6}$$

正如在引言中所述, 对检验问题 (6.4.3) 只给出一个 “是” 或 “否” 的结论, 有时太牵强. 因此, 常采用 “拟合优度” 检验方法, 具体叙述如下.

记 k_0 为对一组具体样本按式 (6.4.4) 算出的 K_n 之值. 计算概率

$$p(k_0) = \mathbb{P}(K_n \geqslant k_0|H_0) \approx \mathbb{P}(\chi_{r-1}^2 \geqslant k_0), \tag{6.4.7}$$

其中 χ_{r-1}^2 表示自由度为 $r-1$ 的 χ^2 变量. 上式中的近似等号, 是由于当 n 充分大时 $K_n \sim \chi_{r-1}^2$ 近似成立之故. $p(k_0)$ 称为拟合优度, 它是度量样本与理论分布偏离程度的量. 若 $p(k_0)$ 较大, 如为 0.80, 它表明 H_0 成立时, 检验统计量 K_n 落在 $[k_0,\infty)$ 中的可能性有 80%. 这表明在一次抽样中出现像 k_0 这么大或比 k_0 更大的偏差不足为奇, 因此可以认为样本数据与理论分布拟合较好. 反之, 若 $p(k_0)$ 较小, 如为 0.01, 它表明在 H_0 成立的前提下, 产生 k_0 这么大或比 k_0 更大的偏差的概率只有 1%, 这是一个小概率事件, 在一次抽样中发生, 这就产生了异常 (一般认为小概率事件, 在一次抽样中不应该发生). 因此, 这表明样本与理论分布不一致, 拟合得不好.

在获得拟合优度后, 若检验水平 α 给定了, 可按式 (6.4.2) 来对检验问题作出结论, 这与式 (6.4.6) 给出的检验是一致的. 但拟合优度除了能作出检验, 还能给出更多的信息. 例如, 若 $p(k_0)$ 较大, 则就知道接受 H_0 的把握较大.

例 6.4.1 孟德尔豌豆杂交试验. 在试验中孟德尔按颜色和形状把豌豆分成四类: 黄而圆的, 青而圆的, 黄而有角的, 青而有角的 (分别记这些类为 $A_i, i=$

$1, 2, 3, 4)$. 按孟德尔理论, 这四类豌豆个数之比为 9:3:3:1. 他对杂交试验的豌豆进行了 556 次观察, 观察到这四类豌豆频数分别为 315, 108, 101, 32, 要检验以上 9:3:3:1 规律是否成立.

解 任取一粒豌豆, 由 9:3:3:1 可知它属于这四类的概率为 9/16, 3/16, 3/16 和 1/16. 若记 $\{X = i\}$ 表示任一粒豌豆属于类 A_i $(i = 1, 2, 3, 4)$ 这一事件, 则检验问题可表示为

$$H_0: \mathbb{P}(X=1)=\frac{9}{16},\quad \mathbb{P}(X=2)=\frac{3}{16},$$
$$\mathbb{P}(X=3)=\frac{3}{16},\quad \mathbb{P}(X=4)=\frac{1}{16}.$$

令 $\nu_1 = 315,\ \nu_2 = 108,\ \nu_3 = 101,\ \nu_4 = 32$, 则

$$k_0=\frac{(315-556\times 9/16)^2}{556\times 9/16}+\frac{(108-556\times 3/16)^2}{556\times 3/16}$$
$$+\frac{(101-556\times 3/16)^2}{556\times 3/16}+\frac{(32-556\times 1/16)^2}{556\times 1/16}=0.47,$$

拟合优度为

$$p(k_0)=\mathbb{P}(K_n\geqslant k_0|H_0)\approx\mathbb{P}(\chi_3^2\geqslant 0.47)>0.90,$$

可见数据与理论分布拟合很好. 所以有较大的把握认为 9:3:3:1 的规律可信. □

2. 理论分布为任一确定分布的情形

这一情形包括理论分布为离散型随机变量但取可列个值的情形, 或理论分布为连续分布的情形.

设 $X_1, \cdots, X_n$ 是从总体 X 中抽取的简单样本, 要检验

$$H_0\text{: 总体 } X \text{ 的分布为 } F, \tag{6.4.8}$$

其中 F 为一已知分布. 具体做法如下.

设 X 为一维. 第一步, 取 $r-1$ 个常数 $a_1, \cdots, a_{r-1}$, 满足 $a_0 = -\infty < a_1 < a_2 < \cdots < a_{r-1} < \infty = a_r$, 将实数轴 $(-\infty, \infty)$ 分成 r 个子区间

$$\begin{aligned} &I_1=(-\infty,a_1),\quad I_2=[a_1,a_2),\quad \cdots,\\ &I_j=[a_{j-1},a_j),\quad \cdots,\quad I_r=[a_{r-1},\infty). \end{aligned} \tag{6.4.9}$$

若 r.v. X 是 m 维的, $m > 1$, 则将 $\mathbb{R}^m$ 分解为 r 个彼此无公共点的区域 $I_1, \cdots, I_r$.

第二步, 计算 r 个事件在 H_0 成立下的概率

$$p_j=\mathbb{P}_F(X\in I_j)=F(a_j)-F(a_{j-1}),\quad j=1,2,\cdots,r, \tag{6.4.10}$$

此处易见 $F(a_0) = 0,\ F(a_r) = 1$, 则检验问题 (6.4.8) 转化为

$$H_0\text{: } \mathbb{P}(X\in I_j)=p_j,\quad j=1,2,\cdots,r. \tag{6.4.11}$$

第三步, 令 ν_j 为 $X_1, \cdots, X_n$ 落入式 (6.4.9) 中的区间 I_j 的观察频数, $j = 1, 2, \cdots, r$. 计算检验统计量

$$K_n = \sum_{j=1}^{r} \frac{(\nu_j - np_j)^2}{np_j} \tag{6.4.12}$$

的值. 在 H_0 成立时, 当 $n \to \infty$, 定理 6.4.1 仍成立.

最后, 若记 k_0 为由 K_n 算出的具体值, 按式 (6.4.7) 算出拟合优度 $p(k_0)$. 根据 $p(k_0)$ 之值和检验水平 α, 对检验问题 (6.4.8) 作出结论.

注 6.4.1 但要注意两点: ① 在第一步中分组的大小, 即 r 选多大才好, 取决于 n 的大小, 一种经验法则认为 $a_1, \cdots, a_{r-1}$ 的选择应使理论频数 np_i 和观察频数 ν_i $(i = 1, 2, \cdots, r)$ 都不小于 5 为宜. 否则, 将相邻子区间合并, 直到满足上述要求为止. ② 另一点要注意的是式 (6.4.9) 中的 $a_1, \cdots, a_r$ 必须不依赖于样本. 就是说不能根据样本 $X_1, \cdots, X_n$ 的位置去选择它们, 而必须事先定好, 只有这样定理 6.4.1 的结论才有效.

6.4.3 Pearson χ^2 检验: 理论分布带有未知参数的情形

此时要检验的假设是: r.v. X 的分布属于一个确定的分布族 $\{F(x; \theta_1, \cdots, \theta_s) : (\theta_1, \cdots, \theta_s) \in \Theta\}$, 其中 Θ 为参数空间. 令 $X_1, \cdots, X_n$ 为自总体 X 中抽取的简单样本, 要检验假设

$$H_0\text{: 存在 } (\theta_1^0, \cdots, \theta_s^0) \in \Theta, \text{ 使 } X \text{ 的分布为 } F(x; \theta_1^0, \cdots, \theta_s^0). \tag{6.4.13}$$

例如, 有一批数据 $X_1, \cdots, X_n$, 要检验它是否来自 $N(a, \sigma^2)$, 其中 a, σ^2 未知, 就属于这一情形.

求式 (6.4.13) 的检验方法是前一段所讨论的理论分布完全已知情形的直接推广. 取 $I_1, \cdots, I_r$ 如式 (6.4.9) 所示, 改式 (6.4.10) 为下列形式:

$$\begin{gathered} p_j(\theta_1, \cdots, \theta_s) = \mathbb{P}(X \in I_j) = F(a_j; \theta_1, \cdots, \theta_s) - F(a_{j-1}; \theta_1, \cdots, \theta_s), \\ j = 1, 2, \cdots, r, \quad a_0 = -\infty, \quad a_r = \infty. \end{gathered} \tag{6.4.14}$$

因此检验问题 (6.4.13) 转化为

$$\begin{gathered} H_0: \text{存在 } (\theta_1^0, \cdots, \theta_s^0) \in \Theta, \text{ 使得 } \mathbb{P}(X \in I_j) = p_j(\theta_1^0, \cdots, \theta_s^0), \\ j = 1, 2, \cdots, r, \end{gathered} \tag{6.4.15}$$

其中对 $p_j(\theta_1, \cdots, \theta_s)$ 作如下假定:

(1) 对任何 $\boldsymbol{\theta} = (\theta_1, \cdots, \theta_s) \in \Theta$, $p_j(\boldsymbol{\theta}) > 0$, $j = 1, \cdots, r$ 且 $\sum\limits_{j=1}^{r} p_j(\boldsymbol{\theta}) = 1$;

(2) 对任何 $1 \leqslant j \leqslant r$, $p_j(\boldsymbol{\theta})$ 对 $\boldsymbol{\theta}$ 的分量 $\theta_1, \cdots, \theta_s$ 有一阶连续偏导数.

算出样本 $X_1, \cdots, X_n$ 落入 I_j 的观察频数 ν_j, 求出类似于式 (6.4.12) 的

表达式

$$K_n(\theta_1,\cdots,\theta_s)=\sum_{j=1}^{r}\frac{(\nu_j-np_j(\theta_1,\cdots,\theta_s))^2}{np_j(\theta_1,\cdots,\theta_s)}. \tag{6.4.16}$$

由于 $\theta_1,\cdots,\theta_s$ 未知, 故式 (6.4.16) 中 $K_n(\theta_1,\cdots,\theta_s)$ 还不能作为检验统计量. 因此要按某种估计方法, 将 $\theta_1,\cdots,\theta_s$ 用样本 $X_1,\cdots,X_n$ 估出. 若令 $\widehat{\theta}_j=\widehat{\theta}_j(X_1,\cdots,X_n)$ 为 θ_j 的估计, 以之取代式 (6.4.16) 中的 θ_j, $j=1,2,\cdots,s$, 则检验问题 (6.4.13) 可表为 H_0: r.v. X 的分布为 $F(x;\widehat{\theta}_1,\cdots,\widehat{\theta}_s)$, 得检验统计量

$$K_n^*=K_n^*(\widehat{\theta}_1,\cdots,\widehat{\theta}_s)=\sum_{j=1}^{r}\frac{(\nu_j-np_j(\widehat{\theta}_1,\cdots,\widehat{\theta}_s))^2}{np_j(\widehat{\theta}_1,\cdots,\widehat{\theta}_s)}. \tag{6.4.17}$$

然后, 通过 K_n^* 的极限分布作出拟合优度检验.

Pearson 在 1900 年的工作中认为, 在理论分布带未知参数的情形下定理 6.4.1 的结论仍成立, 即若假设 (6.4.13) 成立, 则当 $n\to\infty$ 时, K_n^* 的分布收敛于 χ^2_{r-1}. Fisher 在 20 世纪 20 年代发现 Pearson 推理中的疏忽, 指出 K_n^* 极限分布的自由度不是 $r-1$, 而应为 $r-1-s$, 而且对 θ_j $(j=1,\cdots,s)$ 的估计量的大样本性质还有所要求. 下面叙述 R. A. Fisher 的方法.

首先, 通过简单样本 $X_1,\cdots,X_n$, 用最大似然方法对 $\theta_1,\cdots,\theta_s$ 作一估计. 如前所述, 设 ν_j 为样本 $X_1,\cdots,X_n$ 中落入 I_j 的个数, $j=1,2,\cdots,r$, 则似然函数为

$$L=\frac{n!}{\nu_1!\cdots\nu_r!}\big[p_1(\theta_1,\cdots,\theta_s)\big]^{\nu_1}\cdots\big[p_r(\theta_1,\cdots,\theta_s)\big]^{\nu_r},$$

对 $\ln L$ 关于 θ_i 求导, 得方程组

$$\sum_{j=1}^{r}\frac{\nu_j}{p_j(\theta_1,\cdots,\theta_s)}\cdot\frac{\partial p_j(\theta_1,\cdots,\theta_s)}{\partial\theta_i}=0,\quad i=1,2,\cdots,s. \tag{6.4.18}$$

解这一方程组得

$$\widehat{\theta}_i=\widehat{\theta}_i(X_1,\cdots,X_n),\quad i=1,2,\cdots,s. \tag{6.4.19}$$

按式 (6.4.17) 算出检验统计量 K_n^*, R. A. Fisher 证明了如下定理.

定理 6.4.2 (R.A. Fisher)

设 $(\theta_1^0,\cdots,\theta_s^0)$ 为参数空间 Θ 的内点, 使得 X 的分布为 $F(x;\theta_1^0,\cdots,\theta_s^0)$. $(\widehat{\theta}_1,\cdots,\widehat{\theta}_s)$ 为式 (6.4.18) 的相合解, 检验统计量 K_n^* 由式 (6.4.17) 给出, 则在原假设式 (6.4.13) 成立下, 当 $n\to\infty$ 时有

$$K_n^*\xrightarrow{\mathscr{L}}\chi^2_{r-1-s}.$$

定理 6.4.2 的证明超出本课程的范围, 可从略. 有兴趣的读者可参看文献 [1] 第 302 页, 或参考下列证明.

证 我们利用 5.3 节中的"得分检验"来证明此定理. 记 $\boldsymbol{p}=(p_1,\cdots,p_{r-1})^{\mathrm{T}}$, 对数似然函数为

$$\ell_n(\boldsymbol{p})=\ln L_n(\boldsymbol{p})\propto\sum_{i=1}^{r}\nu_i\ln(p_i),$$

得分函数为 $\dfrac{\partial\ell_n(\boldsymbol{p})}{\partial\boldsymbol{p}}$, 而

$$\boldsymbol{U}_n(\boldsymbol{p})=\frac{1}{\sqrt{n}}\frac{\partial\ell_n(\boldsymbol{p})}{\partial\boldsymbol{p}}=\frac{1}{\sqrt{n}}\Big(\frac{\nu_1}{p_1}-\frac{\nu_r}{p_r},\cdots,\frac{\nu_{r-1}}{p_{r-1}}-\frac{\nu_r}{p_r}\Big)^{\mathrm{T}}$$

注意到根据隐函数定理, 存在光滑函数 $\boldsymbol{h}:\mathbb{R}^{r-1}\mapsto\mathbb{R}^{r-1-s}$, 使得原假设 $H_0:\boldsymbol{p}=\boldsymbol{p}(\boldsymbol{\theta})$, $\boldsymbol{\theta}=(\theta_1,\cdots,\theta_s)^{\mathrm{T}}$ 可以等价地表示为式 (5.3.15) 的形式, 即 $H_0:\boldsymbol{h}(\boldsymbol{p})=0$, 且 $\partial\boldsymbol{h}(\boldsymbol{p})/\partial\boldsymbol{p}$ 的秩为 $r-1-s$. 其中 $\boldsymbol{p}(\boldsymbol{\theta})=(p_1(\boldsymbol{\theta}),\cdots,p_{r-1}(\boldsymbol{\theta}))^{\mathrm{T}}$. 在原假设下参数 $\boldsymbol{\theta}$ 的最大似然估计由 (6.4.18) 和 (6.4.19) 给出. 因此得分检验统计量为

$$\mathrm{LM}_n(\boldsymbol{p}(\widehat{\boldsymbol{\theta}}))=\boldsymbol{U}_n^{\mathrm{T}}(\boldsymbol{p}(\widehat{\boldsymbol{\theta}}))\boldsymbol{I}^{-1}(\boldsymbol{p}(\widehat{\boldsymbol{\theta}}))\boldsymbol{U}_n(\boldsymbol{p}(\widehat{\boldsymbol{\theta}})).$$

此处单个样本的 Fisher 信息阵 $\boldsymbol{I}(\boldsymbol{p})$ 与式 (6.4.5) 相同: 令 Fisher 信息阵 $\boldsymbol{I}(\boldsymbol{p})=\big(I_{ij}(\boldsymbol{p})\big)$, 则有

$$\begin{aligned}I_{ij}(\boldsymbol{p})&=-\frac{1}{n}\mathbb{E}\left\{\frac{\partial^2[\ell_n(\boldsymbol{p})]}{\partial p_i\partial p_j}\right\}=-\frac{1}{n}\mathbb{E}\left[\frac{\partial^2}{\partial p_i\partial p_j}\sum_{k=1}^{r}\nu_i\ln p_i\right]\\&=\begin{cases}\dfrac{1}{p_i}+\dfrac{1}{p_r}, & i=j,\\[2mm]\dfrac{1}{p_r}, & i\neq j.\end{cases}\end{aligned}$$

利用矩阵求逆的技巧可得 $\boldsymbol{I}^{-1}(\boldsymbol{p})=\mathrm{diag}(p_1,\cdots,p_{r-1})-\boldsymbol{p}\boldsymbol{p}^{\mathrm{T}}$, 将 $\boldsymbol{I}^{-1}(\boldsymbol{p})$ 中的 $\boldsymbol{p}$ 用 $\boldsymbol{p}(\widehat{\boldsymbol{\theta}})$ 代替, 再将 $\boldsymbol{I}^{-1}\big(\boldsymbol{p}(\widehat{\boldsymbol{\theta}})\big)$ 代入得分检验统计量, 经复杂的计算和化简 $\Big($注意到下列两个事实: $\sum\limits_{i=1}^{r}\nu_i=n$ 和 $\sum\limits_{i=1}^{r}p_i(\cdot)=1\Big)$ 可得

$$\mathrm{LM}_n\big(\boldsymbol{p}(\widehat{\boldsymbol{\theta}})\big)=\boldsymbol{U}_n^{\mathrm{T}}(\boldsymbol{p}(\widehat{\boldsymbol{\theta}}))\boldsymbol{I}^{-1}\big(\boldsymbol{p}(\widehat{\boldsymbol{\theta}})\big)\boldsymbol{U}_n(\boldsymbol{p}(\widehat{\boldsymbol{\theta}}))=\sum_{j=1}^{r}\frac{\big[\nu_j-np_j(\widehat{\boldsymbol{\theta}})\big]^2}{np_j(\widehat{\boldsymbol{\theta}})}.$$

此即为检验统计量 K_n^*. 根据定理 5.3.3, 定理 6.4.2 立证. □

利用上述定理可得检验问题 (6.4.13) 的水平近似为 α 的大样本检验如下:

$$\text{若 } K_n^*>\chi^2_{r-1-s}(\alpha)\text{ 则拒绝 } H_0, \text{否则接受 } H_0. \tag{6.4.20}$$

类似地, 可以计算拟合优度. 设有了样本后, 记 k_0^* 为按式 (6.4.17) 算出的 K_n^* 的具体值, 计算

$$p(k_0^*)=\mathbb{P}(K_n^*>k_0^*\,|H_0)\approx\mathbb{P}(\chi^2_{r-1-s}>k_0^*), \tag{6.4.21}$$

其中 χ^2_{r-1-s} 表示自由度为 $r-1-s$ 的 χ^2 变量. 对给定的检验水平 α, 当 $p(k_0^*) < \alpha$ 时拒绝 H_0, 当 $p(k_0^*) \geqslant \alpha$ 时接受 H_0, 拟合优度检验能比检验式 (6.4.20) 给出更多的信息, 它可以告诉我们接受 (或拒绝) H_0 的把握有多大.

注 6.4.2 解方程组 (6.4.18) 并不容易. 一个常用的做法是: 对分布 $F(x;\theta_1,\cdots,\theta_s)$, 直接由样本 $X_1,\cdots,X_n$ (而不是由 $\nu_1,\cdots,\nu_r$) 求出参数 $\theta_1,\cdots,\theta_s$ 的 MLE. 例如, F 为正态分布 $N(a,\sigma^2)$, 参数 a 和 σ^2 的 MLE 为 $\bar{X}$ 和 $S_n^2=\sum\limits_{i=1}^n(X_i-\bar{X})^2/n$, 用 $\widehat{\theta}_1^*=\bar{X}$, $\widehat{\theta}_2^*=S_n^2$ 代替式 (6.4.19) 中的 $\widehat{\theta}_i$, 可以大大地简化计算. 在下面的例 6.4.2 和例 6.4.3 中将会看到这一点. 然而, 在理论上可以证明: 若用 $\theta_1,\cdots,\theta_s$ 的基于样本 $X_1,\cdots,X_n$ 的 MLE, $\widehat{\theta}_1^*,\cdots,\widehat{\theta}_s^*$ 代替式 (6.4.16) 中的 $\theta_1,\cdots,\theta_s$, 而不用式 (6.4.18) 之解 $\widehat{\theta}_1,\cdots,\widehat{\theta}_s$. 记 $\widehat{p}_j^*=p_j(\widehat{\theta}_1^*,\cdots,\widehat{\theta}_s^*)$, 则所算出的检验统计量为

$$\widetilde{K}_n^*=\sum_{j=1}^r\frac{(\nu_j-n\widehat{p}_j^*)^2}{n\widehat{p}_j^*}.$$

此检验统计量 $\widetilde{K}_n^*$ 不一定有极限分布 χ^2_{r-1-s}. 更确切地说, 可以证明: 当 n 充分大时, 真正的拟合优度值 $p(\widetilde{k}_0^*)=\mathbb{P}(\widetilde{K}_n^*>\widetilde{k}_0^*|H_0)$ 介于 $\mathbb{P}(\chi^2_{r-1-s}\geqslant\widetilde{k}_0^*)$ 和 $\mathbb{P}(\chi^2_{r-1}\geqslant\widetilde{k}_0^*)$ 之间 (后者较大). 按定理 6.4.2 算出的值为前者, 而当无待估参数时, 按定理 6.4.1 算出的值为后者. 因此这个结果可以形象地解释为: 用最大似然估计 $(\widehat{\theta}_1^*,\cdots,\widehat{\theta}_s^*)$ 而不用式 (6.4.18) 之解 $(\widehat{\theta}_1,\cdots,\widehat{\theta}_s)$, 相当于把失掉的自由度 s 挽回一部分. 问题在于 $\widetilde{K}_n^*$ 的极限分布不再是 χ^2_{r-s-1} 分布了.

实验 扫描实验 23 的二维码进行拟合优度检验的计算或模拟实验. 观察不同总体下 Pearson χ^2 检验的实施过程.

实验 23 拟合优度检验

在下面的例子中, 用最大似然估计 $(\widehat{\theta}_1^*,\cdots,\widehat{\theta}_s^*)$ 代替式 (6.4.18) 的解 $(\widehat{\theta}_1,\cdots,\widehat{\theta}_s)$, 仍用定理 6.4.2 中的结果作为其极限分布, 因为这是一个近似结果, 虽有差别但差别不大.

例 6.4.2 在某交叉路口记录了单位时间 (15 秒) 内通过的汽车数量, 共观测了 25 分钟, 得 100 个记录. 经整理得表 6.4.1.

表 6.4.1 交叉路口单位时间内通过的汽车数及其频数

通过汽车数	0	1	2	3	4	5	6	7	8	9	10	11
频数 ν_i	4	2	15	17	26	11	9	8	2	3	1	2

问单位时间内通过交叉路口的汽车数是否与 Poisson 分布相符 (取检验水平 $\alpha=0.05$)?

解 令单位时间内通过交叉路口汽车数为 r.v. X, 则要检验的假设为

$$H_0\text{: 存在 }\lambda_0\text{ 使得 }X\text{ 服从 Poisson 分布 }P(\lambda_0). \tag{6.4.22}$$

(1) 将数据重新分组, 使得每组单位数据内通过汽车数不少于 5, 见表 6.4.2.

表 6.4.2　续表 6.4.1 (重新分组的数据)

通过汽车数	$\leqslant 1$	2	3	4	5	6	7	$\geqslant 8$
频数 ν_i	6	15	17	26	11	9	8	8

(2) 求未知参数的 MLE. Poisson 分布中参数 λ 的 MLE 为

$$\hat{\lambda}^* = \bar{X} = \frac{427}{100} = 4.27,$$

检验问题可视为在检验问题 (6.4.22) 中取 $\lambda_0 = \hat{\lambda}^* = 4.27$, 即

$$H_0\text{: r.v. } X \text{ 服从 Poisson 分布 } P(4.27).$$

这就转化为理论分布完全已知的情形.

(3) 求 $\widetilde{K}_n^*$.

$$\widehat{p_i^*} = \frac{4.27^i e^{-4.27}}{i!}, \quad i = 0, 1, 2, \cdots;$$

$$\widehat{p_8^*} = \sum_{i=8}^{\infty} \frac{4.27^i e^{-4.27}}{i!} = 1 - \sum_{i=0}^{7} \widehat{p_i^*}.$$

按上述公式求出 $\hat{p}_0^* = 0.01398$, $\hat{p}_1^* = 0.05970$, $\hat{p}_2^* = 0.1275$, 等等, 得表 6.4.3 如下.

表 6.4.3　χ^2 检验统计量的计算 (合并后)

i	ν_i	$\widehat{p_i^*}$	$n\widehat{p_i^*}$	$(\nu_i - n\widehat{p_i^*})^2$	$\dfrac{(\nu_i - n\widehat{p_i^*})^2}{n\widehat{p_i^*}}$
$\leqslant 1$	6	0.0737	7.3684	1.8725	0.2541
2	15	0.1275	12.7464	5.0787	0.3984
3	17	0.1814	18.1424	1.3051	0.0719
4	26	0.1937	19.3670	43.9967	2.2717
5	11	0.1654	16.5394	30.6849	1.8553
6	9	0.1177	11.7706	7.6762	0.6522
7	8	0.0718	7.1800	0.6724	0.0936
$\geqslant 8$	8	0.0689	6.8857	1.2417	0.1803
$\sum$	100	1.0000	100	—	5.7774

此处 $r = 8$, $s = 1$, 故 $r - s - 1 = 6$, 由表 6.4.3 最后一列可知 $\widetilde{K}_n^* = 5.7774 < \chi_6^2(0.05) = 12.592$. 不足以拒绝 H_0, 即汽车数据与 Poisson 分布相符.

(4) 计算拟合优度. 记 $\widetilde{k}_0^* = 5.7774$, 则拟合优度为

$$p(\widetilde{k}_0^*) = \mathbb{P}(\widetilde{K}_n^* > \widetilde{k}_0^* | H_0) \approx \mathbb{P}(\chi_6^2 > 5.7774) > 0.25 > \alpha = 0.05.$$

故接受 H_0, 由拟合优度可见此结论比较可靠. □

注 6.4.3　此例中如果不将原始数据重新合并变成表 6.4.2 中的 8 类, 会发生什么结果呢? 表 6.4.4 是按原始数据分成 12 类, 计算 Pearson χ^2 统计量的值. 此时 $r = 12$, $s = 1$, 检验统计量 $\widetilde{K}_n^*$ 的极限分布是 $\chi_{r-s-1}^2 = \chi_{10}^2$. 由表 6.4.4 的最后

一列可知

$$\widetilde{K}_n^* = 19.7125 > \chi^2_{10}(0.05) = 18.31.$$

故在检验水平 $\alpha = 0.05$ 下拒绝 H_0. 即认为在单位时间内通过交叉路口的汽车数不服从 Poisson 分布. 这与前面合并分类的结果不同, 结论正好相反, 这是什么原因呢? 从表 6.4.4 的最后一列可见数值最大的三项为 4.8415, 2.6402 和 5.1790, 都是期望频数 $n\widehat{p}_i$ 太小或实际频数 ν_i 太小 ($\leqslant 5$), 致使 $(\nu_i - n\widehat{p}_i^*)^2/n\widehat{p}_i^*$ 过大. 适当并类后, 观察频数增大, 期望频数稳定致使表 6.4.3 上就没有发生此种现象, 适当并类可减少随机性的干扰. 这就是我们在注 6.4.1 ① 中所提出的要点之一: Pearson χ^2 检验首先要看原始数据是否需要重新分组. 其原则是: 每组内实际频数和理论频数都要大于 5, 否则要将相邻的组合并, 直到到达要求为止. 这就是依据表 6.4.3 和表 6.4.4 作出的结论截然相反的理由所在, 显然依据表 6.4.3 作出的接受 H_0 的结论是合理的.

表 6.4.4 χ^2 检验统计量的计算 (合并前)

i	ν_i	$\widehat{p}_i^*$	$n\widehat{p}_i^*$	$(\nu_i - n\widehat{p}_i^*)^2$	$\dfrac{(\nu_i - n\widehat{p}_i^*)^2}{n\widehat{p}_i^*}$
0	4	0.0140	1.3982	6.7694	4.8415
1	2	0.0597	5.9702	15.7625	2.6402
2	15	0.1275	12.7464	5.0787	0.3984
3	17	0.1814	18.1424	1.3051	0.0719
4	26	0.1937	19.3670	43.9967	2.2717
5	11	0.1654	16.5394	30.6850	1.8553
6	9	0.1177	11.7706	7.6762	0.6522
7	8	0.0718	7.1800	0.6724	0.0936
8	2	0.0383	3.8323	3.3573	0.8761
9	3	0.0182	1.8182	1.3967	0.7682
10	1	0.0078	0.7764	0.0500	0.0644
$\geqslant 11$	2	0.0046	0.4587	2.3756	5.1790
$\sum$	100	1.0000	100	—	19.7125

例 6.4.3 研究混凝土抗压强度的分布, 200 件混凝土制件的抗压强度 (单位: kg/cm^2) 分组见表 6.4.5

表 6.4.5 混凝土制件抗压强度表

压强区间	190—200	200—210	210—220	220—230	230—240	240—250
频数 ν_i	10	26	56	64	30	14

设 $X_1, \cdots, X_{200}$ 为从总体 $F(x)$ 中抽取的简单样本, $F(x)$ 为压强分布函数, 问 $F(x)$ 是否为正态分布 (取 $\alpha = 0.05$)?

解 设 r.v. X 表示混凝土制件的抗压强度, 记 $\boldsymbol{\theta} = (\mu, \sigma^2)$, 检验问题为

$$H_0\text{: 存在 } \mu_0, \sigma_0^2 \text{ 使得 } X \text{服从正态分布 } N(\mu_0, \sigma_0^2). \tag{6.4.23}$$

此题不需要重新分组. 取每个区间的中点作为代表值, 则 μ 和 σ^2 的 MLE 分别为

$$\hat{\mu}^* = \bar{X} = \frac{1}{200}(195 \times 10 + 205 \times 26 + 215 \times 56 + 225 \times 64 + 235 \times 30 + 245 \times 14) = 221\ (\text{kg/cm}^2),$$

$$\hat{\sigma}_*^2 = \frac{1}{200}\sum_{i=1}^{200}(X_i - \bar{X})^2 = \frac{1}{200}\left[(195-221)^2 \times 10 + (205-221)^2 \times 26 + \cdots + (245-221)^2 \times 14\right] = 12.33^2,$$

故 $\hat{\sigma}_* = 12.33$. 检验问题转化为在检验问题 (6.4.23) 中取 $\mu_0 = 221$, $\sigma_0^2 = 12.33^2$, 即

$$H_0\text{: r.v. } X \sim N(221, 12.33^2).$$

为计算检验统计量 $\widetilde{K}_n^*$, 先计算 r.v. X 在每个区间中的概率. 区间的个数 $r = 6$,

$$\hat{p}_i^* = \mathbb{P}(a_{i-1} \leqslant X < a_i) = \mathbb{P}(u_{i-1} \leqslant U < u_i) = \Phi(u_i) - \Phi(u_{i-1}),$$

此处 $i = 1, \cdots, 6$, $U = (X - 221)/12.33$, 显然当 H_0 成立时 $U \sim N(0.1)$,

$$\Phi(u_i) = \int_{-\infty}^{u_i} \frac{1}{\sqrt{2\pi}} e^{-\frac{t^2}{2}} dt,$$

其中 $u_i = (a_i - 221)/12.33$, $a_0 = -\infty$, $a_6 = \infty$, 故有

$$\hat{p}_1^* = \mathbb{P}(-\infty < X < 200) = \mathbb{P}\left(-\infty < U < \frac{200-221}{12.33}\right) = \mathbb{P}(U < -1.70) = 0.045,$$

$$\hat{p}_2^* = \mathbb{P}(200 \leqslant X < 210) = \mathbb{P}(-1.70 \leqslant U < -0.89) = 0.142.$$

类似可求出 $\hat{p}_3^*, \cdots, \hat{p}_6^*$, 可按表 6.4.6 计算 K_n^* 的值.

表 6.4.6 χ^2 检验统计量的计算

i	区间	ν_i	$\widehat{p_i^*}$	$n\widehat{p_i^*}$	$(\nu_i - n\widehat{p_i^*})^2$	$\dfrac{(\nu_i - n\widehat{p_i^*})^2}{n\widehat{p_i^*}}$
1	$(-\infty, 200)$	10	0.045	9	1	0.11
2	$[200, 210)$	26	0.142	28.4	5.76	0.20
3	$[210, 220)$	56	0.281	56.2	0.04	0.00
4	$[220, 230)$	64	0.299	59.8	17.64	0.29
5	$[230, 240)$	30	0.171	34.2	17.64	0.52
6	$[240, +\infty)$	14	0.062	12.4	2.56	0.21
$\sum$	—	200	1.000	200	—	1.33

即 $\widetilde{K}_n^*$ 的具体值 $\widetilde{k}_0^* = 1.33$, 拟合优度为

$$p(\widetilde{k}_0^*) = \mathbb{P}(\widetilde{K}_n^* > \widetilde{k}_0^* | H_0) \approx \mathbb{P}(\chi_3^2 > 1.33) > 0.70 > \alpha.$$

这个概率较大, 在 H_0 成立时出现像 1.33 或比它更大的值很正常, 因此接受 H_0. 由于拟合优度较高, 这一结论可靠. □

6.5 列联表中的独立性和齐一性检验

6.5.1 列联表中的独立性检验——Pearson χ^2 检验的应用

1. 问题的提法

设某总体内的每一个体可根据两个属性 A 和 B 分类. 目的是考察这两个属性是否具有连带关系. 例如, 设总体为某地区特定的一群人. 每个人可按他是否吸烟分类, 也可按他是否患肺癌分类. 目的是要说明患肺癌是否与吸烟有关. 为了研究这一问题, 从整个总体中随机地抽出 n 个人作调查, 结果见表 6.5.1.

表 6.5.1 吸烟与肺癌列联表

A \ B	患肺癌	未患肺癌
吸烟	n_{11}	n_{12}
不吸烟	n_{21}	n_{22}

其中 n_{11} 为这 n 个人中既吸烟又患肺癌的人数, 其余以此类推. 这种表称为 2×2 列联表 (contingency table). 要根据这种表中的资料来推断患肺癌是否与吸烟有关.

将这一想法推广, 得出下面的一般问题: 设总体中每一个体按 A, B 两种属性分类, 属性 A, B 分别有 r 和 s 个水平, 分别记为 $A_1,\cdots,A_r$ 和 $B_1,\cdots,B_s$ (例如, 若 A 代表 "吸烟" 这个属性, 它可分为下列 4 个水平. A_1 : 每日吸 5 支烟以下 (包括不吸烟者) ; A_2 : 每日吸烟 5—10 支; A_3 : 每日吸烟 11—20 支; A_4 : 每日吸烟 20 支以上. 而若 B 代表 "患肺癌" 这个属性, 它也可分为以下几个水平, B_1 : 不患肺癌; B_2, B_3, B_4 分别表示肺癌的早、中、晚期). 从总体中抽取容量为 n 的随机样本, 测得第 i 个个体上指标状况为 (A_{r_i}, B_{s_i}), $i=1,2,\cdots,n$, 要依据这些资料判断 A, B 两个属性是否独立.

形式地引进随机向量 $\boldsymbol{X}=\left(X^{(1)}, X^{(2)}\right)$, $X^{(1)}$ 和 $X^{(2)}$ 分别记同一个体上的 A, B 指标的级 (或称水平), 而第 i 个个体的观察结果记为 $\boldsymbol{X}_i=\left(X_i^{(1)}, X_i^{(2)}\right)$, 按上文的记号, $\boldsymbol{X}_i=(r_i, s_i)$, $i=1,2,\cdots,n$. 将 n 个观察结果列成表 6.5.2.

以 n_{ij} 记 $X_1,\cdots,X_n$ 中取 (i,j) 为值的个数. 这个表称为 $r\times s$ 列联表. 表 6.5.2 中

$$n_{i\cdot}=\sum_j n_{ij},\quad n_{\cdot j}=\sum_i n_{ij},\quad n=\sum_i n_{i\cdot}=\sum_j n_{\cdot j},$$

要检验

$$H_0:\ X^{(1)} 和 X^{(2)} 独立. \tag{6.5.1}$$

表 6.5.2 属性 A, B 的观察结果表

$X^{(1)}$ \ $X^{(2)}$	1	$\cdots$	j	$\cdots$	s	行和
1	n_{11}	$\cdots$	n_{1j}	$\cdots$	n_{1s}	$n_{1\cdot}$
$\vdots$	$\vdots$		$\vdots$		$\vdots$	$\vdots$
i	n_{i1}	$\cdots$	n_{ij}	$\cdots$	n_{is}	$n_{i\cdot}$
$\vdots$	$\vdots$		$\vdots$		$\vdots$	$\vdots$
r	n_{r1}	$\cdots$	n_{rj}	$\cdots$	n_{rs}	$n_{r\cdot}$
列和	$n_{\cdot 1}$	$\cdots$	$n_{\cdot j}$	$\cdots$	$n_{\cdot s}$	n

2. 检验方法

若记

$$\mathbb{P}\big(X^{(1)} = i, X^{(2)} = j\big) = p_{ij}, \quad i = 1, \cdots, r;\ j = 1, \cdots, s,$$

满足 $\sum\limits_i \sum\limits_j p_{ij} = 1$. 因此如果 $X^{(1)}$ 和 $X^{(2)}$ 独立, 则对一切 (i, j) 有

$$\mathbb{P}\big(X^{(1)} = i, X^{(2)} = j\big) = \mathbb{P}\big(X^{(1)} = i\big)\,\mathbb{P}\big(X^{(2)} = j\big) = p_{i\cdot}\, p_{\cdot j},$$

其中 $p_{i\cdot} = \sum\limits_j p_{ij}$, $p_{\cdot j} = \sum\limits_i p_{ij}$ 且有 $\sum\limits_i p_{i\cdot} = 1$, $\sum\limits_j p_{\cdot j} = 1$.

因此检验问题 (6.5.1) 转化为

$$H_0\colon\ \mathbb{P}\big(X^{(1)} = i, X^{(2)} = j\big) = p_{i\cdot}\, p_{\cdot j}, \quad i = 1, \cdots, r;\ j = 1, \cdots, s, \tag{6.5.2}$$

满足限制条件

$$\sum_i p_{i\cdot} = 1, \quad \sum_j p_{\cdot j} = 1. \tag{6.5.3}$$

将 $p_{i\cdot}$ 和 $p_{\cdot j}$ 视为参数, 由式 (6.5.5) 可知独立的未知参数为 $s + r - 2$ 个. 因此检验问题变成 6.4.3 小节中讨论过的情形, 即理论分布含有未知参数的情形.

首先对未知参数求其 MLE. 若 H_0 成立, 则似然函数为

$$L = c\prod_{i=1}^{r}\prod_{j=1}^{s}(p_{i\cdot}p_{\cdot j})^{n_{ij}} = c\Big(\prod_{i=1}^{r} p_{i\cdot}^{n_{i\cdot}}\Big)\Big(\prod_{j=1}^{s} p_{\cdot j}^{n_{\cdot j}}\Big),$$

其中 $c = n!\Big/\Big(\prod\limits_i\prod\limits_j n_{ij}!\Big)$. 取对数得 $\ln L$, 并在约束条件 (6.5.3) 下求极值, 用与例 3.3.7 完全类似方法求得 $p_{i\cdot}$ 和 $p_{\cdot j}$ 的 MLE 如下:

$$\widehat{p}^*_{i\cdot} = \frac{n_{i\cdot}}{n}, \quad i = 1, 2, \cdots, r; \quad \widehat{p}^*_{\cdot j} = \frac{n_{\cdot j}}{n}, \quad j = 1, 2, \cdots, s.$$

算出 χ^2 统计量之值

$$K_n^* = \sum_{i=1}^{r}\sum_{j=1}^{s}\frac{(n_{ij} - n\widehat{p}^*_{i\cdot}\widehat{p}^*_{\cdot j})^2}{n\widehat{p}^*_{i\cdot}\widehat{p}^*_{\cdot j}} = n\sum_{i=1}^{r}\sum_{j=1}^{s}\frac{(n_{ij} - n_{i\cdot}n_{\cdot j}/n)^2}{n_{i\cdot}n_{\cdot j}}$$

$$= n\left(\sum_{i=1}^{r}\sum_{j=1}^{s}\frac{n_{ij}^2}{n_{i\cdot}n_{\cdot j}} - 1\right). \tag{6.5.4}$$

由定理 6.4.2 可知, 当 H_0 成立且 $n \to \infty$ 时有

$$K_n^* \xrightarrow{\mathscr{L}} \chi^2_{rs-1-(r+s-2)} = \chi^2_{(r-1)(s-1)}.$$

对检验水平 α, 查表求出 $\chi^2_{(r-1)(s-1)}(\alpha)$. 得水平近似为 α 的检验如下:

$$\text{若 } K_n^* > \chi^2_{(r-1)(s-1)}(\alpha) \text{ 时, 拒绝 } H_0, \text{ 否则就接受 } H_0. \tag{6.5.5}$$

若记 k_0^* 为由样本算得 K_n^* 的具体值, 则检验的拟合优度为

$$p(k_0^*) = \mathbb{P}(K_n^* \geqslant k_0^* | H_0) \approx \mathbb{P}(\chi^2_{(r-1)(s-1)} \geqslant k_0^*),$$

对给定的检验水平 α, 当 $p(k_0^*) < \alpha$ 时拒绝 H_0, 当 $p(k_0^*) \geqslant \alpha$ 时接受 H_0, $p(k_0^*)$ 越大, 则接受 H_0 的结论越可靠.

注 6.5.1 在 $r = s = 2$ 这个特例情形, 即 2×2 列联表情形, 简单的代数计算证明, 式 (6.5.4) 可简化为

$$K_n^* = \frac{n(n_{11}n_{22} - n_{12}n_{21})^2}{n_{1\cdot}n_{2\cdot}n_{\cdot 1}n_{\cdot 2}}. \tag{6.5.6}$$

指标也可能是连续取值, 而不是分成 n 个离散的级别. 例如, A 指标是一个人每日的运动量, B 指标是其体重. 这时类似于式 (6.4.9), 可以把指标的取值范围分成若干个区间, 然后按离散型的情形处理.

所考虑的指标也可以多于 2, 这时每个个体按 3 个或 3 个以上属性进行分类, 就会有三重 (亦称三维) 或三重以上列联表, 统称为多重列联表. 多重列联表独立性的检验方法与二重列联表是类似的, 只是更复杂一些.

例 6.5.1 为研究色盲是否与性别有关, 调查 1000 人, 结果见表 6.5.3. 问色盲是否与性别有关 ($\alpha = 0.01$).

表 6.5.3 调查结果

	男	女	行和
正常	442	514	956
色盲	38	6	44
列和	480	520	1000

解 检验问题为

$$H_0: \text{色盲和性别独立}.$$

此例中 $n = 1000$, $r = s = 2$, 查表 $\chi^2_{(r-1)(s-1)}(\alpha) = \chi^2_1(0.01) = 6.64$. 由式 (6.5.6) 可知检验统计量

$$K_n^* = \frac{1000(442 \times 6 - 514 \times 38)^2}{956 \times 44 \times 480 \times 520} = 27.14 > \chi^2_1(0.01) = 6.64,$$

故拒绝 H_0.

检验的拟合优度为

$$p(k_0^*) = \mathbb{P}(K_n^* \geqslant k_0^* | H_0) \approx \mathbb{P}(\chi_1^2 \geqslant 27.14) < 0.005.$$

因此拒绝原假设. 这表明色盲和性别有非常密切的关系. □

6.5.2 列联表中的齐一性检验

1. 问题的提法

设有 r 个生产同一产品的工厂, 产品分为 s 个等级. 第 i 个工厂的 j 等品率为 $p_i(j)$, $j = 1, 2, \cdots, s$; $i = 1, 2, \cdots, r$. "r 个工厂产品质量相同", 理解为等级品率都相同. 于是 "r 个工厂产品质量齐一" 这个假设, 可表示为

$$H_0: \ p_1(j) = p_2(j) = \cdots = p_r(j), \quad j = 1, 2, \cdots, s. \tag{6.5.7}$$

现从第 i 个工厂的产品中抽出 $n_{i\cdot}$ 个, 记录其中的 j 等品有 n_{ij} 个, $j = 1, 2, \cdots, s$; $i = 1, 2, \cdots, r$. 要依据观察结果 n_{ij} 检验假设 (6.5.7).

把这个问题一般化: 设有 r 个总体 $X^{(1)}, \cdots, X^{(r)}$, 它们可能的取值都相同, 为 $a_1, \cdots, a_s$, 且第 i 个总体 $X^{(i)}$ 取值为 a_j 的概率记为 $p_i(j)$, $j = 1, 2, \cdots, s$; $i = 1, 2, \cdots, r$, 则要求检验假设 "这 r 个总体具有相同分布", 可写成如式 (6.5.7) 的形式. 其次, 从第 i 个总体中抽取大小为 $n_{i\cdot}$ 的样本, 其中取值为 a_j 的有 n_{ij} 个, $j = 1, \cdots, s$; $i = 1, \cdots, r$, 可得到表 6.5.4.

表 6.5.4 产品质量齐一性观察结果表

X \ a	a_1	$\cdots$	a_j	$\cdots$	a_s	
1	n_{11}	$\cdots$	n_{1j}	$\cdots$	n_{1s}	$n_{1\cdot}$
$\vdots$	$\vdots$		$\vdots$		$\vdots$	$\vdots$
i	n_{i1}	$\cdots$	n_{ij}	$\cdots$	n_{is}	$n_{i\cdot}$
$\vdots$	$\vdots$		$\vdots$		$\vdots$	$\vdots$
r	n_{r1}	$\cdots$	n_{rj}	$\cdots$	n_{rs}	$n_{r\cdot}$
	$n_{\cdot 1}$	$\cdots$	$n_{\cdot j}$	$\cdots$	$n_{\cdot s}$	n

此表与表 6.5.2 相似, 因此也称为 $r \times s$ 列联表. 但要注意到二者有一显著的不同, 即在表 6.5.4 中诸 $n_{i\cdot}$ 是事先选定之数, 它没有随机性. 而表 6.5.2 中它与抽样结果有关, 因而 $n_{i\cdot}$ 是随机的.

2. 检验的制定

(1) 若分布完全已知, 即

$$p_1(j) = \cdots = p_r(j) = p_j^0, \quad j = 1, 2, \cdots, s,$$

而 $p_1^0, \cdots, p_s^0$ 皆已知且满足 $\sum\limits_{j=1}^{s} p_j^0 = 1$, 这时

$$K = K_n = \sum_{i=1}^{r}\sum_{j=1}^{s} \frac{(n_{ij} - n_{i\cdot}p_j^0)^2}{n_{i\cdot}p_j^0},$$

则由定理 6.4.1 可知, 当 H_0 成立且 $n_{i\cdot} \to \infty$ $(i = 1, \cdots, r)$ 时有

$$K_n \xrightarrow{\mathscr{L}} \chi^2_{(s-1)r}.$$

检验问题 (6.5.7) 的水平近似为 α 的检验为

$$当\ K > \chi^2_{(s-1)r}(\alpha)\ 拒绝\ H_0,\ 否则接受\ H_0. \tag{6.5.8}$$

也可计算检验的拟合优度为 $p(k_0) = \mathbb{P}(K \geqslant k_0|H_0) \approx \mathbb{P}\big(\chi^2_{(s-1)r} \geqslant k_0\big)$, 对给定的检验水平 α, 当 $p(k_0) < \alpha$ 时拒绝 H_0, 否则就接受 H_0, 此处 k_0 是由样本算得 K 的具体值.

(2) 若分布未知, 即

$$p_1(j) = \cdots = p_r(j) = p_j, \quad j = 1, 2, \cdots, s,$$

而 $p_1, \cdots, p_s$ 皆未知. 这时首先对 $p_1, \cdots, p_s$ 求出其 MLE, 方法如下: 若 H_0 成立, 似然函数为

$$L = c \cdot p_1^{n_{\cdot 1}} p_2^{n_{\cdot 2}} \cdots p_s^{n_{\cdot s}}, \quad \sum_{j=1}^{s} p_j = 1.$$

通过 $\partial \ln L/\partial p_j = 0,\ j = 1, 2, \cdots, s$, 类似于例 3.3.7 可解得

$$\widehat{p_j^*} = \frac{n_{\cdot j}}{n}, \quad j = 1, 2, \cdots, s,$$

算出

$$\hat{K}^*_{ni} = \sum_{j=1}^{s} \frac{(n_{ij} - n_{i\cdot}\hat{p_j^*})^2}{n_{i\cdot}\hat{p_j^*}} = n\sum_{j=1}^{s} \frac{(n_{ij} - n_{i\cdot}n_{\cdot j}/n)^2}{n_{i\cdot}n_{\cdot j}}, \quad i = 1, \cdots, r,$$

故总的 $\hat{K}^*_n$ 为

$$\begin{aligned}\hat{K}^* = \hat{K}^*_n = \sum_{i=1}^{r} \hat{K}^*_{ni} &= n\sum_{i=1}^{r}\sum_{j=1}^{s} \frac{(n_{ij} - n_{i\cdot}n_{\cdot j}/n)^2}{n_{i\cdot}n_{\cdot j}} \\ &= n\bigg(\sum_{i=1}^{r}\sum_{j=1}^{s} \frac{n_{ij}^2}{n_{i\cdot}n_{\cdot j}} - 1\bigg).\end{aligned} \tag{6.5.9}$$

在齐一性问题中, 第 i 个总体中抽取的样本 $n_{i\cdot}$ 是事先给定的, 它没有随机性. 而在独立性问题中 $n_{i\cdot}$ 并未事先指定, 它是随机变量. 有了这个重要差别, 定理 6.4.2 就不能直接用于齐一性检验问题中, 必须从头研究 $\hat{K}^*_n$ 的分布, 但经过复杂的论证 (见文献 [1] 第 310 页), 证明了在齐一性问题中若假设 (6.5.7) 成立, 则当 $n_{i\cdot} \to \infty$ $(i = 1, 2, \cdots, r)$ 时, 则 $\hat{K}^*_n$ 的极限分布仍为 $\chi^2_{(r-1)(s-1)}$. 故知检验问

题 (6.5.7) 的水平近似为 α 的检验为

$$\text{当 } \hat{K}^* > \chi^2_{(r-1)(s-1)}(\alpha) \text{ 时拒绝 } H_0\text{, 否则就接受 } H_0. \tag{6.5.10}$$

若记 $\hat{k}^*$ 为由样本算得 $\hat{K}^*$ 的具体值, 则检验的拟合优度为

$$p(\hat{k}^*) = \mathbb{P}(\hat{K}^* \geqslant \hat{k}^*|H_0) \approx \mathbb{P}(\chi^2_{(r-1)(s-1)} \geqslant \hat{k}^*),$$

对给定的检验水平 α, 当 $p(\hat{k}^*) < \alpha$ 时拒绝 H_0, 当 $p(\hat{k}^*) \geqslant \alpha$ 时接受 H_0, $p(\hat{k}^*)$ 越大, 则接受 H_0 的结论越可靠.

因此齐一性和独立性检验, 虽然在计算方法上是一样的, 但所依据的统计模型和极限定理是有差别的.

如果指标取值不是离散的而是连续的, 若记 F_i 为第 i 个总体中指标的分布, 则式 (6.5.7) 可写成

$$H_0\text{: } F_1 \equiv F_2 \equiv \cdots \equiv F_r.$$

这种问题称为多样本问题, 有多种检验方法, χ^2 方法是其中一种. 为此, 像式 (6.4.9) 那样, 把指标的值域分组以实现离散化, 并将 n_{ij} 定义为: 第 i 个总体所抽出的样本中, 其指标值落在 I_j 内的个数, 然后用列联表的方式去处理.

例 6.5.2 设一工厂分三班生产. 产品分成 $1,2,\cdots,6$ 等 6 个等级. 要检验三个班产品质量是否相同. 为此在甲、乙和丙三班中分别抽取 83, 95 和 83 个产品来检查, 结果见表 6.5.5 (取 $\alpha = 0.01$).

表 6.5.5 三个班次产品质量齐一性观察结果表

	1	2	3	4	5	6	$\sum$
甲	11	23	8	5	18	18	83
乙	17	29	10	17	7	15	95
丙	6	21	8	24	15	9	83
$\sum$	34	73	26	46	40	42	261

解 检验问题为

$$H_0\text{: 甲、乙、丙三班质量齐一.}$$

此例中 $n = 261$, $r = 3$, $s = 6$, 而 $(r-1)(s-1) = 2\times 5 = 10$, 查表得 $\chi^2_{10}(0.01) = 23.209$. 按式 (6.5.9) 计算检验统计量

$$\begin{aligned}\hat{K}^* &= 261\left[\left(\frac{11^2}{34\times 83} + \frac{23^2}{73\times 83} + \cdots + \frac{9^2}{42\times 83}\right) - 1\right] \\ &= 26.3 > \chi^2_{10}(0.01) = 23.209,\end{aligned}$$

检验的拟合优度为

$$p(\hat{k}^*) = \mathbb{P}(\hat{K}^* \geqslant \hat{k}^*|H_0) \approx \mathbb{P}(\chi^2_{10} \geqslant 26.3) < 0.01\,.$$

因此拒绝 H_0, 即认为三个班次产品质量齐一的假设不成立, 因此可认为产品质量分布与班次有关, 此处 $\hat{k}^*$ 为由样本算得 $\hat{K}^*$ 的具体值. □

实验 扫描实验 24 的二维码进行列联表独立性和齐一性检验的计算或模拟实验.

实验 24 列联表分析

*6.6 其他的非参数检验方法

关于总体分布的检验, 除 Pearson 的 χ^2 检验方法外, 柯尔莫哥洛夫在 1933 年还提出的一种检验方法, 本节将作一简要介绍.

关于多样本检验问题, 即检验多组样本是否来自同一总体的假设检验问题, 在 6.5 节列联表的齐一性问题中已作介绍. 这一问题的另一种检验方法, 就是著名的关于两个总体情况下的斯米尔诺夫检验. 本节也将作一扼要的介绍.

检验一组样本是否服从正态分布在应用上具有十分重要的意义. 除可以使用 Pearson χ^2 检验或柯尔莫哥洛夫检验外, 本节还将简要介绍关于总体分布正态性的 W 检验和 D 检验.

6.6.1 柯尔莫哥洛夫检验

如 6.4 节所述, 不管总体分布是什么类型, Pearson χ^2 检验都可以用. 不过对于理论分布为连续分布, 本段介绍的柯尔莫哥洛夫检验效果会更好些. 这是因为 Pearson χ^2 检验需要按式 (6.4.9) 的方法分组, 因此检验统计量之值依赖于把 $(-\infty,\infty)$ 分成 r 个区间的具体划分方法, 包括 r 的选择和区间的位置. 苏联著名数学家柯尔莫哥洛夫在 1933 年提出了一种新的关于总体分布的拟合优度检验方法——柯尔莫哥洛夫检验 (简称柯氏检验法).

设 r.v. X 的分布函数 $F(x)$ 未知, $X_1,\cdots,X_n$ 为从 F 中抽取的简单样本, $F_0(x)$ 为给定的某个分布函数. 研究下列检验问题:

$$H_0: F(x)=F_0(x). \tag{6.6.1}$$

首先, 从样本出发求出 $F(x)$ 的经验分布函数如下:

$$F_n(x)=\begin{cases}0, & x<X_{(1)},\\ \dfrac{k}{n}, & X_{(k)}\leqslant x<X_{(k+1)}, \quad k=1,2,\cdots,n-1,\\ 1, & X_{(n)}\leqslant x,\end{cases} \tag{6.6.2}$$

其中 $X_{(1)}\leqslant X_{(2)}\leqslant\cdots\leqslant X_{(n)}$ 是样本 $X_1,\cdots,X_n$ 的次序统计量. $F_n(x)$ 的性质见 1.3.3 小节.

令检验统计量为

$$D_n=\sup_{-\infty<x<\infty}|F_n(x)-F_0(x)|, \tag{6.6.3}$$

D_n 常称为 F_n 与 F_0 之间的柯氏距离. 由定理 1.3.1 (Glivenko-Cantelli 定理) 可知: 如果 H_0 成立, 则 $\mathbb{P}\left(\lim\limits_{n\to\infty} D_n = 0\right) = 1$. 换言之, 如果 H_0 成立, n 又较大, D_n 的值倾向于取小值. 如果 D_n 值太大, 倾向于拒绝 H_0. 即检验可叙述为: 当 $D_n \geqslant c$ 时拒绝 H_0, c 为临界值, 待定. 其拟合优度的计算公式如下: 在有了具体样本后, 计算出 D_n 的具体值 D_0, 则概率

$$p(D_0) = \mathbb{P}(D_n > D_0|H_0) \tag{6.6.4}$$

就是在柯氏距离下, 样本 $X_1, \cdots, X_n$ 与理论分布 $F_0(x)$ 的拟合优度. 若指定一个阈值 α (亦称检验水平), 则需定出一个常数 $D_{n,\alpha}$, 使得

$$p(D_{n,\alpha}) = \mathbb{P}(D_n > D_{n,\alpha}|H_0) = \alpha, \tag{6.6.5}$$

则当 $D_n > D_{n,\alpha}$ 时拒绝 H_0, 不然就接受 H_0, 这就是柯氏拟合优度检验. 当 n 较小时, $D_{n,\alpha}$ 已制成表, 见附表 13.

为了具体实施这个检验, 或计算拟合优度 $p(D_0)$, 需要知道在 H_0 成立的条件下, 检验统计量 D_n 的精确分布, 这个分布的形式极为复杂, 不便应用. 1933 年, 柯尔莫哥洛夫证明了下列著名的极限定理.

定理 6.6.1

若理论分布 $F_0(x)$ 在 $-\infty < x < \infty$ 处处连续, 则当原假设 H_0 成立时有

$$\lim_{n\to\infty} \mathbb{P}\left(D_n \leqslant \frac{\lambda}{\sqrt{n}}\right) = K(\lambda) = \begin{cases} \sum\limits_{k=-\infty}^{\infty} (-1)^k e^{-2k^2\lambda^2}, & \lambda > 0, \\ 0, & \lambda \leqslant 0. \end{cases} \tag{6.6.6}$$

♡

由这个定理, 在 n 较大时可近似地决定检验的临界值 $D_{n,\alpha} = \lambda/\sqrt{n}$. 由式 (6.6.5) 可知当 $D_n > D_{n,\alpha}$ 时拒绝 H_0. 一般当给定 α 时查附表 14 获得 λ, 然后由公式 $D_{n,\alpha} = \lambda/\sqrt{n}$ 求出临界值 $D_{n,\alpha}$. 例如, $\alpha = 0.05$, 由 $K(\lambda) = 1-\alpha = 0.95$ 查附表 14 得到 $\lambda = 1.358$, 故 $D_{n,\alpha} = 1.358/\sqrt{n}$; 若 $\alpha = 0.01$, 由 $K(\lambda) = 1-\alpha = 0.99$, 从附表 14 中查出 $\lambda = 1.628$, 故 $D_{n,\alpha} = 1.628/\sqrt{n}$ 等.

综上所述, 柯尔莫哥洛夫检验适用于理论分布 $F_0(x)$ 为完全已知的连续分布的情形. 这个检验方法的步骤如下:

(1) 将样本观察值 $x_1, \cdots, x_n$ 按大小排列为 $x_{(1)} \leqslant x_{(2)} \leqslant \cdots \leqslant x_{(n)}$;

(2) 计算 D_n 的值

$$D_n = \max_i\{\,\delta_i,\ i = 1, 2, \cdots, n\},$$

其中

$$\delta_i = \max\left\{\left|F_0(x_{(i)}) - \frac{i-1}{n}\right|, \left|F_0(x_{(i)}) - \frac{i}{n}\right|\right\}, \quad i = 1, 2, \cdots, n; \tag{6.6.7}$$

(3) 给出检验水平 α, 在 $n \leqslant 100$ 时查附表 13, 在 $n > 100$ 时查附表 14, 得到检验的临界值 $D_{n,\alpha}$;

(4) 若 $D_n > D_{n,\alpha}$ 则拒绝 H_0, 认为数据与已知的理论分布 $F_0(x)$ 不符; 若 $D_n \leqslant D_{n,\alpha}$ 则不足以拒绝 H_0.

需要说明的一点是 δ_i 由式 (6.6.7) 计算的理由. 由于 $F_0(x)$ 是单调非降函数, $F_n(x)$ 是单调非降的阶梯函数, 所以偏差 $|F_n(x) - F_0(x)|$ 的上确界可在 n 个点 $x_{(i)}$ 处找到. 因此 $\delta_i\ (i = 1, 2, \cdots, n)$ 可由式 (6.6.7) 获得.

例 6.6.1 在水平 0.10 下, 是否可以认为下列 10 个数:

$$0.034,\ 0.0437,\ 0.863,\ 0.964,\ 0.366,\ 0.469,\ 0.637,\ 0.632,\ 0.804,\ 0.261$$

是来自均匀分布 $U(0,1)$ 的随机数 (取 $\alpha = 0.10$).

解 检验问题是

$$H_0: \text{样本来自的总体分布 } F(x) = F_0(x),$$

其中 $F_0(x)$ 为 (0,1) 上的均匀分布.

用柯尔莫哥洛夫检验法, 计算可在表 6.6.1 中进行. 因此 $D_n = \max\limits_i\{\delta_i, i = 1, 2, \cdots, 10\} = 0.166$. 由 $n = 10$, $\alpha = 0.10$ 查附表 13 得 $D_{10,\,0.10} = 0.37 > 0.166 = D_n$, 不足以拒绝 H_0, 即认为数据与理论分布 $U(0,1)$ 相符. □

表 6.6.1 柯尔莫哥洛夫检验的计算

i	$x_{(i)}$	$F_0(x_{(i)})$	$(i-1)/n$	i/n	δ_i
1	0.034	0.034	0	0.1	0.066
2	0.261	0.261	0.1	0.2	0.161
3	0.366	0.366	0.2	0.3	0.166
4	0.437	0.437	0.3	0.4	0.137
5	0.469	0.469	0.4	0.5	0.069
6	0.623	0.623	0.5	0.6	0.123
7	0.637	0.637	0.6	0.7	0.063
8	0.804	0.804	0.7	0.8	0.104
9	0.863	0.863	0.8	0.9	0.063
10	0.964	0.964	0.9	1.0	0.064

Pearson χ^2 检验与柯尔莫哥洛夫检验的比较, 大体上可以这样说: 在总体 X 为一维且理论分布为完全已知的连续分布时, 柯尔莫哥洛夫检验优于 χ^2 检验. 这是因为: ① Pearson χ^2 统计量之值依赖于把 $(-\infty, \infty)$ 分为 r 个区间的具体分法, 包括 r 的选取和区间的位置, 柯氏距离 $\sup|F_n - F_0|$ 则没有这个依赖性. ② 一般说来柯氏方法鉴别力强. 也就是说, 在 F_0 不是总体 X 的分布时, 用柯氏检验法较容易发现.

另一方面, Pearson χ^2 检验也有它的优点: ① 当总体 X 是多维时, 处理方法与一维一样, 极限分布的形式也与维数无关; ②尤其重要的是, 对于理论分布包含未知参数时, Pearson χ^2 检验容易处理, 但柯氏方法处理起来很难.

6.6.2 斯米尔诺夫检验

设 $X_{i1}, \cdots, X_{in_i}$ 为抽自具有一维连续分布总体 F_i 的简单样本, $i = 1, 2$ 且合样本独立. 设 $F_1(x)$, $F_2(x)$ 是未知的两个连续分布函数. 考虑检验问题

$$H_0\colon\ F_1(x) = F_2(x), \quad -\infty < x < \infty. \tag{6.6.8}$$

设 $F_{1n_1}(x)$ 和 $F_{2n_2}(x)$ 分别记这两组样本的经验分布函数, 令

$$D^+_{n_1, n_2} = \sup_{-\infty<x<\infty} \left(F_{1n_1}(x) - F_{2n_2}(x)\right),$$

$$D_{n_1, n_2} = \sup_{-\infty<x<\infty} \left|F_{1n_1}(x) - F_{2n_2}(x)\right|.$$

苏联数学家斯米尔诺夫 (N. Smirnov) 于 1936 年证明了下列结果.

定理 6.6.2

设原假设 (6.6.8) 成立, 则有

$$\lim_{\substack{n_1\to\infty\\ n_2\to\infty}} \mathbb{P}\left(\sqrt{\frac{n_1 n_2}{n_1+n_2}} D^+_{n_1, n_2} \leqslant x\right) = \begin{cases} 1 - e^{-2x^2}, & x > 0, \\ 0, & x \leqslant 0, \end{cases}$$

$$\lim_{\substack{n_1\to\infty\\ n_2\to\infty}} \mathbb{P}\left(\sqrt{\frac{n_1 n_2}{n_1+n_2}} D_{n_1, n_2} \leqslant x\right) = K(x),$$

其中 $K(x)$ 与式 (6.6.6) 同. $D^+_{n_1, n_2}$ 和 D_{n_1, n_2} 分别称为单边和双边的斯米尔诺夫检验统计量.

♡

如果要检验的原假设是式 (6.6.8), 取 D_{n_1, n_2} 作为检验统计量, 则当 $D_{n_1, n_2} > D_{n_1, n_2;\,\alpha}$ 时拒绝 H_0. 临界值

$$D_{n_1, n_2;\,\alpha} = \frac{\lambda}{\sqrt{n_1 n_2/(n_1+n_2)}},$$

其中 λ 的值可由附表 14 查出. 这就是斯米尔诺夫检验.

若假设检验问题为

$$H_0 : F_1(x) \leqslant F_2(x) \leftrightarrow K : F_1(x) > F_2(x), \quad x \in (-\infty, \infty),$$

则用 $D^+_{n_1,n_2}$ 作为检验统计量.

6.6.3 正态性检验

在实际工作中常常要检验一个随机变量是否服从正态分布，这称为正态性检验. 前面介绍的 Pearson χ^2 检验、柯氏检验法等当然可以使用. 但是由于上述方法是通用的，适用面广，故有针对性不强的缺点. 这些方法都没有充分利用原假设成立时的信息，检验功效不高. 对正态分布往往可以找到针对这类特定分布功效较高的检验. 下面介绍的两种基于次序统计量的正态性检验：小样本 (样本大小为 30—50) 的 W 检验和大样本 (样本大小为 50—1000) 的 D 检验可以克服上述缺点，提高检验的功效.

1. W 检验 (Wilks 检验)

考虑检验问题

$$H_0\text{: } X \text{ 服从正态分布} \leftrightarrow H_1: X \text{ 不服从正态分布}. \tag{6.6.9}$$

设 $X_1, \cdots, X_n$ 为来自正态总体 $X \sim N(\mu, \sigma^2)$ 的样本，$X_{(1)} \leqslant \cdots \leqslant X_{(n)}$ 为其次序统计量. 设 $Y_i = (X_i - \mu)/\sigma$, $i = 1, \cdots, n$, 则 $Y_1, \cdots, Y_n$ i.i.d. $\sim N(0,1)$. 令

$$Y_{(i)} = \frac{X_{(i)} - \mu}{\sigma}, \quad e_i = X_{(i)} - \mathbb{E}(X_{(i)}),$$

$$m_i = \mathbb{E}(Y_{(i)}), \quad i = 1, 2, \cdots, n.$$

注意 $m_1, \cdots, m_n$ 是与 μ, σ^2 无关的确定的数. 显然有

$$X_{(i)} = \mu + \sigma m_i + e_i, \quad i = 1, 2, \cdots, n, \tag{6.6.10}$$

其中 $\boldsymbol{e} = (e_1, \cdots, e_n)^{\mathrm{T}}$ 是均值为 $\mathbf{0}$, 协方差阵为 $\boldsymbol{V}$ 的 n 维向量.

作一直角坐标系，横轴表示 $X_{(i)}$, 纵轴表示 m_i. 由式 (6.6.10) 可见，在这个坐标系中 $(X_{(1)}, m_1)$, $(X_{(2)}, m_2), \cdots, (X_{(n)}, m_n)$ 应该大致成一条直线，微小的差别是由随机误差 e_i 造成的. 怎样判别 n 个点是否近似在一条直线上呢？可以计算一下 $\boldsymbol{X} = (X_{(1)}, \cdots, X_{(n)})^{\mathrm{T}}$ 和 $\boldsymbol{m} = (m_1, \cdots, m_n)^{\mathrm{T}}$ 之间的相关系数 R,

$$R^2 = \frac{\left(\sum\limits_{i=1}^{n}(X_{(i)} - \bar{X})(m_i - \bar{m})\right)^2}{\sum\limits_{i=1}^{n}(X_{(i)} - \bar{X})^2 \sum\limits_{i=1}^{n}(m_i - \bar{m})^2}.$$

显然 $0 \leqslant R^2 \leqslant 1$, 当 R^2 越接近 1 时，$\boldsymbol{X}$ 与 $\boldsymbol{m}$ 的线性关系越明显. 因此当 H_0 成立，诸 X_i 服从 $N(\mu, \sigma^2)$ 时，R^2 接近 1. 可见当 $R^2 < c$ (c 为较小的正数，待定) 时倾向于拒绝 H_0.

由于 $N(0,1)$ 是对称分布，因此 $(Y_{(1)}, \cdots, Y_{(n)})$ 与 $(-Y_{(n)}, \cdots, -Y_{(1)})$ 有相同

的联合分布, 从而 $Y_{(k)}$ 与 $-Y_{(n+1-k)}$ 同分布, 故 $m_k = -m_{n+1-k}$, $k = 1, \cdots, n$, $\bar{m} = \sum_{i=1}^{n} m_i/n = 0$. 于是

$$R^2 = \frac{\left(\sum_{i=1}^{n} m_i X_{(i)}\right)^2}{\sum_{i=1}^{n}\left(X_{(i)} - \bar{X}\right)^2 \sum_{i=1}^{n} m_i^2} = \frac{\left[\sum_{i=1}^{[n/2]} b_i\left(X_{(n+1-i)} - X_{(i)}\right)\right]^2}{\sum_{i=1}^{n}\left(X_{(i)} - \bar{X}\right)^2}, \tag{6.6.11}$$

其中 $b_i = m_{n+1-i}/||\boldsymbol{m}||$, 此处 $||\boldsymbol{m}||^2 = \sum_{i=1}^{n} m_i^2$. 因此 $W = R^2$ 可作为检验统计量.

夏皮洛 (Shapiro) 和威尔克 (Wilk) 对式 (6.6.11) 作了修正得到检验统计量 (详见文献 [4] 第 294 页)

$$W = \frac{\left\{\sum_{i=1}^{[n/2]} a_i\left(X_{(n+1-i)} - X_{(i)}\right)\right\}^2}{\sum_{i=1}^{n}\left(X_{(i)} - \bar{X}\right)^2}. \tag{6.6.12}$$

在 $n \leqslant 50$ 时, $\{a_i: i \leqslant [n/2]\}$ 的值已制成表, 详见附表 15. 式 (6.6.12) 可以用来简化统计量 W 的计算.

可以证明, 检验统计量 W 的一个重要性质: 即在正态假设 H_0 成立时, W 的分布仅与样本容量 n 有关 (详见文献 [4] 中引理 5.5.4). 因而在讨论有关统计量 W 的问题时无妨假定样本来自 $N(0,1)$ 分布.

如前所述, W 是 n 个数对之间的相关系数的平方, 因此 $0 \leqslant W \leqslant 1$. 由线性模型理论可知在正态假设 H_0 下, 这 n 个数对之间基本上存在线性关系, 故 W 取值应接近于 1. 因此, 给定检验水平 α 后, 检验问题 (6.6.9) 的 W 检验是

$$\text{当 } W \leqslant W_\alpha \text{ 时拒绝 } H_0, \text{否则接受 } H_0, \tag{6.6.13}$$

其中 W 按式 (6.6.12) 计算, 临界值 W_α 可由附表 16 查出. 附表 16 是根据 W 的分布仅与样本容量 n 有关的这个性质, 利用随机模拟法编制而成的.

例 6.6.2 为了检验一批煤灰砖中各块砖的抗压强度是否服从正态分布, 从中随机取 10 块测得抗压强度 (由小到大排列) 为

$$57,\ 66,\ 74,\ 77,\ 81,\ 87,\ 91,\ 95,\ 97,\ 109.$$

试检验这些数据是否与正态分布相符 ($\alpha = 0.05$)?

解 将数据填入表 6.6.2. 其中 a_i 这一列的值由附表 15 根据 $n = 10$ 查得. 经计算得

$$\sum_{i=1}^{10} x_{(i)} = 834, \quad \frac{1}{10}\sum_{i=1}^{10} x_{(i)} = \bar{x} = \frac{1}{10}834 = 83.4,$$

表 6.6.2

i	$x_{(i)}$	$x_{(11-i)}$	$x_{(11-i)}-x_{(i)}$	a_i
1	57	109	52	0.5739
2	66	97	31	0.3291
3	74	95	21	0.2141
4	77	91	14	0.1224
5	81	87	6	0.0399

$$\sum_{i=1}^{10}(x_{(i)}-\bar{x})^2=\sum_{i=1}^{10}x_{(i)}^2-10\bar{x}^2=71736-10\times 6955.56=2180.4,$$

$$\sum_{i=1}^{5}a_i(x_{(11-i)}-x_{(i)})=46.494,\quad \left[\sum_{i=1}^{5}a_i(x_{(11-i)}-x_{(i)})\right]^2=2161.7.$$

于是有

$$W=\frac{\left[\sum_{i=1}^{5}a_i(x_{(11-i)}-x_{(i)})\right]^2}{\sum_{i=1}^{10}(x_{(i)}-\bar{x})^2}=\frac{2161.7}{2180.4}=0.99.$$

由 $\alpha=0.05$, $n=10$, 查附表 16 得 $W_{0.05}=0.842<0.99=W$, 所以不能拒绝正态性假定. □

2. D 检验

检验问题和样本仍如 W 检验中所述. W 检验是有效的, 可惜它只适用于样本容量 $3\leqslant n\leqslant 50$ 的样本. 当 $n>50$ 时很难计算附表 15 中的相应的值. 为此人们提出了 D 检验. 达戈斯蒂诺 (D'Agostino) 建议在 $n>50$ 时用

$$D=\sum_{i=1}^{n}\left(i-\frac{n+1}{2}\right)X_{(i)}\bigg/\left[n^3\sum_{i=1}^{n}(X_i-\bar{X})^2\right]^{1/2}\tag{6.6.14}$$

作为检验统计量. 由此导出的检验方法, 称为 D 检验.

可以证明, 在正态假设 H_0 成立时, D 的分布仅与样本容量 n 有关, 且

$$\mathbb{E}(D)\approx 0.28209479,\quad \sqrt{\mathrm{Var}(D)}\approx\frac{0.02998598}{\sqrt{n}},$$

其中 $\mathrm{Var}(D)$ 表示 D 的方差. 将 D 标准化得

$$Y=\frac{\sqrt{n}(D-0.28209479)}{0.02998598}.$$

可以证明: 当正态性假定 H_0 成立且 $n\to\infty$ 时有

$$Y\xrightarrow{\mathscr{L}}N(0,1).$$

但是统计量 Y 趋向于标准正态分布的速度很慢, 以至于 $n=1000$ 时, Y 的分布与标准正态分布仍有不可忽略的偏差. 故 D'Agostino 用随机模拟法获得 Y 的分位数值 (见附表 17).

大量模拟表明, 在 H_0 成立时, Y 的值集中在零左右, 在正态性假定不成立时, Y 的值不是偏小就是偏大, 因此检验问题 (6.6.9) 水平为 α 的 D 检验是

$$\text{当 } Y \leqslant Y_{\alpha/2} \text{ 或 } Y \geqslant Y_{1-\alpha/2} \text{ 时, 拒绝 } H_0\text{; 否则就接受 } H_0, \tag{6.6.15}$$

其中 $Y_{\alpha/2}$ 和 $Y_{1-\alpha/2}$ 分别是 Y 的 $\alpha/2$ 和 $1-\alpha/2$ 分位数, 其值可从附表 17 查出.

注 6.6.1　用正态概率纸检验正态性是简便易行的方法, 所以不少实际工作者喜欢使用这个方法. 这个方法简述如下：设 $X_1,\cdots,X_n$ 为从总体分布函数为 $F(\cdot)$ 中抽取的 i.i.d. 样本, $X_{(1)} \leqslant X_{(2)} \leqslant \cdots \leqslant X_{(n)}$ 为其次序统计量, 将 n 个点 $\left(x_{(i)}, F(x_{(i)})\right)$, $i=1,\cdots,n$ 在正态概率纸上描出, 若它们近似成一条直线, 则我们接受总体 F 为正态分布这一假设.

但是, 由于这种检验方法靠的是人的视觉, 不少场合下得出的结论会因人而异, 是一种定性的方法. 因此, 在可能的情形下应尽量采用定量的方法, 如前面介绍的 W 检验和 D 检验方法来克服这一缺点.

现在统计软件的使用已很方便, 可以用统计软件 (如 R) 将数据输入计算机后作出正态性检验的 Q-Q 图. 如果 Q-Q 图上的点近似在一条直线附近, 则可认为样本来自正态总体.

实验　扫描实验 25 的二维码进行正态性检验的计算或模拟实验. 理解对比不同评估工具的结果.

实验 25 正态性检验

本 章 总 结

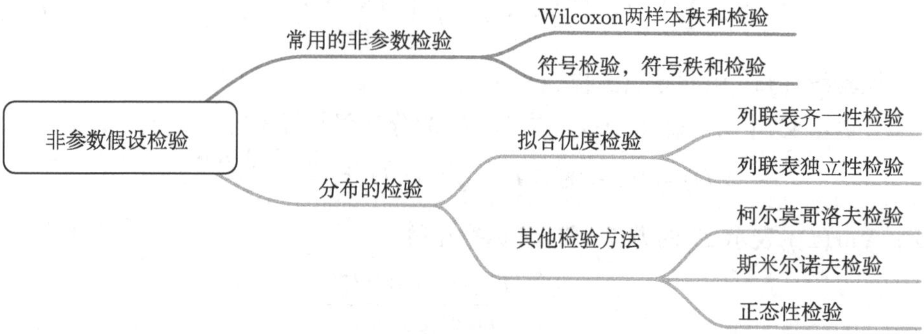

第 6 章知识点结构图

重点概念总结

- 拟合优度检验 (也称为 Pearson χ^2 检验) 是关于总体分布的检验, 很重要. 对理论分布完全已知和理论分布含有未知参数两种情形的拟合优度检验都要熟练掌握.
- 柯尔莫哥洛夫检验和斯米尔洛夫检验也是关于总体分布的检验, 对其理论和方法要有较好的理解, 并将其与拟合优度方法比较, 明确其适用范围.
- 列联表独立性和齐一性检验是 Pearson χ^2 检验的应用. 在生物医学等领域有着广泛的应用背景.

第 6 章习题

1. 在 8 块土地上同时试种甲、乙两种品种作物, 每块分成大小、形状一样的两小块, 随机地将其中一小块派给甲, 另一小块给乙. 它们的产量列于下表:

编号	1	2	3	4	5	6	7	8
品种甲	209	200	177	169	159	187	169	198
品种乙	151	168	147	164	166	176	169	188

(1) 假定甲、乙两种作物产量的差服从正态分布, 试在 $\alpha = 0.05$ 下判定, 甲品种是否是对乙品种的改良 (取 $\alpha = 0.05$).

(2) 去掉 (1) 中正态假定, 分别用符号检验法、符号秩和检验法判别甲品种是否是对乙品种的改良 (取 $\alpha = 0.05$).

2. 从某铜矿东西两段各抽取容量为 10 的样本, 随机配成 10 对, 数据如下表:

对子	1	2	3	4	5	6	7	8	9	10
东段含铜量	28	20	4	32	8	12	16	48	8	20
西段含铜量	20	11	13	10	45	15	11	13	25	8

用符号检验法, 在水平 $\alpha = 0.10$ 下, 检验 "东西两段含铜量无显著差异" 之假设.

3. 比较新旧两种饲料对猪的催肥效果 (以饲养一段时间后猪的增重表示). 由于猪的体质, 特别是猪的初始重量对猪的催肥有相当重要的影响, 所以取体质尽可能相同的两头猪做对比试验. 下表是 9 个对比试验的记录 (增重 x_i 和 y_i 以斤为单位, 1 斤 = 0.5 千克):

试验号	1	2	3	4	5	6	7	8	9
x_i (新饲料)	35	24	24	33	30	24	29	37	21
y_i (旧饲料)	30	26	24	29	28	25	26	30	27

问新饲料能否推广 (用符号检验和符号秩和检验, $\alpha = 0.05$)?

4. 甲、乙两厂都生产电视机显像管. 从甲厂抽取 8 只, 从乙厂抽取 10 只, 测出其寿命 (单位: 月) 如下:

甲	32	25	40	31	35	29	37	39		
乙	41	39	36	47	45	34	48	44	30	33

试在水平 $\alpha = 0.10$ 下用 Wilcoxon 两样本秩和检验法, 检验 "两厂显像管平均寿命相同" 之假设.

5. 用两种材料的灯丝制造灯泡, 设甲材料灯泡的寿命分布为 $F(x)$, 乙材料灯泡寿命分布为 $F(x-\theta)$. 今分别就两种材料灯泡随机抽取若干个进行试验, 得到寿命 (单位: h) 数据如下表:

甲材料	1610	1650	1680	1710	1750	1720	1800
乙材料	1580	1600	1640	1630	1700		

试用 Wilcoxon 两样本秩和检验法检验两种材料对灯泡寿命的影响有无显著差异 ($\alpha = 0.05$)?

6. 分别在甲、乙两厂生产的电子元器件中抽取 150 个和 130 个进行寿命试验. 算出乙工厂样本秩和 $W = 20251$. 试在水平 $\alpha = 0.05$ 下检验假设

H : 这两厂所生产的电子元器件的寿命无显著差异.

7. 掷骰子 300 次, 结果如下表:

点数	1	2	3	4	5	6
频数	43	49	56	45	66	41

试在水平 $\alpha = 0.05$ 下检验假设: 此骰子是均匀的.

8. 64 只某种杂交的豚鼠后代, 34 只红的, 10 只黑的, 20 只白的. 根据遗传学的模型, 它们之间的比例应为 9:3:4. 问以上数据是否在 $\alpha = 0.05$ 水平下与模型相符.

9. 在生产同一产品的甲、乙两厂中各抽出 n 个产品组成 n 对, 让 n 个人每人评判一对. 各人评判是 "甲好""乙好""甲乙一样" 这三种之一. 试根据评判结果, 用 χ^2 检验法检验 "甲、乙两厂产品质量无差别" 这一假设.

10. 某种配偶的后代按体格的属性分为三类, 各类的个数分别为 10, 53, 46. 根据某种遗传学模型, 其相对频率的比应为 $p^2 : 2p(1-p) : (1-p)^2$. 问以上数据是否在 $\alpha = 0.05$ 水平下与模型相符.

11. 用运动手枪对 100 个靶子各射击 10 发子弹, 只记录命中与否, 射击结果的记录如下表:

命中数	0	1	2	3	4	5	6	7	8	9	10
靶数	0	2	4	10	22	26	18	12	4	2	0

用 χ^2 检验法检验射击结果是否服从二项分布 (取 $\alpha = 0.05$).

12. 在某细纱机上进行断头测定, 试验锭子总数为 443, 测得断头总次数为 308 次, 各锭子的断头次数记录见下表:

每锭断头数	0	1	2	3	4	5	6	7	8
锭数 (实测)	263	112	38	19	5	1	1	0	4

问锭子的断头数是否服从 Poisson 分布 ($\alpha = 0.05$).

13. 卢瑟福观察了每 1/8 分钟内一放射性物质放射的粒子数. 他观察了 2612 次, 结果如下:

粒子数	0	1	2	3	4	5	6	7	8	9	10	11
频数	57	203	383	525	532	408	273	139	49	27	10	6

问以上数据是否在 $\alpha = 0.10$ 水平下与 Poisson 分布相符.

14. 下表列出了某型号标准容量为 100 μF 的电容器 100 只的实际电容量的数据, 问该电容器的电容量分布是否为正态分布 ($\alpha = 0.05$)?

电容量	101	102	103	104	105	106	107
电容器个数	1	2	3	3	7	16	13
电容量	108	109	110	111	112	113	114
电容器个数	17	11	9	10	3	4	1

*15. 研究牛在出生后 60 天内肺炎得病情况, 共检查了 156 头牛. 有 30 头得了 2 次, 63 头只得一次, 63 头一次没得. 试问牛第一次得病并恢复后再次得病的概率是否和初发一样 ($\alpha = 0.05$)?

16. 试证明 2×2 列联表的检验统计量为

$$K^* = \frac{n(n_{11}n_{22} - n_{12}n_{21})^2}{n_{1\cdot}n_{2\cdot}n_{\cdot 1}n_{\cdot 2}}.$$

17. 为研究慢性气管炎与吸烟量的关系, 调查 272 人结果如下:

吸烟量/(支/日)	0—9	10—19	20 以上
患者人数	22	98	25
健康者人数	22	89	16

试问慢性气管炎与吸烟量是否有关 ($\alpha = 0.05$).

18. 在 500 人身上试验某种血清预防感冒的作用. 把他们在一年中的记录与另外 500 名未用血清处理的人作比较, 结果如下表:

	未感冒	感冒一次	感冒两次以上
处理	252	145	103
未处理	224	136	140

未感冒、感冒一次、感冒两次以上的人所占的比例, 是否与在未用血清处理的人中, 具有这些情况的人所占比例相等 ($\alpha = 0.05$)?

19. 使用柯尔莫哥洛夫检验法检验下述 25 个数据 (已按大小排列) :

$$\begin{array}{ccccccccc} -2.46, & -2.11, & -1.23, & -0.99, & -0.42, & -0.39, & -0.21, & -0.15, & -0.10 \\ -0.07, & -0.02, & 0.27, & 0.40, & 0.42, & 0.44, & 0.70, & 0.81, & 0.88, \\ 1.07, & 1.39, & 1.40, & 1.47, & 1.62, & 1.64, & 1.76. & & \end{array}$$

试问上述 25 个数据是否与 $N(0,1)$ 相符 ($\alpha = 0.05$)?

20. 在 π 的前 800 位小数的数字中, $0, 1, 2, \cdots, 9$ 相应出现了 74, 92, 83, 79, 80, 73, 77, 75, 76, 91 次. 试用柯氏检验法检验这些数据与 [0, 10] 上的均匀分布相适合的假设 ($\alpha = 0.05$).

21. 抽查用克矽平治疗的矽肺患者 10 名, 得到他们治疗前后血红蛋白的差 (单位: g%) 如下:

$$2.7, \ -1.2 \ -1.0, \ 0, \ 0.07, \ 2.0, \ 3.7, \ -0.6, \ 0.8, \ -0.3.$$

用 W 检验法检验 “治疗前后血红蛋白差服从正态分布” 这一假设 (取 $\alpha = 0.05$).

22. 为检验一批地砖的抗压强度是否服从正态分布, 从中抽取 20 块, 得抗压强度 (由小到大排列) 为

$$\begin{array}{cccccccccc} 57, & 62, & 66, & 67, & 74, & 76, & 77, & 80, & 81, & 86, \\ 87, & 89, & 91, & 94, & 95, & 96, & 97, & 103, & 109, & 112. \end{array}$$

试用 W 检验法检验 “这些数据是否与正态分布相符”(取 $\alpha = 0.05$).

23. 下表数据是 200 个零件的直径 (单位: cm):

直径	2.25	2.35	2.45	2.55	2.65	2.75	2.85	2.95
频数	3	4	5	11	12	17	19	26
直径	3.05	3.15	3.25	3.35	3.45	3.55	3.65	3.75
频数	24	22	19	13	13	7	3	2

试问这批数据是否与正态分布相符 (用 D 检验, 取 $\alpha = 0.05$).

第 7 章　统计决策理论

统计学家 A. Wald 在 1950 年出版了一本题为 *Statistical Decision function* 的著作, 建立了一种统一处理各种统计问题的理论, 称为统计决策 (判决) 理论. 这个理论的建立是第二次世界大战后数理统计学发展的重大事件. 它通过将统计问题的解描述为数学最优化问题的解, 并引进形形色色的优良性准则, 开拓了某些传统分支的研究领域和提出了一些具有应用意义的统计问题.

本章将简要介绍统计决策的若干基本概念、Bayes 统计决策、Minimax 准则、同变估计和决策函数的可容许性等内容.

7.1　统计决策理论的若干基本概念

7.1.1　统计决策问题及其三要素

1. 决策问题

为了说明什么是决策 (判决) 问题, [illegible]看下例.

例 7.1.1　一位投资者有一笔资金要进行投资, 有如下几个投资方案供选择:

a_1 : 购买股票, 根据市场情况可净赚 5000 元, 但也可能亏损 10000 元.

a_2 : 购买基金, 根据市场情况可净赚 3000 元, 但也可能亏损 8000 元.

a_3 : 购买理财, 根据市场情况可净赚 2000 元, 但也可能亏损 5000 元.

a_4 : 存入银行, 不管市场情况如何, 总可净赚 1000 元.

他应如何决策?

这位投资者在与金融市场博弈. 未来的金融市场也有两种情况: 看涨 (θ_1) 与看跌 (θ_2). 根据上述情况, 可写出投资者的收益矩阵, 如表 7.1.1.

表 7.1.1　投资收益矩阵

行动	a_1	a_2	a_3	a_4
θ_1(看涨)	5000	3000	2000	1000
θ_2(看跌)	−10000	−8000	−5000	1000

投资者将依据收益矩阵决定资金投向何方. 这种人与自然界 (或社会) 的博弈问题称为决策问题. 在决策问题中, 主要寻求人对自然界 (或社会) 的最优策略. 决策问题也不一定要涉及统计方法. 如果它满足以下条件, 那就必然与统计方法有关, 因而就可以称为统计决策问题. 该条件是: 在作出决策时所依据的事实中, 至少有一部分是受到随机性影响的观察值 (或试验数据).

决策实际上是一个过程, 它可分为两部分: 第一部分是把决策问题描述清楚; 第二部分是如何作决策使得收益最大 (或损失最小). 显然第二部分是研究的重点, 但首先要把第一部分搞清楚, 这就需要下面一些基本概念.

2. 统计决策三要素和 Bayes 统计决策四要素

(1) 样本空间和样本分布族.

取值于样本空间 $\mathscr{X}$ 内的随机变量 X 及其分布族是 $\{f(x|\theta),\ \theta \in \Theta\}$ 构成统计决策问题的第一个要素, 其中 $f(x|\theta)$ 是 X 的概率函数 (即当 X 是连续型 r.v. 时, 它表示给定 θ 时 X 的密度函数; 当 X 是离散型 r.v. 时, 它表示给定 θ 时 X 的概率分布), θ 是未知参数, Θ 为参数空间, $\boldsymbol{X} = (X_1, \cdots, X_n)$ 是总体 X 的简单样本.

(2) 行动空间.

决策者或统计工作者对某个统计决策问题可能采取的行动所构成的非空集合, 被称为**行动空间** (action space), 记为 $\mathscr{A}$. 在估计问题中, $\mathscr{A}$ 由一切估计量 $\delta(\boldsymbol{x})$ 构成, 常取 $\mathscr{A} = \Theta$. 在检验问题中 $\mathscr{A}$ 只有两个行动组成, 即 $\mathscr{A} = \{a_0, a_1\}$, 其中 a_0 表示接受原假设 H_0; a_1 表示拒绝 H_0, 接受 H_1.

(3) 损失函数.

损失函数 (loss function) 是定义于 $\mathscr{A} \times \Theta$ 上的非负函数, 记为 $L(a,\theta)$. 它表示参数为 $\theta \in \Theta$ 时, 采取行动 $a \in \mathscr{A}$ 所蒙受的损失. 损失函数的类型很多, 常用的有 "平方损失"、"绝对值损失" 和 "线性损失" 等.

对 Bayes 统计决策问题, 除上式三要素外还应增加第四个要素.

(4) 先验分布.

定义在参数空间 Θ 上的先验分布 $\pi(\theta)$(或称为先验概率函数, 即当 θ 是连续型 r.v. 时它表示其先验密度, 当 θ 是离散型 r.v. 时它表示其先验概率分布).

统计决策 (Bayes 统计决策) 问题就是研究如何根据样本 $\boldsymbol{x}$ 的值, 恰当地选取行动 a 使得按样本分布 (或后验分布) 计算的平均损失最小.

7.1.2 统计决策理论的若干基本概念

1. 风险函数

定义 7.1.1 (决策函数)

定义于样本空间 $\mathscr{X}$ 内而取值于行动空间 $\mathscr{A}$ 内的函数 $\delta = \delta(\boldsymbol{x})$ 称为决策函数 (decision rules) 或判决函数.

设 δ 是采取的决策行动, 若参数为 θ, 则由此造成的损失是 $L(\delta,\theta)$, 这个量与样本 $\boldsymbol{X}$ 有关, 因而是随机的. 故采取行动 δ 的效果用平均损失去度量是相对合理的. 这就引入如下风险函数的概念.

定义 7.1.2 (风险函数)

设 δ 是一个决策函数, 称平均损失

$$R(\delta,\theta)=\mathbb{E}^{\boldsymbol{X}|\theta}[L(\delta(\boldsymbol{X}),\theta)]=\int_{\mathscr{X}}L(\delta(\boldsymbol{x}),\theta)f(\boldsymbol{x}|\theta)d\boldsymbol{x} \tag{7.1.1}$$

为 δ 的风险函数 (risk function).

♧

2. 一致最优决策函数

按照 A. Wald 的统计决策理论, 评价一个决策函数的唯一依据, 就是其风险函数. 风险函数越小越好. 有了风险函数后可比较不同决策函数的优劣.

定义 7.1.3 (一致最优决策函数)

记 $R(\delta,\theta)$ 为决策函数 δ 的风险函数. 若存在一个决策函数 δ^*, 使得对任一决策函数 δ 有

$$R(\delta^*,\theta)\leqslant R(\delta,\theta),\quad 一切\ \theta\in\Theta, \tag{7.1.2}$$

则称 δ^* 为一致最优解或一致最优决策函数.

♧

注 7.1.1 若一致最优解 (或一致最优决策函数) 存在, 则毫无疑问应当采用它. 但是除了某些例外情形, 一致最优解通常不存在. 因此必须把标准放宽些, 引进一些比一致最优准则更弱的优良性准则. 大致有两种途径, 一是用某种方法制定优良性准则的综合性指标, 以之作为比较的标准. 例如, 本节将要讨论的 Bayes 准则和 7.3 节将介绍的 Minimax 准则就属于这一类. 另一类制定优良性准则的方法是对决策函数提出合理的要求, 缩小所考虑的决策函数的范围, 从中找一致最优者. 例如, 无偏性准则就是这样一种要求, UMVUE 就是属于由这类最优性准则获得的估计. 7.4 节将要介绍的同变估计就属于这一类.

7.1.3 Bayes 统计决策的若干基本概念

1. Bayes 准则和 Bayes 解

前一段已说过, 一致最优的决策函数通常不存在, 故有必要把标准放宽些, 引进一些条件更弱的优良性准则. 下列定义的 Bayes 风险, 就是制定一种优良性的综合指标, 作为比较决策函数的标准.

定义 7.1.4 (Bayes 风险)

设 $R(\delta,\theta)$ 为 δ 的风险函数, $\pi(\theta)$ 为 θ 的先验分布, 则称

$$R_\pi(\delta)=\mathbb{E}^\theta[R(\delta,\theta)]=\begin{cases}\displaystyle\int_\Theta R(\delta,\theta)\pi(\theta)d\theta, & 当\ \theta\ 为连续型\ \text{r.v.}\\ \displaystyle\sum_i R(\delta,\theta_i)\pi(\theta_i), & 当\ \theta\ 为离散型\ \text{r.v.}\end{cases} \tag{7.1.3}$$

为 δ 的 Bayes 风险 (Bayes risk). ♧

由定义可见 Bayes 风险是将风险函数以 θ 的先验分布 $\pi(\theta)$ 为权的一种加权平均. 使 Bayes 风险达到最小的决策函数称为决策问题的 Bayes 解, 其定义如下.

定义 7.1.5 (Bayes 解)

设 δ_1 和 δ_2 为 θ 的两个决策函数, 若 $R_\pi(\delta_1) \leqslant R_\pi(\delta_2)$, 则称 δ_1 在 Bayes 风险下优于 δ_2. 若存在 δ^*, 使得对任一决策函数 δ 有

$$R_\pi(\delta^*) \leqslant R_\pi(\delta), \tag{7.1.4}$$

则称 δ^* 为所考虑的统计决策问题的 Bayes 解. ♧

2. 后验风险

设给定 θ 时, 随机变量 $X \sim f(x|\theta)$, θ 的先验分布是 $\pi(\theta)$, θ 的后验分布为 $\pi(\theta|\boldsymbol{x})$. 令 $L(\delta,\theta)$ 为损失函数, 将其按后验分布 $\pi(\theta|\boldsymbol{x})$ 求平均, 得到后验风险. 其定义如下.

定义 7.1.6 (后验风险和最优 Bayes 决策函数)

设 $\pi(\theta|\boldsymbol{x})$ 为 θ 的后验分布, $L(\delta,\theta)$ 为损失函数, 则称

$$R(\delta|\boldsymbol{x})=\mathbb{E}^{\theta|\boldsymbol{x}}[L(\delta,\theta)]=\begin{cases}\displaystyle\int_\Theta L(\delta,\theta)\pi(\theta|\boldsymbol{x})d\theta, & \text{当 } \theta \text{ 为连续型 r.v.}\\ \displaystyle\sum_i L(\delta(\boldsymbol{x}),\theta_i)\pi(\theta_i|\boldsymbol{x}), & \text{当 } \theta \text{ 为离散型 r.v.}\end{cases} \tag{7.1.5}$$

为决策函数 δ 的后验风险 (posterior risk).

若存在决策函数 δ^*, 使得对任一决策函数 δ 有

$$R(\delta^*|\boldsymbol{x}) = \min_\delta R(\delta|\boldsymbol{x}), \tag{7.1.6}$$

则称 δ^* 为后验风险最小准则下的最优 Bayes 决策函数. ♧

3. 后验风险与 Bayes 风险的关系

利用下列事实: $f(\boldsymbol{x},\theta) = f(\boldsymbol{x}|\theta)\pi(\theta) = \pi(\theta|\boldsymbol{x})m(\boldsymbol{x})$, 将贝叶斯风险 $R_\pi(\delta(\boldsymbol{x}))$ 表达式改写如下:

$$\begin{aligned}R_\pi(\delta) &= \mathbb{E}^\theta[R(\delta,\theta)] = \int_\Theta R(\delta,\theta)\pi(\theta)d\theta = \int_\Theta\left[\int_{\mathscr{X}} L(\delta,\theta)f(\boldsymbol{x}|\theta)d\boldsymbol{x}\right]\pi(\theta)d\theta\\ &= \int_{\mathscr{X}}\left[\int_\Theta L(\delta,\theta)\pi(\theta|\boldsymbol{x})d\theta\right]m(\boldsymbol{x})dx = \int_{\mathfrak{X}} R(\delta|\boldsymbol{x})m(\boldsymbol{x})d\boldsymbol{x}\\ &= \mathbb{E}^{\boldsymbol{X}}[R(\delta|\boldsymbol{X})],\end{aligned} \tag{7.1.7}$$

其中 $m(\boldsymbol{x})$ 是 $\boldsymbol{X}$ 的边缘分布, $\mathbb{E}^\theta$ 表示 "关于 θ 的先验分布" 求期望, $\mathbb{E}^{\boldsymbol{X}}$ 表示 "关于 $\boldsymbol{X}$ 的绝对 (边缘) 分布" 求期望. 由上式可见 Bayes 风险有两种表达式

$R_\pi(\delta) = \mathbb{E}^\theta[R(\delta,\theta)] = \mathbb{E}^{\boldsymbol{X}}[R(\delta|\boldsymbol{X})]$, 即 Bayes 风险既可以看成将风险函数关于 θ 的先验分布求平均, 也可以看成对后验风险关于 $\boldsymbol{X}$ 的绝对 (边缘) 分布求平均.

4. 后验风险最小原则

可以证明: 后验风险最小原则下的决策函数 (7.1.6) 就是 Bayes 解. Bayes 解的定义由式 (7.1.4) 给出, 它是使 Bayes 风险达到最小的决策函数.

定理 7.1.1

对任何样本值 $\boldsymbol{x}$, 若存在决策函数 $\delta_\pi(\boldsymbol{x})$, 满足条件

$$R(\delta_\pi|\boldsymbol{x}) = \inf_{\delta\in\mathscr{A}} R(\delta|\boldsymbol{x}),$$

则 δ_π 为先验分布 $\pi(\theta)$ 下的 Bayes 解.

证 设 δ 为任一决策函数, 由已知条件可知

$$R(\delta|\boldsymbol{x}) = \int_\Theta L(\delta,\theta)\pi(\theta|\boldsymbol{x})d\theta \geqslant \int_\Theta L(\delta_\pi,\theta)\pi(\theta|\boldsymbol{x})d\theta = R(\delta_\pi|\boldsymbol{x})$$

对一切 $\boldsymbol{x}\in\mathscr{X}$ 成立. 将上式两边关于 $\boldsymbol{X}$ 的绝对分布求平均. 故由式 (7.1.7) 得

$$R_\pi(\delta) = \int_{\mathscr{X}} R(\delta|\boldsymbol{x})m(\boldsymbol{x})d\boldsymbol{x} \geqslant \int_{\mathscr{X}} R(\delta_\pi|\boldsymbol{x})m(\boldsymbol{x})d\boldsymbol{x} = R_\pi(\delta_\pi),$$

即使 Bayes 风险达到最小的决策函数为 δ_H, 因此它是 Bayes 解. □

注 7.1.2 上述定理告诉我们, 按后验风险最小准则下获得的最优决策函数, 与使 Bayes 风险达到最小求得的最优决策函数 (即 Bayes 解), 这二者是同一个决策函数, 而在后验风险最小准则下求最优决策函数相对比较容易. 因此今后在所有 Bayes 统计决策问题中求最优决策函数时都将采用后验风险最小准则, 后验风险越小的决策函数越好.

7.1.4 最优统计决策函数的例子

例 7.1.2 (续例 1.6.12) 通过血液可以帮助说明一个人是否患有某种疾病, 化验结果为阳性 (以 $X=1$ 表示) 或者为阴性 (以 $X=0$ 表示). 令 θ_1 表示状态有病, θ_2 表示状态无病, 记 $\mathbb{P}(X=x|\theta)=p(x|\theta)$, 则有 $p(1|\theta_1)=0.8$, $p(0|\theta_1)=0.2$, $p(1|\theta_2)=0.1$, $p(0|\theta_2)=0.9$, 设先验信息为 $\pi(\theta_1)=0.05$, $\pi(\theta_2)=0.95$, 此即该地区患病和不患病的比例. 知道化验结果后可能的决策行为是 a_1, a_2 和 a_3, 其中 a_1 表示治疗, a_2 表示不治疗, a_3 表示继续观察, 损失函数 $L(\theta,a)$ 如表 7.1.2 所示. 求决策函数的后验风险和最优决策函数.

表 7.1.2　损失函数 $L(\theta, a)$

θ \ a	a_1	a_2	a_3
θ_1	0	10	6
θ_2	4	0	2

解　由例 1.6.12 可知参数 θ (只取 θ_1 和 θ_2 两个值) 的后验分布如下:

$$\pi(\theta_1|x=0)=0.012,\quad \pi(\theta_2|x=0)=0.988,$$
$$\pi(\theta_1|x=1)=0.296,\quad \pi(\theta_2|x=1)=0.704\,.$$

故决策行为的后验风险分别为

$$\begin{aligned}R(a_1|x=0)&=\mathbb{E}^{\theta|x}\big[L(a_1,\theta)\big]\\&=L(a_1,\theta_1)\times\pi(\theta_1|x=0)+L(a_1,\theta_2)\times\pi(\theta_2|x=0)\\&=0\times 0.012+4\times 0.988=3.952;\end{aligned}$$

类似地有

$$R(a_2|x=0)=10\times 0.012+0\times 0.988=0.12;$$
$$R(a_3|x=0)=6\times 0.012+2\times 0.988=2.048;$$

因此按后验风险最小原则, 当 $x=0$ 时取最优决策函数为 $\delta^*(0)=a_2$.

同理, 当 $x=1$ 时可算得

$$R(a_1|x=1)=0\times 0.296+4\times 0.704=2.816,$$
$$R(a_2|x=1)=10\times 0.296+0\times 0.704=2.96,$$
$$R(a_3|x=1)=6\times 0.296+2\times 0.704=3.184.$$

故按后验风险最小原则, 当 $x=1$ 时最优决策函数为 $\delta^*(1)=a_1$. 因此

$$\delta^*(x)=\begin{cases}a_2, & x=0,\\ a_1, & x=1.\end{cases}$$ □

7.2　Bayes 统计决策

我们知道在 Bayes 统计分析问题中, 一切统计推断都必须从后验分布出发, 在 Bayes 统计决策问题中因为存在损失函数, 统计决策基于前面所述的后验风险最小原则. 因此一切统计决策必须从后验风险出发, 后验风险越小的决策函数越好.

7.2.1　一般损失函数下的 Bayes 估计

常见损失函数有平方损失、加权平方损失、绝对值损失等. 下面将分别讨论在这几种损失函数下的 Bayes 估计.

1. 平方损失下的 Bayes 估计

定理 7.2.1

设 $a = a(\boldsymbol{x})$ 为一决策函数, 则在平方损失 $L(a,\theta) = (a-\theta)^2$ 下, θ 的 Bayes 估计为其后验期望, 即

$$\widehat{\theta}_B(\boldsymbol{x}) = \mathbb{E}(\theta|\boldsymbol{x}) = \int_{\Theta} \theta\pi(\theta|\boldsymbol{x})d\theta. \tag{7.2.1}$$

♡

证 由定理 7.1.1 可知 Bayes 解就是后验风险达到最小的决策函数, 因此有

$$R(a|\boldsymbol{x}) = \mathbb{E}\big[(\theta-a)^2|\boldsymbol{x}\big] = \int_{\Theta}\big[\theta^2 - 2a\theta + a^2\big]\pi(\theta|\boldsymbol{x})d\theta.$$

令

$$\frac{dR(a|\boldsymbol{x})}{da} = -2\int_{\Theta}\theta\pi(\theta|\boldsymbol{x})d\theta + 2a = 0,$$

解方程得 $a = \hat{\theta}_B(\boldsymbol{x}) = \int_{\Theta}\theta\pi(\theta|\boldsymbol{x})d\theta = \mathbb{E}(\theta|\boldsymbol{x})$, 且 $\dfrac{d^2}{da^2}\big[R(a|\boldsymbol{x})\big] = 2 > 0$. □

例 7.2.1 设 $X \sim N(\theta, \sigma^2)$, 其中 σ^2 已知, θ 的先验分布是 $N(\mu, \tau^2)$, μ 和 τ^2 已知. 求平方损失下 θ 的 Bayes 估计.

解 由例 1.6.9 ($n=1$ 的情形) 可知, θ 的后验分布是 $N(\mu(x), \eta^2)$, 其中

$$\mu(x) = \frac{\sigma^2}{\sigma^2+\tau^2}\mu + \frac{\tau^2}{\sigma^2+\tau^2}x, \quad \eta^2 = \frac{\sigma^2\tau^2}{\sigma^2+\tau^2}.$$

由定理 7.2.1 可知, 平方损失下 θ 的 Bayes 估计是

$$\widehat{\theta}_B(x) = \mathbb{E}(\theta|x) = \mu(x) = \frac{\sigma^2}{\sigma^2+\tau^2}\mu + \frac{\tau^2}{\sigma^2+\tau^2}x.$$ □

例 7.2.2 设 $\boldsymbol{X} = (X_1, \cdots, X_n)$ 是从 Poisson 分布 $P(\theta)$ 中抽取的简单样本. 取 θ 的先验分布为 $\Gamma(\alpha,\ \lambda)$, 即 $\pi(\theta) = \big(\lambda^\alpha/\Gamma(\alpha)\big)\theta^{\alpha-1}e^{-\lambda\theta}I_{[\theta>0]}$, 其中 $\lambda > 0$, $\alpha > 0$ 已知, 求平方损失下 θ 的 Bayes 估计.

解 按 1.6.4 小节给出的计算后验分布的简化方法, 可得 θ 的后验分布为 $\Gamma(n\bar{x}+\alpha,\ n+\lambda)$, 故知 Bayes 估计

$$\widehat{\theta}_B(\boldsymbol{x}) = \frac{n\bar{x}+\alpha}{n+\lambda} = \frac{n}{n+\lambda}\bar{x} + \frac{\lambda}{n+\lambda}\cdot\Big(\frac{\alpha}{\lambda}\Big),$$

其中 $\bar{x}$ 为样本均值, α/λ 为先验分布的均值, 可见 θ 的 Bayes 估计为样本均值和先验均值的加权平均. 当 $n \gg \lambda$ 时, 样本均值 $\bar{x}$ 在 Bayes 估计中起主导作用; 当 $\lambda \gg n$ 时, 先验均值 α/λ 在 Bayes 估计中起主导作用, 所以 Bayes 估计是合理的. □

2. 加权平方损失下的 Bayes 估计

定理 7.2.2

设 $a = a(\boldsymbol{x})$ 为一决策函数, 则在加权平方损失 $L(a,\theta) = w(\theta)(a-\theta)^2$ 下, θ 的 Bayes 估计为

$$\widehat{\theta}_B = \frac{\mathbb{E}\big(\theta w(\theta)|\boldsymbol{x}\big)}{\mathbb{E}\big(w(\theta)|\boldsymbol{x}\big)}, \tag{7.2.2}$$

其中 $w(\theta)$ 为参数空间上的正值实函数. ♡

证 由定理 7.1.1 可知, Bayes 解就是后验风险达到最小的决策函数, 故有

$$R(a|\boldsymbol{x}) = \mathbb{E}\big[w(\theta)(\theta-a)^2|\boldsymbol{x}\big] = \int_\Theta \big[w(\theta)\theta^2 - 2\theta\, w(\theta)a + w(\theta)a^2\big]\pi(\theta|\boldsymbol{x})d\theta.$$

令

$$\frac{d}{da}[R(a|\boldsymbol{x})] = -2\int_\Theta \theta\, w(\theta)\pi(\theta|\boldsymbol{x})d\theta + 2a\int_\Theta w(\theta)\pi(\theta|\boldsymbol{x})d\theta\pi(\theta|\boldsymbol{x})d\theta = 0,$$

解方程得

$$a = \hat{\theta}_B = \frac{\displaystyle\int_\Theta \theta\, w(\theta)\pi(\theta|\boldsymbol{x})d\theta}{\displaystyle\int_\Theta w(\theta)\pi(\theta|\boldsymbol{x})d\theta} = \frac{\mathbb{E}\big(\theta\, w(\theta)|\boldsymbol{x}\big)}{\mathbb{E}\big(w(\theta)|\boldsymbol{x}\big)},$$

且 $\dfrac{d^2}{da^2}[R(a|\boldsymbol{x})] > 0$. 定理得证. □

例 7.2.3 设 $\boldsymbol{X} = (X_1, \cdots, X_n)$ 是从下列指数分布中抽取的简单样本:

$$f(x|\theta) = \begin{cases} \theta^{-1}\, e^{-x/\theta}, & x > 0, \\ 0, & \text{其他}, \end{cases}$$

其中 $\theta > 0$. 设 θ 的先验分布服从逆 Gamma 分布 $\Gamma^{-1}(\alpha,\ \lambda)$, 即先验密度是

$$\pi(\theta) = \begin{cases} \dfrac{\lambda^\alpha}{\Gamma(\alpha)}\theta^{-(\alpha+1)}\, e^{-\lambda/\theta}, & \theta > 0, \\ 0, & \text{其他}. \end{cases}$$

求 θ 在加权平方损失 $L(\delta,\theta) = (\theta-\delta)^2/\theta^2$ 下的 Bayes 估计.

解 $\boldsymbol{X}$ 的概率函数 (也可称为 θ 的似然函数) 为

$$f(\boldsymbol{x}|\theta) = L(\theta|\boldsymbol{x}) \propto \theta^{-n}\, e^{-n\bar{x}/\theta} \cdot I_{(0,\infty)}(\theta).$$

而 $\pi(\theta) \propto \theta^{-(\alpha+1)}\, e^{-\lambda/\theta} \cdot I_{(0,\infty)}(\theta)$, 可知 θ 的后验分布

$$\pi(\theta|\boldsymbol{x}) \propto f(\boldsymbol{x}|\theta)\pi(\theta) \propto \theta^{-(n+\alpha+1)}\, e^{-(n\bar{x}+\lambda)/\theta} \cdot I_{(0,\infty)}(\theta),$$

添加正则化常数

$$\pi(\theta|\boldsymbol{x}) = \frac{(n\bar{x}+\lambda)^{n+\alpha}}{\Gamma(n+\alpha)} \cdot \theta^{-(n+\alpha+1)}\, e^{-(n\bar{x}+\lambda)/\theta} \cdot I_{(0,\infty)}(\theta).$$

θ 的 Bayes 估计由式 (7.2.2) 给出, 其中

$$\mathbb{E}(\theta\, w(\theta)|\boldsymbol{x}) = \mathbb{E}(\theta^{-1}|\boldsymbol{x}) = \int_0^\infty \theta^{-1}\cdot\pi(\theta|\boldsymbol{x})d\theta = \frac{n+\alpha}{n\bar{x}+\lambda},$$

$$\mathbb{E}(w(\theta)|\boldsymbol{x}) = \mathbb{E}(\theta^{-2}|\boldsymbol{x}) = \int_0^\infty \theta^{-2}\cdot\pi(\theta|\boldsymbol{x})d\theta = \frac{(n+\alpha+1)(n+\alpha)}{(n\bar{x}+\lambda)^2},$$

因此得到

$$\widehat{\theta}_B = \frac{\mathbb{E}(\theta\, w(\theta)|\boldsymbol{x})}{\mathbb{E}(w(\theta)|\boldsymbol{x})} = \frac{(n+\alpha)/(n\bar{x}+\lambda)}{(n+\alpha+1)(n+\alpha)/(n\bar{x}+\lambda)^2} = \frac{n\bar{x}+\lambda}{n+\alpha+1}. \qquad \square$$

3. 绝对值损失下的 Bayes 解

定理 7.2.3

设 $\delta=\delta(\boldsymbol{x})$ 为一决策函数, 则在绝对损失 $L(\delta,\theta) = |\delta-\theta|$ 下, θ 的 Bayes 估计为后验中位数. ♡

证 见文献 [15] (中译本) 第 117—118 页. □

例 7.2.4 设 $\boldsymbol{X}=(X_1,\cdots,X_n)$ 是从均匀分布 $U(0,\theta)$ 中抽取的简单样本, θ 的先验分布是 Pareto 分布, 其分布函数和密度函数分别为

$$H(\theta) = 1-\left(\frac{\theta_0}{\theta}\right)^\alpha,\ \theta>\theta_0; \quad \pi(\theta) = \frac{\alpha{\theta_0}^\alpha}{\theta^{\alpha+1}},\ \theta>\theta_0.$$

求 θ 在绝对值损失下的 Bayes 估计.

解 $X_1,\cdots,X_n$ 的联合密度 (或称为似然函数) 为

$$f(\boldsymbol{x}|\theta) = \frac{1}{\theta^n} I_{(0,\theta)}(x_{(n)}),$$

其中 $x_{(n)}=\max\{x_1,\cdots,x_n\}$. 由式 (1.6.5) 可知

$$\pi(\theta|\boldsymbol{x}) \propto f(\boldsymbol{x}|\theta)\pi(\theta) \propto \frac{1}{\theta^{n+\alpha+1}}, \quad \theta>\max\{x_{(n)},\theta_0\}.$$

记 $\theta_1=\max\{x_{(n)},\theta_0\}$, 添加正则化常数得后验密度和后验分布函数分别如下:

$$\pi(\theta|\boldsymbol{x}) = \frac{(\alpha+n){\theta_1}^{\alpha+n}}{\theta^{n+\alpha+1}}, \quad \theta>\theta_1; \quad H(\theta|\boldsymbol{x}) = 1-\left(\frac{\theta_1}{\theta}\right)^{\alpha+n}, \quad \theta>\theta_1.$$

这仍为 Pareto 分布, 故上述先验分布是共轭先验分布. 在绝对值损失下 Bayes 估计 $\widehat{\theta}_B$ 是后验中位数, 解方程 $1-(\theta_1/\theta)^{\alpha+n}=1/2$ 得

$$\widehat{\theta}_B = 2^{\frac{1}{\alpha+n}}\cdot\theta_1,$$

若取平方损失, 则 θ 的 Bayes 估计为后验均值, 即

$$\widehat{\theta}_{B_1} = \frac{\alpha+n}{\alpha+n-1}\theta_1.$$

这个估计要比经典方法中最大似然估计 $\widehat{\theta}=\max(x_1,\cdots,x_n)$ 大些, 因为

$$\frac{\alpha+n}{\alpha+n-1} > 1. \qquad \square$$

注 7.2.1 当后验分布是对称时, 后验均值也是后验中位数, 二者相同. 例如, 在例 7.2.1 中, 后验分布仍为正态, 后验均值也是后验中位数, 故绝对值损失下的 Bayes 解也为 $\mathbb{E}(\theta|x) = \mu(x)$.

7.2.2 假设检验和有限行动 (分类) 问题

在估计问题中, 一般有无穷多个行动可供选择. 然而有很多重要的统计问题, 只能在有限个行动中选择. 最常见的有限行动问题是假设检验问题. 这类问题用 Bayes 决策方法是容易解决的. 设行动空间由 r 个行动组成, 即 $\mathscr{A} = \{a_1,\cdots,a_r\}$. 令参数为 θ, 行动为 a_i 时的损失函数是 $L(a_i,\theta)$, $i=1,\cdots,r$. 按后验风险最小准则, Bayes 决策就是使后验风险 $R(a_i|\boldsymbol{x}) = \mathbb{E}^{\theta|\boldsymbol{x}}[L(a_i,\theta)]$ 达到最小的那个行动. 下面首先讨论两个行动的假设检验问题.

1. 假设检验问题

设有如下的两个假设:

$$H_0\colon\ \theta\in\Theta_0 \leftrightarrow H_1:\ \theta\in\Theta_1 \ \text{ 且 }\ \Theta_0\cup\Theta_1=\Theta.$$

决策行动有两个: a_0 和 a_1, 其中 a_i 表示接受 H_i 的行动, $i=0,1$. 决策者要在这两个行动中选择一个. 以下就不同的损失函数来考虑.

(1) 若为 0-1 损失.

$$L(a_i,\theta) = \begin{cases} 0, & \theta\in\Theta_i, \\ 1, & \theta\notin\Theta_i, \end{cases} \qquad i=0,1,$$

其后验风险为

$$R(a_0|\boldsymbol{x}) = \int_\Theta L(a_0,\ \theta)\pi(\theta|\boldsymbol{x})d\theta = \int_{\Theta_1}\pi(\theta|\boldsymbol{x})d\theta = \mathbb{P}(\Theta_1|\boldsymbol{x}),$$

类似可求

$$R(a_1|\boldsymbol{x}) = \mathbb{E}^{\theta|\boldsymbol{x}}\big[L(a_1,\ \theta)\big] = \mathbb{P}(\Theta_0|\boldsymbol{x}).$$

按后验风险最小准则, 若 $R(a_0|\boldsymbol{x}) \geqslant R(a_1|\boldsymbol{x})$, 则拒绝 H_0, 即接受 H_1. 等价地, 若

$$\mathbb{P}(\Theta_1|\boldsymbol{x}) \geqslant \mathbb{P}(\Theta_0|\boldsymbol{x}) \ \text{ 时拒绝 } H_0,\ \text{接受 } H_1. \tag{7.2.3}$$

因此, Bayes 决策就是接受具有较大后验概率的假设. 这与 Bayes 统计推断中的结论是一致的.

(2) 若为 0-k_i 损失.

$$L(a_i,\theta)=\begin{cases}0, & \theta\in\Theta_i,\\ k_i, & \theta\notin\Theta_i,\end{cases}\qquad i=0,1,$$

此时后验风险分别为

$$R(a_0|\boldsymbol{x})=\mathbb{E}^{\theta|\boldsymbol{x}}\big[L(a_0,\ \theta)\big]=k_0\mathbb{P}(\Theta_1|\boldsymbol{x}),$$
$$R(a_1|\boldsymbol{x})=\mathbb{E}^{\theta|\boldsymbol{x}}\big[L(a_1,\ \theta)\big]=k_1\mathbb{P}(\Theta_0|\boldsymbol{x}).$$

按后验风险最小准则, 若

$$R(a_0|\boldsymbol{x})>R(a_1|\boldsymbol{x}) \tag{7.2.4}$$

则拒绝 H_0; 若不等式反向, 则接受 H_0. 式 (7.2.4) 的等价形式为

$$k_0\mathbb{P}(\Theta_1|\boldsymbol{x})>k_1\mathbb{P}(\Theta_0|\boldsymbol{x}),$$

即当

$$\frac{k_0}{k_1}>\frac{\mathbb{P}(\Theta_0|\boldsymbol{x})}{\mathbb{P}(\Theta_1|\boldsymbol{x})}\ \text{时拒绝}\ H_0.$$

由于 $\Theta_0\cup\Theta_1=\Theta$, 故有 $\mathbb{P}(\Theta_0|\boldsymbol{x})=1-\mathbb{P}(\Theta_1|\boldsymbol{x})$, 所以上式可改写为

$$\mathbb{P}(\Theta_1|\boldsymbol{x})>\frac{k_1}{k_0+k_1}\ \text{时拒绝}\ H_0,\ \text{否则接受}\ H_0. \tag{7.2.5}$$

例 7.2.5 (续儿童智力测验问题) 考虑对一个儿童作智力测验的情形. 设测验结果 $X\sim N(\theta,100)$, 其中 θ 为这个孩子测验中的智商 IQ 真值, θ 的先验分布为 $N(100,225)$. 该儿童测验得分 $x=115$. 取损失函数为 0-1 损失, 求下列检验问题

$$H_0:\theta\leqslant 105\leftrightarrow H_1:\theta>105.$$

解 由例 3.6.1 已知后验分布 $\pi(\theta|x=115)$ 是 $N(110.38,8.32^2)$. 利用标准正态分布表可得

$$\mathbb{P}(\Theta_0|x=115)=\mathbb{P}(\theta\leqslant 105|x=115)=\varPhi(-5.38/8.32)=0.2578,$$
$$\mathbb{P}(\Theta_1|x=115)=1-\mathbb{P}(\Theta_0|x=115)=0.7422.$$

由于 $\mathbb{P}(\Theta_1|x=115)>\mathbb{P}(\Theta_0|x=115)$, 故由检验准则 (7.2.3) 可知, 拒绝 H_0. □

2. 多行动 (分类) 问题

很多决策问题可能采取的行动多于两个. 例如, 在假设检验问题中常常存在两者皆可的区域, 即除 $\theta\in\Theta_0$ 及 $\theta\in\Theta_1$ 分别采取行动 a_0 和 a_1 之外, 还存在第三个行动 a_2, 它表示当 $\theta\in\Theta_2$ 时采取两者皆可的行动. 例如, 若要求检验两种药物的治愈率, 合理方法是检验下列三个假设:

$$H_0:\theta_1-\theta_2<-\varepsilon,\quad H_1:\theta_1-\theta_2>\varepsilon,\quad H_2:|\theta_1-\theta_2|\leqslant\varepsilon,$$

其中 $\varepsilon > 0$ 的选择使得当 $|\theta_1 - \theta_2| \leqslant \varepsilon$ 时两种药物被认为等效, 这里 θ_i 表示第 i 种药物的治愈率.

即使在经典的假设检验中, 也有三个行动可供选择: a_0 表示接受 H_0, a_1 表示拒绝 H_0, 接受 H_1, 而 a_2 表示接受 H_0 或 H_1 都无足够的证据. 经典方法是通过犯错误概率来作选择. 下面用 Bayes 统计决策方法来研究, 采用后验风险最小的原则, 即使后验风险达到最小的决策行动作为最优决策行动.

常见的有限行动问题的另一个类型是分类问题. 获得观测值后, 将未知参数分到几个可能的区域中去, 这与前面的多行动检验类似, 采用的准则仍是后验风险最小的原则, 即采用使后验风险达到最小的决策行动.

例 7.2.6 (续例 7.2.5)　在例 7.2.5 儿童作智力测验的例子中, 对那个孩子的智商作出如下三个假设:

$$H_1: \theta < 90, \quad H_2: 90 \leqslant \theta \leqslant 110, \quad H_3: \theta > 110. \tag{7.2.6}$$

又设有三个行动 a_1, a_2, a_3, 其中 a_i 表示接受 H_i, $i = 1, 2, 3$. 选择下列损失函数是合适的:

$$L(a_1, \theta) = \begin{cases} 0, & \theta < 90, \\ \theta - 90, & 90 \leqslant \theta \leqslant 110, \\ 2(\theta - 90), & \theta > 110, \end{cases}$$

$$L(a_2, \theta) = \begin{cases} 90 - \theta, & \theta < 90, \\ 0, & 90 \leqslant \theta \leqslant 110, \\ \theta - 110, & \theta > 110, \end{cases}$$

$$L(a_3, \theta) = \begin{cases} 2(110 - \theta), & \theta < 90, \\ 110 - \theta, & 90 \leqslant \theta \leqslant 110, \\ 0, & \theta > 110. \end{cases}$$

已知后验分布 $\pi(\theta|x)$ 是 $N(110.38, 8.32^2)$, 求多重检验问题 (7.2.6).

解　计算 a_i, $i = 1, 2, 3$ 的后验风险. 计算时将后验分布 $\pi(\theta|x)$ 由 $N(110.38, 8.32^2)$ 变换到 $N(0, 1)$, 查标准正态分布表得到

$$\begin{aligned} R(a_1|x) = \mathbb{E}^{\theta|x}[L(a_1, \theta)] &= \int_{90}^{110} (\theta - 90)\pi(\theta|x)d\theta + 2\int_{110}^{\infty} (\theta - 90)\pi(\theta|x)d\theta \\ &= 6.49 + 27.83 = 34.32, \end{aligned}$$

$$\begin{aligned} R(a_2|x) = \mathbb{E}^{\theta|x}[L(a_2, \theta)] &= \int_{-\infty}^{90} (90 - \theta)\pi(\theta|x)d\theta + \int_{110}^{\infty} (\theta - 110)\pi(\theta|x)d\theta \\ &= 0.02 + 3.53 = 3.55, \end{aligned}$$

$$R(a_3|x) = \mathbb{E}^{\theta|x}[L(a_3,\theta)] = \int_{-\infty}^{90} 2(110-\theta)\pi(\theta|x)d\theta + \int_{90}^{110} (110-\theta)\pi(\theta|x)d\theta$$
$$= 0.32 + 2.95 = 3.27.$$

按后验风险最小准则, 采取行动 a_3, 即接受 H_3, 即认为该儿童智商属于 $\theta \geqslant 110$. □

*7.2.3 统计决策中的区间估计问题

区间估计问题, 也可以用统计决策的方法去考虑. 为简单计, 设 $C(\boldsymbol{x}) = [d_1(\boldsymbol{x}), d_2(\boldsymbol{x})]$ 为 θ 的一个区间估计, 损失函数的一种取法为

$$L(C(\boldsymbol{x}),\theta) = m_1[d_2(\boldsymbol{x}) - d_1(\boldsymbol{x})] + m_2[1 - I_{C(\boldsymbol{x})}(\theta)],$$

其中 $m_1 > 0$, $m_2 > 0$ 为给定常数. 显见第一部分表示区间长度引起的损失, 第二部分表示当 θ 不属于 $C(\boldsymbol{x})$ 时引起的损失. 按后验风险最小的原则, 应使

$$R(C(\boldsymbol{x})|\boldsymbol{x}) = \mathbb{E}^{\theta|\boldsymbol{x}}[L(C(\boldsymbol{x}),\,\theta)] = m_1[d_2(\boldsymbol{x}) - d_1(\boldsymbol{x})] + m_2\mathbb{P}_{\theta|\boldsymbol{x}}(\theta \notin C(\boldsymbol{x}))$$

越小越好. 但是要找出最优解, 并非易事. 优化问题能够得以解决的不多.

7.3 Minimax 准则

7.3.1 引言及定义

在 7.1.1节中已经说过, 一致最优的决策函数通常不存在, 因此必须把标准放宽些, 引进一些比一致最优准则更弱的优良性准则. 途径之一是用某种方法制定优良性的综合指标, 以之作为比较的标准. Bayes 准则属于这一类. 和 Bayes 风险 $R_\pi(\delta)$ 一样, 下列定义的最大风险 $M(\delta)$ 也是一种优良性的综合指标, 用它作为比较决策函数的标准, 称为 Minimax 准则. 因此 Minimax 准则是从综合指标考虑的另一种优良性准则.

设 δ 为一决策函数, $R(\delta,\theta)$ 为其风险函数, 令

$$M(\delta) = \sup_{\theta\in\Theta} R(\delta,\theta).$$

易见 $M(\delta)$ 表示采用决策函数 δ 时所遭受的最大风险. 如果在某项应用中, 使这个最大风险尽可能小是很重要的, 就可以制定如下准则, 通常称为 Minimax 准则或极小极大准则.

定义 7.3.1 (Minimax 解)

设 δ_1 和 δ_2 为同一个统计决策问题的两个决策函数, 若 $M(\delta_1) < M(\delta_2)$, 则称决策函数 δ_1 优于 δ_2. 如果存在某个决策函数 δ^*, 对任何决策函数 δ 都有

$$M(\delta^*) \leqslant M(\delta),$$

则称 δ^* 为该统计决策问题的 Minimax 解, 也称 δ^* 为 Minimax 决策函数. 当统计决策问题为估计或检验时, 也称 δ^* 为 Minimax 估计或 Minimax 检验.

注 7.3.1　以最大风险的大小作为评判决策函数的标准, 是考虑最不利的情形, 使最不利情形尽可能地好. 因此 Minimax 准则是一种偏保守的准则. 常有如图 7.3.1 的情形发生, 其中 $M(\delta_1) < M(\delta_2)$, 故按 Minimax 准则而言, δ_1 优于 δ_2. 但是仔细观看二者的风险函数, 发现对大多数 θ 而言, δ_2 优于 δ_1, 仅当 $a < \theta < b$ 时, δ_1 优于 δ_2. 如果没有足够的先验信息说明 θ 处在 a, b 之间的概率较大, 就很难说 δ_1 优于 δ_2 了. 因此 Bayes 学派认为, 只是在人们对 θ 的先验分布很没把握的时候, 作为一种替代, 才使用 Minimax 解. 只要对先验分布有一定把握, 则宁肯采用 Bayes 准则.

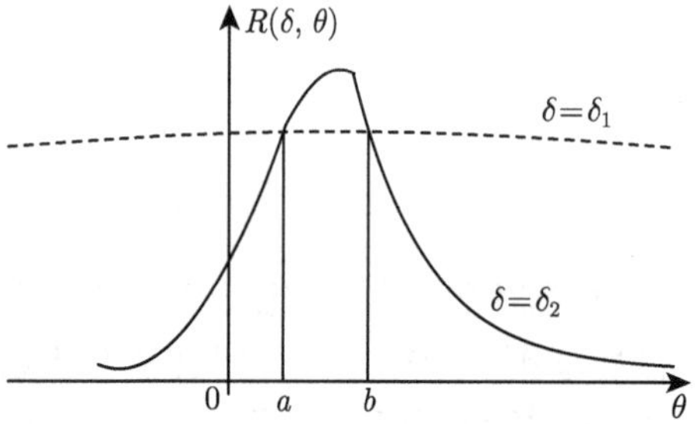

图 7.3.1　风险与 Minimax 准则

在实际中常使用 Minimax 准则这种策略思想作决策. 形象地说, 这一准则"不求得到很多, 但求不失去很多", 如在地震多发地区, 重要建筑物的建筑设计按 Minimax 准则, 要求在可抗八级地震的条件下, 尽量减少建造费用. 重要的防洪堤坝的设计也要按 Minimax 准则, 在保证能抵御百年一遇洪水的条件下, 尽可能地减少建设费用. 参加人寿保险或财产保险, 也是出于此种策略.

7.3.2　Minimax 解的求法

求 Minimax 解通常比较困难, 下列两个定理与其说是求 Minimax 解的方法, 不如说是验证某一特定的解为 Minimax 解的方法.

定理 7.3.1

设 δ^* 为在先验分布 $\pi(\theta)$ 之下的 Bayes 解, 且 δ^* 的风险函数为常数 c, 即对任何 $\theta \in \Theta$ 有 $R(\delta^*, \theta) = c$, 则 δ^* 为一个 Minimax 解.

证　采用反证法. 若不然, δ^* 不是 Minimax 解, 则存在估计量 δ 使得

$$\sup_{\theta\in\Theta} R(\delta, \theta) < \sup_{\theta\in\Theta} R(\delta^*, \theta) \equiv c. \tag{7.3.1}$$

故 $R(\delta,\theta) < c$ 对一切 $\theta \in \Theta$ 成立, 这时将两边关于 θ 的先验分布 $\pi(\theta)$ 求平均可得

$$R_\pi(\delta) = \int_\Theta R(\delta,\theta)\pi(\theta)d\theta < c\int_\Theta \pi(\theta)d\theta = \int_\Theta R(\delta^*,\theta)\pi(\theta)d\theta = R_\pi(\delta^*),$$

即 $R_\pi(\delta) < R_\pi(\delta^*)$ (其中 $R_\pi(\delta)$ 为 δ 的 Bayes 风险, $R_\pi(\delta^*)$ 为 δ^* 的 Bayes 风险), 这与 δ^* 为 Bayes 解矛盾. □

例 7.3.1 设 $X \sim B(n,\theta)$, θ 的先验分布是 $\text{Be}(a,b)$. 损失函数为 $L(d,\theta) = (\theta-d)^2$, 问在 a,b 取何值时 θ 的 Minimax 估计存在? 在其存在时求出它的表达式.

解 由例 1.6.7 可知 θ 的后验分布 $\pi(\theta|x)$ 是 $\text{Be}(x+a, n-x+b)$, 故 θ 的 Bayes 估计为 $\delta_{a,b}(x) = (x+a)/(n+a+b)$, 其风险函数为

$$\begin{aligned}
R(\delta_{a,b},\theta) &= \mathbb{E}\left(\frac{X+a}{n+a+b}-\theta\right)^2 = \mathbb{E}\left[\left(\frac{X-\mathbb{E}(X)}{n+a+b}\right)+\left(\frac{\mathbb{E}(X)+a}{n+a+b}-\theta\right)\right]^2 \\
&= \text{Var}\left(\frac{X}{n+a+b}\right)+\left(\frac{a+n\theta}{n+a+b}-\theta\right)^2 \\
&= \frac{n\theta(1-\theta)}{(n+a+b)^2}+\left(\frac{a-(a+b)\theta}{n+a+b}\right)^2.
\end{aligned}$$

若取 $a=b=\sqrt{n}/2$, 则上式右边等于一个常数, 即

$$R(\delta_{\sqrt{n}/2,\sqrt{n}/2}(x),\theta) = \frac{n}{4(n+\sqrt{n})^2}.$$

由于风险为常数, 由定理 7.3.1 可知

$$\delta_{\sqrt{n}/2,\sqrt{n}/2}(x) = \frac{x+\sqrt{n}/2}{n+\sqrt{n}}$$

是 θ 的 Minimax 估计. □

定理 7.3.1 的使用面较窄, 因为一般很难找到一个其风险函数为常数的 Bayes 解. 下面定理的应用要广泛得多.

定理 7.3.2

设 δ_k 为一个统计决策问题在先验分布 π_k 之下的 Bayes 解, 假定 δ_k 的 Bayes 风险为 r_k, $k=1,2,\cdots$, 且有

$$\lim_{k\to\infty} r_k = r < \infty. \tag{7.3.2}$$

又设 δ^* 为同一问题的一个决策函数, 满足条件

$$M(\delta^*) \leqslant r, \tag{7.3.3}$$

则 δ^* 为此统计决策问题的 Minimax 解. ♡

证　反证法. 若不然, δ^* 不是 Minimax 解, 则必存在决策函数 δ 使得

$$M(\delta) < M(\delta^*) \leqslant r = \lim_{k\to\infty} r_k.$$

由式 (7.3.2) 和式 (7.3.3) 可知, 当 k 充分大时有

$$M(\delta) < r_k.$$

于是有

$$\begin{aligned} R_{\pi_k}(\delta) &= \int_\Theta R(\delta,\theta)\pi_k(\theta)d\theta \leqslant \int_\Theta M(\delta)\pi_k(\theta)d\theta = M(\delta) \\ &< r_k = \int_\Theta R(\delta_k,\theta)\pi_k(\theta)d\theta = R_{\pi_k}(\delta_k). \end{aligned}$$

这与 δ_k 为先验分布 $\pi_k(\theta)$ 之下的 Bayes 解矛盾. □

例 7.3.2　设 $\boldsymbol{X} = (X_1, \cdots, X_n)$ 是从正态总体 $N(\theta, 1)$ 中抽取的简单样本, 取损失函数为 $L(d,\theta) = (d-\theta)^2$, 求 θ 的 Minimax 估计.

解　找一串 θ 的先验分布 $\{\pi_k\}$, π_k 为 $N(0,k^2)$, $k=1,2,\cdots$. 由例 1.6.9 可知 θ 的后验分布是 $N(\mu_k(\boldsymbol{x}),\eta_k^2)$, 其中 $\mu_k(\boldsymbol{x}) = nk^2\bar{x}/(nk^2+1)$, $\eta_k^2 = k^2/(nk^2+1)$. 再由定理 7.2.1 可知, 平方损失下的 Bayes 解为后验分布的均值, 即

$$\delta_k(\boldsymbol{x}) = \mu_k(\boldsymbol{x}) = \frac{nk^2}{nk^2+1}\bar{x},$$

其风险函数

$$\begin{aligned} R(\delta_k,\theta) &= \mathbb{E}\left(\frac{nk^2\bar{X}}{nk^2+1} - \theta\right)^2 \\ &= \mathrm{Var}\left(\frac{nk^2\bar{X}}{nk^2+1}\right) + \left(\frac{nk^2}{nk^2+1}\mathbb{E}(\bar{X}) - \theta\right)^2 \\ &= \frac{nk^4}{(nk^2+1)^2} + \frac{\theta^2}{(nk^2+1)^2} = \frac{nk^4+\theta^2}{(nk^2+1)^2}, \end{aligned}$$

其中均值 $\mathbb{E}$ 和方差 Var 是关于"给定 θ 时 X 的分布"计算的. 故 δ_k 的 Bayes 风险是

$$r_k = R_{\pi_k}(\delta_k) = \mathbb{E}^\theta\left[\frac{nk^4+\theta^2}{(nk^2+1)^2}\right] = \frac{nk^4+k^2}{(nk^2+1)^2} = \frac{k^2}{nk^2+1},$$

显然有

$$\lim_{k\to\infty} r_k = \lim_{k\to\infty}\frac{k^2}{nk^2+1} = \frac{1}{n} = r.$$

若取 $\delta^* = \bar{X}$, 其风险函数 $R(\delta^*, \theta) = \mathbb{E}(\bar{X} - \theta)^2 = 1/n \leqslant r$, 故由定理 7.3.2 可知, $\delta^* = \bar{X}$ 为 θ 的 Minimax 估计. □

*7.4 同变估计

7.4.1 同变估计的概念

前两节讨论的 Bayes 准则和 Minimax 准则都是用某种方法制定的优良性的综合指标 $R_\pi(\delta)$ 和 $M(\delta)$ 等, 以其作为比较的准则. 另一类制定优良性准则的方法是对决策函数提出合理的要求, 缩小所考虑的决策函数的范围, 从中找一致最优者, 如无偏性准则就是这样一种要求, UMVUE 就是属于由这类准则获得的最优估计. 本节介绍另一个这类准则, 称为同变原理. 请看下例.

例如, 设要估计某物体的重量 a, 将它放在某一架天平上称量 n 次, 得样本 $X_1, \cdots, X_n$, 假定它们相互独立, 同服从正态分布 $N(a, \sigma^2)$. 用 $\delta(X_1, \cdots, X_n)$ 去估计 a; 如果用另一架不精确的天平去称同样的物体, 称出来的数值系统地偏大 c, 即得到一批数据 $X_1', \cdots, X_n'$, $X_i' = X_i + c$, $c > 0$, $i = 1, 2, \cdots, n$, 用这批数据去估计物重 a, 即用 $\delta(x_1', \cdots, x_n') = \delta(x_1 + c, \cdots, x_n + c)$ 估计 a 是系统地偏高了, 它的平均值应当是 $a + c$, 因此应当用 $\delta(x_1 + c, \cdots, x_n + c) - c$ 估计 a 的值. 据此提出合理要求: 估计值不应与天平的系统偏差有关, 应消除这种偏差, 即要求所用的估计量 δ 满足条件, 对一切实数 c, 有

$$\delta(x_1', \cdots, x_n') = \delta(x_1 + c, \cdots, x_n + c) = \delta(x_1, \cdots, x_n) + c, \tag{7.4.1}$$

满足式 (7.4.1) 要求的估计量称为在平移变换下的**位置同变估计** (location equivariant estimation).

若考虑另一种情形, 如测量两地间的距离 n 次, 得样本 $X_1, \cdots, X_n$, 假定它们相互独立, 同服从正态分布 $N(b, \sigma^2)$. 用原来长度单位 (如 km) 得到距离 b 的估计值为 $\delta(x_1, \cdots, x_n)$, 若把测量单位改变 (如将 km 改为 m), 则得到数据为 $X_1', \cdots, X_n'$, $X_i' = cX_i$, $i = 1, 2, \cdots, n$, $1 < c < \infty$. 用 $\delta(x_1', \cdots, x_n') = \delta(cx_1, \cdots, cx_n)$ 去估计 b 显然偏高, 它的平均值应当是 cb. 因此, 应当用 $\delta(x_1', \cdots, x_n')/c$ 作为 b 的估计才与单位无关. 据此提出合理要求: 估计 b 应当与单位无关, 即要求所用的估计量 δ 满足条件

$$\delta(x_1', \cdots, x_n') = \delta(cx_1, \cdots, cx_n) = c\delta(x_1, \cdots, x_n), \quad c > 0. \tag{7.4.2}$$

满足式 (7.4.2) 要求的估计量称为在刻度变换下的**刻度同变估计** (scale equivariant estimation).

综上所述, 可以给出同变估计的一个描述性定义, 其严格定义见文献 [18] 第 3

章, 或文献 [1] 第 163 页.

定义 7.4.1 (同变估计)

设 $\delta(x_1, \cdots, x_n)$ 是参数 θ 的一个估计量. 假如对样本作了某种变换, 估计量 $\delta(x_1, \cdots, x_n)$ 仍保持此变换的统计特性, 则称 $\delta(x_1, \cdots, x_n)$ 是在该变换下 θ 的同变估计 (equivariant estimation). 在变换是明确无误的情形下, 可简称 $\delta(x_1, \cdots, x_n)$ 是参数 θ 的同变估计. ♧

例如, 若对样本作平移变换, 则位置参数 θ 的同变估计满足性质 (7.4.1); 若对样本作刻度变换, 则刻度参数 θ 的同变估计满足性质 (7.4.2).

7.4.2 最优同变估计

引入损失函数后可以在同变估计类中找最优同变估计. 设 $R(\delta, \theta)$ 为同变估计 δ 的风险函数, 则有如下定义.

定义 7.4.2 (最优同变估计)

设 $\delta^* = \delta^*(x_1, \cdots, x_n)$ 是某特定变换下 θ 的一个同变估计, 如果对此种变换下的任一同变估计 $\delta = \delta(x_1, \cdots, x_n)$, 有

$$R(\delta^*, \theta) \leqslant R(\delta, \theta), \quad 一切\ \theta \in \Theta, \tag{7.4.3}$$

则称 δ^* 是此种变换下 θ 的最优同变估计 (minimum risk equivariant estimation). ♧

若取损失函数为平方损失, 则上述定义中决策函数的风险函数就是其均方误差. 即在上述定义 7.4.2 中将式 (7.4.3) 用下式代替:

$$\mathbb{E}_\theta(\delta^* - \theta)^2 \leqslant \mathbb{E}_\theta(\delta - \theta)^2, \quad 一切\ \theta \in \Theta, \tag{7.4.4}$$

以下皆考虑损失函数为平方损失的情形. 下面来看最优同变估计的几个例子.

例 7.4.1 设 $\boldsymbol{X} = (X_1, \cdots, X_n)$ 为从正态总体 $N(\theta, \sigma^2)$ 中抽取的简单样本, 其中 σ^2 已知. 求 θ 在平移变换下的最优同变估计.

解 对此正态总体中抽取的样本, 已知样本均值 $\bar{X}$ 是充分统计量, 故 θ 在平移变换下的同变估计是充分统计量 $\bar{X}$ 的函数. 记为 $\widehat{\theta}(\bar{X})$. 由同变性要求, 即式 (7.4.1), 可知

$$\widehat{\theta}(\bar{X} + c) = \widehat{\theta}(\bar{X}) + c, \quad -\infty < c < \infty.$$

特别取 $c = -\bar{X}$, 并记 $d = \widehat{\theta}(0)$ 可得

$$\widehat{\theta}(\bar{X}) = \bar{X} + \widehat{\theta}(0) = \bar{X} + d.$$

其均方误差为

$$\mathbb{E}_\theta\big[\widehat{\theta}(\bar{X})-\theta\big]^2=\mathbb{E}_\theta\big[\bar{X}+d-\theta\big]^2=\mathbb{E}_\theta[\bar{X}-\theta]^2+d^2=\sigma^2/n+d^2.$$

显然当 $d=0$ 时上述均方误差达到最小. 因此 θ 的最优同变估计为 $\widehat{\theta}(\bar{X})=\bar{X}$. 由 3.3 节和 3.4 节已知它也是 θ 的最大似然估计和 UMVUE. □

例 7.4.2 设 $\boldsymbol{X}=(X_1,\cdots,X_n)$ 为从分布族 $\{f(x,\theta)=e^{-(x-\theta)}I_{[x-\theta\geqslant 0]}:\theta\in\mathbb{R}\}$ 中抽取的简单样本, 求 θ 在平移变换下的最优同变估计.

解 由 1.6.3 小节中关于位置参数族的定义可知本题中的样本分布族是位置参数族, θ 是位置参数. 由因子分解定理可知最小次序统计量 $X_{(1)}$ 是分布族的充分统计量, 它也是 θ 的 MLE. 故 θ 在平移变换下的同变估计是充分统计量 $X_{(1)}$ 的函数, 记为 $\widehat{\theta}(X_{(1)})$. 由同变性可知

$$\widehat{\theta}(X_{(1)}+c)=\widehat{\theta}(X_{(1)})+c,\qquad -\infty<c<\infty.$$

特别取 $c=-X_{(1)}$, 并记 $d=\widehat{\theta}(0)$ 可得

$$\widehat{\theta}(X_{(1)})=X_{(1)}+\widehat{\theta}(0)=X_{(1)}+d.$$

因为 $X_{(1)}-\theta$ 的分布密度为 $ne^{-ny}I_{(y>0)}$, 故 $\widehat{\theta}(X_{(1)})$ 的均方误差

$$\mathbb{E}_\theta\big[X_{(1)}+d-\theta\big]^2=\mathbb{E}_\theta\big[X_{(1)}-\theta\big]^2+2d\,\mathbb{E}_\theta\big[X_{(1)}-\theta\big]+d^2=\frac{2}{n^2}+\frac{2}{n}d+d^2.$$

上述均方误差是 d 的函数. 用微积分求极小值的方法, 易知当 $d=-1/n$ 时均方误差达到最小, 故 θ 在平移变换下的最优同变估计为

$$\widehat{\theta}(X_{(1)})=X_{(1)}-\frac{1}{n}.$$

由第 3 章习题 23(1) 可知它是 θ 的无偏估计. 再由 $T=X_{(1)}$ 为充分完全统计量, 由 L-S 定理可知它也是 θ 的 UMVUE. 它的均方误差为

$$\mathrm{MSE}(\widehat{\theta}(X_{(1)}))=\mathbb{E}_\theta\big[X_{(1)}+d-\theta\big]^2=\frac{1}{n^2}<\frac{2}{n^2}=\mathbb{E}_\theta\big[X_{(1)}-\theta\big]^2=\mathrm{MSE}(\widehat{\theta}_{\mathrm{MLE}}),$$

即 θ 的最优同变估计的均方误差比 θ 的 MLE 的均方误差小. □

例 7.4.3 设 $\boldsymbol{X}=(X_1,\cdots,X_n)$ 为从分布族 $\{U(0,\theta):\theta>0\}$ 中抽取的简单样本, 求 θ 在刻度变换下的最优同变估计.

解 由于均匀分布 $U(0,\theta)$ 的密度函数 $f(x|\theta)=\theta^{-1}I_{[0<x/\theta<1]}$, 由 1.6.3 小节中关于刻度参数族的定义可知由上述均匀分布构成的分布族属于刻度参数族, θ 为刻度参数. 由因子分解定理可知最大次序统计量 $X_{(n)}$ 是分布族的充分统计量, 它也是 θ 的 MLE. 故 θ 在刻度变换下的同变估计是充分统计量 $X_{(n)}$ 的函数, 记为 $\widehat{\theta}(X_{(n)})$. 由同变性可知

$$\widehat{\theta}(cX_{(n)})=c\widehat{\theta}(X_{(n)}),\qquad \forall\, c>0.$$

特别取 $c=1/X_{(n)}$, 并记 $d=\widehat{\theta}(1)$ 可得

$$\widehat{\theta}(X_{(n)})=\widehat{\theta}(1)X_{(n)}=dX_{(n)}.$$

因为 $T=X_{(n)}$ 的分布密度为 $g(t,\theta)=[nt^{n-1}/\theta^n]I_{[0<t<\theta]}$, 故 $\widehat{\theta}(X_{(n)})$ 的均方误差

$$\mathbb{E}_\theta\left[dX_{(n)}-\theta\right]^2=d^2\mathbb{E}_\theta(T^2)-2d\,\theta\mathbb{E}_\theta(T)+\theta^2=n\theta^2\left[\frac{d^2}{n+2}-\frac{2d}{n+1}+\frac{1}{n}\right].$$

上述均方误差是 d 的函数. 用微积分求极小值的方法, 易知当 $d=(n+2)/(n+1)$ 时均方误差达到最小, 故 θ 在刻度变换下的最优同变估计为

$$\widehat{\theta}(X_{(n)})=\frac{n+2}{n+1}X_{(n)},$$

其均方误差为

$$\mathbb{E}_\theta\left[\frac{n+2}{n+1}X_{(n)}-\theta\right]^2=\frac{\theta^2}{(n+1)^2}<\frac{\theta^2}{n(n+2)}=\mathbb{E}_\theta\left[\frac{n+1}{n}X_{(n)}-\theta\right]^2.$$

由例 3.3.5 和例 3.4.11 可知 $\widehat{\theta}_{\rm MLE}=[(n+1)/n]X_{(n)}$ 是 θ 的最大似然估计, 它也是 θ 的 UMVUE. 上式表明: θ 的最优同变估计的均方误差比 θ 的 UMVUE 的均方误差小. □

注 7.4.1 定义 7.4.1 及几个例子都是从定义出发求平移变换下位置参数的最优同变估计; Pitman 估计是对位置参数在平移变换下求最优同变估计的另一种方法. 感兴趣的读者可参看文献 [11] 2.3 节或 [14] 2.5.3 小节.

*7.5 决策函数的可容许性

7.5.1 容许性的概念

在统计决策问题中按风险函数越小越好的原则找一致最优的决策函数常常难以实现, 于是降低要求, 寻找可容许决策函数. 容许性这个概念本身并不是一个优良性准则, 但在很大程度上可以说, 它是任何优良决策函数所应具备的条件. 下面给出它的定义.

定义 7.5.1

记 $R(\delta,\theta)$ 为决策函数 $\delta=\delta(\boldsymbol{x})$ 的风险函数. 若存在决策函数 $\delta^*=\delta^*(\boldsymbol{x})$ 使得

(1) 对任何 $\theta\in\Theta$, 有 $R(\delta^*,\theta)\leqslant R(\delta,\theta)$;

(2) 至少存在一个 $\theta_0\in\Theta$, 使 $R(\delta^*,\theta_0)<R(\delta,\theta_0)$,

则称 δ^* 一致地优于 δ, 而称 δ 是不可容许的决策函数. 反之, 若不存在一致地优于 δ 的决策函数, 则称 δ 是可容许的决策函数 (admissible decision rule).

♧

由定义可见，不可容许的决策函数是不应采用的，我们使用的决策函数至少应该是可容许的. 但不是任一可容许的决策函数都可以使用. 例如，不依赖于样本的常数值估计 $\delta_0(\boldsymbol{x})=\theta_0$ 常常是可容许估计，因为它在 $\theta=\theta_0$ 给出精确的估计值. 这种只顾 θ_0 一点，不顾其他点的估计是不会为人们采用的. 总之，容许性与前面讨论的最优选择原则不同，它不是"择优"的准则，而是"除劣"的方法，应当排除那些"较劣"的不可容许的决策函数. 决策函数可容许性实际意义在于缩小所考虑决策函数的范围.

对于容许的决策函数，并不能保证这一决策函数的风险函数较小，可能是在参数空间的某些子集上它的风险函数比其他决策函数小，而在参数空间的另外一些子集上它的风险函数又比别的决策函数大，即与其他决策函数相比，它不会一致地比其他决策函数好，也不会一致地比其他决策函数差.

例 7.5.1 设 $\boldsymbol{X}=(X_1,\cdots,X_n)$ 为从正态总体 $N(\theta,1)$ 中抽取的 i.i.d. 样本，$\theta\in\Theta=[a,b]$，此处 $-\infty<a<b<\infty$. 取损失函数为平方损失，则 $\bar{X}$ 是 θ 的不可容许估计.

解 定义估计量

$$\delta(\boldsymbol{x})=\begin{cases}\bar{x}, & a\leqslant\bar{x}\leqslant b,\\ a, & \bar{x}\leqslant a,\\ b, & \bar{x}\geqslant b.\end{cases}$$

因 $\bar{X}\sim N(\theta,1/n)$，记其密度函数为 $f_n(\cdot)$，则有

$$\begin{aligned}R(\delta,\theta)&=(a-\theta)^2\int_{y<a}f_n(y)dy+\int_{a\leqslant y\leqslant b}(y-\theta)^2f_n(y)dy\\&\quad+(b-\theta)^2\int_{y>b}f_n(y)dy<\int_{-\infty}^{\infty}(y-\theta)^2f_n(y)dy=R(\bar{X},\theta).\end{aligned}$$

即 δ 一致地优于 $\bar{X}$，而 $\bar{X}$ 为此统计决策问题的不可容许估计. □

例 7.5.2 设 $\boldsymbol{X}=(X_1,\cdots,X_n)$ 为从正态总体 $N(\mu,\sigma^2)$ 中抽取的 i.i.d. 样本，要估计 σ^2. 参数空间 $\boldsymbol{\Theta}=\{\boldsymbol{\theta}=(\mu,\sigma^2):-\infty<\mu<\infty,\sigma^2>0\}$，取损失函数为加权平方损失 $L(\delta,\sigma^2)=(\delta-\sigma^2)^2/\sigma^4$，记 $S^2=\sum\limits_{i=1}^{n}(X_i-\bar{X})^2$，考虑 σ^2 形如 cS^2 的估计.

解 σ^2 的估计量 $\delta=cS^2$ 的风险为

$$R(\delta,\theta)=\mathbb{E}_{\boldsymbol{\theta}}\left[\frac{cS^2-\sigma^2}{\sigma^2}\right]^2=(n^2-1)c^2-2(n-1)c+1.$$

上式是 c 的函数，用微积分求极值的方法易知当 $c=1/(n+1)$ 时上式达到最小，因此在 cS^2 这个估计类中应取 $\delta^*=S^2/(n+1)$ 作为 σ^2 的估计.

本例中 σ^2 的 UMVUE 为 $S^2/(n-1)$，由此得出一个很有意思，且有点意外的

结论: 在所取损失函数下, 常见的 σ^2 的 UMVUE $S^2/(n-1)$ 是不可容许的估计, 而使用 $S^2/(n+1)$ 可以改善风险函数, 虽则它不是无偏估计.

进一步可以指出, 甚至 $S^2/(n+1)$ 也仍然是不可容许的, Stein 证明了下述事实: 估计量

$$\min\left\{\frac{1}{n+1}\sum_{i=1}^{n}(x_i-\bar{x})^2, \frac{1}{n+2}\sum_{i=1}^{n}x_i^2\right\}$$

的风险一致地更小. □

由上述两个例题可以看出, 容许性概念是较深刻的统计概念, 某些具有优良性质的估计量未必是容许估计, 在给定的统计决策问题中, 要判断一个决策函数是否具有容许性是一个难度很大的问题, 没有可遵循的一般准则. 有时可以讨论某一特定类型的决策函数是否是可容许的, 例如限制在线性估计类中讨论容许性, 是最有兴趣也是文献中研究最多的情形. 这类决策函数一般都有某种优良性. 例如, 决策函数是某个统计决策问题的 Bayes 解或 Minimax 解, 或者是由直观方法产生的优良解. 下面几个定理分别讨论 Bayes 解和 Minimax 解的可容许性.

7.5.2 Bayes 估计和 Minimax 估计的可容许性

定理 7.5.1

在 Bayes 决策问题中, 设 δ_π 为先验分布 $\pi(\theta)$ 下的 Bayes 解, 若 $\pi(\theta)$ 和 δ_π 满足下列条件:

(1) 先验分布 $\pi(\theta)$ 对参数空间 Θ 的任何非空开子集有正概率;

(2) δ_π 的 Bayes 风险 $R_\pi(\delta_\pi)<\infty$;

(3) 对任何决策函数 δ, $R(\delta,\theta)$ 为 θ 的连续函数,

则 δ_π 为容许的. ♡

注 7.5.1 这个定理虽然简单, 但有很大的实用价值. 首先它说明一大批 Bayes 估计是可容许的, 如由共轭先验分布得到的 Bayes 估计都是可容许的. 其次, 这个定理还指出: 要证明 "一个估计是可容许的", 只要能找到满足定理 7.5.1 的先验分布, 使得在此先验分布下的 Bayes 估计就是所讨论的估计即可.

证 若不然, 必存在决策函数 δ^*, 使得

$$R(\delta^*,\theta)\leqslant R(\delta_\pi,\theta), \quad 一切\ \theta\in\Theta,$$

且至少对某个 $\theta_0\in\Theta$ 有严格不等式, 即

$$R(\delta^*,\theta_0)<R(\delta_\pi,\theta_0).$$

由 $R(\delta_\pi,\theta)$ 的连续性, 对 $\varepsilon>0$, 必存在以 θ_0 为中心, ρ 为半径的开球体 $\mathcal{S}_\rho(\theta_0)$, 使得

$$R(\delta^*,\theta)<R(\delta_\pi,\theta)-\varepsilon, \quad 一切\ \theta\in\mathcal{S}_\rho(\theta_0).$$

于是对 δ^* 的 Bayes 风险有

$$\begin{aligned} R_\pi(\delta^*) &= \int_{\mathcal{S}_\rho(\theta_0)} R(\delta^*,\theta)\pi(\theta)d\theta + \int_{\Theta-\mathcal{S}_\rho(\theta_0)} R(\delta^*,\theta)\pi(\theta)d\theta \\ &\leqslant \int_{\mathcal{S}_\rho(\theta_0)} [R(\delta_\pi,\theta)-\varepsilon]\pi(\theta)d\theta + \int_{\Theta-\mathcal{S}_\rho(\theta_0)} R(\delta_\pi,\theta)\pi(\theta)d\theta \\ &= R_\pi(\delta_\pi) - \varepsilon\,\mathbb{P}\big(\theta\in\mathcal{S}_\rho(\theta_0)\big). \end{aligned}$$

由假设 (1) 可知 $\mathbb{P}\big(\theta\in\mathcal{S}_\rho(\theta_0)\big)>0$, 从而有 $R_\pi(\delta^*)<R_\pi(\delta_\pi)$, 这与 δ_π 为 θ 的 Bayes 解矛盾. □

定理 7.5.2

在给定的 Bayes 决策问题中, 若在给定的先验分布 $\pi(\theta)$ 下的 Bayes 估计 δ_π 是唯一的, 则它也是可容许的. ♡

证 反证. 若 δ_π 不是可容许的, 则必存在另一个估计 $\delta^*\neq\delta_\pi$, 使得

$$R(\delta^*,\theta)\leqslant R(\delta_\pi,\theta), \quad 一切\ \theta\in\Theta,$$

且严格不等式至少对某个 $\theta\in\Theta$ 成立. 上式两边关于先验分布 $\pi(\theta)$ 求期望得到

$$R_\pi(\delta^*) = \int_\Theta R(\delta^*,\theta)\pi(\theta)d\theta \leqslant \int_\Theta R(\delta_\pi,\theta)\pi(\theta)d\theta = R_\pi(\delta_\pi).$$

故 $\delta^*=\delta_\pi$ 与 δ_π 的唯一性矛盾. □

定理 7.5.3

在统计决策问题中, 假如 δ_0 为参数 θ 的唯一 Minimax 估计, 则 δ_0 也是 θ 的可容许估计. ♡

证 反证法. 若不然, 则必存在另一个估计 $\delta^*\neq\delta_0$, 使得

$$R(\delta^*,\theta)\leqslant R(\delta_0,\theta), \quad 一切\ \theta\in\Theta,$$

且严格不等式至少对某个 $\theta\in\Theta$ 成立, 因此有

$$\sup_{\theta\in\Theta} R(\delta^*,\theta)\leqslant \sup_{\theta\in\Theta} R(\delta_0,\theta),$$

从而 δ^* 也是 θ 的 Minimax 估计, 与唯一性矛盾. □

例 7.5.3 设随机变量 $X\sim B(n,\theta)$, $\theta\sim \mathrm{Be}(a,b)$, 损失函数 $L(d,\theta)=(d-\theta)^2$. 证明参数 θ 的 Minimax 估计 $\delta_{\sqrt{n}/2,\sqrt{n}/2}(x)=(x+\sqrt{n}/2)/(n+\sqrt{n})$ 是可容许的.

证 由例 1.6.7 可知给定 x, θ 的后验分布是 $\mathrm{Be}(a+x,b+n-x)$. 易知平方损失下的 Bayes 估计是后验均值, 即

$$\delta_{a,b}(x)=\frac{x+a}{a+b+n},$$

由例 7.3.1 可知: 当取 $a = b = \sqrt{n}/2$ 时, 风险函数为常数, 故

$$\delta_{\sqrt{n}/2,\sqrt{n}/2}(x) = \frac{x + \sqrt{n}/2}{n + \sqrt{n}} \tag{7.5.1}$$

是 θ 的 Minimax 估计.

易验证 θ 的先验分布 $\mathrm{Be}(a, b)$ 在 $0 < \theta < 1$ 内有处处大于 0 的密度, 故定理 7.5.1 的条件 (1) 成立. 显然定理 7.5.1 的条件 (2) 也成立. 至于条件 (3), 只要注意到任一估计量 δ 的风险函数

$$R(\delta, \theta) = \mathbb{E}(\delta - \theta)^2 = \sum_{i=0}^{n} (\delta(i) - \theta)^2 \binom{n}{x} \theta^i (1-\theta)^{n-i}$$

是 θ 的连续函数, 故定理 7.5.1 的条件 (3) 也成立. 因此, 由定理 7.5.1 可知 θ 的 Minimax 估计 (7.5.1) 是可容许的. □

例 7.5.4　设 $\boldsymbol{X} = (X_1, \cdots, X_n)$ 为从正态分布 $N(\theta, 1)$ 中抽取的简单样本, 其中 $-\infty < \theta < \infty$. 令损失函数是 $L(d, \theta) = (d - \theta)^2$, $0 < c < 1$ 为常数, 则 $c\bar{X}$ 是 θ 的可容许估计.

证　事实上, 若取 θ 的先验分布 $\pi(\theta)$ 为 $N(0, \tau^2)$, 其中 τ^2 为已知常数, 取 $c = n\tau^2/(1 + n\tau^2)$, 则由例 1.6.9 可知 θ 的 Bayes 估计是后验均值, 即

$$\delta_\pi(\boldsymbol{X}) = \frac{n\tau^2}{1 + n\tau^2}\bar{X} = c\bar{X}.$$

不难验证定理 7.5.1 的条件 (1)-(2) 成立; 利用定理 1.5.2, 容易说明定理 7.5.1 的条件 (3) 也成立; 故 $\delta_\pi(\boldsymbol{X})$ 是 θ 的可容许估计. □

在例 7.5.4 中令 $c \to 1$, 则得 $c\bar{X} \to \bar{X}$, 于是 $\bar{X}$ 是容许估计的极限. 可是, 容许估计的极限不见得就是可容许的, 故这样还不能证明 $\bar{X}$ 是 θ 的可容许估计, $\bar{X}$ 的可容许性也不能用定理 7.5.1的方法直接证明, 但 $\bar{X}$ 确是 θ 的可容许估计, 对此感兴趣的读者可查看文献 [2] 第 240—241 页中被称为 “C-R 不等式法” 的证明方法.

7.5.3　James-Stein 估计

设 $\boldsymbol{X}_1, \cdots, \boldsymbol{X}_n$ 为从 p 维正态分布 $N_p(\boldsymbol{\theta}, \boldsymbol{I})$ 中抽取的简单样本, 取损失函数 $L(\boldsymbol{\theta}, \boldsymbol{d}) = ||\boldsymbol{d} - \boldsymbol{\theta}||^2$, 其中 $\boldsymbol{\theta}$, $\boldsymbol{d}$ 皆为 p 维向量. $\boldsymbol{\theta}$ 的通常估计 $\bar{\boldsymbol{X}} = \sum\limits_{i=1}^{n} \boldsymbol{X}_i/n$ 是否为可容许的呢? 在 $p = 1, 2$ 时, 回答是肯定的, 自然猜想对 $p > 2$ 时 $\bar{\boldsymbol{X}}$ 也是可容许的. C. Stein 在 1955 年证明: 当 $p \geqslant 3$ 时, 样本均值向量 $\bar{\boldsymbol{X}}$ 是正态均值向量 $\boldsymbol{\theta}$ 的不可容许估计. 这一结果曾在统计学界引起轰动. 1960 年, James 和 Stein 给出了比 $\bar{\boldsymbol{X}}$ 更优的估计

$$\boldsymbol{\theta}_{\mathrm{JS}} = \left(1 - \frac{p-2}{||\bar{\boldsymbol{X}}||^2}\right)\bar{\boldsymbol{X}}.$$

这个估计称为 James-Stein 估计.

本章总结

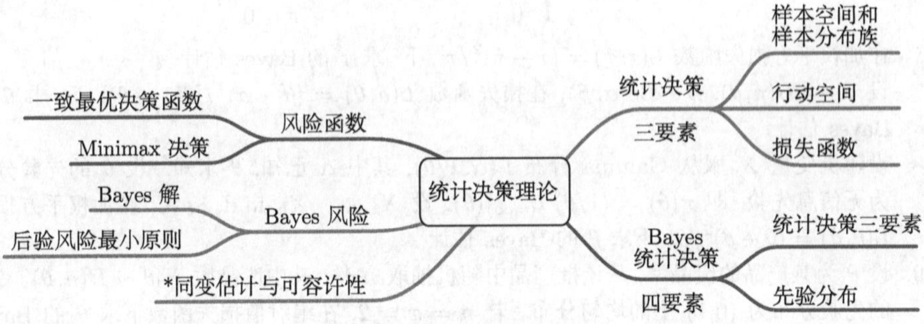

第 7 章知识点结构图

重点概念总结

- Bayes 统计决策问题是基于后验风险最小原则的. 因此, 一切统计决策问题都要计算后验风险, 后验风险越小的决策函数越好.
- 通常一致最优的决策函数不存在, 此时寻找最优决策函数的策略有二: 一是考虑优良性准则的综合指标, 如 Bayes 准则和 Minimax 准则属于这一类; 二是缩小所考虑问题的范围, 在更小的范围内寻找最优的, 无偏性和同变性属于此类. 可容许性也可以归入此类.

第 7 章习题

1. 设 $X_1,\cdots,X_n$ 是来自正态总体 $N(\theta,1)$ 的一个样本, 其中未知参数 θ 的先验分布是 $N(0,1)$, 在平方损失函数 $L(\theta,\widehat{\theta})=(\theta-\widehat{\theta})^2$ 下, 求 θ 的 Bayes 估计
2. 设 $X_1,\cdots,X_n$ 是来自几何分布 $\mathrm{Nb}(1,\theta)$ 的 i.i.d. 样本, 假如未知参数 θ 的先验分布为 Beta 分布 $\mathrm{Be}(\alpha,\beta)$. 在平方损失函数下求 θ 的 Bayes 估计.
3. 设 $X_1,\cdots,X_n$ 为抽自参数为 θ 的 Poisson 分布 $P(\theta)$ 的一组样本, 假如未知参数 θ 的先验分布是指数分布 $\mathrm{Exp}(\lambda)$, 在平方损失函数下, 求 θ 的 Bayes 估计.
4. 某产品的寿命服从指数分布 $\mathrm{Exp}(\theta)$. 对 n 个这种产品进行寿命试验, 获得了一组样本 $X_1,\cdots,X_n$, 假如未知参数 θ 的先验分布为 Gamma 分布 $\Gamma(r,\lambda)$. 在平方损失下, 试求 θ 和 $1/\theta$ 的 Bayes 估计.
5. 设 $X_1,\cdots,X_n$ 是从均匀分布 $\{U(0,\theta),\ \theta>0\}$ 中抽取的简单样本. 设 θ 的先验分布为 $U(0,a)$, $a>0$ 已知. 求平方损失下 θ 的 Bayes 估计.

6. 设 $X_1,\cdots,X_n$ 是来自正态总体 $N(0,\tau)$ 的一个样本, 其中方差 τ 的先验分布为逆 Gamma 分布, 即

$$\pi(\tau)=\begin{cases}\dfrac{\alpha^{\beta}}{\Gamma(\beta)}\tau^{-(\beta+1)}e^{-\frac{\alpha}{\tau}}, & \tau>0,\\ 0, & \tau\leqslant 0.\end{cases}$$

在加权平方损失函数 $L(\tau,\hat{\tau})=(\tau-\hat{\tau})^2/\tau^2$ 下, 求 τ 的 Bayes 估计.

7. 设 $X\sim B(n,\theta)$, $\theta\sim\text{Be}(\alpha,\beta)$, 在损失函数 $L(a,\theta)=(\theta-a)^2/[\theta(1-\theta)]$ 下, 求 θ 的 Bayes 估计.

8. 设随机变量 X 服从 Gamma 分布 $\Gamma(\alpha,1/\theta)$, 其中 α 已知, θ 未知. 设 θ 的先验分布为无信息先验, 即 $\pi(\theta)=(1/\theta)\,I_{(0,\infty)}(\theta)$. 设 $X_1,\cdots,X_n$ i.i.d. $\sim X$, 在加权平方损失 $L(\theta,d)=(\theta-d)^2/\theta^2$ 下求 θ 的 Bayes 估计.

9. 设 θ 为某产品的废品率, 从该批产品中随机抽取 n 件, 其中废品数 $X|\theta\sim B(n,\theta)$, 令 θ 的先验分布为 (0,1) 上的均匀分布. 若 $n=x=2$, 在绝对值损失函数下求 θ 的 Bayes 估计.

10. 设 $X_1,\cdots,X_n$ 是从均匀分布 $U(0,\theta/2)$ 中抽取的 i.i.d. 样本, 令 θ 的先验分布是 Pareto 分布 $\text{Pa}(\theta_0,\alpha)$, 其中 θ_0 和 α 已知. 求在绝对值损失函数下 θ 的 Bayes 估计.

11. 接到船运来的一大批零件, 从中抽检 5 件. 假设其中不合格品数 $X\sim B(5,\theta)$, 又从以往各批的先验信息中确定 θ 的先验分布为 $\text{Be}(1,9)$. 若观察值为 $x=0$, 在下列损失函数下求检验问题:

$$H_0:\ 0\leqslant\theta\leqslant 0.15\leftrightarrow H_1:\ \theta>0.15.$$

设行动 a_i 表示接受 H_i, $i=0,1$.

$$L(a_0,\theta)=\begin{cases}0, & \theta\leqslant 0.15,\\ 1, & \theta>0.15,\end{cases}\qquad L(a_1,\theta)=\begin{cases}2, & \theta\leqslant 0.15,\\ 0, & \theta>0.15.\end{cases}$$

12. 在上题中若取损失函数为 0-1 损失, 其他不变, 考虑检验问题

$$H_0:\ 0\leqslant\theta\leqslant 0.15\leftrightarrow H_1:\ \theta>0.15.$$

13. 某公司对生产线的产品进行定时抽样, 以保证生产过程的平稳. 选样本量为 5, 观测废次品数, 过去记录的废次品比例 θ 假定服从 Beta 分布 $\text{Be}(1,9)$. 使生产过程继续下去的损失为 10θ, 使生产过程停下来校准后再启动生产的损失为 1. 如样本中有 1 个废次品, 求 Bayes 决策行为.

14. 设某地区的地质状态 θ 有两种可能自然状态 θ_1 和 θ_2, 其意义如下: θ_1: 含石油; θ_2: 不含石油. 假设对该地区可采取的决策行动有三种 a_1, a_2 和 a_3, 其意义如下: a_1: 钻探石油; a_2: 出卖该地区; a_3: 合资钻探. 所采用损失函数 $L(\theta,a)$ 的取值如下表:

θ \ a	a_1 (钻探)	a_2 (出卖)	a_3 (合资)
θ_1	0	10	5
θ_2	12	1	6

例如, 表中值表明: $L(\theta_1,a_1)=0$, $L(\theta_1,a_2)=10$, 等等. 下面就要做试验去获取 θ 的信息. 在该试验下随机变量 X 取值为 0 和 1, 分别表示地质岩石构造的 2 个种类. 给定 θ 时, X 的概率分布为

$$\mathbb{P}(X=0|\theta=\theta_1)=0.3,\quad \mathbb{P}(X=1|\theta=\theta_1)=0.7,$$
$$\mathbb{P}(X=0|\theta=\theta_2)=0.6,\quad \mathbb{P}(X=1|\theta=\theta_2)=0.4.$$

专家认为发现石油的机会是 0.2, 即 θ 的先验分布为 $\pi(\theta_1)=0.2,\ \pi(\theta_2)=0.8$.

(1) 求 θ 的后验分布.

(2) 计算采取各种决策行动的后验风险.

(3) 求出最佳的 Bayes 决策行动.

15. 设随机变量 X 服从二项分布 $B(n,p)$, $0<p<1$, 证明 $d(x)=x/n$ 在损失函数 $L(d,p)=(d-p)^2/[p(1-p)]$ 下是 p 的 Minimax 估计. (提示: 先验分布取均匀分布.)

16. 证明题 8 中求出的 Bayes 估计是 θ 的 Minimax 估计.

17. 设 $X_1,\cdots,X_n$ 为自正态总体 $N(0,\sigma^2)$ 中抽取的 i.i.d. 样本, 令 $\tau=\sigma^2$ 的先验分布为无信息先验, 即 $\pi(\tau)=(1/\tau)I_{(0,\infty)}(\tau)$, 取损失函数为 $L(d,\tau)=(d-\tau)^2/\tau^2$, 求 τ 的 Bayes 估计 $\hat{\tau}_B$, 并证明 $\hat{\tau}_B$ 是 τ 的 Minimax 估计.

18. 设 $X_1,\cdots,X_n$ 为从均匀分布 $U(\theta-1/2,\theta+1/2)$ 中抽取的 i.i.d. 样本, 求 θ 的平移变换下的最优同变估计 (取损失函数为平方损失).

19. 设 $\boldsymbol{X}=(X_1,\cdots,X_n)$ 为从对数正态分布 $\mathrm{LN}(\theta,\sigma^2)$ 中抽取的简单样本, 其密度函数为

$$f(x,\theta,\sigma^2)=\frac{1}{\sqrt{2\pi}\sigma x}\exp\left\{-\frac{(\ln x-\theta)^2}{\sigma^2}\right\},\quad x>0,$$

其中 σ^2 已知, 求 θ 在平移变换下 θ 的最优同变估计 (取损失函数为平方损失).

20. 设 $X_1,\cdots,X_n$ 为从具有指数分布密度 $\theta^{-1}\exp\{-x/\theta\}$, $x>0$ 的总体中抽取的 i.i.d. 样本, 求在刻度变换下 θ 的最优同变估计.

*21. 设 $X_1,\cdots,X_n$ 为自正态总体 $N(0,\sigma^2)$ 中抽取的 i.i.d. 样本, 在刻度变换下求 σ^2 的最优同变估计. (提示：求 σ^2 的最优同变估计时, 令 $Y_i=X_i^2$, $i=1,\cdots,n$, 则 Y_i 的分布属于刻度参数族, 刻度参数为 σ^2.)

22. 设 $X_1,\cdots,X_n$ i.i.d. $\sim N(\theta,1)$ 要估计 θ. 令损失函数为平方损失, 取估计量为 $\widehat{\theta}_n=c_1X_1+\cdots+c_nX_n$. 证明若 $c_1+\cdots+c_n=1$, 则除非 $c_1=\cdots=c_n=1/n$, $\widehat{\theta}_n$ 是不可容许的.

参考文献

[1] 陈希孺. 数理统计引论. 北京: 科学出版社, 1981, 1998.

[2] 陈希孺, 倪国熙. 数理统计学教程. 上海: 上海科学技术出版社, 1988.

[3] H. 克拉美. 统计学数学方法. 魏宗舒, 等译. 上海: 上海科学技术出版社, 1966.

[4] 茆诗松, 王静龙. 数理统计. 上海: 华东师范大学出版社, 1990.

[5] 陈希孺. 数理统计学简史. 长沙: 湖南教育出版社, 2002.

[6] 陈家鼎, 孙山泽, 李东风. 数理统计学讲义. 北京: 高等教育出版社, 1993.

[7] 傅权, 胡蓓华. 基本统计方法教程. 上海: 华东师范大学出版社, 1989.

[8] 茆诗松, 王静龙, 濮晓龙. 高等数理统计. 北京: 高等教育出版社, 1998.

[9] 赵林城, 王占锋. 高等统计学概论, 北京: 高等教育出版社, 2016.

[10] 韦博成. 高等数理统计教程. 北京: 高等教育出版社, 2022.

[11] 郑明, 陈子毅, 汪嘉冈. 数理统计讲义. 上海: 复旦大学出版社, 2006.

[12] 茆诗松, 吕晓玲. 数理统计学. 2 版. 北京: 中国人民大学出版社, 2016.

[13] 韦来生, 张伟平. 贝叶斯分析. 2 版. 合肥: 中国科学技术大学出版社, 2021.

[14] 范金城, 吴可法. 统计推断导引. 北京: 科学出版社, 2001.

[15] Berger J O. Statistical Decision Theory and Bayesian Analysis. 2nd ed. New York: Springer-Verlag, 1985.
中译本, 统计决策论及贝叶斯分析. 贾乃光, 译. 北京: 中国统计出版社, 1998.

[16] Bickel P J, Doksum K A. Mathematical Statistics: Basic Ideas and Selected Topics. San Francisco: Holden-Day, 1977.
中译本, 数理统计——基本概念及专题. 李泽慧, 等译. 兰州: 兰州大学出版社, 1991.

[17] Lehmann E L. Testing Statistical Hypotheses. 2nd ed. New York: John Wiley & Sons, 1986.

[18] Lehmann E L, Casella G. Theory of Point Estimation. 2nd ed. New York: Springer-Verlag, 1998.
中译本, 点估计理论. 2 版. 郑忠国, 等译. 北京: 中国统计出版社, 2005.

[19] Mood A M, Graybill F A. Introduction to the Theory of Statistics. 3rd ed. New York: McGraw-Hill, 1974.
中译本, 统计学导论. 史定华, 译. 北京: 科学出版社, 1978.

[20] Shao J. Mathematical Statistics. 2nd ed. New York: Springer, 2003.

附　录

附表 1　标准正态分布表

$$\Phi(x)=\int_{-\infty}^{x}\frac{1}{\sqrt{2\pi}}e^{-u^2/2}du$$

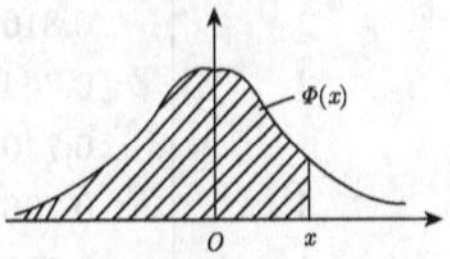

x	0	1	2	3	4	5	6	7	8	9
0.0	0.5000	0.5040	0.5080	0.5120	0.5160	0.5199	0.5239	0.5279	0.5319	0.5359
0.1	0.5398	0.5438	0.5478	0.5517	0.5557	0.5596	0.5636	0.5675	0.5714	0.5753
0.2	0.5793	0.5832	0.5871	0.5910	0.5948	0.5987	0.6026	0.6064	0.6103	0.6141
0.3	0.6179	0.6217	0.6255	0.6293	0.6331	0.6368	0.6406	0.6443	0.6480	0.6517
0.4	0.6554	0.6591	0.6628	0.6664	0.6700	0.6736	0.6772	0.6808	0.6844	0.6879
0.5	0.6915	0.6950	0.6985	0.7019	0.7054	0.7088	0.7123	0.7157	0.7190	0.7224
0.6	0.7257	0.7291	0.7324	0.7357	0.7389	0.7422	0.7454	0.7486	0.7517	0.7549
0.7	0.7580	0.7611	0.7642	0.7673	0.7703	0.7734	0.7764	0.7794	0.7823	0.7852
0.8	0.7881	0.7910	0.7939	0.7967	0.7995	0.8023	0.8051	0.8078	0.8106	0.8133
0.9	0.8159	0.8186	0.8212	0.8238	0.8264	0.8289	0.8315	0.8340	0.8365	0.8389
1.0	0.8413	0.8438	0.8461	0.8485	0.8508	0.8531	0.8554	0.8577	0.8599	0.8621
1.1	0.8643	0.8665	0.8686	0.8708	0.8729	0.8749	0.8770	0.8790	0.8810	0.8830
1.2	0.8849	0.8869	0.8888	0.8907	0.8925	0.8944	0.8962	0.8980	0.8997	0.9015
1.3	0.9032	0.9049	0.9066	0.9082	0.9099	0.9115	0.9131	0.9147	0.9162	0.9177
1.4	0.9192	0.9207	0.9222	0.9236	0.9251	0.9265	0.9278	0.9292	0.9306	0.9319
1.5	0.9332	0.9345	0.9357	0.9370	0.9382	0.9394	0.9406	0.9418	0.9430	0.9441
1.6	0.9452	0.9463	0.9474	0.9484	0.9495	0.9505	0.9515	0.9525	0.9535	0.9545
1.7	0.9554	0.9564	0.9573	0.9582	0.9591	0.9599	0.9608	0.9616	0.9625	0.9633
1.8	0.9641	0.9648	0.9656	0.9664	0.9671	0.9678	0.9686	0.9693	0.9700	0.9706
1.9	0.9713	0.9719	0.9726	0.9732	0.9738	0.9744	0.9750	0.9756	0.9762	0.9767
2.0	0.9772	0.9778	0.9783	0.9788	0.9793	0.9798	0.9803	0.9808	0.9812	0.9817
2.1	0.9821	0.9826	0.9830	0.9834	0.9838	0.9842	0.9846	0.9850	0.9854	0.9857
2.2	0.9861	0.9864	0.9868	0.9871	0.9874	0.9878	0.9881	0.9884	0.9887	0.9890
2.3	0.9893	0.9896	0.9898	0.9901	0.9904	0.9906	0.9909	0.9911	0.9913	0.9916
2.4	0.9918	0.9920	0.9922	0.9925	0.9927	0.9929	0.9931	0.9932	0.9934	0.9936
2.5	0.9938	0.9940	0.9941	0.9943	0.9945	0.9946	0.9948	0.9949	0.9951	0.9952
2.6	0.9953	0.9955	0.9956	0.9957	0.9959	0.9960	0.9961	0.9962	0.9963	0.9964
2.7	0.9965	0.9966	0.9967	0.9968	0.9969	0.9970	0.9971	0.9972	0.9973	0.9974
2.8	0.9974	0.9975	0.9976	0.9977	0.9977	0.9978	0.9979	0.9979	0.9980	0.9981
2.9	0.9981	0.9982	0.9982	0.9983	0.9984	0.9984	0.9985	0.9985	0.9986	0.9986
3.0	0.9987	0.9990	0.9993	0.9995	0.9997	0.9998	0.9998	0.9999	0.9999	1.0000

注: 表中末行为函数值 $\Phi(3.0),\Phi(3.1),\cdots,\Phi(3.9)$.

附表 2　t 分布表

$$\mathbb{P}\{t_n > t_n(\alpha)\} = \alpha$$

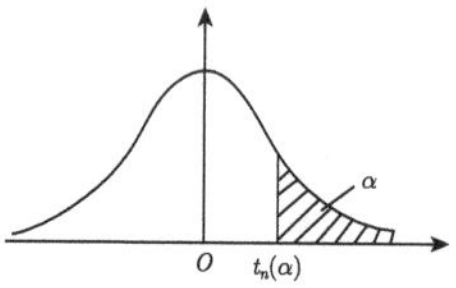

n \ α	0.25	0.10	0.05	0.025	0.01	0.005
1	1.0000	3.0777	6.3138	12.7062	31.8207	63.6574
2	0.8165	1.8856	2.9200	4.3027	6.9646	9.9248
3	0.7649	1.6377	2.3534	3.1824	4.5407	5.8409
4	0.7407	1.5332	2.1318	2.7764	3.7469	4.6041
5	0.7267	1.4759	2.0150	2.5706	3.3649	4.0322
6	0.7176	1.4398	1.9432	2.4469	3.1427	3.7074
7	0.7111	1.4149	1.8946	2.3646	2.9980	3.4995
8	0.7064	1.3968	1.8595	2.3060	2.8965	3.3554
9	0.7027	1.3830	1.8331	2.2622	2.8214	3.2498
10	0.6998	1.3722	1.8125	2.2281	2.7638	3.1693
11	0.6974	1.3634	1.7959	2.2010	2.7181	3.1058
12	0.6955	1.3562	1.7823	2.1788	2.6810	3.0545
13	0.6938	1.3502	1.7709	2.1604	2.6503	3.0123
14	0.6924	1.3450	1.7613	2.1448	2.6245	2.9768
15	0.6912	1.3406	1.7531	2.1315	2.6025	2.9467
16	0.6901	1.3368	1.7459	2.1199	2.5835	2.9208
17	0.6892	1.3334	1.7396	2.1098	2.5669	2.8982
18	0.6884	1.3304	1.7341	2.1009	2.5524	2.8784
19	0.6876	1.3277	1.7291	2.0930	2.5395	2.8609
20	0.6870	1.3253	1.7247	2.0860	2.5280	2.8453
21	0.6864	1.3232	1.7207	2.0796	2.5177	2.8314
22	0.6858	1.3212	1.7171	2.0739	2.5083	2.8188
23	0.6853	1.3195	1.7139	2.0687	2.4999	2.8073
24	0.6848	1.3178	1.7109	2.0639	2.4922	2.7969
25	0.6844	1.3163	1.7081	2.0595	2.4851	2.7874
26	0.6840	1.3150	1.7056	2.0555	2.4786	2.7787
27	0.6837	1.3137	1.7033	2.0518	2.4727	2.7707
28	0.6834	1.3125	1.7011	2.0484	2.4671	2.7633
29	0.6830	1.3114	1.6991	2.0452	2.4620	2.7564
30	0.6828	1.3104	1.6973	2.0423	2.4573	2.7500
40	0.681	1.303	1.684	2.021	2.423	2.704
60	0.679	1.296	1.671	2.000	2.390	2.660
120	0.677	1.289	1.658	1.980	2.358	2.617
∞	0.674	1.282	1.654	1.960	2.326	2.576

附表 3　χ^2 分布表

$$\mathbb{P}\{\chi_n^2 > \chi_n^2(\alpha)\} = \alpha$$

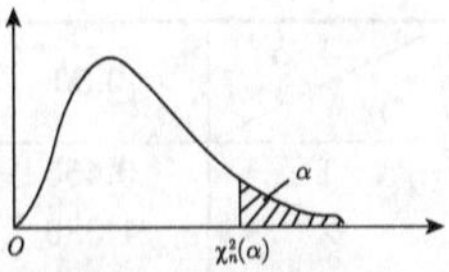

n \ α	0.995	0.99	0.975	0.95	0.90	0.75
1	—	—	0.001	0.004	0.016	0.102
2	0.010	0.020	0.051	0.103	0.211	0.575
3	0.072	0.115	0.216	0.352	0.584	1.213
4	0.207	0.297	0.484	0.711	1.064	1.923
5	0.412	0.554	0.831	1.145	1.610	2.675
6	0.676	0.872	1.237	1.635	2.204	3.455
7	0.989	1.239	1.690	2.167	2.833	4.255
8	1.344	1.646	2.180	2.733	3.490	5.071
9	1.735	2.088	2.700	3.325	4.168	5.899
10	2.156	2.558	3.247	3.940	4.865	6.737
11	2.603	3.053	3.816	4.575	5.578	7.584
12	3.074	3.571	4.404	5.226	6.304	8.438
13	3.565	4.107	5.009	5.892	7.042	9.299
14	4.075	4.660	5.629	6.571	7.790	10.165
15	4.601	5.229	6.262	7.261	8.547	11.037
16	5.142	5.812	6.908	7.962	9.312	11.912
17	5.697	6.408	7.564	9.672	10.085	12.792
18	6.265	7.015	8.231	9.390	10.865	13.675
19	6.844	7.633	8.907	10.117	11.651	14.562
20	7.434	8.260	9.591	10.851	12.443	15.452
21	8.034	8.897	10.283	11.591	13.240	16.344
22	8.643	9.542	10.982	12.338	14.042	17.240
23	9.260	10.196	11.689	13.091	14.848	18.137
24	9.886	10.856	12.401	13.848	15.659	19.037
25	10.520	11.524	13.120	14.611	16.473	19.939
26	11.160	12.198	13.844	15.379	17.292	20.843
27	11.808	12.879	14.573	16.151	18.114	21.749
28	12.461	13.565	15.308	16.928	18.939	22.657
29	13.121	14.257	16.047	17.708	19.768	23.567
30	13.787	14.954	16.791	18.493	20.599	24.478
35	17.192	18.509	20.569	22.465	24.797	29.054
40	20.707	22.164	24.433	26.509	29.051	33.660
45	24.311	25.901	28.366	30.612	33.350	38.291

续表

α / n	0.50	0.25	0.10	0.05	0.025	0.01	0.005
1	0.455	1.323	2.706	3.841	5.024	6.635	7.879
2	1.386	2.773	4.605	5.991	7.378	9.210	10.597
3	2.366	4.108	6.251	7.815	9.348	11.345	12.838
4	3.357	5.385	7.779	9.488	11.143	13.277	14.860
5	4.351	6.626	9.236	11.071	12.833	15.086	16.750
6	5.348	7.841	10.645	12.592	14.449	16.812	18.548
7	6.346	9.037	12.017	14.067	16.013	18.475	20.278
8	7.344	10.219	13.362	15.507	17.535	20.090	21.955
9	8.343	11.389	14.684	16.919	19.023	21.666	23.589
10	9.342	12.549	15.987	18.307	20.483	23.209	25.188
11	10.341	13.701	17.275	19.675	21.920	24.725	26.757
12	11.340	14.845	18.549	21.026	23.337	26.217	28.299
13	12.340	15.984	19.812	22.362	24.736	27.688	29.819
14	13.339	17.117	21.064	23.685	26.119	29.141	31.319
15	14.339	18.245	22.307	24.996	27.488	30.578	32.801
16	15.338	19.369	23.542	26.296	28.845	32.000	34.267
17	16.338	20.489	24.769	27.587	30.191	33.409	35.718
18	17.338	21.605	25.989	28.869	31.526	34.805	37.156
19	18.338	22.718	27.204	30.144	32.852	36.191	38.582
20	19.337	23.828	28.412	31.410	34.170	37.566	39.997
21	20.337	24.935	29.615	32.671	35.479	38.932	41.401
22	21.337	26.039	30.813	33.924	36.781	40.289	42.796
23	22.337	27.141	32.007	35.172	38.076	41.638	44.181
24	23.337	28.241	33.196	36.415	39.364	42.980	45.559
25	24.337	29.339	34.382	37.652	40.646	44.314	46.928
26	25.336	30.435	35.563	38.885	41.923	45.642	48.290
27	26.336	31.528	36.741	40.113	43.194	46.963	49.645
28	27.336	32.620	37.916	41.337	44.461	48.278	50.993
29	28.336	33.711	39.087	42.557	45.722	49.588	52.336
30	29.336	34.800	40.256	43.773	46.979	50.892	53.672
35	34.336	40.223	46.059	49.802	53.203	57.342	60.275
40	39.335	45.616	51.805	55.758	59.342	63.691	66.766
45	44.335	50.985	57.505	61.656	65.410	69.957	73.166

附表 4 *F* 分布表

$$\mathbb{P}\{F_{m,n} > F_{m,n}(\alpha)\} = \alpha$$

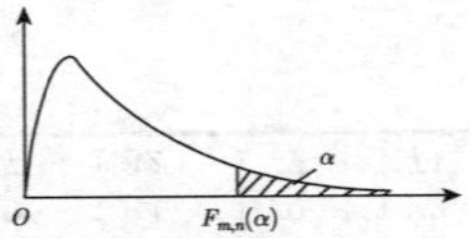

$\alpha = 0.10$

$n \backslash m$	1	2	3	4	5	6	7	8	9	10	12	15	20	24	30	40	60	120	∞
1	39.86	49.50	53.59	55.83	57.24	58.20	58.91	59.44	59.86	60.19	60.71	61.22	61.74	62.00	62.26	62.53	62.79	63.06	63.33
2	8.53	9.00	9.16	9.24	9.29	9.33	9.35	9.37	9.38	9.39	9.41	9.42	9.44	9.45	9.46	9.47	9.47	9.48	9.49
3	5.54	5.46	5.39	5.34	5.31	5.28	5.27	5.25	5.24	5.23	5.22	5.20	5.18	5.18	5.17	5.16	5.15	5.14	5.13
4	4.54	4.32	4.19	4.11	4.05	4.01	3.98	3.95	3.94	3.92	3.90	3.87	3.84	3.83	3.82	3.80	3.79	3.78	4.76
5	4.06	3.78	3.62	3.52	3.45	3.40	3.37	3.34	3.32	3.30	3.27	3.24	3.21	3.19	3.17	3.16	3.14	3.12	3.10
6	3.78	3.46	3.29	3.18	3.11	3.05	3.01	2.98	2.96	2.94	2.90	2.87	2.84	2.82	2.80	2.78	2.76	2.74	2.72
7	3.59	3.26	3.07	2.96	2.88	2.83	2.78	2.75	2.72	2.70	2.67	2.63	2.59	2.58	2.56	2.54	2.51	2.49	2.47
8	3.46	3.11	2.92	2.81	2.73	2.67	2.62	2.59	2.56	2.54	2.50	2.46	2.42	2.40	2.38	2.36	2.34	2.32	2.29
9	3.36	3.01	2.81	2.69	2.61	2.55	2.51	2.47	2.44	2.42	2.38	2.34	2.30	2.28	2.25	2.23	2.21	2.18	2.16
10	3.29	2.92	2.73	2.61	2.52	2.46	2.41	2.38	2.35	2.32	2.28	2.24	2.20	2.18	2.16	2.13	2.11	2.08	2.06
11	3.23	2.86	2.66	2.54	2.45	2.39	2.34	2.30	2.27	2.25	2.21	2.17	2.12	2.10	2.08	2.05	2.03	2.00	1.97
12	3.18	2.81	2.61	2.48	2.39	2.33	2.28	2.24	2.21	2.19	2.15	2.10	2.06	2.04	2.01	1.99	1.96	1.93	1.90
13	3.14	2.76	2.56	2.43	2.35	2.28	2.23	2.20	2.16	2.14	2.10	2.05	2.01	1.98	1.96	1.93	1.90	1.88	1.85
14	3.10	2.73	2.52	2.39	2.31	2.24	2.19	2.15	2.12	2.10	2.05	2.01	1.96	1.94	1.91	1.89	1.86	1.83	1.80
15	3.07	2.70	2.49	2.36	2.27	2.21	2.16	2.12	2.09	2.06	2.02	1.97	1.92	1.90	1.87	1.85	1.82	1.79	1.76
16	3.05	2.67	2.46	2.33	2.24	2.18	2.13	2.09	2.06	2.03	1.99	1.94	1.89	1.87	1.84	1.81	1.78	1.75	1.72
17	3.03	2.64	2.44	2.31	2.22	2.15	2.10	2.06	2.03	2.00	1.96	1.91	1.86	1.84	1.81	1.78	1.75	1.72	1.69
18	3.01	2.62	2.42	2.29	2.20	2.13	2.08	2.04	2.00	1.98	1.93	1.89	1.84	1.81	1.78	1.75	1.72	1.69	1.66
19	2.99	2.61	2.40	2.27	2.18	2.11	2.06	2.02	1.98	1.96	1.91	1.86	1.81	1.79	1.76	1.73	1.70	1.67	1.63
20	2.97	2.59	2.38	2.25	2.16	2.09	2.04	2.00	1.96	1.94	1.89	1.84	1.79	1.77	1.74	1.71	1.68	1.64	1.61
21	2.96	2.57	2.36	2.23	2.14	2.08	2.02	1.98	1.95	1.92	1.87	1.83	1.78	1.75	1.72	1.69	1.66	1.62	1.59
22	2.95	2.56	2.35	2.22	2.13	2.06	2.01	1.97	1.93	1.90	1.86	1.81	1.76	1.73	1.70	1.67	1.64	1.60	1.57
23	2.94	2.55	2.34	2.21	2.11	2.05	1.99	1.95	1.92	1.89	1.84	1.80	1.74	1.72	1.69	1.66	1.62	1.59	1.55
24	2.93	2.54	2.33	2.19	2.10	2.04	1.98	1.94	1.91	1.88	1.83	1.78	1.73	1.70	1.67	1.64	1.61	1.57	1.53
25	2.92	2.53	2.32	2.18	2.09	2.02	1.97	1.93	1.89	1.87	1.82	1.77	1.72	1.69	1.66	1.63	1.59	1.56	1.52
26	2.91	2.52	2.31	2.17	2.08	2.01	1.96	1.92	1.88	1.86	1.81	1.76	1.71	1.68	1.65	1.61	1.58	1.54	1.50
27	2.90	2.51	2.30	2.17	2.07	2.00	1.95	1.91	1.87	1.85	1.80	1.75	1.70	1.67	1.64	1.60	1.57	1.53	1.49
28	2.89	2.50	2.29	2.16	2.06	2.00	1.94	1.90	1.87	1.84	1.79	1.74	1.69	1.66	1.63	1.59	1.56	1.52	1.48

续表

n \ m	1	2	3	4	5	6	7	8	9	10	12	15	20	24	30	40	60	120	∞
$\alpha = 0.10$																			
29	2.89	2.50	2.28	2.15	2.06	1.99	1.93	1.89	1.86	1.83	1.78	1.73	1.68	1.65	1.62	1.58	1.55	1.51	1.47
30	2.88	2.49	2.28	2.14	2.05	1.98	1.93	1.88	1.85	1.82	1.77	1.72	1.67	1.64	1.61	1.57	1.54	1.50	1.46
40	2.84	2.44	2.23	2.09	2.00	1.93	1.87	1.83	1.79	1.76	1.71	1.66	1.61	1.57	1.54	1.51	1.47	1.42	1.38
60	2.79	2.39	2.18	2.04	1.95	1.87	1.82	1.77	1.74	1.71	1.66	1.60	1.54	1.51	1.48	1.44	1.40	1.35	1.29
120	2.75	2.35	2.13	1.99	1.90	1.82	1.77	1.72	1.68	1.65	1.60	1.55	1.48	1.45	1.41	1.37	1.32	1.26	1.19
∞	2.71	2.30	2.08	1.94	1.85	1.77	1.72	1.67	1.63	1.60	1.55	1.49	1.42	1.38	1.34	1.30	1.24	1.17	1.00
$\alpha = 0.05$																			
1	161.4	199.5	215.7	224.6	230.2	234.0	236.8	238.9	240.5	241.9	243.9	245.9	248.0	249.1	250.1	251.1	252.2	253.3	254.3
2	18.51	19.00	19.16	19.25	19.30	19.33	19.35	19.37	19.38	19.40	19.41	19.43	19.45	19.45	19.46	19.47	19.48	19.49	19.50
3	10.13	9.55	9.28	9.12	9.01	8.94	8.89	8.85	8.81	8.79	8.74	8.70	8.66	8.64	8.62	8.59	8.57	8.55	8.53
4	7.71	6.94	6.59	6.39	6.26	6.16	6.09	6.04	6.00	5.96	5.91	5.86	5.80	5.77	5.75	5.72	5.69	5.66	5.63
5	6.61	5.79	5.41	5.19	5.05	4.95	4.88	4.82	4.77	4.74	4.68	4.62	4.56	4.53	4.50	4.46	4.43	4.40	4.36
6	5.99	5.14	4.76	4.53	4.39	4.28	4.21	4.15	4.10	4.06	4.00	3.94	3.87	3.84	3.81	3.77	3.74	3.70	3.67
7	5.59	4.74	4.35	4.12	3.97	3.87	3.79	3.73	3.68	3.64	3.57	3.51	3.44	3.41	3.38	3.34	3.30	3.27	3.23
8	5.32	4.46	4.07	3.84	3.69	3.58	3.50	3.44	3.39	3.35	3.28	3.22	3.15	3.12	3.08	3.04	3.01	2.97	2.93
9	5.12	4.26	3.86	3.63	3.48	3.37	3.29	3.23	3.18	3.14	3.07	3.01	2.94	2.90	2.86	2.83	2.79	2.75	2.71
10	4.96	4.10	3.71	3.48	3.33	3.22	3.14	3.07	3.02	2.98	2.91	2.85	2.77	2.74	2.70	2.66	2.62	2.58	2.54
11	4.84	3.98	3.59	3.36	3.20	3.09	3.01	2.95	2.90	2.85	2.79	2.72	2.65	2.61	2.57	2.53	2.49	2.45	2.40
12	4.75	3.89	3.49	3.26	3.11	3.00	2.91	2.85	2.80	2.75	2.69	2.62	2.54	2.51	2.47	2.43	2.38	2.34	2.30
13	4.67	3.81	3.41	3.18	3.03	2.92	2.83	2.77	2.71	2.67	2.60	2.53	2.46	2.42	2.38	2.34	2.30	2.25	2.21
14	4.60	3.74	3.34	3.11	2.96	2.85	2.76	2.70	2.65	2.60	2.53	2.46	2.39	2.35	2.31	2.27	2.22	2.18	2.13
15	4.54	3.68	3.29	3.06	2.90	2.79	2.71	2.64	2.59	2.54	2.48	2.40	2.33	2.29	2.25	2.20	2.16	2.11	2.07
16	4.49	3.63	3.24	3.01	2.85	2.74	2.66	2.59	2.54	2.49	2.42	2.35	2.28	2.24	2.19	2.15	2.11	2.06	2.01
17	4.45	3.59	3.20	2.96	2.81	2.70	2.61	2.55	2.49	2.45	2.38	2.31	2.23	2.19	2.15	2.10	2.06	2.01	1.96
18	4.41	3.55	3.16	2.93	2.77	2.66	2.58	2.51	2.46	2.41	2.34	2.27	2.19	2.15	2.11	2.06	2.02	1.97	1.92
19	4.38	3.52	3.13	2.90	2.74	2.63	2.54	2.48	2.42	2.38	2.31	2.23	2.16	2.11	2.07	2.03	1.98	1.93	1.88
20	4.35	3.49	3.10	2.87	2.71	2.60	2.51	2.45	2.39	2.35	2.28	2.20	2.12	2.08	2.04	1.99	1.95	1.90	1.84
21	4.32	3.47	3.07	2.84	2.68	2.57	2.49	2.42	2.37	2.32	2.25	2.18	2.10	2.05	2.01	1.96	1.92	1.87	1.81
22	4.30	3.44	3.05	2.82	2.66	2.55	2.46	2.40	2.34	2.30	2.23	2.15	2.07	2.03	1.98	1.94	1.89	1.84	1.78
23	4.28	3.42	3.03	2.80	2.64	2.53	2.44	2.37	2.32	2.27	2.20	2.13	2.05	2.01	1.96	1.91	1.86	1.81	1.76
24	4.26	3.40	3.01	2.78	2.62	2.51	2.42	2.36	2.30	2.25	2.18	2.11	2.03	1.98	1.94	1.89	1.84	1.79	1.73
25	4.24	3.39	2.99	2.76	2.60	2.49	2.40	2.34	2.28	2.24	2.16	2.09	2.01	1.96	1.92	1.87	1.82	1.77	1.71

续表

n \ m	1	2	3	4	5	6	7	8	9	10	12	15	20	24	30	40	60	120	∞
$\alpha = 0.05$																			
26	4.23	3.37	2.98	2.74	2.59	2.47	2.39	2.32	2.27	2.22	2.15	2.07	1.99	1.95	1.90	1.85	1.80	1.75	1.69
27	4.21	3.35	2.96	2.73	2.57	2.46	2.37	2.31	2.25	2.20	2.13	2.06	1.97	1.93	1.88	1.84	1.79	1.73	1.67
28	4.20	3.34	2.95	2.71	2.56	2.45	2.36	2.29	2.24	2.19	2.12	2.04	1.96	1.91	1.87	1.82	1.77	1.71	1.65
29	4.18	3.33	2.93	2.70	2.55	2.43	2.35	2.28	2.22	2.18	2.10	2.03	1.94	1.90	1.85	1.81	1.75	1.70	1.64
30	4.17	3.32	2.92	2.69	2.53	2.42	2.33	2.27	2.21	2.16	2.09	2.01	1.93	1.89	1.84	1.79	1.74	1.68	1.62
40	4.08	3.23	2.84	2.61	2.45	2.34	2.25	2.18	2.12	2.08	2.00	1.92	1.84	1.79	1.74	1.69	1.64	1.58	1.51
60	4.00	3.15	2.76	2.53	2.37	2.25	2.17	2.10	2.04	1.99	1.92	1.84	1.75	1.70	1.65	1.59	1.53	1.47	1.39
120	3.92	3.07	2.68	2.45	2.29	2.17	2.09	2.02	1.96	1.91	1.83	1.75	1.66	1.61	1.55	1.50	1.43	1.35	1.25
∞	3.84	3.00	2.60	2.37	2.21	2.10	2.01	1.94	1.88	1.83	1.75	1.67	1.57	1.52	1.46	1.39	1.32	1.22	1.00
$\alpha = 0.025$																			
1	647.8	799.5	864.2	899.6	921.8	937.1	948.2	956.7	963.3	968.6	976.7	984.9	993.1	997.2	1001	1006	1010	1014	1018
2	38.51	39.00	39.17	39.25	39.30	39.33	39.36	39.37	39.39	39.40	39.41	39.43	39.45	39.46	39.46	39.47	39.48	39.49	39.50
3	17.44	16.04	15.44	15.10	14.88	14.73	14.62	14.54	14.47	14.42	14.34	14.25	14.17	14.12	14.08	14.04	13.99	13.95	13.90
4	12.22	10.65	9.98	9.60	9.36	9.20	9.07	8.98	8.90	8.84	8.75	8.66	8.56	8.51	8.46	8.41	8.36	8.31	8.26
5	10.01	8.43	7.76	7.39	7.15	6.98	6.85	6.76	6.68	6.62	6.52	6.43	6.33	6.28	6.23	6.18	6.12	6.07	6.02
6	8.81	7.26	6.60	6.23	5.99	5.82	5.70	5.60	5.52	5.46	5.37	5.27	5.17	5.12	5.07	5.01	4.96	4.90	4.85
7	8.07	6.54	5.89	5.52	5.29	5.12	4.99	4.90	4.82	4.76	4.67	4.57	4.47	4.42	4.36	4.31	4.25	4.20	4.14
8	7.57	6.06	5.42	5.05	4.82	4.65	4.53	4.43	4.36	4.30	4.20	4.10	4.00	3.95	3.89	3.84	3.78	3.73	3.67
9	7.21	5.71	5.08	4.72	4.48	4.23	4.20	4.10	4.03	3.96	3.87	3.77	3.67	3.61	3.56	3.51	3.45	3.39	3.33
10	6.94	5.46	4.83	4.47	4.24	4.07	3.95	3.85	3.78	3.72	3.62	3.52	3.42	3.37	3.31	3.26	3.20	3.14	3.08
11	6.72	5.26	4.63	4.28	4.04	3.88	3.76	3.66	3.59	3.53	3.43	3.33	3.23	3.17	3.12	3.06	3.00	2.94	2.88
12	6.55	5.10	4.47	4.12	3.89	3.73	3.61	3.51	3.44	3.37	3.28	3.18	3.07	3.02	2.96	2.91	2.85	2.79	2.72
13	6.41	4.97	4.35	4.00	3.77	3.60	3.48	3.39	3.31	3.25	3.15	3.05	2.95	2.89	2.84	2.78	2.72	2.66	2.60
14	6.30	4.86	4.24	3.89	3.66	3.50	3.38	3.29	3.21	3.15	3.05	2.95	2.84	2.79	2.73	2.67	2.61	2.55	2.49
15	6.20	4.77	4.15	3.80	3.58	3.41	3.29	3.20	3.12	3.06	2.96	2.86	2.76	2.70	2.64	2.59	2.52	2.46	2.40
16	6.12	4.69	4.08	3.73	3.50	3.34	3.22	3.12	3.05	2.99	2.89	2.79	2.68	2.63	2.57	2.51	2.45	2.38	2.32
17	6.04	4.62	4.01	3.66	3.44	3.28	3.16	3.06	2.98	2.92	2.82	2.72	2.62	2.56	2.50	2.44	2.38	2.32	2.25
18	5.98	4.56	3.95	3.61	3.38	3.22	3.10	3.01	2.93	2.87	2.77	2.67	2.56	2.50	2.44	2.38	2.32	2.26	2.19
19	5.92	4.51	3.90	3.56	3.33	3.17	3.05	2.96	2.88	2.82	2.72	2.62	2.51	2.45	2.39	2.33	2.27	2.20	2.13
20	5.87	4.46	3.86	3.51	3.29	3.13	3.01	2.91	2.84	2.77	2.68	2.57	2.46	2.41	2.35	2.29	2.22	2.16	2.09
21	5.83	4.42	3.82	3.48	3.25	3.09	2.97	2.87	2.80	2.73	2.64	2.53	2.42	2.37	2.31	2.25	2.18	2.11	2.04
22	5.79	4.38	3.78	3.44	3.22	3.05	2.93	2.84	2.76	2.70	2.60	2.50	2.39	2.33	2.27	2.21	2.14	2.08	2.00

续表

$n \backslash m$	1	2	3	4	5	6	7	8	9	10	12	15	20	24	30	40	60	120	∞
$\alpha = 0.025$																			
23	5.75	4.35	3.75	3.41	3.18	3.02	2.90	2.81	2.73	2.67	2.57	2.47	2.36	2.30	2.24	2.18	2.11	2.04	1.97
24	5.72	4.32	3.72	3.38	3.15	2.99	2.87	2.78	2.70	2.64	2.54	2.44	2.33	2.27	2.21	2.15	2.08	2.01	1.94
25	5.69	4.29	3.69	3.35	3.13	2.97	2.85	2.75	2.68	2.61	2.51	2.41	2.30	2.24	2.18	2.12	2.05	1.98	1.91
26	5.66	4.27	3.67	3.33	3.10	2.94	2.82	2.73	2.65	2.59	2.49	2.39	2.28	2.22	2.16	2.09	2.03	1.95	1.88
27	5.63	4.24	3.65	3.31	3.08	2.92	2.80	2.71	2.63	2.57	2.47	2.36	2.25	2.19	2.13	2.07	2.00	1.93	1.85
28	5.61	4.22	3.63	3.29	3.06	2.90	2.78	2.69	2.61	2.55	2.45	2.34	2.23	2.17	2.11	2.05	1.98	1.91	1.83
29	5.59	4.20	3.61	3.27	3.04	2.88	2.76	2.67	2.59	2.53	2.43	2.32	2.21	2.15	2.09	2.03	1.96	1.89	1.81
30	5.57	4.18	3.59	3.25	3.03	2.87	2.75	2.65	2.57	2.51	2.41	2.31	2.20	2.14	2.07	2.01	1.94	1.87	1.79
40	5.42	4.05	3.46	3.13	2.90	2.74	2.62	2.53	2.45	2.39	2.29	2.18	2.07	2.01	1.94	1.88	1.80	1.72	1.64
60	5.29	3.93	3.34	3.01	2.79	2.63	2.51	2.41	2.33	2.27	2.17	2.06	1.94	1.88	1.82	1.74	1.67	1.58	1.48
120	5.15	3.80	3.23	2.89	2.67	2.52	2.39	2.30	2.22	2.16	2.05	1.94	1.82	1.76	1.69	1.61	1.53	1.43	1.31
∞	5.02	3.69	3.12	2.79	2.57	2.41	2.29	2.19	2.11	2.05	1.94	1.83	1.71	1.64	1.57	1.48	1.39	1.27	1.00
$\alpha = 0.01$																			
1	4052	4999.5	5403	5625	5764	5859	5928	5982	6022	6056	6106	6157	6209	6235	6261	6287	6313	6339	6366
2	98.50	99.00	99.17	99.25	99.30	99.33	99.36	99.37	99.39	99.40	99.42	99.43	99.45	99.46	99.47	99.47	99.48	99.49	99.50
3	34.12	30.82	29.46	28.71	28.24	27.91	27.67	27.49	27.35	27.23	27.05	26.87	26.69	26.60	26.50	26.41	26.32	26.22	26.13
4	21.20	18.00	16.69	15.98	15.52	15.21	14.98	14.80	14.66	14.55	14.37	14.20	14.02	13.93	13.84	13.75	13.65	13.56	13.46
5	16.26	13.27	12.06	11.39	10.97	10.67	10.46	10.29	10.16	10.05	9.89	9.72	9.55	9.47	9.38	9.29	9.20	9.11	9.02
6	13.75	10.92	9.78	9.15	8.75	8.47	8.26	8.10	7.98	7.87	7.72	7.56	7.40	7.31	7.23	7.14	7.06	6.97	6.88
7	12.25	9.55	8.45	7.85	7.46	7.19	6.99	6.84	6.72	6.62	6.47	6.31	6.16	6.07	5.99	5.91	5.82	5.74	5.65
8	11.26	8.65	7.59	7.01	6.63	6.37	6.18	6.03	5.91	5.81	5.67	5.52	5.36	5.28	5.20	5.12	5.03	4.95	4.86
9	10.56	8.02	6.99	6.42	6.06	5.80	5.61	5.47	5.35	5.26	5.11	4.96	4.81	4.73	4.65	4.57	4.48	4.40	4.31
10	10.04	7.56	6.55	5.99	5.64	5.39	5.20	5.06	4.94	4.85	4.71	4.56	4.41	4.33	4.25	4.17	4.08	4.00	3.91
11	9.65	7.21	6.22	5.67	5.32	5.07	4.89	4.74	4.63	4.54	4.40	4.25	4.10	4.02	3.94	3.86	3.78	3.69	3.60
12	9.33	6.93	5.95	5.41	5.06	4.82	4.64	4.50	4.39	4.30	4.16	4.01	3.86	3.78	3.70	3.62	3.54	3.45	3.36
13	9.07	6.70	5.74	5.21	4.86	4.62	4.44	4.30	4.19	4.10	3.96	3.82	3.66	3.59	3.51	3.43	3.34	3.25	3.17
14	8.86	6.51	5.56	5.04	4.69	4.46	4.28	4.14	4.03	3.94	3.80	3.66	3.51	3.43	3.35	3.27	3.18	3.09	3.00
15	8.68	6.36	5.42	4.89	4.56	4.32	4.14	4.00	3.89	3.80	3.67	3.52	3.37	3.29	3.21	3.13	3.05	2.96	2.87
16	8.53	6.23	5.29	4.77	4.44	4.20	4.03	3.89	3.78	3.69	3.55	3.41	3.26	3.18	3.10	3.02	2.93	2.84	2.75
17	8.40	6.11	5.18	4.67	4.34	4.10	3.93	3.79	3.68	3.59	3.46	3.31	3.16	3.08	3.00	2.92	2.83	2.75	2.65
18	8.29	6.01	5.09	4.58	4.25	4.01	3.84	3.71	3.60	3.51	3.37	3.23	3.08	3.00	2.92	2.84	2.75	2.66	2.57

续表

$n \backslash m$	1	2	3	4	5	6	7	8	9	10	12	15	20	24	30	40	60	120	∞
$\alpha = 0.01$																			
19	8.18	5.93	5.01	4.50	4.17	3.94	3.77	3.63	3.52	3.43	3.30	3.15	3.00	2.92	2.84	2.76	2.67	2.58	2.49
20	8.10	5.85	4.94	4.43	4.10	3.87	3.70	3.56	3.46	3.37	3.23	3.09	2.94	2.86	2.78	2.69	2.61	2.52	2.42
21	8.02	5.78	4.87	4.37	4.04	3.81	3.64	3.51	3.40	3.31	3.17	3.03	2.88	2.80	2.72	2.64	2.55	2.46	2.36
22	7.95	5.72	4.82	4.31	3.99	3.76	3.59	3.45	3.35	3.26	3.12	2.98	2.83	2.75	2.67	2.58	2.50	2.40	2.31
23	7.88	5.66	4.76	4.26	3.94	3.71	3.54	3.41	3.30	3.21	3.07	2.93	2.78	2.70	2.62	2.54	2.45	2.35	2.26
24	7.82	5.61	4.72	4.22	3.90	3.67	3.50	3.36	3.26	3.17	3.03	2.89	2.74	2.66	2.58	2.49	2.40	2.31	2.21
25	7.77	5.57	4.68	4.18	3.85	3.63	3.46	3.32	3.22	3.13	2.99	2.85	2.70	2.62	2.54	2.45	2.36	2.27	2.17
26	7.72	5.53	4.64	4.14	3.82	3.59	3.42	3.29	3.18	3.09	2.96	2.81	2.66	2.58	2.50	2.42	2.33	2.23	2.13
27	7.68	5.49	4.60	4.11	3.78	3.56	3.39	3.26	3.15	3.06	2.93	2.78	2.63	2.55	2.47	2.38	2.29	2.20	2.10
28	7.64	5.45	4.57	4.07	3.75	3.53	3.36	3.23	3.12	3.03	2.90	2.75	2.60	2.52	2.44	2.35	2.26	2.17	2.06
29	7.60	5.42	4.54	4.04	3.73	3.50	3.33	3.20	3.09	3.00	2.87	2.73	2.57	2.49	2.41	2.33	2.23	2.14	2.03
30	7.56	5.39	4.51	4.02	3.70	3.47	3.30	3.17	3.07	2.98	2.84	2.70	2.55	2.47	2.39	2.30	2.21	2.11	2.01
40	7.31	5.18	4.31	3.83	3.51	3.29	3.12	2.99	2.89	2.80	2.66	2.52	2.37	2.29	2.20	2.11	2.02	1.92	1.80
60	7.08	4.98	4.13	3.65	3.34	3.12	2.95	2.82	2.72	2.63	2.50	2.35	2.20	2.12	2.03	1.94	1.84	1.73	1.60
120	6.85	4.79	3.95	3.48	3.17	2.96	2.79	2.66	2.56	2.47	2.34	2.19	2.03	1.95	1.86	1.76	1.66	1.53	1.38
∞	6.63	4.61	3.78	3.32	3.02	2.80	2.64	2.51	2.41	2.32	2.18	2.04	1.88	1.79	1.70	1.59	1.47	1.32	1.00
$\alpha = 0.005$																			
1	16211	20000	21615	22500	23056	23437	23715	23925	24091	24224	24426	24630	24836	24940	25044	25148	25253	25359	25465
2	198.5	199.0	199.2	199.2	199.3	199.3	199.4	199.4	199.4	199.4	199.4	199.4	199.4	199.5	199.5	199.5	199.5	199.5	199.5
3	55.55	49.80	47.47	46.19	45.39	44.84	44.43	44.13	43.88	43.69	43.39	43.08	42.78	42.62	42.47	42.31	42.15	41.99	41.83
4	31.33	26.28	24.26	23.15	22.46	21.97	21.62	21.35	21.14	20.97	20.70	20.44	20.17	20.03	19.89	19.75	19.61	19.47	19.32
5	22.78	18.31	16.53	15.56	14.94	14.51	14.20	13.96	13.77	13.62	13.38	13.15	12.90	12.78	12.66	12.53	12.40	12.27	12.14
6	18.63	14.54	12.92	12.03	11.46	11.07	10.79	10.57	10.39	10.25	10.03	9.81	9.59	9.47	9.36	9.24	9.12	9.00	8.88
7	16.24	12.40	10.88	10.05	9.52	9.16	8.89	8.68	8.51	8.38	8.18	7.97	7.75	7.65	7.53	7.42	7.31	7.19	7.08
8	14.69	11.04	9.60	8.81	8.30	7.95	7.69	7.50	7.34	7.21	7.01	6.81	6.61	6.50	6.40	6.29	6.18	6.06	5.95
9	13.61	10.11	8.72	7.96	7.47	7.13	6.88	6.69	6.54	6.42	6.23	6.03	5.83	5.73	5.62	5.52	5.41	5.30	5.19
10	12.83	9.43	8.08	7.34	6.87	6.54	6.30	6.12	5.97	5.85	5.66	5.47	5.27	5.17	5.07	4.97	4.86	4.75	4.64
11	12.23	8.91	7.60	6.88	6.42	6.10	5.86	5.68	5.54	5.42	5.24	5.05	4.86	4.76	4.65	4.55	4.44	4.34	4.23
12	11.75	8.51	7.23	6.52	6.07	5.76	5.52	5.35	5.20	5.09	4.91	4.72	4.53	4.43	4.33	4.23	4.12	4.01	3.90
13	11.37	8.19	6.93	6.23	5.79	5.48	5.25	5.08	4.94	4.82	4.64	4.46	4.27	4.17	4.07	3.97	3.87	3.76	3.65
14	11.06	7.92	6.68	6.00	5.56	5.26	5.03	4.86	4.72	4.60	4.43	4.25	4.06	3.96	3.86	3.76	3.66	3.55	3.44

续表

$n \backslash m$	1	2	3	4	5	6	7	8	9	10	12	15	20	24	30	40	60	120	∞
										$\alpha = 0.005$									
15	10.80	7.70	6.48	5.80	5.37	5.07	4.85	4.67	4.54	4.42	4.25	4.07	3.88	3.79	3.69	3.58	3.48	3.37	3.26
16	10.58	7.51	6.30	5.64	5.21	4.91	4.69	4.52	4.38	4.27	4.10	3.92	3.73	3.64	3.54	3.44	3.33	3.22	3.11
17	10.38	7.35	6.16	5.50	5.07	4.78	4.56	4.39	4.25	4.14	3.97	3.79	3.61	3.51	3.41	3.31	3.21	3.10	2.98
18	10.22	7.21	6.03	5.37	4.96	4.66	4.44	4.28	4.14	4.03	3.86	3.68	3.50	3.40	3.30	3.20	3.10	2.99	2.87
19	10.07	7.09	5.92	5.27	4.85	4.56	4.34	4.18	4.04	3.93	3.76	3.59	3.40	3.31	3.21	3.11	3.00	2.89	2.78
20	9.94	6.99	5.82	5.17	4.76	4.47	4.26	4.09	3.96	3.85	3.68	3.50	3.32	3.22	3.12	3.02	2.92	2.81	2.69
21	9.83	6.89	5.73	5.09	4.68	4.39	4.18	4.01	3.88	3.77	3.60	3.43	3.24	3.15	3.05	2.95	2.84	2.73	2.61
22	9.73	6.81	5.65	5.02	4.61	4.32	4.11	3.94	3.81	3.70	3.54	3.36	3.18	3.08	2.98	2.88	2.77	2.66	2.55
23	9.63	6.73	5.58	4.95	4.54	4.26	4.05	3.88	3.75	3.64	3.47	3.30	3.12	3.02	2.92	2.82	2.71	2.60	2.48
24	9.55	6.66	5.52	4.89	4.49	4.20	3.99	3.83	3.69	3.59	3.42	3.25	3.06	2.97	2.87	2.77	2.66	2.55	2.43
25	9.48	6.60	5.46	4.84	4.43	4.15	3.94	3.78	3.64	3.54	3.37	3.20	3.01	2.92	2.82	2.72	2.61	2.50	2.38
26	9.41	6.54	5.41	4.79	4.38	4.10	3.89	3.73	3.60	3.49	3.33	3.15	2.97	2.87	2.77	2.67	2.56	2.45	2.33
27	9.34	6.49	5.36	4.74	4.34	4.06	3.85	3.69	3.56	3.45	3.28	3.11	2.93	2.83	2.73	2.63	2.52	2.41	2.29
28	9.28	6.44	5.32	4.70	4.30	4.02	3.81	3.65	3.52	3.41	3.25	3.07	2.89	2.79	2.69	2.59	2.48	2.37	2.25
29	9.23	6.40	5.28	4.66	4.26	3.98	3.77	3.61	3.48	3.38	3.21	3.04	2.86	2.76	2.66	2.56	2.45	2.33	2.21
30	9.18	6.35	5.24	4.62	4.23	3.95	3.74	3.58	3.45	3.34	3.18	3.01	2.82	2.73	2.63	2.52	2.42	2.30	2.18
40	8.83	6.07	4.98	4.37	3.99	3.71	3.51	3.35	3.22	3.12	2.95	2.78	2.60	2.50	2.40	2.30	2.18	2.06	1.93
60	8.49	5.79	4.73	4.14	3.76	3.49	3.29	3.13	3.01	2.90	2.74	2.57	2.39	2.29	2.19	2.08	1.96	1.83	1.69
120	8.18	5.54	4.50	3.92	3.55	3.28	3.09	2.93	2.81	2.71	2.54	2.37	2.19	2.09	1.98	1.87	1.75	1.61	1.43
∞	7.88	5.30	4.28	3.72	3.35	3.09	2.90	2.74	2.62	2.52	2.36	2.19	2.00	1.90	1.79	1.67	1.53	1.36	1.00
										$\alpha = 0.001$									
1	4053†	5000†	5404†	5625†	5764†	5859†	5929†	5981†	6023†	6056†	6107†	6158†	6209†	6235†	6261†	6287†	6313†	6340†	6366†
2	998.5	999.0	999.2	999.2	999.3	999.3	999.4	999.4	999.4	999.4	999.4	999.4	999.4	999.5	999.5	999.5	999.5	999.5	999.5
3	167.0	148.5	141.1	137.1	134.6	132.8	131.6	130.6	129.9	129.2	128.3	127.4	126.4	125.9	125.4	125.0	124.5	124.0	123.5
4	74.14	61.25	56.18	53.44	51.71	50.53	49.66	49.00	48.47	48.05	47.41	46.76	46.10	45.77	45.43	45.09	44.75	44.40	44.05
5	47.18	37.12	33.20	31.09	27.75	28.84	28.16	27.64	27.24	26.92	26.42	25.91	25.39	25.14	24.87	24.60	24.33	24.06	23.79
6	35.51	27.00	23.70	21.92	20.81	20.03	19.46	19.03	18.69	18.41	17.99	17.56	17.12	16.89	16.67	16.44	16.21	15.99	15.75
7	29.25	21.69	18.77	17.19	16.21	15.52	15.02	14.63	14.33	14.08	13.71	13.32	12.93	12.73	12.53	12.33	12.12	11.91	11.70
8	25.42	18.49	15.83	14.39	13.49	12.86	12.40	12.04	11.77	11.54	11.19	10.84	10.48	10.30	10.11	9.92	9.73	9.53	9.33
9	22.86	16.39	13.90	12.56	11.71	11.13	10.70	10.37	10.11	9.89	9.57	9.24	8.90	8.72	8.55	8.37	8.19	8.00	7.81
10	21.04	14.91	12.55	11.28	10.48	9.92	9.52	9.20	8.96	8.75	8.45	8.13	7.80	7.64	7.47	7.30	7.12	6.94	6.76
11	19.69	13.81	11.56	10.35	9.58	9.05	8.66	8.35	8.12	7.92	7.63	7.32	7.01	6.85	6.68	6.52	6.35	6.17	6.00

续表

n \ m	1	2	3	4	5	6	7	8	9	10	12	15	20	24	30	40	60	120	∞
	$\alpha = 0.001$																		
12	18.64	12.97	10.80	9.63	8.89	8.38	8.00	7.71	7.48	7.29	7.00	6.71	6.40	6.25	6.09	5.93	5.76	5.59	5.42
13	17.81	12.31	10.21	9.07	8.35	7.86	7.49	7.21	6.98	6.80	6.52	6.23	5.93	5.78	5.63	5.47	5.30	5.14	4.97
14	17.14	11.78	9.73	8.62	7.92	7.43	7.08	6.80	6.58	6.40	6.13	5.85	5.56	5.41	5.25	5.10	4.94	4.77	4.60
15	16.59	11.34	9.34	8.25	7.57	7.09	6.74	6.47	6.26	6.08	5.81	5.54	5.25	5.10	4.95	4.80	4.64	4.47	4.31
16	16.12	10.97	9.00	7.94	7.27	6.81	6.46	6.19	5.98	5.81	5.55	5.27	4.99	4.85	4.70	4.54	4.39	4.23	4.06
17	15.72	10.66	8.73	7.68	7.02	7.56	6.22	5.96	5.75	5.58	5.32	5.05	4.78	4.63	4.48	4.33	4.18	4.02	3.85
18	15.38	10.39	8.49	7.46	6.81	6.35	6.02	5.76	5.56	5.39	5.13	4.87	4.59	4.45	4.30	4.15	4.00	3.84	3.67
19	15.08	10.16	8.28	7.26	6.62	6.18	5.85	5.59	5.39	5.22	4.97	4.70	4.43	4.29	4.14	3.99	3.84	3.68	3.51
20	14.82	9.95	8.10	7.10	6.46	6.02	5.69	5.44	5.24	5.08	4.82	4.56	4.29	4.15	4.00	3.86	3.70	3.54	3.38
21	14.59	9.77	7.94	6.95	6.32	5.88	5.56	5.31	5.11	4.95	4.70	4.44	4.17	4.03	3.88	3.74	3.58	3.42	3.26
22	14.38	9.61	7.80	6.81	6.19	5.76	5.44	5.19	4.99	4.83	4.58	4.33	4.06	3.92	3.78	3.63	3.48	3.32	3.15
23	14.19	9.47	7.67	6.69	6.08	5.65	5.33	5.09	4.89	4.73	4.48	4.23	3.96	3.82	3.68	3.53	3.38	3.22	3.05
24	14.03	9.34	7.55	6.59	5.98	5.55	5.23	4.99	4.80	4.64	4.39	4.14	3.87	3.74	3.59	3.45	3.29	3.14	2.97
25	13.88	9.22	7.45	6.49	5.88	5.46	5.15	4.91	4.71	4.56	4.31	4.06	3.79	3.66	3.52	3.37	3.22	3.06	2.89
26	13.74	9.12	7.36	6.41	5.80	5.38	5.07	4.83	4.64	4.48	4.24	3.99	3.72	3.59	3.44	3.30	3.15	2.99	2.82
27	13.61	9.02	7.27	6.33	5.73	5.31	5.00	4.76	4.57	4.41	4.17	3.92	3.66	3.52	3.38	3.23	3.08	2.92	2.75
28	13.50	8.93	7.19	6.25	5.66	5.24	4.93	4.69	4.50	4.35	4.11	3.86	3.60	3.46	3.32	3.18	3.02	2.86	2.69
29	13.39	8.85	7.12	6.19	5.59	5.18	4.87	4.64	4.45	4.29	4.05	3.80	3.54	3.41	3.27	3.12	2.97	2.81	2.64
30	13.29	8.77	7.05	6.12	5.53	5.12	4.82	4.58	4.39	4.24	4.00	3.75	3.49	3.36	3.22	3.07	2.92	2.76	2.59
40	12.61	8.25	6.60	5.70	5.13	4.73	4.44	4.21	4.02	3.87	3.64	3.40	3.15	3.01	2.87	2.73	2.57	2.41	2.23
60	11.97	7.76	6.17	5.31	4.76	4.37	4.09	3.87	3.69	3.54	3.31	3.08	2.83	2.69	2.55	2.41	2.25	2.08	1.89
120	11.38	7.32	5.79	4.95	4.42	4.04	3.77	3.55	3.38	3.24	3.02	2.78	2.53	2.40	2.26	2.11	1.95	1.76	1.54
∞	10.83	6.91	5.42	4.62	4.10	3.74	3.47	3.27	3.10	2.96	2.74	2.51	2.27	2.13	1.99	1.84	1.66	1.45	1.00

† 表示要将此数乘以 100.

附表 5　Poisson 分布表

$$\mathbb{P}(X \geqslant x)=\sum_{k=x}^{\infty}\frac{\lambda^k e^{-\lambda}}{k!}$$

x	$\lambda=0.2$	$\lambda=0.3$	$\lambda=0.4$	$\lambda=0.5$	$\lambda=0.6$	$\lambda=0.7$
0	1.0000000	1.0000000	1.0000000	1.000000	1.000000	1.000000
1	0.1812692	0.2591818	0.3296800	0.393469	0.451188	0.503415
2	0.0175231	0,0369363	0.0615519	0.090204	0.121901	0.155805
3	0.0011485	0.0035995	0.0079263	0.014388	0.023115	0.034142
4	0.0000568	0.0002658	0.0007763	0.001752	0.003358	0.005753
5	0.0000023	0.0000158	0.0000612	0.000172	0.000394	0.000786
6	0.0000001	0.0000008	0.0000040	0.000014	0.000039	0.000090
7			0.0000002	0.000001	0.000003	0.000009
8						0.000001

x	$\lambda=0.8$	$\lambda=0.9$	$\lambda=1.0$	$\lambda=1.2$	$\lambda=1.5$	$\lambda=2.0$
0	1.000000	1.000000	1.000000	1.000000	1.000000	1.000000
1	0.550671	0.593430	0.632121	0.698806	0.776870	0.864665
2	0.191208	0.227518	0.264241	0.337373	0.442175	0.593994
3	0.047423	0.062857	0.080301	0.120513	0.191153	0.323324
4	0.009080	0.013459	0.018988	0.033769	0.065642	0.142877
5	0.001411	0.002344	0.003660	0.007746	0.018576	0.052653
6	0.000184	0.000343	0.000594	0.001500	0.004456	0.016564
7	0.000021	0.000043	0.000083	0.000251	0.000926	0.004534
8	0.000002	0.000005	0.000010	0.000037	0.000170	0.001097
9			0.000001	0.000005	0.000028	0.000237
10				0.000001	0.000004	0.000046
11					0.000001	0.000008
12						0.000001

x	$\lambda=2.5$	$\lambda=3.0$	$\lambda=3.5$	$\lambda=4.0$	$\lambda=4.5$	$\lambda=5.0$
0	1.000000	1.000000	1.000000	1.000000	1.000000	1.000000
1	0.917915	0.950213	0.969803	0.981684	0.988891	0.993262
2	0.712703	0.800852	0.864112	0.908422	0.938901	0.959572
3	0.456187	0.576810	0.679153	0.761897	0.826422	0.875348
4	0.242424	0.352768	0.463367	0.566530	0.657704	0.734974
5	0.108822	0.184737	0.274555	0.371163	0.467896	0.559507
6	0.042021	0.083918	0.142386	0.214870	0.297070	0.384039
7	0.014187	0.033509	0.065288	0.110674	0.168949	0.237817
8	0.004247	0.011905	0.026739	0.051134	0.086586	0.133372
9	0.001140	0.003803	0.009874	0.021363	0.040257	0.068094
10	0.000277	0.001102	0.003315	0.008132	0.017093	0.031828
11	0.000062	0.000292	0.001019	0.002840	0.006669	0.013695
12	0.000013	0.000071	0.000289	0.000915	0.002404	0.005453
13	0.000002	0.000016	0.000076	0.000274	0.000805	0.002019
14		0.000003	0.000019	0.000076	0.000252	0.000698
15		0.000001	0.000004	0.000020	0.000074	0.000226
16			0.000001	0.000005	0.000020	0.000069
17				0.000001	0.000005	0.000020
18					0.000001	0.000005
19						0.000001

以下附表 6—附表 17 可扫描下方二维码进行查看.

附表 6　正态分布容许限 $\bar{X}+\lambda s$ 或 $\bar{X}-\lambda s$ 中系数 $\lambda(n,\beta,\gamma)$ 值表

附表 7　正态分布容许区间 $\bar{X}\pm\lambda s$ 中系数 $\lambda(n,\beta,\gamma)$ 值表

附表 8　非参数容许限——相应于总体比例 $1-\beta$ 和置信水平 $1-\gamma$ 的样本容量 n

附表 9　非参数容许区间——相应于总体比例 $1-\beta$ 和置信水平 $1-\gamma$ 的样本容量 n

附表 10　符号检验临界值表

附表 11　符号秩和检验临界值表

附表 12　秩和检验临界值表

附表 13　柯尔莫哥洛夫检验临界值 $D_{n,\alpha}$

附表 14　柯尔莫哥洛夫检验统计量 D_n 的极限分布

附表 15　W 检验：统计量 W 的系数 $a_i(n)$ 的值

附表 16　W 检验：统计量 W 的 α 分位数 W_α

附表 17　D 检验：统计量 Y 的 α 分位数 Y_α

附表 6—附表 17

索　　引

其他